世界矿物与宝石
探寻鉴定百科

THE WORLD ENCYCLOPEDIA OF MINERALS AND GEMSTONES: EXPLORATION AND IDENTIFICATION

[英]约翰.范顿（John Farndon）著　马小皎　王皓宇 译

机械工业出版社
CHINA MACHINE PRESS

本书将向您介绍如何发现、鉴定和采集世界上各种各样的矿物与宝石标本，并配有800多张彩色图片。本书揭示了这些自然矿产的精美和奇特，也揭示了它们非比寻常的价值和用途。岩石、宝石、矿物和化石是我们所在的这颗古老星球上众多伟大事件的证明，几千年来始终被视为充满魔力的护身宝物，早已成为神话和传奇的焦点。本书展示了这些宝物的奇特之处，以及它们在人类历史中所处的地位。

图书在版编目（CIP）数据

世界矿物与宝石探寻鉴定百科/（英）范顿（Farndon，J.）著；马小皎，王皓宇译. —北京：机械工业出版社，2014.6（2021.6 重印）

书名原文：The complete illustrated guide to rocks of the world

ISBN 978-7-111-48217-8

Ⅰ.①世… Ⅱ.①范… ②马… ③王… Ⅲ.①矿物鉴定-通俗读物 ②宝石-鉴定-通俗读物 Ⅳ.①P575-49 ②TS933-49

中国版本图书馆CIP数据核字（2014）第233223号

机械工业出版社（北京市百万庄大街22号 邮政编码100037）
策划编辑：杨 源 责任编辑：杨 源 责任校对：杨 源 责任印制：李 洋
北京新华印刷有限公司印刷
2021 年 6 月第 1 版第 6 次印刷
184mm × 260mm · 15.75印张 · 470千字
10201—11200 册
标准书号：ISBN 978-7-111-48217-8
定价：198.00 元

电话服务	网络服务
客服电话：010-88361066	机 工 官 网：www. cmpbook. com
010-88379833	机 工 官 博：weibo. com/cmp1952
010-68326294	金 书 网：www. golden-book. com
封底无防伪标均为盗版	机工教育服务网：www. cmpedu. com

目　录

导语

回到19世纪早期，那时收集岩石与矿物的风潮才刚刚兴起，著名的苏格兰诗人沃尔特·司科特爵士(Sir Walter Scott)曾在他的作品中这样描述地质学家：“他们翻山越岭，把大块的石块削成小块儿，行为与漫无目的乱跑的筑路工无异。可他们自己却认为这样做就能知道地球是怎么形成的！”时至今日也有很多人认为收集岩石与矿物是一种十分怪异的行为。

海滩或者溪流附近都能看到暴露在外的石头，一层一层地堆积着；一眼望去几乎都是黯淡无光的灰色石头。但是如果近看，你会发现这些石头在颜色上有着微妙的差别。这块是发灰的乳白色，那块是斑驳的褐色，而第三块石头上长着丝丝条纹。在非专业人士眼中，这些就是普普通通的石头，而在地质学家看来，每块石头都与众不同、自成一派。

发灰的乳白色石头有可能是石灰岩。通过放大镜观察这块石头你就会发现它表面具有光泽，并带有几百万年前热带海洋沉积成的方解石结晶纹理。从这块石头中你可以真切地看到几百万年前游弋其中的古代海洋生物的化石。地质学家会继续告诉你那块带些斑驳褐色的石头其实是花岗岩，而通过放大镜你会看到它其中蕴含的三种矿物：带有黑色小斑点的云母、玻璃光泽的石英和黄色的长石。所有这些矿物都是由几百万年前地球内部的炽热高温锻造而成。带条纹的石头有可能是片岩——一种因地球运动过程中的强大压力导致岩石中结晶的分解、进而被这种压力挤压成条纹状的重构形式而产生的岩石。在放大镜下可以看到片岩中镶嵌着一些红色的小斑点。地质学家可以鉴别出这些小斑点：也许是石榴石，又或者是让处于权力巅峰的帝王们终身痴迷的、珍贵的红宝石。

仅仅上述这三块在海滩边捡到的石头就有着如此魅力，无怪乎有越来越多的人沉迷于岩石和矿物的收集了。很多石头是因为自身的稀有和美丽而被人所收集，比如众所周知的红宝石和钻石，还有非宝石矿物类的铬铅矿和玫瑰石英。从各种各样的岩石和矿物中我们还可以提取所需的金属或建筑材料。总而言之，无论是因为美丽还是因为价值，石头都因其背后的故事而令人着迷。

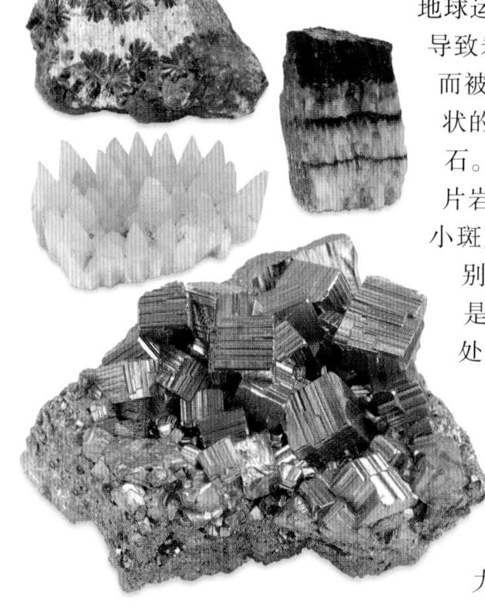

下图：图中美丽稀有的矿石标本尤其受到地质学家的追捧，它们分别是“黛西”石膏(最上)、“犬牙石”——方解石的一种(左中)、“蓝约翰”——萤石的一种(右中)、黄铁矿(底端)——因为自身浅黄的颜色和金属光泽又被称为“假黄金”。

上图：一些标本只有在经过抛光和打磨之后方显美丽本色。上面的是球状花岗岩——花岗岩中极其特殊的一种。下面的是缟玛瑙。

被岩石所贯穿的历史

在人类历史中岩石长期扮演着重要的角色。很久以前，我们的祖先把卵石的边缘磨得锋利、变成手握大小的武器。在距今两百万年以前，原始人开始利用燧石制作双面手斧，而人类历史分期的第一个时代“石器时代”也因此而得名。

寻找品质优良的燧石需要具备相当实用的地质知识。现在几乎没有人知道去哪里才能找到燧石，但是石器时代的人类祖先却对燧石的位置了如指

上图：松脂埋于地下数千年而形成琥珀，如果有昆虫置于其间，则成为虫珀。

掌，甚至能够挖出埋在地下的燧石。

大约距今1万年以前，人类就已经开始使用铜和金了。这两种金属由于自身颜色显眼，很容易被发现；尽管如此，找到它们同样也需要扎实的地质知识。铜和金本身的质地过于柔软，不适合被打造成工具。但是距今大约5000年前，人们发现在铜中加入锡就可以制成坚硬的青铜合金，这一发现使得金属制品得以广泛使用，而人类历史由此进入到青铜时代，并随之产生了第一批古代文明，比如古埃及文明。

下图：这些石头虽然其貌不扬，但是每一块石头背后都有一个精彩的故事。左上角的石头是滴水石，滴水石是洞中滴水形成的碳酸钙沉积。右上角是石灰岩，其中富含大量的古海洋生物及珊瑚虫化石。底下的是带有古珊瑚印记的石灰岩。

金属锡提炼自锡矿石。河流边的碎石堆中如果有花岗岩就很容易找到锡石，此外一些锡石埋藏在地下深处的矿脉中，比如奥地利的蒂罗尔山区和英国的康沃尔郡。需要再次强调的是，找到分布在不同位置的锡石需要非常扎实的岩石与矿物知识。

此后的4000年间，矿工在寻找和开采各种各样的矿产资源中掌握了丰富且实用的地质知识，“矿产”一词衍生自矿工，这一点毫不意外。15世纪德国矿冶学家格奥尔格·阿格里科拉(Georgius Agricola)出版了第一本地质学专著《矿冶全书》。

地质学家

18世纪末，地质学成为一门新兴的自然科学，其兴起与苏格兰著名的地质学家詹姆斯·赫顿(James Hutton)的推动密切相关。18世纪末期，大部分人仍旧认为地球只存在了几千年而已。但是赫顿却意识到地球的年龄远远不止几千年。现在普遍认为地球形成于45亿年前，而我们现在看到的岩石景观是地球缓慢运动演化的结果，并非由一系列灾变事件所产生。赫顿的观点是，岩石被流水侵蚀打磨，沉积物被冲刷到海洋中再形成新的沉积岩。同时他推理出地球内部的炽热高温将岩石熔解，压力将熔解后的岩石抬升、扭曲，形成新的山脉。赫顿认为地球的演化过程是一个无尽的循环。岩石被侵蚀、沉积、再因为地球内部压力和运动而被迫隆起，其中每一个新的地层中往往带有明显的岩石序列缺失，而这种缺失在地质学中被称为不整合。

上图及左图：只有在极其偶然的情况下地质学家才会发现宝石，例如红宝石（左图）或者是钻石（上图）。即便发现的不是具有特别价值的宝石，整个发掘过程却是激动人心的。

赫顿的理论激励着越来越多的地质学家投身于研究岩石和其背后成因的事业中。很多维多利亚时期的绅士们把地质学当做一种时髦的消遣活动，他们脚穿工装靴、随身带着锤子和装岩石样本的厚实口袋，大步流星地穿梭于野外。这其中也包括查尔斯·达尔文(Charles Darwin)，他借鉴了地质学的理论并将其精髓融汇到进化论的观点中。我们今天所认识的绝大部分岩石与矿物都是由这些维多利亚时期的地质学家发现并鉴别的。

接下来通过本书您将了解到地质学的发展从早期到现在经历了哪些重大的时期，地质学家又会用到哪些尖端设备。但是即便是非专业人士，借助基本工具和专业知识，也能找到很棒的岩石与矿物标本，这才是本书作者写作的初衷。

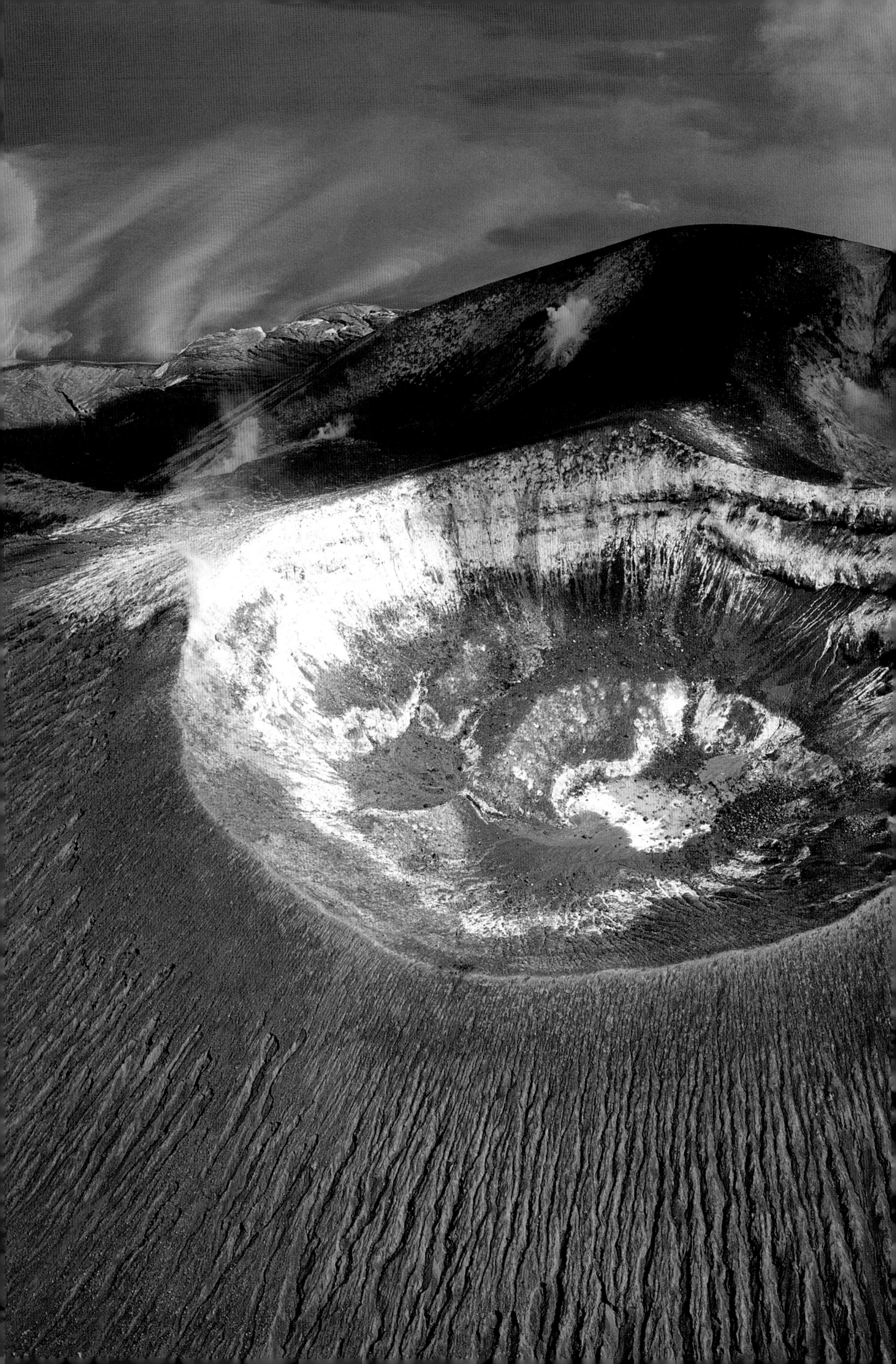

了解岩石与矿物

岩石与矿物构成了自然景观，组成了山谷、丘陵和山峰。无论是因为地球内部炽热高温的锻造，还是火山活动导致的变形，亦或是大陆板块移动时的挤压碰撞，又或是在海底静静地沉积，岩石与矿物的成因特点与区域特性都是地球演化过程的重要线索。

当你爬上山峰远眺时会看到河流蜿蜒入海，视野里一望无际的山谷、丘陵、森林和田野仿佛是永恒不变的风景，但是这些景观相较于地球的漫长历史来说却是转瞬即逝。沧海桑田不过是百年的轮回，而组成这些景观的要素之一——岩石却可以将地球的历史追溯到45亿年之前。我们今天看到的景观从地质学的观点来看，只不过是一个稍纵即逝的瞬间。

大约两百多年前，地质学家开始意识到地球表面的景观实际上处于一种持续变化的状态，进而开始了解这些景观形成的时间，以及在流水、地震和火山活动等外力作用下造山运动不断轮回的过程。直到20世纪中期，随着板块构造学说的出现，地质学家才真正了解地质景观是如何变化的。板块构造学说认为整个地球表面都覆盖着始终处于运动状态的构造板块，整个地壳可以分为20块左右的巨大板块。相对于人类的运动速度来说，构造板块的运动速度只比指甲生长的速度稍快一些，几乎慢到可以忽略不计；但是在浩瀚的地质时间中，构造板块的运动是非常重要的——它能够将全球范围内的陆地和海洋进行乾坤大挪移。构造板块学说为地质学家认知岩石的形成和重塑、造山轮回的过程、火山喷发及地震发生的原因等问题提供了新的解读视角。

左图：硫黄蒸气源源不断地从位于伊苏贝拉岛的尼格拉火山的火山口喷发出来。伊苏贝拉岛是加拉帕戈斯群岛中最大的岛屿。火山是地球上最重要的矿产资源基地之一，火山活动持续不断地将各种物质带到地表、形成新的矿产资源。

地球内部

我们脚下的地球似乎无比坚固，但最近的研究却显示其内部运动的复杂和频繁超乎想象。我们脚踩的薄薄的岩石外壳称为地壳，而整个地球就像不停地被搅动、冒着热气的稠羹。

在半个世纪之前，地质学家关于地球内部的构想十分简单，他们认为地球就好像一个鸡蛋，外面一层薄薄的岩石壳被称为地壳。正下方不超过几十千米深的部分，岩石因炽热的高温而软化，这部分被称为地幔。再下方，距离地面2900km的部分被称为地核，主要由铁、镍等元素组成。外核部分的温度极高，可与太阳的表面温度比肩，因此外核的主要组成部分是熔融态或近似于液态的物质。内核位于地球的中心，坚固无比且密度极高。

这种“鸡蛋”结构的关键在于密度。该构想认为地球刚刚形成时是一个炽热的半熔化的球体。密度较大的元素，比如铁，沉入中心并形成地核。密度较轻的元素，比如氧和硅，就好像漂浮在水中的泡沫一般轻浮于表面，最终遇冷凝结形成坚硬的地壳。

下图：铁匠知道只有在温度极高的情况下铁块才会熔化，而地质学家发现地球外层地核在强压之下温度可以达到4500K，足以使铁变成熔融态的物质，而内层地核温度更是可以达到7500K！

一些元素，比如铀，尽管密度很大，但是在地壳部分不再向中心部分下沉而是与氧元素结合形成氧化物，或者与氧元素、硅元素结合形成硅酸盐。这些物质被称为“亲石元素”，其中也包括钾元素。

密度较轻的“亲铜物质”，比如锌和铅，与硫结合形成的硫化物会蔓延上升形成地幔。密度较大的“亲铁物质”，比如镍和金，与铁结合形成的物质会不断下沉直达地核。

唯一令人困惑的地方在于地表是由陆地和海洋组成的，地壳也会分成陆地地壳和洋壳。陆地地壳十分古老，有些岩石的年龄近40亿年，并且相当坚硬。尽管加利福尼亚中央谷地的地壳厚度只有20km，但是喜马拉雅山的地壳厚度却高达90km。海洋部分的地壳成分却相当年轻，所有岩石的年龄都不超过两亿年，而且有些几乎是全新的，地壳厚度只有10km。

倾听

近几十年的科研新发现迫使地质学家们不得不重新修正最初过于简单的地球内部构造设想，而解决这个问题的关键是要了解地球的内部。日本的一艘钻探船于2005年投入使用，截至目前已经钻出了有史以来最深的洞——已经穿透了洋壳，希望尽可能地减少对地表的伤害而直达地幔。除此之外，还有其他方法了解地球的内部构造。基于重力的天文计算结果得出了地球的质量，并且数据显示地球内部构造的密度大于地壳的密度。通过陨石我们可以了解地球内部的矿物组成，即石陨石和铁陨石，它们分别反映出地幔富含石质成分和地核中铁元素的聚集。此外，火山活动将地幔深处的橄榄石和榴辉岩带向地表，然而揭开地球内部构造神秘面纱的重要线索却是地震（地震波）。

上图：足够大的陨石撞击到地球表面时可以形成巨大的陨石坑，比如图中著名的亚利桑那陨石坑。巨大的陨石与地球在撞击的瞬间因高速摩擦而产生的热量足以使自身燃烧殆尽。但是一些体积较小的陨石却在地球上保留了下来，并且成为地球内部构造中重要的组成部分。

地震发生后，其雷鸣轰响会穿透地球，灵敏的地震仪能够在地球的另一端检测到地震的发生。当我们用勺子敲击金属和木材时会听到因材质不同而在声音上产生的差异，与此原理类似，地质学家可以通过地震波“听到”地球内部不同的声音。地震波在穿过不同物质时声音会被弯曲折射，并且地震波穿过的物质不同，穿过的速度也不同。例如，地震波穿过由坚硬岩石构成的地壳时速度较快，而穿过高温且熔融态岩石聚集的地幔时速度会变慢。

密度与速度

地震波向地质学家提供了了解地壳和上地幔的新视角。尽管地壳和地幔的化学成分不同，但是当地震波穿过地壳和地幔地震波被弯曲和折射的方式大致是相同的——从流变学的角度来看，它们大致相同。地震波在穿过地幔顶部100千米的区域时速度很快，这部分都是坚硬的地壳。上地幔和地壳共同组成了坚固的刚性层，叫做岩石圈。岩石圈下面，当地震波穿过时速度放慢，这部分炽热而柔软的地幔被称为软流层。岩石圈被分成巨大的构造板块，构造板块浮在软流层上活动，就好像池塘里的浮冰一样。

软流层向下，在地下大约220千米的地方，压力增大，将熔融态的地幔合成坚固的中间层。再向下，强压迫使矿物在不改变化学成分的情况下通过相变（类似于冰融化成水）而形成致密结构。因此，在地下420千米的地方，橄榄石和辉石就被尖晶石和石榴石所取代。继续向下，在地下670千米的地方，强压会再次改变矿物结构甚至是组成方式，形成钙钛矿，而钙钛矿是下地幔的主要组成物。

地核与地幔的分界

穿过地幔之后，地震波以超高速运行着。在地下2900千米处的古登堡界面，地震波运行速度骤减，说明这里是地核与地幔的分界层（CMB）。地震波的运动变化是非常明显的。地核与地幔之间的距离不过区区几百千米，但温度却飙升了1500℃。此外，地幔与地核之间的密度也远远大于大气层与岩石圈的密度。

从地幔到地核与地幔分界层（CMB）之间的过渡带被称为D"层，针对该区域的研究非常受重视。D"层的外圈由山谷和山脊组成，科研结果显示该区域主要由一种特殊结构的钙钛矿物质组成，被称为后钙钛矿。2005年，地质学家发现地震波通过D"层后速度明显加快，这一现象也正好说明地核的外圈有可能是固态的。

对于地核与地幔分界层（CMB）的研究至关重要，并且有助于我们了解板块运动、火山喷发的原因，因为这些现象与地幔组成物的深度循环紧密关联。

地球的内部构造
这张图呈现了地质学家所设想的地球内部的结构（不按比例），包括地壳、地幔和地核3个部分。

地壳：距离地面0~40千米、薄薄的、位于地球最外一层，由玄武岩和花岗岩这些富含硅酸盐的岩石组成。地壳最薄的地方位于海洋，而最厚的地方位于陆地。地壳与坚硬的上地幔相连，并浮在柔软的下地幔之上。

上地幔：距离地面16~670千米的地方。该区域高温且拥有熔融态的物质。在岩石圈下面的软流层中，固体矿物因为炽热的高温而融化，形成岩浆，当火山喷发时岩浆也随之流出地壳。上地幔主要由高密度的橄榄岩组成。

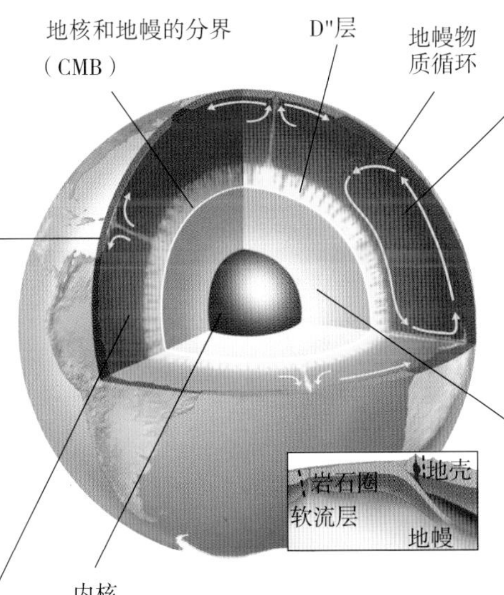

下地幔：距离地面670~2900千米的地方。在这里，强压将上地幔中低密度的硅酸盐压缩成高密度的钙钛矿和辉石。钙钛矿不仅是地幔的主要成分，同时也大量地存在于地球中，但地幔中钙钛矿的含量占到了整个地球钙钛矿总量的4/5。

地核：距离地面2900～6370千米的地方，高密度的球形硬核，其主要成分是铁和镍。地核外层的温度极高，超过4500K，足以融化任何金属。地核内层的温度则更高，达到7500K，但是该区域因为受到强压影响导致密度飙升，所以大部分的成分是固态的铁。

岩石圈：（左图）地球坚硬的外层，岩石圈又分成多个构造板块，构成地表。岩石圈包括地壳和上地幔的上部。

大陆和板块

陆地和海洋组成了我们所生活的地球，这一切看起来是那么理所当然、永恒不变，以至于人们很难想象地球的其他面貌。在人类已知的认知中，地球是唯一一个拥有大陆的星球，大陆的存在至关重要，而构成大陆的基础则更令人惊叹。

与地球一样，太阳系中的金星和其他行星及卫星都有岩石壳，但这些星球上的岩石壳几乎都是玄武岩，非常古老也非常稳定，从形成之初到现在的千百万年间都没有产生变化。地球也有玄武岩壳，例如洋壳的主要组成物质就是玄武岩，但是地球的地壳既不稳定也谈不上古老，事实上，洋壳的年龄还不足两亿年，有些甚至是刚刚才形成的。

更不寻常的是，由花岗闪长岩这种类花岗岩类岩石构成了巨大的板块，形成了地壳。正是这些浮于地幔上方、重量较轻的花岗岩板块组成了地球的陆地部分。

移动的大洲

在过去的五亿年中，地球上的各大洲最初是一个整体，后来破裂成若干块，并最终漂移形成今天人们所看到的样子。大约两亿两千五百万年前的二叠纪末期，所有的陆地都是一个统一的整体，地质学家把这个超级大陆叫做盘古大陆。当恐龙称霸地球时，盘古大陆开始破裂分离，不同大陆上的恐龙进化成了不同的种类。在此列出不同时期的地图，以便读者能够更直观地了解大陆漂移的情况。大陆的形状实际上是不断变化的，因为洪水淹没了地势较低的地区而山峦在不断地涌起。

大陆的形成

没有人知道这些巨大的板块是如何形成的，也没有人知道这些板块的成因，但是板块的形成过程极其缓慢，这一点是明确的。最古老的板块已有近40亿年的历史，而地球的年龄不过46亿年而已。时至今日，花岗岩地壳才仅仅占地球表面的1/4。

当岩浆（熔融状态的岩石）从炽热的地幔部分流出到达地表时，遇冷凝结后就形成了玄武岩。花岗岩不是由地幔中的熔融态物质融化后直接形成的，而是只有当玄武岩再次变成熔融态，改变化学成分并与地表的其他物质相结合时才能形成花岗岩。

地质学家认为花岗岩的形成有两种方式。第一种：炽热的熔融态玄武岩岩浆从地幔隆起流向地壳时，地幔和地壳之间的岩体被高温熔化，形成熔融态的花岗岩岩浆。由于密度小于玄武岩地壳，熔融态的花岗岩岩浆会隆起到地壳后再遇冷凝固。第二种：地球的内部活动使得玄武岩下沉至地幔，中途经高温加热重新变成熔融态，并形成新的熔融态花岗岩

两亿两千五百万年前的二叠纪：二叠纪末期所有的陆地都是一个统一的整体，被称为盘古大陆。

两亿零五百万年前的三叠纪末期：三叠纪末期，被称为特提斯海道的一片楔形海洋其面积不断扩大，并隐没于盘古大陆的东部边缘之下。

一亿五千万年前的侏罗纪：侏罗纪时期，盘古大陆开始分裂成若干块，其中包括特提斯海道周围漂移的陆地。北美的西南部被圣丹斯古洋淹没。

八千万年前的白垩纪：白垩纪时期，盘古大陆南部被称为冈瓦那的大陆开始分裂并形成今天的南半球大陆，印度大陆开始向北朝着亚洲大陆漂移。

现在：在过去的五千万年中，北大西洋将欧洲大陆与美洲大陆分离开来，印度大陆与亚洲大陆发生碰撞，并在这一过程中形成了喜马拉雅山脉。

上图：近年来，在海底深处发现了板块构造活动的明显证据。在东太平洋海底，距离海平面2600米的水下，像图中这样的裂缝为海洋的扩张提供了有力的证据。沿着这些裂缝，火山活动给海水加温并创造了富含各种化学元素的化合物，这些化合物为白色的螃蟹和其他海洋生物提供了独特的栖息地。

岩浆，此后花岗岩岩浆向上隆起，形成新的大陆地壳。这一过程是大陆演化过程和地球生命多样性的有力论据。

那么地壳究竟是如何运动的呢？答案就在20世纪最伟大的地质学理论中，即板块构造学说。地球坚硬的表面包括地壳在内的岩石圈，可被分成20块左右的巨大的板块。这些板块承载着陆地和海洋，在全球范围内缓慢地移动。

大陆漂移

20世纪早期，德国地质学家阿尔弗雷德·魏格纳（Alfred Wegener）最早提出了板块构造理论。他注意到非洲西海岸与南美东海岸的轮廓十分吻合，他还注意到两块相隔甚远的大陆却在很多地方具有惊人的相似性。特别是从两亿三千万年前的二叠纪时期开始，两个大陆的地层和古代动/植物化石几乎一致，而在遥远的北极圈中发现古热带生物的化石无疑更加证实了魏格纳的猜测。

魏格纳认为这绝对不是单纯的巧合。他意识到，所有这些巧合只能说明我们现在看见的四分五裂的大陆在最初是作为一个整体存在的。他提出了一个大胆的构想：二叠纪时期，所有陆地都是一个统一的整体，而这个超级大陆被称为盘古大陆。盘古大陆被一个巨大且单一的海洋包围着，这个海洋被称为盘古大洋。魏格纳认为，大约在距今两亿年之前，盘古大陆开始分裂成若干块，这些陆地渐渐漂移，直到形成我们今天所看到的样子。

但魏格纳的观点不能被同时期的地质学家所接受，在其他人看来，大陆漂移的想法实在是太过荒谬，但地壳运动似乎却坚实地验证了魏格纳的观点。在此后的五十年间，越来越多的证据表明大陆漂移的构想是正确的。其中一个至关重要的证据是在古代岩石中发现了磁铁矿的颗粒，这些颗粒就像微型罗盘，从古代岩石形成时开始就指向北极。然而令地质学家惊讶的是，这些颗粒并不完全指向同一个方向。起初，地质学家们认为是北极的磁极位置曾经移动过，但之后他们意识到并不是北极的磁极发生了变化，而是孕育这些颗粒的岩石所在的大陆位置发生过变化，颗粒所指向的方向发生了扭转。地质学家们意识到，借助这些古代罗盘或者“古代指南针”就能够勾画出所有时间点中大陆漂移的完整路径，上页所示的地图正是遵循这个方法画出来的。

海洋的扩张

第二个关键因素是地质学家们意识到不仅仅是大陆发生了漂移，整个地球表面，包括海洋在内的部分，都发生了变化。事实上，在整个漫长而宏伟的板块构造运动过程中，大陆漂移仅仅是地球表面变化的一部分。其突破性的进展诞生于1960年，美国地质学家哈雷·赫斯（Harry Hess）提出的观点认为洋底不是一成不变的。相反，他认为海洋中也存在“山脊”，即洋中脊，海底正中的“山脊”被称为断裂谷。断裂谷中冒出大量的岩浆，岩浆冷却后形成新的洋中脊，将洋底向两边分开。洋壳不会增大，因为随着新的洋中脊的诞生，旧的洋中脊随着炽热的岩浆沉入地幔并消亡于海底边界，地质学家把这一过程称为隐没。

最初赫斯的观点也遭到了质疑，但是很快决定性的证据出现了，地质学家们在洋中脊的岩石中发现了环状的、结构对称的磁铁矿。像树木的年轮能够证明树木的年龄一样，这些环状磁铁矿也是海底生长扩张的有力证明。此后不久，海底扩张学说和大陆漂移学说一同被认定为板块构造学说的重要理论支柱。

板块构造学说能够有力地解释之前人们所发现的岩石和化石的种种巧合。板块的断裂和振动引发了地震，板块上有裂缝的地方或者沉入地幔的地方会引起火山喷发。板块相撞，接触的边缘被挤压变形，形成褶皱并隆起，就形成了山脉。事实上，对这一革命性理论的全面研究才刚刚开始。

上图：这是靠近北极的斯匹茨卑尔根岛，景色荒凉、苔原稀疏，很难想象这里曾经被郁郁葱葱的热带植物所覆盖，但是岛上出土的化石证明这座岛曾是热带植物的天堂。这并不是气候的原因，而是因为斯匹茨卑尔根岛曾位于热带地区，在大陆漂移的过程中被带到了寒冷的北极附近。

地球的演化

像一个破碎的蛋壳，地球表面四分五裂的、巨大的岩石块被称为板块构造，全球可分为七个大板块和十几个小板块。板块并不是一成不变的，而是不断地经历着漂移、分裂，并重新组成新的板块。板块的运动速度如果以人类活动的速度来衡量，可以慢到忽略不计，但是如果用地质时间作为标准，构造板块及其活动是至关重要的。

板块构造是岩石圈的组成部分，岩石圈位于地壳之上，是地球坚硬的外层。板块构造面积庞大，厚度不超过100千米，但是有些板块却囊括了整个大陆或海洋。

板块构造中面积最大的是囊括了大部分太平洋的太平洋板块，这是唯一一块由整个海洋组成的板块。其他板块根据面积大小，依次是非洲板块、欧亚板块、印澳板块、北美板块、南极板块和南美板块。陆地被承载于板块内，就好像木筏上承载的货物。还有一些面积较小的板块，但即便是面积最小的板块——北美的胡安·德富卡板块，其面积也比整个西班牙的面积要大得多。

几乎无法想象这些巨大的板块竟然可以移动，但事实上每一分、每一秒，这些大家伙都在运动。板块运动的速度跟人类指甲生长的速度相近，速度大约为每年1厘米。纳斯卡板块是所有板块中运动速度最快的，比板块运动的平均速度要快二十倍。即便运动速度跟指甲生长的速度相近，历经四千万年才把欧洲和北美分开，创造了整个北大西洋，这也只是地质时间里的一段短暂时光。通过精确的激光仪器甚至可以检测到板块每个月的活动情况。

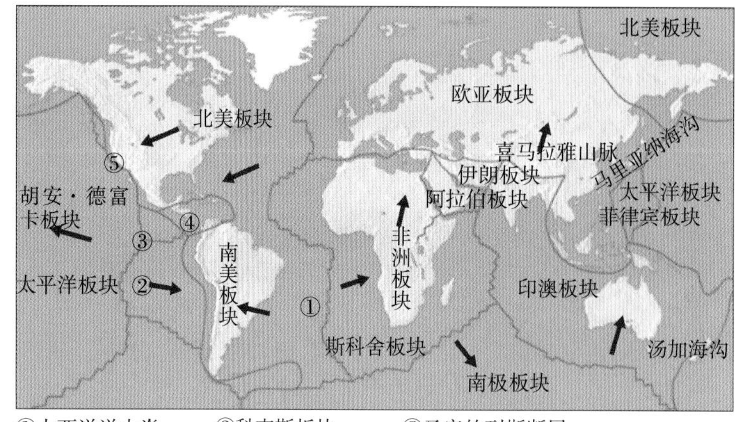

①大西洋洋中脊　③科克斯板块　⑤圣安的列斯断层
②纳斯卡板块　④加勒比板块

板块运动的原因

地质学家们还不能确切地解释到底是什么促进了板块的运动，但是大部分理论倾向于地幔对流是引起板块运动的主要原因。

在地幔中，地核散发出的高温不断搅动着熔融态物质，熔岩翻腾上升，遇冷凝结，之后又被重新带入到地幔。地质学家们一度认为所有这些对流熔岩在如同板块一样大小的空间里活动，就好像传送带上运载的货物，板块恰好位于这些对流熔岩之上。现在的观点却认为，这些被称为“地幔柱”的熔岩从炽热的地幔深处沸腾升涌，并对整个地壳进行加热，就好像在炉子上加热馅饼一样。

地幔柱观点的提出有力地配合了另一个研究观点，即板块运动的原因与其自身重量有关。洋中脊高出海洋边缘2~3千米，因此板块很可能从此处分开，滑向低处。

另一个观点则认为板块运动与桌布从桌子上滑落类似。洋中脊喷发出炽热的熔岩，熔岩接触到海水后随着海水流动，遇冷凝结在远离洋中脊的海洋边缘。当熔岩凝固后，密度增大、质量变重，又重新下沉到地幔。熔岩下沉时也带动了板块边缘的下沉，就像桌布垂于桌子边缘时可以很容易地把整块桌布从桌子上带下来。所有这些观点也许都可以作为板块运动原因的理论支持。

全球主要的板块

从左图可以看到全球范围内的主要板块，红色的箭头表明了板块运动的方向。

板块边界

找出一块板块的起点的终端并非易事。尽管利用地震波可以勾勒出板块的大致形状，但是用这种方法描绘出的板块

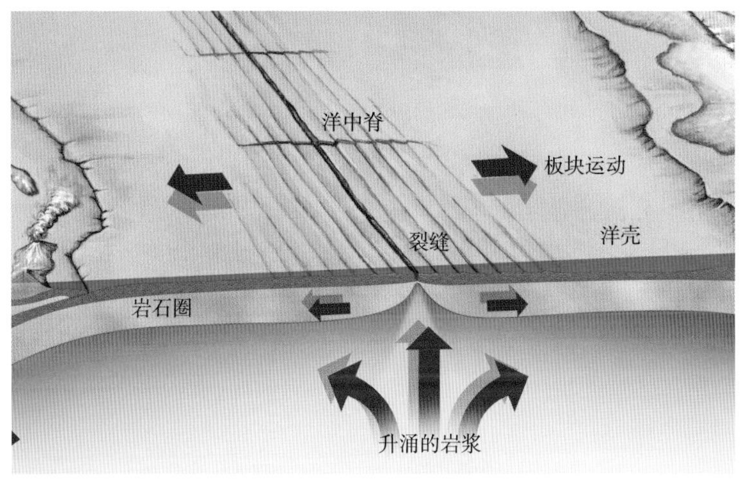

离散边界的典型是洋中脊，例如大西洋正下方的海底耸立着高达两千米、呈锯齿状的洋中脊，这正是板块的交界处。这个洋中脊的中间是一个约5百米深、不超过10千米宽的海槽。板块从海槽处分离，向海底扩张。在海槽下方，岩浆从软流层向上喷涌。部分岩浆在洋壳底部凝固，并形成了辉长岩；部分岩浆渗入到由自身压力所产生的垂直裂缝中，并形成了像墙壁一样坚硬的玄武岩，称为岩脉；部分岩浆随着海水扩散到海底，凝固之后形成的结晶称为枕状熔岩。岩浆涌动上升，遇冷凝固后形成新的洋壳，并从洋中脊周边向外扩张。

边界还是太模糊。

地震是能够明确分界出板块边界的有效手段之一。当板块彼此碰撞时会发生震动，所以大部分地震都发生在板块边界带。2005年5月，日本地质学家通过跟踪十五万次小型地震最终发现了一个位于日本关东地区下方、此前不为人知的板块。

其他界定板块边界的方法还可以通过火山带、褶皱山脉、岛屿轮廓线和深海海沟。有些板块的边界恰好是大陆的海岸，比如南美的西南海岸，被称为主动边缘；而有些板块的边界处于洋中脊，即陆壳向洋壳过渡的地带，被称为被动边缘。

移动边界

所有的板块都处于运动状态，有的快、有的慢，因此地质学家根据特性不同将边界分成了3种形式。其中，板块彼此分离的地方叫做离散边界（详见上图），板块汇聚、消亡的地方被称为汇聚边界（详见下图），板块做平移运动的地方叫做转换边界。大部分转换边界都是与洋中脊连接的断层，但也有部分例外，比如新西兰的阿尔卑斯断层就与海沟相连接。美国加州的圣安的列斯断层则是由于北美板块与太平洋板块缓慢地平行摩擦而形成的。

地质学观点认为板块边界的寿命很短。例如一些古老的大陆板块，当猛烈地互相挤压时就会融合成一个整体，比如亚洲的青藏高原北部就曾出现过板块边界的痕迹。借助地震波图像对该区域的边缘进行描绘，地质学家发现该区域此前发生过板块融合，一部分板块在经历过激烈的挤压后沉入板块边界下方的地幔中。

汇聚边界的典型则位于海洋边缘。板块之间相互平移摩擦，较轻的板块抬升，较重的板块下沉并通过隐没过程消亡于地幔。当板块下沉隐没于软流层时，深海海沟向外扩张。在下沉时，板块开始熔化，并释放出高温、挥发性物质，水甚至是熔岩并形成岩浆。岩浆柱从上层板块破裂的边缘涌出，遇冷凝固后沿着边缘形成一条弧形的火山链或者是火山岛。下层板块如同刮泥机一般将上部物质刮下来并在海底堆积成楔形，堆积的地方称为增生楔。随着隐没板块的下沉，摩擦引起的震动引发了地震。这一现象被地震学家达清夫（Kiyoo Wadati）和胡阁·贝尼奥夫（Hugo Benioff）发现，由此将该区域命名为“瓦班氏带”。

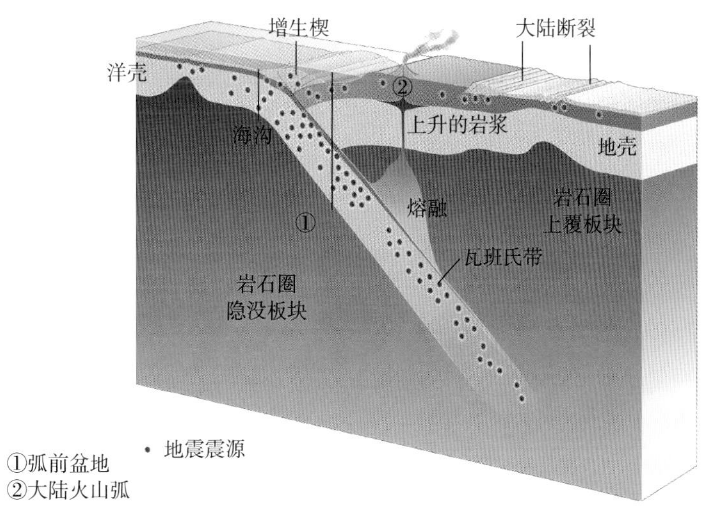

造山运动

地球表面没有任何一种动力作用的结果能比得上造山运动。在巨大力量的作用下，大量岩石被抬升至数千米的高度，形成了高耸入云的山脉，比如世界第一高的喜马拉雅山就是这样形成的。在地球的历史上，造山运动周而复始。

另一个值得注意的现象是，如果以地质学时间范畴来衡量，地球上所有壮观的山脉都十分年轻。在过去的五千万年间，喜马拉雅山脉、安第斯山脉、洛基山脉、阿尔卑斯山脉等逐步形成，换句话说，在恐龙灭绝后的很长一段时间里，这些山脉才渐渐形成。

在板块构造学说问世前，地质学家们一直无法解释地球上的山脉是如何形成的。他们发现在山脉形成的过程中诞生了主要山脉的分布带，在地质学中将其命名为“造山带”。造山运动持续了大约几千万年的时间，之后就停止了。当造山运动停止后，山体被侵蚀，再次回到海洋，这个过程并不需要很长的时间。

1899年，著名的地质学家威廉·莫里斯·戴维斯（William Morris Davis）描绘了山脉形成的过程，称为“侵蚀循环”。侵蚀循环描绘了山体形成的整个过程：起初，猛烈的震动致使地表隆起，此后在流水、风沙缓慢而平稳的侵蚀作用下，地貌先后经历了“幼年期”、“壮年期”和“老年期”3个阶段，这个过程被称为侵蚀循环。当一座山脉形成后，新一轮的侵蚀循环又重新使地表隆起。侵蚀循环没有解释地表是如何被抬升隆起的，但是戴维斯的理论因其雅正的格调而被世人所接受。此后直到20世纪60年代板块构造学说问世，侵蚀循环在其影响下也被赋予新的解读视角。

下图：科罗拉多州的洛基山脉是世界上最壮丽的山脉之一，它高耸入云，顶峰终年被积雪覆盖。洛基山脉形成的原因就是由于构造板块相互碰撞，地表岩层被抬升、隆起后形成了长长的褶皱，像这样的山脉称为褶皱山脉。但是位于肯尼亚的乞力马扎罗山（海拔高度5895米）则是由于火山活动而形成的。

构造造山

山脉的形成方式有很多种（详见下页左下图所示），但是地球上的大部分山脉都是沿着板块边界形成的。

地球上最长的山脉其实是位于板块分界处的、位于海底的洋中脊。洋中脊纵贯整个大西洋，蜿蜒延伸至印度洋。陆地上的所有山脉皆形成于板块交汇处，就像墙上挂着的皱巴巴的挂毯，在板块汇聚的地方因为摩擦挤压，岩石沿着板块边界被抬升、隆起，形成长长的褶皱。

当海洋板块陷入大陆板块下方时，沿着海洋板块边缘分布的弧形火山带及其他岩屑被上方的大陆板块夷平，因质轻而隐没于大陆板块的边缘，成为“增生岩层”。当海洋板块继续下沉时，增生岩层被抬升得越来越高，直至断裂，并最终形成造山带，至此山脉才算形成。北美的科迪勒拉山脉就是这样

形成的。

最终，所有的海洋板块都会沉入地幔，留下两块大陆迎头相撞。碰撞的威力使得两块大陆各自的边缘摩擦、隆起并形成褶皱，最终形成陆地上耸立着的山脉。

在远古时代，当非洲板块与北美板块相撞时，其巨大威力的产物就是阿巴拉契亚山脉。当现在被称为欧洲和北美的两块大陆相撞时，被抬起的岩层形成了位于苏格兰和挪威的喀里多尼亚山脉。现在这条山脉历经侵蚀，高度已经远不及形成之初。喜马拉雅山脉的形成也经历了同样的过程，不过这一次是印度板块与亚洲板块相撞（详见下图）。

复杂的成因

近年来，地质学家开始意识到地表形态的背后成因要复杂得多。随着对地球内部结构研究的深入，地质学家们发现岩石圈并非是仅由坚固、易破裂的岩石构成的，还包括了熔融态的物质——尽管流速缓慢，但的确是液态的。因此喜马拉雅山脉的成因，与其说类似于皱巴巴的挂毯，不如说更像是轮船的涡流效应造成的。

此外，除了板块运动，在造山运动过程中还掺杂了其他因素。19世纪，当英国科学家乔治·艾里（George Airy）在对印度进行勘测时，根据铅垂线的偏差值得出的结论认为，喜马拉雅山脉的大部分其实都在地表以下。事实上，现在我们才知道所有山脉都有延伸至地幔深处的“根”，这是因为山脉与地壳一样是浮于地幔之上的。但由于山脉巨大且沉重，所以陷入地幔的部分要比地壳多得多。

当山脉由于侵蚀作用而风化时，自身的重量会减轻，上浮露出地表的部分则会增多，这个现象被称为地壳均衡。近年来，精确的研究结果显示，阿巴拉契亚山脉每百年就会上升几厘米。地质学家起初对这个数据的正确性表示怀疑，因为阿巴拉契亚山脉距离构造板块边界太遥远。但事实上，阿巴拉契亚山脉是以一种地壳均衡的形式在增高，岩石因侵蚀作用而风化、自身重量减轻，山脉整体都在上浮，因此露出地表的部分也就增加了。

右图：当板块裂开或“断裂”时也会形成山脉。当板块分离时，岩浆从山脊中涌出，地壳被拉伸至断裂。岩石碎块逐渐离开裂谷并形成新的地堑，而裂谷两侧没有下坠的岩石就堆积成了山脉。美国西南部的盆地和山脉区就是以这种方式形成的（如右图所示）。

侵蚀是一个缓慢的过程，但在构造造山运动进行的同时，侵蚀可以将山脉夷为平地，所以在隆起的过程中是同时存在侵蚀作用的。

此外，受气候变化的影响，侵蚀速度会出现加速或放缓的情况。气候的变化和大陆移动方式的改变，甚至山脉本身的改变有关。因此，现在地质学家普遍认为造山运动是侵蚀作用、气候变化、构造板块移动、地壳均衡调整等因素共同作用的结果。

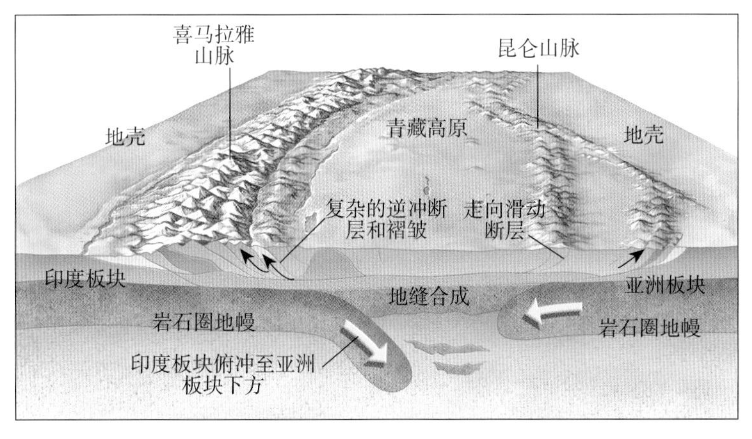

喜马拉雅山脉：世界上海拔最高的山脉，形成于五千五百万年前，由印度板块与亚洲板块南部相撞而成。当时，组成亚洲板块的岩石相对质地柔软、形成时间也不长，当与印度板块相撞时无力抵挡。在两块大陆相撞后的很长一段时间里，印度板块以每年5厘米的速度向北挺进，向亚洲板块内部推进了大约2000千米的距离。在碰撞缓冲区，由于地壳厚度倍增而导致了喜马拉雅山脉的隆起。与印度板块相比，亚洲板块的气候更温暖、密度更轻，因此亚洲板块被抬升，也就导致了断层的出现。但如此高海拔的山脉打乱了亚洲板块上空空气流动的方向，由此也就形成了著名的印度季风气候。气候的变化导致了侵蚀速度加剧，随之喜马拉雅山脉由于受到地壳均衡作用的影响，隆起的高度也在不断增高。

地震与断层

地球板块构造剧烈运动所产生的压力可以将地壳上易碎的岩层变得支离破碎，在破裂面有明显的相对移动痕迹的地方称为断层，断层形成时所产生的巨大冲击波足以使整个大地震颤。

地球上几乎每天都会有地震发生，有些地震的震级极低，只有借助灵敏度极高的专业探测仪器才能检测到。但是震级高的地震，特别是发生在大城市周边或者连同海啸一起发生的地震，足以形成毁灭性的灾难。每年大概有二十次高震级的地震发生，引发灾难性的后果，例如1999年的土耳其伊兹米特大地震。大地震通常还会引发海啸，例如2004年12月26日由于地震引发了百年不遇的印度洋海啸。

引发地震的原因有很多，比如山崩、火山喷发，或者是板块运动，地球上几乎到处都可能发生地震。但大部分地震，特别是大地震，只在板块构造边缘区的“地震带”发生。事实上，数据显示，80%的大地震发生在太平洋板块的边缘处，剩下20%的地震发生在欧亚板块与印澳板块、阿拉伯板块交界处的边缘地带。虽然洋中脊处也时常发生地震，但这些地震的震级都很低。

地震的成因

大部分地震发生的原因是两个板块在碰撞时因为相互挤压而产生了巨大的压力，但这种压力有可能产生在隐没带，有可能产生在转换边界。当两个板块互相挤压时，岩层被压弯变形，并被拉长，最终会因为压力过大而突然断裂。岩层突然断裂，释放出的能量以地震波的形式从岩层断裂的中心（震源处）向各个方向传播，引起地表的震颤。

如同玻璃上的裂纹，岩层沿着板块边界断裂，产生的断裂越长，地震的等级就越大。

2004年，在印澳板块边界产生了长达1000千米的断裂，引发了空前的印度洋海啸，而发生在1964年的阿拉斯加大地震则使得整个山脉向上抬升了

上图：圣安的列斯断层是地球上最大、最著名的断层，横贯整个加州。由于该断层的存在，地震频繁地“造访”旧金山市和洛杉矶市。地质学家们预计，这一地区再次发生规模相当于1906年的旧金山大地震甚至规模更大的地震只是时间早晚的问题。圣安的列斯断层伴随着一系列的走向滑动断层（断层分类详见第21页的左上图），沿着两个构造板块之间的转换边界而成形。圣安的列斯断层的西边是囊括了几乎整个太平洋的太平洋板块，东边则是囊括了大部分北美大陆的北美板块。在过去的两千多万年间，太平洋板块向北推进了560千米，也就是大约每年北移推进1厘米。令人担忧的是，在过去的一百年间，太平洋板块的推进速度比之前快了5倍。

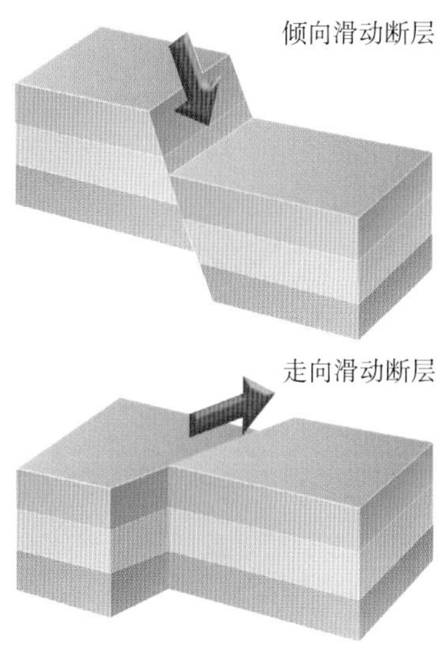

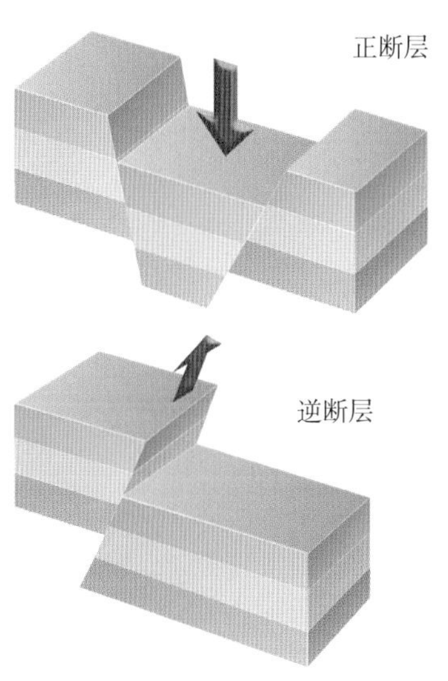

断层分类：地质学家根据岩石运动情况给断层进行了分类。对于“倾向滑动断层”，岩层做上升或下降运动；对于“走向滑动断层”，岩层做水平运动。巨大的走向滑动断层被命名为横推断层，由于板块的平移摩擦而形成，沿板块边界分布。倾向滑动断层的形成是因为地壳受到水平挤压或拉伸。压力将岩层分开，其中一部分岩层向下滑动而形成了“正断层”。由于岩浆升涌而导致地壳被拉伸并形成了平行的正断层，也就形成了地堑。岩层也许是被汇聚板块挤压，上岩层会水平摩擦下岩层，就形成了“逆断层”。逆断层以一个较小的角度做平移摩擦，就产生了冲断层。

12米。

大部分地震仅仅使得地表抬升了几厘米的高度，但连续地震的累积效应会对地表造成更大的影响。假如一百年间裂谷或断层仅仅移动了10厘米，那么一百万年之后则可以向上或向下移动1千米。

地震波

地震无法避免，地震波有4种形式，即在地下传播的P波（纵波）和S波（横波），在地表传播的L波（面波）和瑞利波。这4种地震波的传播速度都非常快。P波可以使地面发生上下震动，传播速度最快为5千米每秒；S波以蛇行方式传播，传播速度稍慢于P波。在地表传播的两种地震波虽然传播速度稍慢，但会对地表产生巨大的破坏力。对于岩层中地震波的传播，人们无法用肉眼观察到。地震波可以疏松沉积物，例如在岩层脆弱的地区（填海造陆地区），地震波穿行于海中时会产生波纹，就像海浪一样，这些波纹足以摧毁建筑物。在1995年的阪神地震和1989年的旧金山地震中，人工填海造陆地区的建筑物破坏得最为严重。

地震的危害

许多国际大都市（比如旧金山、墨西哥城、东京）都处在“定时炸弹”上，因为这些城市恰好位于地震带的中心。生活在这些城市中的人们已经适应了震级较小的地震，但毁灭性的大地震迟早会给这些城市带来巨大的灾难。对于这里的人们来说，必须与时间赛跑以便掌握预测地震的方法。

预测地震的方法之一是查看历史记录。如果很长一段时间内某个地震带没有发生过地震，那就说明很快这里会发生地震。因为岩层所受到的压力在一直累积，所以沉寂的时间越长，地震的震级就相对越高。

大多数地震学家认为预测地震的关键在于对岩层所受压力的监测，高精度监测设备可以对大多数地震带的地表变形情况进行监测，利用卫星激光测定可以得出精确的测量结果，比如日本的基石系统（Keystone System）。现在也有证据显示，地震以集群方式发生，断层附近因压力而产生地震，地震释放出的能量会引发震级相似的地震。因此，一系列的地震就形成了震群型地震，典型代表是震群型的地震沿着土耳其北安纳托利亚断层一直向西推进至伊斯坦布尔附近。

下图：1999年发生在马尔马拉海及土耳其伊兹米特地区的大地震有可能是沿着北安纳托利亚断层向西移动的震群型地震中的一个，波及距离伊兹米特80千米的伊斯坦布尔。

火山

很少有景观能和火山喷发媲美，但火山喷发时会释放出大量的气体、火山灰和熔岩，对地表造成直接而巨大的影响。在地表下方也存在着火山活动，地表和地下的火山活动对地质造成了巨大的影响。

红色的、炽热的岩浆（熔岩）从地壳中涌出，在地表喷发，就形成了火山。火山并不是无规律地分布，而是集中分布于可以供应现成岩浆的地方。尽管地球内部有炽热的高温，但是内部强压的作用使得岩层在地表之下的地幔处也能保持固体状态。但沿着组成地表的巨大的板块构造边缘，地幔岩层融化成大量的岩浆，并由于自身相对密度较低被抬升至地表，变成火山喷发。

少数活火山沿着板块边缘分布，大多是汇聚板块，尤其是沿着太平洋呈现环状分布的趋势，被称为“环太平洋火山带”。被称为“热点火山”的则是例外，比如从地幔柱隆起而形成的夏威夷冒纳罗亚火山。

下图：爆炸性的火山喷发一般会先喷出大量的气体、火山灰和蒸气，浓烟直上云霄，被卷入大气层。

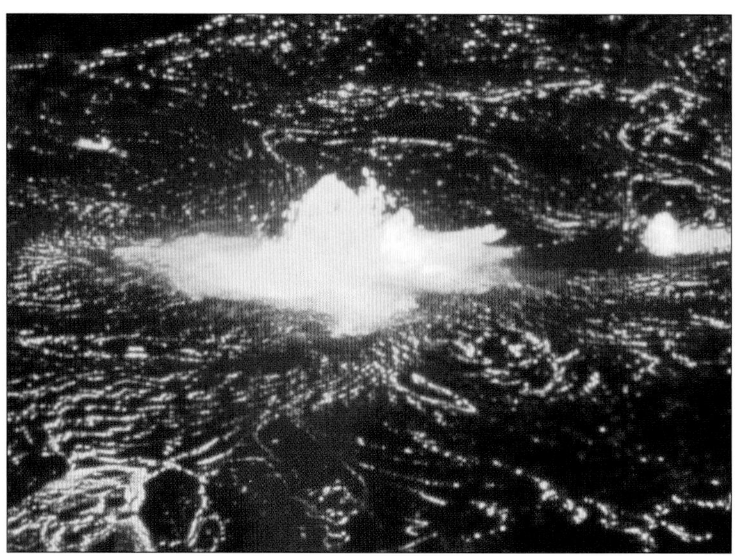

上图：流出地表的岩浆称为熔岩。熔岩的温度非常高，超过1100℃，如此高温使得熔融态的岩石像河水一样流动。

火山喷发的类型多变。沿着板块分界处的洋中脊，富含水分但二氧化硅缺乏的“玄武岩”岩浆从裂缝中涌出，炽热的红色熔岩温和而持续地流出。一些火山会喷出火山灰和蒸气，另一些在喷发时会带出粉末状的碎石，还有一些火山喷发时会释放出滚烫的泥流，有时还会产生热气和雪崩般的火山渣。

爆炸式喷发

威力最大、最不可预测的是那些沿着板块边缘分布的火山。岩浆从板块边缘处熔化升涌，与二氧化硅结合形成具有粘性的、较厚的英安岩，这些英安岩常常会堵塞住喷发口。从表面看上去，火山似乎进入了休眠状态或变成了死火山，直到在毫无预警的情况下长期以来积攒的压力喷薄释放，并从火山口中喷出炽热的火山碎屑岩、大规模的蒸气、如雪崩般的火山灰和火山渣，以及滚烫的熔岩。

火山下方的岩浆储层称为岩浆房。岩浆房中含有的二氧化碳气体与水蒸气被高温加热，进而会释放出大量的能量，这就是火山喷发的驱动力。岩浆中的水和气体越多，火山喷发的威力就越大。

位于俯冲带的岩浆所含有的气体量是其他地方的岩浆所含有气体量的十倍，在几秒钟之内岩浆中的气体体积就能增大几百倍。

火山喷发的类型

虽然火山不尽相同，但火

山学家却确定了火山喷发的类型。对于流出式喷发，熔融态的玄武岩岩浆从火山通道及火山口中流出，流向地表后遇冷并形成熔岩穹丘或熔岩高原。有时，会从火山口流出一大滩熔岩，而另一些熔岩则被喷向高空。熔岩中的气泡是这些喷火柱的推动力，就像碳酸饮料起泡时饮料会向外四溢一样。

随着火山喷发而产生的熔融态岩浆也有不同的特性，形式最为温和的火山喷发形式是"斯特隆布利"式，它得名自意大利西海岸的斯特隆布利岛。火山喷发时反复带出炽热粘稠的熔岩，并伴有少量蒸气，但很少以激烈的形式喷发。"武尔卡诺式"喷发的得名源于意大利的利帕里群岛上的武尔卡诺火山，其喷发形式更为激烈。粘性巨大的岩浆通常会堵塞火山口，因此当火山喷发时，堵塞物被炮弹一样的玄武岩炸开，地动山摇间，厚厚的熔岩流从火山口中流出，大量的火山灰被喷射到空中并形成喷发云。

"培利式"喷发在喷发时会喷射出炽热的喷发云和火山灰（称为火山发光云），典型代表是1902年位于马提尼克岛上的培利火山喷发。"普林尼式"喷发是喷发形式中程度最激烈的，得名自古罗马作家、维苏威火山摧毁庞贝古城的见证者普林尼。普林尼式喷发时，会形成大量的火山灰和喷发云，同时炽热的岩浆物质会因喷发时的巨大动力而被抛向平流层。

火山的类型

根据火山锥的形成方式，也可以将火山分类。日本的富士山是一眼就能认出的锥形火山，富士山的形成是由于炽热粘稠的岩浆从单一火山口不断喷发、冷凝后不断累积形成明显的成层结构，因此又被称为成层火山。有些火山锥全部由火山渣和火山灰组成，例如墨西哥的帕里库廷火山。盾形火山的代表是夏威夷的冒纳罗亚火山，冒纳罗亚火山坡度缓和，其成因是由于岩浆从单一火山口中流出后，在地表摊成了比较大的底面，就像盾牌一样。当流动的熔岩沿着长长的裂缝流出，遇冷凝固后就形成了裂缝式火山。裂缝式火山大多沿着洋中脊分布，而在大型裂缝式火山的侧面也会附有小型火山锥。

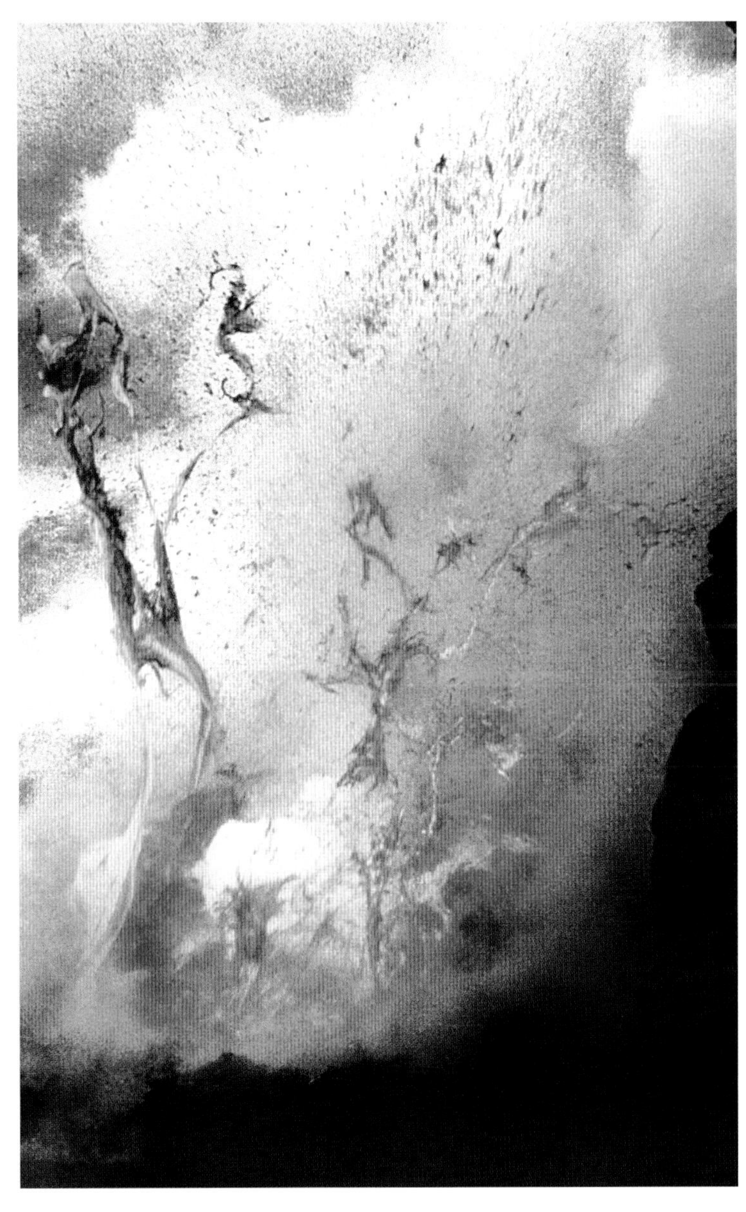

右图： 夏威夷的基拉韦厄火山是世界上最大的活火山，其喷发时产生的柱状熔岩被称为熔岩喷泉。熔岩喷泉可以在短时间内消失，也可能持续几个小时才消失。有时候熔岩喷泉的喷射可以达到几百米之高，基拉韦厄火山在1958年的喷射高度达到了610米。然而，与日本的大岛火山相比，这个高度就相形见绌了，1986年大岛火山喷发时产生的熔岩温泉高度达到了1524米！

火成岩的特征

尽管火山喷发的过程十分短暂，但是火山活动却给地表留下了很多痕迹，例如岩浆、熔岩和火山灰在凝固后形成的岩石。喷发后形成的火山峰和火山灰在地表清晰可见，但是大部分从地球内部喷发出的熔融岩浆又重新陷入地下，因为地球内部强压而形成岩层并回到原位。

地表的火山活动和地下的岩浆共同作用就形成了火成岩。由地下岩浆形成的火成岩被称为深成岩，在地表形成的火成岩被称为火山岩。

陆地的下面都是深成岩。在很多地方当地表周边的“围岩”遭到侵蚀时，深成岩就会露出地表。深成岩包括花岗岩和辉长岩，它们无一例外都是十分坚硬的结晶，即便因围岩被侵蚀而露出地表、经历风化侵蚀，也不易被磨损。

大侵入体

根据火成岩形成的类型，地下大规模侵入所形成的大部分都是深成岩，其主要成分是花岗岩。大量深成岩经过长时间的结合形成了巨大的岩体，即“岩基”，它在希腊语中的意思是“深处的石头”。岩基位于大部分巨大山脉的下方，其规模就像巨大的鲸鱼残骸。北美海岸山脉的岩基长度达到1500千米，从地下贯穿不列颠哥伦比亚省和华盛顿州。世界上最大的两块板块汇聚挤压，地下的大量岩浆被释放出来，就形成了岩基。有时，岩基顶端会有一些体积稍小的结节，这些结节被称为岩瘤或岩株。侵蚀作用会使与地下岩基相连的一部分岩株暴露出来，比如英格兰西南的达特穆尔地区和博德明摩尔地区。

上图：加州约塞米蒂国家公园壮观的灰色石峰是在侵蚀作用下裸露出地表的、如铁般坚固的花岗岩岩基，这些岩基位于内华达山脉的下方。图中巨大的花岗岩岩山(半圆顶)是典型的代表地貌。

小侵入体

靠近地表的地方经常产生片状的小侵入体，这些小侵入体被称为岩墙和岩脉。岩墙的厚度从几厘米到几百米不等，是岩浆沿着岩基的裂缝注入后形成的。通过近乎垂直的裂缝，当岩浆沿着围岩的裂缝注入时就形成了所谓的岩墙。因为岩浆不是遵循已有结构注入的，所以这些岩墙的形状也十分不规则。通常，压力导致岩浆升涌，并沿着上覆岩层的裂缝侵入。单个小侵入体会形成一大片岩墙，被称为“岩墙带”。但偶尔，岩墙带在同心倒锥形或锥形岩席的顶端侵入，典型代表是苏格兰的马尔岛。

环状岩墙的形成则是岩墙围绕着一个像圆锅一样的侵入体，而岩浆则沿着这些裂缝侵入。典型的环状岩墙有苏格兰的格伦科峡谷和黄石公园的福尔摩斯雪山。

岩脉是典型的水平或稍稍倾斜的岩席，当岩浆从层理面渗出时而形成。因为岩浆沿着已存在的结构侵入，所以是“规则”的结构。岩浆从岩床间上涌，有时形成饼状的岩盖，或者加热岩基，使其弯曲变形后形成碟状的岩盆。

大喷出体

长期以来，地质学家一直不能理解大侵入体是如何形成的，但理解喷出体似乎不必纠结于这个问题，因为位于陆地上的火山在喷发时只产生少量的熔岩。洋中脊中喷出的玄武岩不仅组成了整个海底，而且巨大的熔岩流遇冷凝固后形成的岩石遍布世界各地。

洪流玄武岩是远古时期巨型玄武岩熔岩喷发后冷凝的产物，最为典型的代表是印度的德干地盾，其厚度超过2千米，覆盖面积大约500000平方千米。德干地盾的熔岩体积大约为50万立方千米，是美国华盛顿州的圣海伦火山于1980年喷发出的熔岩体积的五十万倍。德干地盾曾于六千五百万年前出现过大爆发，因此有些地质学家认为这次大爆发导致了恐龙的灭绝。

另一处洪流玄武岩的典型代表则是位于美国西北部的哥伦比亚高原，该地区曾于一千六百多万年前发生过大规模的火山爆发，熔岩面积达到175000立方。其他地区还包括非洲南部的卡鲁地区和北大西洋的法罗群岛。

海底洪流

这些洪流玄武岩最初被认为是罕见的例外，但在20世纪80年代后期，针对海底的地震勘测逐渐向人们展示了被称为大火成岩省（LIP）的可信证据。

规模最大的大火成岩省被称为翁通-爪哇海台，它位于太平洋底，东端直达婆罗洲，面积将近五百万平方千米，比整个美国的面积还要大，其形成时间大约在三百万年前。

地质学家认为是地幔柱导致了大喷出体的形成。这些熔岩喷泉由地幔处喷出，也许全部都是从地核与地幔分界处的D"层喷出（详见本书“地球内部”节）。该理论认为熔岩喷泉喷出时，高温的熔岩熔化了地幔的岩层并最终产生了大量的岩浆，岩浆从地壳中涌出，流向地表。

上图：印度德干地盾是地球历史上最大规模的熔岩喷出体代表，形成时间约为六千五百万年前。地盾在荷兰语中是梯子的意思，因为整个地区都是熔岩喷发遇冷凝固后被侵蚀成梯状的岩层。

侵入体的分类

侵入体的大小及形状多变。在地下深处，围岩因底辟作用（熔岩升涌）产生巨大的裂缝，形成块状的火成岩，即深成岩。侵入体包括围岩周围几千米的鼓式岩石和由大量深成岩组成的巨大的、长达数千千米的岩基。在靠近地表的地方，从岩层的裂缝中侵入，形成火成岩，岩层较薄的被称为岩瘤和岩株，条状的被称为岩盆和岩盖。如果小侵入体切断了已有结构，比如岩墙，则被认为是不规则的结构；反之，如果沿着已有结构侵入，比如岩脉，则被认为是规则的结构。由于围岩周边被连续地侵蚀，导致靠近地表的小侵入体暴露在地表外。但是以同样的方式，深成岩暴露在地表外则需要相当长的时间。

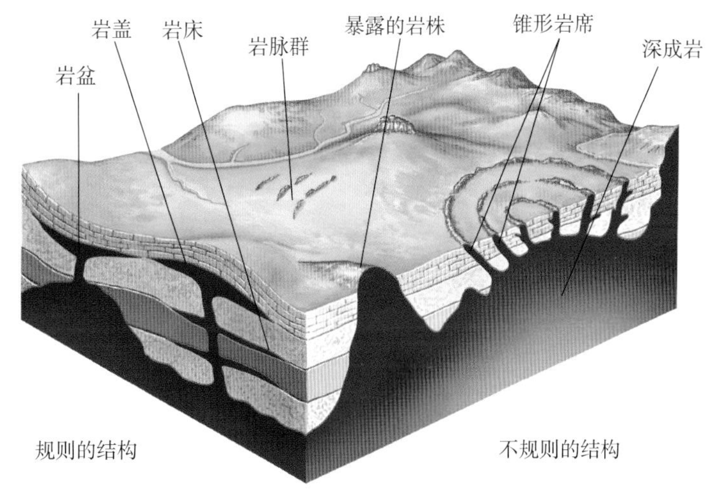

岩石循环

山脉与山丘看上去十分坚硬，很难想象它们会发生改变。但是由于岩石暴露在不同的气候条件下，受到风化、流水、海浪、冰山等侵蚀力的作用，导致地球上所有的景观都处于不间断变化的过程中。

地表景观只有在很偶然的情况下才会因突发情况而被大规模地重塑，比如经历雪崩或山崩，大多数情况针对地表的重塑不仅速度缓慢而且持续不断。一个寒冷的夜晚不会给地貌带来任何改变，一场暴雨很快就会过去。但是持续不断的寒夜，一场接一场的暴雨，如果在百万年里持续不断，就会改变地貌。研究显示，地表被侵蚀的速度最多为每年0.5毫米。但只要保持这个侵蚀速度，只需两千万年，就算是喜马拉雅山那么高的山脉也会被整个侵蚀为平地。

新地貌的形成源自旧岩层被剥蚀、侵蚀或风化，有时，岩屑的沉积或堆积也能产生新的地貌。大部分山丘及峡谷是剥蚀作用和沉积作用相结合的产物。

下图：在海岸地区，海风吹过卷起阵阵海浪，拍击着海岸线的岩石。海浪卷起夹杂着卵石的海水，不停地冲刷着岸边的岩石。在海风的作用力下，岩石受到侵蚀，产生裂纹。

风化作用

只要岩石暴露在风雨中，它就会逐渐地在风雨、霜冻和烈日的作用下被侵蚀。有时空气中的水分会腐蚀岩石，或者当水从岩石上流过时，岩石也会被流水侵蚀。有时微生物、地衣和植物释放的化学物质也会侵蚀岩石。有时物理因素，例如高温或低温会导致岩石破裂。岩石中的水分其实威力强大，当水凝结成冰时，岩石就会被粉碎。在-22℃时，仅仅硬币大小的冰块就能释放出3000千克的压力，这种作用称为冰蚀作用。

物理风化作用和化学风化作用哪一个对地貌改变更大，地质学家们各执一词。在石灰岩地区，化学风化作用将岩石表面侵蚀出许多凹槽，就像是天然的雕刻品，而这一地貌也被称为“喀斯特”地貌（详见“岩石景观”节）。而在某些地区，物理风化作用对地貌的改变起到了主要的作用。在高山地区，冰蚀作用侵蚀的结果不仅产生了锯齿状的山峰，同时也产生了堆积在山脚下的岩屑堆。但大部分地区地貌的改变是化学风化及物理风化共同作用的结果。

侵蚀与沉积

所有因风化作用而产生的岩屑都会被侵蚀力搬运，最重要的侵蚀力是流水。如果没有流水的打磨，地球表面就会像月球一样凹凸不平。河水与溪流缓慢、轻柔地改变着地表的轮廓，流水把碎石冲走，并堆积在另一处。经历上百万年的时间，流水可以侵蚀出一处深谷，或者在流向大海的过程中在入海口处形成一片广阔的冲积平原。

但是在沙漠中，流水却很稀少。尽管山谷中有间歇河流，但沙漠地区的地貌起伏不平，甚至一阵飞沙经过都可以把地貌变成怪异的形状。在海岸地区，最主要的侵蚀力是海浪，海浪连续拍击海岸，形成各种各样的海岸地貌：海浪冲刷岸边的山丘形成了陡峭的山峰，山峰在被海浪打磨的过程中会掉下岩屑，直至被打磨平滑。

我们今天看到的景观，有多少是历经侵蚀作用而形成的，又有多少是被突发事件重塑的，这些都不得而知。一些地质学家认为在远古的大洪水时代，沙漠的地貌已经是经流水侵蚀后所形成的。在远古被称为冰河世纪的寒潮期，冰蚀作用完成了对欧洲和北美地貌

右图： 世界上许多地方，流水的侵蚀作用塑造了地貌景观。河流入海的过程中，河水不断冲刷着地表、直至形成深谷。平稳的水流可以使岩石颗粒松动，并随着水流从岩石上剥离开。亚利桑那大峡谷（图示）就是由于科罗拉多河流水的侵蚀而形成的。这里原本是凸起的地带，但科罗拉多河持续地从这里流过，岩层被侵蚀，历经几百万年的时间逐渐形成了峡谷。

的重塑，这一点毋庸置疑。移动的冰山创造了美国西北部巨型的U形谷、挪威峡湾，以及覆盖美国中西部和加拿大的广袤冰碛（冰川沉积物）。

岩石再造

岩石露出地表后就会被不间断地侵蚀，但在旧的岩层被侵蚀的同时，新的岩层会随之产生。旧的岩层塑造出新的岩层，因此，这个持续不断的过程称为岩石循环（下图所示）。

岩层的循环速度并不一致，有些陆地内部的组成物质也许在几十亿年间都不会发生改变，但是处于活跃的板块边缘的岩石、处于海岸地区以及处于俯冲带的岩石，因频繁地历经侵蚀，循环速度非常快。

有些岩层里组成物质在侵蚀过程中被带入海底的海床处，所以海洋板块也是由岩石形成的。这些岩石在向地幔下沉时会遇到炽热的岩浆，变成熔融物质后会随着升涌的岩浆流出，在冷凝后形成新的火成岩。而另一些则被直接带入到地幔处，但并不意味着这些岩石从此消失不见。在地幔中这些物质以媒介传送的形式（比如岩浆）不断循环，最终会再度出现，但整个过程可能会持续上亿年。研究结果显示，陆地地壳的岩石所含的原子来源于地幔，形成时间距今大约二十五亿年。但这些岩石却非常年轻，这是因为原子已经经历了多次循环。

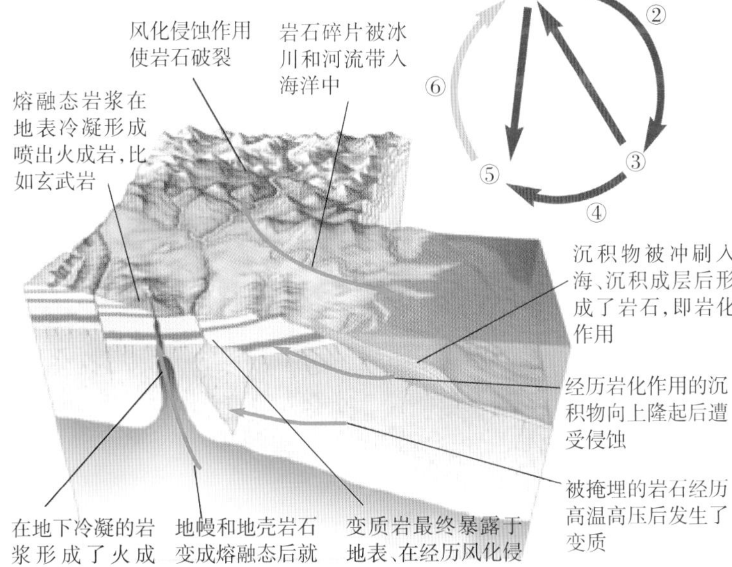

岩石破碎

地幔处的岩浆有时会带来新的岩石材料，但是大部分地表岩石是通过不间断的岩石循环形成的。这些岩石材料可以是露出地面的岩石，或是小石块、颗粒，甚至是原子，地质学家把这个循环过程称为岩石循环。岩石循环的途径有很多，例如炽热的岩浆冷凝之后形成了火成岩，深成岩经过风化作用的侵蚀变成小石块，当流水冲刷地表时把小石块一起带到海洋中。这些小石块沉入海底，最终形成沉积岩，而沉积岩，在历经高温加热和挤压之后会形成变质岩。当然，变质岩也可以通过岩石循环变成沉积岩。

火成岩的形成

没有任何一种岩石像火成岩一样在形成时经历多种转变，火成岩多形成于洋壳以及大部分地壳中。在变成无比坚硬、发光的结晶体之前，它们是炽热的、沸腾着的岩浆。

火成岩的字面意思就是"地球内部炽热的熔融态物质（岩浆）遇冷凝固后形成的岩石"。岩浆比较粘稠，厚度也大，但是岩浆本身确实是流体，并且可以流动。岩浆凝固的过程和水凝结成冰的原理一样，温度降到0℃以下水会凝结成冰，而岩浆遇冷凝结的温度要高很多，其温度需要在650℃和1100℃之间。岩浆本身的组成成分十分复杂，需要达到各自的凝固点才可以完全凝固。因此与水一下子凝结成冰不同，岩浆是一点一点凝固的。

岩浆中的成分，例如硅、铁、钠、钾、镁和其他元素都以单质或者简单化合物的形式存在。当岩浆冷却后，这些成分和化合物汇集在一起形成各种矿物结晶，最常见的结晶矿物有石英、长石、云母、角闪石、辉石和橄榄石。此外，岩浆中含有的气体包括水蒸气、二氧化硫和二氧化碳，但在岩浆冷却过程中，这些气体会被排出。

岩浆在凝固时，分子剧烈震动导致液态的岩浆趋于稳定并凝结成块。这些熔融物中的凝结块很快增大并且在各处形成结晶，特别是在地表部分，岩浆遇冷凝结的速度最快，相应的结块速度也最快。这就是坚硬的地壳形成于地表而内部却是液态的炽热熔岩的原因。

显晶结构和隐晶结构

岩浆凝固得越慢，形成的结晶就越大。在地面以下的侵入体，冷却凝固需要千百万年的时间，因此形成的超大结晶体人们裸眼就能观察到，这样的晶体被称为显晶结构或粗晶结构。

熔岩冷却的时间更短，因为岩浆流至地表时会形成喷出体。冷却时间需要几周甚至只需要几天，留给结晶生长的时间太短，因此人们必须借助放大镜才能发现，这样的晶体被称为隐晶结构或细晶结构。有时隐晶岩中会含有很多之前形成的体积相对较大的晶体，而岩浆还在地下，这些晶体被称为斑晶，岩石则被称为斑岩。

熔岩以滴状形式喷出，会在几个小时内凝固，在这么短的时间内是根本不能形成晶体的。但是这样的熔岩在凝固后会形成无结晶体的玻璃，比如黑曜石。

火成岩的发展

每一种矿物的结晶温度都不同，橄榄石和辉石的结晶温度为1000℃，硅酸盐矿物（例如石英）的结晶温度为650℃。因此，岩浆的凝固结晶过程是渐进式的，有些矿物会早于其他

左图：图为智利百内国家公园的花岗岩山峰，其以韧性和坚固享誉全球。花岗岩岩浆侵入到柔软的围岩中，历经上百万年的侵蚀才形成现在的样子。

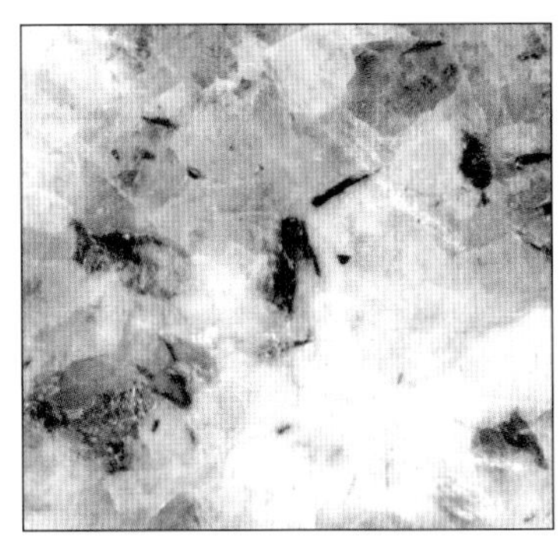

上图：花岗岩岩浆在地下慢慢冷却并形成人们用肉眼就能观察到的结晶，比如图例中出现的康沃尔郡花岗岩标本，白色的结晶是石英，黑色的是黑云母，粉色的则是钾长石。

矿物形成结晶。

20世纪20年代，诺曼·鲍文（Norman Bowen）的实验室测试结果显示了矿物结晶的顺序（鲍氏反应系列），结晶温度由高到低依次是橄榄石、辉石、角闪石、黑云母、石英白云母、钾长石、斜长石。

这个序列体现了火成岩是如何形成的，以及矿物含量不同形成的火成岩种类也不同，同时这个序列展示了火成岩的发展机制。如果没有这样一种机制，组成陆地的花岗岩岩浆永远不会产生变化。

下图：炽热的熔融态红色岩浆凝固于地表或地下，便形成了火成岩，岩浆的凝固点以及不同种类岩石形成的时间点取决于岩浆中多种化学成分的平衡。

有一种观点认为，地球在形成之初与月亮并无区别，大部分的组成成分是缺乏二氧化硅的单质岩，即“铁镁质”或“超基性”岩，例如玄武岩和橄榄岩，这一点和花岗岩不同（花岗岩中富含二氧化硅）。以此为基点演化出不同种类的火成岩，这个过程被称为分馏。由于矿物的熔点和凝固点不同，通过分馏，在岩石融化或凝固过程中完成了化合物的改变。

当铁镁质岩石熔化时，在熔化过程中产生了两个馏分。例如，石英和长石这种熔点低的矿物先熔化，并随岩浆流走，熔点高的矿物则后熔化。熔点低的矿物还包括全部硅酸盐，因此比起原来的岩层，熔岩中富含大量的硅酸盐矿物质。连续的凝固及熔化极大地促进了二氧化硅形成富硅花岗岩的过程。火成岩最终形成的种类还取决于多种因素，包括岩浆流出的深度、历史分馏等。

上图：在清晰的放大镜下可以看到隐晶结构的火成岩中体积较大的晶体，即斑晶。斑晶的形成是因为地下火成岩形成结晶的时间早于熔岩流出地表的时间。

发现火成岩的位置

火成岩只在某些特定区域形成，分馏大多发生在洋中脊构造板块分离的地方或者俯冲带构造板块汇聚的地方。在洋中脊，从地幔处涌出的单质岩浆的分馏分别创造了地表的玄武岩熔岩和深处的辉长岩。在俯冲带，部分熔化的俯冲板块的分馏创造了中性岩，例如岛弧闪长岩。通过地下不断重复的熔化过程产生了花岗岩，花岗岩只形成于地下，但熔化后的花岗岩可以形成富硅的流纹岩熔岩。

沉积岩的形成

超过90%的地壳是由火成岩组成的，但是陆地地壳中75%的火成岩上面都覆盖着一层沉积岩，即由沉积物在特定地点(例如海底)沉积并历经上百万年时间所形成的岩石。

当沉积物因为沙漠风化或冰蚀作用开始在海底、河底或湖底沉淀时，就形成了沉积岩。当沉积物逐渐堆积成型并被埋到更深处时，会因所含水分被榨干而变得干燥、坚硬。由于上覆岩层的压力和地球内部的高温，历经上百万年之后，层状沉积物逐渐变成坚固的岩石，这一过程称为岩化作用。

当沉积物是含有少量沙砾的轻柔粉末状物质时，仅通过压力作用就能把沉积物夯实成层状物，形成沉积岩。但沉积物中如果含有大量的沙砾，则很难通过压力把它们挤压到一起。如果想形成沉积岩，需要通过特殊的粘合剂把它们粘到一起。通常，能够作为粘合剂的物质都是可溶于水的物质，例如硅酸盐、方解石和铁化合物。这些起粘合剂作用的物质会带给沉积岩锈红色的外观。

耐侵蚀的砂石

在碎屑岩的3种组分中，其他结晶在一次次地重塑中被改变，而石英是存在时间最长的结晶。由于风化侵蚀作用而脱离火成岩后，石英在岩层中逐渐累积，小颗粒粘合在一起变成了砂石(如右图所示)，典型代表是犹他州纪念碑山谷孤峰的谢伊层砂岩(下图所示)。尽管这些岩石十分坚硬，随着时间的推移它们也会被侵蚀，但被破坏的不会是砂石，而是粘合砂石的物质。现在散落在沙漠上的散沙，总有一天会形成新的砂岩。

层理和节理

由于沉积物一层一层地堆积，露出地面的沉积岩通常会具有显著分明的岩层结构，又称“成层结构”。如果在形成过程中岩层没有受到干扰，这样的岩层是水平的。但是水平的成层结构很难看到，这是因为地壳运动会使岩层扭曲、变形。

最薄的岩层(或称为层理的地方)会有明显的条状分割，称为层理面，沉积物在单一时期内沉积有可能形成层理，最厚的岩层有可能是历经百万年的时间才得以形成的。同时沉积岩还具有“节理”，当岩石脱水收缩时会围绕岩层产生裂

上图：自白垩中发现的菊石化石。菊石曾经生活在浅海中。

右图：沉积作用很少是连续的，而是一段一段的，其结果就是很多沉积岩在沉积过程中产生了间断，从而形成无数的层理面，代表地貌是犹他州的锡安峡谷。

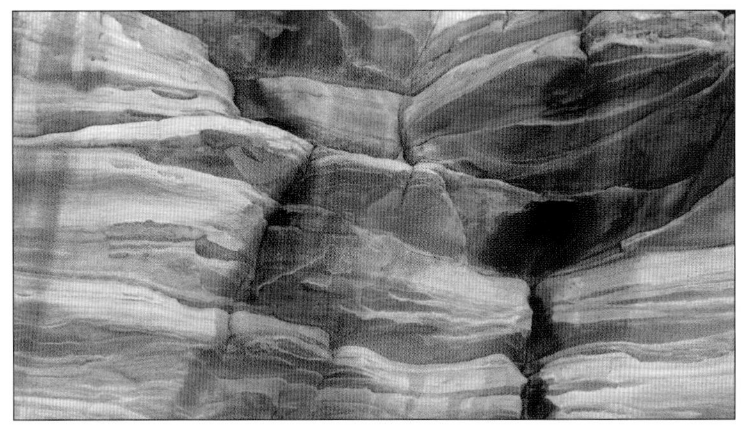

缝，这样就产生了节理。

沉积岩通常还包括另外一种特性，即变成石质的古代生物遗迹的化石。借助化石，地质学家们可以确认某种岩石形成的特定条件，例如白垩形成于热带浅海，就是通过热带浅海中的化石而最终加以确认的。此外，通过化石还可以了解地球各个时期的不同生物和植物。因此，地质学家们可以从化石中估算出沉积岩的年龄，这就是生物地层学。

事实上，在沉积岩的分类中，有些沉积岩（比如石灰岩）的大部分组成成分是有机物的残骸，或者是有机物释放出的化学物质，这种岩石被称为有机岩。化学沉积物质是指水蒸发后从水中直接沉积下来的矿物。大部分沉积岩都是由于风化作用从整块岩石上剥离开来的"碎屑"或"岩屑"。

碎屑岩

当岩石（例如花岗岩）经历风化作用时，会最终从整块的岩石上剥离并形成岩屑。不同矿物的剥离有不同的方式，例如石英结晶，由于材质过于坚硬，因此成形的都是独特的砂颗粒；而正长石会分解成黏土，斜长石则最终形成方解石。尽管这些岩屑是同时从整块岩石上剥离的，但由于流水的冲刷会把岩屑分别带入海洋和湖泊，因此被分离开的岩屑最终会形成不同种类的碎屑岩。

流水就像一个天然的筛子，小碎屑会随着流水流得更快、更远，大碎屑则反之，这样流水就能分拣出岩屑的大小。岩屑离最初剥落的地方越远，经历的筛选过程就越多。因此，只有在最初剥落地方的附近才有可能形成岩石，比如砾岩，其组成成分包括各种各样的岩屑，但大部分成分是体积较大的岩屑。

根据岩屑的大小，碎屑沉积岩可以分成3种类型，即大粒的"砾屑岩"（例如砾岩和角砾岩）、中粒的"砂屑岩"和细粒的"细屑岩"（例如页岩和黏土）。

当河流汇入湖泊或海洋时，质量最重的石英碎屑被留在距离河岸最近的地方并形成砂岩，而细粒的黏土碎屑则被流水带到更远的地方形成页岩。溶于水的方解石被流水冲刷到了更远的地方，最终形成了石灰岩。并且只有在碎屑被水中生物带着的时候，才会形成贝壳和骨架。当这些生物死后，它们的遗体会和方解石一起沉入海底。

某些岩石，比如玄武土，就是不同种类碎屑混合后生成的。然而，即便玄武土出现层理结构，成层顺序，也是细粒碎屑在顶部、大粒碎屑在底部、这种"分层"的形成是由于最大、最重的碎屑会首先从水中沉积下来。

右图：白垩在岩石中是相当独特的一种，图中是位于法国诺曼底的白垩山。古代海洋中生活着数不清的浮游生物，它们富含方解石的残骸逐渐形成了这样的白垩地貌。

变质岩的形成

当岩石被炽热的岩浆烤焦或者被板块构造运动产生的巨大压力挤压时，岩石会变得面目全非，形成岩石的结晶会彻底地重构进而形成新的岩石，这种岩石称为变质岩。

早期的地质学家很快就能确认是岩浆形成了火成岩，而沉积物形成了沉积岩。但是关于第3种常见的岩石却无法确定其成因。

例如，用于建造屋顶的石板有着与页岩类似的颜色和纹理。但这种石板比页岩更硬，并且形成的片状结构与层理结构完全无关。在阿尔卑斯山发现了一种名为片麻岩的更加坚硬的岩石，它有着奇怪的涡状条带。美丽的白色大理石看上去是由像石灰岩的方解石构成的，但是不包含任何化石，并且不具备花岗岩那样致密的结晶结构。

大理石似乎是沉积岩与火成岩“杂交”的代表产物，这种“杂交”也让地质学家们意识到了大理石的成因。大理石曾经是石灰岩，但由于被加热而发生了转变，组成大理石的方解石被加热，其结晶重组并形成了一种外观与火成岩类似的岩石。大理石和其他岩石一样，由于受热或被挤压或者历经这两种方式而被重塑或变质。“变质”一词来源于希腊语，意思是“改变形式”。

受热和挤压

任何岩石——火成岩、沉积岩及变质岩，都可以通过变质形成新的岩石，现在人们对此很清楚。形成变质岩的温度和压力既要让原本的岩石（又称“原岩”）彻底地发生变化，又不会那么彻底地将其全部熔化或挤碎，这是因为炽热的高温足以使原岩熔化形成火成岩。

由于高温和压力，岩石要么在地表深处被加热，要么在汇聚的构造板块下被挤压，从而发生变质。但在靠近岩浆的部分则只受到高温的影响。

高温和压力可以让岩石以两种方式变质。首先，当矿物成分重新组合形成新组合时，岩石的矿物成分就改变了。一些矿物成分是变质岩所独有的，例如，当页岩变质形成板岩时，其中的黏土变成了绿泥石，这种矿物只存在于变质岩中。

其次，岩石的尺寸、形状和晶体排列被改变了，旧的晶体被瓦解并重新形成新的晶体，这个过程被称为再结晶。原岩的组成成分有可能只是单一的矿物，当变质发生时，矿物再结晶形成新的形式。例如，纯石英砂砾形成了石英岩，纯方解石石灰岩形成了大理石。

变质条件

每一种变质岩都有自己特定的原岩或一系列原岩，比如大理石只能由纯方解石石灰岩形成，然而糜棱岩可以由任何原岩形成。此外，每一种岩石只在特定条件下才会形成。轻

左图：和大部分加拿大地盾一样，丘吉尔山脉由古老且十分坚硬的变质岩组成。这种石英岩地貌是由于砂岩经过高温和挤压后变质所形成的，形成时间大约在二十亿年前。

度变质可以将页岩变成板岩，而当高温和压力同时增强时，页岩先变成硬绿泥石，再变成片岩，最终形成火成岩。

现在已经很清楚，特定条件的组合可能会形成特定的变质岩，因此地质学家们开始研究变质的条件。此外，他们还专注于形成特定组合的一系列条件或变质矿物的相（详见“岩石名录”下的“变质岩”岩相）。其中一个最重要的条件就是炽热岩浆的侵入，岩浆侵入的温度在900℃，并且直接对侵入的岩石进行加热，这被称为“接触变质作用”，即只涉及热量而没有压力的介入。

在断层带，板块构造运动将岩石挤压并使其破裂分开。在地表处，这些碎石形成角砾岩，或者被挤压成粉末。在地表更深处，岩石由于高温不会破裂而是变形。当变形发生时，则通过“动力变质作用”形成糜棱岩。

砂岩高温变质成石英岩
纯石灰岩高温变质成大理石
泥岩高温变质成角质岩
接触变质带
炽热熔岩的入侵体
远离侵入体的则只有某些再结晶的矿物才会赋予岩石斑点
距入侵体较远的斑点为黑云母和红柱石
入侵体附近的斑点为红柱石甚至是硅线石

局部变质作用

板块碰撞时产生的巨大威力可以破坏隆起的山脉，并使大面积的岩石受热。在边缘处，局部变质作用很轻柔，泥岩通过变质作用变成低级变质岩，例如板岩和千枚岩。朝着山脉心脏地带，高温和压力逐渐增强。在中等强度的高温和压力下，片岩和千枚岩变质形成片岩，在炽热温度和强压下（高级变质作用）可以形成片麻岩，在更加极端的条件下部分熔化的岩石可以形成混合岩。

变质等级

构造板块因碰撞而释放出强大的力量并使山脉隆起，这是最广泛的变质条件。在山脉之下，岩石破裂成小块，进而在接近地幔时被升涌的岩浆加热。这种情况十分普遍，并被称为“局部变质作用”。局部变质作用的强度可以用等级来衡量。低级变质作用是指低温（温度低于320℃）和低压，高级变质作用是指高温（温度高于500℃）和高压。不同等级的变质形成了不同的矿物和结构。

板块碰撞处形成的变质岩具有十分独特的特性，被构造板块挤压，进而形成平直的新晶体。晶体以令人惊叹的对齐方式使岩层呈现出层状结构，就像书页一样，这种结构被称为叶理构造。叶理构造的意思是岩层很轻易地就形成了平直的层理结构，叶理构造使得片岩有了条纹状的外表，称为片理构造。片麻岩有着涡状的条带外表，这是因为岩层中的矿物被分离了出来。叶理构造是局部变质的变质岩最与众不同的一个特点，因此所有变质岩都可以分成两类，即叶理结构变质岩（例如板岩、千枚岩、片岩、片麻岩）和非叶理结构变质岩（例如角页岩、石英岩、角闪岩）。

接触变质作用

当岩石被侵入的高温所加热，其产生的结果就是接触变质作用。侵入体周围会呈现出环状或者“晕状”的岩层。这种情况下岩层受热则取决于它们距离侵入体的距离以及侵入体的大小。

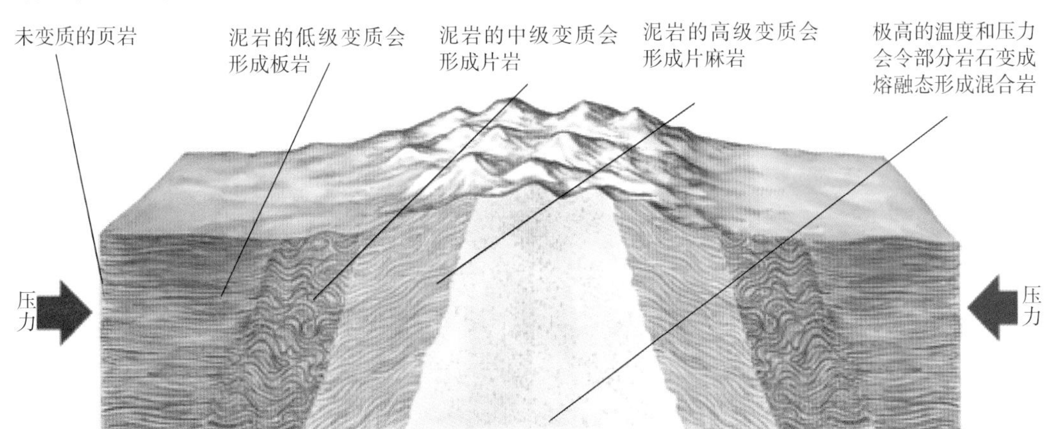

岩石景观

每种岩石以及地质构造都形成了自己独特的地貌景观，既有形成不久的褶皱山脉上终年被积雪覆盖的嶙峋山峰，又有石灰岩地区形态多变的峡谷和洞穴，还有白垩丘陵上蜿蜒起伏的地貌。

岩石与地貌是一个综合的整体，地质学家们一直以来都在试图解开其中的奥秘。一个经验丰富的地质学家可以轻易地通过研究地貌了解到大量的岩石以及岩石构造的特性。

有些地貌瞬间就能为地质学家提供所涉及的岩石种类的线索。例如，峡谷的岩石表面苍白暗淡，并形成壮观的溶洞和深深的壶穴，形成这种地貌的只能是石灰岩（见右图）。花岗岩突岩也能被一眼认出。如果长长的山脉带有嶙峋的山峰，这是很明显的褶皱山脉，这是由两块构造板块汇聚所产生的。

上图：纳米比亚的斯派特壳林热带众多陡峭的花岗岩独石柱之一，被称为岛山。地质学家们曾经认为只有古代气候条件下的风化侵蚀作用才能导致岛山的形成，但现在认为岛山的形状反映了普通风化侵蚀作用对原始入侵体的侵蚀方式。

山丘与溪谷

大部分情况下，岩石与地貌的关系更加微妙。整体而言，最坚硬的岩石，例如花岗岩、片麻岩、砂岩和石灰岩更能抵御侵蚀从而形成山丘；硬度低一些的岩石，例如黏土和泥岩则会被流水冲刷到山谷里。但形成山谷的也可以是坚硬的岩石，构造运动可以将硬度低的岩石抬升、隆起，并形成山丘甚至山脉。然而黏土很少会形成山丘，因为黏土很容易因流水的侵蚀作用而消磨。

下图：英格兰峰区的盐瓶突岩是该地区的突岩之一。这座山由坚硬的砂石、页岩和一系列磨石粗砂岩构成。这些山脉很可能是岩层在地下时由于流水流进了缝隙中而被侵蚀所形成的，形成年代大约是在冰川时期，被风化侵蚀的岩层剥落之后就形成了突岩。

在英格兰东南部以及阿巴拉契亚山脉地区，和缓的挤压作用使得沉积岩的岩层变形从而形成独特的平行山脊和溪谷的“带状”地貌。硬度较低的岩层，比如黏土，会被很快侵蚀并形成溪谷，但硬度较高的岩石，比如砂岩和白垩可以抵抗侵蚀从而形成山脊。

山脊的一侧是被称为“悬崖坡”的陡坡，悬崖坡是地层被切割、侵蚀的结果。然而在山脊的另一侧，岩层的最上层轻轻向下倾斜，这种构造被称为顺向坡。同时具有一个悬崖坡和一个和缓的顺向坡的山脊，被称为单面山。顺向坡的角度可以为了解该地区地层的角度提供线索。

地下水

通常情况下，特定地貌景观的形成取决于流水是从岩层中穿流而过还是从岩层上方流过。例如，砂石是一种渗透性的岩石，这意味着水可以很容易地从砂石中渗入。砂石的渗水性和孔隙结构不一样，但是经常容易被搞混。孔隙率是指岩石的空间中可以承载的水的能力，换句话说就是这些小孔能被多少水注满。岩石，比如板岩，孔隙率大约为1%；砾岩的孔隙率则超过30%。岩石多孔则透水性好，当然并非总是如此，但是透水性好的岩石却不一定多孔。

由于砂岩是透水的，大部分流入砂岩地貌的水都渗透进了地表而不是在地表流动。这种现象使得砂岩地貌通常具有高低起伏的特点，因为缺少流水的冲刷侵蚀，所以地貌无法变得平缓，但洪水爆发时除外。在潮湿地区，岩石的吸水量超负荷会导致流水的侵蚀作用可以在各种岩石地貌上得以发挥。

另一方面，黏土和页岩是不透水的。比起砾岩，这两种岩石的孔隙更多，但孔隙过小，流水通过时会被阻塞。这意味着岩石很容易被泡在水中，同时水留在地表把岩石冲刷走，使地貌变得平缓。

白垩和石灰岩

和黏土一样，白垩根本不是孔隙结构，而且白垩中含有的黏土通常会阻塞水流的渗透，石灰岩也是如此，但这两种岩石都是透水的。并且，水流虽然不能直接渗透到岩石中，石灰岩却通常带有能让水流渗入的小孔。可以渗入石灰岩的水称为地表水，地表水侵蚀岩石并形成壶穴和洞穴。

相比石灰岩，白垩所含的孔隙更少、透水性更差，并且不那么容易被流水侵蚀，因此白垩所形成的地貌比偶然形成的洞穴要普通得多。同样，英格兰南部的白垩山，包括被称为涸谷的无水山谷也有其自身的特性，涸谷与河谷的外表相似但涸谷没有水。涸谷可能形成于气候潮湿的时期，或者是在冰河期之后碎石表面的冰块融化之后形成的。

花岗岩

如同石灰岩，花岗岩的硬度足以形成山脉。在寒冷地区，当暴露在地表上时，花岗岩侵入体总是以巨大的独石柱形式高高地耸立着。在较温暖的地区，花岗岩的长石成分使其很容易被化学风化作用所侵蚀，长石在温水中被迅速侵蚀。和石灰岩类似，花岗岩中的孔隙注水后水可以渗入岩石内部，因此热带地区的花岗岩是在地下被侵蚀的。当岩石经历风化作用剥落后，残留的露头被称为孤山。在寒冷地区的相似结构则被称为突岩，例如英格兰的达特穆尔地区。这些地貌的形成被认为是气候变化的结果。

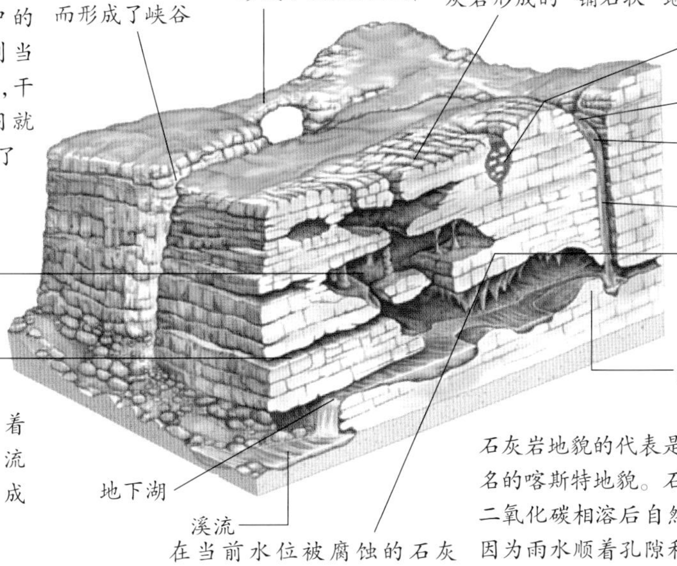

石灰岩地貌的代表是因斯洛文尼亚的喀斯特台地而闻名的喀斯特地貌。石灰岩很容易被侵蚀。甚至雨水与二氧化碳相溶后自然形成的碳酸也能侵蚀岩层，这是因为雨水顺着孔隙和层理滴入岩层。经历数百万年，岩层就形成了溶洞。溶洞顶部可能会最终剥落掉，而形成石灰岩盆地(环形山)、天然的石桥和峡谷。

地球的年龄

地壳岩石所记录的是整个地球表面的历史，这些记录在有些地方是模糊的，在有些地方是缺失的。然而，通过对岩石的细致研究，地质学家已经能够拼凑出地球是如何历经演变的宏伟故事。

大约在两百年前，大部分人还认为地球的历史只有几千年而且自形成后几乎没有发生过改变。但在19世纪，地质学家们开始意识到地球的年龄巨大无比。现在人们普遍认为地球的年龄将近四十六亿年，并且在此期间发生了巨大的变化。地球宏伟的历史都被记录在岩石中，但你需要知道如何读懂它们。

上图：地球的岩层可以追溯到三十八亿年以前，这个年代所形成的岩层在格陵兰岛西部被发现，代表地貌是西南沿海的桑斯特罗姆峡湾。

时代先锋

着手研究地球年龄的伟大先驱分别是詹姆斯·赫顿（James Hutton，1726–1797）和威廉·史密斯（William Smith，1769–1839）。苏格兰的地质学家赫顿最先提出地球的年龄要比人们想象的长得多，并且人们现在所看到的地貌是无数侵蚀作用和抬升作用循环运作的结果。

不久之后，英国测量员威廉·史密斯（William Smith）在测量运河航线时注意到沉积岩的每一层都含有对应时间的化石。他意识到岩层所含化石的时间范围一样，这说明岩层的时代一样。此外，根据“叠加原理”还能推断出哪些岩层形成的时间长、哪些岩层形成的时间短。17世纪，丹麦地质学家、牧师尼古拉斯·史坦诺（Nicolas Steno）意识到所有沉积岩都是在平直

地质时间

这幅图描绘出了地球历史上的主要时期，起始点从五亿四千五百万年前的寒武纪开始，这一时期被认为是地球历史上第一个生物大繁荣的时期。

五亿四千五百万年前到四亿九千五百年前的寒武纪，海洋中出现了生物大爆发，包括小型无脊椎动物和第一个硬壳类动物出现，这些生物的遗迹都被保存在化石中。

四亿九千五百万年前到四亿四千三百万年前的奥陶纪，极地冰盖融化导致大片陆地被淹没，甲壳类动物（例如螃蟹）、早期海洋动物和珊瑚礁相继出现。

三亿五千四百万年前到两亿九千万年前的石炭纪，海平面升高，大部分陆地被郁郁葱葱的沼泽覆盖。此时石灰岩下沉，两栖动物和昆虫繁衍生息，最早的爬行动物可能也在这一时期出现。

四十五亿六千万年前到五亿四千五百万年前，前寒武纪，海洋形成，并且第一个单细胞生物——藻类出现了，单细胞生物向空气中输送氧气。之后，多细胞生物，例如海绵和水母相继出现。

四亿四千三百万年前到四亿一千七百万年前的志留纪，加里东造山运动将山脉抬升并形成了北美和欧洲西北部，有爪的鱼和河鱼出现，第一个陆地植物也出现了。

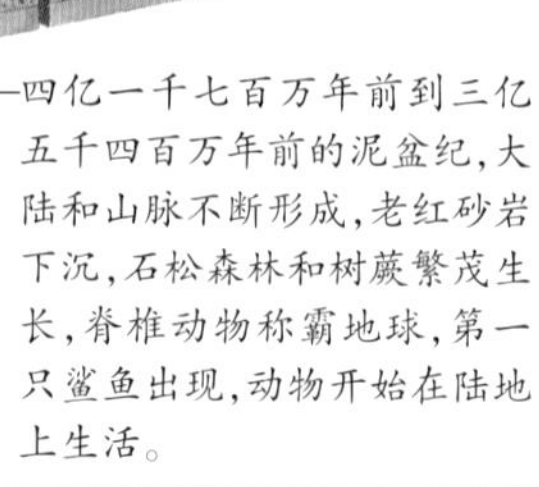

四亿一千七百万年前到三亿五千四百万年前的泥盆纪，大陆和山脉不断形成，老红砂岩下沉，石松森林和树蕨繁茂生长，脊椎动物称霸地球，第一只鲨鱼出现，动物开始在陆地上生活。

古生代

的层理上沉积而成的，即便之后这些沉积岩被扭曲或被弄断，在形成最初都是平直的层理。史坦诺还意识到层理是一层叠一层形成的，所以最古老的层理通常在最下方，而最年轻的层理在最上方，这就是叠加原理。利用叠加原理，并结合化石，“生物地层学家”已经建立了一个详尽的地球历史档案，时间可以追溯到五亿年前。如果岩石沉积物永远保持原状，理论上来说，切开岩层之后会看到呈序列状的地球历史。如果你可以从中抽取一部分序列专栏，就能像读书一样阅览地球的历史。

地质时间范畴

尽管地球上不存在这样的专栏，但是建立在岩层基础上的详尽的地质时间范畴已经被广泛使用。这个时间范畴会随着地质学家们的新发现而不断更新。地质时间范畴可以回溯到的起点是五亿四千五百万年前的寒武纪。只有在这个时期，常见的带壳类生物和带骨类生物才能留下很好的化石记录。人们一度对四十五亿年前的前寒武纪时期所知甚少，但近年来，新的发现开始不断填补对这一时期的认知空白。

就像一天可以被分割成时、分、秒一样，地质时间也能被分割成若干单位。其最长的单位是宙，时间长度至少为五亿年。宙可以被分成代，代可以被分成纪，纪可以被分成世，世再被分成期，期再被分成时。地质时间中的每一个单位都被命名，以特定时期的特定岩石出现的地区作为命名原则。比如泥盆纪的命名来自发现于英国德文郡的岩层的年龄。

生物地层学现在提供了一个能够匹配全世界岩层序列的详细系统，但它也有局限。这种方法只能显示出一个岩石的年龄比另一个岩石的年龄长，但是无法得出岩石的年龄。换句话说，生物地层学只能提供相对的时间，而不是具体的时间。通过对沉积物沉积速度的研究以及其他线索，地质学家们建立了粗略的地质时间范畴。但在过去的五十年间，随着放射性测定年代技术的发展，我们能够确认出准确的时间。

放射性测定年代法

元素中的原子可以在同位素中找到，每一个原子的原子核中都有不同数量的粒子。原子所含粒子的数量在同位素名称中会被标出，例如铀–235。放射性年代测定法或放射性定年法是通过同位素的自然衰变（分解成不同元素的同位素）来定位时间。衰变始于岩石形成之时，衰变以平稳的速度发生，因此有可能通过计算岩石中的相关同位素数量并与原始同位素比较之后得出历经的时间长度。平稳的衰变速度为半衰期，即半数原始同位素发生衰变所需要的时间。被广泛使用的铷–87（会分解成锶–87）的半衰期为四百七十亿五千万年。铷是一种很罕见的元素，在含钾矿物（例如长石和云母）中经常含有此元素。铷–锶定年法可以用来测定花岗岩和片麻岩的形成时间。

不同的同位素可以用来测定不同年代的岩石。钾–40可以衰变成氩–40，从而可以测定一百万年以下的岩石。铀–235可以用来测定最古老的岩石，微量的铀–235衰变物在锆石中被发现，这是少数几种数十亿年都不会发生变化的岩石之一。因此，地质学家们力求在古老的岩石中找到锆石。在西澳大利亚杰克山中发现的锆石的形成年代可以追溯到四十三亿年前，几乎是地球形成之初。

两亿九千万年前到两亿四千八百二十万年前的二叠纪，海平面下降，新的红砂岩沉积，并且出现了第一株针叶树，爬行动物称霸地球。二叠纪终止于一场生物大灭绝，地球上96%的生物全都被消灭了。

两亿四千八百二十万年前到两亿零五百七十万年前的三叠纪，地球形成了超盘古大陆，现在的北美和欧洲当时都地处热带，小型哺乳动物和海洋爬行动物出现，种子植物开始占据主导地位。

两亿零五百七十万年前到一亿四千二百万年前的侏罗纪，盘古大陆开始分裂，海平面上升形成潮湿的热带气候，恐龙称霸地球，但是大部化石都以海洋生物为主，比如石菊。另外，第一只始祖鸟出现。

一亿四千二百万年前到六千五百万年前的白垩纪，海洋达到前所未有的高度并淹没了陆地。随着石油和天然气的储存，石灰岩得以形成。此时恐龙依旧是地球的主宰，但第一个食肉哺乳动物出现。

六千五百万年前到一百八十万年前的古近纪和新近纪，始于恐龙灭绝。大陆开始显现出人们现在所看到的样子，喜马拉雅山脉和大峡谷形成，草原覆盖了地表，大型哺乳动物和灵长类动物相继出现，鸟类大量繁衍。

一百八十万年前的第四纪，北美和南美形成一体，但亚洲和北美分开，反复出现的冰河期导致大部分动物灭绝。人类祖先出现并最终演变成人类。

鱼龙（海洋恐龙）

蜻蜓（昆虫）

迷惑龙（恐龙）

贫齿目动物（哺乳动物）

智人（人类）

乳齿象（哺乳动物）

中生代

新生代

岩石与化石

在沉积岩中发现的大部分化石是地质学家研究地球历史的关键线索之一。化石不仅可以帮助地质学家判定岩石形成的年代，而且可以推测出岩石形成的条件，并且在全球范围内追踪不同地层的出现。

几乎所有的沉积岩中都埋藏着时间胶囊般的化石，通过鉴别化石并将其与现代地球上的动植物做比较，地质学家们可以追踪到动植物演变的过程，并利用这方面的知识更好地研究埋藏化石的岩层。

五亿四千五百万年前的前寒武纪化石是十分稀有的，然而从那时开始，数以百万计的物种相继产生和灭亡，其数量是现在地球上存活物种的多倍。也许只有极少数的物种以化石的形式被保存了下来，但是这些化石足以向人们提供丰富的信息。

“化石相关”是地质学家们在研究岩石历史时用到的核心技术之一。化石相关的意思是在广阔的范围内通过寻找重复出现同样年代的化石的岩层而追踪到特定的岩层构造。沉积岩构造可以分散到很广的区域中，如果在沉积岩岩层中发现了相同年代的化石，地质学家则可以确认这些岩层形成于同一时期。

此外，随着时间的推移物种也经历了演变，很多化石只出现在特定的岩层序列中，因此地质学家们会寻找特定物质在岩层序列中第一次出现的地方以及最终消失的地方。利用这种方法，地质学家们可以根据岩层中的化石判断出岩层的相对年龄。三亿年前的物种化石所在的岩层一定比两亿五千万年前首次出现的物种化石所在的岩层年龄老。

指准化石

如果古生物学家找到了一副罕见的恐龙骨架，一定会非常激动，但地质学家们则不然。如果化石只存在于少量岩层中，或者很难判定化石的物种，或者所有岩层中的化石随着时间推移几乎都没发生过改变，则不会为判定岩层年龄起到作用。因此，地质学家们实际上寻找的是某种普遍存在的化石，这种化石被称为“指准化石”。如果在岩层中发现了某个指准化石，地质学家们会立刻确定岩层的年龄。

上图：如果沉积物仅仅被埋入较浅的深度而且几乎没有被破坏，那么就如同图片中的这个保存完好的双壳类化石一样，看起来就像是刚刚被埋入砂地的样子。

下图所示：这些保存完好的菊石化石发现自英国多塞特郡的莱姆·里杰斯市（Lyme Regis）的沿海鹅卵石上，这些化石提供了精确的时间定位，它们形成于大约一亿八千万年前。

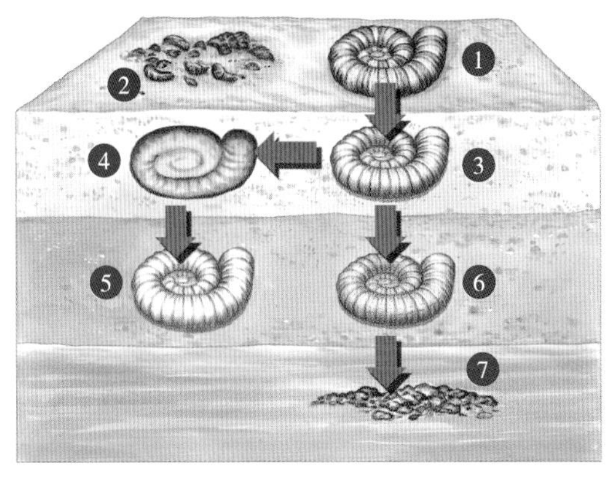

保存得十分完好。所有富含化石的地层被称为分布区带。当岩层序列中同时出现两种或两种以上的指准化石时，这样的岩层被称为共存延限带。当其中一个指准化石不可用时，地质学家们会转而依赖化石组合。这些化石组合应该是同时代的产物，例如恐龙、红杉和蜻蜓。

作为指准化石，必须具有分布广泛和容易辨识的特点。同时化石的体积要小；演化的速度要快，在不同时期需要呈现不同的变化结果。所以，指准化石都是小型海洋生物，特别是贝类其残骸很容易在海床附近的沉积岩中找到。

化石带

利用指准化石，地质学家们试图将岩层序列分成“带”，而每一个带都含有一系列特定的指准化石。顶峰带是指富含指准化石的地区——既可以说在这一时期物种大繁衍、沉积物非常多，又可以说该地区的化石保存得十分完好。

地带结构

由于大部分生物只在特定的环境下生活过，这些生物的化石只能存在于特定的岩石中。因此每一种“地相”一定会有其自身对应的地带结构。这就需要考虑到生活在特定时期的特定物种所处的造岩环境。比如，泥盆纪时期的欧洲，有3种主要地相每一种地相都有其自身的地带结构。老红砂岩形成于湖泊和河口处，鱼化石是其指准化石；莱茵石形成于温暖的浅水砂质海床中，其指准化石是腕足类动物和珊瑚；海西期的岩石形成于泥泞的深海海床处，其指准化石是菊石。

化石化过程

大多数化石是贝壳或骨头残片，完整的骨架十分稀有而柔软的身体部分几乎从来没有以化石形式保存下来。绝大多数化石是生活在浅海的贝类化石，陆地生物的化石是非常罕见的，因为在它们成为化石之前就已经腐烂掉了。当一种生物，比如贝类死亡后，就会沉入海底，它的身躯部分会迅速腐烂（图1），然而它坚硬的贝壳有可能会破裂（图2）或者被完好地埋起来（图3）。数百万年后，贝壳大部分都变成了霰石，有可能随着流水和其他沉积物一起被冲走。有时只会留下一个空模或铸壳（图4）。溶于水的霰石通常会在铸壳中再次形成结晶，在硅酸盐或硫化铁矿物中形成完美的贝壳复制品（图5）。偶然情况下，贝壳会被完好地保存着（图6）。如果埋藏太深或者岩层发生变质，则所有的化石几乎都会被破坏（图7）。

右图显示了全世界分布最广泛的指准化石。右图中所列的是北美的主要海洋生物化石，每一个时期都有两种指准化石。右图可以作为可靠的化石图鉴来使用。请注意，石炭纪在北美被分为密西西比时期和宾夕法尼亚时期。

菊石是乌贼属的贝类，是侏罗纪和白垩纪的指准化石。

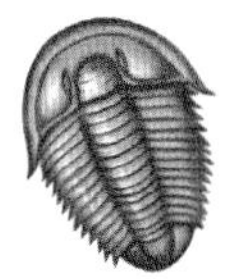

三叶虫是第一批出现身体分节的生物之一，它们是寒武纪的指准化石。

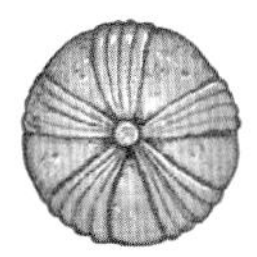

棘皮动物化石十分常见，但因为在演化过程中这种棘皮动物几乎没有发生过改变，所以很少将它们作为指准化石。

珊瑚是十分常见的化石，但由于在演化过程中几乎没有发生过改变，所以很少将它们作为指准化石。

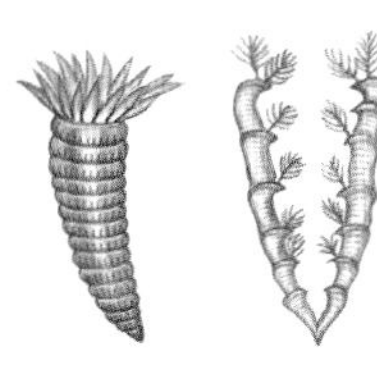

笔石是一种海洋生物，它是奥陶纪和志留纪的指准化石。

地质图

一张精细的地质图可能会成为地质学家最得力的工具，地质图呈现了形成各种地貌的不同岩石以及主要的地质特征。地质图不仅可以帮助地质学家确定地表岩石的种类，还可以为寻找特定矿物提供重要线索。

对于经验丰富的地质学家来说，地质图呈现的不仅仅是哪里有岩石。运用丰富的地质学知识，通过地质图可以建立起岩石构造的三维结构，岩石间彼此联系的方式甚至岩石形成的历史以及地貌形成的过程。

大部分常见的地质图都是“基岩图”，因为它们展现了地表下的那些坚硬的岩石。通过这种地质图，地质学家们最有可能找到富含矿石、石油和天然气的岩层结构。

地质图也可以呈现出松散的地表沉积，例如洪水沉积物或冰川沉积物。这样的地质图被称为“地表地质图”，这种地质图对工程建设十分有帮助，因为地质图呈现了工程建设区域的地表是否坚硬。例如，这种地质图对于修建火车隧道的初期工作是十分宝贵的，在繁杂细致的地面勘察工作开始前，地表地质图的作用就十分显著。

绘制地貌

同样的地区会被地质学家们用4种不同方式绘制出来。卫星图像（左图）可以清晰地展现出地貌，可以让地质学家在针对该地区勘测前就能了解到地貌特征以及潜在地貌。在卫星图像的基础上可以绘制出数字地面模型（下图），这种地图囊括了卫星图像和地面勘测数据，并通过计算机建立出了3D模型。这种地图以更加清晰的方式呈现了地貌，并为潜在地貌的研究提供了线索。

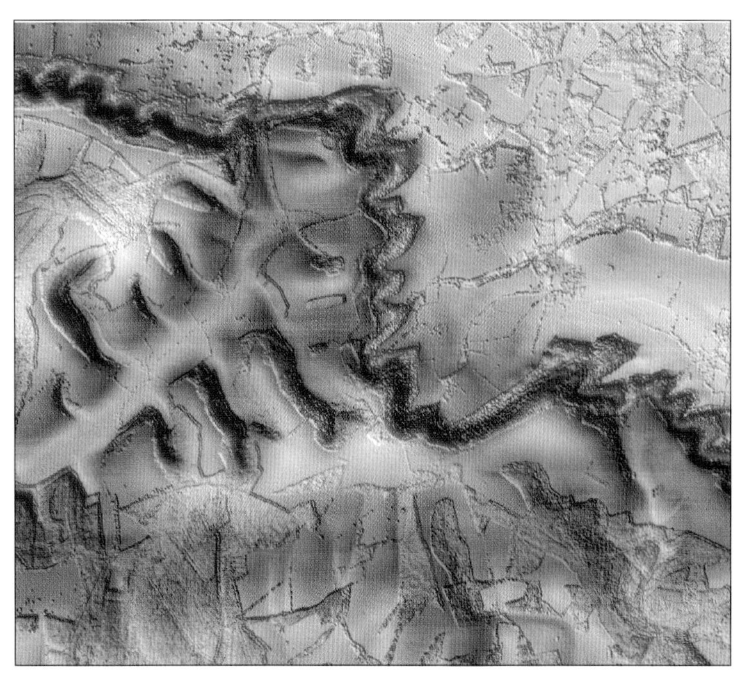

颜色与标记

地质图通常使用不同颜色的区域来代表不同种类的岩石或冲积层。例如火成岩通常会被标记成渐变的紫色或洋红色，取决于火成岩的类型是侵入体还是喷出体。

变质岩通常被标记为渐变的粉色和灰绿色，沉积岩通常被标记为渐变的棕色和黄色，另外还有一些绿色。但石灰岩除外，石灰岩通常被标记为蓝灰色。

除了颜色之外，在地质图中还经常使用各种阴影和图案作为图例。每种岩石都以一串字母的形式被简要地标记在地质图上。标记规则是用大写字母标注出岩层的年代，比如J代表侏罗纪、K代表白垩纪、T代表第三纪、Q代表第四纪，小写字母则表示特定的构造或者岩石类型。

地下地质学

地质图仅仅呈现了地表的地质，即便是基岩图也仅仅展示出了露头部分。露头是指特定种类的岩石露出地表的部分，而实际上这种岩石的大部分都隐藏在地表以下，露头中没有被沉积物覆盖的地方称为暴露。同样，很多地图通过岩层构造的剖面图来展示岩石在地表下是如何排序的，通常这些数据都来源于水文钻孔和地震勘测。然而，经验丰富的地质学家可以根据地质图直接绘制出岩层的剖面图。

例如，一系列大致平行的沉积岩带极有可能只是露出地表的稍微倾斜的沉积地层。地质图上的等高线呈现了地表的形状，如果地质图中呈现了一个具有和缓顺向坡（详见“岩石景观”节）的悬崖，那么这个顺向坡的角度就很容易猜到。

3D地质图

作为一个薄薄的截面，剖面图仅仅展现了地表岩层结构的两个维度，但地质学家们通常希望了解整个地区的三维结构。过去，地质学家们建立了称为栅状图的模型，栅状图由一系列直角剖面图组成，彼此之间相互连接就好像一个方形的栅栏。有时地质学家可以用卡片绘制栅状图，而有时只是徒手绘制。

计算机建模

随着计算机的发展和普及，地质学家们可以利用计算机绘制出完整的地表3D模型。根据地质学家的需要，通过操纵和投射3D模型可以以各种方式显示出地下构造。很多地质学家现在用计算机建模取代传统的地质图，从而寻找各地的矿藏。

直到最近，计算机建模所依赖的都是基岩图而非地表地质图。然而现在，像英国地质调查局（British Geological Survey，BGS）这样的机构开始使用GSID（3D地震勘测和调查）软件，从而建立既能展示露头的完整形态又能展示地表沉积物的3D模型。

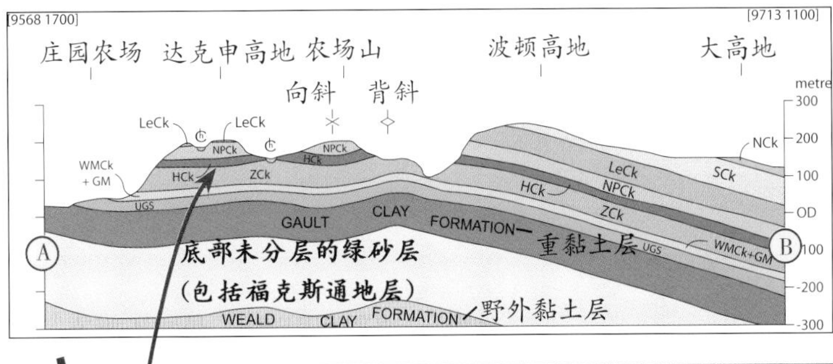

下图展现了相同地带中蕴藏的不同种类的岩石，不同的岩石用不同的颜色条标记出来。经验丰富的地质学家可以利用这张图绘制出源地貌的剖面图，假设从A地到B地，根据等高线绘制出相应的高度，之后再根据地表形态绘制出岩层沉积的方式。

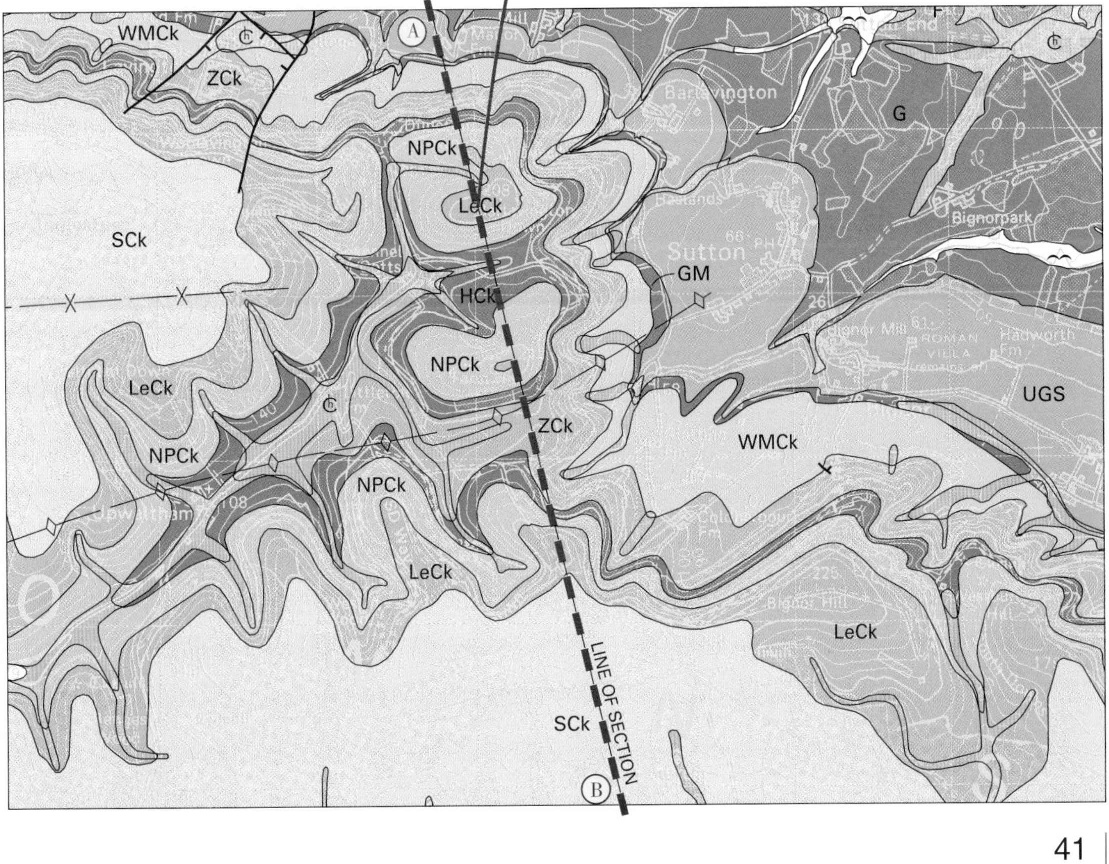

景观探译

每一块小石头都有着自己的故事。当你凝视嶙峋的山峰或从海岸边拾起一块石头时，如果你知道要找寻什么，就可以通过这块小小的石头看到它的过去。例如，透过石头上的擦痕可以看到其所经历的冰川期，而岩层的边界则说明这里是大地震的多发区。

有些时候，地质学家就像侦探一样工作：寻找线索，研究证据，推测出之前发生的事情。有时线索过于细微，只能借助高倍放大镜去发现它们；有时线索非常巨大，只要放眼望去便可看到。幸运的是，大部分线索都是不需要借助特殊设备的正常大小。

如果你发现了一块石头，看看是不是能够推测出它的历史。起初它可能会令你困惑无解，但随着想法一点点地涌现，你就可以拼接出它长长的历史。显然这有助于帮助你判定石头的种类，而本书后面的"岩石名录"也可以帮助你。即便没有非常丰富的岩石识别技巧，你也可以大致推测出关于这块岩石的一些事。

首先，你可以推测一下这块石头到底是通过自然的力量来到这里的，还是人为因素影响的。如果在这块石头附近还有一些类似的石头，则很有可能这些石头是自然形成的。外观与周边石头不一致的石头可以借助自然的力量到达它们的"休息处"。例如，冰川可以将整个巨大的砾石（漂砾）带到不同的岩石区，山洪和雪崩同样也可以搬运许多大块的石头，但这只是非常罕见的情况。在自然环境中，松动的石块不仅与周围的石块相似，而且也与附近的岩石相似。如果这些石块与附近的岩石类似，你就可以确定这些石头是从岩石上剥离开的。

通常情况下，你可以一眼看出这些石头来自哪里。比较合理的情况是，大块的石头距离它剥落的地方一般都不会太远。通常，石块从山坡上滑落下来并在山脚下聚集成岩屑堆，石块和小碎屑也可以从海崖上剥落并落在海滩上。大部分岩屑都是棱角锋利、厚度可观的小石块，这表明它们是从寒冷的山峰上剥落的，发生的时间就在过去的几个月之内。海滩上的小石子大多是圆滑的鹅卵石，之所以非常圆滑是因为它们在海底被粗糙的砂石一

大峡谷

世界上最著名的不整合景观之一就是位于北美的大峡谷，这条巨大的裂缝纵贯整个亚利桑那州并蜿蜒延伸至加拿大的阿尔伯特省。也许观赏这条大峡谷的最佳地段就是大峡谷国家公园（上图是大峡谷的西部边缘），五百万年来，科罗拉多河的不断冲刷使得地表形成了这样一条大裂缝，形成两山壁立、一水中流的奇观。年轻的砂岩直接位于有着二十亿年历史的毗湿奴片岩之上，用手抓一把就能直接抓到这两种岩石。片岩的历史可以追溯到二十亿年前的沉积物，大约在十七亿年前，沉积物被升涌入侵岩层的岩浆加热、凝固后因为构造板块运动而被挤压，从而通过变质作用形成了片岩。历经十几亿年的缓慢过程，片岩被压平、沉入海床。大约在五亿年前，由砂岩组成的沉积物开始在海底堆积，沉积物在海床之上不断沉积，不间断的沉积作用持续了上百万年，并在此过程中沉积层一直保持水平，最终形成了大约1220米高的海底沉积层。之后整个海床隆起，上升至地表，在科罗拉多河流经的过程中不断冲刷侵蚀沉积层，直至露出砂岩，并在此基础上形成大峡谷。

下图：这样的悬崖和峡谷可以在澳大利亚新南威尔士州的蓝山周围看到，这里是观察岩层的最佳地段之一。

角度不整合是如何形成的

沉积物会顺序地沉积，但有时缺失或不整合会破坏整个序列。下图列出了角度不整合的形成方式，起初，沉积物按照序列沉积下来(图1)，之后沉积序列被抬升、隆起后形成山脉(图2)。经过长时间的风化侵蚀，山脉变成了平原(图3)；海平面上升，淹没了平原(图4)。在海底中，原来已经变形的沉积层之上覆盖了新的沉积层(图5)。

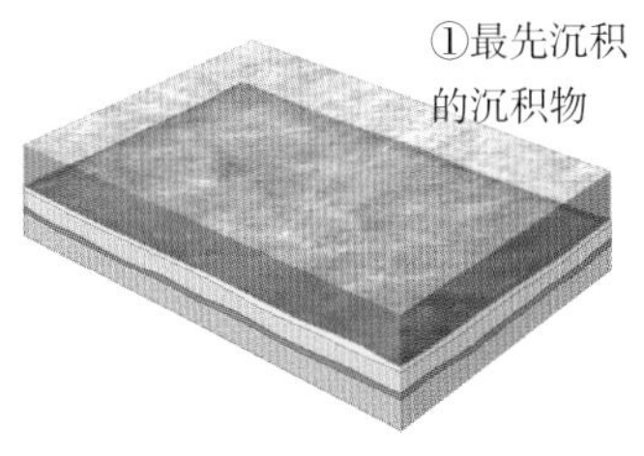
①最先沉积的沉积物

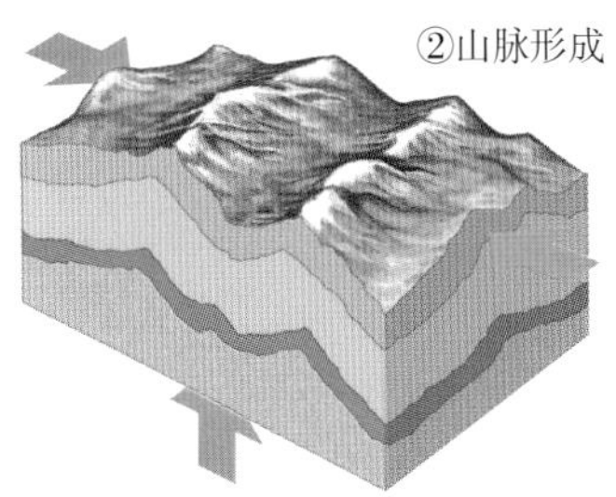
②山脉形成

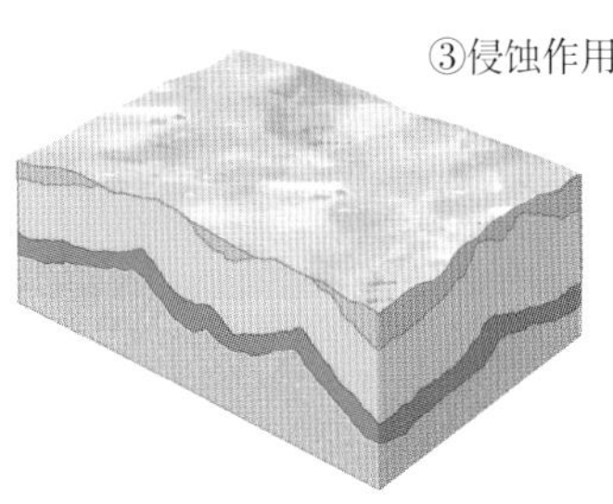
③侵蚀作用

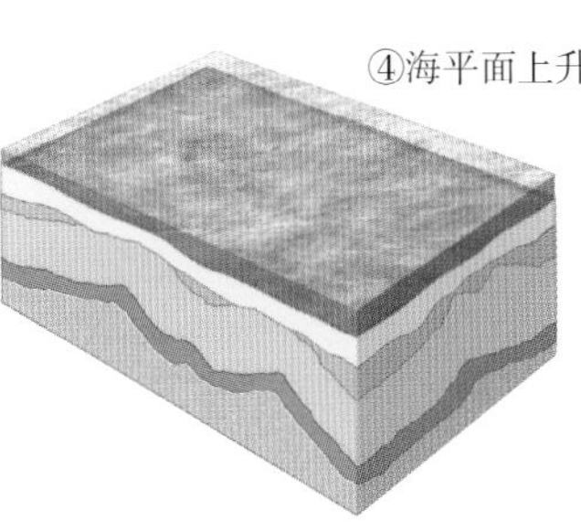
④海平面上升

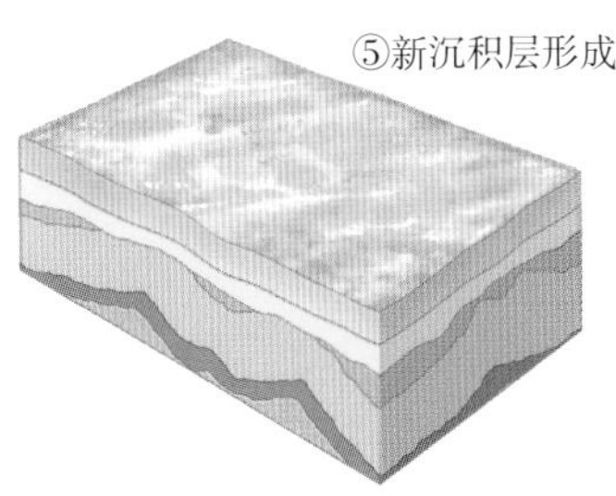
⑤新沉积层形成

遍遍地打磨，能够达到圆滑程度的小石子往往需要在水下被打磨数千年。强大的海浪足以将石头带到更远的地方，因此在海滩上发现的小卵石不一定来自附近的海崖。

利用岩层

在比较大的范围内，你可以讲述很多岩石历史方面的事情，特别是借助地层学(研究岩层及其组成部分的学科)的知识，你可以详细地讲述沉积岩。在之前的章节中讲到如果岩层中发现了年代一致的指准化石，那么这些岩层一定是同时期形成的。叠加原则也向我们展示了地球演化过程中最顶端的地层是如何形成的。还有一条很重要的原则就是地层越扭曲，其历史越长。同样的，切割定律也向我们展现了无论是怎样的岩层，比如火成岩侵入到一个岩层序列中，那么侵入体的年龄一定要小于岩层的年龄。

打乱序列

地质学家极力寻找的一个地质特性就是不整合。通常，沉积物上方应该是各种岩层序列，但时不时我们发现岩层序列中会出现空缺或断裂，年轻的岩层直接覆盖在老的岩层之上，缺少了预想中的“中间年龄”的岩层，或者沉积序列覆盖在变质岩层之上。这种缺失或断裂称为不整合，而不整合是很容易发现的。

其中一种不整合形式很容易在地表看到，就是角度不整合。角度不整合即新沉积物覆在老沉积物之上，其间有明显的风化侵蚀和地层缺失现象。

此外不整合还有其他类型。如果老的序列保持完整且没有受到破坏，但地层中却发现了年代明显不一致的指准化石，这种情况则说明岩层的年代明显不一致，这样的不整合被称为平行不整合。

假整合即老的岩层序列被侵蚀后，地表形成的不是平原而是丘陵和山谷。在这种情况下，序列的缺失可以用对应的波浪线标记出来，而非整合则是沉积岩序列被火成岩或变质岩破坏。

成层法

当地质学家看到悬崖中暴露出来的一段岩层序列后，他可以通过对岩层的分析建立起岩层变化的过程图示。岩石本身的属性表明了其形成条件，而岩层中的化石则给出了岩层的相对年龄。因此，即便过去发生的地质事件导致序列中出现了缺失或不整合，岩石和化石本身也能够说明其自身所处的岩层序列。

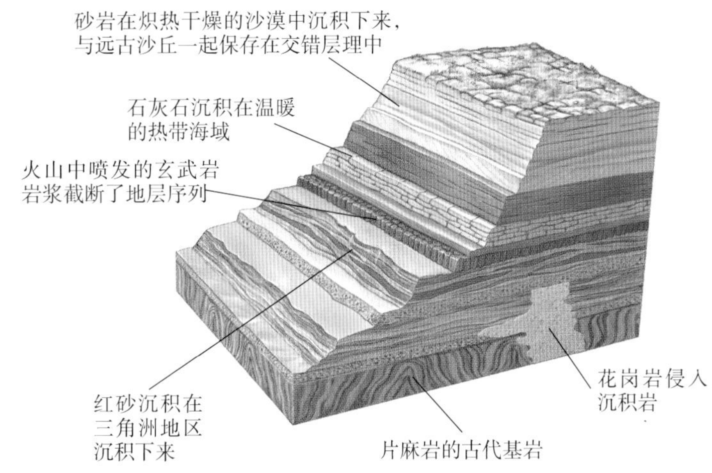

矿物的形成

岩石是由天然的矿物形成的，所有矿物都是带有特定化学成分的固态结晶。有些矿物小到只能借助放大镜才能观察到，而有些矿物大得就好像树干一样，在特定地点及特定条件下会形成特定的矿物。

在地壳中有4000~5000种不同的矿物，但只有大约30种是常见矿物。剩下的矿物大部分都微量分布在岩石中，只有被地质运动过程集中到某些地方之后，才会被我们看到。这种集中的过程就产生了矿石，而大部分金属都是从矿石中萃取出来的。

此外，本书中提到的大块的矿物晶体即便是常见矿物，也是十分稀有的。这对地质学家来说，发现任何一种矿物都是值得为之兴奋的事。体积大、结构精致的结晶需要足够的时间和空间完成生长。正确及持续不断的成分供应必不可少，因此，晶形完美的结晶是极其难得的。

矿物结晶的形成方式主要有4种，有些是受到炽热岩浆的加热后遇冷凝固并逐渐形成结晶的，有些是化学成分溶于含水液体而形成的，有些是在已形成矿物的基础上通过改变化学成分而形成的，还有一些是在已经形成的矿物基础上，岩层被挤压或炙烤发生变质后而形成的。

上图：图中的女子身处世界上最大的晶洞之中。（绝大多数晶洞的尺寸不超过拳头的大小）晶洞是一种洞穴地貌，其由熔岩（或石灰岩）中的气泡形成。这些气泡会被汽水热液注满，而这其中就生长着结晶，比如紫晶。

下图：最好的晶体其生长往往需要足够的空间，因此这些晶体的发现地点大多在洞穴里，例如晶洞。晶洞的外表看上去就是暗淡的圆形石头，但是用锤子轻敲能够听到从石头里面传来的回声，当石头被凿开时就会发现其内部闪闪发光。

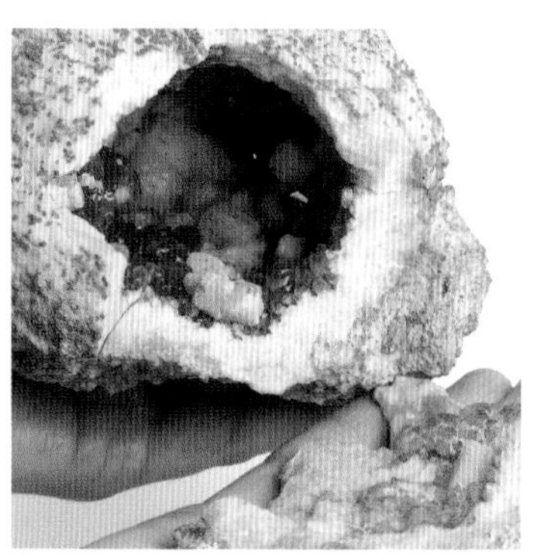

由岩浆形成的矿物

岩浆冷却后，原子团开始在混合物中聚集并形成结晶。越多的原子依附到最初的结构上，结晶生长得就越大，就好比水越结冰，冰柱就越长一样。

熔点最高的矿物最先形成结晶，伴随着结晶过程，混合物中其余矿物的熔点也发生了改变（详见本书“火成岩的形成”一节）。

熔化时，最容易嵌入晶体结构的化学物质会先脱离晶体，而更大、更不常见的原子则被留在后面。正是这些“晚期岩浆”中的化学物质，在形成晶体的最后阶段赋予了矿物的多样性和多变性。

正因如此，矿物的形成取决于岩浆中最原始的成分以及其冷凝方式。岩浆中易于形成大块结晶的则冷凝速度稍慢，最大的结晶和最多变的结晶经常形成于被称为伟晶岩的岩石中。伟晶岩是在熔化过程中最后形成的结晶，伟晶岩通常在侵入体的裂缝或围岩周围的碎屑中被发现，并形成被称为岩脉的片状岩石。这些晚期岩浆中的残余液体含有丰富的外来元素，例如氟、硼、锂、铍、铌和钽。这些元素的组合可以形成巨型结晶，比如碧玺、托帕石、绿柱石以及其他稀有矿物。当液体中富含硼和锂时就形成了碧玺，当液体中富含氟时就形成了托帕石，当液体中有丰富的铍时就形成了绿柱石。

由水形成的矿物

水只能溶解一定量的化学物质。当水处于“饱和”（满载）状态时，化学物质就会沉淀析出，这是指化学物质从水中脱离并形成固态物质。通常，这种情况会发生在水分蒸发或冷却的过程中。

当岩石中的钠、氯、硼砂和钙溶解于水时，这些元素会随着流水流入内陆海及湖泊，当海水或湖水蒸发时，就会留下沉淀析出的矿物，例如盐、石膏和硼砂。

大部分矿物是在汽水热液的冷却过程中形成的，汽水热液即富含可溶于水的元素的热水。有时汽水热液来自渗透到地下的雨水（大气水），雨水在渗透过程中在接近地幔处被加热或被炽热的火成岩入侵体加热。

汽水热液也有可能来自晚期岩浆，在这种情况下，热液中就会富含罕见的化学元素。这种热液沿着入侵体的裂缝渗出，冷却后形成薄薄的、枝杈状的岩脉。

蚀变矿物

尽管像钻石或黄金这样的矿物看上去会永久存在，但大部分矿物的寿命都是有限的。当矿物形成时，就会开始与周围的条件相互作用，有的速度慢，有的速度快。当矿物与周围条件相互作用时，就会形成不同的矿物。

金属矿物暴露在空气中或富含氧气的水中时会被氧化。对于铁矿制品，例如铁钉，会被氧化成红色和深棕色。当溶氧水渗透到地表岩石和富含金属矿物的岩脉中时，会侵蚀金属并在岩层上形成一个氧化带。赤铜矿、针铁矿、硫酸铅矿、蓝矾矿、蓝铜矿以及其他许多矿物都是由这种方式形成的。有些硫化矿物氧化后变成了溶于水的硫酸盐，这些硫酸盐会从岩层上被冲刷下来，再在原有岩层下形成新的沉积层，因此不同的矿物就形成了珍贵的矿石，例如辉铜矿。

矿石重塑

许多矿物当暴露在高温或高压条件下时就会变得不稳定，其化学物质会通过蚀变作用变成不同的矿物。这一过程被称为再结晶，并且再结晶的过程与变质作用紧密相连。当岩石通过变质作用重塑时，其矿物组分会再度结晶。

岩石变质可以通过炽热岩浆的加热或构造板块的运动得以实现，往往简单的埋藏就能使矿物发生蚀变作用，因为随着深度的增加，温度和压力都会上升，而与汽水热液接触也会使矿物再结晶。

在最简单的再结晶过程中，最后形成的矿物仅仅依赖于高温和压力的共同作用，而矿物本身还在其原有岩层中。然而新渗入的组分也许会改变原有的结构。例如，当岩浆侵入到石灰岩中，在炙烤石灰岩的同时也引入了新的化学成分形成混合物。石灰岩提供钙、镁和二氧化碳，而岩浆提供了硅、铝、铁、钠、钾和其他组分，最终会形成富含各种各样硅酸盐矿物的“矽卡岩”。

上图：托帕石是众多稀有矿物中的一种，由岩浆中的富含稀有矿物的残渣结晶而成，通常形成于被称为花岗伟晶岩的岩脉处。形成托帕石的岩浆残余物富含氟，结晶形成于伟晶岩空洞处，被称为晶洞。只有在很偶然的情况下，才会有体型较大的晶洞出现。

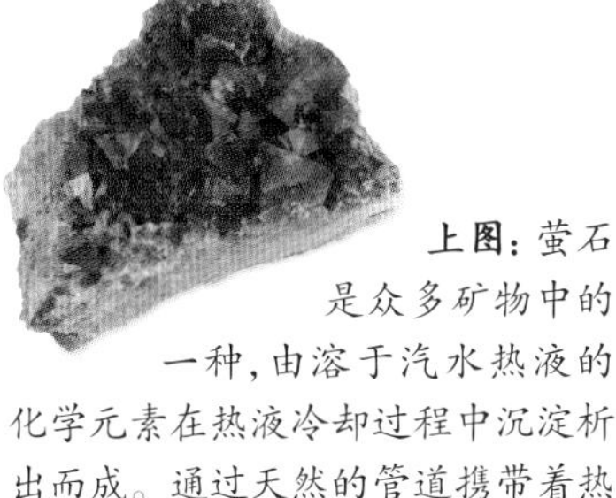

上图：萤石是众多矿物中的一种，由溶于汽水热液的化学元素在热液冷却过程中沉淀析出而成。通过天然的管道携带着热液的岩脉最终会结晶并形成新的岩脉。

上图：赤铜矿是暴露在空气或富含氧气的水中经历氧化过程而形成的一种矿物，氧化铜矿物表面形成的亮绿色的壳就是赤铜矿。

左图所示：红宝石是一种极其稀有和珍贵的矿物宝石。一定量的氧化物经过高温加热、冷凝后形成结晶，再经历变质作用会形成红宝石。

矿物晶体

在地表上发现的矿物结晶大多粗糙，并且与本节图示中看到的不一样，很少有美丽规整的形状。同样，结晶按照一定的方式生长，并且有特定的对称形式。

矿物结晶由被称为单位晶格的数量庞大的微小构造块构成。每一个矿物的单位晶格都是由相同构造的原子组成的，这些规整的单位晶格的构成方式赋予了晶体的外观。例如，切开立方盐晶体，就会发现内部是由立方形颗粒组成的，而颗粒是由微型的立方形的单位晶格组成的。

结晶中的单位晶格并置在一起形成了一个原子“晶格”这是一种规整的内部构架。晶格赋予了结晶基本的几何形状或“对称形式”。

所有晶体都有其对称方式，晶体学家们则根据晶体的对称形式对其进行了分类。晶体被分成了6种基本结构，每一种都有其特定的形状，之后在此基础上进行细分。最简单、常见的对称结构是等轴或立方晶系，其他5种根据对称结构的递减性依次为六方晶系（包括三方晶系）、四方晶系、正交晶系、单斜晶系和三斜晶系。在每个基本结构中都出现了许多不同的“结构”（详见下图的图示）。

晶体的对称性可以用多种方式来描述，其中一种是轴对称。“对称轴”实际上是假想出来的从晶体中心到对立面中心的一条线。将晶体沿着对称轴翻转后，晶体的形状看上去和之前没有变化。立方晶系是所有形状中最对称的结构，你可以在立方晶系上找到13条对称轴。

另一种对称方式是平面对称或镜像对称。沿着某个平面将晶体切开，可以看到每一半

晶系（以及一些相关的形状）

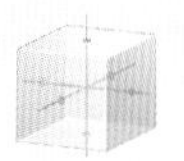
立方晶系

立方体（兼其他形式）

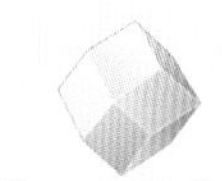
菱形十二面体

等轴/立方晶系

这可能是最常见的对称结构，有3个相等的直角对称轴，四角是四倍对称结构。其主要形状是四面体、八面体和菱形十二面体，例如方铅矿石、岩盐矿石、银矿石、金矿石、萤石、黄铁矿石（如图所示）、石榴石、尖晶石、磁铁矿石和铜矿石。

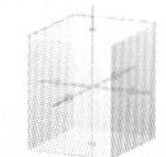
四方晶系

棱镜双锥体结构

棱镜双锥轴面体结构

四方晶系

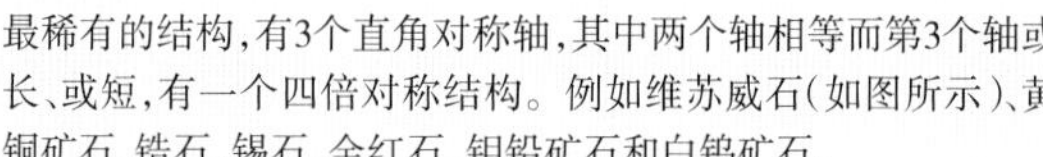
最稀有的结构，有3个直角对称轴，其中两个轴相等而第3个轴或长、或短，有一个四倍对称结构。例如维苏威石（如图所示）、黄铜矿石、锆石、锡石、金红石、钼铅矿石和白钨矿石。

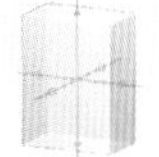
斜方晶系

棱镜拱形双锥体结构

楔骨棱镜体结构

斜方晶系

斜方晶系的外观通常看起来像短粗的火柴盒或者有轴面的棱镜（见下面的“晶体习性”节），具有3个不相等的直角对称轴和3个二倍对称结构。例如重晶石（如图所示）、橄榄石、托帕石、硫磺、白铁矿石、霰石、天青石和白铅矿石。

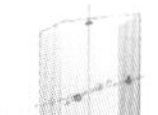
单斜晶系

拱形双棱镜体结构

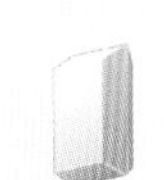
双锥轴面体结构

单斜晶系

典型的扁状结晶，具有3个不等轴，只有两个轴形成直角，有一个二倍对称结构。例如透明石膏（如图所示）、云母、正长石、水锰矿石、角闪石、硼砂、蓝铜矿石、雌黄、辉石和透辉石。

三斜晶系

棱镜轴面体结构

三斜晶系

这是最不对称的结构，拥有3个不等轴，没有直角。例如微斜长石（如图所示）、斜长石中的钠长石和钙长石、绿松石、高岭石、蛇纹石和磷铝石。

六方晶系

棱镜轴面双锥体结构

菱面体

六方晶系（三方晶系）

这种结构形成的晶体有3个相等的60°交叉轴，还有一个相等的90°交叉轴。六方晶系最多有六倍对称结构，三方晶系（有时会单独列出）最多有三倍对称结构。例如绿柱石（如图所示）和石英。

晶体都与另一半呈镜像对称。完美的立方晶系有9个镜像对称，也就是说可以用9种方式对半切开它，并且切开的两半晶体能完全吻合。当转动晶体时，根据对称性，镜像对称也许会出现两次、三次、四次或六次。例如一个扁长的晶体，当旋转180° 之后会找到对称结构，因此这个晶体拥有的就是二倍对称结构。而立方晶系只需旋转90° 就能找到对称结构，因此它拥有四倍对称结构。一个六边形形状的晶体只需旋转60° 即可，因此它拥有六倍对称结构。

所有晶体都具备的关键特性是各个面之间的角度，而对于每一种矿物来说也是这样，这个特性被称为面角恒等定律。该定律十分可靠，因为你可以根据各个面的夹角来确定矿物。矿物学家通常会用测角仪去测夹角，但你完全可以用量角器和透明尺自制一个测角仪。

晶体的习性

自然界中形成的晶体不可能达到完美的形状。如果在岩层的缝隙中生长，四周都被岩层包裹着，晶体的天然形状就被扭曲了。即便是在实验室中培养出来的晶体，也会因为受到重力影响而扭曲变形。只有在国际空间站零重力条件下才能培育出科学家们所追求的至臻完美的晶体。

尽管晶体的形状不完美，但每一种矿物晶体都通过不同的方式或习性趋向于生长或聚在一起生长（长成聚合体）。例如，赤铁矿石，其生长成型后是肾形的晶体，这种习性根据它的拉丁文名字而被称为“肾状”。

整体来说，每种矿物都趋向于在特定的条件中形成，其习性反映出了矿物的形成条件。有些矿物，比如石英，其形成条件复杂多变，因此石英也就具备了多种习性。

晶体形态

整个晶体（封闭型）

立方晶系有几种不同的匹配方式，例如四面体（4个面）、立方体（6个面）、八面体（8个面）和十二面体（12个面）。

非立方晶系不具有匹配的面，例如菱面体、双锥体和偏三角面体。菱面体就好像一个压扁了一角的盒子，例如红纹石。双锥体就好像是两个底部连在一起的金字塔形，有很多不同形状的面。偏三角面体具有不等边三角形的面，例如方解石。

晶体习性

针状晶体：像针一样的结晶体，例如硼钠钙石（下图）。

树木状晶体：像树杈一样的结晶体，例如天然铜矿石和银矿石，与树杈类似但是更短粗一些。

叶片状晶体：薄、扁平，具有弧状边缘，像黄油刀的刀锋。重晶石的结晶通常为叶片状晶体。

葡萄状晶体：来自拉丁语的“葡萄”一词，意思是小且圆形的团状物，看起来就像是一串葡萄，例如蓝铜矿、异极矿（上图所示）。该晶体看起来像是肾脏状或是乳头状的，但要更小一些。

毛细血管状晶体：像头发丝一样细细的小杆，看起来像是针尖形，但其实更细。

圆柱状晶体：柱状或小棍状的晶体，例如霰石（右图）。通常是平行结构，但有时也会出现放射结构。

壳状晶体：类似面包壳，例如褐铁矿石。

隐晶质晶体：晶体小到只有借助放大镜才能看得见，例如玉髓。

树枝状晶体：羊齿植物状的晶体，看起来像树木状晶体，但要更细，例如软锰矿（上图）、硬锰矿，铜矿石和金矿石。

晶簇状晶体：薄层垂直晶体上覆盖了一层岩石表面，就好像晶体上面盖了一块毯子。

纤维状晶体：薄薄的纤维状晶体，例如石棉、矽线石和菱锶矿石。该晶体可以朝着任意方向生长，但几乎为平行束或辐射束。

部分晶体（开放型）

圆穹形和蝶骨形都有两个斜面，看上去像隆起的山脊。

单面晶：单一扁平面的晶体。

轴面晶：有一对平行面，例如圆柱体的顶部和底部。

棱柱晶体：围着轴线产生多个面，看上去像是多面向的棱柱，例如绿宝石（左图所示）和正长石。

金字塔形晶体：像一座金字塔，通常有3~16个面。

叶片状晶体：薄树叶状的晶体，例如云母（右图）。

球状晶体：晶体为球状，例如葡萄石。

漏斗形晶体：晶体面呈现出卡车漏斗状，例如岩盐。

薄片状晶体：扁片状，例如绿泥石。

乳头状晶体：大的球状晶体，例如孔雀石，体积介于葡萄和肾脏之间。

巨型晶体：坚硬且没有明显结构的晶体。

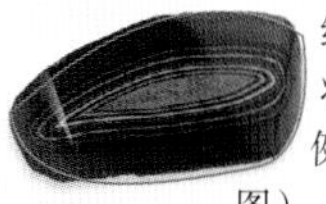

结节状晶体：圆形块状或结节状的晶体，例如燧石和玉髓（上图）。

放射状晶体：形状像是车轮辐条或者电扇，例如白铁矿石、辉锑矿石和辉沸石。

鲕粒状晶体：像是小鱼卵，例如鲕绿泥石，其体积比豆子小。

肾脏形晶体：肾脏形，例如赤铁矿石（上图），比葡萄或乳头大一些。

网状晶体：网状或晶格状的晶体，例如白铅矿石。

含有针状结晶金红石的晶体：针状晶体内含金红石（内部含有的小型结晶），例如金红石石英。

星状晶体：又长又窄的结晶块，以星状向外放射，例如针钠钙石（上图）和雪花石结晶。

扁平状晶体：扁平状的晶体，形状像薄片状晶体，但要厚一些。例如重金石和青铅矿石。

矿物的物理性质

每一种矿物都有其一系列的特点，方便矿物学家加以区分。矿物的很多特性都是物理性质，比如硬度、密度、弯曲或断裂方式。

和所有物质一样，矿物有着广泛的物理性质，从熔点到导热性或导电性，折光性或吸光性。然而矿物学家却致力于研究可以帮助他们区分出不同种类矿物的物理性质，特别是能够帮助他们在野外就能鉴别出矿物的物理性质。

也许对矿物学家来说，最有用的两种性质是矿物的硬度和密度。早于《矿物名录》而出版的《矿物图鉴》中记载，根据矿物的硬度和密度可以将矿物分组并迅速确认出矿物的种类。

在野外可以很容易地确定矿物的硬度，并且可以根据硬度迅速判断出矿物的种类。密度通常只能大致估计，当然回到实验室就可以用很容易的方法确定矿物的密度（根据比重），这样缩小矿物范围的可能性则更进一步。

矿物弯曲或破裂的方式也可以作为区别矿物的特性，特别是解理面和韧性，都在右边的图表中一一列出了。

另一种特性，可以用来区分小范围的矿物：将矿物做酸性测试，这就是酸反应特性。

硬度和莫氏硬度表

矿物学家口中所谓的硬度，通常指划痕硬度，即矿物抵抗划伤的程度。最简单的衡量硬度的方法就是根据莫氏硬度表。是由德国矿物学家莫斯（Friedrich Mohs）于1812年提出，他选择了10个标准矿物，并将其标为1~10份，从1~10一个比一个硬度大。最柔软的是滑石，标记为1；最硬的是钻石，标记为10，钻石是世界上最坚硬的矿物。所有其他矿物质都可以根据能被哪些物体划伤而依照莫氏硬度表来分等级。每一种矿物都可以划伤一种较软的矿物，但也会被另一种较硬的矿物划伤。

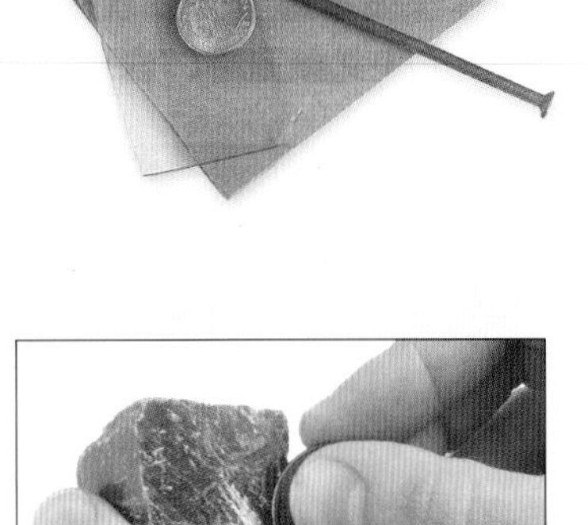

你需要的工具

你可以购买装有10个标准矿物的测试工具箱，也可以利用自己手边的工具做莫氏测试工具箱，你只需要以下工具：

- 指甲
- 黄铜硬币
- 铁钉
- 玻璃
- 小刀
- 钢锉刀
- 砂纸
- 磨刀机

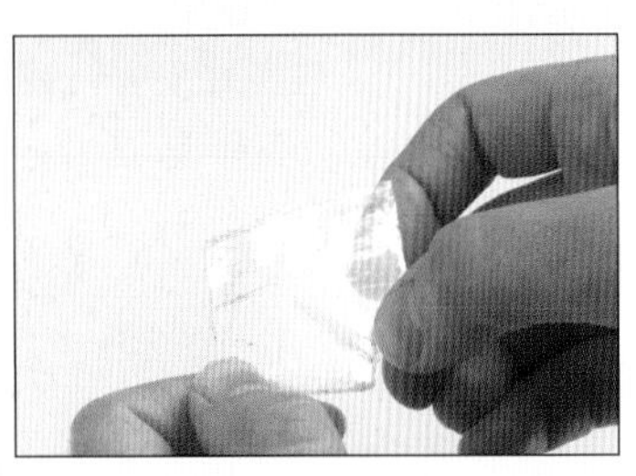

为了找到最坚硬的矿物，依次用上述工具测试，从最柔软的工具—指甲开始。

如果标本不能被指甲划伤，就用黄铜硬币试试。如果硬币能划伤标本，则标本的硬度为2或者2以下。

如果不能被黄铜硬币划伤，就用更加坚硬的工具试验，直到找到标本的相应等级。

1 滑石　2 石膏—被指甲划伤　3 方解石—被黄铜硬币划伤　4 萤石—被铁钉划伤　5 磷灰石—被玻璃划伤　6 正长石—被小刀划伤　7 石英—被钢锉刀划伤　8 托帕石，金刚砂—被砂纸划伤　9 刚玉—被磨刀机划伤　10 钻石

弯曲和断裂:切割解理

解理是一种沿着矿物薄弱的地方裂开的趋向。由于晶体是由原子组成的晶格构建起来的,所以这些薄弱的地方往往都是平面。大部分矿物质都有称为节理面的较弱的平面,大部分矿物往往沿着一定数量的角度裂开。例如云母,只能沿着一个方向裂开成薄片,然而萤石则可以沿着4个方向裂开为八面体(8个面)的小块。

并非所有的矿物能被整齐、漂亮地裂开。矿物学家是这样描述裂开的:优质、层次分明、劣质、无样式;或者非常完美、完美、有瑕疵、无样式;或者完美、优质、劣质和层次模糊。萤石是优质裂开,石英则是无样式。有些矿石(例如白钨矿石)沿着一个方向可以裂开得十分完美,但沿着两个方向裂开则会完全破碎。

在以前,矿工把被分割成菱形的矿物,例如方解石称为"晶石"。

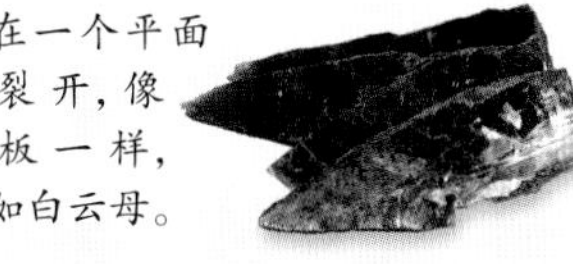

仅在一个平面上裂开,像平板一样,例如白云母。

在两个平面上,像一个四方的围杆,例如正长石。

在3个平面上裂开,像砖块一样,例如岩盐。

在3个平面上彼此之间以一定的角度去解理,像一个立体的菱形,例如萤石。

弯曲与断裂:断裂

当用锤子敲击时,矿物有时会破裂并且无一定方向可循,但并不是沿着节理面裂开,这就是所谓的断裂,断裂有时也可以用来识别矿物。碎片或断裂表面可能是贝壳状(壳状)、羊齿状(锯齿状)、裂片、纤维或土屑状。

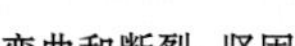

石英的变种(比如紫晶)不能被解理,但可以断裂成贝壳状的碎片。同样,橄榄石、打火石和玻璃也是如此。

弯曲和断裂:坚固

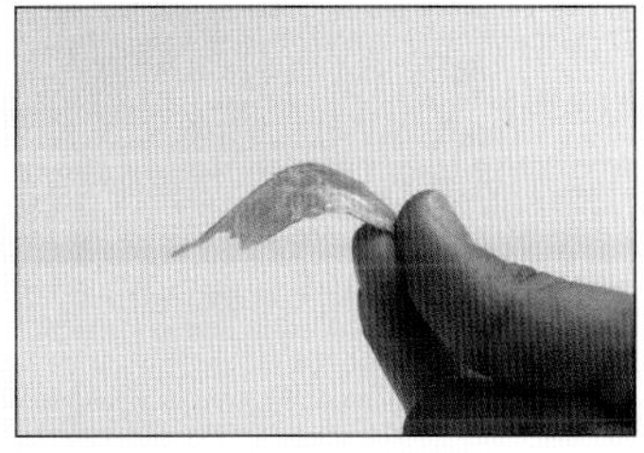

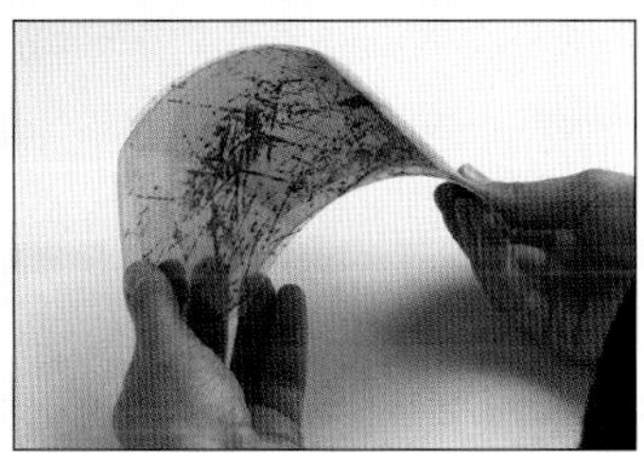

当矿物被粉碎、切割、弯曲或击中时,它们的反应方式也不同。矿物反应的方式被称为"坚固",并由一些专有词汇来描述矿物的坚固程度。大多数矿物质"脆",这意味着当它们被更坚硬的物质敲击时容易破碎断裂或变成粉末。有些矿物则属于"易变形",例如上图的辉钼矿石和滑石,这意味着它们容易弯曲。有些矿物则是"有弹性的",例如云母(右上图),这意味着它们弯曲后能恢复原状。

"可塑性"矿物,例如天然铜、黄金和螺状硫银矿(下图)可以被凿成片状。"可切割的"矿物,例如角银矿可以被切成片。"柔软"的矿物可以被拉长或拉伸成丝状。

简单测试:比重

虽然因为杂质矿物的重量略有不同,但往往通过精确地测试其密度就可知道矿物的种类。然而,不规则矿物的密度是很难测出来的,所以地质学家们使用矿物的比重(SG),即利用其对水的相对密度去测量矿物的密度。你可以在测量时使用一个灵敏的弹簧秤。

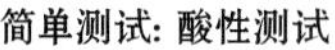

第一步(左图):要测量一个样品的比重,给它绕上一根线并拴在弹簧秤下测重。将重量的数值记录下来并称之为A。

第二步(右图):将样本没入水中,记录弹簧秤上的重量,并将之称为B。这个重量应该小于A,因为水提供了浮力。用A减去B,再用得到的结果除以A,就会得出比重。

简单测试:酸性测试

识别矿物的一种方式是"嘶嘶声测试",方解石就适合使用这种方法。例如在一小片碳酸盐矿物上滴一滴酸,就能听到"嘶嘶"声,这是因为碳酸盐矿物与酸发生了反应,嘶嘶声表明碳酸盐释放出了二氧化碳。硫化物(例如方铅矿石和硫镉矿)会释放一股臭鸡蛋味道的气体,这就是硫化氢气体。粉末状的矿物铜(例如铜蓝和斑铜矿)在酸溶液中会变成绿色或蓝色。地质学家会使用稀释的盐酸,但使用家用醋更安全。由于醋(醋酸)的酸性更低,所以在做实验时,要么将矿物样本磨成粉末,要么将醋缓缓地加热。如果你想用盐酸,记得戴上橡胶手套和护目镜防止滴液飞溅。

使用滴管滴一点酸在固体或粉末状的矿物上。

矿物的光学性质

尽管有时不一定能通过矿物的外观做出判断，但每种矿物都有不同的外观。例如富含蓝色的蓝铜矿、带有彩虹色彩且闪闪发光的蛋白石等，这些光学性质往往赋予了矿物独特的吸引力。

人们最先注意到的一定是矿物的颜色，矿物所拥有的颜色来自它的形成条件或变异条件。形成矿物色彩的关键在于矿物中原子金属键的开启。

除去你看到的那些色彩斑斓的矿物，大多数矿物本身是白色或无色的。实际上，只有极少数化学元素是具有天然的强烈色彩的。矿物中的颜色基本上来自称为过渡金属的物质，例如钴、铜和锰。铜会赋予矿物蓝色或绿色，铁会赋予矿物红色或黄色，当然也并非总是如此。

那些自身具有天然的强烈色彩的矿物称为自色矿物。这些矿物通常由一种过渡金属作为主要成分，例如钴会把钴华变成紫红色，铬会让铬铅矿石成为橙色，铜会让蓝铜矿石变成蓝色，锰会让菱锰矿石变成粉色，镍则赋予镍华绿色。然而大部分其他矿物，其颜色来自微量的

光学效应

冰长石晕彩

出现在冰长石、月长石表面的蓝白色席勒效应。

星芒

来自希腊语中“星星”的意思，星芒即宝石中像星星形状的闪光，例如星光蓝宝石、星光红宝石和星光玫瑰石英。通常，宝石中的针状金红石晶体会产生星芒效应。

日光效应

矿物中含有的像叶子一样的晶体所产生的反光现象，例如日长石。

双折射

当光线通过矿物（例如方解石）时会被分割，从而产生一种视觉上的重影效果。

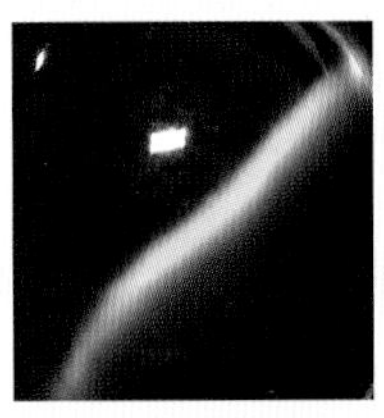

猫眼效应

来自法语中的“猫的眼睛”一词，即在宝石中产生猫眼效应，例如红柱石。在宝石中由于微小的晶体而产生的一条带状闪光就是猫眼效应。

色散

有些矿物可以呈现出更多、更丰富的颜色，颜色被分散开，由此产生的带颜色的闪光在宝石切割中被称为火彩，例如钻石、翠榴石和榍石。

火彩详见色散。

彩虹色

在矿物表面层因干扰所产生的彩虹色的闪光。

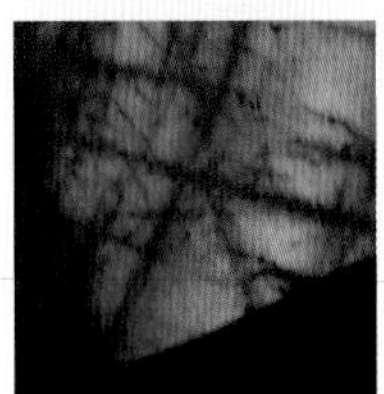

拉长晕彩

由结晶中的双晶结构在拉长石中产生颜色的变化，由蓝色变成紫色再变成绿色或橙色。

月长石

碱性长石与银色或蓝色的彩虹色或冰长石的乳白色宝石变种。

乳白光

在蛋白石表面产生的牛奶色、带有光泽的闪光。

磷光效应

有些矿物会在紫外光源消失后存储一定的光辉。

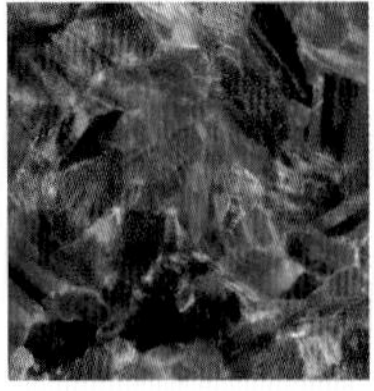

变彩

在灯光的照耀下矿物会发出彩虹色的光彩，效果包括彩虹色、席勒效应、拉长晕彩和冰长石晕彩。在蛋白石宝石表面所产生的变彩有时被称为乳白光（上图）。严格来说，乳白光应该为白色中带有牛奶色光泽的“劣质”蛋白石。

多色性

一些矿物会呈现出不同的颜色，这取决于你从什么角度来看它们。在晶体中，不同颜色的光吸收自不同的方向。3种颜色的变化是三色性，两种颜色的变化是双色性。多色性强的矿物有红柱石、锂电气石、黝帘石和堇青石（左上图从两个方向展示出了）等。

折光性

当光通过一个透明物体时会被弯曲折射。

席勒效应

斜方辉石类矿物中产生的铜金属光泽，例如顽辉石，这是由于内部矿物层和光线反射受到干扰所致。

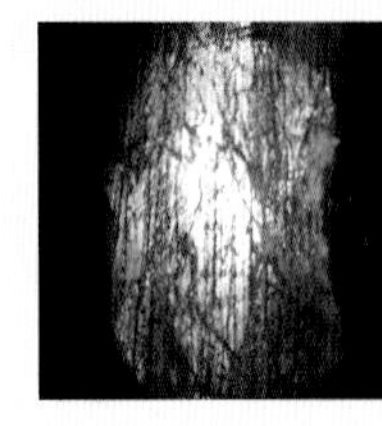

日长石

长石的一种，具有金色的闪光，这是由赤铁矿石中包含的小板状的晶体反射光线所致的。

热发光

有些矿物被加热时会发光，例如磷灰石、方解石、萤石、云母和一些长石。

上图：石英的各种颜色说明依靠颜色来确认矿物的种类是非常不可靠的。

杂质，这些矿物被称为他色矿物。几乎所有的彩色宝石都是他色矿物，并且其颜色来自杂质。例如，绿柱石变成绿宝石，颜色就来自微量的铬和钒；刚玉变成蓝宝石则是因为氧化钛，而红宝石的颜色来自铬。杂质可以赋予石英几乎任何斑斓的颜色。同样，萤石也可以有多种色彩，但要取决于它特殊的化学结构，而非杂质。

大多数矿物都是色彩夺目的，例如绿色的孔雀石和蓝色的蓝铜矿石仅凭其自身的色彩就能被一眼认出。因此，矿物会被杂质赋予多种色彩也说明了矿物的颜色具有多变性，但仅凭颜色不能确认矿物的种类。

上图：通过在瓷砖未上釉的表面摩擦矿物而得到了擦痕，这些擦痕的颜色与矿物本身的颜色一致。上图中，从上到下按顺时针方向矿物依次为赤铜矿石、黄铁矿石、赤铁矿石、蓝铜矿石和孔雀石。

确认矿物颜色的唯一方式是通过矿物的擦痕。擦痕是粉末状的矿物，之所以被称为擦痕是因为用矿物在白瓷砖未上釉的那面大力地摩擦而在瓷砖表面留下了不同的擦痕。赤铁矿石通常具有像方铅矿石那样的灰色，但经常也会有其他颜色。用擦痕这种方法，通常得到的赤铁矿石是血红色，而方铅矿石则是铅灰色，因此擦痕测试的结果是非常准确的。令人惋惜的是，只有近1/5的矿物会出现不同的擦痕结果，大部分半透明的矿物都有白色的擦痕，而最不透明的矿物则是黑色的擦痕。

无论矿物的颜色如何，它们传输光的方式是不同的，这种特质被称为透明度。有些矿物的纯态近乎于玻璃般的透彻，光照时闪亮、通透，这样的矿物被称为透明矿物，而微量的杂质会影响光照的透明度。有些矿物，比如月长石，是半透明的，因此透过月长石看物体时都是乌突突的。当光能通过矿物但非常晦暗，则说明是半透明的，比如绿玉髓。完全不能让光通过的矿物，比如蓝铜矿石、黄铁矿石和方铅矿石，都是不透明的。

当将某些矿物暴露在紫外灯下时，它们呈现出的颜色与自然光照下的颜色完全不同。这种光被称为荧光，它主要来自于萤石。萤石在自然光照射下会呈现出令人惊叹的丰富色彩，而在紫外光下只能出现蓝色或绿色的光。其他荧光矿物还有硅锌矿石、蓝锥石、白钨矿石、水砷锌矿石、方柱石和方钠石。

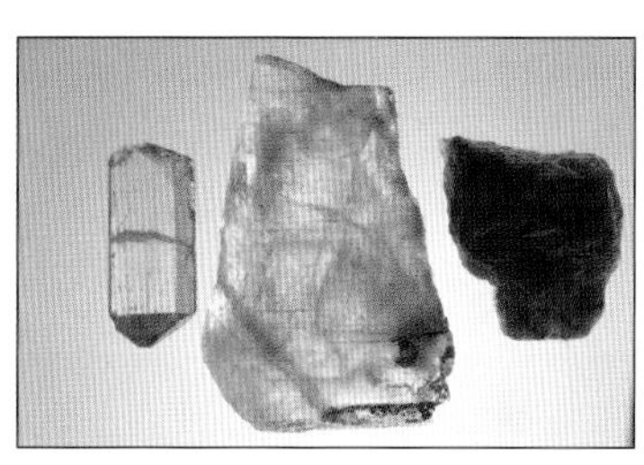

上图：重晶石矿物可以是透明的、半透明的和不透明的。

同样的矿物分别在紫外光（上图）和自然光（右图）下呈现出的颜色，按顺时针方向从上向下依次是萤石、紫方钠石、硅锌矿石和方柱石。

光泽

光泽是晶体表面看起来的样子，有光泽、无光泽、金属光泽、珍珠光泽等。虽然用来描述光泽的术语是不科学的，但十分有用，能够从主观上给予引导，并且光泽通常无须多加解释。

金刚石光泽

光泽如钻石和其他宝石晶体般闪耀，例如锡石（右图所示）。

无光泽

所有不产生反射的表面，例如海绿石。

泥土质

像干泥一样，例如高岭石。

脂质

像油脂一样，表面可能是金刚石质地，但矿物表面会产生少许不规则，例如霞石（左图）。

金属光泽

像金属一样闪闪发光，天然金属有金属光泽，大部分硫化物也是如此，例如辉锑矿石（右图）。

珍珠光泽

像珍珠一样带有牛奶色的闪光，例如滑石（左图）。

树脂

像树液或胶水，大多数矿物的树脂光泽为黄色或棕黄色，例如硫黄（右图）。

丝光

像丝绸表面的闪光，由石棉中的小型平行纤维所产生，例如石膏变种的纤维石（左图）。

玻璃

最常见的光泽，与玻璃十分相像，例如石英（右图）。

蜡质

似蜡，例如蛇纹石。

矿物宝石

大部分矿物结晶暗淡、体型小，只有少数是闪闪发光、色彩斑斓、美到令人窒息的结晶。当这些结晶可以被切割并且可以作为珠宝佩戴时，就被称为宝石，宝石是最抢手的矿物标本。

宝石是极其稀有的，世界上有4000多种矿物，但仅有130种可以被称为宝石，并且这其中只有不到50种是作为宝石经常使用的。其中，最稀有、最具价值的是钻石、翡翠（绿色的绿柱石）、红宝石（红色的刚玉）、蓝宝石（蓝色的刚玉）、金绿宝石、日长石、月长石、石榴石、托帕石、碧玺、橄榄石（宝石橄榄石）、猫眼石（玉髓）、珍珠（霰石）、硬玉、绿松石、青金石（琉璃）。

不同寻常的地质条件才会形成上述这些稀有宝石，这也就是宝石稀有的原因。它们可能会形成于火山通道中，或者只是在这里发现了它们，例如在金伯利岩和钾镁煌斑岩中会发现钻石。在伟晶岩中也能发现宝石，在岩浆侵入的晚期，伟晶岩中稀有的矿物会形成宝石，比如绿柱石、红宝石、蓝宝石、碧玺、托帕石和其他宝石。激烈的变质作用也能孕育宝石，比如石榴石、祖母绿、翡翠和青金石。

下图：没有一种宝石会像碧玺这样拥有丰富的色彩，碧玺曾被古埃及人称为彩虹石。不同的化学元素可以赋予碧玺数百种色彩，而图中仅列出了少部分作为参考。

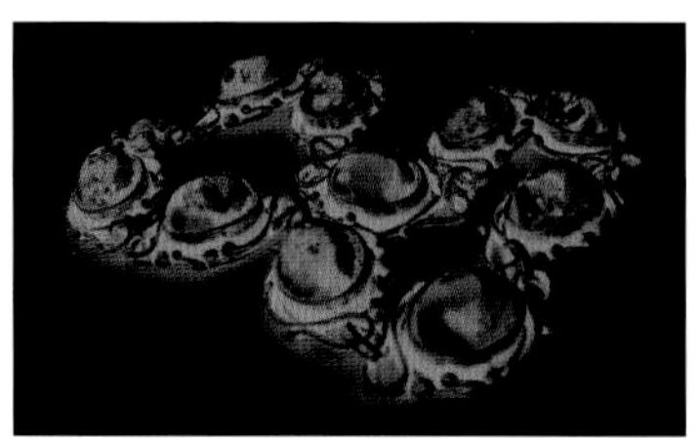

上图：珍珠、蛋白石、黑玉和琥珀这几种宝石不是结晶宝石。事实上，严格来说这些不能称为矿物，因为它们是天然形成的。琥珀是几百万年前古松树的松脂滴液凝固而形成的，被打磨抛光后，就变成了一种非常美丽的宝石。

如何定义宝石

宝石因其美丽、耐磨和稀有而珍贵。销售商通常会将宝石按照4C标准分级，即净度、色泽、切工和克拉重量。

净度被认为是宝石中最具有价值的评定标准。完美的宝石应该是净透无瑕、熠熠发光的透明结晶。钻石是所有宝石中最为贵重的，最高等级的钻石应该是清澈无色的。最好的钻石应该是被光照射时，内部散射出称为“火彩”的光柱，从而出现彩虹般的色彩。在毛坯钻石中不会看到火彩，只有在经过适当地切割形成刻面之后才能看到。蛋白石被光照射时会反射出彩虹般的光彩，这些反射出的丰富颜色是由形成蛋白石的二氧化硅杂质所产生的。有些石头，特别是石头上的瑕疵会增加其自身的美丽，例如微量元素可以使星光蓝宝石中产生星芒，而在金绿玉中产生变彩（详见本章“矿物的光学性质”）。

宝石的色彩

宝石生动的颜色也是十分具有价值的。翡翠、绿松石和青金石都是不透明的，但是它们本身灵动的绿色和蓝色令其成为和其他透明度高的宝石一样受

上图：世界上的大部分钻石都产自图中这样的矿中，钻石矿都有下垂至火山岩的管道，例如南非的金伯利岩和澳大利亚的钾镁煌斑岩。

上图：从钻石矿中发现的毛坯钻石一点也不起眼，当被细致地切割成57或58个三角形瓣面时才能表现出钻石的光辉闪耀。

人追捧的宝石。除了钻石之外，宝石越清澈，色彩也就越受重视。无色刚玉的贵重程度只是中等，但翡翠（绿色的刚玉）则是世界上最稀有的宝石之一。

宝石丰富的颜色来自其所含的微量元素。橄榄石（宝石橄榄石）通常是绿色的，但也有淡黄色的和深橄榄色的。通常，不同颜色的矿物宝石有各自对应的名字，例如蓝宝石和红宝石都是刚玉，但颜色不同。

切工和克拉重量

对于收藏家来说，颜色和光泽足以让石头富于吸引力。但对于宝石这样的结晶来说，为了成为能够让人佩戴的珠宝，就必须有足够的硬度。所有宝石至少要具备石英的硬度，即莫氏硬度大于7，而钻石是世界上最坚硬的矿物。宝石必须有足够的硬度以便能够通过切割展现出自身的光芒和颜色（详见"橄榄石和石榴石）。

总体来说，宝石的体型越大，其价值也就越贵重。在古代，人们用角豆树的种子给宝石称重，角豆树的种子是作为恒定重量而使用的。之后，角豆树种子的重量成为基准重量，被命名为克拉，一克拉大约为0.2克。

一块重达632克拉的祖母绿，也就是著名的"帕萃西娅祖母绿"，它于20世纪20年代在哥伦比亚被发现。一块重达875克拉的托帕石则在巴西的欧鲁普雷图被发现。通常来说，它们尽管有瑕疵，但最大的宝石被切割成小块儿后就会成为完美无瑕的宝石。

世界上最大的切割钻石名为金禧，其重达545.67克拉，折合一百克多一点或四盎司左右。金禧的重量超过了镶嵌在英国皇室权杖上的"非洲之星"的重量。"非洲之星"是被分割的重达3106克拉的库利南钻石中的一块，库利南钻石于1905年在南非的普列米尔矿被名叫托马斯·库利南（Thomas Cullinan）的人发现。

著名的宝石

世界上所有体型较大、较著名的宝石都有自己的名字和背后的故事。英帝国王冠上镶嵌的圣爱德华蓝宝石是一千多年前忏悔者爱德华所佩戴过的宝石，王冠上镶嵌的另一块宝石是名为黑王子宝石的红宝石，它是"黑王子"爱德华于1366年从原持有者——西班牙的"残忍的"佩德罗手中得到的。实际上这块宝石被认为是红色的尖晶石，而非红宝石。另外，重达109克拉的大莫卧儿钻石则被发现于七百多年前的印度。

希望蓝钻石

希望蓝钻石也许是世界上最臭名昭著的钻石，现在保存在美国华盛顿的史密斯尼森博物馆中。这块稀世蓝钻出产于印度，重达112克拉，于1668年献给了当时的法王路易十四。之后它被切割成67克拉的鸡心型。法国大革命爆发后，这块珍宝在1792年失窃，却在1812年以45.5克拉的重量重新面世，之后又离奇消失并于1820年重新出现，由英王乔治四世买下。乔治四世去世后，银行家亨利·霍普（Henry Hope）将其买下，并以自己的名字命名了这块蓝钻。在此后的一百年中，这块蓝钻因会给持有人招致厄运而闻名于世。其中一个持有人是一位女演员，曾在佩戴其登上舞台的时候被人枪杀；另一位持有者是一位俄国王子，在购入后不久便在革命中被人用刀刺杀。

下图：钻石足够坚硬，能抵抗风化作用并在河砾石中被发现，只有通过不断地筛淘河砾石，才会在非常偶然的情况下发现钻石。

矿石

现代社会如果没有从岩石中提取的金属就无从正常运行，即便是铝和铁这种储量丰富的金属，也只占到岩石重量的百分之几。幸运的是，这些金属和其他很多金属一样集中在一些由地质过程而形成的“矿脉”中。

历史上首先被人类所利用的金属是一些天然金属，例如铜、银和金。这些金属块都可以在地表被发现，并且可以被做成珠宝或刀具。之后一些无名天才意识到可以利用加热的方式让金属熔化后从矿物中析出，也就提取到了金属。这一熔炼过程向人类提供了大量的金属。

含有足够可以被轻易提取出金属的矿物称为金属矿物。在方铅矿石中含有大量的铅，因此它是一种铅矿石。铁通常提取自赤铁矿石和磁铁矿石。黄铁矿石通常富含铁，但因为铁紧紧地依附在黄铁矿石中的硫化物中，所以很难从黄铁矿石中提取出铁，因此黄铁矿石不属于铁矿石。

矿的形成，必要条件是矿石中富含大量金属，并且矿物在地表大量聚集，具备提取价值。幸运的是，地质条件保障了矿物的聚集，也就是在某些地方会形成矿床。

下图：有价值的矿物比如金，有时在被称为铁帽的含铁矿床中富集。铁帽来自康沃尔语，意思是“血”，它因氧化铁呈现出的锈红色而得名。

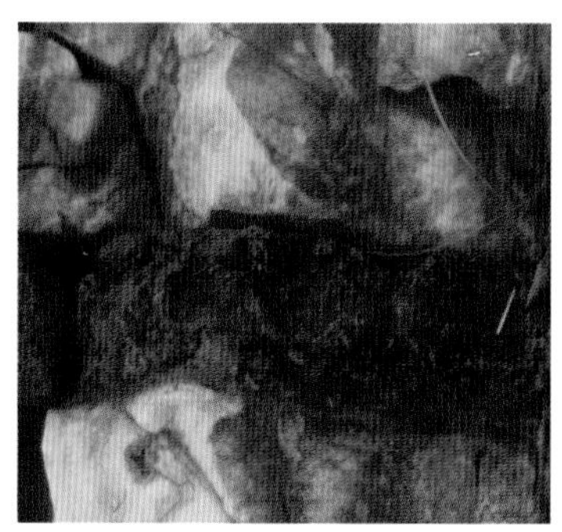

上图：图为亚利桑那州比斯比地区的铜矿，如图，绝大部分矿石开采自巨型露天矿场中靠近地表的沉积层中。开采过程中会开凿出大量的岩石，而其中的大部分岩石都会被丢弃。

热液矿床

大部分重要矿床都与岩浆房相连，而岩浆房是聚集熔融态岩层的地方。当岩浆冷却并凝结成固体时，重一些的矿物开始沉积到岩浆房的底层。因此，当岩浆最终冷凝后，重的矿物就都集中在底层，特别是硫化矿，产生了岩浆硫化物矿床。但这种情况只能发生在相对流动的岩浆中，例如科马提玄武岩和辉长岩。上述类型的硫化物矿床，比较知名的有南非的布什维尔德矿床、俄罗斯的诺里尔斯克矿床、中国的金川矿床和加拿大的萨德伯里矿床。尽管对于它们的起源我们不得而知，但大量硫化物矿床同时也可以存在于麻砾岩相的变质岩床中。（详见“岩石名录”章节中的“变质岩：片岩”章节）。澳大利亚的布罗肯希尔就有这样超一流的铅矿、银矿和锌矿。

丰富的矿床同样也可以由岩浆中或在岩层周围的入侵体中循环的汽水热液（热水）形成。热液通常含有丰富的熔融态金属，这些金属储存在岩层的裂缝和孔隙中，可以形成热液矿床。

如果热液在整个入侵体中散布，则会形成浸染矿床。如果热液夹杂着沉积矿物沿着岩层裂缝流入岩层，则会形成热液脉矿床。脉矿通常包括硫化物、氧化物和硅酸盐矿石，同时还有天然金属，例如金、银和铂。金通常出现在白石英矿脉中，而铜矿则集于斑岩侵入体中并形成斑岩铜矿。

一些最具价值的沉积矿是由汽水热液渗透至石灰岩中而形成的。当汽水热液渗入石灰岩和大理石周围的侵入体时就产生了矽卡岩，其产地有韩国上洞、塔斯马尼亚国王岛和加州松树溪。

同样的过程创建了密西西比河谷型的沉积矿，这些矿多形成于沉积盆地的边缘、位于石灰岩岩床的最底部。密西西比河谷型沉积矿的形成是由于汽水热液渗入到底层岩层中并与石灰岩发生反应。北美三洲锌矿是最典型的密西西比河谷型沉积矿，但在哥伦比亚、英格兰和塞尔维亚的特雷普卡也存在同样类型的沉积矿。

沿着洋中脊从海底火山喷发出的热液通常含有熔融态金属和硫磺。当热液与冰冷的海水交汇时，熔融态金属通常会聚合形成金属硫化物矿床。当板块构造运动将古海洋板块抬升，露出地表时，人们就会在某处发现金属硫化物矿床。

冷液矿床

并不是只有热液才能形成矿物，即便是冰冷的地下水也可以在渗入岩层时溶解金属矿。金属矿物可能在岩层中广泛分布，但当地下水重新使它们沉积时，会将这些金属矿集合到一起形成聚集沉积，这一过程被称为次生富集。通常，次生富集发生在水渗入地表从而使地表含水量达到饱和，进而渗入到地下水位时。

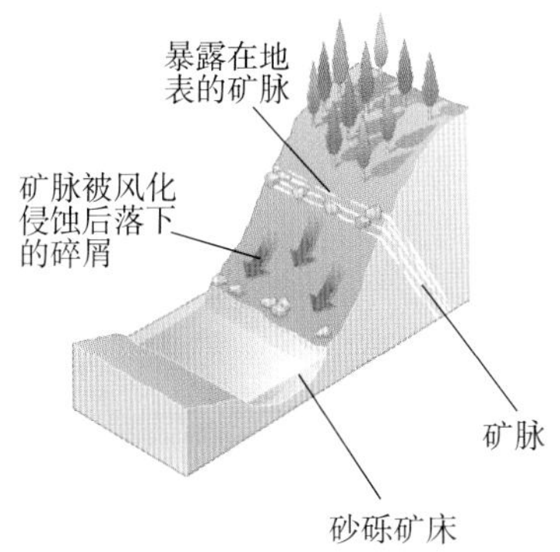

砂砾矿床：当矿脉暴露在地表之上时，像金这样高价值的矿物会被磨蚀或从坡上被流水冲刷进河床中，形成砂砾矿床，开矿者们有时会通过在河床附近淘沙而找到这些贵重的矿物。

相反，雨水渗入地表时会过滤（溶解）掉某些化学元素，留下铁和铝这样的沉积物。在热带地区，当下暴雨时，这些“残积物”的聚集会十分明显，而土地自身就变成了矿床，比如铝土矿。

甚至，水可以帮助矿床沉积物聚集，同时并不溶解任何物质。当岩石历经风化作用而剥落时，河水和溪流带走了矿物颗粒。重量大、耐磨的颗粒会先从水中析出，从而在河床处聚集。金、锡、钻石和祖母绿等都是在“砂砾矿床”中发现的。

一些世界上最重要的冷液矿石都是在海水中形成的，这些矿石包括深海锰矿石（详见“矿物名录”章节中的“铝矿石和锰矿石”）和条带状含铁构造（详见“矿石名录”章节中的“铁矿石”部分）。条带状含铁构造大约形成于二十亿年前，由细菌构成，现在是世界上最重要的铁矿资源之一。

寻找矿石

过去，开矿者们淘洗着地貌，希望能偶然遇到暴露在地表的矿石，但很少利用相关的地质学知识引导开采。现在，地质学家依然通过辨别地貌来寻找矿石，但配备了一系列尖端科技作为辅助，包括航拍及卫星照片。例如，可能含有钻石的金伯利岩筒在地表通常呈现出苍白的圆盘状。

一旦一个潜在矿被确认，通过地表导电性和磁性测试就能探知矿藏的范围和丰度。使用磁力仪可以定位矿藏中的磁性矿石，比如磁铁矿石和钛铁矿石。如果测到某种矿石的密度大于平均值，则通过测量当地的引力也可以得知矿物的种类。放射性矿物和元素，比如铀和钍可以由盖革计数器测得。由于植物根部吸收了微量的金属，因此通过分析该地区的植物也能得到有关矿物的相应信息。

右图：脉金通常在石英脉附近被发现，图中所示的脉金就是在澳大利亚北领地的塔纳米沙漠中的粉砂岩中被发现的。该地区盛产黄金，最近也成为地震剖面测量的目标。该测量旨在呈现该地区的地质结构，并呈现出类似的金矿区向地表仪器所发射的强力震动的模式。

收集岩石与矿物

你只需要很少的特殊装备就可以开始收集岩石和矿物样本了：只要你在户外行走时能有一双雪亮的眼睛。并且，你要知道在哪儿能找到标本，需要装备一些基本工具，将优质标本从岩层上取下来后要有地方保存，以便能更好地保存标本。

你可以在很多地方看到岩石和矿物，例如办公大楼通常都有抛光的花岗岩外墙；房屋可能是用砂岩垒的，而屋顶则是用板岩盖的。大理石可以用来做雕塑，人们身上佩戴的昂贵珠宝来自矿物结晶。很多狂热的地质学家会在日常生活中通过识别岩石获得满足感。

很多爱好者则通过在互联网上或石头商店中寻找标本而建立自己的收藏库。但就像地质学们所说的，没有什么能比这事更有意思：自己去野外亲自寻找、收集岩石和矿物标本，建立起自己的收藏库。

品质高、值得收藏的标本不会分布得特别广泛，而是集中分布在特定地区。

有些地方只出产一到两种矿物，而有些地方则可能挖掘到上百种矿物。一般情况下，了解的地质知识越多，找到高品质标本的可能性就越大。品质出色的结晶大多分布在洞穴或岩石裂缝中，宝石分布在伟晶岩中，金则分布在乳白色的石英矿脉中，等等。通常，地表的矿物可能是地下宝藏的指示标，比如绿铜。

需要准备什么

锤

一个好用的锤子是地质学家工具包里必备的工具。可以用一个普通的瓦工锤，但买个合适的地质锤是相当值得的。典型的地质锤有一个直角敲击面、锤尾呈尖锥状（7）。在众多的“凿”锤中，尾部是一个平边成直角的手柄，用于撬动样品。而在“锄”锤中带弧形切割边缘的锤子则是劈开岩石的好帮手（6）。

凿

有三种凿。

冷錾有一个细长的手柄和楔子，是从晶洞中取下结晶的理想工具（8）。

尖头凿更短，手柄略粗，并带有锥尖，适合劈开、撬动、楔入岩石，使样本与岩石分离开。

宽刃凿，阔凿和斧凿（10）都是又短又厚、带有宽刃、适宜分切岩石标本。如果你只有一个凿子，建议你选冷錾。

安全设备

岩石受到敲击时会碎裂，因此锤击时佩戴好护目镜是至关重要的。护目镜应该是具备防雾功能、硬塑质地的镜片，并具有可调节的塑料头带（5）。避免使用不带头带的护目镜。耐磨性极佳的皮手套也是有效的护具，同时，如果你采集标本的地方是峭壁或矿场，安全头盔是保护头部必不可少的装备（1）。

放大镜

一个质量上乘的放大镜或手持式放大镜（3）不仅可以帮助你在现场发现细小的晶体，而且还可以帮助你判定找到的矿物和岩石。3倍放大镜不足以满足上述需求，但也不要认为放大倍数越高越有用。20倍放大镜对于现场采集样本来说就没必要了。最适宜的是5至10倍的放大镜。镜头很容易丢失，所以配合你的镜头上的线，并将其连接到你的皮带或收集袋，或者把它挂在你的脖子上。

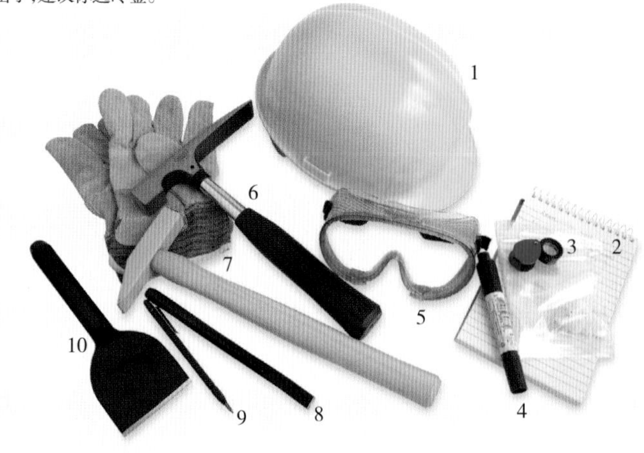

笔记和拍摄

笔记本电脑（2）和笔（9）是最好的记下你的发现的工具。粘性标签和标记（4）有利于当场给它们贴标签。小相机可用于拍摄现场，有时就不必进行无谓的挖掘了。

寻路

你需要准备一份准确的本地地图，或许地质图，可以帮助你找到你寻找的采集地。如果你远远偏离了方向，能够记录精确位置和周围的细节的手持式全球定位系统（GPS ）能帮你寻找方向。指南针也是很好的选择，并且可帮您测试矿物磁性。

收集设备

你需要一个大而结实的袋子装你采集的标本。小背包是实用的，能让你腾出手随意拿起标本。还需要泡沫塑料和冷冻袋包装样品。

额外的工具

在随身物品中，多功能小刀和一个小铲子是必不可少的物品。铲子应该有一个尖刃。

寻找岩石
海滩和海边悬崖都是寻找标本的好地方。海边不仅暴露出岩层,而且还免费为你提供大量的岩石标本。但是安全防范措施是至关重要的,采集标本时一定要在山脚下,千万别爬上悬崖!另外就是戴好安全帽保护头部。除了海滩之外,在任何地方采集标本时请记住有些土地属于企业或他人所有,特别是在进入废弃的采石场时一定要取得所有者的许可。另外,还要注意采集标本的地区是否属于自然保护区,如果是,则不允许采集标本。为了替他人着想,不要破坏采集现场,不要把所有的标本都采集走,也不要破坏岩层。

寻找和清理标本

在两种地方可以找到标本,即岩石露头和岩石沉积。其中,岩石露头包括悬崖、峭壁、采石场和岩屑;岩石沉积是指松散的岩石碎屑堆积的地方,包括河床、沙滩、旷野甚至后院。包括能找到黄金和钻石的砂砾矿床在内,它们给矿物提供了在流沙和碎石中停留的地方。

从地面采集到的标本通常比较脏,你应该在带着标本离开前对标本进行清理。首先要确认你辨别出了矿物,然而某些矿物是会溶于淡水的,比如岩盐。对于可溶性的标本,清理时应该用牙刷轻刷或用纯酒精擦拭。如果标本十分柔软,则用摄影师清洁镜头的镜头刷来清理样本。

幸好大部分矿物用牙刷轻刷就能去掉污垢,之后在温水(注意不是热水)中冲干净即可。处理油腻的污渍时,只需在水中加入一滴家用清洁剂即可。如果标本上有泥土和沙粒的外壳,不要尝试把它们削掉,将标本浸泡一夜直到外壳变软即可。像石英这种硬度的标本可以拿指甲刷清理,但如果是质地细腻的方解石标本,用这种方法清理很容易把标本破坏了。

下图: 地质学家的原则是尽量少用锤子,因为锤击会加剧侵蚀并给岩石表面留下疤痕。千万不要用锤子将标本从岩层上取下来,这样做除了会破坏标本之外什么也得不到。另外,在用锤子的时候请佩戴护目镜防止碎屑飞溅。

可以用醋来溶解掉大部分不可溶矿物上不必要的方解石和石灰沉积物,用草酸也可以将标本上的铁渍除去。你可以从化学家那里得到草酸,但注意因为草酸有毒,所以操作时请务必谨慎。一些矿物是溶于草酸的,所以在清理之前可以先拿碎片做测试。

清理干净标本之后,需要把样本放在凉爽、干燥、避光的地方,以便标本能在最佳条件中得以保存,千万不要把不同种类的矿物放在一起互相接触。随着时间的推移,岩石和矿物会“呼吸”、吸收和释放气体,并且会做出相应的改变。将标本放在远离窗户、室内加热器、潮湿的地方(比如浴室),同时要远离汽车尾气,并且尽量将标本保持在稳定的条件下。

有些矿物,比如天然的铜和银,会被氧化和失去光泽,特别是在污浊的都市环境中更加明显。有些矿物,比如硼砂,非常容易变干,因此保存硼砂时应该将其放置在密封容器中。岩盐吸收了空气中的水分之后就会慢慢溶化,因此要把它保存在密封容器中并附上一块用来吸收水分的小硅胶。

能够恰当展示标本的展示抽屉价格不菲。浅抽屉、橱柜里的木盘或者是玻璃(或塑料)盒都可以作为展示抽屉的替代品。用不干胶粘贴或者白油漆在不显眼的位置给每一种矿物都标上数字。每登入一个编号,就建立一份样本档案,并记录在自己的数据库中,这个数据库可以是计算机存档、卡片存档或者是笔记本存档的形式。采集到的样本可以根据采集地点或颜色分类,但大部分地质学家倾向于按照类型去分类,通常分为火成岩、沉积岩和变质岩三类。另外,根据化学元素也可以将矿物进行分类,比如分成硅酸盐和碳酸盐。

目录集合
标本分类目录中的最小数据就是你自己的目录编号、矿物或岩石的名称和矿物达纳号。但是你可以把更好、更多的数据放在一起。
以下是你应该有的详细资料:
1. 个人目录编码
2. 矿产达纳号
3. 矿物或岩石名称
4. 化学或矿物组成
5. 矿物或岩石的级别
6. 发现它的地点
7. 发现岩层的地点或种类名称
8. 发现它的日期
9. 采集者的名称(你)
10. 任何其他细节,比如你买它的过程,或者不寻常的特性等

岩石的分类

大部分地质学家都同意将岩石按照火成岩、沉积岩和变质岩3种类型进行分类，但当依据这3种类型对岩石进行细分时，则存在争议并且没有公认的分类准则。

岩石分类不仅仅是简单地确认岩石种类和整理，每一种分类系统都是根据岩石成因而产生的。由于岩石成因会随着新发现而不断更新，因此岩石的分类标准也随之更新。

例如，在过去的半个世纪中，仅砂岩的分类就超过50种分类方案，而砂岩绝对不是最具争议、成因结构最复杂的岩石。一直以来，火成岩的分类标准争议不断，因此本书中所采用的分类标准只不过是一个参考。

火成岩

这种类型的岩石或许是所有岩石分类中最复杂的。然而在现场时，可以按照一个超乎想象的简单方法对火成岩进行分类，这种方法是基于火成岩的颜色和质地进行分类。

火成岩的质地取决于其颗粒成分的平均质地，而颗粒的质地则很大程度上取决于熔化后冷凝的时间。因此，在地表之下形成的岩石（比如花岗岩）都是粗糙的粗晶质地，而在地表形成的岩石（比如玄武岩）则是细腻的隐晶质地。基本上，拥有隐晶质地却含有大块结晶（斑晶）的岩石都属于斑岩。根据质地这一条原则可以很容易地给火成岩分类，根据火成岩形成的发源地，质地粗糙的“火成岩”都位于地下深处，混合斑状的“半深成岩”都形成于深度较浅的地下，而质地细腻的“火山岩”则是熔岩在地表冷凝后形成的。

颜色是另一种样本分类的标准。虽然原因现在尚未弄清，但处于鲍氏反应系列（详见“火成岩的形成”）顶部的岩石，比如辉石和角闪石，其颜色都偏暗；而处于底部的岩石，比如石英和斜长石，颜色都偏浅。颜

火成岩分类

颜色和质地是火成岩的基本分类，但地质学家往往需要根据一个更详细的系统，因为颜色和质地并不足以区分岩石的组成。史特莱兹海森分类方案是根据四种矿物质的比例区分的，它们包括：石英，碱性长石，斜长石和似长石（副长石）每种物质所占的百分比，可以绘制成菱形图。顶角代表某种矿物含量为100%

深成岩（侵入体）

菱形图的上半部中的深成岩都是富含石英的深成岩

Q代表Quartz，即石英
岩石成分中含有百分之百的石英含量
岩石成分中含有百分之八十的石英含量
花岗岩
花岗闪长岩
英云闪长岩
碱性长石花岗岩
岩石成分中含有百分之二十五的斜长石含量
岩石成分中含有百分之二十的石英含量
碱性长石
石英
岩石成分中含有百分之六十五的斜长石含量
二长岩
F代表Plagioclase feldspar，即斜长石
副长石
岩石成分中含有百分之十的副长石含量
碱性长石正长岩
正长岩
二长正长岩
二长闪长岩
闪长岩辉长岩
霓霞岩
岩石成分中含有百分之百的斜长石含量
F代表Feldspathoid，即似长石

在菱形下半部分的火成岩是富含副长石、而含微量石英的深成岩，例如霓霞岩、正长岩和闪长岩。富含斜长石的闪长岩则是辉长岩

火山岩（喷发体）

菱形图上半部分为火山岩，富含石英，例如流纹岩和英安岩。中间部分则是石英含量与副长石含量相当的岩石，例如粗面岩、安粗岩和玄武岩。富含石英的玄武岩是安山岩

Q代表Quartz，即石英
岩石成分中含有100%的石英含量
岩石成分中含有80%的石英含量
碱性长石流纹岩
流纹岩
英安岩
岩石成分中含有20%的石英含量
石英、碱性长石粗面岩
石英粗面岩
石英安粗岩
安山岩
岩石成分中含有5%的石英含量
碱性长石粗面岩
粗面岩
安粗岩
玄武岩
斜长石
碱性长石
似长石粗面岩
似长石安粗岩
似长石玄武岩
岩石成分中含有10%的副长石含量
石英、碱性长石粗面岩
响岩
碱玄岩
副长岩
岩石成分中含有90%的副长石含量
岩石成分中含有10%的副长石含量
F代表Feldspathoid，即似长石含量

在菱形底部的则是富含长石且含有微量石英的岩石，例如响岩、碱玄岩和副长岩

细屑岩(细粒度的)
页岩

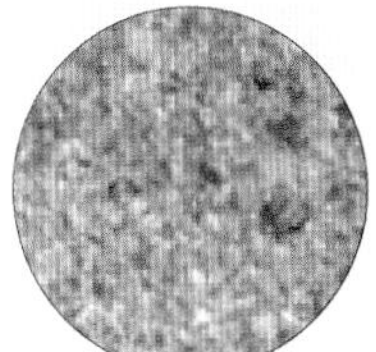

砂屑岩(中等粒度的)
砂岩

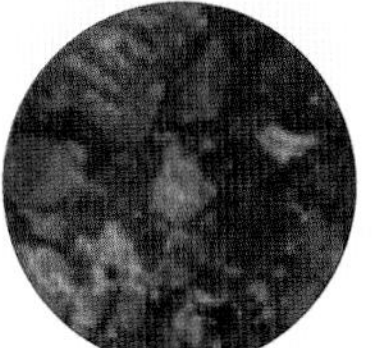

砾屑岩(粗粒度)
角砾岩

碎屑沉积岩分类标准：质地

上图：最简单的分类方式是根据质地来区别，可以分成三个组：细屑岩，砂屑岩，砾屑岩。细屑岩主要是粉砂和黏土颗粒；砂屑岩主要是砂；砾屑岩主要成分为砾石、卵石，圆石和巨砾。

碎屑沉积岩的分类标准：构成

右图所示：根据岩石中的石英、长石、石屑，即QFL构成分类。不同百分比的QFL如右图所示，以砂岩为例，可以看出砂岩中的主要成分介于富含长石的长石砂岩和富含石屑的玄武土之间。

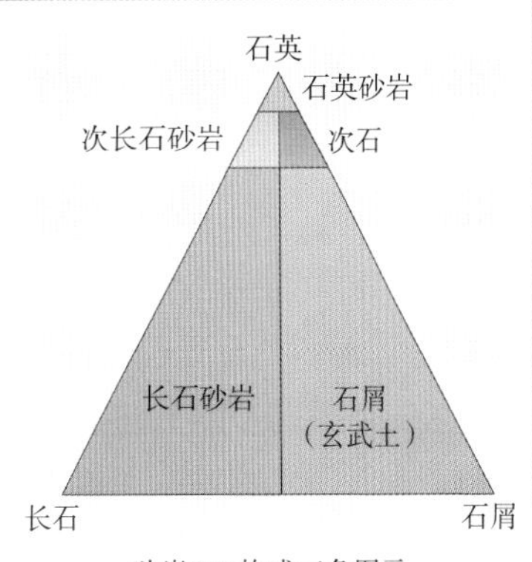

砂岩QFL构成三角图示

色偏暗的矿物从被称为镁铁质岩浆的物质中分离出来，因为这些矿物大多富含镁铁化合物；颜色偏浅的矿物都在富含长石和二氧化硅的长英质岩浆中聚集。因此，镁铁质火成岩的岩石都偏暗，而长英质岩石的颜色都偏浅。因为富含二氧化硅，浅色岩石也被称为硅质岩石或酸性岩石；镁铁质岩石因为其中二氧化硅的含量极低，所以也被称为碱性岩，比如玄武岩。

沉积岩

沉积岩由风化后剥落的岩屑或因流水侵蚀而溶于水的矿物所形成。由岩屑或“碎屑”形成的沉积岩被称为碎屑岩，因流水侵蚀而溶于水的矿物所形成的沉积岩被称为化学岩。如果构成沉积岩的化学物质来自生物，比如贝类的贝壳，则这种岩石被称为生物化学岩。

碎屑岩包括砂岩和页岩，构成砂岩和页岩的岩屑都不溶于水，那些溶于水的岩屑都构成了化学岩。不溶于水的碎屑大多是硅基矿物，因此碎屑岩有时也被称为硅基碎屑岩。

根据组成颗粒的大小可以将硅基碎屑岩进一步分类，大体上可以将硅基碎屑岩分成三类：第一种是颗粒细腻的细屑岩，比如页岩和黏土；第二种是颗粒中等的砂屑岩，比如砂岩；第三种是颗粒粗糙的砾屑岩，比如角砾岩和砾岩。但有些岩石不完全满足这三种分类标准，比如玄武土就是混合颗粒的砂岩构成的。因此，有些地质学家倾向于根据三种颗粒在岩石中所占的比例而对岩石分类，可以分成石英砂、长石和石屑（岩屑），这三者也被称为QFL，以及矿物杂基。

化学岩和生物化学岩可以分成以下几类：最大的是碳酸盐矿物，包括石灰岩和白云石，分别由碳酸钙和碳酸镁构成；其他的则是燧石、白垩、凝灰岩和煤炭。

变质岩

粗略地说，变质岩可以分为颗粒状变质岩、非叶片状变质岩和叶片状变质岩。除了角岩以外，大部分颗粒状变质岩都是由单一矿物构成的，比如大理石是由方解石构成的，石英岩是由石英构成的。变质岩的成因与炽热的岩浆密切相关，叶片状变质岩的成因更加复杂。叶片状变质岩可以根据纹理层分类，纹理层的形成是因为强烈的挤压使得区域范围内产生了变质作用。根据这种方法，变质岩可以分成低级变质岩（例如板岩）、中级变质岩（例如片岩）和高级变质岩（例如片麻岩和麻砾岩）。

这种分类方法只是进行了基础分类，由于区域变质岩的构成复杂多变，因此有些地质学家将变质岩按照岩相来分类。所谓岩相，就是在特定条件下形成的特定矿物。有些地质学家则根据岩石的区域来分类，例如巴罗维尼亚的巴肯变质带，该区域会产生特定的岩石与矿物（详见“片麻岩和麻粒岩”）。

片麻岩是一种叶片状变质岩，其表面明暗相间的斑马条纹使得它与其他岩石与众不同。非叶片状变质岩则不会产生这样明显的分层。

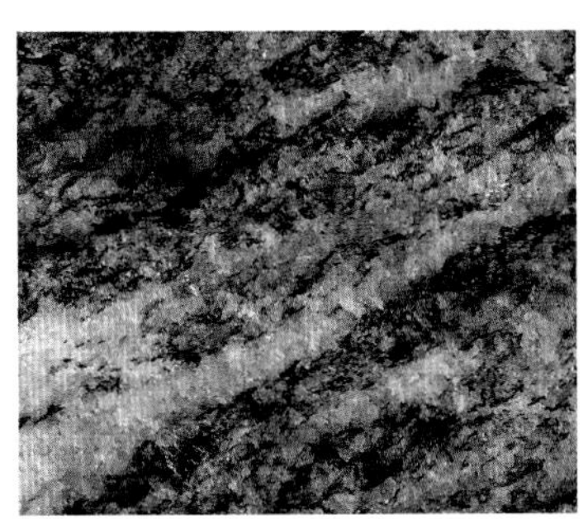

矿物的分类

世界上有四千多种矿物，每年都有数十种矿物被发现和证实。由于每一种矿物都有自身独特的化学特性，因此可为这些矿物按基本的化学组分和内部结构进行分类。

与岩石不同，矿物没有非常明显的外部特征，所以不能根据外表来分类。实际上，在给矿物归类之前，你已经确认了矿物的种类。这是因为，尽管每种矿物都有其自身的化学特点，但通常矿物会将自己伪装起来，比如石膏，从外表看上去完全是截然不同的另一种矿物。实际上，有些矿物可以和其他矿物一样的晶体形状制造出“假象”。

达纳系统

唯一能够将矿物清晰分类的标准就是根据矿物的化学组分和内部结构。琼斯·雅可比·贝采里乌斯（J J Berzelius）于1824年提出了第一个化学组分分类标准，但现在我们所采用的是派生自该系统的分类法，即1854年由耶鲁大学矿物学教授詹姆斯·德怀特·达纳（James Dwight Dana）提出的“达纳系统”。从化学层面上来说，所有矿物要么是单一元素，比如金，要么是化合物（化学元素的组合，比如铅和硫会组成硫化铅）。因此除了把天然元素归为一类、把有机矿物归为另一类之外，达纳将其余矿物分成了七类化合物（详见下面的“主要矿物组分”）。

阴离子化合物

在化合物中，元素以离子而非原子的形式存在。离子是带有或失去电子的原子，电子是带有负电荷的微小粒子。某些元素，比如金属，往往通过电离作用失去电子从而成为正离子或“阳离子”。其他元素，比如氧，则通过电离作用成为离子或“阴离子”。

正如相反的磁极会相互吸引一样，阴、阳离子之间也会相互吸引，因此阳离子会紧紧地粘住阴离子。大部分矿物都是由阳离子聚合而成的，同时具有一个或几个阴离子。从化学层面来说，岩盐就是钠离子和氯离子的化合物，其中，钠离子是阳离子，氯离子是阴离子。

所有达纳系统中的分类都是阴离子或阴离子组（当时达纳本人并不知道），原因如下：很多矿物都具有金属阳离子，例如氯化银（氯银矿石）。因此，你会觉得可以根据矿物所带的金属阳离子给金属分类，但氯化银与硫化银（螺状硫化银）除了都含银之外很难再有相同之处。然而，氯化银却与其他带有阴离子的矿物具有很多相同点，比如氯化钠（岩盐）和氯化钾（钾盐）。

所有氯化物都会在相似的地质条件下形成，其他阴离子化合物也是如此。例如，硫化物基本上会形成于岩脉或交代矿床，而硅酸盐则是大部分岩石的主要构成物，因此根据矿物共同含有的阴离子作为分类标准对矿物进行分类是十分有

主要矿物组

下面的组是基于旧的达纳分类划分的矿物质九组。较新的达纳系统矿物质分为78类，这些都属于原九组。这些新的分类都在括号中标明。在该系统中，每一个矿物都跟着一个专属的分类号，后跟一个子类号和最后一个物种的数目。因此，黄铁矿编号为2.12.1.1（2硫化物，12为它的子类和1.1的物种）。

I自然元素

大多数矿物是化学元素组成的化合物，但有大约20种矿物是以单一的化学元素形式出现的。这些天然的元素分为三组：金属、半金属和非金属材料。主要的原生金属是金、银、铜、铂和铱矿，和很少的铁和镍。半金属包括锑，砷和铋。非金属硫和碳，金刚石和石墨中的碳。

II二硫酸盐矿物和硫盐矿物（2，3）

硫化物和硫盐矿物是由硫结合金属或金属一样的物质，包括一些最重要的金属矿石，如方铅矿（铅矿物），黄铜矿（铜矿物）和朱砂（汞矿）。它们一般都是重而易碎的。它们的形式主要矿物，直接从熔体或熔岩而不是其他矿物蚀变而来的。当它们接触到的空气，许多迅速改变成氧化物。

III氧化物和氢氧化物（4-8）

氧化物是金属与氧的化合物。是所有矿物分组中物理特性最多变的一种矿物，范围囊括了常见的泥土，例如铝土矿，以及稀有宝石，例如红宝石和蓝宝石。质地坚固的原氧化物形成于地壳深处，由于会暴露在空气中而被风化侵蚀，因此地表附近会形成硫化物和硅酸盐这种质地较软的矿物。

IV卤化物（9-12）

卤化物是金属与卤族元素氯、溴、氟和碘结合的矿物质。它们非常柔软，易溶于水。然而，它们随处可见，卤化物矿物，有石盐（如食盐）和萤石等。

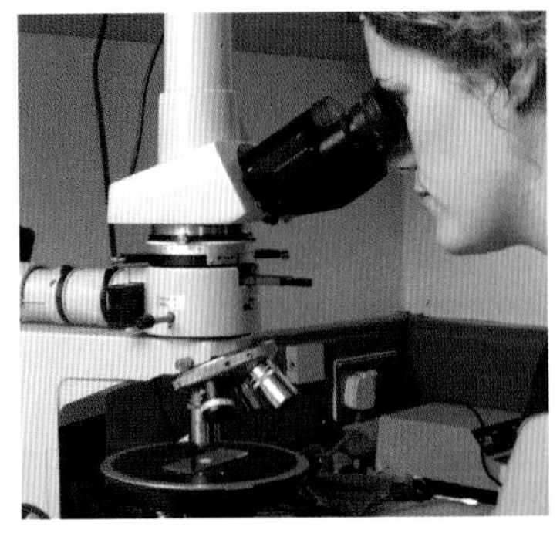

道理的。

添加结构

达纳系统提供了很多矿物分类的核心原则，但自该系统问世以来，也在不断修改和扩充。现在我们能够确认化合物本身还不足以决定矿物的身份，也不能仅凭此就给矿物归类。另外，矿物内部的晶体结构也是不容忽视的。1913年，英国物理学家劳伦斯·布拉格（Lawrence Bragg）提出了一个激动人心的发现：用X射线可以看到晶体的内部并且确认原子的排列结构。布拉格和挪威矿物学家维克多·戈尔德施密特（Victor Goldschmidt）根据晶体的内部结构，共同将庞大的硅酸盐矿物进行了分类（详见“硅酸盐的形状”）。现在，X射线晶体学依然是确认矿物身份的一种重要方式。

科学测试

尽管可以在发掘现场或在家中用前文提到的简单测试法确认矿物的身份，但唯一能够确认矿物身份的方法就是在实验室中对矿物进行一系列的精密测试和X射线检测。用X射线法，就是将矿物样本置于X射线下，因为每种晶体都有自己独特的化学结构，因此通过矿物对X射线衍射出不同的光线，就可以确认矿物的身份。其他可以在实验室中进行的测试还包括光谱测试（测试样本对不同颜色光线的吸收）和晶体磁性测试和光折射（扭曲）测试。

施特伦茨系统

1941年，雨果·施特伦茨（Hugo Strunz）总结出了针对化合物的晶体学分类法，现在我们使用的大部分分类标准都是来源于施特伦茨系统，而不是达纳系统。

施特伦茨分类法将矿物分成了13个组别，即元素、硫化物和硫盐、卤化物、氧化物、碳酸盐、硼酸盐、硫酸盐、磷酸盐、砷酸盐和钒酸盐、硅酸盐和有机化合物。在每个组别里，都先根据矿物的内部结构进行分族，每一个族再被分成不同的同构，同构与矿物的内部结构类似。

硅酸盐形状

数量庞大的硅酸盐矿物组可以根据其内部原子结构被分成六个子组别。所有的硅酸盐矿物都是由基本的硅酸盐单位构成。一个硅原子被四个氧原子环状包围形成了四面体（见下图中的三棱锥），这种四面体就是基本的硅酸盐单位，而这种构成方式决定了硅酸盐矿物的等级。

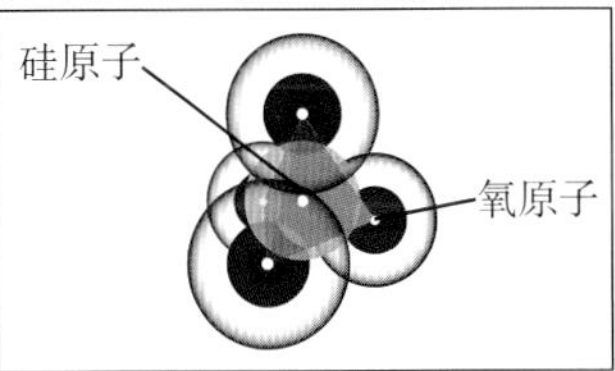

- 岛状硅酸盐（岛状）--硅酸盐矿物中结构最简单的，它由独立的四面体构成，代表矿物是橄榄石和石榴石。
- 俦硅酸盐（组状）—硅酸盐矿物中等级最小的，呈沙漏状，由一个氧离子链接起成对的四面体，代表矿物是绿帘石。
- 链硅酸盐（链状）—可以是单链的结构，代表矿物是辉石，或是由氧离子链接起来的双链的结构，代表矿物是角闪石。
- 环状硅酸盐（环状）--由三个、四个或六个四面体连接起来形成环状的结构，代表矿物是碧玺。
- 层状硅酸盐（层状）--由环状的四面体连接而成层状结构，代表矿物是黏土和云母。
- 架状硅酸盐（架状）--四面体互相交织好似建筑中的构架，代表矿物有长石、似长石、石英和沸石

V碳酸盐，硝酸盐，硼酸盐（13-27）

碳酸盐矿物，金属结合的碳酸盐岩组（碳和氧）。种类繁多的方解石，主要成分是石灰石。它们质地很软，颜色苍白甚至透明。大多数的次生矿物是其他矿物蚀变形成的，尽管有些碳酸盐岩是由岩浆和热液或在海底形成的。

VI硫酸盐，铬酸盐，钼酸盐（28-36）硫酸盐矿物与金属结合时形成硫酸组（硫和氧）。它们质地软，半透明或透明的，颜色很浅。硫酸盐如石膏，硬石膏和重晶石是很常见的。

VII磷酸盐，砷酸盐，钒酸盐（37-49）磷酸盐是金属结合磷酸盐（磷和氧）。这是次于硅酸盐的第二大组，但它们中的许多物质是罕见的。它们通常是次生矿物在其他矿物改变时形成的，但它们往往有鲜艳的色彩，像明亮的蓝绿色绿松石。

VIII硅酸盐（51-78）

硅酸盐是金属结合硅酸盐组（硅氧）最常见的矿物。与其他矿物相比，大部分硅酸盐矿物在质量和数量上都更胜一筹。几乎三分之一的矿物是硅酸盐，它们占地壳的百分之九十。单是石英和长石就在岩石中占据了巨大的比例。它们根据其内部结构被分为亚组（见硅酸盐的形状，上面）。

IX有机矿物（50）

有机矿物质是直接或间接形成天然固体。通常不被认为是矿物，因为它们是有机的。这些包括琥珀，蛋白石和黑石。

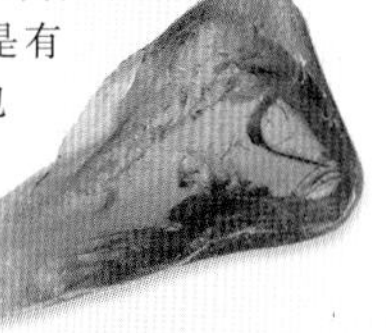

岩石名录

“岩石目录”中记录了世界各地一百种以上岩石的详细资料，利用下文所述的一些识别提示，读者可以辨别自己从野外找到的岩石，并根据“岩石名录”提供的线索得出更准确的结论。

无数颗粒聚在一起形成了岩石，换句话说，岩石是聚合而成的。有时颗粒至少有糖晶那么大，即便是肉眼也可以观察到，而有时要放到显微镜下才能看到这些微小的颗粒。只有少数岩石不是由颗粒构成的，比如黑曜石。

少数几种岩石，比如砾岩和角砾岩，是由其他种类的大块岩石聚合而成的。大部分情况下，岩石中的颗粒都是矿物结晶。有些岩石是由单一矿物构成的，例如大理石，其构成物几乎是纯的方解石。然而大部分岩石至少由两到三种矿物构成，比如榴辉岩由石榴石和辉石构成，花岗岩由云母、石英和长石构成。大部分岩石中都含有很多“附属”矿物，但因为所占比重不多不会影响到岩石本身的性质。

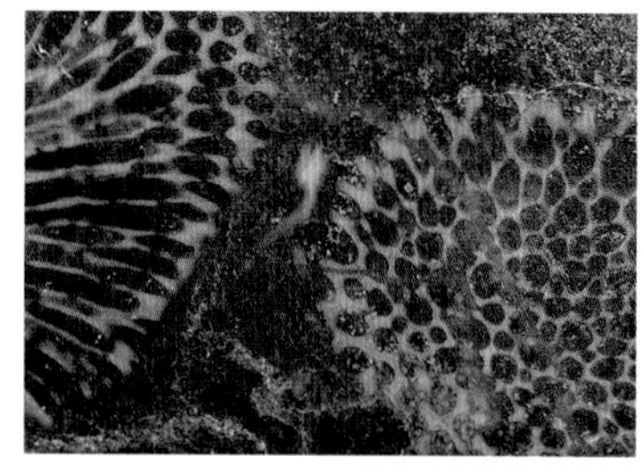

石灰沉积岩中往往会找到数量可观的化石，化石是古代海洋生物的遗骸。

根据岩石的形成方式大致可以将岩石分成三种类型，即火成岩（熔融态岩石）、沉积岩（成层沉积物）和变质岩（由于高温和高压发生了改变）。“岩石名录”也是按照这个分类标准记录标本的。

火成岩可以更一进步分成喷出体（地表岩浆冷凝固化的火成岩）和侵入体（在地表以下形成固体的火成岩）。在“岩石名录”的火成岩内容中，先大致介绍了偏酸性、富含二氧化硅或“长英质的”喷出体岩石，比如流纹岩；其后介绍了中性岩，比如最基本的安山岩，以及缺

火成岩 (IGNEOUS ROCKS)

岩石名称： 如果有多个品种则可能会出现多个名称。

鉴定： 记录下用哪些技术鉴定样本身份的。

数据板： 汇总了标准岩石特征的快速查询工具。

苏长岩

苏长岩与辉长岩类似，其为斜长石、辉石和橄榄石混合而成；苏长岩与辉长岩通常形成于大小一致的大型成层侵入体中，几种混合物在结晶过程中剥离开来。比起辉长岩，苏长岩含有的斜长石含量稍少，但其真正与辉长岩的区别在于，辉长岩中的辉石是单斜辉石，例如普通辉石，而苏长岩中的则是斜方辉石，例如紫苏辉石。但这两种岩石的外观太过相似，只能通过显微镜来区分。苏长岩通常分布在单独的小型侵入体中，或者沿着其他铁镁质火成岩，例如辉长岩的层状结构分布。苏长岩的形成也与古老的玄武岩侵入体有关系，通常分布在巨型玄武岩的岩脉和岩堤的下方。苏长岩侵入体位于加拿大安大略省的萨德伯里。这里有一个深达30米的苏长岩晶腔，而在该晶腔中放置了萨德伯里微中子观测站，用于探测微中子、记录下来自星星的粒子流。苏长岩的天然放射性为极其罕见的低量，该特性被科学家们所利用，将苏长岩作为屏障，屏蔽掉不需要的背景辐射。

鉴定： 苏长岩是一种深灰色的岩石，稍显斑驳的外观是由于其中含有较长的、棱柱状的黑色紫苏辉石晶体或顽火辉石晶体。苏长岩外观和辉长岩接近，但苏长岩中含有的斜长石通常为黄沙色，而辉长岩中的斜长石颜色更白一些。

粒度和质地： 粒度是鉴别火成岩的第一步。所有颗粒都可以肉眼看见吗？质地则取决于粒度和形状

结构： 大型结构——例如成层结构

颜色： 色彩的总体印象

构成： 这里指总体的化学成分，通常富含二氧化硅的岩石颜色都较浅

矿物： 决定岩石特性的主要矿物

附属矿物： 任何对于岩石特性来说不是很主要的矿物

斑晶： 特别罕见的大型晶体

形成： 熔融态岩浆在何处固化形成了岩石

常见地区： 每个发现地都要按照国家记录下来，但是下图中所列的加拿大和美国除外，要先记录下州（省）再写国家名字。一个国家中的每个发现地要由逗号隔开，额外发现地的信息要用括号标志出来。

岩石档案： 岩石的主要特点，它的形成和特点。

标本照片： 加注一些重要的特点。

乏二氧化硅(“铁镁质的”和“超铁镁质的”)的岩石,比如苦橄岩;之后介绍了侵入体岩石。

沉积岩可以分成碎屑岩(由岩屑形成)、生物岩(由生物形成)和化学岩(由一次性溶于水的化学物质形成)。碎屑岩可以按照颗粒依次分为颗粒细腻细屑岩(代表岩为页岩和黏土)、颗粒中等的砂质岩(砂岩)以及颗粒粗糙的砾屑岩(砾岩和角砾岩)。

变质岩根据其受到挤压形成的剥落、条带和条纹可以分为非叶理结构变质岩和叶理结构变质岩,但这种分类方式可能会造成重复,因为有些岩石,比如角闪岩,既可以被划分为叶理结构,也可以被认为是非叶理结构。叶理结构的变质岩大致来说就是压力由小(形成低度变质岩,比如板岩和千枚岩)到大(形成高度变质岩,例如片岩和片麻岩)。由陨石而形成的岩石,比如玻陨石和冲击角砾岩,则属于另一个分类系统。

沉积岩 (SEDIMENTARY ROCKS)

角砾岩

有时被称为尖角岩,通常是由从整块母岩上剥落的碎石形成的。角砾岩中的石砾大多参差不齐,边缘呈现出未被打磨的棱角。和砾岩不一样,角砾岩可以形成质地或柔软、或坚硬的任何岩石。大部分情况下,角砾岩会形成于母岩附近,因此也被称为“层内岩”。如果石砾被冲刷到了距离母岩很远的地方,它们可能会按照序列沉积而并非会形成角砾岩。在山区,当石砾中聚集的泥沙被粘合在一起时通常会形成角砾岩。巨变时会使得角砾岩迅速成型。例如山体滑坡和雪崩过后,又如山洪爆发或风暴潮席卷过的海滩和沙滩。当石灰岩岩洞的顶部坍塌时,剥落而下的碎石也会形成角砾岩。少数角砾岩也被称为是“层外岩”,是由于在形成初期碎石距离母岩的位置很远而在形成过程中掺杂了混合成分。

鉴定: 角砾岩个头儿大、含有带棱角的碎石,十分容易识别,但鉴别出其中含哪种石头、来自哪里,却并非易事。最好的方法就是和周边的岩石做对比。

粒度: 大于2毫米
质地: 在细致的脉石中含有的大块有棱角的石头
结构: 通常为小型、分层不明显的沉积岩
颜色: 由于母岩不同导致岩石颜色不同
构成: 来自任意岩石的碎石,包括像大理石这样质地柔软的岩石
形成: 水流湍急的河流中,风浪肆虐的海滩上;或山体滑坡或雪崩之中
常见地区: 塞萨利,希腊;墨西哥;温哥华岛,英属哥伦比亚省;普拉特县,怀俄明州;圣贝纳迪诺县,加利福尼亚州;麦其诺岛,密歇根州;索皮洛特,德克萨斯州

粒度和质地: 鉴别沉积岩的第一步是观察颗粒尺寸,看它们是黏土、砂石还是卵石。质地则会因颗粒尺寸和形状而有所不同。

结构: 大型结构,比如层理面。

颜色: 整体色彩印象。

构成: 矿物之间的平衡因而构成了颗粒。

形成: 沉积物是在哪里、以何种方式而沉积的。

常见地区: 按国别记录,而美国和加拿大除外,要先记录下州,再写国家名。如果空间有限,美国各州的名字可用标准缩写的方式记录。

变质岩 (METAMORPHIC ROCKS)

插图细节: 相关样本以及其特性的插图

云母片岩

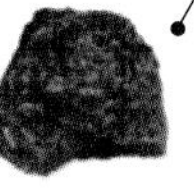

黑云母片岩: 黑云母片岩颜色发棕、整体偏暗,但仍然有云母线。

最常见的片岩是云母片岩。云母薄片通常都带有十分明显的片理结构、具备光泽度。云母薄片的典型厚度为0.5毫米,可以被小刀撬动。而云母片岩中同时还含有很多石英,石英大多集中在云母含量较少的分层中;而云母片岩中还含有一定数量的钠长石。有时在云母片岩中可以看到红色石榴石或绿色的绿泥石结晶。云母片岩中的云母可以是白云母、绢云母或黑云母。黑云母通常为棕色,而白云母和绢云母却因其淡淡的颜色而被命名为白云母。如果一块白云母含有细腻的颗粒,则就是绢云母;如果颗粒略显粗糙,就是白云母。大部分云母片岩都含有上述三种矿物,但通常只能以其中一种矿物作为主要矿物。在适中的变质条件下会产生白云母和绢云母,同时也会产生绿片岩和千枚岩。当变质条件增加时,部分变质的白云母(和绿泥石)会变质形成黑云母。而更为激烈的变质条件则会产生石榴石片岩。

白云母片岩: 白云母片岩和绢云母片岩是片岩中颜色最浅的,其成色原因是所含有的白色云母。和绢云母片岩不一样的是,白云母片岩中的云母颗粒能够被肉眼清晰所见。

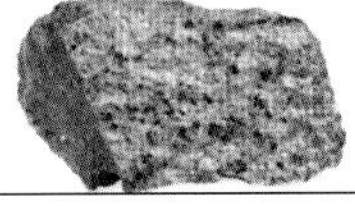

云母(白云母、绢云母和黑云母)片岩
岩石类型: 叶片状的区域变质
质地: 从中等到粗糙,有时还带有斑状变晶。云母薄片中的薄片状分层结构通常都很明显。
结构: 典型的成层结构,规模时大时小
颜色: 浅灰色、泛绿色(黑云母片岩颜色偏棕)
构成: 石英和云母(通常为白云母),此外还有蓝晶石、硅线石、绿泥石、石墨、石榴石和十字石
原岩: 主要为泥岩——比如页岩
温度: 中等
压力: 适中
常见地区: 康尼马拉,爱尔兰;苏格兰;斯堪的纳维亚;阿尔卑斯山脉,瑞士;黑森林,德国;魁北克省;达奇斯县,纽约州;新罕布什尔州

岩石类型: 变质带的程度以及形成的模式

质地: 整体颗粒大小和变化

结构: 大面积结构——例如成层结构

颜色: 整体的颜色印象

构成: 矿物之间的平衡因而构成了颗粒

原岩: 变质岩变质前的基岩

温度和压力: 在何种条件下岩石会发生变质:低、中、高

常见地区: 每个发现地都要按照国家记录下来,但是加拿大和美国除外。要先记录下州(省)再写国家名字。

岩石的鉴定

第一眼看去,岩石的外表往往是暗淡的灰色、棕色和黑色。但是就像不同种群的人类个体一样,只要掌握了方法,就可以很容易地确认岩石的身份并将它们按照组别分类。

通常来说,岩石的发现地是确认岩石身份的大线索。如果是在砂石中找到的岩石样本,则可能就是砂石。在开始仔细检测样本之前,看你能否从现场找到与岩石样本近似的岩石,这有可能为确认样本的身份提供重要线索。在悬崖和岩壁,清晰的成层结构和沉积岩岩层通常都不会让你弄错样本的身份,其他岩石通常也有各自形成的相应地貌(详见了解岩石和矿物的“岩石景观”)。

当你开始仔细检测岩石样本时,第一个要务是先分辨样本到底是火成岩、沉积岩还是变质岩。

上图: 通过精良的放大镜,通常可以确认岩石样本里的矿物个体,这一点在颗粒中等或颗粒粗大的火成岩中体现得特别明显,比如花岗岩。

沉积岩外表呈现出苍白色,构成沉积岩的颗粒大多相近,通常会由粘合剂一样的物质把颗粒粘在一起,用手轻轻一碰可能会使沉积岩粉碎。沉积岩层中通常会有层理面和化石。

火成岩的识别难度要大一些,通常构成火成岩的晶体结构更紧凑,其外表更加光亮。火成岩不会出现成层或条带结构,除非在极其偶然的情况下花岗岩和辉长岩会带有一些成层或条带结构。

有些变质岩看上去与火成岩十分接近,但火成岩不会形成叶理结构(成层和条带)。颗粒变质岩的外表坚硬,带有闪光并呈现出粒状的外表;大部分变质岩表面的颜色会更均匀一些,而不是像火成岩那样颜色斑驳。

这里给出的辨别矿物样本的指南只是一个开始,读者应该和“岩石名录”中的判断线索一起使用。

火成岩 (Igneous rocks)
颜色和质地 (COLOUR AND TEXTURE)

	浅色(高硅、酸性、长英质)	颜色适中(中级)	颜色适中(中级、长英质)	深色(低硅、基性、铁镁质)
颗粒细腻(隐晶岩、火山岩、喷出岩)	流纹岩: 白色,灰色,粉色	安山岩: 盐和胡椒外观(黑色和白色)	粗面岩: 棕灰色	玄武岩: 深灰色至黑色
颗粒中等、为斑状(半深成岩、岩脉、岩床)	石英斑岩: 白色,灰色带光斑的粉色	安山斑岩: 深灰色、带白光斑的黑色	二长岩: 深灰色,带苍白的斑点	辉绿岩: 深灰色到黑色
颗粒粗糙(显晶岩、深成岩、入侵岩)	花岗岩: 白色,灰色,粉红色;粉红色或白色(英云闪长岩)	闪长岩:盐和胡椒外观(黑色和白色)	正长岩: 白色,灰色,粉红色;	辉长岩: 深灰色到黑色

其他质地和构成

泡状(多孔)和玻璃质	浮石: 带有纤维状外观、颜色发白、质量很轻	碳酸盐岩: 带有灰色光斑的白色	火山渣: 黑色至棕色、质量很轻	纯橄榄岩: 浅卡其色至棕色、超铁镁质
颗粒适中至颗粒粗糙的碳酸盐岩和超铁镁质岩	多孔状玄武岩: 黑色至棕色、质量很重	煌斑岩: 深灰色、带有黑色而亮闪闪的斑晶	黑曜石: 黑色、红色、棕色、像玻璃般透明	橄榄岩: 浅绿色至深绿色、超铁镁质

颜色和质地(Metamorphic rocks)

没有明显的成层结构、条带状的颗粒状(无分层结构)岩石		带有明显成层结构、条带状的叶片状岩石	
不会划伤玻璃	会划伤玻璃	颗粒肉眼不可见	颗粒肉眼可见
大理石: 触感光滑; 放在稀盐酸中发出嘶嘶声	角页岩: 深灰色和黑色,无光泽,个头大,有贝壳状断口	板岩: 暗灰色,黑色,绿色,敲击时会发出声响、分裂成薄片状	片岩: 带有条带或片理结构,带有板劈理
白云石大理岩: 触感光滑; 放入稀盐酸中发出嘶嘶声	石英岩: 半透明的颜色;熔凝石英颗粒	千枚岩: 亮闪闪的灰色、黑色、绿色,会分裂成薄片状、有时带有条带	黑云母片岩: 暗色、浅色的片岩是白云母
绿岩: 绿色; 和皂石不同,不容易被指甲划伤	榴辉岩: 淡绿色带有红色石榴石的辉石	糜棱岩: 条带状的、擦痕也为条带状	片麻岩: 质地坚硬、矿物分裂成了深浅不一的条带
蛇纹岩: 触感油滑; 绿色,黄色,棕色或黑色	角闪岩: 黑色、带有亮闪闪结晶的闪石,通常为叶片状	蓝闪石/蓝片岩: 蓝色,带有细长的纤维状晶体	麻砾岩: 不含黑云母、含有石英和长石的晶体

沉积岩(Sedimentary rocks)

无明显颗粒	砂粒大小的可见颗粒	至少有碎石大小的颗粒	会与醋发生反应的生化岩
粉砂岩: 摸起来像砂土,质地坚硬到足以划伤玻璃	砂岩: 沙砾大小的颗粒; 可能是黄色,棕色或红色	角砾岩: 泥状石块中存在的大块棱角状的岩石碎片	白垩: 白色,粉状,会留下白色标记,有砂质感
黏土岩: 手感光滑; 质地过软无法划伤玻璃	铁矿石: 沙砾大小的颗粒; 深褐色,红色	砾岩: 泥状石块中存在的大块圆形的卵石	鲕状石灰岩: 浅黄色、鱼子般大小的小球体
页岩: 手感光滑; 质地过于柔软无法划伤玻璃	绿砂: 沙砾大小;绿色	泥砾: 泥质黏土中存在的巨大石块群	豆状石灰岩: 砂黄色,小豆般大小的小球体
泥土: 泥质的黏滑手感、质地过于柔软无法划伤玻璃	长石砂岩: 沙砾大小的颗粒; 不会形成碎屑; 粉红色,红色		化石石灰岩: 浅灰色、富含化石
燧石: 手感光滑、像玻璃般的坚硬外观	杂砂岩: 沙土和岩石碎片的混合体		白云石: 无光泽的灰色、风化后呈粉色或棕色

火山岩：富硅岩

火山岩主要是由火山爆发时喷涌的岩浆凝固后形成的，但火山中喷出的物体，包括火山灰、熔岩气泡和浮渣都可以作为火山岩的构成成分。如果暴露在冷空气中，在结晶形成前，岩浆会迅速凝固，火山岩通常是粒状的（颗粒细腻的），甚至是玻璃般透亮的。火山岩富含二氧化硅（含量至少为55%）、颜色较浅，代表岩石有流纹岩、石英斑岩和英安岩。

流纹岩 (Rhyolite)

一种分布最广的火山岩就是流纹岩，流纹岩由富含二氧化硅（含量为70%~78%）的岩浆形成，当具有同样二氧化硅含量的花岗岩在地表形成时，流纹岩也在地下形成了。由于形成两种岩石的岩浆相同，因此流纹岩也是大陆岩石。但流纹岩在远离陆地的岛屿上发现，这种情况很少见。流纹岩是颗粒细腻的岩石，相当于花岗岩的喷出体，但是在化学结构上与花岗岩有着微妙的差别。流纹岩中的云母是黑云母，而不是花岗岩中常见的棕色白云母。另外，流纹岩中含有的钾长石是透长石，而花岗岩中的钾长石是正长石。

流纹岩岩浆中的石英含量较高，这也就意味着岩浆的相对温度低且十分粘稠，这些粘稠的岩浆通常会堵住火山口。有时，火山在消亡之后还会留有堵塞物并形成锥形的流纹岩岩山，而这些岩山会被风化作用所侵蚀。在更多情况下，堵塞物会被喷发时的喷出体炸开，这也就解释了为什么在喷发型火山处总能找到流纹岩的原因，在破火山口地区这一现象更加明显，例如印度尼西亚的坦博拉火山。岩浆中不断蒸发的蒸气和二氧化碳是火山爆发的助推剂。喷发会将堵塞物炸开，产生大量的火山灰及雪崩般火山碎屑。熔岩中的气泡形成了浮渣，凝固后结成了浮石。因此，流纹岩的构成物通常是火山灰和火山碎屑，而不是熔岩，只有在岩浆中气泡含量较少的情况下流纹岩才会像熔岩一样流向地表。流纹岩熔岩在火山口周围堆积成了厚厚的穹丘或熔岩流，因为太过浓稠根本不可能流到更远的地方。流纹岩熔岩流的流动通常会以块状破裂表面，这是因为内部熔岩继续升涌的同时撑破了外部已经凝固的壳。有些地质学家则认为在古代流纹岩熔岩可以流到更远的地方，这是因为在温度过高的情况下，高温会使更多物质熔化，从而降低熔岩的粘稠度。

由于在地表喷发后迅速冷却、凝固，流纹岩基本上都具有细腻的颗粒。实际上，经历淬火的地方大多数呈现出玻璃般的质地，玻璃质地的流纹岩包括黑曜石、松脂石和珍珠岩。因为流纹岩十分粘稠，当然会含有斑晶——岩浆在火山岩浆房中形成的大块结晶。有时斑晶会在流纹岩构成物中占据绝大部分，这时流纹岩看上去像是花岗岩，但只有在显微镜下才能看到微晶基质，这样的岩石被称为斑流岩。

条带状流纹岩（下图）：当流纹岩熔岩喷出地表后，更小的晶体往往以条带状的形式继续流动，由此产生了条带状的结构。带状流纹岩有时也被称为奇异石，它们很受收藏家们追捧，特别是晶洞中含有二氧化硅沉淀物的玛瑙。

球粒状流纹岩（上图）：黏度高的流纹岩熔岩通常会捕获挥发性蒸气气泡。在快速冷凝的玻璃质地流纹岩中，有些气泡会变成球粒状——球状辐射，比如石英和长石的晶体，从而形成了球粒状流纹岩。典型的球粒状结构只有几毫米宽，但也可以达到一米的宽度。

粒度：隐晶质（细粒）
质地：常见斑晶；交替层晶粒比较普遍；流带层常见（带状流纹岩）
结构：常见多孔状和其他残余气泡；
可能含有小球（球粒流纹岩）
颜色：通常为浅色，粉红色或红棕色，而且还有白，绿，灰色
构成：以花岗岩为例：硅石（平均74%），矾土（13.5%），氧化钙和氧化钠（小于5%），氧化铁和氧化镁（小于3.5%）
矿物：石英，钾长石（透长石）和斜长石（奥长石）；黑云母
附属矿物：霓辉石，锆石，磷灰石，磁石，闪石或辉石
斑晶：石英，正长石和奥长石，角闪石，黑云母，普通辉石
形成：熔岩流，岩脉，陆地火山
常见地区：湖区，什罗普郡，英格兰；斯诺登尼亚，威尔士；孚日，法国；黑森林，萨克森，德国；喀尔巴阡山，奥地利；特兰西瓦尼亚，罗马尼亚；托斯卡纳，意大利；冰岛；高加索，格鲁吉亚；包括黄石公园的洛基山脉，亚利桑那州。
流纹岩火山包括：坦博拉火山，印度尼西亚，乞力马扎罗山，肯尼亚/坦桑尼亚，黄石公园，怀俄明州，火山口湖，俄勒冈州。

石英斑岩 (Quartz porphyry)

石英斑岩的化合物与花岗岩近似，并含有白石英的斑晶（通常含有少量的正长石），斑晶生长在石英斑岩的表面，其纹路就好像汉堡里夹的肉一样。斑晶周围基本的矩阵晶体通常是细腻的颗粒，就好像流纹岩，由于含有斑晶的岩浆填满了狭窄的岩脉，而岩浆在这里迅速冷凝，因此石英斑岩的颗粒大小与花岗岩类似。现在所发现的大部分石英斑岩都是脉岩，但形成于五亿五千万年前古生代的石英斑岩都是熔岩流，因此有些地质学家把古代石英斑岩称为古代流纹岩。大部分古代石英斑岩在漫长的地球演化运动中已经支离破碎了，其条带状的表面看上去与片岩十分接近。当斑晶被储藏起来时，这些岩石就被称为斑片岩，美国地质学家有时也把它们称为脱玻流纹岩。典型的地貌则分布在瑞士的阿尔卑斯山脉和英格兰的恰伍德森林，而斯堪的纳维亚半岛的变质长英角岩很有可能是以同样的方式形成的。

鉴定：石英斑岩很容易辨识出来，石英斑岩中通常含有石英——大块的白色或灰色斑点，或者长石——红褐色、颗粒细腻甚至呈玻璃质地的矩阵结晶。

粒度：混合
质地：小颗粒中含有斑晶，微晶或玻基
结构：
颜色：通常浅色－红色，棕色，绿色
构成：以花岗岩为例：硅石（平均74%），矾土（13.5%），氧化钙和氧化钠（<5%），氧化铁和氧化镁（<4%）
矿物：石英，钾长石（透长石）和斜长石（奥长石）；黑云母
附属矿物：角闪石，普通辉石，古铜辉石，石榴石，堇青石，白云母
斑晶：石英，正长石
形成：岩脉或古老的陆地火山熔岩中
常见地区：德文郡，康沃尔郡，恰伍德森林（莱斯特郡），英格兰；威斯特法伦，德国；阿尔卑斯山，瑞士，圣贝纳迪诺县，加州；湖和圣路易斯县，明尼苏达州，格林莱克县威斯康星州；宾夕法尼亚州

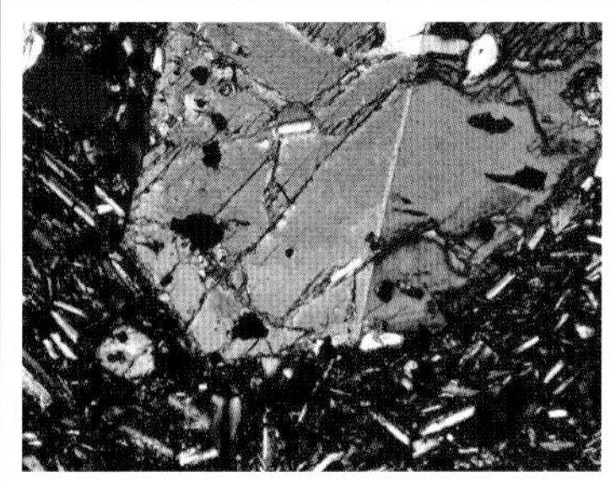

斑岩

斑岩属于火成岩，在细小结晶的基质中包含着颇为引人注目的大块晶体。最大的结晶被称为斑晶。它形成于熔融态岩浆中且形成时间较早，而这之后特别是当岩浆喷出注入到岩脉中，才会形成细粒结晶。上图的粗面玄武岩中，显微镜下，颗粒细腻的基质中大块的斑晶是橄榄石、斜辉石（成对的大块结晶）和斜长石。斑岩一词适用于任何带有斑晶的火成岩，但最初这个词在古埃及和古罗马皇帝克劳迪一世统治时期就是指美丽的红色斑岩。这种岩石被古罗马人称为“古老的红色斑岩”。它开采自红海海域杰勃德·荷肯山30米厚的岩脉处，斑岩带有白色或玫红色的斜长石斑晶，暗黑色的角闪石和块状的氧化铁，这些都存在于暗红色的基质中。

英安岩 (Dacite)

英安岩得名自古罗马时期的达契亚省（现在位于罗马尼亚境内），英安岩在打磨后虽然会变成十分美丽的岩石，但它们通常用于筑路。英安岩由岩脉处十分粘稠的熔岩形成（二氧化硅的含量为55%~65%），通常，英安岩会在古代火山的心脏位置形成大量侵入体，制造出大量的熔岩穹丘，美国华盛顿州的圣海伦斯火山就是其代表地貌。英安岩中石英的含量少于流纹岩，因此它的化合物含量介于流纹岩和基础安山岩熔岩之中。通常，石英在基质中会形成圆形的斑晶，有点像石英斑岩。英安岩中也含有长石，但不是流纹岩中含有的透长石，而是中长石和拉长石。

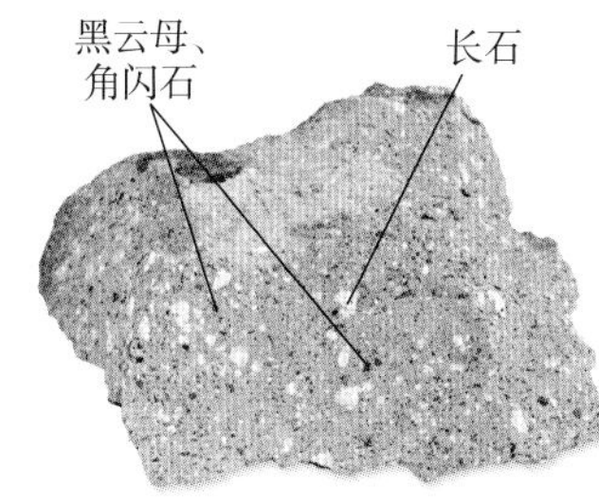

粒度：隐晶质（细粒），玻璃晶
质地：交替层常见颗粒状和斑晶
结构：常见多孔状和其他残泡状
颜色：通常浅色，偏红或偏绿
构成：硅石（平均65%），矾土（16%），氧化钙和氧化钠（8%），氧化铁和氧化镁（6.5%）
矿物：石英，钾长石（中长石和拉长石）和斜长石；黑云母，角闪石
附属矿物：辉石（普通辉石和顽火辉石），角闪石，黑云母，锆石，磷灰石，磁石
斑晶：石英，长石，角闪石，黑云母
形成：熔岩流，岩脉
常见地区：阿盖尔郡，苏格兰；中央高原，法国；萨尔－纳赫，德国；匈牙利；特兰西瓦尼亚，罗马尼亚；阿尔梅里亚，西班牙；新西兰；马提尼克岛，安第斯山脉，秘鲁；落基山脉；内华达州。

鉴定：英安岩富含角闪石和黑云母，通常为灰色或淡黄色，表面带有长石白斑。辉石和富含顽辉石的英安岩则颜色较深。

火山岩: 安山岩

安山岩的二氧化硅含量介于流纹岩和玄武岩之间,是继玄武岩之后分布最广的火山岩,多分布在俯冲带地区。安山岩得名自南美的安第斯山脉,通常和典型的锥形火山紧密相关,例如日本的富士山和新西兰的艾吉科姆山。

安山岩 (Andesite)

鉴定: 大部分安山岩有着典型的"椒盐"外观,即肉眼可见的白色片状颗粒的斜长石和通常为黑色、基质细腻并偶尔会成为玻璃质地的矿物,大部分是黑云母、角闪石和辉石。暗色矿物占到安山岩构成物的40%,远远少于其在玄武岩中的含量。

海洋板块俯冲到陆地板块之下的俯冲带多盛产安山岩。沿着俯冲带的大陆板块边缘会形成带状的火山,或者是在大陆架边缘形成岛弧火山。安山岩通常存在于近期的造山活动中,不仅是安第斯山脉,整个科迪勒拉山系从安第斯山脉到落基山脉,占主导地位的岩石就是安山岩。事实上,只要处于环太平洋火山弧中,火山所形成的岩石大部分都是安山岩。

大陆和岛弧火山喷发所形成的大部分岩石为安山岩、英安岩和流纹岩,形成何种岩石取决于岩石中二氧化硅的含量,而海底火山喷发时产生的基性熔岩大多会形成橄榄岩、玄武岩和粗面岩。地质学家们将区分这两种岩石的分界线称为安山岩线,这条分界线大致从美国西海岸开始,经日本、马里亚纳群岛、帕劳、俾斯麦群岛、斐济、汤加至新西兰。

虽然安山岩不像流纹岩那样富含二氧化硅,但形成安山岩的熔岩依然十分粘稠,并且通常会堵住火山喷发口。因此,安山岩的形成总会导致巨大的火山喷发,这是由于火山内部的压力不断上升,最终冲破了被堵塞的喷发口导致的。

安山岩火山通常会形成破坏性极大的火成碎屑火山,而大部分安山岩火山为成层火山。成层火山为典型的锥形火山,其内部的熔岩层代替了火山灰和碎屑层,这是由于火山爆发时会喷出许多火山灰,而熔岩会随之流出,因此形成了这样的内部结构。

安山岩熔岩的流动速度快于流纹岩熔岩,但依然十分粘稠、流动缓慢。在喷发时,熔岩会先在火山口周围堆积,再从火山的侧面缓缓流下,一天也只能勉强流几米。正是由于流到外面的熔岩流速十分缓慢,先接触到空气的熔岩会冷凝成固体,因此,随着熔岩的涌出,地表的熔岩流会被破坏成不规则的碎屑。即便是温度最高的安山岩熔岩流从喷发口流出的长度也很少超过10千米。

斑状安山岩: 很多安山岩都是斑状的,这是因为它们含有一些人们肉眼可见的大颗粒,这些大颗粒在熔岩喷出之前就已经形成了。当含有的斑晶足够大时,安山岩就会被称为斑状安山岩。斑晶多为斜长石(白色),但有时也可能是辉石和角闪石(通常为墨绿色)。

粒度: 隐晶质(颗粒细腻),偶尔会有玻璃般透明的情况出现
质地: 通常为斑状的
结构: 通常呈现出条带结构,有时是多孔状结构
颜色: 灰色,略带紫色,棕色,绿色,几乎为黑色
构成: 硅石(平均含量为59%)、矾土(含量为17%)、氧化钙和氧化钠(含量为10%)、氧化铁和氧化镁(含量为11%)
矿物: 石英;长石;带有少量钾长石(奥长石,透长石)的斜长石(中长石);黑云母;闪石(角闪石);辉石(普通辉石)
附属矿物: 磁石,磷灰石,锆石,橄榄石
斑晶: 斜长石,辉石,例如普通辉石,闪石,角闪石
形成: 喷出熔岩,俯冲带地区和造山地带的火山灰和凝灰岩
常见地区: 格伦科,苏格兰;湖区,英格兰;斯诺登尼亚,威尔士;孚日省,奥佛涅大区,法国;莱茵兰,德国;特兰西瓦尼亚,罗马尼亚;高加索,格鲁吉亚;安第斯山脉;洛基山脉。
安山岩火山包括:富士山,磐梯山,日本;喀拉喀托火山,印度尼西亚;皮纳图博火山,菲律宾;瑙鲁赫伊山,艾吉科姆山,鲁阿佩胡火山,新西兰;奥利萨巴山,波波卡特佩特火山,墨西哥;培雷火山,马提克尼;苏佛里耶,圣文森特岛;沙斯塔山,加利福尼亚州;胡德山,俄勒冈州;亚当斯山,华盛顿州。

岛弧

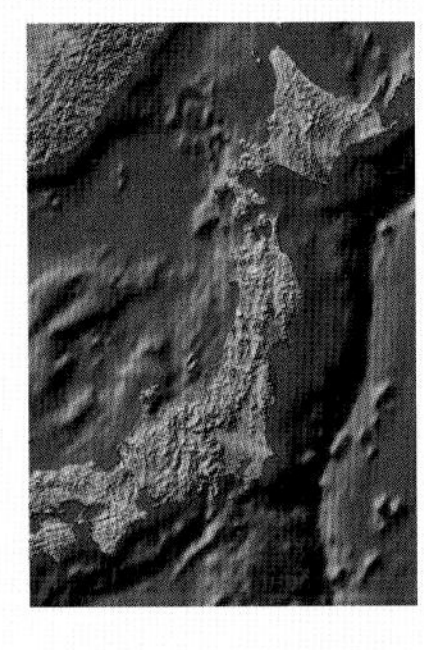

世界上最引人注目和最美丽的岛链中，有些是沿着俯冲带地区海洋板块的外缘呈弧状而广泛分布。科学家们认为这种板块的弧形边缘会影响地球的曲率。在太平洋分布着很多这种类型的岛弧，例如阿留申群岛，日本群岛，马里亚纳群岛，汤加和所罗门群岛。而加勒比海地区的安的烈斯群岛也是这种岛弧。上述群岛都是火山岛，成因是由于俯冲板块向下俯冲隐没至地幔处，也因此沿着板块边缘形成了深海海沟，继而形成了火山岛。上图中日本的卫星图片显示了日本海沟，图中深色区域至群岛右侧的部分就是在太平洋板块和欧亚板块之间的部分板块边缘处形成的海沟。当俯冲板块隐没至地幔时，俯冲板块因地幔处的高温而消亡，继而经过一系列复杂的过程就形成了包括安山岩、玄武岩和玻古安山岩在内的熔融态岩浆。炽热的岩浆沿着上覆板块边缘的缝隙灌入，就像拿缝衣针给衣服做褶边一样。随着岩浆的进入，海沟隆起至地表，最终形成火山。

玻古安山岩 (Boninite)

这个罕见的名字源于日本南部的伊豆、小笠原和位于西太平洋的马里亚纳群岛一带。大部分玻古安山岩形成于三千万年至五千万年前，时至今日这种岩石还在不断地形成。玻古安山岩通常仅与岛弧链密切相关，并且看上去只有在特定的条件下才会形成。当海洋构造板块俯冲到另一块海洋板块之下时，也就形成了玻古安山岩。板块向下俯冲时，使得海水灌入地幔，当地幔炽热的高温熔化板块时，灌入的海水也改变了岩浆的化学成分。地质学家们则认为板块向下俯冲时，只有在达到一定高温的情况下，才会导致玻古安山岩的形成，否则就会形成安山岩。俯冲初期的条件将这两种岩石联系在了一起。

粒度：玻璃般透明
质地：通常斑状
结构：通常为条带状结构，偶尔是多孔状结构
颜色：深灰，通常为黑色
成分：硅石（平均59%），矾土（17%），氧化钙和氧化钠（10%），氧化铁和氧化镁（11%）
矿物：石英，长石：斜长石，辉石（普通辉石，古铜辉石）；闪石（角闪石）
附属矿物：镍黄铁矿，尖晶石
斑晶（小型）：辉石：普通辉石，古铜辉石
形成：喷出熔岩，弧形列岛中的岩脉和岩床
常见地区：克里米亚，乌克兰；伊豆－小笠原－马里亚纳岛链，太平洋；北汤加脊，新赫布里底群岛；濑户内，日本。可能在大陆边缘出现：伊苏阿，格陵兰岛；加拿大育空地区；格莱内尔格，南澳大利亚：安的烈斯群岛，加勒比海

鉴定：玻古安山岩的颜色发暗，在暗淡的玻璃基质上点缀着黑色的小斑晶。

辉石安山岩 (Pyroxene andesite)

黑云母安山岩：黑云母安山岩通常为黄色、粉红色或灰色，常带有角闪石或辉石的黑色斑晶。

安山岩可以被分为几类（由石英构成的安山岩通常被称为英安岩）即角闪石安山岩、黑云母安山岩和辉石安山岩。角闪石安山岩和黑云母安山岩富含长石，颜色为淡粉色、黄色和灰色。辉石安山岩是安山岩中最常见的一种，和玄武岩的数量相当，并且通常和玄武岩源自同一岩浆。辉石安山岩中的辉石通常为普通辉石，可以形成辉石安山岩，有时也可以是橄榄石。当岩石破裂时，辉石会让安山岩看起来闪闪发光，但通常情况下它们会变成角闪石。有时，可以在辉石安山岩凝灰中找到形状较好的辉石结晶，所谓凝灰，就是火山灰和碎屑的沉积物。

鉴定：辉石安山岩看上去和玄武岩类似，但其极高的辉石含量意味着它的化学物质很接近玄武岩。辉石安山岩通常含有斑晶，并且岩石的颜色稍浅，带有微量的白色长石。

粒度：隐晶质（细粒），偶见玻璃晶
质地：通常斑状
结构：通常为条带状；偶尔为多孔状
颜色：灰色，绿色，几乎是黑色的
成分：硅石（59%平均），矾土（17%），氧化钙和氧化钠（10%），氧化铁和氧化镁（11%）
矿物：石英，长石：含少量钾长石（奥长石，透长石）的斜长石（中长石）；黑云母，闪石（角闪石）或辉石
附属矿物：磁石，磷灰石，锆石，橄榄石
斑晶：辉石，如普通辉石和橄榄石，闪石，角闪石
形成：喷出熔岩，俯冲带地区和造山地带的火山灰和凝灰岩
常见地区：见安山岩

粗面岩和辉绿玢岩

粗面岩和响岩是颜色明暗适中、颗粒细腻的火山岩，通常很容易形成熔岩。这两种岩石分布的地方与玄武岩一致，包括裂谷，但含有更多浅颜色的岩石和少量的石英。通常，包括钠长石和钾长石在内的岩石都是碱性岩。粗面岩碱性最弱，响岩碱性最强。

粗面岩 (Trachyte)

粗面岩颜色适中、颗粒细腻，其成分相当于正长岩，岩浆在海底沿着火山裂缝喷发，流出之后在岛弧和大陆边缘处凝固成弧形盆地。粗面岩往往和玄武岩相连，而且粗面岩有时会被认为是火山喷发初期的重要特征。例如，夏威夷盾形火山的寄生火山锥经常会喷出粗面岩熔岩。此外，粗面岩也可以形成大范围的熔岩流，其典型的地貌代表位于沙特阿拉伯。

粗面岩颗粒细腻，但与安山岩和流纹岩不同，很少会出现玻璃质地，即便在显微镜下观察，也只能看到十分微小的颗粒，但看上去似乎是接近成型的晶体。另外值得注意的是，白色透长石的矩形晶体通常会在熔岩喷发时形成。通过这些晶体可以寻找到熔岩流动的方向，在熔岩流过的区域，通过显微镜可以看到细小的晶体环绕周围，这种结构被称为粗面结构。有时，在其他熔岩中也能找到该结构，比如夏威夷岩。

粗面岩也有熔岩气泡所产生的晶洞，但是太小几乎不能被看到。晶洞赋予了粗面岩稍微粗糙的质地，希腊人用“粗糙”来描述这种岩石的质地，粗面岩也因此而得名。有时，晶洞会被微小的二氧化硅矿物晶体填满，例如磷石英、方石英、蛋白石和玉髓。但构成大块粗面岩的一般都是碱性长石（富含钠和钾），尤其是透长石（柱状微型晶体和斑晶）。此外，构成粗面岩的还有暗色矿物，比如黑云母、角闪石或者霓辉石和透辉石这样的辉石。如果粗面岩中二氧化硅的含量增加，粗面岩会变成流纹岩；相反，如果二氧化硅的含量下降，而类似长石类的矿物增加——比如白榴石、霞石和方钠石，则粗面岩会变成响岩。

鉴定： 粗面岩是一种棕灰色、颜色明暗适中的岩石，通常为微晶结构，但不会出现玻璃质地，在暗色的基质上通常会点缀又薄又白的透长石斑晶。粗面岩最显著的特征是由熔岩气泡所形成的粗糙的质地。

斑状粗面岩： 粗面岩基本上是颜色明暗适中的岩石，通常带有暗色的矿物基质，比如黑云母、角闪石和辉石，以及颜色明亮的透长石。有意思的是，透长石的形成分为两个阶段，在熔岩流中又大又长的透长石斑晶会先形成，再构成粗面岩。在显微镜下，粗面岩熔岩流的流动模式可以被环绕其四周的小晶体标记出来。

粒度： 隐晶质（细粒度），偶见玻璃晶

质地： 常见斑状

结构： 在显微镜下才会看到条带状结构，因为基质结晶围绕斑晶呈现条带状，该结构被称为粗面岩状。有些还带有微小的蒸汽晶洞，因此摸起来手感比较粗糙。

颜色： 通常灰色的，但可以是白色，粉红色或黄色

成分： 硅石（62%平均），矾土（17%），氧化钙和氧化钠（8%），氧化铁和氧化镁（6%）

矿物： 石英；钾长石：钾长石（透长石）和斜长石（奥长石），黑云母，角闪石（角闪石，经常会变成磁石和普通辉石），辉石（霓辉石，透辉石）

附属矿物： 磷灰石，锆石，磁石，白榴石，霞石，方钠石，方沸石。晶洞中有：鳞石英，方石英，蛋白石，玉髓

斑晶： 薄片状透长石，通常有条带状结构

形成： 喷出熔岩，通常含有玄武岩的岩脉和岩床

常见地区： 斯凯岛，米德兰河谷，苏格兰；伦迪岛，德文郡，英格兰；埃菲尔，图林根州，萨尔州，博库姆岛，龙岩山（莱茵兰），德国；奥弗涅，法国；那不勒斯，伊斯基亚，撒丁岛，意大利；冰岛；亚速尔群岛；沙特阿拉伯；埃塞俄比亚；马达加斯加；坎博瓦拉（新南威尔士），澳大利亚；夏威夷，布拉克山，南达科他州，科罗拉多州

响岩(Phonolite)

响岩大部分是形成时期较近的岩石，形成于六千六百万年前的第三纪内。响岩是颜色明暗适中、颗粒细腻的火山岩。响岩呈薄片状，具有致密的结构，当用锤子敲击时会听到响声，因此被称为响石。响岩与粗面岩十分相似，并且形成地也类似，但响岩中碱性矿物所占的比重更多一些。由于响岩中二氧化硅的含量低，因此形成的矿物多为霞石、白榴石、方钠石这样的长石，而粗面岩中则会形成钾长石。响石的喷出成分与霞石正长岩相当，而不是平原正长石。和粗面岩一样，响岩中含有两代晶体，第一代晶体是大而扁平的透长石和霞石晶体，在岩浆中的形成速度缓慢。当熔岩喷发时晶体也随之形成，并且在熔岩周围迅速地形成小型晶体，通常在显微镜下也可以看到粗面结构。有时，白榴石取代霞石从而产生了白榴石响岩，白榴石响岩通常会带有蓝色的蓝方石晶体和榍石，盛产于那不勒斯。

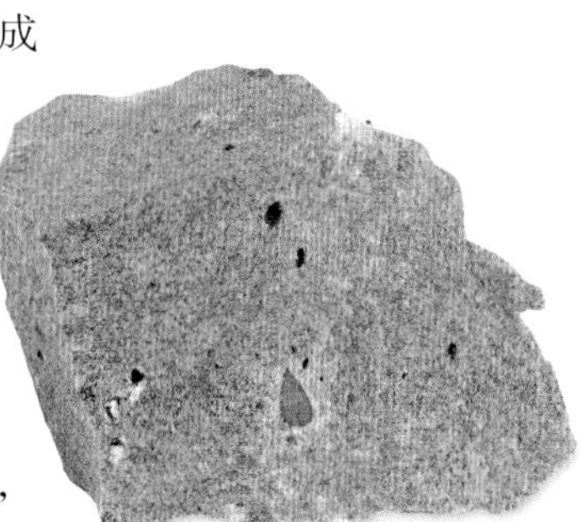

鉴定：响岩通常为斑驳的灰色，但仅仅是少量的辉石就可以把响岩变成绿色。响岩破裂后会形成扁平的碎块，这是辨别响岩的关键依据，特别是如果用锤子敲击岩片会听到金属般的叮当声。

粒度：隐晶质(细粒)，玻璃晶
质地：密集，斑状
结构：板状结构，经常断成厚片状
颜色：深绿色，灰色
成分：硅石(平均57.5％)，矾土(19.5％)，氧化钙和氧化镁(11％)，氧化铁和氧化镁(6％)
矿物：碱性长石(透长石，歪长石)；副长石(霞石，白榴石，方钠石，蓝方石，方石)，辉石(霓辉石，透辉石)；闪石(棕闪石，角闪石，钠闪石)
附属矿物：磷灰石，锆石，磁石，榍石，石榴石，斑晶：透长石，霞石，霓辉石
构成：喷出熔岩，带有粗面岩和霞石正长岩的岩脉和岩床
常见地区：狼岩(康沃尔郡)，英国；伊尔顿，苏格兰；奥弗涅，法国；埃菲尔，拉谢尔湖，德国；波希米亚，捷克；那不勒斯，撒丁岛，意大利；加纳利群岛；佛得角群岛；新南威尔士州；克里普尔河，科罗拉多州；布拉克山，南达科他州；魔鬼峰，怀俄明州；埃里伯斯火山，南极洲。

东非大裂谷

没有什么更剧烈的板块构造运动能与非洲的东非大裂谷比肩。这条地表上的大裂缝被称为东非大裂谷体系，并将整个非洲大陆一分为二。它的分裂大约起源于一亿年前，板块两端开始向两边分裂，随着地表被不断地拉伸，在此过程中火山不间断地爆发，也导致现在大裂谷上仍分布着众多火山，例如包括埃塞俄比亚的埃塔阿雷火山和坦桑尼亚的伦盖火山。初期，喷发出的是玄武岩熔岩流，而其后从盾状火山中喷出了流纹岩熔岩流和碧玄岩熔岩流，最终喷发出彩色粗面岩熔岩流和响岩熔岩流。现在所看到的大裂谷长度超过了6000千米，平均宽度达到了350千米。整个岩壁则从谷底升高了900米，但在肯尼亚的马乌悬崖，高度则骤然飙升到了2700米。地质学家们认为在埃塞俄比亚的阿法尔三角地区，东非大裂谷体系的分支相遇后，将会创造下一个世界上最大的海洋。

辉绿玢岩(Spillite)

辉绿玢岩是一种中等墨绿色的火山岩，基质为暗色的角闪石，例如阳起石和钠闪石，偶尔会有明亮的奶油色钠长石斑晶。辉绿玢岩熔岩主要在海底火山处喷发，喷发时通常会伴随着玄武岩，但辉绿玢岩通常被发现于古老的陆地上。辉绿玢岩熔岩也是形成枕状熔岩的主要岩浆之一，枕状熔岩呈椭球状，当熔岩喷发时会缓慢地形成于海底；岩浆流出时，接触到冰冷的海水后会迅速冷却并形成薄薄的壳状物；熔岩继续喷发会使之前的熔岩形成椭球状的固体，就好像从牙膏管中挤出的一团牙膏一样。

粒度：隐晶质(非常细粒度)
质地：通常斑状
结构：板状结构，经常断成厚片状
颜色：深绿色，黑色
成分：硅石(平均50％)，矾土(16％)，氧化钙和氧化钠(13％)，氧化铁和氧化镁(18％)
矿物：斜长石(钠长石)，闪石(阳起石，钠闪石)，绿泥石，绿帘石
附属矿物：磷灰石，锆石，磁石
斑晶：钠长石，阳起石
形成：枕状熔岩和凝灰岩
常见地区：洋壳(全球)；英国康沃尔郡；阿拉斯加州；加利福尼亚州

鉴定：辉绿玢岩是一种暗色的、颗粒细腻的火山岩，与玄武岩类似，有时可以通过其破裂方式或枕状熔岩的形成方式确定其身份。

火山岩：玄武岩

玄武岩具有黑色的外观和细腻的颗粒，是最典型的“镁铁质”火山岩，它富含铁、镁矿物，并且二氧化硅的含量极低。任何火山在喷发时都会先形成玄武岩，大量炽热的熔融态的岩浆从地幔处喷发升涌，未经二氧化硅沾染的岩浆会使其他熔岩更加粘稠（流动性差）。

玄武岩 (Basalt)

碱性橄榄玄武岩：典型的玄武岩呈暗色外观，无法看到颗粒结构，在刚刚暴露到地表时是黑色，经过风化侵蚀作用之后会变成红色或绿色。碱性橄榄玄武岩的基质多富含橄榄岩或辉石（而不是斑晶）。

富辉橄玄岩：这种玄武岩产自土耳其的安卡拉，并因此而得名。富辉橄玄岩是一种碱性玄武岩，构成物包括墨绿色的橄榄石和黑色的辉石。尽管玄武岩通常带有橄榄石斑晶，但辉石斑晶却很罕见，因为辉石结晶的成型时间晚。同样，玄武岩基质中的辉石占据了一半。另外，富辉橄玄岩与辉石密切相关。

玄武岩是地球上最常见的岩石。尽管玄武岩形成于海底并埋藏在海水之下，但其本身却形成了地表的一部分，并占到地表总数的70%。从海底洋中脊裂缝处涌出的玄武岩岩浆将海底一分为二，并逐渐向两边扩张；熔岩在两边的边缘处冷凝，并形成新的岩石，最终完成海洋的扩张。玄武岩熔岩通常会形成枕状熔岩，由于突然接触到冰冷的海水，炽热的玄武岩熔岩会迅速凝固并产生无数个像小枕头一样的岩石块。

玄武岩熔岩在流动时，岩浆穿透海底形成岛弧火山，例如夏威夷的冒纳罗亚火山和基拉韦厄火山。有时，炽热的玄武岩熔岩会直接流入海洋，在与冰冷的海水接触的瞬间就会凝固并形成黑色的海滩砂，夏威夷海滩就是典型代表。但并非所有的玄武岩都产生自海洋，有些玄武岩熔岩会沿着陆地裂缝流出，但没人清楚这其中的原因。例如，沿着陆地裂缝喷涌出大量的玄武岩熔岩并在地表形成壮观的高原（例如印度的德干高原和北美的哥伦比亚高原）。当喷发时，流动着的炽热的玄武岩熔岩会流到距喷发口数十千米的地方。特别是当温度特别高时，流动距离可以达到500千米左右。这就是为什么玄武岩会自然而然地形成广阔的盾形火山或泛布玄武岩高原。

熔岩凝固后的形状取决于温度和流速。当熔岩是温暖的熔融态时，会在地表形成绳状的山脊，夏威夷语中把它们叫做“绳状熔岩”。如果熔岩的粘稠度高且温度偏低，则会在地表凝固并形成一堆碎屑，这在夏威夷语中被称为“块熔岩”。

粒度：隐晶质（颗粒非常细腻）或玄武玻璃（玻晶）

质地：通常稠密，无明显的矿物颗粒

结构：通常斑状，而且往往包括橄榄石和辉石的捕掳体（大块的其他矿物）。经常为多孔的海绵状或杏仁孔晶洞。大块的玄武岩群可能碎裂成六方晶柱体，例如北爱尔兰的巨人之路

颜色：黑色或黑灰色，偏红或偏绿壳

成分：硅石（平均50%），矾土（16%），氧化钙和氧化钠（13%），氧化铁和氧化镁（18%）

矿物：斜长石（拉长石）；辉石，橄榄石，磁石，钛铁矿石。

拉斑玄武岩（橄榄石含量低）：斜长石，辉石（紫苏辉石，易变辉石）；磁石。碱性玄武岩（橄榄石含量高）：橄榄石，辉石（普通辉石）；磁石。

附属矿物：无数

斑晶：绿色玻璃般透明的橄榄石或黑色闪亮的辉石，或偶尔有白色平板状的斜长石

杏仁孔：沸石，碳酸盐，以玉髓和玛瑙的形式而存在的硅石

形成：喷出熔岩，岩脉和岩床。大部分玄武岩来自火山喷发的熔岩岩浆或在熔岩岩浆形成高原时以片状结构存在。玄武岩表面要么很平滑，要么是破旧的绳状熔岩或渣状的块状熔岩。在洋底的玄武岩则储藏在像气球般鼓起的枕状熔岩中。

常见地区：见右页

巨人之路

在冷却的最后阶段，玄武岩熔岩通常会收缩并断裂成独特的六方晶柱体，其中最有名的就是北爱尔兰安特里姆的巨人之路。相传这条巨人之路由巨人芬·麦库尔建造，目的是为了与远在苏格兰的爱人相见。但事实际上它们是天然的玄武岩。大约六千五百万年前，北美开始从欧洲大陆上分离，玄武岩熔岩便从地表裂缝中蔓延出来。在安特里姆，拉斑玄武岩熔岩一直奔流了成千上万年的时间才得以凝固，但突然再次爆发。再次喷发的熔岩源源不断地涌入山谷，在巨人之路的位置上形成了一个深深的熔岩湖，只能慢慢地冷却凝固。当熔岩缓慢地凝固收缩时，形成了应力的六边形结构。不久，直径为30–40厘米的六面棱柱体便遍布在整个冷却的熔岩中。虽然之后也经历了火山喷发，但此处却成为了独特的自然遗产。

气孔状玄武岩和杏仁状玄武岩 (Vesicular and amygdaloidal basalt)

玄武岩的颗粒通常来说十分细腻，肉眼几乎不可见，玄武岩的外表通常为黑色、团状，由不同的暗色矿物组成，包括最基础的拉长石（斜长石）、辉石和橄榄石、磁铁矿石和钛铁矿石。玄武岩也有可能是斑晶状的或者带有气孔。气孔是在熔岩凝固过程中由扩张的气泡形成的晶洞。相比其他熔岩，大气孔更常见于玄武岩的绳状熔岩中，这是由于绳状熔岩的温度更高、流速更快，便于气孔扩张。与其他粘稠熔岩中的气孔不同，绳状熔岩中产生的气孔偏圆、长度也短。具备这种形状气孔的玄武岩被称为气孔状玄武岩。当熔岩稳定下来之后，从熔岩中渗透进来的流水通常会渗入已经形成矿物晶体的晶洞。这些填充物被称为杏仁孔，杏仁孔源自希腊语中的“杏仁”一词，是对这种填充物形状的描述。杏仁孔的大小从1毫米到30厘米不等，通常会带有石英、碳酸盐和沸石。全部是杏仁孔的玄武岩被称为杏仁状玄武岩。

气孔状玄武岩：由数不清的气孔所构成的玄武岩为气孔状玄武岩。气孔状玄武岩的外观看上去好像是被虫蛀了一般。其他火成岩也会含有气孔，但气孔玄武岩中的气孔不仅数量惊人，而且气孔呈圆形。如果一块石头的表面全是小孔，并且拥有暗黑色的基质，则很可能是气孔状玄武岩。

碱性玄武岩和拉斑玄武岩 (Alkali and tholeitic basalt)

玄武岩的种类很多，但根据化学性质可以将其粗略地分成两个大类，即拉斑玄武岩和碱性玄武岩。拉斑玄武岩中的橄榄石含量低，但低钙辉石（紫苏辉石和易变辉石）的含量很高。大部分沿着火山缝隙或洋中脊缝隙喷发的玄武岩熔岩都是拉斑玄武岩，因此构成洋底的也是拉斑玄武岩，泛布玄武岩也属于拉斑玄武岩。碱性玄武岩富含钠和钾，并有丰富的橄榄石、似长石、霞石和富含钙的辉石。地质学家们认为玄武岩中的碱性更强，因为岩浆中的矿物在熔化时已经消耗掉了一部分。在夏威夷热点火山中，喷发的熔岩遇到冰冷的海水后迅速凝固，形成了碱性玄武岩并构造了原始海底锥形火山。但当火山锥升到海平面之上时，拉斑玄武岩熔岩流喷发并形成了巨大的盾形熔岩流，与冷空气相遇后缓缓地凝固，并更易受到部分熔毁的影响。当火山再次沉入海底时，会重新开始喷发碱性玄武岩，形成帽状的碱性玄武岩岩层。夏威夷最大的火山——莫纳克亚火山，已经历经百万年的旋回过程，作为碱性玄武岩的岩层已经持续存在了四万年的时间，并且将在此后的六万年中继续存在下去。

著名产地：
拉斑玄武岩：德干高原，印度；红海；巴拉纳盆地，南美州；帕利塞兹丘陵，新泽西州；里奥格兰德裂谷，墨西哥州；哥伦比亚高原，华盛顿－俄勒冈州；冒纳罗亚火山，基拉韦厄火山，夏威夷群岛
碱性玄武岩：洋底；内赫布里底群岛，苏格兰；安特里姆，北爱尔兰；冰岛；法罗群岛；莫纳克亚火山，冒纳罗亚火山，基拉韦厄火山，夏威夷。
白榴玄武岩：意大利；德国；非洲东部；蒙大拿州；怀俄明州；亚利桑那州。
霞石玄武岩：利比亚；土耳其；新墨西哥州

杏仁状玄武岩：这种玄武岩具有白色的杏仁孔，十分容易辨识。其他火成岩也有杏仁孔，但都不像杏仁状玄武岩上的杏仁孔那么大。在显微镜下观测到黑色的细腻颗粒基本上确认了它的身份。

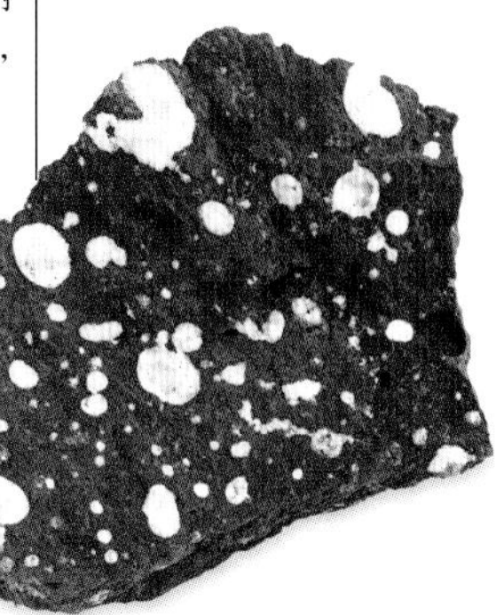

玻璃岩

当熔岩（或岩浆）快速冷却时，在混合物中形成结晶的时间不够，因此形成了玻璃岩。玻璃岩颜色发暗、表面污杂，其看起来不仅像玻璃，而且用锤子轻敲时会像玻璃一样裂开，碎成扎手的碎片。玻璃岩主要有黑曜石、珍珠岩和松脂岩，这三种石头互相关联，并且可以互相转换，这种转换主要取决于岩石中的含水量。

黑曜石 (Obsidian)

和流纹岩一样，黑曜石形成于同样的岩浆中，并且像花岗岩一样在地下深处凝固成型。当流纹岩岩浆涌到地表时，由于岩浆中的水分流失导致压力会减弱，脱水的流纹岩岩浆变得十分厚重、粘稠。事实上，在熔岩冷却凝固成型前，晶体是无法在浓稠的岩浆中成型的。于是浓稠的岩浆凝固后会形成玻璃质地的岩石，但岩石本身更加坚固，并且颜色通常乌黑。黑曜石熔岩十分浓稠，并且流动速度像蜗牛一样缓慢，露头通常也十分小。典型的黑曜石形成于火山旋回的末期，在流纹岩熔岩上会形成一层薄薄的岩层，并形成小型的堵塞物，或在流纹岩的岩床和岩脉里形成里衬结构。在偶然的情况下，也会有大面积的黑曜石熔岩流，例如俄勒冈州的玻璃山丘和新墨西哥州的巴耶斯破火山口，这两处的黑曜石岩层都只有几百米厚。大约1300年前，在俄勒冈州的纽贝里火山曾经出现过这样的黑曜石熔岩流。

黑曜石会像玻璃一样破碎并形成锋利的、贝壳状（弯曲）的碎片。暴露在地表之后，黑曜石会迅速变钝，但刚刚裂开的黑曜石会发出像玻璃一样的闪光。由于含有氧化钛矿物，钛黑曜石呈典型的黑色，但表面的条纹和漩涡会让断口看起来像是流光溢彩的大理石。棕色和黑色条纹的红褐色黑曜石和雪花黑曜石都是表面有条纹的黑曜石，这是由于熔岩在冷却过程中历经了多次翻滚，因此在黑曜石表面出现了条带状的纹路。氧化铁可以使黑曜石变成红色或棕色，而气泡和微型结晶可以赋予黑曜石“金丝光彩”，在日光下，黑曜石可以出现彩虹般的光泽。由于黑曜石具有玻璃碴一般的贝壳断口，所以黑曜石可以被加工成刀具和斧刃，甚至比燧石还要好用。同时，黑曜石也可以被高度抛光。在早期文明中，人们非常重视黑曜石。古埃及人、阿兹特克人和玛雅人都将黑曜石加工成刀具和箭头，美洲原住民也是这样利用黑曜石的。由于黑曜石裂开后可以吸收水分，因此通过测定古代黑曜石文物中所含的水分就可以推定其制造日期。很少有历史超过两千万年的黑曜石，这是因为黑曜石一边形成、一边发生改变。在被称为“去玻作用”的过程中，玻璃吸收水分并开始形成结晶，最后使表面浑浊。

鉴定： 黑色黑曜石，看上去像一块实心玻璃，但其实很难与其他岩石搞混，特别是当它具有贝壳断口这一明显特征时。黑色黑曜石含有石英斑晶和只有在显微镜下才能观察到的长石晶体。

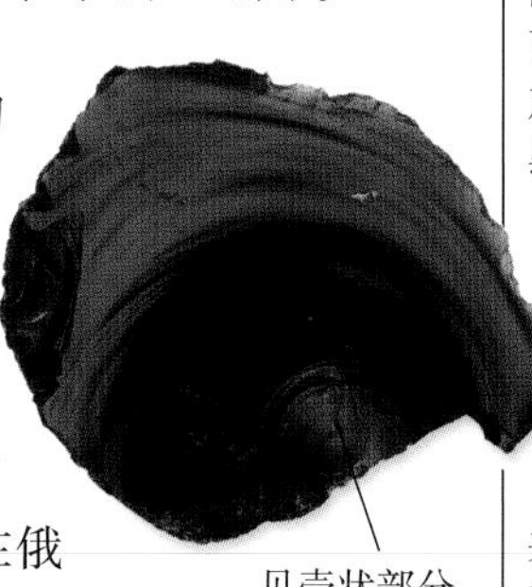

粒度： 无，黑曜石是透明玻璃状的

质地： 偶尔有小型斑晶或微晶（小型晶体）

结构： 贝壳状的裂口；偶尔会有球晶（微小的辐射状群针型晶体）；条带状结构并带有交替的玻璃质和微晶层。由于熔岩层被打乱而扭曲的条带状结构就会产生被称为“午夜蕾丝”的黑曜石。

颜色： 一般为乌黑色，但氧化铁的存在把它变成了红色和褐色，存储于其中的小气泡也使其拥有金色的光泽。深色条带状结构中夹杂着灰色、绿色和黄色。微型长石晶体能产生“彩虹黑曜石”。

成分： 以流纹岩为例：硅石（平均74%），矾土（13.5%）、氧化钙和氧化钠（小于5%），氧化铁和氧化镁（少于3.5%）。黑曜石中总是含有一定量的水分，通常以微小气泡的形式存封在玻璃质中。这些气泡只有在显微镜下才可见。

矿物： 石英、钾长石（透长石）和斜长石（奥长石）；黑云母

斑晶： 石英；方英石

微晶： 长石

形成： 熔岩流、岩脉和岩床

常见地区： 苏格兰；埃奥利群岛，意大利；赫克拉火山，冰岛；墨西哥；黑曜石崖（黄石公园），怀俄明州；亚利桑那州；科罗拉多州；巴列斯卡尔德拉火山，新墨西哥州；巨型黑曜石（纽贝里火山），玻璃孤山，俄勒冈州

雪花黑曜石： 雪花黑曜石是方英石矿物表面出现了白色雪花状的斑点。有时，“雪花”可以在去玻过程中形成，这是因为水分改变了黑曜石中含有的二氧化硅。

珍珠岩 (Perlite)

和黑曜石一样，珍珠岩也是由流纹岩熔岩天然形成的玻璃岩，与黑色的黑曜石不同的是，珍珠岩大多为残雪般的灰白色。另外，就像自己的名字一样，珍珠岩含有的同心裂纹使得岩石破裂后形成小珍珠一样的圆形碎屑。和含水量较低的黑曜石不同，珍珠岩含水比重占到2%~5%，这是因为熔岩迅速冷却时水分无法从熔岩中“逃脱”。珍珠岩成型后也会吸收周围的水分，每一个小珍珠看上去都像是注满了水的水球，这也正是珍珠岩令人惊叹的原因所在。当温度上升至 871°C/1600°F时，水分会被蒸发，蒸气将每一个小珍珠都变成了气泡，使得珍珠岩像爆米花一样膨胀至原来体积的20倍。这一过程创造了一个无与伦比的、闪亮且充气的矿物，可用于制作各种绝缘材料，能够隔热和吸音。很多屋瓦都使用珍珠岩作为水管保温材料，珍珠岩也可以代替砂土来制作轻质混凝土。园艺爱好者通常在种植植物的时候在土壤中混上珍珠岩，这是因为珍珠岩有着良好的透气性和保湿性。

鉴定：珍珠岩看起来像脏了的冰，而块状外观使它看起来像放久了的雪球。珍珠岩拥有玻璃质地，且为无晶体结构，通常表面零星点缀着斑晶，斑晶数量要多于黑曜石的斑晶数量。

粒度：无，珍珠岩是玻璃般透明的
质地：偶见小斑晶，当有大量的斑晶时，岩石变成玻基斑岩
结构：同心裂纹，岩石断裂成珍珠状的小球体
颜色：灰色或淡绿色，但可能是棕色，蓝色或红色
构成：流纹岩为例：硅石（平均74%），矾土（13.5%），氧化钙和氧化钠（<5%），氧化铁和氧化镁（<3.5%）
矿物：石英，钾长石（透长石）和斜长石（奥长石）；黑云母
斑晶：石英，透长石，奥长石或者极少情况下会有黑云母和角闪石
形成：熔岩流，岩脉
常见地区：希腊，土耳其，新墨西哥州，内华达山脉，加利福尼亚州；犹他州；俄勒冈州

阿帕奇之泪

在冷却过程中或冷却之后，吸收了水分的黑曜石会转变成珍珠岩。在冷却过程中，水分沿着缝隙被逐渐吸收，会有越来越多地黑曜石变成珍珠岩。水分浸透到一定程度时，黑曜石中的水分会以同心圆形式展开。最终在黑曜石的小核心中会嵌入一大块珍珠岩。随着冷却过程的推移，珍珠岩会被风化作用侵蚀而破裂，只在黑曜石中留下一些孤立的小结节，之后被风化作用打磨圆滑、成为天然的大理石，被称为“阿帕奇之泪”。这个名字来源于亚利桑那州苏必利尔湖附近的阿帕奇跳崖岭。相传在19世纪，阿帕奇武士被追截的美军骑兵围困在悬崖的山顶，为了不向敌人屈服，这批武士选择了跳崖自尽。武士妻儿们的眼泪落在了亡者坠崖的土地上，大神怜悯这群武士及其家人，将落在地上的眼泪变成了颗颗黑曜石，以此永世纪念阿帕奇武士们的英勇。

松脂岩 (Pitchstone)

松脂岩是一种玻璃质地的火山岩，其典型的代表地貌为苏格兰的赫布里底群岛。在石器时代，松脂岩被用来制造刀片。有些松脂岩中的二氧化硅含量极高，并且形成自与流纹岩相同的花岗岩熔岩。其他松脂岩的二氧化硅含量稍低，呈现出的碱性较明显，近似于粗面岩甚至安山岩。与黑曜石不同，松脂岩富含水分（比重占到10%以上），并且光泽暗淡，特别是形成时间稍长的松脂岩几乎完全脱玻（失去了玻璃质），看上去与流纹岩十分相似。大部分松脂岩含有波浪般的斑晶，这些斑晶反映了岩浆的流动方向。松脂岩通常与透明的火山岩混在一起，并且会吸收周围岩石中的水分形成松脂岩。

粒度：玻璃，或隐晶质
质地：富含斑晶，斑晶占主导地位时，岩石变成玻基斑岩或松脂斑岩
结构：波状流线型。碎裂开会变成不易界定的贝壳状裂口
颜色：有条纹，斑点，或均匀的黑色，棕色，红色，绿色
构成：石英（多品种），钾长石和斜长石，黑云母
斑晶：石英，钾长石，斜长石，极少情况下会有辉石或角闪石
形成：岩脉和岩床
常见地区：阿伦岛，埃格岛，斯凯岛（赫布里底群岛），苏格兰；开姆尼茨，迈森，德国；利帕里岛，意大利；乌拉尔山脉，俄罗斯；日本；新西兰；俄勒冈州；科罗拉多州；犹他州；加利福尼亚州

鉴定：松脂岩是一种玻璃质地的黑色岩石，类似于固体沥青，但比黑曜石暗淡，通常带有波浪般的斑晶。

火山浮渣与火山灰

并非所有的火山岩都是由熔岩形成的，浮石就是例外——玻璃质地的熔岩被气泡充满，变成了浮渣而形成浮石。凝灰岩是由火山灰和火山碎屑形成的，所谓火山碎屑就是火山喷发时凝固的熔岩块和岩石碎屑。有些火山碎屑落到地表，与地表岩石融合成一体；有些碎屑被冲进炽热的熔岩中，立刻与矿物熔合在一起，形成了固体的熔结凝灰岩。

浮石 (Pumice)

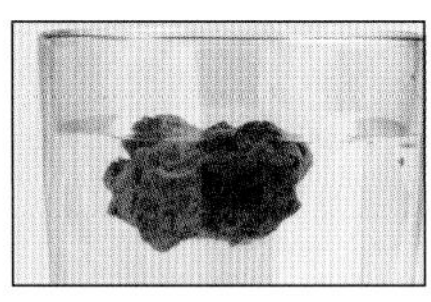

漂浮的岩石： 浮石在被水浸没沉入海底之前，一般都会漂浮上几个月的时间。

浮石是唯一能够漂在水中的岩石。浮石的表面布满气孔，由流纹岩或英安岩的岩浆凝固而成，密度小于水。当熔岩喷发时，释放的压力导致气体在熔岩中沸腾，就像拧开的碳酸饮料，气体形成的气泡使熔岩翻腾并形成浮渣。

当浮石受到压力影响时会形成黑曜石。玄武岩和安山岩熔岩会形成浮渣岩，被称为火山渣，因为这些是流动的熔融态熔岩，气体可以从熔岩中脱出。因此，火山渣表面的气孔要比浮石少，也不会漂浮起来。玄武岩浮石在夏威夷形成，玄武岩浮石要比流纹岩浮石更轻，并且通体是黑色的。当火山喷发持续了一段时间后，浮石碎屑四散到各地，并覆盖在洋底。有些浮石源自海底火山的爆发，但是海底火山爆发后会产生更多的碎屑，在被水浸没沉入海底之前，这些浮石会一直处于漂浮状态。粗糙的浮石通常作为“石洗”牛仔布的工具。商业上用到的浮石多指大块的石头，而颗粒则被称为磨料。火山灰是混合了石灰的磨料，用来生产水泥。

鉴定： 刚刚成型的浮石十分容易辨认，其通体发白，表面都是气孔，质量轻到可以漂浮在水中，直至被水浸没。然而，从地质学范畴的时间来看，浮石的白色外观只能保持很短的时间。不久之后，浮石表面所有的气孔都会被矿物二次填满，这时浮石再也不能漂浮起来，玻璃质地的石头也就变成了脱玻的石头。

浮石的表面都是气孔

粒度： 无，玻璃状

质地： 似泡沫

结构： 固体玻璃质形成圆形孔洞或细长空洞包裹着螺纹和纤维，要取决于熔岩流。当渗透水令次生矿物沉积时，晶洞有可能被填满。

颜色： 通常为白色或浅灰色；火山渣是黑色或褐色

构成： 流纹岩为例：硅石（平均74%）；矾土（13.5%），氧化钙和氧化钠（<5%）；氧化铁和氧化镁（2%）

矿物： 石英，钾长石（透长石）和斜长石（奥长石）；黑云母

形成： 熔岩流和火成碎屑

常见地区： 波索拉，意大利；希腊；西班牙；土耳其；智利；亚利桑那州；加利福尼亚州；新墨西哥州；俄勒冈州

带状凝灰岩 (Banded tuff)

鉴定： 带状凝灰岩带有深色玻璃质地的条纹和熔结的火山灰。

凝灰岩是由压实的火山灰形成的。与熔结凝灰岩不同，每次火山爆发后凝灰岩都会出现明显的条带结构，与大块的颗粒一样，但每一块凝灰岩都有不同的带状条纹。凝灰岩的条纹有时是炽热的火山灰“焊压”在一起所形成的，有时则是在凝固的最后一刻由混合矿物构成的岩浆所形成的。这两种形成方式都不会出现完美的结合，因此结果就是当晶体最终成型后，它们在岩层中的堆积方式反映了岩浆中不同物质的混合。这种条带状的凝灰岩于1912年在距离阿拉斯加的卡特迈火山约十千米处的诺瓦拉普塔火山爆发后被发现。

粒度： 熔入玻璃般透明的大块或非晶质的大块中

质地： 当含有光斑时（浮石的玻璃质饼状结晶）会有条纹斑状

结构： 熔接和混合造成另类的条带状

颜色： 灰色至黑色，可由被风化变成粉红色

构成： 种类多变，通常来自流纹岩或粗面岩玻璃

形成： 火山灰和火成碎屑流

常见地区： 恰伍德森林（莱斯特郡），英格兰；马托格罗索州，巴西；圣克鲁兹，加利福尼亚州；克里普尔河；科罗拉多州；卡特迈山，阿拉斯加州

维苏威火山和庞贝古城

维苏威火山是世界上最著名的火山之一。截止目前,这座火山已经历经了八次主要的大爆发,最近的两次发生于1906年和1944年。维苏威火山是位于俯冲带地区的典型复合火山,喷发熔岩的主要成分是粗面岩和安山岩。维苏威火山的喷发属于普林尼式,喷发时会伴有冲天的火山灰、浮石和火山弹,覆盖周围地区或通过毁灭性巨大的火成碎屑流将周边地区悉数破坏。维苏威火山于公元前79年经历了毁灭性的喷发,而古罗马诗人普林尼则亲眼目睹了火成碎屑流将位于山腰处的赫库兰尼姆古城(上图)烧成灰烬。喷发出的火山灰将庞贝古城覆盖得严严实实,闷死了一切生物,却完整地保存了整座古城。这次喷发导致了灾难性的后果,但它只是索玛山脉中一座小型锥形火山。作为巨型火山的后者曾于3万5千年前因外力作用而喷发,其后果与庞贝古城相较,庞贝古城的惨剧显得只像拿粉扑轻轻扑了扑似的。超过30000平方千米的范围、环绕那不勒斯湾的都是坎帕阶熔结凝灰岩。这次喷发引发了破坏力惊人的火成碎屑流。

熔结凝灰岩 (Ignimbrite)

没有一种岩石会像熔结凝灰岩这样以一种迅速且戏剧性的方式形成。当火成碎屑流和熔岩最终平息下来时,就形成了熔结凝灰岩。熔结凝灰岩的拉丁语名字是“火山云”,这个名字十分贴切。火成碎屑流是泛着火山灰、浮渣和热气的云状物,它以喷气机的速度直冲天际,温度更是超过了450° C/842° F。当火山喷发趋于平静,岩浆中的碎屑开始融合时,碎屑流依旧热度不退。基于碎屑流,高温可以将浮石碎屑压至扁平从而产生煎饼形状的物质,这被称为火焰石。

粒度: 大小不一,大部分小于2毫米
质地: 像水果蛋糕。当含有光斑(浮石的玻璃质煎饼状结晶)时会有条纹斑状
结构: 浮石的大块卵石存在于细腻的玻璃质碎石中,有时会呈现出条带状和成层结构;熔接也会形成其他条带。
颜色: 灰色至蓝灰色,风化侵蚀后变成粉红色
构成: 种类多变,通常来自流纹岩或粗面岩玻璃
斑晶: 长石
形成: 火成碎屑流
常见地区: 分布广泛,维苏威火山,意大利,猎人谷(新南威尔士州),澳大利亚,科罗曼德半岛,新西兰,里亚洛亚火山,智利,圣海伦斯火山,华盛顿

鉴定: 熔结凝灰岩具有鲜明的深色水果蛋糕一样的外观,以及单独的斑晶和浮石火焰,但很容易和熔融岩弄混。

石屑凝灰岩 (Lithic tuff)

火山喷发时产生的火山灰像落雪般落在地面上并慢慢累积起来。最初,落下的火山灰只是松散的灰尘,随着时间推移,聚集的火山灰会整合成一种柔软且有孔的固体岩石,称为凝灰岩。有时在岩化作用(变成岩石)的帮助下,火山灰中的玻璃会被侵蚀,变成黏土和沸石胶结物。凝灰岩在质地和构成上变化多端,而成型时间长的凝灰岩在再结晶过程中会失掉许多原本的质地。依据火山灰中主导成分的不同可分成三种类型:岩屑凝灰岩,主要由碎石构成;玻璃凝灰岩,主要由火山玻璃的碎屑构成;晶屑凝灰岩,主要由小晶体构成,例如长石、普通辉石和角闪石。凝灰岩中的大部分火山灰颗粒直径都小于2毫米,但有时凝灰岩中也会含有鹅卵石大小的碎屑,这种是火山砾。火山灰被风吹散到各处,而火山砾则会呆在距离火山很近的地方。火山附近的火山砾在热度足够的情况下会熔结在一起并形成熔结凝灰岩。

鉴定: 凝灰岩要比其他火山岩柔软得多,用小刀就能轻易划伤。尽管在刚成型时凝灰岩中可能含有可见晶体,但这些晶体的分布十分不均衡,且不成形状。

粒度: 大小不一,大部分小于2毫米
质地: 像一个稠密的松糕
结构: 凝灰岩通常为成层结构,像沉积岩似的每一次最先落下的火山灰就成了新一层的承重层,质量最重的在最底下
颜色: 灰色、黑色,颜色多样,形成时间较长的玄武凝灰岩可能会随着原本矿物变成绿泥石而变成绿色
构成: 多样
矿物: 多样
形成: 火山灰和火成碎屑
常见地区: 分布广泛,包括希腊的圣托里尼岛

火山碎屑

当火山喷发时,90%左右的喷发物不是熔岩,而是火成碎屑物质。“火成碎屑”一词的意思是“由火烧裂的”。火成碎屑是老岩浆的碎块,新岩浆和基岩破裂后形成火山灰、火山砾(火山石)和火山弹(巨砾),这些统称为火山碎屑。因此,火山碎屑就是由火山喷发时巨大的冲击力形成的物质,会被喷射到火山周围很远或很广的地方。

火山砾 (Lapilli)

火山喷发时通常会喷射出碎块,这就是火山砾。火山砾源自意大利语的“小石块”,地质学家们将其定义为火成碎屑。火成碎屑通常为4~64毫米,换句话说,其大小介于豌豆和胡桃之间。比火山砾大一些的则被称为火山弹,比火山石小的则是火山灰。有些火山砾是新形成的球状熔融态岩浆,有些是喷发后的岩浆碎屑,而有些则是喷发时被基岩切断的碎石。有时,球状岩浆冷却凝固后会形成泪珠形的固体,这是因为在火山喷发时它们被喷射到了空中。这种火山石被称为“培雷之泪”,它取自夏威夷火山女神的名字,通过培雷之泪中金棕色发丝一样的丝线体可以追踪到熔融态熔岩在半空中冷却的路线。通常情况下,花生大小的、像雷云中聚集的冰雹一样的火山砾被称为增生火山砾,就好像在火山灰堆积层中粘着一滴水。长英质熔岩中的浮渣,以流纹岩为例,其中的浮石状火山砾可以在水上漂数日。玄武岩熔岩中质量较重的火山渣变成了熔渣,但在偶然情况下才会形成网状火山渣。网状火山渣自身98%的成分都是气泡,它甚至比浮石的重量还轻,但十分易碎,因此网状火山渣会像气泡一样裂开并浸入水中。

粒度: 4~64毫米
质地: 通常为玻晶和多孔状,说明其中含有玻璃质气泡,硅石岩浆会产生浮石状的火山砾。玄武岩浆会产生火山渣、火山砾或极偶然情况下产生注满空气的纤维火山渣
颜色: 黑色,灰色或褐色
构成: 根据熔岩来源而多变
形成: 来自新鲜熔岩的火成碎屑
常见地区: 哥比亚,英格兰;斯特隆博利,埃特纳火山,维苏威火山,秃鹰火山,意大利;希腊圣托里尼岛,托巴火山,坦博拉,喀拉喀托火山,印度尼西亚;奥利萨巴山,波波卡特佩特火山,墨西哥,基拉韦厄火山,冒纳罗亚火山,夏威夷;黄石公园,怀俄明州;阿拉莫,德克萨斯州

鉴定: 火山砾体型小、质量轻,为熔渣状石头,通常在火山灰层可以发现或者四散在火山山脚处。火山砾可能会像右图所示这样拥有玻璃质地。

火山碎屑 (Tephra)

火山碎屑的名字由冰岛火山学家西格德·汤瑞森(Sigurdur Thorarinsson)于20世纪50年代提出。火山碎屑的名字来自古希腊语的“灰尘”一词,用来形容所有火山喷发时被喷入空中的物质,包括火山灰、火山砾和火山弹等。火山碎屑专门且仅能用来形容从空中坠落的碎屑,不能用来指代火山喷发时产生的碎屑。和凝灰岩不同,火山碎屑质地疏松,只有当粘合在一起的时候才能形成坚固的凝灰岩。火山碎屑的化合物多变,从火山渣(熔渣)沉积物到浮石沉积物不等。斯特隆布利型火山喷发会产生火山渣,喷发时夹杂的玄武岩碎屑和安山岩碎屑会掉落在距离火山口十分近的地方,斯特隆布利型火山喷发时产生的浮渣是典型的暗色物质。浮石则是由普林尼型火山喷发所产生的,该类型的火山喷发还会产生英安岩和流纹岩碎屑,并且碎屑会四射到火山周边广大的区域内。普林尼型火山喷发的浮渣是典型的浅色物质。

粒度: 大小不一
质地: 通常为玻晶和多孔状,说明含有气泡
结构: 火山灰,火山砾和火山弹的杂合体,有层理结构,质量重的在底层,质量轻的在顶层
颜色: 黑色,棕色或灰色
构成: 根据母系熔岩而异
形成: 落下的火成碎屑
常见地区: 分布广泛,包括:叙尔特塞岛,海克拉火山,冰岛;斯特隆博利岛,埃特纳火山,维苏威火山,意大利;希腊圣托里尼岛;坦博拉火山,喀拉喀托火山,印度尼西亚;奥利萨巴山,波波卡特佩特火山,墨西哥;黄石公园,怀俄明州

鉴定: 火山灰是描述因火山喷发而喷射出来的碎屑的统称。火山灰可以是右图所示的样子,也可以是火山灰、浮石、玻璃砂、网状火山渣,甚至可以是大块的石砾和石块。

火山块和火山弹 (Blocks and bombs)

火山块和火山弹是大块的火成碎屑物。其中，火山块是大块的破裂的岩浆，火山弹是熔融态岩浆所形成的气泡。巨大的喷发可以将比卡车还重的火山块喷向距离火山口1千米的地方，小一些的火山弹则可以喷至20千米甚至更远的地方，而喷射速度可以达到75~200米/秒，比子弹还快。通常，火山块和火山弹会出现在距离火山不远的陆地上。火山弹和火山块不像外表看来那样重，因为岩石表面通常都是气孔。火山弹是熔融态，其多变的外观取决于它的熔融态程度和在空中下落的方式。有些火山弹最后形成了长直的带状，有些则是因为在空中的运动方式而形成了具有流线型外观的纺锤形。粘稠的熔岩火山弹在地表凝固形成剥层火山弹，这是因为熔岩中的气泡扩张而导致熔岩表面裂开，像脆壳面包一样。火山饼落地的时候由于还处于熔融态，因此在地表摊成了煎饼状。在落地时，火山弹可以形成各种各样的岩石，包括凝灰岩锥，凝灰岩锥的成分为25%~75%的火山弹、角砾岩碎屑（火山弹和火山块占75%以上）、集块岩（75%以上的火山弹）和粘合集块岩（由喷溅出的、处于熔融状态的玄武岩岩浆落在地表形成）。

粒度： 大于64毫米
质地： 通常为玻晶和多孔状，说明含有气泡
结构： 根据冷凝时是在空气中还是在地面上而产生不同的结构，火山弹会因气泡导致表面破裂从而产生像脆壳面包似的外壳，也会有长发般的条状结构
颜色： 黑色或棕色
构成： 根据不同熔岩来源而异
形成： 从新鲜熔岩中喷出的火成碎屑形成了凝灰的砾岩，火成碎屑角砾岩，集块岩和粘合集块岩
常见地区： 斯特隆博利岛，埃特纳火山，意大利；克鲁柴大斯卡娅火山（堪察加半岛），俄罗斯；莫纳罗亚火山，夏威夷；瓦努阿图；拉森火山，加利福尼亚州；黄石，怀俄明州；月球火山口，爱达荷州；红弹火山口，俄勒冈州

剥层火山弹： 剥层火山弹由粘稠熔岩中的气泡导致熔岩表面破裂而形成，看上去就像脆壳面包。由于熔岩内部气泡翻腾，偶然情况下在空中裂开，从而被命名为火山弹。

危险的火山灰

炽热的熔岩令人颤栗，但同样危险的还有火山灰。火山灰能迅速地令人窒息而死并掩埋掉一片广袤的区域。被火山灰覆盖的屋顶可能会坍塌，压死屋内的人。对于飞机来说火山灰也相当危险，1982年爪哇岛加隆贡火山喷发时，两架飞机差点因为火山灰堵塞住引擎而酿成空难。火山灰还会引发饥荒，因为所到之处寸草不生。1815年，印尼的坦博拉火山喷发，火山灰弥漫了1300千米之远，令八万人死于饥荒。火山灰能扩散的距离取决于喷发时火山柱的高度。大气的温度以及风向和风力。1883年喀拉喀托火山爆发（如图所示），火山灰的扩散范围达到了800000平方千米，烧着了80千米以外的人的衣物。而七万五千年前印尼的托巴火山爆发时，厚度达10厘米的火山灰惊人地飘散到了3000千米外的印度！

块状熔岩 (Block lava)

玄武岩熔岩可以产生流动性非常好的绳状熔岩，或者十分脆弱、易碎的块状熔岩，但很多硅质熔岩（例如安山岩和英安岩）都会产生块状熔岩。块状熔岩通常与成层火山的交替层和碎屑相连。事实上，从成层火山中流出的熔岩的速度十分缓慢，但熔岩表面或熔岩前端会迅速凝固成大块的碎石。熔岩通常顺着被称为“熔岩流”的狭小通道径直流到火山脚，在两侧形成路堤一样的熔岩块。流纹岩熔岩不仅体型大，而且通常会在表面形成被称为尖顶拱的堤坝状岩脊。

绳状熔岩： 极度炽热、流速极快的熔融态玄武岩熔岩凝固成了绳状的线盘状石块，从而被称为绳状熔岩。

质地： 个头大且棱角分明的石块
结构： 最大、棱角最突出的大块岩石通常出现在熔岩边缘
颜色： 黑色，棕色或灰色
构成： 以安山岩为例，硅石（平均59%），氧化铁和氧化镁（7.5%）
形成： 安山岩，英安岩和流纹岩熔岩

块状熔岩： 表面粘稠，硅质的熔岩（比如安山岩和英安岩）破裂成大块的碎块就是块状熔岩。

镁铁质岩

镁铁质岩的外观呈暗色，是火成岩的一种，所含二氧化硅比玄武岩少，但富含镁铁元素，其成分大部分为墨绿色或黑色的橄榄石和辉石。镁铁质岩形成于地幔深处，能够在地表被发现的镁铁质岩很少，一般情况下，在地表的镁铁质岩都是比拳头大不了多少的岩石块或像房子那么大的大石块。由于岩块在岩浆中形成后分离出去或者受构造板块运动的影响而抬升了整个地表，从而形成了在地表处的镁铁质岩。

苦橄岩 (Picrite)

鉴定： 辨别苦橄岩最好的方法是看它的外观，苦橄岩为墨绿色或黑色，带有微微的闪光、霜糖一样的外观以及均匀的质地。但其表面不像橄榄岩那么斑驳，也不像辉绿岩那样含有板条状的斜长石。这两种矿物经常与苦橄岩共同出现。

粒度： 适中(盐粒大小)
质地： 颗粒
结构： 质地均匀
颜色： 深绿色至黑色
构成： 硅石(平均47%)，矾土(10%)，氧化钙和氧化钠(10%)，氧化铁和氧化镁(31%)
矿物： 橄榄石，斜辉石(普通辉石)，斜方辉石(顽火辉石)，黑云母，角闪石，斜长石
附属矿物： 磷灰石，黄长石，榍石，黑云母，尖晶石，角闪石
斑晶： 绿色橄榄石或棕红色普通辉石
形成： 位于洋中脊和火山中的喷出岩浆，岩脉和岩床处。以蛇绿岩和玄武岩熔岩高原的形式出现。
常见地区： 拉姆岛(赫布里底群岛)，因奇科姆岛，米德兰峡谷，苏格兰；德文郡，康沃尔，萨克岛(海峡群岛)，英格兰；威克洛郡，爱尔兰；拿骚；菲希特尔山，德国；特罗多斯，塞浦路斯；大加那利；阿曼；马达加斯加；干旱台地高原，南非；德干高原，印度，昆仑山，中国；塔斯马尼亚；夏威夷；黄石公园，怀俄明州；克拉马斯山，加利福尼亚州；俄勒冈州；哈得逊河；阿拉巴马州，蒙大拿州

苦橄岩是呈暗色、与橄榄岩重量相当的岩石。苦橄岩和橄榄岩都形成于地幔深处，都富含墨绿色的橄榄石和棕色的辉石。但橄榄岩通常会在大型侵入体中被发现，同时伴有辉长岩、苏长岩和辉岩；而苦橄岩则会在岩床和侵入体岩层中发现。尽管苦橄岩岩浆只有在地幔深处受到强压才会形成，但它其实是一种镁铁质岩，会随着升涌的熔岩一起到达地表。1959年，夏威夷基拉韦厄火山喷发就是苦橄岩运动的最好证明。基拉韦厄火山喷发时，熔岩流喷射出含有30%橄榄石成分的苦橄岩熔岩，像这种程度的喷发要求熔岩温度必须特别高才可以，这也是为什么夏威夷火山喷发时能形成苦橄岩的原因，即形成苦橄岩的温度与热点火山密切相关。

通常，在海底发现苦橄岩的地方也会有玄武岩，这也就是为什么会在蛇绿岩中发现苦橄岩。蛇绿岩是由于大规模构造板块运动抬升海底从而形成的大块岩石。

有时，在泛布玄武岩中也会发现大量的苦橄岩，比如印度的德干高原和南非的干旱台地高原，但大部分泛布态玄武岩中苦橄岩的含量都非常低。

苦橄岩富含镁铁元素。事实上，辨认苦橄岩的一种方法就是看岩石中氧化镁的重量是不是占到了总重的18%。科马提岩与苦橄岩类似，但其含有少量的氧化钠和氧化钾。苦橄岩的铁元素含量非常高，以至于岩石本身略带磁性。有些苦橄岩富含角闪石(见右图)，而有些苦橄岩却富含辉石，例如在英格兰德文郡和康沃尔郡发现的苦橄岩。这些苦橄岩有时被称为古苦橄岩，原因是其形成时间可以追溯至五亿年前的古生代。大部分苦橄岩都形成于四亿八百万年前至三亿六千万年前的泥盆纪。

角闪石苦橄岩： 苦橄岩中的矿物成分通常分解速度很快。橄榄石会被绿色、黄色或红色纤维的蛇纹石取代，辉石则会被绿泥石和角闪石取代。但只有角闪石是稳定的，因而会形成角闪石苦橄岩。大部分古代苦橄岩都以这个形式存在，例如在威尔士的格温内思郡和安格希尔岛上发现的苦橄岩以及在英吉利海峡群岛中的萨克岛上发现的苦橄岩。

辉岩 (Pyroxenite)

和苦橄岩及橄榄岩一样，辉岩也是一种镁铁质岩，由地幔深处的岩浆形成。辉岩与异剥橄榄岩和单斜辉石岩类似，区别在于辉岩含有高含量的斜辉石（通常为矿物辉石和单斜辉石岩）或者斜方辉石（顽辉石或者紫苏辉石、斜方辉岩），这些都由橄榄石转变而成。有时，辉岩会以成分的形式出现在其他岩浆中，看上去像黑曜石，它具有黑色的闪光和均匀一致的表面龟裂，以及贝壳状的裂口。在极罕见的情况下辉岩才会被单独发现。通常情况是辉岩会与其他深成火成岩（比如花岗岩和苏长岩）混在一起被发现，但在南非的布什维尔德杂岩体中，辉长岩、苏长岩和辉岩岩层互相交替，而顶部通常会聚集很多辉岩岩层，底部会聚集更多辉长岩岩层。有时看上去像辉岩的岩石可能是在与炽热的岩浆接触时而产生的含有石灰岩成分的岩石，这些岩石更贴切的名字应该是辉石角页岩。

鉴定：辉岩是深成岩，这也就意味着辉岩的绝大部分成分是粗糙的颗粒，通常含有长达几厘米的单独晶体。由于从外表上很难与纯橄榄岩、角闪石岩和黄长岩区别开来，因此只有通过实验室检测才能加以分辨。

粒度：中等至粗糙
质地：颗粒状
结构：可能是成层结构
颜色：绿色至黑色
构成：硅石（平均含量47%），矾土（10%），氧化钠和氧化钙（10%），氧化铁和氧化镁（31%）
矿物：斜辉石（普通辉石），斜方辉石（顽火辉石，古铜辉石，紫苏辉石），橄榄石，黑云母，铬铁矿石，角闪石
附属矿物：长石，铬铁矿石，尖晶石，石榴石，氧化铁，金红石，方柱石
斑晶：绿色橄榄石或棕红色辉石，斜方辉石
形成：小型侵入体，例如岩柱和岩脉以条带状形式存于分层的辉长岩中
常见地区：设得兰群岛，苏格兰；萨克森，德国；布什维尔德杂岩体，南非；新西兰；科特兰（哈得逊河），北卡罗莱纳州

黄长岩和霞石岩 (Melilitite and nephelinite)

这些镁铁质深成岩通常与热点火山和断裂紧密相连，而深埋的矿物会通过这些渠道到达地表。黄长岩和霞石岩通常以捕虏岩的形式从岩浆中“脱离”出来，与其他岩浆混合，当与橄榄岩混合时可能会形成镁铁质岩浆，尽管十分稀少，但几乎能在各地找到这种岩石。黄长岩和霞石岩都是高碱性岩石，和碳酸岩、煌斑岩以及金伯利岩类似。霞石岩基本上是由霞石和斜辉石构成的，再加上橄榄石、氧化铁及氧化钛。黄长岩的构成成分与霞石岩类似，但两种岩石之间存在着过渡物质，黄长岩的构成成分中含有黄长石而非霞石。

粒度：中等至粗糙
质地：颗粒状
结构：可能是成层结构
颜色：绿色，暗绿色至黑色
构成：硅石（平均含量不足42%），矾土（含量为15%），氧化钙和氧化钠（含量为17.5%），氧化铁和氧化镁（含量为18.5%）
矿物：似长石（霞石或黄长石）；斜辉石（普通辉石）；橄榄石；钙钛矿
斑晶：绿色橄榄石或红棕色普通辉石
形成：包括入侵体和喷出体，会在火山和火山脊处形成捕掳体，熔岩或火成碎屑
常见地区：翁布里亚，意大利；莱茵，德国；东格陵兰岛；伦盖火山，坦桑尼亚；西开普省，南非；塔斯马尼亚岛；亚马逊河；剑山（华盛顿县），马里兰州

鉴定：霞石岩具有几乎和玄武岩一样暗色的外观，但所含颗粒比较粗糙、肉眼可见。通常，在金伯利岩或碳酸岩中能找到霞石岩。

远洋沉积物
玄武岩枕状熔岩
岩脉和岩床的辉长岩分层
蛇纹岩
斜辉橄榄岩
二辉橄榄岩

蛇纹岩

无法触及是研究洋壳的一个重要问题，但是部分洋壳会由于板块构造运动而被抬升、继而被融合进山体中。这些洋壳碎片被称为蛇绿岩，虽然鲜有保存完整的，但为研究洋壳和其他物质提供了宝贵的机会。蛇绿岩从字面上就能看出，它确实是洋壳中的小碎片，通常带有一致的分层结构。蛇绿岩最上层是沉积物的覆盖层，厚度小于1千米，由黏土颗粒和死亡的浮游生物组成。下一层是玄武岩枕状熔岩层，位于辉长岩岩脉的层理结构中。再下一层是含有苏长岩和富含橄榄岩的辉长岩。继续向下则是富含铬铁矿的纯橄榄岩，异剥橄榄岩、橄榄岩和辉岩（3~4.75千米）。最底层则是未成层的蛇纹岩化的橄榄岩结块、纯橄榄岩、斜辉橄榄岩和橄榄石辉岩。著名的蛇绿岩代表是位于塞浦路斯的特鲁多斯山，其他的包括位于俄勒冈州约瑟芬县的蛇纹岩。

富含橄榄石的岩石和碳酸岩

有些形成于地幔深处的火成岩尤其富含绿色的橄榄石矿物，这种矿物虽然大部分位于地幔而非地壳，却是地球上最常见的矿物之一。这些岩石在其他岩浆中以捕掳体的形式存在，或者以海底构成物的形式少量存在，或者从热点火山或断裂处的岩浆中分离出来之后，在地表附近形成少量的岩石。

橄榄岩 (Peridotite)

橄榄岩是构成上地幔的主要成分之一。上地幔处的橄榄岩熔化后会形成玄武岩和辉长岩岩浆，因此归根到底地幔处的橄榄岩是地表处形成的大部分岩石的源头。实验室测试结果表明，如果将橄榄岩加热到熔点，其熔化后会产生玄武岩，部分熔化可能会产生辉岩和科马提岩。

随着辉岩的分层会在蛇绿岩混合物中发现少量存在的橄榄岩，而其他的橄榄岩可能在橄榄石结晶形成后的辉长岩侵入体底端聚集，极少量的橄榄岩会从火山管道深处被挤压上来。少量橄榄岩碎屑到达地表后以固态石块的形式存在，以捕掳体的形式从熔融态岩浆中被分离出来，例如玄武岩中的尖晶石橄榄岩、碧玄岩、霞石岩，以及偶然情况下才会在金伯利岩和钾镁煌斑岩中出现的安山岩和石榴石橄榄岩。

鉴定：橄榄岩是一种墨绿色或黑色的岩石，颗粒粗糙程度为中度，看起来像是墨绿色的发动机油表面沾满了糖霜。通常，橄榄岩中富含小块的浅绿色橄榄石，或在极其偶然的情况下才会有红色的石榴石。

所有火成岩中橄榄岩的硅质含量最少，二氧化硅含量还不到总重的46%，并且几乎不含长石。因此，橄榄岩的外观呈深色，在暗色的辉石和角闪石中含有少量的浅绿色橄榄石结晶。橄榄岩有很多变种，除了橄榄石之外，二辉橄榄岩的构成物包含斜辉石（辉石）和斜方辉石（顽火辉石），异剥橄榄岩中只含有斜辉石，而斜辉橄榄岩中只含有斜方辉石。

一种特殊的橄榄岩被称为金伯利岩，这种岩石与钾镁煌斑岩有关，是世界上唯一的钻石来源。其他橄榄岩是镍和铬矿物的主要来源，同时也是铂、滑石、温石棉的主要来源。在温暖潮湿的地区，橄榄岩风化成富含铁、镍、钴和铬元素的土壤，最终会形成大规模的岩矿。

粒度：中等至粗糙（矿糖大小）

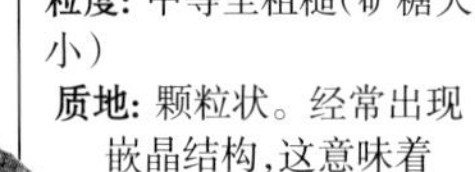

质地：颗粒状。经常出现嵌晶结构，这意味着（浅绿色橄榄石的小块的圆形结晶镶嵌在不规则的大型辉石和角闪石）晶体中，很少见斑状。

结构：可能是成层结构

颜色：暗绿色至黑色

构成：硅石（44%~45.5%），矾土（2%~4%），氧化钠和氧化钙（4%~6%），氧化铁和氧化镁（41%~49%）

矿物：异剥橄榄岩：橄榄石，斜辉石（普通辉石）；二辉橄榄岩：橄榄石，斜辉石（普通辉石），斜方辉石（顽火辉石）
斜辉橄榄岩：橄榄石，斜方辉石（顽火辉石）
微量及附属矿物：黑云母，角闪石，铬铁矿，石榴石，铬尖晶石，金刚砂岩，铂，铁镍矿

形成：在蛇绿岩杂岩体中和其他超铁镁质岩石交岩成层，存在于辉长侵入体中；火山管，岩脉和其他小型侵入体中；玄武岩的捕虏体中

常见地区：利沙（康沃尔郡），英国；安格尔西岛，威尔士；斯凯岛，埃尔郡，苏格兰；哈尔茨堡，欧登瓦尔德，西里西亚，德国；赫兹（比利牛斯），法国；匈牙利；挪威；芬兰；新西兰；纽约州；马里兰州

石榴石

石榴石橄榄岩：大多数橄榄岩带有石榴石或尖晶石的痕迹，有时（特别是在二辉橄榄岩中）可以形成小晶体，就好像小圆面包中夹的樱桃，还有些晶体足够大，可以切割下来作为宝石。石榴石橄榄岩和尖晶石橄榄岩，或者更确切地说是二辉橄榄岩，以捕掳体的形式存在于玄武岩和金伯利岩中，被认为是构成上地幔的主要成分。

金伯利岩和钾镁煌斑岩

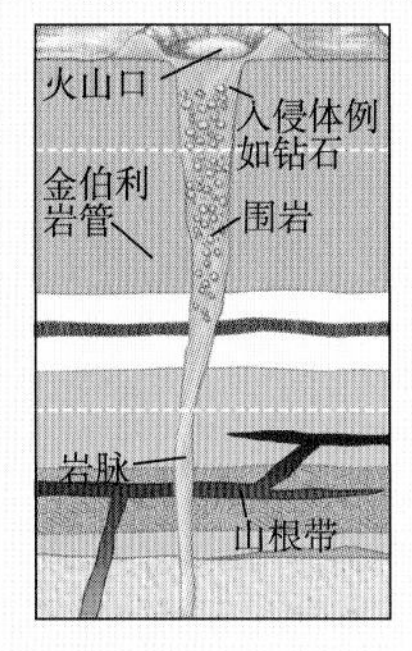

直到1870年，人们才在砂矿矿床中发现钻石，但之后在南非一处名叫金伯利的地方则发现了大量钻石。含有钻石的火山岩构造被称为金伯利岩。尽管十分稀有，但在各大陆都找到了孕育着钻石的金伯利岩。而在与金伯利岩十分相似、称为钾镁煌斑岩的岩石中也了发现钻石。金伯利岩是一种狭窄的胡萝卜形状的火山口或火山筒，深度达150千米以上，满载着的火山熔岩会以不可思议的高速喷发。其中的基性岩浆为富含橄榄石的橄榄岩，除此之外，岩浆中还满载着其他成分，从极深的地方涌向地表，包括刚刚成型的钻石在内还称不上年代久远，通常岩浆中的矿物都来自地幔核心边界，即2750千米深的地下。来自金伯利岩中的矿物为地质学家们提供了一窥地球内部的绝佳机会。

纯橄榄岩 (Dunite)

纯橄榄岩是橄榄岩的一种，几乎由纯粹的橄榄石构成，当它刚刚露出地表时呈现出橄榄一般的橄榄绿色。但纯橄榄岩得名自新西兰的褐色山，该山体的颜色为暗褐色，因为纯橄榄岩经历风化作用之后会变成暗褐色，从而得名。尽管有些纯橄榄岩形成于地幔、出现在蛇绿岩杂岩体中，但大部分纯橄榄岩是由橄榄石构成的。橄榄石凝固形成结晶，并下沉到诸如辉长岩这样的基性岩浆的底部。纯橄榄岩富含稀有矿物，是世界上最主要的铬矿源之一。

鉴定：纯橄榄岩几乎是由纯粹的橄榄石构成的，当刚刚露出地表时，它独特的绿色外观和糖霜质地很容易帮助我们确认它的身份。通常情况下，暴露在空气中的绿色纯橄榄岩会受到风化作用的影响而变成深褐色。

粒度：中等至粗糙(砂糖大小)
质地：颗粒
结构：可能是成层结构
颜色：暗绿色，风化后变成棕色
构成：硅石(41％)，矾土(2％)，氧化钠和氧化钙(1％)，氧化铁和氧化镁(54.5％)
矿物：橄榄石，斜辉石(普通辉石)，斜方辉石(顽火辉石)
微量矿物：铬铁矿，磁石，钛铁矿，磁黄铁矿，辉石
形成：于辉长岩体的底部或熔岩中
常见地区：利莎(康沃尔郡)，英国；安格尔西岛，威尔士；斯凯岛，艾尔郡，苏格兰；哈尔茨堡，欧登瓦尔德，西里西亚，德国；赫兹(比利牛斯)，法国；匈牙利；挪威；芬兰；新西兰；纽约，马里兰

碳酸岩 (Carbonatite)

几乎所有的火山活动都基于硅酸盐岩浆，因此在火成岩中发现含量超过50%的碳酸盐很令人惊讶。当二十世纪初首次发现时，这些碳酸盐岩石被称为碳酸岩，因为地质学家们简单地认为这些岩石是受热后的硅酸盐岩浆所形成的石灰岩，特别是当在被称为杂岩体的火山构造中发现硅酸盐岩石和大量碳酸岩交替出现时，自然而然地就命名成了碳酸岩。事实上，碳酸岩要追溯到地幔处的岩浆，这一点和其他岩浆一样。但碳酸岩岩浆是所有岩浆中温度最低的，熔点仅为540℃(玄武岩的熔点为1100℃以上)，而且碳酸岩熔岩的外观看起来像是熔融态的泥浆。因此，碳酸岩的发现迫使地质学家们重新思考他们所认知的地幔构成过程以及岩浆的产生。目前有超过350种碳酸岩侵入体，并且超过半数都集中在非洲。大部分碳酸岩体积微小，集中在火山脚区域，和其他岩浆构造一起形成了杂岩体。令人惊讶的是，在东非大裂谷和莱茵河的凯泽施图尔地区，有些碳酸岩是暴露在地表的。在20世纪60年代，人们发现的位于坦桑尼亚的盖伦火山其实是一座碳酸岩火山。

鉴定：碳酸岩通常看上去像是大理石。碳酸岩是唯一呈白色或浅灰色的火成岩，通常区别碳酸岩和大理石的方法是看岩石发现的地方以及通过一系列实验室测试加以区分。

粒度：中等
质地：颗粒状
颜色：白色至灰色(黑云碳酸岩)，淡黄色/黄色(白云碳酸岩)，黄棕色(铁质碳酸岩)
构成：超过50%的碳酸盐(硅酸盐的含量少于3%)
矿物：方解石(黑云碳酸岩)；白云石(白云碳酸岩)或铁白云石(铁质碳酸盐)。另外还有磷灰石，金云母，霓辉石，磁石
附属矿物：很多
微量元素：包括钡，锆，铌，钼，钇
形成：杂岩体侵入体中的霓霞岩、正长岩、长霓岩；带有霞石岩的岩浆和火山灰喷出体
常见地区：
侵入体：沼泽，挪威；科拉，俄罗斯；卢里克普，南非；纳米比亚；安巴尔东格阿尔，印度；白云鄂博，内蒙古；雅库皮兰加，巴西；奥卡，魁省；加州火山；凯泽斯杜(莱茵)，德国；盖伦火山，东非大裂谷

正长岩

和花岗岩及其同类矿物不同，正长岩几乎不含或只含有少量的石英，并且正长岩也不像橄榄岩和辉长岩那样含有大量的镁铁质矿物。总之，正长岩及其同类矿物构成了被称为碱性火成岩的分组，大部分碱性火成岩都富含似长石或副长石，例如霞石。正长岩中所含的少量镁铁质矿物通常为漂亮的蓝色或绿色。

正长岩 (Syenite)

最初，正长岩的名字来源于著名的罗马学者普林尼所描述的古埃及人在赛伊尼（阿斯旺）通过尼罗河运输的像花岗岩一样美丽的岩石。事实上，这些岩石都是花岗岩而非正长岩。在18世纪，德国著名的矿物学家维尔纳（A.G.Werneer）用“正长岩”一词描述其在德累斯顿附近所发现的一系列外观相似的岩石，正长岩这个名称现在则用来形容与维尔纳所发现的岩石相似的火成岩。

正长岩是深成岩的一种，是由大规模的侵入体所形成的类似花岗岩的岩石。与副长石正长岩不同，正长岩和花岗岩一样富含钾长石。正长岩所含有的石英要低于花岗岩中的石英含量，事实上，增加的石英成分融入进了花岗岩中。由于花岗岩和正长岩通常在同一地区被发现，因此富含石英的正长岩很难与石英含量低的花岗岩区别开来。

正长岩在地下相当于粗面岩，同时富含碱性长石，例如微斜长石和正长石。正长石为白色或粉色，占正长岩构成物质的一半左右。因此，正长岩和其他碱性火成岩一样拥有浅色的外观，而与玄武岩和橄榄岩这样石英含量低的深色镁铁质岩石不尽相同。

正长岩中所含的其他矿物可以赋予正长岩丰富的色彩，使其成为最美丽的火成岩。通常经过切割和打磨之后，正长岩会发出微微的彩虹色闪光，而这也是为什么正长岩会被用来作为装饰用岩石的原因。方钠石赋予了方钠正长岩淡淡的蓝紫色，而绿色的霓辉石则赋予了霓辉正长岩绿色。有时，正长岩与花岗岩能够被区分是因为正长岩中含有深蓝色的针形角闪石，而花岗岩则含有棱柱形的黑色角闪石或云母。

根据占主导成分的铁镁矿物的种类，正长岩大致可以分成三类，即辉石、角闪石和黑云母。挪威南部的拉尔维克地区以盛产有美丽彩虹光泽的红色或灰色辉石正长岩而出名，这种正长岩被称为歪碱正长岩或“蓝珍珠花岗岩”，通常被用来做柱子或外墙。类似的岩石在德克萨斯州的尖牙山地区也能找到。

方钠正长岩：与花岗岩类似，正长岩可分为钾盐（钾）正长石或碳酸钠（钠）正长石。方钠石正长岩（例如斑霞正长岩和英碱正长岩）往往都是条纹长石状的，这意味着钠长石会与钾长石交织共生，并逐渐取代它。方钠正长岩往往可以通过似长石方钠石中的蓝紫色斑点与其他岩石区别开来。

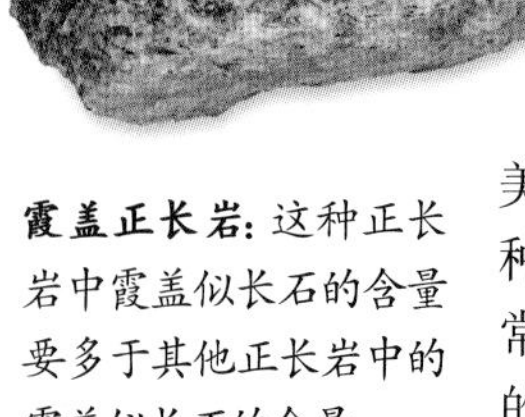

霞盖正长岩：这种正长岩中霞盖似长石的含量要多于其他正长岩中的霞盖似长石的含量。

粒度：显晶质（颗粒粗糙至中等大小）。可以是伟晶。
质地：颗粒均匀，常为斑状结构；通常包含晶洞。长石可以是条纹长石状的，即交替生长的钾长石和纳长石。也许还有白色钠长石的矿脉。
颜色：浅红色，粉色，白色或灰色
构成：硅石（平均59.5%），矾土（17%），氧化钠和氧化钙（11%），氧化铁和氧化镁（8%），氧化钾（5%）。
矿物：钾长石（微斜长石，正长石）；斜长石（钠长石，奥长石，中长石）；黑云母；闪石（角闪石）；辉石（普通辉石）。变成花岗岩之前可能含有10%的石英
附属矿物：榍石，锆石，磷灰石，磁石，黄铁矿，另外还有似长石霞石，方钠石钙霞石，白榴石。该级别的大量岩石可能会成为“副长石”正长岩
斑晶：钾长石，透辉石，斜长石
形成：岩株，岩脉和小型侵入体，或大型侵入体中交织的花岗岩
常见地区：纳尔维克，挪威；德国萨克森州，瑞士阿尔卑斯山麓，皮埃蒙特，意大利；亚速尔群岛；科夫多尔地块（科拉半岛，俄罗斯）；伊利毛莎科，格陵兰；匹兰斯堡（南非的布什维尔德杂岩）；阿拉斯加；达尔瓦德，印度；蒙特里根丘陵，魁北克省；白山，佛蒙特州；尖牙山、德州，阿肯色州；蒙大拿州

霞石正长岩或副长石正长岩 (Nepheline or foid' syenites)

流霞正长岩： 灰色、绿色或红色的霞石正长岩与大量微斜长石所构成的岩石。

与普通的正长岩不同，霞石正长岩中不含任何石英。相反，它们包含霞石或另一种似长石或“副长石”，例如方钠石、白榴石，这些似长石矿物和石英是相互排斥的。霞石正长岩相当于响岩入侵体。

霞石正长岩或似长正长岩实际上是十分罕见的，并且当富含钠元素的正长岩和花岗岩在岩浆中发生改变时才可能会形成这类岩石，而不是形成明显的岩浆。通常，霞石正长岩出现在环形岩脉中，在这里花岗岩岩浆与石灰岩接触、融合。霞石正长岩会有很多变种，每一种变种各有特色，包括在挪威的沼泽所发现的粉色歪霞正长岩，在俄罗斯乌拉尔地区的米亚斯科发现的布满黑云母的云霞正长岩，在缅因州的菲尔德地区所发现的富含霞石的霞云钠长石。但大部分稀有矿物都是在位于葡萄牙南部的福亚发现的，最先发现的是流霞正长岩。流霞正长岩中包含的稀有化学元素意味着可以在其中找到稀有矿物，包括异性石、负异性石、褐硅铈石、层硅铈钛矿和褐锰锆矿。

鉴定： 霞石往往是灰色的外观，并且看上去很像石英，因此很容易把霞石正长岩和花岗岩或普通正长岩搞混。但霞石正长岩可能有暗色矿物在流动时形成的条纹及凝块，当风化作用将石英表面侵蚀得十分光滑时，霞石表面会出现凹痕。霞石含量越多，其外表所呈现的绿色就越多。蓝色的方钠石和黄色的钙霞石痕迹可以帮助我们鉴定霞石正长岩。

粒度： 显晶质（粗糙）。也可以是伟晶
质地： 通常颗粒均匀，但经常为斑状
结构： 条纹状和深色矿物的凝块
颜色： 通常为灰色，粉色或黄色，但也可能是浅绿色
构成： 硅石（平均含量为42%），矾土（含量为15%），氧化钙和氧化钠（含量为17%），氧化铁和氧化镁（含量为18.5%），氧化钾（含量为5%）
矿物： 钾长石（正长石，微斜长石）；长石（钠长石，奥长石）；霞石；黑云母；角闪石；辉石（普通辉石，霓辉石）
附属矿物： 榍石，磷灰石，锆石，黄铁矿，另外还有方钠石，钙霞石和白榴石
斑晶：霞石，钠长石
形成： 岩株，环形岩脉和小型侵入体并带有花岗岩和正长岩
常见地区： 沼泽，劳达尔，挪威；阿兰群岛，瑞典；福亚，葡萄牙；土库曼斯坦；隆巴，乌伦迪，詹古尼，马拉维；塔斯马尼亚；丁古山脉，巴西；魁北克省；白山，佛蒙特州；比默维尔，新泽西州；近磁湾，阿肯色州

古埃及玩石大师

古埃及文明对石头的利用是任何一种古代文明都无法望其项背的。古埃及人擅长利用极佳的石材进行建造和雕刻，这些顶级石材包括二长石，黑色和红色的花岗岩，石英岩，石灰岩，砂岩和杂砂岩（粉砂岩）。从阿斯旺（如上图所示）开凿出的红色花岗岩被切割成单独的巨型石块用来建造方尖碑。而从戈伯伦开凿出的石英岩则用于建造世界闻名的门农巨像。产自图拉、贝尼哈桑和玛莎的石灰岩则被用来建造首座金字塔，即左塞尔金字塔。古埃及人所掌握的关于地理和地层知识要远远高出时代，甚至现代人也无法与之匹敌。另外古埃及人对石材的切割和塑造技能也是一流的。没人知道古埃及人是怎么办到的，更加令人不解的是，古埃及象形文字中也对此只字未提。有人认为古埃及人用铜锯或者用弓挽上青铜丝来切割石材，而另外一部分人则认为古埃及人是用金刚砂石来处理石材的。

二长岩 (Monzonite)

二长岩得名自意大利蒂罗尔地区的蒙佐尼。和正长岩一样，它也是深成岩石的一种，包含了并不是特别多的石英，二长岩介于副长石和花岗岩之间。事实上，它实际上是被一些地质学家所形容的“平均”火成岩，含有等量的钾元素和斜长石，由最具酸性的和最具碱性的岩石混合而成。尽管二长岩不属于稀有岩石，但它只在少数地区被发现，通常位于辉岩入侵体的边缘，与辉长岩密切相关。根据石英、霞石和橄榄石的含量，二长岩可以分为三种类型。石英二长岩多位于高山带地区，因为这种坚硬的岩石通常会形成令人瞩目的地貌景观。

鉴定： 二长岩和花岗岩一样是浅色外观，但含有少量的石英。

粒度： 中等
质地： 不规则的正长石石块嵌在斜长石里
结构： 结晶通常有着不同化合物的区域
颜色： 深灰色
构成： 硅石（平均含量为58%），矾土（含量为17%），氧化钙和氧化钠（含量为11%），氧化铁和氧化镁（含量为9%），氧化钾（含量为3%）
矿物： 钾长石（正长石）；斜长石（拉长石，奥长石）；辉石（普通辉石，紫苏辉石，古铜辉石）；角闪石；石英，霞石或橄榄石；黑云母
附属矿物： 磷灰石，锆石，磁石，黄铁矿
斑晶： 磷灰石，普通辉石和正长石
形成： 岩株，岩脉和入侵体
常见地区： 肯特艾化（阿盖尔郡）苏格兰；挪威；蒙佐尼，意大利；库页岛，俄罗斯；优格峰（等辉正长岩），比佛河，蒙大拿州；布莱克峡谷，科罗拉多州（石英二长岩）

深成岩：花岗岩

花岗岩是迄今为止最常见的深成岩，是形成于地下深处的巨大岩基，宽度可达数十甚至数千千米。尽管花岗岩形成于地下，但通常可以在地表看到它们，这是因为花岗岩所富含的石英成分使其成为一种极其坚固的岩石，当周围的岩石被风化侵蚀后，花岗岩依旧岿然不变。

花岗岩 (Granite)

花岗岩可以存在很长时间。当其他岩石都被风化侵蚀后，花岗岩侵入体依旧骄傲地耸立着，就好像海洋上的岛屿。里约市的甜面包山、约塞米蒂国家公园陡峭的酋长岩以及英格兰达特穆尔郡地区的荒野，这一切都是花岗岩抗风化侵蚀能力强的有力证明。所有这些耸立在地表的地貌都是岩基，岩基是巨大的岩浆入侵体，全部形成于地下，当上覆岩层被侵蚀后才会露出地表。康沃尔郡和德文郡地区在单一岩基上出现的巨大的隆起大约历经一亿年的时间才形成，周围的岩石全部被侵蚀后才出现了现在人们所看到的荒野景象。

白色花岗岩：花岗岩都含有质地较软的云母成分，而云母会最先在侵蚀过程中从花岗岩表面剥离开来。除了云母外，所有的花岗岩都含有不易被侵蚀的石英。花岗岩中大的长石结晶赋予了花岗岩多变的颜色。

花岗岩岩基的杂岩体是非常巨大的。安第斯山脉南部下方的巴塔哥尼亚岩基长达1900千米，跨度达到65千米，而内华达山脉下方的岩基则跟巴塔哥尼亚岩基差不多大。事实上，不论是形成时间久远的北美阿巴拉契亚山脉，还是形成时间稍短的喜马拉雅山脉，世界上大部分巨大山脉的下方都有巨大的花岗岩岩基。花岗岩岩基通常跟造山运动密切相关，并且会俯冲到板块的边缘之下。

尽管大块的花岗岩都位于岩基处，花岗岩也可以形成岩脉和岩床，而花岗岩中的岩脉和侵入体则是叠替共存。花岗岩侵入体经常与围岩交织存在，并可以改变围岩。在很多地方，花岗岩会以不易察觉的方式混入变质的花岗片麻岩。花岗岩侵入体吸收了围岩的碎块而形成捕掳体，至少地表处的围岩会发生部分改变。

花岗岩为浅色、带有斑点的岩石，呈极强的酸性。也就是说，花岗岩富含二氧化硅成分（至少70%），并且富含石英（至少20%）。花岗岩的基本构成成分为白色或粉色的长石、苍白的石英以及黑色的白云母小颗粒。由于在地下深处缓慢的冷凝成型，花岗岩中的结晶都是可以通过肉眼直接看到的大颗粒。大部分颗粒最少有几毫米，最大的白色长石结晶可以达到20厘米/8英寸的长度。

粉色花岗岩：大部分花岗岩都是浅灰色或粉色，但也有深灰或红色的花岗岩。如果花岗岩中所含的白色碱性长石成分较多就会呈现出浅灰色的外观，如果碱性长石为粉色或红色，花岗岩就会出现对应的粉色或红色外观；如果同时含有白色和粉色的长石，则粉色的则是碱性长石，白色的可能会是斜长石。

粒度：粗晶（粗粒度）；通常为伟晶

质地：通常呈颗粒状，有肉眼可见的结晶，通常为带有大块斑晶的斑状

结构：通常很均衡而可能带有条带的结构。捕掳体很常见，岩基顶部的附近可能会碎裂成矩形的大石块

颜色：通常浅色，斑驳的白色，灰色，粉红色或红色，有黑色斑点

构成：硅石（平均72%），矾土（14.5%），氧化钙和氧化钠（4.5%），氧化铁和氧化镁（小于3.5%）

矿物：石英，钾长石（微斜长石）和斜长石（奥长石），云母，角闪石

附属矿物：霓辉石，锆石，磷灰石，磁石，闪石或辉石

斑晶：石英，正长石和奥长石，角闪石，黑云母，普通辉石

形成：侵入体，岩基，岩株，岩瘤，岩床，岩脉

常见地区：正长花岗岩：多尼戈尔，爱尔兰；凯恩戈姆山，苏格兰；尼日利亚北部；留尼汪岛，亚速尔群岛；加那利群岛；甜面包山（里约热内卢），巴西；阿巴拉契亚山脉。

二长花岗岩：康沃尔郡，德文郡，湖区，英格兰；波罗的地盾，芬兰和瑞典；中央高原，法国；西班牙；塔特拉，斯洛文尼亚；拜伦斯，纽芬兰省。花岗闪长岩：安第斯山脉；落基山脉。

浅色花岗岩：喜马拉雅山脉。

花岗岩问题

自18世纪以来，关于巨型花岗岩岩基是如何形成的这个话题在世界范围内一直存在着激烈的交锋。奥地利知名地质学家爱德华·休斯认为花岗岩是在周围的围岩形成之后形成的，但若真如此，围岩又是如何容纳如此巨型的花岗岩熔岩呢？关于这个“房间”的问题一直是争论的核心。

到了20世纪中叶，关于该问题衍生出了两个对立的阵营，即花岗岩化学派和岩浆学派。以多丽斯·雷诺德为代表的花岗岩化学派认为已成型的围岩通过“交代变质”过程被花岗岩化了之后就产生了花岗岩。花岗岩过程中，全部气体和热液都被称为“岩精”，该词源自希腊诸神血液中的灵液。该学说认为围岩被其中涌出的岩精经交代变质作用后成了花岗岩。而这也不存在所谓“房间”的问题。岩浆学派以诺曼·鲍文为代表，则认为花岗岩的形成源自岩浆，而不是被改变了的围岩。岩浆产自地下深处，来自被部分熔融或被“深熔作用”熔化的围岩。

渐渐地，通过实地观察岩层和实验室的熔岩试验进一步印证了岩浆学派的理论，现在花岗岩来自部分熔融态岩浆的学说已被广泛接受。

岩浆学派的理论认为一切都发生在造山运动的后期：当两块板块互相碰撞时，板块边界变形继而抬升形成山脉，最终产生了高温高压使得大量山根处于部分熔融态并产生了花岗岩岩浆。

炽热的花岗岩岩浆比上方的岩石在质量上轻很多，就像熔岩灯上的一滴热油，可以很好地融进去并创造自己的空间。当这些熔融态岩浆开始冷凝时最终会再次形成坚固的岩石。

尽管岩浆学派似乎在花岗岩问题上赢了，但争论却远未终止。如果花岗岩真的来自部分熔融态岩浆，那是哪种岩石熔化才形成了花岗岩？另外，岩浆学派内部也有

人认为花岗岩的形成不是直接来自熔融态的其他岩石而是来自玄武岩岩浆，再变成了花岗岩，这是因为花岗岩中有些化学结晶尚在，有些则消失了。该过程称为分离结晶作用。证据是大部分陆地花岗岩，即山脉下的巨型岩基都来自部分熔融态岩浆。但分离结晶作用只在部分花岗岩中发挥了作用。例如形成于海洋岛孤的英云闪长岩。

花岗岩的变种 (Granite varieties)

花斑岩或斑状微型花岗岩：在侵入体的边缘，薄侵入体和伟晶岩内的花岗岩颗粒都是小颗粒。这些微型花岗岩通常含有形成较早的长石斑晶，并且与文象花岗岩密切相关。

花岗岩和类似花岗岩的岩石（称为花岗岩类岩石）由于过于相似，区分起来难度非常大。其中一种方法是根据构成花岗岩的石英、碱性长石和斜长石（即QAP）的比重进行辨别。二长花岗岩中的碱性长石和斜长石成分的含量几乎均等；正长花岗岩则含有较多的碱性长石，而花岗闪长岩中的碱性长石含量较少；碱性长石花岗岩中的碱性物质含量及英云闪长岩中的斜长石含量都占据了主导地位。当人们发现澳大利亚东部的花岗岩岩浆可以形成沉积岩和火成岩，并且两种岩体中都含有捕掳体时，地质学家将不同种类的花岗岩用字母标记法进行分类。I型花岗岩富含黑云母，可能含有角闪石，其化学构造暗示该类花岗岩可能形成自镁铁质火成岩。S型花岗岩富含黑云母和白云母（另外还有石榴石、堇青石和硅线石），其构造暗示了它由沉积物形成。M型花岗岩的构造暗示了这类岩石形成于地幔处。A类花岗岩的构造则暗示它们是非造山期的岩石，也就是说，这类岩石不是由于造山运动而形成的，而是源自热点火山和裂谷周边。

文象花岗岩：文象花岗岩产生自伟晶岩，是花岗岩中一个特殊的变种。其整个岩石都由单一的苍白长石晶体，特别是微斜长石晶体所构成。长石中则含有薄薄的、棱角突出的石英，赋予了文象花岗岩像古代苏美尔人书写的楔形文字的外观。文象花岗岩中所含的长石和石英被认为于同一个时期形成。

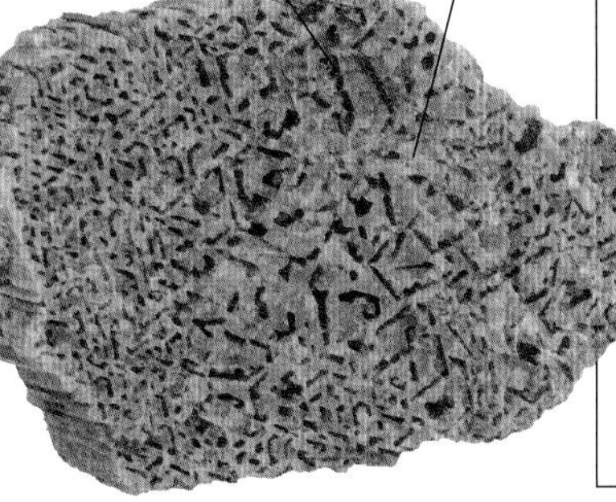

花岗岩品种

碱长花岗岩：花岗岩具有非常高比例的碱性长石，几乎没有斜长石

黑云花岗岩：花岗岩含有高达20%的黑云母

压扁花岗岩：跟花岗岩相似的片麻岩，由于长石结晶而拥有叶理外观

辉石花岗岩：花岗岩含有丰富的深色普通辉石

电气石花岗岩：花岗岩含有丰富的黑色电气石

淡色花岗岩：浅色花岗岩中铁镁质矿物的含量少于30%

深色花岗岩：深黑色的花岗岩铁镁质矿物含量超过30%

花岗片麻岩：片麻岩形成于沉积岩或变质岩，和花岗岩有着同样的矿物构成

过碱性花岗岩：花岗岩含有丰富的碱性长石和碱性闪石，并且含有霓辉石和钠闪石这样的辉石

花岗岩类岩石

花岗岩和花岗岩类岩石（看上去像花岗岩的岩石）有很多变种。有些小斑点会出现在其他的花岗岩露头中，比如更长环斑花岗岩和球状花岗岩中都有其自身独特的圆形标志。其他的例如花岗闪长岩和英云闪长岩，都有各自独特的化学和矿物构造，因而可以自成一类。

更长环斑花岗岩 (Rapakivi granites)

更长环斑花岗岩得名自芬兰语的“烂石头”一词，是因为这种岩石极易被风化。它们也属于花岗岩，通常来讲是正长花岗岩中包含的不太常见的更长环斑质地。在更长环斑质地中，大的、椭圆形的碱性长石结晶（比如透长石）被像钠长石这样的斜长石所环绕。碱性长石会先形成，之后由于受到周边岩浆的影响，碱性长石被斜长石的“边反应”所包围。一种理论认为流纹岩岩浆中的碱性长石遇到玄武岩岩浆中的斜长石，两者混合到了一起。另一种理论则认为在升涌的岩浆中出现的压降反应才形成了这种构造。有些地质学家相信沿着陆地断裂处形成的更长环斑花岗岩的地质条件永远都不会产生变化。更长环斑花岗岩的形成时间可以追溯到十一亿至十八亿年前，沿着芬兰、瑞典、波罗的海延伸至拉布拉多海及美国西南部地区。此外，在巴西和委内瑞拉也能找到更长环斑花岗岩，这些更长环斑花岗岩是近期形成的，为小石块，分布范围较广。

鉴定：更长环斑花岗岩十分独特，苍白的圆形长石被富含黑云母、角闪石和石英的基质所包围。当被切割和抛光后，如下图所示，更长环斑花岗岩可以成为一种非常受欢迎的装饰石材。

粒度：混合
质地：在小型基质中镶嵌着直径为2厘米/0.8英寸的椭圆形碱性长石
结构：通常均衡
颜色：粉色或在深色基质中镶嵌着白色钠长石的棕褐色钾长石结晶
化学结构：硅石（平均72%），矾土（14.5%），氧化钙和氧化钠（4.5%），氧化铁和氧化镁（3.5%）
矿物：石英，钾长石（透长石）和斜长石（钠长石），云母
斑晶：通常碱性长石，但也可以是石英或斜长石
形成：在正长花岗岩中
常见地区：芬兰南部；瑞典东南；圣彼得堡，俄罗斯；爱沙尼亚；波兰；巴西；委内瑞拉；拉布拉多省；安大略省；缅因州；美国中西部和西南部

球状花岗岩 (Orbicular granite)

有时候花岗岩表面会出现一些质地不寻常的斑点，这种花岗岩称为球状花岗岩。虽然它看起来外表与更长环斑花岗岩类似，但这些小球或者说“球体”更大，并且不是斑晶，而是岩浆中围绕外来物质的核形成的矿物。每一个核可能都由另外一种火成岩的颗粒（小型捕掳体）或花岗岩颗粒所构成。在核周围，苍白的长石和黑云母或角闪石交替成层，先形成一种矿物，之后岩浆中的条件发生变化继而形成另一种矿物，这个过程被称为“韵律结晶作用”。

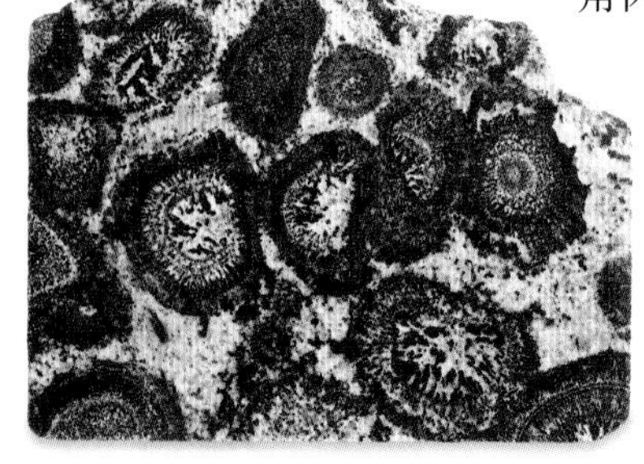

鉴定：球状花岗岩的直径只有几米，通过其黑色和白色的圆球体就能很容易地确认它的身份。

粒度：混合
质地：在小型结晶基质中镶嵌着直径为2~15厘米的大块圆形球体
结构：通常均衡
颜色：在浅灰色的基质中呈现黑色和白色的层状斑晶
化学构成：硅石（平均72%），矾土（14.5%），氧化钠和氧化钙（4.5%），氧化镁和氧化铁（3.5%）
矿物：石英；钾长石（钾长石）和斜长石长石（奥长石），云母
常见地区：芬兰；瑞典；瓦尔德，咸尔特尔，奥地利；对利森山区，波兰；日本；新西兰；秘鲁；佛蒙特州

花岗闪长岩 (Granodiorite)

花岗闪长岩是与英安岩成分相当的入侵体，是所有花岗岩类岩石中产量最多的岩石。花岗闪长岩与花岗岩十分类似，但斜长石含量更多，富含更多的铁镁质矿物（通常为黑云母和角闪石）。事实上，花岗闪长岩、花岗岩和含有更多斜长石的闪长岩这三种岩石通常会一起出现。例如在大的岩基中，单一的花岗闪长岩岩浆可以形成花岗岩的核心或者是闪长岩的外观，甚至是英云闪长岩，这是因为矿物从岩浆中以特定的方式脱离开来，这一过程在大型岩基中表现得更加明显。如果在小型侵入体中同时发现了花岗岩、花岗闪长岩和闪长岩，则说明这三种岩石是从同一种岩浆中分离出来的。花岗岩类岩石（例如花岗闪长岩）通常会出现在“岩套”中，与特定的类似岩石重复缔合。例如，在英云闪长岩和奥长花岗岩中经常会发现形成于太古时期的花岗岩构造。这些TTG岩套在地球最古老的岩层中形成，形成时间可以追溯到二十亿年前，并遍布世界各地，例如斯堪的纳维亚半岛上的拉普兰和怀俄明州的大鹿角山脉。

鉴定：花岗闪长岩通体为灰色，看起来与花岗岩近似，但所含的暗色矿物成分（例如黑云母和角闪石）更多。花岗岩基本上为灰色且带有黑色斑点的岩石，而花岗闪长石中的黑色和灰色分布更均衡，呈现出一种“盐和胡椒”（即黑白相间）的外观。

粒度：显晶质（颗粒粗糙）
质地：常见斑状，质地均匀
结构：通常均衡
颜色：黑色和白色，带有粉色钾长石
化学构成：硅石（67%），矾土（16%），氧化钙和氧化钠（7.5%），氧化铁和氧化镁（6%）
矿物：石英，斜长石（奥长石）；钾长石（透长石），黑云母，角闪石
附属矿物：锆石，磷灰石，磁石，钛铁矿，榍石
斑晶：石英或斜长石
形成：侵入体：岩株，岩瘤，岩基，岩脉，岩床
常见地区：以花岗岩为例，阿留申群岛；索诺拉省，墨西哥；半岛山，下加利福尼亚州；内华达州；加利福尼亚州。
TTG：拉普兰，芬兰；巴伯顿山地，南非；皮尔巴拉 伊尔冈，澳大利亚；大角山，怀俄明州

突岩

类似于花岗岩的岩石形成于地下，质地十分坚硬，通常质地较软的岩石剥落光了，它们仍旧屹立不倒。在有些地方，花岗岩可以形成巨大的裸岩绝壁；而在另外一些地方，足有一幢房子大小的裸岩露头高耸于地面，在古康沃尔语中，这样的地貌被称为“突岩”。突岩是英格兰西南部荒野中一道独特的景观，但其他地方也比较常见，例如苏格兰的凯恩戈姆山，另外南非也有，而相同的地貌在英格兰西南部以外的地方被称为“小岛山”。康沃尔突岩的形成有几种观点，但所有理论都认为与破裂模式或岩石表面上延展出的平行“节理”有关。突岩是质地坚硬的石块，在周边质地较软的岩石剥落后依旧屹立不倒。一种观点认为，早期气候温暖的时候，自然化学元素渗入到了地下深处的节理之中，质地较软的花岗岩被风化侵蚀。另一种理论认为在冰河时期花岗岩被冰霜风化侵蚀殆尽。上述两种情况下，剥落的碎片可能在冰河时期末期被泥流作用一扫而空。泥流作用指冰在冻土中融化，土壤变成糊状更容易被冲刷侵蚀。

英云闪长岩 (Tonalite)

英云闪长岩的名字来源于意大利的蒂罗尔山，它富含石英，是一种与闪长岩相当的花岗岩类岩石。在花岗岩类岩石中，英云闪长岩中的钾长石含量最低、斜长石含量最多，并且通常含有很多镁铁质暗色矿物，例如角闪石和黑云母。英云闪长岩中的角闪石多为绿色（而非棕色），而黑云母则为多色相，即从不同角度能看到不同的颜色。英云闪长岩与花岗闪长岩类似，并且在TTG岩套中这两种岩石也经常一起出现（详见上面的“花岗闪长岩”部分）。它们都拥有相同的黑色与浅灰色“椒盐”外观，很难从外观上将两者区分出来，但英云闪长岩所含的黑色物质更多一些。

鉴定：英云闪长岩与花岗岩十分类似，但颜色更深、更偏向棕色。

粒度：显晶质（颗粒粗糙）
质地：常见斑状，质地均匀
结构：通常由石英和长石（细晶岩）的岩脉交织成螺纹状
颜色：粉色或在深色基质中镶嵌着白色钠长石的棕褐色钾长石结晶
化学构成：硅石（58%），矾土（17%），氧化钙和氧化钠（10%），氧化铁和氧化镁（11%）
矿物：石英，钾长石（奥长石）；黑云母，角闪石
附属矿物：锆石，磷灰石，磁石，褐帘石，榍石
斑晶：石英或斜长石
形成：侵入体：岩株，岩床，岩瘤，岩基，岩脉
常见地区：盖勒韦，凯恩戈姆山，苏格兰；爱尔兰；里塞费纳和特拉维尔塞拉（提洛尔），奥地利/意大利；安第斯山脉；巴塔哥尼亚；内华达州；加利福尼亚州；阿拉斯加州。
TT岩套：拉普兰，芬兰，巴伯顿山地，南非；皮尔巴拉，伊尔冈，澳大利亚，大角山；怀俄明州。

闪长岩和辉长岩

由于矿物较均衡的原因，闪长岩和辉长岩为中等程度的侵入体火成岩。一方面，它们仅含少量的石英和碱性长石——与花岗岩类岩石中的石英和碱性长石含量相比要少很多；另一方面，它们含有适量的橄榄石——但远远低于铁镁质岩石（比如橄榄岩）中的橄榄石的含量。相反，构成闪长岩和辉长岩的主要成分是斜长石。

闪长岩 (Diorite)

深色闪长岩：有时在闪长岩中的深色矿物比浅色矿物多，占据主导地位。

闪长岩的颗粒粗糙，是与安山岩相当的深成岩。闪长岩的颜色要比花岗岩类岩石深，并且含有质量较重的矿物，但闪长岩和花岗岩类岩石的颗粒结构形似，岩石形成方式也差不多。作为火成岩的一种，闪长岩多出现于大陆边缘地区，该地区由于构造板块运动而产生的隐没带使得陆地隆起形成山脉，比如在安第斯山脉周边就会发现闪长岩。和花岗岩一样，闪长岩也是由位于众多山脉地下的巨大岩基所形成的。岩基中的闪长岩少于花岗岩，且闪长岩多形成于花岗岩入侵体中。闪长岩中的石英及碱性长石的含量都少于花岗岩，但斜长石的含量超过75%，多于辉长岩，仅次于斜长岩。闪长岩中其余的深色矿物主要为角闪石和黑云母。闪长岩与辉长岩类似，但闪长岩中的斜长石是奥长石和中长石，辉长岩中的斜长石则是钙长石、倍长石和拉长石。

鉴定：闪长岩与辉长岩外观类似，很难区分。虽然闪长岩中的石英含量较少，但高含量的斜长石成分使得浅色矿物通常会在闪长岩中占据主导地位，这一点跟辉长岩不同。基本上，闪长岩是浅灰色带有黑色颗粒的岩石，辉长岩则是黑色带有浅灰色颗粒的岩石，但这不是区分闪长岩和辉长岩的绝对原则。

粒度：显晶质（颗粒粗糙），偶尔有伟晶
质地：质地均匀或斑状，即在同一块石头里结合紧密
结构：叶理结构，常见捕掳体
颜色：黑色和白色，偶尔有暗绿色或粉红色
构成：以闪长岩为例：硅石（平均58.5 %），矾土（17%），氧化钙和氧化钠（10.5%），氧化铁和氧化镁（11%），氧化钾（2%）
二长闪长岩为例：硅石（平均58 %），矾土（17 %），氧化钙和氧化钠（11 %），氧化铁和氧化镁（10%），氧化钾（2%）
矿物：斜长石（奥长石或中长石），黑云母，闪石（角闪石）；少量的辉石（普通辉石），石英和碱性长石（透长石）似长闪长岩和似长二长岩：副长石（霞石），替换了石英。
附属矿物：磁石，磷灰石，锆石，榍石，橄榄石
斑晶：斜长石，角闪石
形成：入侵体：岩床，岩脉，岩株，岩瘤，还有花岗岩中的捕掳体
常见地区：阿盖尔郡，苏格兰；泽西（海峡群岛），英格兰；巴伐利亚森林，黑森林，哈茨山脉，欧登瓦尔德，德国；芬兰；华盛顿州；马萨诸塞州

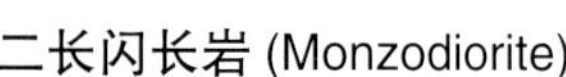

二长闪长岩 (Monzodiorite)

二长闪长岩在组成成分上介于二长岩和闪长岩之间。也就是说，大部分二长岩含有石英、少量斜长岩（而非碱性长石），以及微量的深色矿物（少于闪长岩中的深色矿物的含量）。另外还有一种二长岩，即似长石二长闪长岩，它含有霞石或其他似长石矿物，而不是石英。二长闪长岩一度被称为正长闪长岩，但IUGS（国际地质调查联盟）建议将这种岩石命名为二长闪长岩，以避免跟二长岩和二长正长岩混淆。这两种岩石在组成成分上也是介于正长岩和闪长岩之间，但碱性长石的含量更高。

鉴定：二长闪长岩跟闪长岩和二长岩类似，同样拥有"椒盐"外观，但其中的黑色矿物要比二长岩中的多，而浅色矿物含量则少于闪长岩中的浅色矿物含量。

辉长岩(Gabbro)

抛光辉长岩：在极少数情况下，辉长岩会被切割和抛光以用作装饰石材。

辉长岩的名字来自意大利小城托斯卡纳，由伟大的德国地质学家克里斯托弗·列奥波德·冯·布赫(Christian Leopold von Buch)命名。辉长岩的颗粒粗糙，侵入体与玄武岩和粗玄岩相当，这是一种深色岩石，基本构成物为斜长石和辉石。橄榄岩由比重较多的辉石和比重较少的斜长石构成，闪长岩由比重较小的辉石和比重较大的斜长石构成。辉长岩是一种广泛分布的岩石，特别是在洋壳地带会形成部分蛇绿岩序列。这些岩石序列从洋底沿着洋中脊向两边扩张，由于枕状熔岩和喷发出的玄武岩岩浆形成的成层岩脉形成了上层序列，因此熔融态橄榄岩所形成的辉长岩岩块会在岩浆房岩墙的下方不断聚集，直到岩墙分离。历经百万年之久，这些岩块在遍布世界的洋底下方形成了辉长岩岩层。

辉长岩也可以流入到岩床和岩脉中，偶尔会产生被称为岩盆的大型板状杂岩体，代表地貌有南非的布什维尔德杂岩体、明尼苏达州的德卢斯杂岩体和苏格兰的拉姆岛杂岩体。在很多地方，质量较大的矿物会下沉是因为它们在辉长岩中形成结晶时产生了不同的岩层，深色矿物会集中在岩层底部，浅色矿物则聚集在岩层顶部。

鉴定：辉长岩和闪长岩类似，但颜色更深，这是因为辉长岩含有深色的斜长石(拉长石和倍长石)要多于浅色的斜长石(奥长石和中长石)。辉长岩通常为绿辉岩结构(详见上图)，表面呈磨砂状。

萨德伯里结构

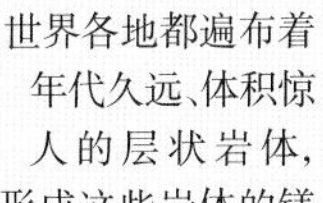

世界各地都遍布着年代久远、体积惊人的层状岩体，形成这些岩体的镁铁质岩浆中含有种类繁多的化合物。截至目前，最大的是布什维尔德杂岩体，它占地为65,000平方千米。而最著名的则位于加拿大安大略省的萨德伯里地区。该地区是世界上镍铜矿富集的主要产区，并常常同时出现花岗岩，一度被认为是彻底的火成岩。现在地质学家们认识到它根本不是火成岩，而是11亿8千5百万年前陨石撞击地面留下的撞击坑，这也是有史以来最大的撞击坑。从碎裂锥，即陨石撞击时石块碎裂成锥形，如图来看，这点也是确凿无疑的。萨德伯里地区的陨石坑是椭圆形的，这在陨石坑中也极罕见。它的长度为200千米，而宽为100千米。科学家们通过对该地区进行测绘并建立模型结构得出的结论认为撞击的陨石宽度为10–19千米，其撞击地球所产生的能量相当于100亿颗广岛原子弹爆炸时释放的能量，撞击使地表破裂并让富含矿物的岩浆涌入地表。撞击产生的能量所释放的热量使暴露在地表的花岗岩和片麻岩熔化，变成一种富含玻基的熔岩并形成了火山口。这种镁铁质熔岩则位于辉长岩岩层顶部。

辉长岩十分坚硬，这就是为什么辉长岩会被广泛地用作铁路道渣和筑路碎石。辉长岩是侵入体火成岩中最不惹人注意的一个，比起花岗岩和正长岩，辉长岩很少被作为装饰性石材使用。然而，辉长岩却是镍、铬和铂的重要矿物来源。

粒度：显晶质(颗粒粗糙)偶有伟晶

质地：颗粒均匀或在同一块岩体里伴有斑状。常为辉绿岩结构，即长条轻质的斜长石结晶被镶在深色的辉石(普通辉石)结晶中

结构：普遍叶理和捕虏体。经常形成在交替层，大部分颜色浅的矿物位于顶层而颜色深的矿物置于底层

颜色：黑色和白色或灰色，偶尔暗绿色或蓝色

构成：硅石(平均58%)，矾土(17%)，氧化钙和氧化钠(10.5%)，氧化铁和氧化镁(11%)，氧化钾(2%)

矿物：斜长石(拉长或倍长石)，辉石(普通辉石)；橄榄石，少量闪石(角闪石)和黑云母；极少量的石英和碱性长石量(透长石)

附属矿物：磁石，磷灰石，钛铁矿，铬尖晶石，石榴石

斑晶：斜长石，角闪石

形成：侵入体：岩基，岩盆，岩床，岩脉，岩株，岩瘤，还有花岗岩中的捕掳体

常见地区：设得兰群岛，斯凯岛，拉姆岛，阿伯丁，阿盖尔郡，苏格兰；彭布罗克，威尔士；湖区，利莎(康沃尔郡)，英格兰；斯凯盖德，格陵兰岛；挪威卑尔根；欧登瓦尔德，哈茨，黑森林，德国；瓦利斯，瑞士；南非的布什维尔德杂岩；温木拉，西澳大利亚；加拿大东部；巴尔的摩马里兰州；美国皮克斯基尔，纽约；斯蒂尔沃特；蒙大拿州；明尼苏达州德卢斯

二长辉长岩：二长辉长岩是辉长岩的一种，含有少量的辉石，并且含有似长石而不是石英。

辉长岩类岩石

辉长岩是一种显晶质（颗粒粗糙）岩石，由斜长石、辉石和橄榄石组成。根据所含三种矿物的不同，辉长岩可以分成多种类型。斜长岩富含斜长石、橄长岩富含斜长石和橄榄石但不含辉石。辉长岩富含斜长石和辉石，但不含橄榄岩；霞辉二长岩富含辉石，而苏长岩中三种矿物的含量居中。

苏长岩 (Norite)

苏长岩类似于辉长岩，由斜长石、辉石和橄榄石混合构成，苏长岩和辉长岩通常在同样巨大的成层侵入体中形成，这是因为在结晶过程中混合的矿物出现了分离。苏长岩中斜长石的含量略少于辉长岩中斜长石的含量，但这两种岩石真正的区别在于辉长岩中的辉石是斜辉石，比如辉石，而苏长岩中的则是斜方辉石，比如紫苏辉石。不幸的是，苏长岩和辉长岩太过相似因此不用显微镜是无法将这两种岩石区分开的。苏长岩会出现在小型、独立的侵入体中，或者和其他镁铁质火成岩，比如辉长岩一样形成成层结构。苏长岩同时也与古老的玄武岩侵入体相关，会处于巨型玄武岩岩脉群的下方。其中著名的苏长岩侵入体位于安大略省的萨德伯里市。萨德伯里市有一个深达30米的晶洞，从这个晶洞中发现了大量坚硬的苏长岩，而人们在晶洞中建立起了萨德伯里中微子天文台用于测量星光中的中微子在介质中通过的速度。苏长岩具有少见的天然放射性，可以作为屏障以帮助科学家屏蔽不必要的背景辐射。

身份鉴定：苏长岩是一种深灰色的岩石，表面稍显杂乱，这是由棱柱形、较长的黑色紫苏辉石或顽火辉石结晶导致的。尽管苏长岩与辉长岩十分相似，但苏长岩中的斜长石偏淡茶色，而辉长岩中的斜长石则更偏白色。

粒度：显晶质（颗粒粗糙），偶有伟晶
质地：质地均衡或斑状
结构：成层结构，常见捕掳体
颜色：深灰色，古铜色
构成：硅石（含量为58%），矾土（含量为17%，氧化钙和氧化钠（含量为15%），氧化铁和氧化镁（含量为百分之11%）；氧化钾（含量为2%）
矿物：斜长石（拉长石或倍长石）；辉石（紫苏辉石）；橄榄石；少量角闪石，黑云母，石英和碱性长石
附属矿物：磁石，磷灰石，钛铁矿，铬尖晶石
斑晶：斜长石，角闪石
形成：侵入体：岩脉，岩株，岩瘤，通常和辉长岩一起
常见地区：阿伯丁，班夫，苏格兰；挪威；大岩墙，津巴布韦；布什维尔德杂岩体，南非；萨德伯里，安大略省

斜长岩 (Anorthosite)

斜长岩几乎全都是由斜长石构成，倍长石或拉长石的含量占到了90%以上。拉长石结晶所展现出的彩虹色被称为拉长石晕彩。虽然不及玄武岩和花岗岩那样遍布，但斜长岩通常出现在巨型构造中，例如加拿大的拉布拉多高原；或者是在巨型的杂岩体中和辉长岩及苏长岩一起出现，例如南非的布什维尔德杂岩体。此外，斜长岩也是构成月球表面的岩石之一。月海全部由玄武岩构成而高地则全部由斜长岩构成。月球形成初期，它的表面还是熔融态，这种状态不仅来自于月球内部的高温，同样还来自于陨石的撞击。质量轻的斜长石上浮到了熔融态物质的最顶层，在月海表面冷凝之后，固化的岩石就是斜长岩。地球中的斜长岩含量要少很多，但大部分都位于年代古老的岩石中。地球形成初期，斜长岩的含量可能跟月球中的含量相当，但由于地球表面不断进行着演化，因此大部分斜长岩都被侵蚀消亡了。

鉴定：斜长岩是所有辉长岩类岩石中颜色最浅的。深深浅浅的矿物通常位于长型晶体中，而这也赋予了斜长岩斑驳的外观。

粒度：显晶质（颗粒粗糙）
质地：对齐的长晶体
结构：常见成层结构
颜色：浅灰色
构成：硅石（含量为51%，矾土（含量为26%，氧化钙和氧化钠（含量为16%）；氧化铁和氧化镁（含量为5%）
矿物：斜长石（拉长石或倍长石）；少量的辉石；橄榄石；磁石和钛铁矿
形成：侵入体：岩脉（罕见），岩株，岩基，通常和辉长岩一起
常见地区：挪威；布什维尔德杂岩体，南非；萨德伯里，安大略省；拉布拉多省；斯蒂尔沃特，蒙大拿州；阿迪朗达克山脉，纽约州；月球

布什维尔德杂岩体

布什维尔德杂岩体位于南非的前德兰士瓦省(该省目前已不存在),是世界上最为壮观的地质奇观之一。截至目前,最大的成层侵入体覆盖了65,000平方千米的面积,厚度达8千米。该地区孕育着丰富的矿物,包括世界上绝大部分的铬矿、铂矿、钒矿,还有大量的铜,铁,钛,镍。整个杂岩体的形成时间较短,仅有20亿零6千万年的历史。杂岩体形成原因大致为岩浆涌入地表,形成大型的成层结构,而岩浆成分则包含了辉长岩和铁镁质岩石,比如苏长岩,钙长岩和辉岩。有些地质学家认为杂岩体是由地幔柱上的热点火山喷发而形成的,而另一部分地质学家则认为,附近的弗里德堡陨石坑形成的时间和杂岩体的形成时间吻合,不排除杂岩体是陨石撞击地面所产生的后果。一项近期研究则采纳了上述两个观点,认为陨石撞击地面后刺激了地幔柱向外喷发岩浆,其壮观场景就如同陨石炸开了地壳。

霞辉二长岩(Essexite)

霞辉二长岩得名自矿石的出产地马塞诸塞州艾塞克斯县,在苏格兰人们将霞辉二长岩作为制作冰壶的石料。霞辉二长岩属于辉长岩,当辉长岩熔化二氧化硅含量降低时会形成霞辉二长岩。霞辉二长岩岩浆没有辉长岩岩浆粘稠,而且会进入到位于地表处的小型入侵体中,之后冷凝并形成颗粒适中或细腻的岩石。由于缺乏二氧化硅,所以在霞辉二长岩中形成的不是石英而是霞石,因此霞辉二长岩实际上是一种似长石,与流霞正长岩和霞石岩类似。霞辉二长岩中的辉石含量多于辉长岩中的辉石含量,并且霞辉二长岩中的辉石是钛辉石。

粒度: 中等至细腻
质地: 颗粒状,有时为斑状
结构: 通常为成层机构
颜色: 浅灰色
构成: 硅石(45%),矾土(15%),氧化钙和氧化钠(17%),氧化铁和氧化镁(18.5%),氧化钾(5%)
矿物: 斜长石(拉长石或钙长石),辉石(普通辉石),黑云母,角闪石,加少量霞石和碱性长石
形成: 小型侵入体,岩脉,岩床,通常和辉长岩一起
斑晶: 普通辉石
常见地区: 拉纳克郡,艾尔郡,苏格兰;凯泽施图尔,巴登,德国;挪威奥斯陆;罗兹托基,捷克;提洛尔,意大利;埃塞克斯县,马萨诸塞州

鉴定: 霞辉二长岩是一种颗粒细腻或颗粒适中的灰色岩石,通常带有较大的深色辉石斑点,这些斑点分布均匀,惹人注意。

橄长岩(Troctolite)

橄长岩是一种辉长岩类岩石,几乎不含辉石。橄长岩由斜长石和橄榄石构成,介于斜长石和橄榄岩之间。橄长岩通常在成层火山岩杂岩体中发现,例如南非的布什维尔德杂岩体。对于地质学家来说,其更著名的代表地貌是苏格兰赫布里底群岛中的朗姆岛杂岩体。成层杂岩体是入侵体,看起来像是火成岩蛋糕状的结构,形成于地壳中的单一岩浆房中。朗姆岛杂岩体大约形成于六千万年前,正好处于北大西洋形成的时期。当时,古代欧洲的西北部与北美开始分离,大量的熔融态岩浆涌入地表。最初的岩浆可能是富含橄榄石的玄武岩,但随着矿物在岩浆房中形成结晶,质量较重的矿物沉入底部从而使橄长岩到达橄榄岩岩层的顶端。其他地方的橄长岩的形成方式也大致如此。

鉴定: 在德国,橄长岩被称为Forellenstein,意思为“鳟鱼石”,这个名字十分贴切,因为橄长岩的外表看起来很像鳟鱼的鱼皮,橄长岩上分布的颗粒适中的深灰色斜长石看起来很像鳟鱼的鳞片。橄长岩中的橄榄石就像是鳟鱼的斑点,颜色可能为红色、绿色或棕色,这是由于暴露在外的蛇纹石被风化而导致部分或整体岩石发生了改变。

粒度: 中等至粗糙
质地: 颗粒状
结构: 通常为成层结构
颜色: 嵌着黑色的灰色,偶有红色或绿色
构成: 硅石(51%),矾土(含量25%),氧化钙和氧化钠(含量为16%),氧化铁和氧化镁(含量为5%)
矿物: 斜长石(拉长石或钙长石);橄榄石;少量的辉石,磁石和钛铁矿
形成: 侵入体:岩脉,锥形岩席,岩株,岩盖,通常和辉长岩一起
常见地区: 拉姆岛,苏格兰;康沃尔郡,英格兰;奥斯陆,挪威;哈茨山脉,德国;乌利米尔兹(西里西亚),波兰;尼日尔,大岩墙,津巴布韦;布什维尔德杂岩体,南非;斯蒂尔沃特,蒙大拿州;俄克拉荷马州

岩脉、岩床和脉岩

从每个侵入体中都会渗出指缝般的岩浆并流入到围岩中，不论是像岩脉一样纵剖地层从而形成煌斑岩，还是横切岩床在岩层间形成粗玄岩。当侵入体开始冷却时，凝固的岩石表面会张开裂缝，剩余的岩浆会顺着裂缝流入，从而改变周围的岩石以形成云英岩或者凝固成脉岩以形成新的岩石，比如结晶岩。

结晶岩 (Aplite)

结晶岩是罕见的颜色苍白的火成岩，带有均匀的细致颗粒，拥有粗糖状的外观。它们与伟晶岩密切相关，并同样于岩脉处形成结晶。结晶岩质地坚硬、颗粒细腻，并且构成成分相对简单。事实上，结晶岩基本上是由石英、钾长石组成的，不含云母，这也就是为什么结晶岩颜色较浅的原因。另外，尽管伟晶岩中通常带有复杂的成分，结晶岩的成分分布却较均匀。结晶岩岩脉大部分形成于大型花岗岩侵入体处，像是在寄生岩体上留下的一道苍白的疤痕，直径很少会超过几厘米。当侵入体冷却并开始剥落时，结晶岩岩脉会在剩余岩浆灌入裂缝的时候开始形成。这些结晶岩的形成温度是所有火成岩中温度最低的，并且当压力开始减小时，水分就会从岩浆中流失。因此，结晶岩会非常迅速地形成结晶，并且带有标志性的细腻颗粒，这是结晶岩形成于地下深处的最好证明。

鉴定：结晶岩拥有细腻的颗粒、砂糖般的外表，使它看起来就像是苍白的砂岩。与砂岩不同的是，结晶岩中的颗粒相互交错生长，而不是像砂岩中的成分要靠粘合剂一样的东西辅助才能黏在一起。

粒度：颗粒细腻
质地：颗粒均匀或偶有斑状
结构：无
颜色：浅粉色或白色
构成：硅石（平均75%），矾土（14.5%），氧化钙和氧化钠（3.5%），氧化铁和氧化镁（5%）
矿物：石英，斜长石（正长石或微纹长石）
附属矿物：斜长石，白云母，磷灰石，电气石
斑晶：石英，正长石，电气石
形成：细晶岩形成于花岗岩和花岗岩侵入体的岩脉中。偶尔会形成于独立的岩瘤中或在侵入体边缘处
常见地区：有较大的花岗岩侵入体的地方

云英岩 (Greisen)

鉴定：云英岩通常出现在花岗岩内，但是岩石为浅灰色，几乎没有黑云母成分。

严格来说，云英岩是一种变质岩，而不是火成岩，它与花岗岩联系紧密，特别是在锡矿区中。事实上，云英岩是一种暴露在汽水热液中或富含氟、锂、硼、钨的蒸气中被改变或者“被交代”的花岗岩，就像玄武岩经过交代作用变成辉绿玢岩一样。当汽水热液流过花岗岩的岩脉时，它们在岩脉墙中改变了花岗岩的构造，破坏了所有长石而只留下石英和白云母。逐渐地，岩脉中被云英岩所占据。云英岩和花岗岩之间没有明确的界限，到底有多少被改变的花岗岩流入到未改变的花岗岩中也无从计算。云英岩属于硅英岩家族，是所有岩石中石英含量最高的一种，其石英含量占到了90%以上。

粒度：中等大小
质地：均衡，偶尔叶片状
结构：无
颜色：灰色或褐色
构成：硅石（平均含量90%）
矿物：石英，白云母（白云母，铁锂云母，锂云母，绢云母）
矿物：托帕石，萤石，磷灰石，电气石，金红石，锡石，黑钨矿
形成：不超过几百米长的短脉填入
常见地区：斯基多峰（湖区），康沃尔郡，英格兰；西班牙加利西亚；德国的菲希特尔山，厄尔士山，葡萄牙；澳大利亚的昆士兰州，新南威尔士州，塔斯马尼亚州

煌斑岩(Lamprophyres)

棕闪斜煌岩：其得名自新罕布什尔州的坎普顿，这种暗色煌斑岩拥有角闪石、长石和带角闪石类钛角闪石、铁角闪石、钛辉石、橄榄石和黑云母的辉石基岩。

煌斑岩得名自希腊文，意为“闪闪发光的混合物”。由于它被大块的、闪闪发光的云母、角闪石和橄榄石结晶填满，所以外观非常独特。不同的是，煌斑岩中没有任何长石斑晶，所有的长石成分都在细腻的基岩中。煌斑岩为深色的或者是铁镁质的岩石，通常由被改变的岩浆物质冷凝后形成。煌斑岩是典型的岩脉岩，大部分岩脉岩是形成于大型侵入体处的同类岩石，结构相似。近年来小型熔岩流和深成岩陆续被人们发现，煌斑岩几乎都是喷出岩脉所形成的。煌斑岩在岩脉中靠近英云闪长岩和花岗岩类深成岩。煌斑岩非常多变，有些地质学家认为它们应该被称为岩相，即在相似条件下简单结晶而形成的一组多变的岩石族群，最普遍的形式是云煌岩。

闪辉正煌岩：闪辉正煌岩得名自法国阿尔萨斯的孚日山脉，闪辉正煌岩拥有角闪石与辉石和橄榄石的斑晶。它是钙碱性煌斑岩的一种，通常和流纹岩及玄武岩一起被发现，多位于岛弧和隐没带地区。

粒度：混合
质地：斑状
颜色：带深色甚至是黑色斑晶的深灰色
构成：多样
云煌岩：硅石(平均含量为47.5%)，矾土(含量为9.3%)，氧化钙和氧化钠(含量为11.5%)，氧化铁和氧化镁(含量为26%)
基质：斜长石，似长石，碳酸岩，钙镁橄榄石，黄长石，云母，闪石，辉石，橄榄石，钙钛矿
斑晶：云母/金云母，闪石(角闪石，棕闪石，钛闪石)，辉石(普通辉石)，橄榄石
形成：大部分在岩脉
常见地区：凯恩戈姆山，切维厄特丘陵，苏格兰；湖区，英格兰；爱尔兰；孚日山脉，法国；黑森林，哈茨山脉，德国；瓦萨奇山脉，犹他州

帕利塞兹丘陵

新泽西州的帕利塞兹丘陵是一道壮观的棕色峭壁，从哈德孙河的西岸拔地而起，高度达到107米至168米。这道丘陵是从广袤的岩床中喷涌出的辉绿岩岩浆形成的，厚度达305米，向西延伸了72千米。放射年代测定法表明岩床形成的时间介于一亿八千六百万年前至一亿九千两百万年前，属于早期的侏罗纪时期。当时一股浓稠的熔岩挤进了砂岩和页岩的层理之间，随着岩浆的冷却凝固，岩浆裂成了柱状并形成了现在的峭壁。之所以命名为“帕利塞兹丘陵”是因为探险家韦拉扎诺于1524年发现了这里，并且认为这座峭壁跟当地印第安土著所垒砌的木堡要塞十分相似。到了19世纪，这些岩石作为建筑石料而被肆意开采，而现今很多的纽约人行道都是采用来自帕利塞兹丘陵的所谓“比利时石料”而修建的。直至到20世纪30年代，该地区被划为州际公园才免遭破坏。

辉绿岩(Dolerite)

辉绿岩是一种质地坚硬的石头，可以用来筑路，其外观为暗色，是一种镁铁质岩石。它含有中度细腻的颗粒，与玄武岩和辉长岩的颗粒相当。辉绿岩以产自英国的辉绿岩最出名，且只在基石中被发现，例如新泽西州的帕利塞德岩床。著名的英格兰远古青石巨型雕像——巨石阵就是由辉绿岩雕刻而成的，这些辉绿岩产自威尔士的普利塞利山。通常，当岩浆冷却凝固时，深色矿物(例如橄榄石结晶)会先形成，之后是长石和云母，而石英和其他二氧化硅物质则会填满缝隙处。条状的长石结晶会先形成，之后是深色的矿物在其间形成。通常，围绕它们形成的是被称为辉绿岩结构的物质。

鉴定：辉绿岩为深色、外表偏绿、拥有中等细腻的颗粒。

粒度：中等
质地：通常为辉绿岩，在斜长石中带有大块的斜辉石(普通辉石)结晶
结构：通常为多孔状和杏仁孔
颜色：深灰色，黑色，刚刚成型时则为淡绿色。可能带有白色斑点
构成：硅石(50%+)，矾土(16%)，氧化钙和氧化钠(13%)，氧化铁和氧化镁(18%)
矿物：斜长石(拉长石)；橄榄石；辉石；黑云母；磁石；钛铁矿；石英；角闪石
斑晶：橄榄石及或辉石或斜长石
基质：斜长石和辉石，并带有橄榄石或石英
形成：岩床和岩脉，通常在大型岩脉中富集；偶尔在熔岩中
常见地区：暗色岩床，英格兰东北部；苏必利尔湖，加拿大；帕利塞兹丘陵，新泽西州

伟晶岩

伟晶岩是奶油状的火成岩，是世界上出产大晶体和稀有矿物的岩石，在结晶的最后阶段被火成岩侵入而形成。伟晶岩地层为扁豆状或透镜状，不会超过房子的大小，但伟晶岩却是为数不多的出产高品质宝石和稀有矿石的来源。

伟晶岩的特点(Pegmatite features)

鉴定：伟晶岩是一眼就能识别的巨大晶体，比较难确定的是伟晶岩中的特殊晶体及类型。奶油色或粉红色的大晶体通常是长石，白色霜糖质地的晶体可能是石英，棕色条纹晶体是云母，而黑色的可能是碧玺，其余颜色丰富的晶体有可能是稀有矿物。

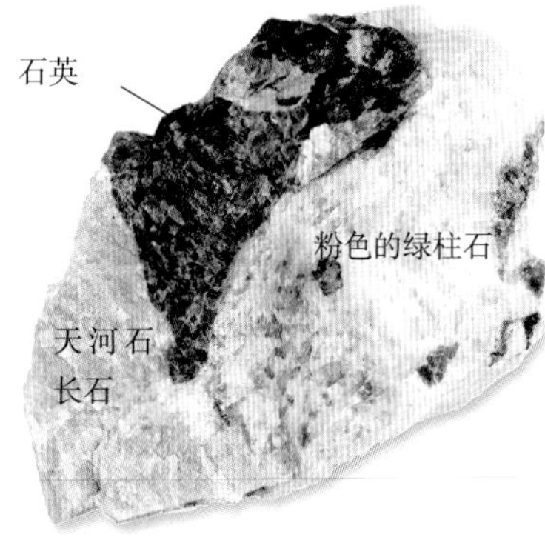

锂伟晶岩：许多伟晶岩中会富集锂矿，把云母变成锂云母并形成锂辉石，例如浅紫色的紫锂辉石和绿色的紫锂辉石。

伟晶岩的结构可能是所有岩石中最令人着迷的，没有任何岩石的地层会包含如此丰富的、大型的、壮观的晶体。世界上所有最大的天然晶体都是在伟晶岩中被发现的。即便伟晶岩中的平均颗粒不能被很清晰地看到，就像花岗岩中的粗糙颗粒一样，但颗粒至少也能达至葡萄的大小。某些伟晶岩中的晶体十分巨大，在记录中常常能找到记载着碧玺和绿柱石晶体大小的记录，而在美国南达科他州的伟晶岩中曾经发现的锂辉石晶体的长度竟然为13米。

伟晶岩也出产数量惊人、品种多样的矿石，在伟晶岩中已经发现了550种以上的不同矿物。伟晶岩也是世界上众多宝石的来源，除了美丽的托帕石和石榴石以外，所有绿柱石的变种（海蓝宝石、绝绿柱石、金绿柱石）、所有的碧玺（粉色、绿色、多色的锂电气石）和所有锂辉石（紫锂辉石和绿辉石）都曾在伟晶岩中被发现。伟晶岩同时也是罕见矿物的来源，例如铍、铌、钽、铷、铯和镓，另外还有锡和钨。由于伟晶岩中集中了如此丰富的资源，因此它也是常见矿物（例如长石和石英）的主要来源。

“伟晶岩”一词最早在19世纪初用来描述文象花岗岩，这也是伟晶岩中的常见岩石。现在，伟晶岩则用来形容任何含有晶体直径至少在1.3厘米的小块火成岩。伟晶岩的大小和形状多变，有些是岩脉，有些是透镜状地层，有些则形似结节状的萝卜。最小的伟晶岩比床垫大不了多少，而巨型伟晶岩通常可以达到3.2千米长、0.5千米宽。伟晶岩绝对不是单体结构。在美国南达科他州的布拉克山地区，伟晶岩结构覆盖了700平方千米的范围。

粒度：通常十分粗糙。晶体直径至少有1~2厘米，平均长度为8~10厘米，甚至更长

质地：极其多样，并且分区复杂又有很多晶簇（打开的晶洞）

结构：无

颜色：浅粉色或白色

构成：硅石（平均含量75％），矾土（14.5％），氧化钙和氧化钠（3.5％），氧化铁和氧化镁（5％）

矿物：石英，长石（钠长石和条纹长石）

附属矿物：斜长石，白云母，磷灰石，电气石，另外矿物中含有元素如锡，钨，铌，钽，铍，镓，铷和铯

大型晶体：石英，长石，电气石，绿柱石（海蓝宝石，绝绿柱石，金绿柱石），锂辉石（紫锂辉石和希登石），电气石

形成：岩脉，矿脉，扁豆型矿体，侵入体边缘周围的晶状体，伟晶要么是花岗岩要么是正长岩

常见地区：伟晶岩出现在世界各地，花岗岩侵入体和正长岩侵入体中都能找到。代表地区包括意大利的厄尔巴岛，马达加斯加群岛，加利福尼亚州的帕拉县喜马拉雅矿。巴基斯坦和梅沙格兰德。伟晶岩遍布于山脉和大陆地盾，例如加拿大地盾和俄罗斯北部。地盾伟晶岩通常至少有十亿年的历史。山脉伟晶岩，例如喜马拉雅山脉的伟晶岩的历史介于五百万至二千万年间。

伟晶岩地层(Pegmatite formation)

伟晶岩通常形成于巨型深成岩的边缘处，像水流一样汇聚在表面，或像在岩块中插入手指，或蔓延至周围的围岩中。人们偶尔会在围岩中发现脱离侵入体母体的伟晶岩碎块，伟晶岩被认为形成于侵入体的最后结晶阶段。当伟晶岩的主体形成时，常见矿物的结晶块已经形成，只留下小块的矿囊等待侵入体进入从而形成伟晶岩。剩下来形成伟晶岩的岩浆不仅含有少量元素，例如硼和氟，还含有挥发性液体，比如大量的水。正是由于含水量高，才使得伟晶岩中的晶体长得如此巨大。所有这些水分都使得岩浆内的流动性显著增加，这意味着熔融态物质融入到了晶体后可以流得更远、更快。通常情况下，只有当岩浆从高温慢慢冷却时才会形成大块的晶体。伟晶岩中所含的水分意味着温度在100℃ ~200℃时，巨大的晶体也能快速生长。几乎任何类型的火成岩侵入体都可以形成伟晶岩，包括辉长岩和闪长岩，甚至变质片麻岩和片岩，但大多数由花岗岩和正长岩形成的伟晶岩都具备同样的成分，即石英、钾长石和一点白云母。伟晶岩可以分为简单的伟晶岩和复杂的伟晶岩。简单的伟晶岩基本上与颗粒粗糙的母岩相同，由三种基本成分再加上一点碧玺所构成。复杂的伟晶岩则形成时间较慢，并富含很多稀有矿物。例如锂矿石，常见的浓度为30ppm（1ppm为一百万分之一），但在复杂的伟晶岩中锂矿石的浓度可以达到700ppm。因此复杂的伟晶岩其成分确实“复杂”，既可以找到文象花岗岩，又可以找到碧玺和其他矿物。通常，复杂的伟晶岩充满了晶洞，复杂的伟晶岩通常是最具价值的、迷人的晶体的来源。

黑色的电气石

碧玺伟晶岩：碧玺为一种硼矿，碧玺伟晶岩是富含硼元素的岩浆混合物在结晶的最后阶段形成的，随着氟元素的增加往往会形成托帕石。

伟晶岩的变种：伟晶岩的变种很多，有些变种的名字来自主要的源岩，其他的根据其中富含的主要矿物或元素命名。

源岩伟晶岩：花岗伟晶岩、正长伟晶岩、辉长伟晶岩、闪长伟晶岩

矿物伟晶岩或元素伟晶岩：碧玺伟晶岩、锂伟晶岩、绿柱石伟晶岩、纯绿柱石伟晶岩、锂辉石伟晶岩、钠长石伟晶岩、石英-钠长石伟晶岩、锂铯钽伟晶岩

源岩和元素伟晶岩：磷酸花岗伟晶岩、硼酸花岗伟晶岩、锂铯钽花岗伟晶岩

锂铯钽伟晶岩：LCT（即锂铯钽）伟晶岩中不光富含锂、铯和钽，同时还含有铷、铍、镓和锡。锂铯钽花岗伟晶岩中蕴藏着世界上大部分的稀有宝石，包括祖母绿宝石，金绿玉宝石，产自巴西米纳斯吉拉斯州的托帕石，产自巴基斯坦和阿富汗的蓝宝石、红宝石以及碧玺。

厄尔巴岛（意大利）

位于意大利西海岸线的厄尔巴岛的西端，是世界上最为丰富的绿柱石和碧玺矿源之一，此处还包括丰富的锂电气石变种，而这座岛的名字也来源于锂电气石的变种。1805年，岛上出现了第一座采石场，用以挖掘当地的花岗岩作为建房修路的石材。之后在1820年，当地一位名叫佛莱塞的上校（也是矿物学者）发现了岩石中的那些大块的美丽晶体，这些晶体之后被鉴定为是碧玺。而在1830年，佛莱塞在“今日洞”开辟了第一座碧玺矿，之后又一路追踪伟晶岩区域并发现了诸多其他的碧玺和绿柱石矿源。例如“佛莱塞宝石”、“教士之泉”和“希望”。随着采石场的增加、开采出的矿物越来越多，也就有成千上万的优质碧玺和绿柱石被开采出来。然而，在这10平方千米的范围内，当地人急功近利的开采导致了难以预想的后果。到了19世纪晚期，由于过度采伐，已有矿脉已经深挖到了花岗岩部分，品质最优良的矿石被开采殆尽，而采矿场已经近乎枯竭。很多矿物如今在意大利佛罗伦萨矿物博物馆中得到展出。偶尔会有来岛游玩的游客在这里找到品质优良的锂电气石，但更多的宝石收藏者认为此处仍有新的、富含无尽伟晶岩的矿脉可以挖掘。然而，新颁布的保护该岛地貌景观的法律则禁止开挖任何新矿，对那些热衷寻找伟晶岩宝石的爱好者们来说，厄尔巴岛再也不会是往昔的宝石圣地了。

黄色绿柱石

烟晶

长石

绿柱石伟晶岩：这种伟晶岩富含绿柱石，且往往包含像祖母绿这样的宝石，例如巴西的米纳斯吉拉斯伟晶岩。

沉积岩：细屑岩

沉积岩是由松散的沉积矿物历经数百万年的时间沉积而成（固实成型为岩石）。很多沉积岩是从历经风化的大石块上剥落的碎屑或小石块。碎屑大部分都是硅酸盐（石英、长石、云母）。由这些矿物所形成的岩石被称为硅质碎屑岩，并且会根据颗粒大小来分类。颗粒最细腻的是细屑岩或泥岩，主要成分是黏土和粉砂状的颗粒。它们包括黏土岩、泥岩、粉砂岩和页岩。

黏土岩和泥岩 (Claystone and mudstone)

这些硅质碎屑岩是地球上最丰富的沉积物。一半的沉积岩为黏土和泥岩，黏土岩层的条纹几乎遍布每一个沉积地层。伦敦和巴黎都建立在大面积黏土的地基上，黏土不仅是构筑城市的主要建筑材料，还为周边提供了广阔的农田。黏土石暗淡无光又十分常见，但它确实是所有岩石中最有用的。不纯的黏土用于制作砖瓦，黏土中的有机物会使黏土发生自燃现象。纯度高的黏土例如高岭石是可塑性极高的矿石，是制作陶器以及纸张填料的最好材料。

构成黏土的小颗粒是所有岩石中颗粒最小的了。黏土岩中多一半的颗粒都是黏土颗粒，直径不超过4微米。泥岩中超过三分之二的颗粒是黏土颗粒。像这样的小颗粒是风化后从母岩上最后剥落的碎屑。由于体积太小，所以这些碎屑可以被带到很远的地方。当河流流入大海，夹带的沉积物会被留下，而黏土是其中留到最后的沉积物。很多颗粒在沉入海底成为海底稀泥之前都会先漂浮起来。

大多数黏土岩由黏土沉积物形成，就位于浅水岸边风平浪静的浅滩处。像这样的黏土中可能会含有海洋生物的化石，从微小的贝类到巨型海洋恐龙不等。除了这些海洋沉积物，黏土岩也可以形成于湖底或河水泛滥处。有些黏土岩不是由沉积物构成的，而是由像红土这样的岩石在形成土壤时脱落的余屑形成的。少数黏土岩是形成时间较长的，但被后来的沉积物埋在下方，这些黏土岩会先迅速在页岩中变硬，之后通过成岩作用形成板岩。因此黏土岩大部分情况下会出现在年轻的地质构造中。

黏土矿物可以分成四个组别：由钾长石分解而形成的高岭石组（例如高岭石）、由长石和云母形成的伊利石组、由辉石和角闪石形成的蒙脱石组（包括蒙脱石）以及绿泥石。每种黏土矿物都包含了上述四种成分，同时含有不同比例的有机物。其中最普遍的就是伊利石和蒙脱石。

黏土：黏土中的颗粒都非常细小，当纯度较高、又比较湿滑时，黏土的触感非常像橡皮泥。泥土岩看上去很像陶器，并且颜色丰富，不仅有富含种植物料的灰色黏土，还有富含氧化铁的红色黏土。

黑泥岩：岩石中如果三分之一的成分是细砂颗粒、三分之二的成分是超级细腻的黏土颗粒，就可以被认定为是泥岩。泥岩基本上都是硬化的泥浆，和大部分泥浆一样通常都富含植物和动物成分。正是这种物质通常使泥岩呈现出黑色的外观。

粒度：50％以上的颗粒是黏土大小，小于4微米
质地：颗粒均匀并带有化石。没有淤泥那样的砂砾，具有可塑性、潮湿时具有粘性
结构：不像页岩有那么细的成层结构，黏土层有着更大规模的分层现象，最初位于顶部的黏土层是水平的，在此基础上形成了三角洲的底积层，而三角洲的前缘部分正是由最初顶部的黏土层偏移所形成。晒裂和雨痕常见。所有黏土微粒都是微观成层结构，这令黏土具有可塑性，潮湿时则具有粘性，这是层状结构互相叠加的结果，泥岩具有大块的构造。
颜色：黑色，灰色，白色，棕色，红色，深绿色或蓝色
构成：混有石英、长石和云母的碎屑。氧化铁可以使黏土变成红色或棕色。有机物则使黏土变成黑色。
不同的矿物分组：高岭石组矿物，比如高岭石；伊利石；蒙脱石组矿物，例如蒙脱石、绿泥石。
形成：来自近海的黏土或泥浆，湖床和河流的泛滥平原上。还有来自原地被改变的残岩。
常见地区：伦敦黏土（伦敦盆地），牛津黏土（韦茅斯到约克郡），英格兰；巴黎盆地，法国；德国北部盆地，磨拉石盆地，莱茵河上游，德国；勘察加半岛，俄罗斯；悉尼盆地（新南威尔士州），澳大利亚；三一河，德克萨斯州；阿巴拉契亚山脉；纽兰，蒙大拿州；马尔德劳山，肯塔基州

页岩 (Shale)

灰页岩：页岩通常为深灰色或者棕色，结构成薄片状，没有明显的颗粒。

和黏土岩以及泥岩类似，页岩也是在浅海海床或湖泊中形成，成型时间长、颗粒细腻。但与黏土岩和泥岩不同的是，页岩的叠层结构像是一本古书的书页，是由于上层沉积物的重量挤压而成的。因此页岩看起来就像薄片状的板岩，并且很容易就变成薄层，这种性质被称为易裂性。页岩的层状结构不一，有的像纸那么薄，而有的则有卡片那么厚。和板岩不同，页岩中通常都含有海洋生物的遗体化石，这些海洋生物的遗体被埋入泥中永久地保存，被压扁的同时泥浆也变成了石头。页岩中含有成分的不同导致页岩会呈现出多变的颜色。黑页岩中富含有机物遗体所富含的碳（通常是浮游生物和细菌），因此通常在形成岩石后变成油母质。油页岩是富含油母质和沥青的黑页岩（含量至少为百分之二十），如果高温加热会产生石油。平均而言，1公吨的油页岩可以产出750升的石油。科学家们到目前还没有找到更加经济的从岩石中萃取石油的方法。

黑页岩：黑页岩的成因是因为其中含有的海洋生物遗体从来不会被氧化。有些黑页岩形成于盆地附近，而那里的流通则受到了限制。其他页岩的成因则有可能跟全球变暖有关，全球变暖导致深海洋流的循环减弱。黑页岩因其中所含有的海洋生物化石而著称，即便是软组织动物也会被保存在黑页岩中。

粒度：50%的颗粒都是黏土大小，小于4微米
质地：颗粒均匀，带有化石。没有淤泥那样的砂砾。
结构：很容易地分成薄薄的层理结构
颜色：黑色，灰色，白色，褐色，红色，绿色或蓝色
构成：石英、长石和云母的碎屑混合。氧化铁领岩变成红色或棕色。有机物令其变成黑色
形成：来自近海的黏土沉积物，湖床和河流的泛滥平原上，经历成岩作用变成岩石
常见地区：遍布世界各地
黑页岩：波西多尼亚，洪斯吕克，德国；田纳西州；查特努加市，宾夕法尼亚州；新奥尔巴尼市，南达科他州；俄克拉荷马堪萨斯大草原
油页岩：托贝恩山，苏格兰；爱沙尼亚；立陶宛；以色列；塔斯马尼亚群岛；格林河，科罗拉多州

侏罗纪泥

维多利亚时期的化石收集者在英格兰的牛津黏土和伦敦黏土中找到了诸多重大发现，拉开了对恐龙和其他史前生物进行研究的序幕。上述两种黏土中都存在着丰富的化石，但牛津黏土中的化石则更丰富。形成牛津黏土的沉积物始于一亿四千万年前至一亿九千五百万年前之间的侏罗纪时期。那时英格兰南部完全被热带海洋温暖的海水覆盖着，孕育了各种海洋生物。牛津黏土中蕴藏着诸多鱼类和贝壳类生物的化石，在侏罗纪时期这些生物应该是生活在这片水域中的，其中包含了巨型利兹鱼和数量众多的菊石和箭石，其中最为著名的是海洋恐龙，包含了蛇颈龙、潜隐龙、长着圆圆的大眼睛的大眼鱼龙（上图所示），和令人胆寒的滑齿龙。滑齿龙体长约25米，是史上最大的食肉动物，嘴长大约为3米，牙长是霸王龙牙长的两倍。

粉砂岩 (Siltstone)

比起黏土岩和泥岩，粉砂岩不太常见，也很少形成厚厚的分层结构。粉砂岩中至少一半的颗粒都比较粗糙，是砂砾大小的颗粒，直径在4~60微米，大到足以在显微镜下观察到。大部分成分是石英，而这也是粉砂岩比黏土硬的原因，同时石英还赋予了粉砂岩微微砂质的手感。由于所含颗粒较重，比起黏土，粉砂岩更容易在岸边地带形成，通过粉砂岩能够看出潜水地区波浪和河流互相交错而成的结果。由于水流会随着季节变化而变化，沉积物的成分也会发生变化。因此在颜色苍白的粉砂岩中也通常能找到夹杂着的深色泥岩。

粒度：超过50%的颗粒都是淤泥大小，范围为4–60微米
质地：颗粒均匀，带有化石，略多沙
结构：为层积结构，呈现出交错层理和波浪
颜色：浅灰色至米黄色
构成：石英，长石和云母的碎屑混合
形成：河流三角洲、湖床和河流泛滥平原中的黏土沉积物
常见地区：广泛分布于世界各地，包括英格兰东南部，北美大草原，中国

鉴定：粉砂岩有着苍白色的外观，很容易就能辨认出。颗粒大小适中，微微有种带砂砾的感觉。通常粉砂岩中带有深色泥岩的夹层。

其他泥岩

除了黏土岩、泥岩和粉砂岩之外,还有很多其他的泥岩,包括泥灰岩、膨润土和冰砾泥。泥灰是土质、含有易碎的石灰和硅酸盐混合成分。膨润土则是流入海床中的火山灰所形成的黏土。冰砂泥基本上是移动的冰层上掉下来的碎屑。

泥灰和泥灰岩 (Marl and marlstone)

绿泥岩: 泥灰岩通常由于其中含有的钾云母矿物海绿石而带有淡淡的绿色。这些绿泥岩通常都富含化石成分。绿泥岩广泛分布于英格兰的怀特岛和北美的大西洋沿海附近。

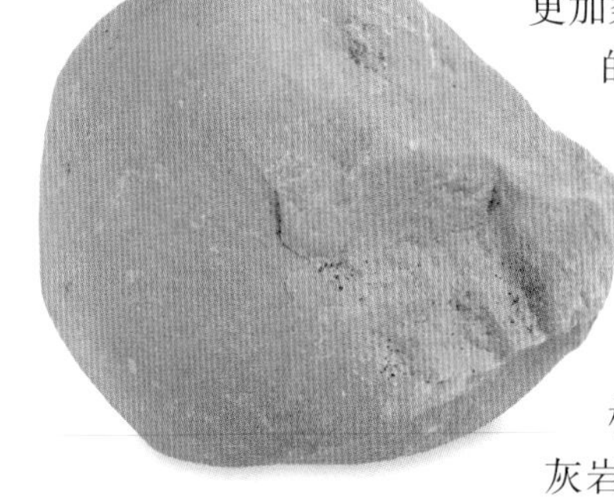

红泥岩:
泥岩中如果含有石灰和黏土,则通常会呈现出白色、灰色或棕色,但有些泥岩中富含铁元素,也就会相应地呈现出红色。严格来说,它们其实不是泥岩,因为石灰成分低,但这些岩石却有着土质结构。

由于很多沉积物都来自海床和河床,因此泥灰岩中不可避免地会出现很多贝壳或其他海洋生物的残骸。随着岩石逐渐地成型,这些残骸会先变成碳酸盐、方解石和霰石,最终在形成时间较长的岩石中变成方解石和白云石。石灰岩和白垩大多为纯度较高的碳酸钙或石灰。泥岩和黏土岩则只含有少量的石灰。泥灰岩介于两者之间,在风化的岩石中同时富含石灰和硅酸盐成分。

严格来说,泥灰岩属于岩石,但泥灰则是更加柔软的土质结构,是风化后的泥浆形成的,但地质学家们通常用泥灰这个词来概括由泥岩和颗粒细腻的石灰岩所混合的物质。石灰含量多的泥灰岩就变成了石灰岩,反之则形成了黏土和泥岩。

即便不是真正意义上的土质结构,石灰和黏土的混合成分使得所有泥灰岩都具有质地柔软、易碎的特质。泥灰岩中的成分很多都溶解于水,而石灰成分则意味着很容易被稀盐酸甚至醋溶解。

有些泥灰盐被称为壳类泥灰岩,是因为其中含有的碳酸盐物质实际上是贝壳碎片。这样的壳类泥灰岩通常被农民作为生产石灰的原料,因为从中提取石灰非常容易。另外,石灰颗粒细腻、几乎全部由石英和长石颗粒组成。形成于淡水中的泥灰岩和形成于海洋中的泥灰岩类似。通常也含有贝壳碎片,但其中的有机物通常是藻类。

在英格兰,有一组被称为新红泥灰岩的岩石,它们形成于300米厚的海床地带,是考依波统的一部分。比起纯泥灰岩,这些是富含铁元素的黏土,这是因为它们只含有很少的碳酸钙。通常这种岩石形成于沙漠条件下的盐湖中,并成型于富含厚岩床的地区,例如柴郡。有些德国的硬板岩也被形容成泥灰岩,其中包括曼斯菲尔德地区重要的含铜泥灰–板岩带。

粒度: 50%以上的颗粒是黏土大小,小于4微米
质地: 土质,颗粒均匀,有化石。泥灰中没有淤泥的砂砾,手感柔软很多。石灰有时是粉末状,有时则形成于贝壳碎片中。
结构: 不像页岩有着明显的层理结构,但黏土有着更大规模的分层现象。晒痕和雨痕很常见。所有黏土微粒都是微观成层结构,这使得黏土具有可塑性,当潮湿时则具有粘性,这是层状结构互相叠加的结果。泥岩具有大块的构造。其中富含的石灰使得这些岩石非常脆弱、易碎。而石灰和黏土的结合则为土壤提供了有益基础,向土壤中添加泥灰会增加肥力。
颜色: 各种颜色,包括棕色、白色或灰色;含铁的会变成红色,含海绿石的会变成绿色。
构成: 来自有机物的碳酸盐(主要为方解石)混合物和石英、长石和云母的碎屑混合
形成: 来自近海的黏土或泥浆,湖床和河流的泛滥平原上。另外还有来自原地被改变的残岩。
常见地区: 约克郡北部,莱斯特郡,北安普顿郡,牛津,埃克斯茅斯,伊甸谷,英格兰;法尔肯堡,荷兰;巴黎盆地,法国;曼斯菲尔德,巴伐利亚,德国;悉尼盆地(新南威尔士州),澳大利亚;歪卡山口,坎特伯雷平原,新西兰;绿河组,怀俄明;南达科他州;大西洋滨海平原(新泽西州,特拉华州,马里兰州,弗吉尼亚州)

膨润土(Bentonite)

这种岩石命名自产于怀俄明州本顿堡附近所发现的一种黏土，发现年代是1890年。膨润土是黏土的一种，是由落在海床中的火山灰产生了改变而形成的岩石。而与之类似的另一种黏土则被称为白土石，由在煤沼地区酸性水中的火山灰风化而成。膨润土和白土石大部分都含蒙脱石，但也含有未经改变的火山碎屑，例如石英颗粒和云母碎片。而通常它们还含有小颗粒的黑曜石。膨润土可分为两种：钠膨润土和钙膨润土。钠膨润土是非常有用的材料，因为遇水后就会急剧膨胀成胶状物的特性使得它可以被广泛地用于各种情况：封闭大坝、油井，用作猫砂以及作为清洁剂使用。钙膨润土形成的吸收形黏土被称为漂白土。膨润土典型分布于浅海石灰岩和页岩互相交错的地区，并且能够根据膨润土而推测出该地区曾经经历过突发性的剧烈火山喷发并产生了大量的火山灰。尽管通常被发现于15米厚的海床地区，但其实大部分膨润土出产地的海床厚度都不到0.3米/1英尺。尽管膨润土成型时已经无法窥测出其本来面貌，但通过它们人们可以获取关于过去火山喷发的非常重要的信息。在奥陶纪时期，美国东部被厚度达1米的火山灰所覆盖，而到现在田纳西州至明尼苏达州还遍布了大量膨润土。

膨润土：膨润土看起来很像黏土软陶，但通常呈现出介于浅黄和橄榄绿之间的颜色。在吸收了水分后会急剧膨胀。

粒度：颗粒50％以上是黏土大小，小于4微米。

质地：土质、颗粒均匀。潮湿的时候具有可塑性，易滑脱。手感油腻或偏蜡质。

颜色：白色至浅橄榄色，绿色，奶油色，黄色，土红色，棕色和天蓝色。暴露于空气中膨润土变成黄色。

构成：蒙脱石黏土矿物，石英颗粒，云母薄片，火山玻璃珠，方解石和石膏。

形成：落在海床上的火山灰经过了转变就形成了膨润土。落在煤沼上的火山灰形成了白土石。

常见地区：红山(萨里)，沃本(贝德福德)，巴斯(埃文河)，英格兰；西班牙；意大利；波兰；德国；匈牙利；罗马尼亚；希腊；塞浦路斯；土耳其；印度；日本；阿根廷；巴西；墨西哥；萨斯喀彻温省；怀俄明州；蒙大拿州；加利福尼亚州；亚利桑那州；科罗拉多州；南达科他州，布拉克山

泥灰—农民的朋友

数千年来农民一直往土壤里添加泥灰以提升土壤的肥力。向酸性土壤中添加泥灰时，其中的石灰可以帮助中和土壤中的酸性物质。此外泥灰可以粘合土壤中的砂砾，使其更好地吸收热量和水分。向粘质土壤中添加泥灰时，泥灰的效用竟然是相反的，它能够让土壤更易碎裂，以使空气、水分热量更好地穿透到根部。因此泥灰促使植物良性生长有几种方法：植物能更多地吸取养分，且更易于吸收。几百年来泥灰都是来自数量众多的泥灰坑中，直到人工肥料开始发挥作用。美国东部有着大量的泥灰，在19世纪，在每0.4公顷/1英亩的农田中，农民们通常洒20–30公吨的泥灰。添加了泥灰的农田产出的土豆、番茄和浆果类作物长势十分喜人。特别是三叶草，在泥灰肥充足的土壤中可以茂盛地生长。

冰砾泥(Boulder clay)

像人们所熟知的冰碛和底碛，冰砾泥是伟大的冰河时期遗留下来的、覆盖了大部分欧洲北部和北美的巨大冰层的遗迹。就像是混合的水果蛋糕一样，巨大的鹅卵石和卵石沉睡在冰河之下，而在冰川移动过程中剥落的冰层碎片和冰霜则将岩石碾成了细腻的黏土颗粒。冰砾泥中所含的成分则反应出了冰川移动的过程。因此在英国，在三叠纪和老红砂岩地区的冰砾泥是红色的，而志留纪的岩石则为浅黄色或灰色，白垩附近的冰砾泥则呈现出白色。尽管最大的冰砾泥是过去冰河时代所遗留的产物，但如今极地和高山地区的冰川和冰层之下依然在形成冰砾泥。

粒度：卵石，巨砾和黏土大小的颗粒混合，小于4微米。巨砾可能有数吨重。

质地：光滑的黏土镶嵌在有棱角的石头块中

颜色：根据原石而异，可以是红色、白色、灰色、棕色或黑色

构成：取决于原岩

形成：碎片积累并沿着冰川和冰层席卷而下

常见地区：横跨欧洲北部和北美北部，特别是英格兰的东英吉利亚和德国北部平原

鉴定：由于在一大块黏土质中富含大量的石块和沙粒，很容易把冰砾泥搞错。而有意思的挑战就是找出其中的原始物质。

砂岩

砂岩仅次于泥岩，同样以分布广泛而著称，地球上百分之十到百分之十五的沉积物都是砂岩，因为耐久性强，所以通常由砂岩形成了主要的山峦和地貌，同时也提供了十分有价值的建筑石料。砂岩的砂质颗粒直径在60微米~2毫米，至少一半的颗粒都是这个大小，因此被归类为砂岩。

砂岩 (Sandstone)

砂岩顾名思义，就是由砂质颗粒，石英、长石组成的，或者就只是砂砾大小的岩石碎片。有时沙漠中的风吹起砂砾、累积成沙丘，而颗粒也经由打磨变得光滑圆润。有时砂砾被刮到河床、海滩或浅海中，颗粒也变得光滑起来。最尖锐的砂砾来自冰层碎片或者是高处的河流，在上述地区，砂砾都不会因远距离的旅行而被打磨至光滑。

海滩地区的砂砾是典型的黄色，但每个砂石中都有聚合成块的砂质颗粒。褐铁矿赋予了砂岩淡黄色的色彩。方解石则将砂岩变成了白色的、非常完美的玻璃。沥青则赋予了砂岩黑色，例如阿尔伯塔地区的砂岩。而氧化铁则给砂岩染上了红色和褐色。这种暖红色和褐色的砂岩可以在纽约著名的褐色砂岩房屋中看到，而犹他州、科罗拉多州和亚利桑那州的台地和孤峰则为锈红色。偶尔，砂岩中的粘合剂不那么牢固，所以砂岩很容易在手中碎裂。大部分情况下，砂石质地较硬，具有较高的抗腐蚀性也使得砂石形成了世界最为壮丽的地貌景观——高山、峭壁和高耸的台地。砂岩的韧性也使得其成为了完美的建筑石料，被广泛地应用于各个方面。

砂岩就像一本“书”一样可以一页页地展示其本身形成的过程。砂岩上的裂缝可以揭示出沙子是在什么地方被太阳晒干的，而波痕则说明了沙子曾经经历过海浪的冲刷。层理标记则见证了沙子年复一年、在不同的自然环境中持续经历风化过程。沙漠中的砂岩，例如美国犹他州锡安峡谷，甚至可以通过这些砂岩捕捉到古代因风而堆积成的沙丘的形状。大部分砂岩中也富含生物化石，这些生物要么是在沙丘中挖洞而生的生物，要么就生活在沙丘上面的水中环境。在康涅狄格州波特兰的褐色砂石采石场中曾经发现过巨大脚印的痕迹，而后被证明这些脚印是很久很久以前恐龙经过此地时留下的。

鉴定：由于表面沙砾清晰可见，可以很容易地辨认出砂岩，但是却很难区分出到底是哪种砂岩。在新鲜的表面，可以找到石英和长石。乳白色的石英颗粒非常显眼，呈玻璃状、无解理标志。长石通常为白色或粉红色，带有明显的解理面。它们可能会从孔洞中溶出或变成黏土。

粒度：95%以上为沙粒大小，60微米~2毫米

质地：砂质质地和固体沙子很像。颗粒序列分明，通常很圆润。颗粒间的粘分量差别很大

结构：典型的出现在毯状沉积物中，厚度则从几米到几百米不等。砂岩通常在夹层间混有泥岩、石灰岩和白云石。通常出现交错层理和波纹，显示出它们形成于高能量的环境中。风成岩通常为砂锥型。

颜色：多变-通常为红色，棕色，绿色，浅黄色，黄色，灰色，白色

构成：40%~95%的石英，还有长石和岩石碎屑。其他还包括云母，黏土，有机物碎屑，另外还有重矿物。石英和方解石起到了胶粘的作用。

形成：几乎包括所有沉积环境，从小型冲积扇到广阔的深海平原。有些形成于高能量的海洋环境中，例如海滩。有些源于风成（风吹）沙漠中的沙海，此处可以供应源源不断的砂砾。而致密硅石则是其他颗粒都被风吹走了，只剩石英砂，形成了这种岩石。

常见地区：西部高地，苏格兰；奔宁山脉，英格兰；亚平宁山脉，意大利；喀尔巴阡山，罗马尼亚；尼罗河谷，埃及；印度；阿巴拉契亚山脉；科罗拉多州和阿勒格尼高原；蒙大拿州

孔雀石砂岩：砂岩中从来没有纯粹的石英砂，甚至是纯碎的石英或和长石。大部分砂岩中都含有矿物。这种三叠纪时期的砂岩表面上有绿色孔雀石的斑点。

老红砂岩 (Old Red Sandstone)

老红砂岩是最著名的,也是研究证实的所有岩石中都含有的岩层。老红砂岩是一种覆盖面积巨大的岩层序列,由一个巨大盆地中的沉积物沉积而成,而这个盆地的面积相当于横贯了现在的欧洲西部。老红砂岩的形成时间大约从四亿零八百万年前至三亿六千万年前的泥盆纪时期。而此时的地球上,第一条鱼刚刚开始在水中游弋,第一棵陆地植物正在生长,第一只昆虫正在爬行。随着大规模的加里东造山运动慢慢地经历风化过程,其中剥落的残余部分都集中到了这个巨大的盆地中并在日积月累之后变成了石头。这些分布广泛的沉积物被地质学家们用"老红砂岩大陆"来描述——这其中包括了北美的卡茨基尔山脉,但其实它是差不多在同时期另外形成的山脉。泥盆纪的沉积物并非只有砂石,并且也不是以相同方式形成的。有些石头是在河流中沉积下来的,有些则是在海洋和湖泊中沉积下来的。但占主要的还是大面积分布的红色砂岩层。泥盆纪时期位于赤道南部的巨大盆地被高温炙烤,其中的沙子则形成了沙海和冲积扇。由于水中有铁离子,使得水分在蒸发后给砂石染上了独特的红色。

鉴定: 老红砂岩由于其含有的著名的泥盆纪鱼类化石以及形成位置,可以很准确地判定它的身份。砂岩的成分包括了页岩、其他泥岩和砂岩。砂岩表面的砂质颗粒可以靠肉眼识别,并通常为含有氧化铁的物质染上的铁红色。

粒度: 95%以上沙粒大小,60微米~2毫米
质地: 砂质质地和固体沙子很像。颗粒序列分明,通常很圆润。颗粒序列分明,通常很圆滑,颗粒间的粘合量区别很大
结构: 见砂岩
颜色: 红色,绿色,灰色
构成: 见砂岩
形成: 大部分红色砂岩都形成于广袤的地区,从冲积扇到沙漠盆地,还有沙漠的沙海
常见地区: 设德兰群岛,凯思内斯郡,米德兰河谷,博德斯,苏格兰;弗马纳郡,安特里姆,北爱尔兰;威尔士中部;什罗普郡,德文郡,萨默塞特郡,英格兰。
北美红砂岩: 加拿大西部;卡茨基尔山

正面以褐砂石建成的(成排)房屋

19世纪60年代美国内战结束后的几十年中,在波士顿,特别是纽约,上流社会的建筑时尚是用褐砂石造房。褐砂石是一种富含长石的砂岩,形成于大约二亿年前的三叠纪时期。作为粘合剂的氧化铁赋予了其温暖的巧克力外观。最为与众不同的褐砂岩位于康涅狄格州的波特兰附近,19世纪末期,波特兰采石场兴旺起来。但追捧褐砂岩的风潮却没能持续太久,部分原因是混凝土结构的出现,另一部分原因是褐砂岩会形成水平的层理,使得建筑物的垂直面突出或产生"垂直层"。当水渗透到层理中冻结后,砂岩很快就会剥落。现在这些美丽而古老的建筑却再次受到人们的关注,建筑的正面用重新来自波特兰采矿场的新砂岩重新修复并涂以质量更好的灰浆。

绿砂石 (Greensand)

绿砂石是被黏土矿物海绿石小颗粒染成绿色的砂岩或泥岩,而海绿石则得名自希腊语中的"蓝绿色"一词。有些绿砂石中90%以上的成分都为海绿石,只有很少的石英砂和黏土。海绿石是一种钾铁铝硅酸盐物质,也是一种很好的钾盐肥料,同时也是一种很好用的软水剂。海绿石形成于浅海中(深度仅为50~200米),由沉积物慢慢累积而成,而海洋生物则以穴生的方式大量地在其中生活。当生活在其中的海洋生物排泄粪便或者其中的软壳类生物死亡后,化学成分的改变会形成海绿石中的小颗粒。然而富含海绿石的岩石并不总是绿色的,可能是棕色或者是黄色,而颜色的改变则是风化作用的结果。大部分绿砂石形成于侏罗纪和白垩纪时期。在英国,该时期形成的砂岩层被称为绿砂石,而不考虑其中是否含有海绿石。

粒度: 黏土至沙子大小
质地: 有时为砂质,有时像黏土一样光滑
结构: 见砂岩
颜色: 红色,绿色,灰色
构成: 大部分为海绿石,有石英砂和黏土
形成: 绿砂形成于浅而缓慢沉积的海床中。通常位于沉积序列的最后阶段,在一个不整合的下方出现。
常见地区: 威尔德地区,多塞特郡,巴克夏郡,牛津郡,贝德福德郡,英格兰;布洛涅,法国;新泽西州;特拉华州

鉴定: 未经风化的绿砂石颜色为苍白的橄榄绿色,这是由于海绿石的缘故,但当暴露在空气中就会变成棕色或黄色,因此不是那么显眼。

砂屑岩和玄武土

砂岩主要可以分为两种：砂屑岩和玄武土。砂屑岩全部由砂砾大小的颗粒（60微米~2毫米/2.5~80密尔）组成，其中的粘合成分很少。玄武土的序列不是那么明显，砂砾和淤泥以及黏土混杂在一起。但砂屑岩和玄武土这两种岩石都主要由石英组成（或者是正石英岩），另外则是石英和长石的混合成分（比如砂屑长石砂岩），或者是“石屑”，这部分是由各种各样岩石碎片组成的（比如玄武土杂砂岩）。

正石英岩（石英碎屑岩）(Orthoquartzite (Quartz arenite))

鉴定：正石英岩中含有的粘合材料非常少，因此看上去是凝固的砂石，而它也的确如此。这种岩石看上去像是方糖，因为其中的主要成分是石英而使其看上去颜色非常苍白。

正石英岩或石英碎屑岩是所有岩石中石英含量最多的岩石，大部分都是由完整的砂砾大小的石英组成的，而粘合成分则少得可怜。事实上，判定一个砂岩是不是正石英岩，只要看石英含量是否超过了95%，如果超过，就一定是正石英岩。而其中也有些“重型”矿物，比如锆石、碧玺、金红石，但含量都相当稀少。

正石英岩形成于高能量的环境中。砂砾被海滩边的巨浪冲刷或是河流奔腾入海的地方就能产生正石英岩。正石英岩带有明显交错的层理，而这也说明了砂砾曾经来自何处、又在经历过怎样剧烈的冲刷后才变成了现在的样子。在滔天巨浪的最上层砂砾开始聚集，沿着海岸粘附在海滩、沙丘、滩涂上。如果仔细观察正石英岩的层理，通常都会看到其中所含有的古代海岸生物的遗迹。

并非所有的正石英岩都是形成于水中的，由于其基本构成物质是干燥的砂砾，正石英岩可以形成于沙漠的沙海之中，而沙海中通常会在风力作用下形成由砂砾堆积成的高高的沙丘。水生的正石英岩基本为白色或浅灰色，这是由于其中多含有纯度很高的石英。而由风吹或“风沙”作用而形成的正石英岩通常为红色或粉色，这是由于其中有颗粒细腻的氧化铁物质而染色形成的颜色。

所有砂岩中，正石英岩的比例占到了约三分之一，但正石英岩形成的空间和时间则是零散不均。大部分正石英岩在古生代（五亿七千万年前至两亿四千五百万年前）的一段短暂的时期内形成。分布如此之广的正石英岩需要大量被风化的陆地岩石做基础，而形成正石英岩的陆地岩石也需要一段非比寻常的长期且稳定的风化条件才能形成正石英岩（同时还需要去除其他杂质）。而这正是为什么能够在稳定的古代大陆克拉通的边缘例如澳大利亚中部、俄罗斯平原以及北美中部圣彼得砂岩地区能发现大量正石英岩的原因。有些厚度十分惊人的正石英岩在陆地开始慢慢分离的时候下沉，而之后又被折进了山脉中。阿巴拉契亚山脉中的柯林奇砂岩以及洛基山脉的砂岩都是在此过程中形成的。

粒度：95%以上沙粒大小颗粒，60微米~2毫米

质地：砂质质地和固体沙子很像。颗粒序列分明，通常很圆润。

结构：典型的出现在毯状沉积物中，厚度从几米到几百米不等。砂岩通常在夹层间混有泥岩、石灰岩和白云石。通常出现交错层理和波纹，显示出它们形成于高能量的环境中。风成岩通常为砂锥型。

颜色：水成正石英岩是典型的白色或浅灰色。风成正石英岩则通常因为氧化铁而被染成红色，粉色或棕色。

构成：95%以上的石英，长石和碳酸盐作为粘合剂而存在。另还有燧石和变质石英岩，锆石，电气石，金红石

形成：有些形成于高能量环境中，例如海滩，并从稳定的克拉通中露出。有些形成于断裂的大陆架。有些形成于源于风成沙漠中的沙海，沙海可以供应源源不断的砂砾。

常见地区：俄罗斯草原；澳大利亚中央地区；圣彼得砂岩，美国中西部；阿巴拉契亚山脉中的奇洛威，图斯卡罗拉和柯林奇；洛基山脉中的平头和塔皮兹

灰色正石英岩：其中大部分都是纯石英，经历了多年的风吹雨打后，其中的石英碎屑岩或正石英岩呈现出了显眼的纯白色或者灰石英色。

乌卢鲁

澳大利亚的乌卢鲁是世界上最大的独立岩石。乌卢鲁的高度超过了345米，看上去就像从辛普森沙漠中伸出的巨大岩石。这块暴露在地表的巨石其实是古代这片沙漠之下的长石砂岩露头的倒置。这处露头形成于古代被称为阿玛迪斯盆地的洋底，大约在五亿五千万年前开始向上抬升，导致了一段颇为壮观的侵蚀期，使得长石砂岩沉积下来。之后地壳运动使这些长石砂岩倾斜了大约80°~85°。最终乌卢鲁长石砂岩被下方的浅海沉积物深埋，必须重新让沉积物经历风和水的侵蚀，剥落后才能重见天日。乌卢鲁很长时间以来被人所周知的是其欧式名字“艾尔斯山”，但这里曾经是澳大利亚原住民的圣地，于是1985年澳大利亚政府再次恢复了原住民的传统、用原住民的名字命名了此处——乌卢鲁。

杂砂岩 (Greywacke)

杂砂岩通常被称为脏砂岩，是一种坚硬、颜色发暗的砂岩，由粒大而锐利的石英、长石和其他岩石碎片组成，广泛地分布于黏土和泥沙中。这种不同寻常的混乱组合通常由混合着水和岩石碎片的大陆架以雪崩或“浊流”般的形式堆积起来，堆积起来的物体常常为几千米厚，并且包括各种深水生物的化石以及被卷入漩涡中的植物化石。杂砂岩是形成于地球历史早期的主要砂岩，而当时的主要陆地面积都还很小。近期形成的砂岩层理顺序则更加有规律。

粒度：大部分是砂砾，颗粒大小从黏土到砂砾不等。
质地：沙子、砂砾和淤泥的混乱混合。序列混乱但递变尚佳。
结构：递变层理。层理折叠且残缺。没有交错层理结构。形成具有层状砂岩和页岩的序列。
颜色：灰色，绿色，棕色
组成：石英(40%~50%)，长石(40%~50%)，云母，加上黏土和岩石
形成：浊流沉积并在其他高能环境中形成
常见地区：所有的褶皱山系(石灰岩丰富的除外)，例如：威尔士；苏格兰高地，苏格兰；哥比亚，英格兰；片岩山脉，哈茨山脉，德国；中央高地，法国；凯波斯地体，陶利斯地体和怀帕帕地体，新西兰；海岸山脉，加利福尼亚州；西弗吉尼亚州

鉴定：灰色的外表、以及砂砾和黏土的大颗粒混杂的分布使得杂砂岩很好辨认。

长石砂岩(长石质砂岩) (Arkose (Feldspathic arenite))

长石砂岩看起来非常像花岗岩，很难把这两种岩石区分开。通常唯一能区别长石砂岩和花岗岩的标准是层理标准，这是因为长石砂岩基本上是重组的花岗岩，成分与花岗岩相同：石英、长石和云母。长石砂岩是在特殊条件下破裂的花岗岩形成的岩石，它与其他砂岩的不同之处就在于所含有的长石成分。在通常情况下，长石会风化成黏土，而砂岩中只会留些黏土和石英。但长石砂岩中却保留了长石。曾经有人认为长石砂岩只能在沙漠条件下形成，因为那里气候干燥、含水量小，才不会破坏长石；而苏格兰西北部的托里东砂岩就是这样形成的。现在地质学家们则了解到，如果花岗岩被侵蚀并被快速抬升后，其中的长石就可以保留下来。因此很多长石砂岩多形成于三角洲和冲积扇地区，这里是由于陆地断裂作用导致河流冲击而形成的地堑(洼地)。其他长石砂岩则沿着火山岛弧分布。因此长石砂岩实际上连接着地球极端的过去，要么是极端的气候，要么是剧烈的造山运动和高耸的地貌。

鉴定：长石砂岩看起来很像花岗岩，具有与花岗岩一样的粉红色外表以及同样颗粒大小的石英、长石和云母矿物组合。而分辨长石砂岩的标志物通常为其形状，以及层理和成层的迹象。

粒度：大部分是沙子大小的颗粒，直径至少为1~2毫米
质地：颗粒既无序列又不圆润，和正长岩不一样，沙漠长石砂岩除外
结构：在扇形沉积处，深度大概几米左右。比起正石英岩，交错层理和波纹要少一些。风成岩可能为沙丘形
颜色：白色，灰色或粉红色，反映出内含长石成分
构成：石英(40%~50%)，长石(40%~50%)，云母等。在陆地长石砂岩中，正长石和微斜长石是主要的长石；在岛弧长石砂岩中，斜长石是主要成分
形成：三角洲和河沙洲中高峻地形和沙漠中的风成沉积物
常见地区：托里登，苏格兰；奔宁山脉，英格兰；法国；捷克；乌卢鲁，澳大利亚；美国东部

砾屑岩

砂岩、粉砂岩、泥岩和陶石都由大小相同、质地均匀的细腻颗粒组成。然而有些沉积岩是由大小完全不同、混乱杂合的颗粒组成的。这种杂合无序的岩石被称为砾屑岩，并分成两个种类：砾岩和角砾岩。砾岩中的颗粒比较圆滑而角砾岩中的颗粒大多棱角分明。

砾岩 (Conglomerates)

有时砾岩也称为圆石，是因为砾岩大部分为圆形的石头，嵌在颗粒细腻的砂砾和黏土基质中。这些石头包括碎石（2~4毫米）、小卵石（4~64毫米）、圆石（64~256毫米）和大圆石（比256毫米大）。像这样的小卵石基本上都是沿海滩翻滚或者被溪流冲刷，历经数年的时间才把锋利的棱角磨平，要经受这样的洗礼，这些小石头必须要足够坚硬，而这也就是为什么砾岩中多含有坚硬的石头，比如石英、燧石、角岩以及坚硬的火成岩。随着时间的推移，最坚硬的岩石逐渐减少，变成了砂岩和黏土，因此砾岩标志着缓慢、稳定的沉积过程发生了中断。

有两种砾岩：正砾岩和副砾岩。正砾岩是真正的沉积岩，当碎石和小卵石被洪流般的河流冲刷或被海滩上的怒涛拍打时就形成了正砾岩。正砾岩中的石头颗粒几乎一致、排列紧密。其中的缝隙基本上都被颗粒细腻的沉积物填满并作为粘合剂把石头粘合到了一起，但形状相同的石头有可能带或者不带粘合剂。

副砾岩则是一堆形状不一、颗粒不均的杂合石头分散分布在基质中。副砾岩由山体滑坡、浊流、冰川所有这些剧烈运动形成，而所有的物体都因为剧烈运动而混杂在一起，毫无规律可言。除掉基质之后所剩的就是一堆石头。泥砾是副砾岩。

砾岩分布广泛，但其沉积物通常很小且范围较小。有些黑色的小卵石在浅色的粘合剂中显得很突出，就像是布丁中的葡萄干，因此得名为圆砾岩。英格兰赫特福德郡和曼彻斯特市的罗克斯伯里出产棕色的圆砾岩，而加拿大休伦湖中的圣约瑟夫岛上出产的墨绿色圆砾岩都是很好的例子。

圆砾岩：英格兰赫特福德郡的圆砾岩带有葡萄干大小的石头颗粒，非常著名。图中白色的是石英和长石，圆形的石头则是附近白垩山上的燧石。

杂砂砾岩：绝大多数砾岩被描述为杂砂砾岩或复矿碎屑岩。这意味着岩石中包括了范围极广的构成来源，例如玄武岩、板岩和石灰岩。这些都是从高耸的地区由河流冲刷下来的沉积物或者在是冲积扇地区堆积而成的。

粒度：超过2毫米，可以是颗粒、圆石、鹅卵石或巨砾。

质地：摸上去大部分是砂质大小的颗粒，只有不足15%的沙子和黏土基质。副砾岩至少有5%的基质，并真的含有沙子或泥岩，夹杂着鹅卵石、圆石和巨砾。

结构：一般都比较小，沉积物分层不明显，也没有颗粒细腻的沉积物层理标志。

颜色：颜色随源岩而变化。岩石的颜色从基质上就会不同。碧玉圆砾岩中，红色的石头位于浅色的基质中，像是蛋糕上点缀的樱桃。

构成：根据来源，例如伟晶岩，砾岩可以是纯石英或长石，但通常砾岩含有岩石碎屑，典型的质地较硬的岩石例如流纹岩，斑岩和石英岩。基质可以是硅酸盐、方解石或氧化铁。

形成：正砾岩形成于水流湍急的河流中和浅浪区中。副砾岩则由冰川、山体滑坡、雪崩和浊流沉积而成。

常见地区：英国赫特福德郡；卡塔丘塔（北领地）澳大利亚；休伦湖，安大略省；凯威诺，密歇根州；俄亥俄州；印第安纳州；伊利诺伊州；巴哈马群岛；克雷斯通（圣路易斯谷）；科罗拉多州；罗克斯伯里，马萨诸塞州；菲尔伯恩，南达科他州；布鲁克斯山脉，阿拉斯加州；盆地山脉，新墨西哥州；范霍恩，德克萨斯州；死亡谷，加利福尼亚州。

角砾岩(Breccias)

角砾岩有时也被称为尖角石,这是由于角砾岩基本都是由碎石组成的。角砾岩中的碎石大多棱角分明,在尚未被磨平棱角之前就变成了角砾岩的组成成分。和砾岩不同,角砾岩可以由任意的岩石形成,对岩石的软硬质地要求也不高。但是大部分组成角砾岩的岩石都来自其周边,而这也被称为“层内结构”。如果石块被冲刷到了很远的地方,就会形成序列、因此也不会形成角砾岩。在山区,角砾岩通常由石块中颗粒细腻的沉积物作为粘合剂把碎石粘合在一起从而形成角砾岩。大部分角砾岩都是在剧烈运动中以极快的速度形成的,比如发生山体滑坡或者火山爆发时,或者是洪水爆发或是由风暴卷起的巨浪拍打着海滩上的沉积物时。角砾岩有时也由坍塌的石灰岩洞的洞顶形成,而洞底则变成碎石埋入地底。珊瑚礁中通常带有大量的石灰角砾岩,都是由石灰岩洞的洞顶形成的。少数角砾岩是“层外结构”,在成分固定下来之前被冲刷到距离来源地很远的地方,因此才会形成非常复杂的成分。

鉴定:角砾岩很容易识别,因为它们含有大块的且棱角分明的石头,但是却不是那么容易地能辨认出到底包含了哪些石头以及来源地。确认角砾岩的最好方式就是先从和周围的岩石做比较开始。

粒度: 超过2毫米
质地: 在细腻的基质中存在大块的棱角分明的石头
结构: 角砾岩通常很小,沉积层分层不明显
颜色: 颜色随源岩而变化
构成: 通常为碎屑——任何岩石的碎屑,包括像大理石这种质地较软的岩石
形成: 有些形成于水流湍急的河流中,或在风急浪高的海滩上。有些则来自山体滑坡和雪崩,这两种都发生在陆地上/海洋中
常见地区: 塞萨利,希腊;墨西哥;温哥华岛,中途,英属哥伦比亚省;普拉特县,怀俄明州;圣贝纳迪诺县,加利福尼亚州;麦其诺岛,密歇根州;索皮洛特,德克萨斯州

山体滑坡
即便现在,山体滑坡也常会造成一座山或一座峭壁突然崩塌,比如多塞特郡的黑崖,此地的海岸时常遭受海浪的侵袭。有些则是由暴风雨引发的,例如1986年飓风博拉在新西兰引发数以千计的山体滑坡。另一些则是由火山爆发和地震引起,例如1989年加州的洛马普里埃塔地震。极端现象引起地形重构和在极迅速而激烈的情况下使得石材重塑。像黏土这种质地柔软的岩石在山体滑坡中很容易跟着滑落,但质地坚硬的岩石在某些条件下也会随之崩塌。质地坚硬的岩石一般会沿着像节理这样已有的破裂而剥落。关键因素是水的存在,水令颗粒分离、降低颗粒之间的粘合。上图所示加州的文图拉地区一场降雨引发了山体滑坡。极其大块的岩石在下落时会把空气压缩成气垫,让岩石碎片下滑得更快更远。1970年秘鲁瓦斯卡拉山雪崩时,山体下滑的速度超过了每小时320公里,导致1.7万人殒命。

火山角砾岩、压碎角砾岩和冲击角砾岩 (Volcanic,crush and impact breccias)

并不是所有的角砾岩都是沉积岩。火山角砾岩就是凝灰岩,由火山爆发时喷出的碎屑形成。冲击角砾岩则是岩层被强烈的板块构造运动或者被岩层之上强烈的板块运动在地下挤压而形成的。有些冲击角砾岩规模较小,这是由于地壳在运动时会产生挤压的现象并形成岩脉和裂沟。其他大规模的冲击角砾岩则沿着断层分布,这是由于在很久很久以前,地球上的构造板块曾经相互挤压的结果,或者是由于造山运动形成了折叠起来的岩层。陨石对地球的撞击产生了另外一种角砾岩,这是由于陨石撞到地球时对地壳岩层产生了巨大的冲击,从而形成了冲击角砾岩。

粒度: 超过2毫米
质地: 细腻基质中存在着大块棱角分明的石头
结构: 很小,沉积层分层不明显
颜色: 随源岩而变化
构成: 通常含有岩石碎屑
形成: 火山角砾岩形成于火成碎屑。压碎角砾岩形成于地下,由于地壳运动挤压岩石使其破碎。冲击角砾岩则是陨石撞击地面时击碎岩石而形成的
常见地区: 火山角砾岩: 亚利桑那州; 新墨西哥州
压碎角砾岩: 高地,苏格兰; 阿尔卑斯山,瑞士; 阿巴拉契亚山脉
冲击角砾岩: 霍顿陨石坑(德文岛),努纳武特

鉴定:火山角砾岩含有棱角分明的火成碎屑,直径至少为2毫米。火成碎屑通常为黑色的玻璃。

生化岩石

海水中的无数生物都可以从水中获取溶解的化学物质，并可以用来制作外壳和骨骼。有些用钙和碳来形成碳酸盐，而另一些则通过溶解的二氧化硅来形成硅酸盐。当海洋生物死亡后，形成海洋生物的坚硬物质则会变成沉积物，从而形成“生化”沉积岩，例如燧石、火石、白垩和硅藻土。

层状燧石（生化燧石）(Bedded chert(biochemical chert))

燧石由非常细腻的石英结晶组成，因此只能在显微镜下看到。燧石是一种超乎想象的坚硬岩石，因此用锤子敲击石块时会产生玻璃质地的尖锐贝壳断口碎片，而这种特殊的质地也使得史前人类通常都用燧石来制作切割工具。即便是在今天，大部分通过软泥而形成的燧石的岩层还覆盖着深海洋底。而软泥的成分则来自浮游生物的遗体，例如放射虫、硅藻、被称为骨针的微型海绵。一旦软泥被埋入岩层，就会慢慢硬化形成燧石。相对而言，富含二氧化硅的、纯度较高的软泥，比如放射虫或硅藻土软泥，则取决于其中哪种微小的有机体占主导地位。纯度稍低的软泥则是sarl和smarl。每种都形成一种独特的燧石。洋底软泥燧石则位于最顶层，在蛇纹石和玄武岩之上、以蛇纹石排序，分成段的海床则被推上了陆地。

鉴定：燧石本身的颗粒非常细腻，因此很好辨认，大部分颗粒都是玻璃质地，用锤子砸时会变成尖锐的、有贝壳断口的碎片。

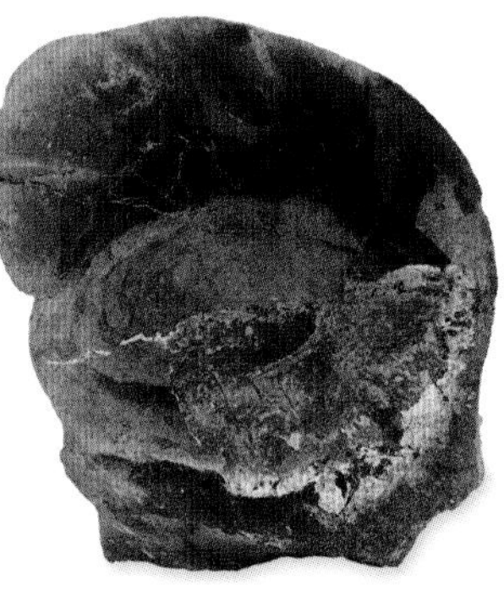

粒度：隐晶质结晶，无法用肉眼看到

质地：大部分为玻璃般透明的，且有贝壳状的断口

结构：形成于厚度仅为1~10厘米的薄层中。典型的很大或很细的层压结构（反映出不同时期），但有交错的层理和浊流冲刷的痕迹

颜色：黑色，白色，红色，棕色，绿色，灰色，这取决于杂质

主要成分：纯石英

形成：海床软泥凝固后形成

常见地区：阿伯丁郡，苏格兰；山区，英格兰；巴伐利亚州，哈茨山脉，片岩山脉，德国；波西米亚，捷克；拉萨尔县，伊利诺伊州；马里恩县，阿肯色州；奥札克，密苏里州；明尼苏达州

火石（交代燧石）(Flint(replacement chert))

鉴定：火石结节看起来是白色的、暴露在外面的节状小卵石，但一旦打破，就会发现其实它们看起来像是黑色或太妃糖浆一样的玻璃色，但颜色要更深，并且有锋利的边缘。

并非所有燧石都起源于生化有机物。有些是很简答的化学成分，换句话说，二氧化硅的形成不借助于任何有机物，就如同石灰岩中被交代的方解石结晶。其中最为知名的交代型燧石就是火石。火石是拥有黑色或太妃糖浆颜色的、有结节的燧石，形成于石灰岩中，著名的分布区是英格兰南部和法国北部的白垩纪白垩山。任何黑色的燧石都可以称为火石。这两种火石被史前人类广泛用于制作工具，或者被当做打火石来生火。替代型燧石也可以在石灰岩中以粉末状的形式被发现或者偶尔是在砂岩中作为粘合剂。

粒度：隐晶质结晶，这意味无法用肉眼看到

质地：玻璃般透明，有贝壳状断口

结构：节结。有时碎石在网状洞穴周围形成，就像是海生迹（Y型或T型），因此碎石也拥有同样的形状。

颜色：通常为黑色

构成：几乎全是纯石英

形成：海床软泥凝固后形成

常见地区：北约克郡沼泽，北唐斯和南唐斯丘陵，英格兰；吕根岛，德国；丹麦；俄亥俄州，弗林特岭

白垩 (Chalk)

红色的白垩：白垩通常是被氧化铁染成红色的。

白垩是一种白色的岩石，大部分构成物质都是方解石，多分布于欧洲和北美。大约一亿年前的白垩纪，大陆下方大片的低地都是被热带海洋覆盖着。无数的小型浮游藻类留下了被称为颗石藻板的遗留物，这些颗石藻板分布在90~600米的海床下，同时存在的还有被称为有孔虫类的软壳，这也是一种与颗石藻板大小差不多的小型有机物。这些藻板和软壳碎片很快就变成了几乎纯白色的方解石。海床在很长一段时间内都没有发生变化而一层层叠加在这些微生物之上，偶尔会沿着菊石这种大型软壳类生物形成厚厚的一层白垩，这种现象在英格兰多佛的白垩山最为出名。白垩要比其他石灰岩柔软，曾经覆盖了欧洲西北部地区的广阔海床消失了，只留下一条条线条圆润的山丘。白垩是多孔岩石，但透水性却不是很好，而这些山丘则因为在多雨时期形成的干涸的山谷或小溪而出名，同时也存在在冰河时期形成的、由大量积聚在山脚的碎石而形成的峡谷。

粒度: 像泥岩一样颗粒细腻
质地: 粉末状颗粒
结构: 分层明显，层理间常带有黏土、硅藻壳和燧石节结。通常是洞穴模式。偶尔有被称为硬底质或白垩岩的层理地壳材质
颜色: 白色,偶尔红色
构成: 纯方解石
形成: 来自海洋藻类和微小的壳
常见地区: 北约克郡沼泽，唐斯丘陵，奇尔特思丘陵，英格兰；尚帕涅，法国；吕根岛，德国；丹麦；南达科他州；德克萨斯州；阿拉巴马州

鉴定：白垩为白色这是确凿无疑的。白垩看起来像是非常细腻的粉末，但在显微镜下能清晰地看到其中的颗石藻板和有孔虫类的软壳。

石斧

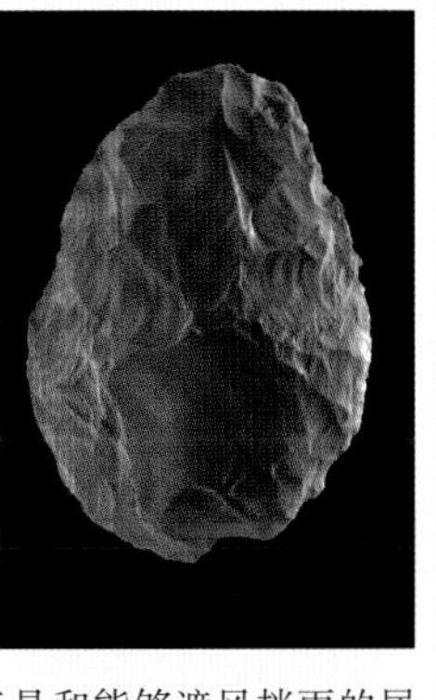

人类祖先将燧石作为了第一个工具。由于碎裂后具有锋利的边缘，燧石被作为切肉的工具，之后又用它来切割布料制作衣服，切割植物制作工具和能够遮风挡雨的居所。最早的石匠是巧人，出现于距今两百三十万年前，但在距今一百八十万年前，直立人才制造出了第一把手拿石斧。被命名为阿舍利石斧的石具首次在法国同名村庄中被发现，这些石斧有两个锋利的边缘，末端圆润便于手拿。在大约一百万年前这样的石斧用途很广，直到距今五十万年前出现了窄长型的刀锋才代替了石斧。距今五万年前，现代人，也就是智人，在制作刀锋时发现了一项重大突破，便产生了石刀。从燧石得到的新边缘被称为凿石，是一项很容易上手的工具。有证据表明，最熟练的凿石工聚集工作的地方就形成了工厂。

硅藻土 (Diatomaceous earth)

硅藻是所有微型海洋藻类中分布最广的一种。沉入海底时，硅藻的小壳聚集在海床软泥中并最终形成了硅藻土。当更多的硅藻聚集时就会形成一种质地柔软、质量极轻、多孔状白垩质的岩石，称为硅藻土。矿物学者有时也称之为白垢，因为在明媚的阳光下它们看起来就像刚落下的雪。由于纯净、颗粒细腻，硅藻土是极佳的过滤材料，还可以做纸张、颜料和陶瓷的填料。当澄清糖浆时，多采用硅藻土作过滤器。同时硅藻土还可以被当成一种温和的研磨料用来给牙齿研磨和剖光。

粒度: 像泥岩一样非常细腻的颗粒
质地: 粉末状，高倍显微镜下可以看到硅藻壳
结构: 分层明显，层理经常出现黏土层
颜色: 白、黄、绿灰色,有时几乎是黑色的
构成: 硅藻的硅土壳
形成: 由微小的硅藻和硅藻壳形成
常见地区: 丹麦；吕内堡草原，萨克森，哈雷，德国；法国；意大利中部；俄罗斯；阿根廷；内华达州；俄勒冈州；华盛顿州；圣巴拉拉市，加利福尼亚州

鉴定：硅藻土的外观跟白垩很相似，但比白垩的质量要轻很多，像浮石一样能浮在水面上。

石灰岩(碳酸盐岩)

石灰岩的化学成分中至少有一半为方解石(或类似的文石),通体呈易辨识的白色、灰色或淡黄色。它们是继泥石和砂岩之后地球上蕴藏量最为丰富的沉积岩种类,广泛分布在各大陆及大陆架地区,在许多山脉地区也有分布。石灰岩喀斯特地貌通常以其奇特的洞窟和峡谷形状而令人印象深刻。

石灰岩(Limestone)

珊瑚石灰岩: 极少有岩石能够像石灰岩一样成为各种古代化石的载体。人们经常可以在石灰岩中看到那些保存完好的古代海洋生物的遗体,它们曾经在远古的热带海洋中遨游爬行,还有那些完整的珊瑚虫遗骸,它们扎根海底,静候食物经过。

石灰岩的存在强有力地证明了陆地尤其是海洋物种的多样性,它们几乎完全是这些古生物的杰作。我们所看到的数千米厚的巨型石灰岩层也许是由那些堆积在海底的无数古生物遗骸历经上百万年漫长岁月的积累,伴随内部化学构成的改变,最终形成岩石。这种积累过程此时此刻仍在进行着,在诸如巴哈马群岛的一些地区尤为显著,这些生物遗骸最终都会变成岩石。生命体主要以两种方式促进石灰岩的形成:多数时候,它们直接以自身的骸骨——坚硬的躯壳及骨骼——构成岩石;或者,这些海洋生物会像浮游生物和藻类植物一样改变海水环境的化学构成,促进方解石类物质的沉积。石灰岩中最主要的化学物质是碳酸盐,特别是以方解石或文石形式存在的碳酸钙物质。一般来说碳酸盐沉积物多以方解石或文石形式存在,但随着时间的推移,文石转化为方解石,因此远古石灰岩几乎多以方解石形式存在。

石灰岩可形成于多种地区,如古老岩石的上层土壤中,或洪水泛滥的平原、湖泊地区,但绝大部分还是形成于清浅的热带水域,这里不仅富集多种海洋生物,而且水域中热气的蒸发有助于碳酸钙物质的沉淀。然而这并不意味着我们只能在热带地区发现石灰石。历经了漫长的地质时期,地球各大陆位置也发生了明显的位移,许多现在靠近北极的地区都曾属于地球历史上的热带。在距今约3亿年的石炭纪时期,今日北美洲和欧洲的大部都属于当时的热带,曾经被广袤的热带海洋所覆盖。今天,我们能够在德克萨斯和英国奔宁山区等地看到许多巨大的石灰岩床,这些都当属这一地质时期的遗迹。在英格兰,人们把这种石灰岩称为石炭系灰岩。

礁灰岩: 礁灰岩由珊瑚构成。珊瑚这种独特的海洋生物至今仍然保有巨大的海上领地,例如澳大利亚的大堡礁。礁灰岩的形成部分依赖于珊瑚遗骸的日积月累,部分则依赖于寄生在自身的微生物群,这些微生物能够截留并牢牢束缚住外来沉淀物质,两种因素共同作用最终形成礁灰岩。与其他石灰岩物质不同的是,礁灰岩并不呈现明显的遗骸痕迹,它们比其他石灰岩更坚硬,随着包覆在岩体外部较软的石灰岩物质被侵蚀殆尽,礁灰岩便如同小山丘一般凸现出来。

粒度: 黏土状到砂粒状不等

质地: 多变,由极细粒度、陶瓷样外观到大型化石聚合物不等。

结构: 大部分石灰岩呈现与沙岩和泥石相同的结构类型。岩床类石灰岩通常包括礁灰岩,即珊瑚礁化石。尽管礁灰岩保持了珊瑚的生长模式且岩体洞孔由碳酸盐岩碎屑或胶结物所填满,但其层理构造依旧很薄。斑礁(或称“生物岩礁”)是指那些规模较小的圆形珊瑚群落退化而形成的椭圆形块体。“生物层”则是指由堡礁退化而形成的巨大长形石灰岩层。

颜色: 白、灰,淡黄加红、褐,黑 **成分:** 遗骸–海藻和微生物(球石及叠层石);有孔虫;珊瑚;海绵动物;苔藓动物;腕足类动物;软体动物;棘皮动物;节足动物。碳酸盐粒(见次页)–鲕粒和鲕状核形石(规则球状核形石);似球粒;团聚体;内成碎屑灰岩。石灰泥–骨骼,牙齿及鱼鳞碎屑(磷酸盐类);木头,花粉及油母岩(碳酸盐类);胶结物(方解石、文石、白云石)。

形成: 以碳酸盐形式存在,主要分布于海底,由海洋生物遗骸或方解石沉淀物积累而成。

常见地区: 爱尔兰巴伦地区;英格兰奔宁山脉科茨沃尔德地区;斯洛文尼亚;意大利;南非斯瓦特山脉地区;斯里兰卡拉特纳普勒地区;老挝;泰国;中国桂林地区;澳大利亚维多利亚州;新西兰帕帕罗阿地区;新墨西哥州;肯塔基州;德克萨斯州;南达科他州;印第安纳州;纽约州奥内达加地区。

环礁湖
基岩
海洋
边缘现象礁

珊瑚礁

拥有丰富海洋生物资源的珊瑚礁可谓热带海域的奇观之一。珊瑚礁本身是由一种微小的类似海葵的生物——水螅体——所构成，这些水螅一生都附着在岩石或死去的同胞尸体上。它们从海水中吸收溶解了的碳酸钙物质，并将其转化为矿物文石，以此来构建自身赖以存在的杯型躯壳或珊瑚单体。当它们死亡时躯壳逐渐变为硬珊瑚。珊瑚礁由数百万个水螅体及它们的遗骨所构成，且能够绵延数千公里。生长在海岸线附近的边缘珊瑚礁厚度极大。堡礁形成于近海地区。珊瑚环礁环绕火山岛边缘分布。伴随火山下沉或海平面升高，珊瑚礁也在不断生长，最终形成一抹环状地带或环礁区。珊瑚从寒武纪起就已经出现，自那时开始，历代的石灰岩中都可以发现大量的珊瑚礁和珊瑚化石。

含有化石的石灰岩：苔藓虫灰岩 (Fossiliferous limestone: Bryozoan limestone)

像海百合一样，苔藓虫也是一种古热带海洋中大量存在的海洋生物，它们的遗骸历经岁月逐渐形成了一种独特且储量大的石灰石品种，即苔藓虫灰岩。目前已发现并确认的苔藓动物种类超过15000多种，其中有3500种今天依然存活着，它们生活在诸如西太平洋海域的众多海洋浅滩中。这些苔藓动物遍布在由上百种海洋生物及游动孢子所组成的生物群落中，每只个体都具有一条极短的管状构造，向外分泌石灰物质，包覆住其柔软的肢体。在这条管状构造的末端约有十个触角，它们围成一圈，蜿蜒地向外探出头，将食物导引至生物的口中。苔藓动物群落看起来极像一块网眼针织物，因此它们也有“海洋蕾丝”的美称。

粒度： 沙粒大小的颗粒与化石残余
质地： 多变，沙粒与部分或完整的化石形式并存
结构： 有交错层理及波痕。多次重复沉积作用形成层。通常根据垂直节理及水平层理面划分成大的断块
颜色： 白色、淡黄色
成分： 方解石
形成： 生活在热带海洋浅滩中的苔藓动物
常见地区： 北威尔士；英格兰诺福克；瑞典南部；丹麦斯泰温斯-克林特（西兰岛）；捷克共和国摩拉维亚地区；澳大利亚托尔坎和吉朗（维多利亚州），圣文森特（南澳大利亚州，与塔斯马尼亚岛隔海相望）；新西兰奥玛鲁镇（地处南岛，奥塔哥地区边缘）；佛罗里达州比斯坎；印第安纳州

鉴别： 苔藓虫灰岩可以从苔藓动物群落的花边状外观加以辨别。个体生物呈管状，约2毫米长。

含有化石的石灰岩：海百合灰岩 (Fossiliferous limestone:Crinoidal limestone)

许多石灰石大部分都是由可辨别的古代海洋生物化石所构成。在这些含有化石的石灰石中分布最为广泛的当属海百合灰岩。通常被人们称为“海洋百合花”的海百合是一种远古生物，它看上去如同一株长梗开花植物，中间是一个杯状部分连接生物体各柔软部位、众多如同枝杈一般的“手臂”以及一条长达30米的茎部，这条长茎能够使该生物牢牢附着在海底。尤其在石炭纪时期，海百合植物经历了罕见的大规模生长，并在海底留下了广袤的“草原”地带。这些生物死后，海底洋流将其骸骨的大部分分解成沙粒大小，伴随水流一并挟裹着，直到它们逐渐被方解石物质凝固，形成厚重的石灰石沉淀。这些岩石上显著的交错层理证实了海百合是如何在浅海中生长，并最终被剧烈的波浪和海流所解体。完整的生物化石并不多见。但全球海百合灰岩的数量却大得惊人，其中包括大量的海百合生物化石。据估计，单单在落基山脉地区的米逊峡谷-利文斯通构造地带就存在至少60000立方千米的海百合化石遗迹。

鉴定： 海百合灰岩中充满了海百合化石。尽管只有少数被完整地保存下来，但手足等身体部分依然清晰可见。

粒度： 沙粒大小的颗粒与化石残余
质地： 多变，沙粒与部分或完整的化石形式并存
结构： 有交错层理及波痕。多次重复沉积作用形成层。通常根据垂直节理及水平层理面划分成大的断块
颜色： 白色、灰色
成分： 方解石 **形成：** 形成于热带海洋浅滩中，海百合丛生地带
主要分布地区： 北威尔士；英格兰德比郡，达勒姆郡，萨默塞特郡；奥地利；埃及尼罗河谷；利比亚；尼泊尔；澳大利亚纳莫伊；加拿大-美国，米逊峡谷-利文斯通（落基山脉）；科罗拉多州莱德维尔市；亚利桑那州“红墙”；爱荷华州与阿肯色州之间的伯灵顿

鲕状灰岩及白云岩

碳酸盐岩的种类多种多样。有的石灰石主要由化石或贝壳构成(贝壳和骸骨的碎片),有的石灰石则主要由颗粒构成,这些颗粒来自富含碳酸盐的海水环境中方解石和文石物质的沉淀。白云岩与石灰石一样均属碳酸盐岩,但白云岩的主要成分为碳酸镁,而非碳酸钙。

颗粒石灰岩(鲕状灰岩与豆状灰岩)(Grain limestone(Oolitic and Pisolitic limestone))

石灰石呈现与砂岩和泥石相似的晶粒尺寸及质地。的确,地质学家们在描述石灰岩时会使用同一套术语(如泥质岩、砂质岩和砾质岩),并在这些词语前面加上calci-或calca此类前缀来表示它们属于石灰岩家族。所以calcilutites代表石灰石泥浆,calcarenites指的是石灰砂,calcirudites是指钙质砾岩。许多砂屑灰岩内仅有很少一部分贝类遗骸存在。它们大部分都是在陆地状态下由方解石或文石颗粒沉淀而成。方解石颗粒经水流冲刷后可以形成类似砂粒和泥粒一般的沉淀物,但多数已生成的沉淀还是停留在其原始位置上。鲕状灰岩或鲕粒是指伴随方解石层在黏土颗粒上的不断聚积而生成的微小球状粒,这些球状粒在水底波流的作用下翻滚移动,保持了自身的球形外观。鲕状核形石指的是以此种方式形成的砾石大小球状体,它们的外观与一种称为藻灰结核的颗粒类似,但实际上藻灰结核是多种微生物作用的结果。球状粒是一种椭圆形颗粒,通常是由蜗牛及贝类动物排泄物所积聚的钙团粒生成,进而演变成为泥晶灰岩(一种细粒度的方解石)。内成碎屑灰岩是指那些破碎的方解石沉积物碎块。可以根据显著的颗粒种类特征对各种石灰石进行分类,分类方法见下表。也可以根据质地对石灰石进行分类(见下页相对位置表格)。

鲕状灰岩: 也被称为鱼卵石,因为看起来很像鱼子。鲕状灰岩由砂砾大小的鲕粒组成,形成于热带浅海富含碳酸盐的温暖水域中,例如现在的巴哈马群岛一带,先是文石沉淀再变成方解石。无论鲕状灰岩在何处出现,都说明该处曾经是温暖的热带浅海环境。

粒度: 鲕粒10.2~0.5毫米;藻粒和似核形石(超过2毫米)球粒(超过1毫米)内碎屑(1~20毫米)

质地: 见下页

结构: 像砂岩和泥岩一样,石灰颗粒呈现出相同的结构

构成: 碳酸盐颗粒被石灰胶结在一起

形成: 在热带富含碳酸盐的浅海中由文石沉积而成。

常见地区: 多赛特郡,科茨沃尔德,英格兰;卢森堡;哈茨山脉,德国乌克兰;俄罗斯;格鲁吉亚的高加索;纽芬兰省;德克萨斯州;阿拉巴马州

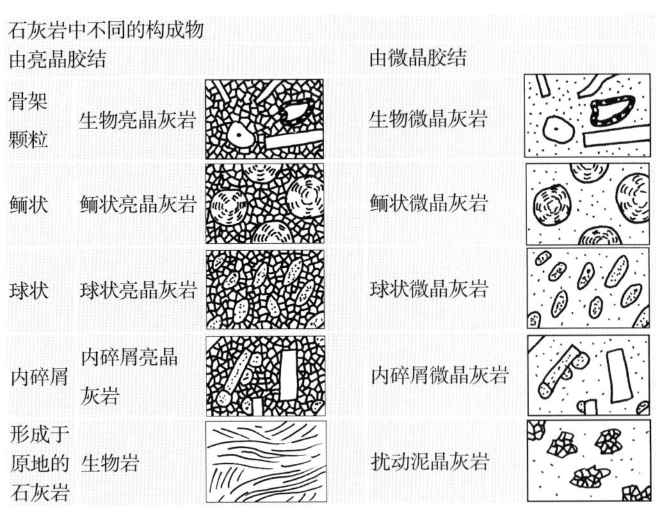

石灰岩中不同的构成物

	由亮晶胶结		由微晶胶结	
骨架颗粒	生物亮晶灰岩		生物微晶灰岩	
鲕状	鲕状亮晶灰岩		鲕状微晶灰岩	
球状	球状亮晶灰岩		球状微晶灰岩	
内碎屑	内碎屑亮晶灰岩		内碎屑微晶灰岩	
形成于原地的石灰岩	生物岩		扰动泥晶灰岩	

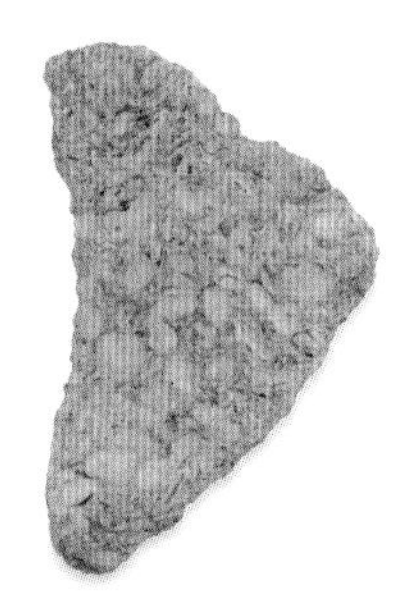

鲕状灰岩: 由于外观酷似鱼卵,因此也有鱼子石之称。鲕状灰岩由砂粒大小的颗粒构成。鲕状灰岩形成于富含碳酸盐的热带浅水中,例如巴哈马群岛周边的水域,起初是文石状态,之后转化为方解石。无论在何地发现鲕状灰岩,它们都可以看做是当地地质状况变迁的指向标。豆状灰岩:鲕状灰岩由直径为0.2~0.5毫米的砂粒状颗粒构成;豆状灰岩由体积更大、直径至少为2毫米的豌豆状颗粒构成。

白云岩（白云质灰岩）(Dolostone(Dolomite limestone))

1791年法国地质学家多洛米蒂在以他名字命名的意大利多洛米蒂山谷中首次发现了白云岩，自那以后，历代地质学家对白云岩的研究便从未间断过。普通石灰岩由方解石或文石构成，而白云岩则至少有一半岩体成分是碳酸镁矿物白云石。直到20世纪60年代，虽然人们在阿拉伯海湾、巴哈马群岛和佛罗里达州发现了白云岩，但是没有人亲眼看到过白云岩直接从海水变质生成。起初人们认为白云岩是由石灰岩中的方解石与富含镁的溶液经过化学反应之后而形成的，这个过程叫做白云石化作用。几乎大部分白云岩都是这么形成的。现在，人们对这一形成过程有了更好的理解，整个白云石化过程中，热带泻湖蒸发形成的浓盐水也是参与反应的物质之一。通过这些富含镁的浓盐水作用于石灰岩，经过缓慢反应之后，其中的方解石变质生成了白云石。这一反应过程在过去更为频繁，大部分白云岩都是在前寒武纪时期（大约5亿年以前）形成的。

鉴定：白云岩比石灰岩更坚硬，有糖状白色结晶外形。因为它再次结晶的过程破坏了其中的化石，所以白云岩内没有生物遗骸。

粒度：大小多变，一些为微晶，一些如沙子般大小

纹理：密集糖状纹理

结构：它因为非常坚硬，所以在肋骨般岩床上的普通石灰岩中非常凸显。粗粒晶体的白云岩同其他白云岩的结构相同，但是细粒晶体的白云岩却不同。

颜色：变色、灰色、奶油色，在受到侵蚀之后，会变成粉色或棕色

合成物：其中有一多半是白云石

形成：由石灰岩中的方解石经过白云石化（再次结晶之后变质生成的白云石）之后形成的。

常见地区：英格兰中部；德国斯瓦比亚和侏罗山脉，莱茵兰；奥地利达赫施泰因；意大利白云石山脉；安大略尼亚加拉；阿肯色；爱荷华州；俄亥俄州；肯塔基州

喀斯特地貌

石灰岩可能是在水中形成的，但是石灰岩中的方解石在微酸性的水中却是极其容易被溶解的。雨水和地下水与空气和土壤中的二氧化碳反应形成弱碳酸物质。凡是在地球表面的石灰岩，酸性水都会通过石灰岩的缝隙渗入其内，最终使岩石溶解。经过几千年的侵蚀，石灰岩内部形成巨大的腔洞，产生非常壮观的景色。非常著名的喀斯特地貌位于斯洛文尼亚地区的喀斯特高原，它即是被发现的景地之一。在地下，发现了许多含有钟乳石和石笋的巨大洞坑和洞穴。在地上，岩石群的表面上的裂缝经过侵蚀之后，形成了石灰岩路面。渐渐地，洞穴顶板崩落或者那些凹槽转变成了深峡谷。最终，许多石头经过腐蚀之后，只留下了非常奇特的笋状物，在中国著名的桂林山水便可观赏此种景观（见上图）。

石灰岩的不同沉积结构

原始成分间无联系

泥石（含有泥，占颗粒总数的10%不到）

粒泥灰岩（含有泥，占颗粒总数的10%以上）

粒灰岩（颗粒状）

颗粒岩（不含泥，为颗粒状）

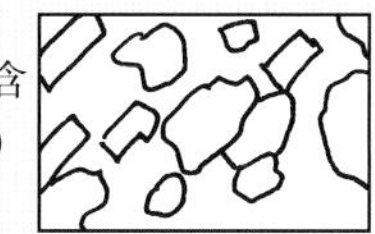

原始成分间相互联系

粘结灰岩

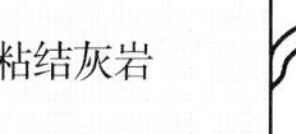

没有可辨认沉积结构

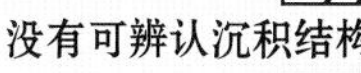

结晶质

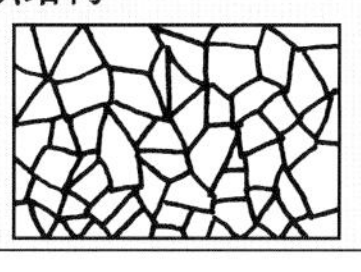

原始成分间联系杂乱

浮石（基质，沙子般大小的颗粒不到10%）

砾屑石灰岩（含沙子，沙子般大小的颗粒不到10%）

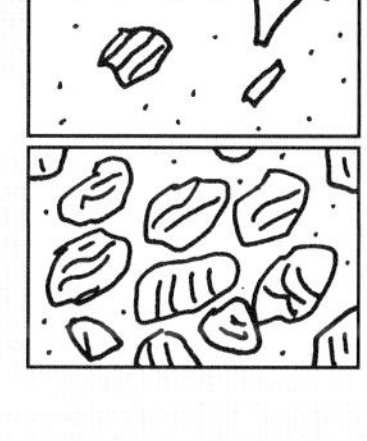

原始成分间联系有序

生物滞积灰岩（挡板由生物体组成）

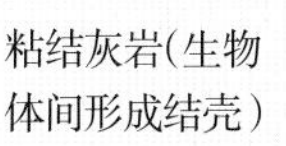

粘结灰岩（生物体间形成结壳）

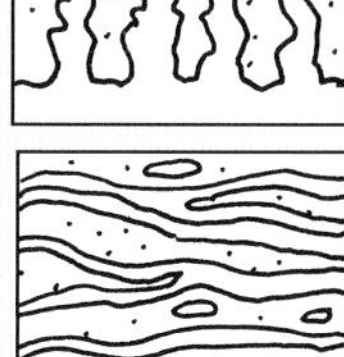

骨架灰岩（有机体形成刚性构架）

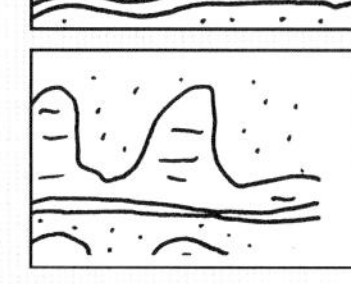

以上分类是由邓纳姆在1962年提出来的，之后，由昂布里和卡洛文在1971年进行了修改，斯托在2005年经过再次修改后形成如上分类。

化学岩

化学沉积岩既不是由残骸也不是由生物体组成的，而是完全以化学方法从水溶液中沉淀析出的矿物质。水溶液蒸发之后的残留物主要为固体“蒸发岩”。水溶液达到饱和之后，就不会再溶解矿物质，此时就会出现沉淀、进而形成凝灰岩、石灰华和石笋等岩石。

凝灰岩(Tufa)

凝灰岩为方解石沉积物，主要形成于富含方解石的清泉边缘，而不是像水垢一样在水槽或者水龙头的硬水质区域形成。塔状凝灰岩形成于清泉底，清泉最终会涌入湖泊或者流入大海中。如果湖泊中的水面下降，水底的塔状物就会如加利福尼亚州的莫诺湖一样暴露在外。尽管凝灰岩是一种化学岩，但是藻类或者其他植物体在成型的凝灰岩中很常见。凝灰岩一般沉积于一些物体表面，而且大部分是沉积在藻类或者其他植物上。的确，藻类能加快凝灰岩沉积，进而形成藻丛或者藻堆，藻丛是由藻类中的细丝连接凝灰岩而形成的迭层石。通常，藻类腐烂之后会形成海绵状岩石，这种岩石被称为泉华。泉华是由蛋白石硅石沉积形成的，为区分凝灰岩和硅华，凝灰岩有时候也被称为钙质凝灰岩。凝灰岩上因为有很多小洞，所以质量轻也容易切割，因此，在公元前32年，罗马人使用这种岩石建造了供给罗马城市正常用水的地下水道阿卡阿皮亚水道。

鉴定：凝灰岩同海绵一样满是小孔，质量轻且柔软，非常容易辨认。它通常为白色或者浅黄色，但是铁氧化物能使其颜色变红或者变黄。沉积物通常都非常薄。

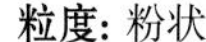

粒度：粉状
质地：如土质般紧凑且易碎
结构：凝灰岩同海绵一样满是小孔。它的结构与其形成位置的结构相同。其在水下泉中形成塔状结构。在海藻生长区通常会形成藻堆。
颜色：白色、浅黄色、黄色、红色
构成：以方解石的形式而存在的碳酸钙，偶尔也会有霰石。
形成：由富含方解石的水沉积形成，水主要为清泉或者藻丘周围的溪水
常见地区：苏格兰格伦雅芳；格陵兰岛伊卡峡湾；肯尼亚东非大裂谷；西澳大利亚金伯利；加州莫诺湖，莫哈韦沙漠。

石灰华(Travertine)

鉴定：石灰华比凝灰岩更密集、更为紧凑，且孔比较少，看起来有点像豆腐，通常呈诱人的浅蜜色。

凝灰岩主要存在于清泉周围，因为植物从水中吸收了二氧化碳，使得钙与少量的二氧化碳结合。在温泉周围，方解石因为泉冷却而沉积。这一过程会形成密集硬壳，位于美国怀俄明州黄石公园的猛犸温泉周围的凝灰岩就是一个佐证。凝灰岩和石灰华有时候是互换的，地质学家通常将致密的该类岩石称为石灰华，而疏松的该类岩石被称为凝灰岩。石灰华呈浅蜜色，通常含有精细的条纹。许多雕塑家因其比大理石容易雕刻而选择使用石灰华进行创作，它也被用来切割成板状用以铺设地板。最著名的石灰华是罗马石灰华，石灰华的命名来源正是这种岩石。

粒度：粉末状
质地：如土质般紧凑、且易碎
结构：比凝灰岩更为紧凑，孔比较少，通常含有条纹
颜色：蜜色、红色、棕色
构成：由方解石构成，偶尔含有霰石
形成：在温泉或者洞穴中由富含方解石的水沉积而成(详见石笋)
常见地区：捷克共和国波西米亚；意大利阿涅内河；土耳其棉花堡；阿尔及利亚；埃及底比斯；阿根廷圣路易斯；墨西哥巴哈、韦拉克鲁斯；亚利桑那州亚瓦佩县；怀俄明州黄石国家公园；新墨西哥州赫梅兹；加利福尼亚州圣路易奥比斯波县

蒸发岩 (Evaporite)

在干旱条件下，盐水蒸发会使得被溶解的矿物质沉积从而形成蒸发岩。一些蒸发岩由沙漠盐湖蒸干后形成。蒸发岩在被称为萨巴的泻湖、沿海浅滩和盐碱滩等地的海水蒸发后会形成大规模的蒸发岩。大范围的海水蒸发是非常缓慢的。蒸发岩为高溶物质，它们在地球表面非常少见，但是古蒸发岩有几千米厚，这些蒸发岩的形成时期可追溯到寒武纪时期、二叠纪时期、三叠纪时期和中新世时期。每1000米的海水会蒸发形成15米的沉积物。因此，海水需要在很广的时间跨度内无数次地冲刷沿海平原之后才会形成巨大的岩床。海水中溶解的矿物质非常多，但是富含的矿物质就那么几种，而且通常这几种矿物质都是有序沉积的，所以它们会形成靶心模式的沉积结构。沉积过程以可溶性最弱的白云石开头，然后是石膏、硬石膏和岩盐，最后是被称为盐卤的可溶性最强的钾盐和镁盐。在内陆盐湖形成的蒸发岩主要包括岩盐、石膏和硬石膏，但同时也包含更多的其他小盐。

粒度: 尺寸不一
质地: 粗粒/细粒，土质，易碎，数量多，如糖状
结构: 泻湖沉积岩为破碎结构，深水沉积岩为层积结构，在萨巴玄精石中形成的硬石膏结节间会形成铁丝网状石膏。
颜色: 白色、粉色、红色
构成: 白云石、石膏、硬石膏、岩盐和盐卤
形成: 沿海平原、泻湖或者盐湖中的海水蒸发后形成
常见地区:
当前产区: 格鲁吉亚里海；波斯湾；死海；犹他州大盐湖
古代产区: 湖泊；怀俄明州格林河；萨巴和浅陆架；北欧；不列颠哥伦比亚省麋鹿角；密歇根州萨莱纳；蒙大拿威利斯顿；德克萨斯州特拉华
深海产区: 地中海

鉴定: 蒸发岩通常为结晶质，它的外形同凝固后的糖和盐相似。晶体的大小变化多端。在泻湖和湖底，亚硒酸盐石膏晶体会长到1米。

石笋和流石 (Dripstone and flowstone)

尽管许多石灰华都是在温泉周围形成，但是最让人叹为观止、最漂亮的一般形成在石灰岩洞穴中。洞穴中富含方解石的水从洞顶坠落形成的沉积岩叫做石笋，石笋的形态各异，如在洞顶悬挂的钟乳石和在地面耸立的石笋（详见方解石和白云石）。将石笋切成薄片之后会看到石笋的层理是如何形成的，它的层理同洋葱相似，一般为较暗或者较亮条纹。洞穴内壁和地面上因为一直有流水，所以会形成被称为流石的石灰华。

粒度: 粉末状
质地: 如土质般紧凑、易破碎
结构: 稠密、紧凑，钟乳石和石笋展示了因蒸发形式不同而产生的“年轮”
颜色: 蜜色，红色，棕色
构成: 以方解石的形态而存在的碳酸钙，偶尔也含有霰石
形成: 从石灰岩中析出富含方解石的水滴或地表流水，蒸发后形成
常见地区: 英格兰的肯特溶洞（德文郡）；斯洛文尼亚什科茨扬溶洞；匈牙利奥格泰莱克；以色列索里克；中国芦笛岩（桂林）；菲律宾；新墨西哥州卡尔斯巴德溶洞；肯塔基州猛犸洞国家公园；弗吉尼亚州路瑞溶洞

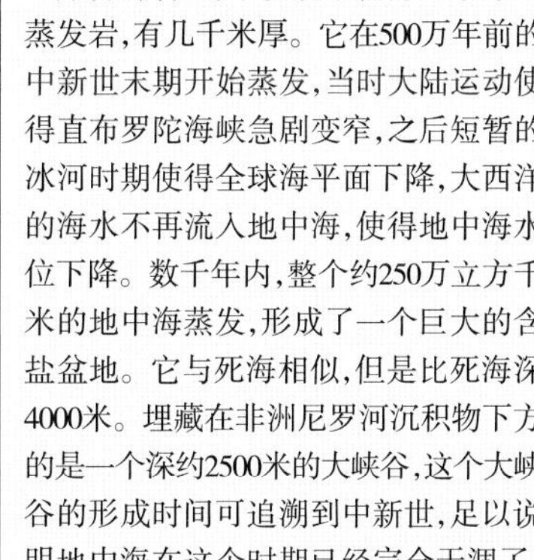

著名的地中海盐湖

1970年，一队人在地中海展开了奇异探险之旅，他们在海下发现了世界上最厚的蒸发岩，有几千米厚。它在500万年前的中新世末期开始蒸发，当时大陆运动使得直布罗陀海峡急剧变窄，之后短暂的冰河时期使得全球海平面下降，大西洋的海水不再流入地中海，使得地中海水位下降。数千年内，整个约250万立方千米的地中海蒸发，形成了一个巨大的含盐盆地。它与死海相似，但是比死海深4000米。埋藏在非洲尼罗河沉积物下方的是一个深约2500米的大峡谷，这个大峡谷的形成时间可追溯到中新世，足以说明地中海在这个时期已经完全干涸了。整个时期被称为墨西拿期，这是因为当时所形成的最著名的沉积岩位于西西里岛的墨西拿地区（如上图卫星照片所示，位于半岛南部、围住了墨西拿海峡。）

鉴定: 通常石笋都含有非常独特的层理，这些层理揭示了不同季节的水流经石灰岩时赋予石灰岩的不同变化。

有机岩

煤是一种特殊的沉积岩。不只是因为它是一种非常有用的燃料，可以燃烧，而且因为它几乎全部由有机矿物组成。与其他沉积物不同的是，它不是由矿物粒组成的，而是由几亿年前的热带沼泽植物残余被掩埋后变质生成的黑色或者棕色的固态碳组成。

煤碳的形成(Coal formation)

泥煤：所有的煤都是从泥煤转化而来的。若真如此，最古老的泥煤形成于热带沼泽地。现在的泥煤主要形成于比较凉爽的沼泽地。在这里，植物的分解很缓慢，在植物完全腐烂之前就会形成厚厚的沉积。另外，细菌也发挥了很大的作用，至少一半的植物被细菌转化成了碳形式，再被挤压而变得紧实。

大部分北美、欧洲及北亚的煤炭都形成于3亿年前的石炭纪和二叠纪早期。那时的大陆块大部分位于热带地区，因此拥有很多潮湿的沼泽地，所以大部分大陆块上都生长着茂密的藓类植物及树蕨。由于这些沼泽地的水流很慢，因此植物死后，其残余会在沼泽地堆积，然后在污浊的缺氧水中慢慢腐烂。水中的细菌将这些残余转化成泥炭。泥炭中有一半是碳，泥炭干了之后是可以用来燃烧的燃料，燃烧时会产生很大的烟雾，但是如果想要把泥炭转化成碳，那么泥炭需要被埋在至少4公里的地下。历经数百万年，石炭纪时期沼泽里面的泥炭被埋在了日益增加的沉积岩之下。泥炭在慢慢被挤压失去水分之后，同时受到地球内部的高温烘烤，慢慢变成了碳。地球内部的烘烤不仅摧残了植物内的纤维结构，还让植物中的氢、氧、硫以气体的形式蒸发外散，慢慢地将植物中的碳化合物转变成了纯碳。植物被埋得越深越久，它们受到烘烤的温度就越高，就会有更多的植物变成碳。泥炭相对较软，为棕色，其碳含量只有60%；无烟煤是掩埋年代最久远也是最深的一种煤，它坚硬，为黑色，其碳含量超过了95%。排在泥炭和无烟煤中间的是棕色的碳，也叫做褐煤（碳含量为73%），还有暗黑色的烟煤（碳含量为85%）。

大部分黑煤都是在石炭纪和二叠纪早期形成的。世界上木炭资源最丰富的地方是俄罗斯和乌克兰，乌克兰的黑煤占世界煤炭总储量的一半，在美国也有巨大的黑煤岩床。除了黑煤，还有在6400万年前~160万年前的第三纪时期形成的褐煤，这种煤形成的时间稍晚。尽管这种煤的碳含量不高，但是它的分布非常广泛，主要分布在中国、北美的阿拉斯加州、法国南部、欧洲中部、日本和印度尼西亚。

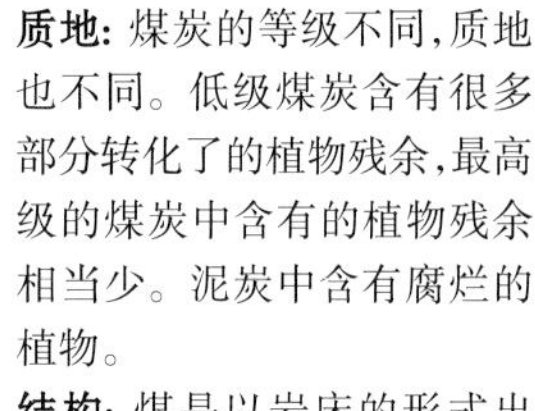

粒度：颗粒细腻，同泥岩相似

质地：煤炭的等级不同，质地也不同。低级煤炭含有很多部分转化了的植物残余，最高级的煤炭中含有的植物残余相当少。泥炭中含有腐烂的植物。

结构：煤是以岩床的形式出现，位于其他沉积岩的夹层内，通常下面有薄薄一层的碳化物质，这种物质被称为底黏土。底黏土通常只有几米厚，但有时也会有几百米厚。在污浊环境下形成的煤不含有交错层理，但是腐殖煤（见下面的“形成”）含有110毫米厚的条带。每种底黏土的条带都不同，如同指纹一样，所以可通过此来辨认。

颜色：棕色、黑色

形成：大部分煤都是“腐殖的”。它是植物在热带沿海沼泽地原地堆积之后，被深深掩埋，然后高温转化形成的碳。腐泥煤的数量更少，它是植物残余、孢子、花粉和藻类在远离原本来源的地方堆积形成的。

常见地区：世界上煤储最丰富的地方位于俄罗斯的西伯利亚中部，哈萨克斯坦和乌克兰。黑煤主要储存在欧洲北部、印度的达摩德尔山谷、阿帕拉契山脉和美国的中西部及北部。德国和中国的褐煤最为丰富。宾西法尼亚州最为出名的是无烟煤。

褐煤：一旦泥煤被埋得很深之后，就会开始“煤化作用”。这时候，微生物活动会停止，在压力和温度的作用下，更多的植物残余开始变质成为碳。褐煤或者棕煤是变质阶段生成的第一种物质，接触空气之后它就会碎裂，而纹理同纤维状的泥煤相似。大部分褐煤都形成于第三纪，它的年代没有黑煤年代久远。它比黑煤更接近地球表面，碳含量比较低，而且燃烧时温度更低、产生的烟雾更多。

煤炭类型及其成分(Coal Types and components)

植物由许多不同的部分组成,其中包括粗大坚硬的树干、柔软的叶片、小种子和孢子。一旦植物死后陷入沼泽地,那么氧气和细菌便开始作用于植物的各个部分。在煤炭形成的早期阶段,也就是形成泥煤阶段,植物各个部分的转化都不尽相同。因此,植物的各个部分形成的泥煤都是不一样的。即便泥煤深埋且煤化作用得当,由植物的不同部分形成的煤还是有本质区别的。煤中的植物成分称为"煤素质",其大体可以分成三类:镜质组、类脂组和惰质组。镜质组由植物的木质部分形成,包括树干、树枝和树根。镜质组坚硬且闪亮,是镜煤的主要成分。类脂组由植物的柔软树脂部分组成,包括种子、孢子和树液。类脂组比镜质组更柔软、颜色更暗。将类脂组同镜质组混合在一起之后,就会形成柔软的层压结构的亮煤。惰质组由植物在形成泥煤时期氧化而成的部分组成,或者由真菌作用后的部分形成。将惰质组同类脂组混合在一起,会形成颜色暗的硬煤,这种煤被称为暗煤。惰质组会形成一种软的粉末状、像木炭似的被称为丝炭的煤,这种煤非常容易辨认,因为它会将你的手指染黑。

烟煤:烟煤也叫软煤,排名居无烟煤之后,位于第二,碳含量为75%~80%。它为暗棕色或者黑色,带有条纹,超过95%的成分都是镜质组。该物质源于植物的木质部分。这种煤的分布范围最为广泛,它含硫量高,燃烧时会产生硫化物、进而引起酸雨。

每种煤层内都含有多种不同种类的煤。煤的等级越高,就会越接近纯碳的无烟煤,煤化作用的程度越深,煤中存留的植物残余就越少。

如何开采煤

公司如何开采煤取决于煤层的深度。若煤层距离地面不到100米,那么最经济的采煤方法就是用一种被称为拉铲挖掘机的巨铲即可。棕煤最靠近地表,通常也是用这种方式来进行最经济的开采作业。最好的烟煤和无烟煤位于比较窄的煤层里,这种煤层离地幔较远。想要开采这种煤,煤炭公司需要使用深竖井才能够触到。位于英格兰北部的艾什顿矿井有接近1000米深,巨铲向下挖,开采出了一个迷宫似的呈水平或者稍微倾斜的隧道,这些隧道直通煤层,然后就可以开采煤矿了。暴露的煤层被称为采煤场。采煤作业非常危险,随时会有顶部塌方的危险煤层中泄露的甲烷气体也会引起爆炸。矿工因为吸入煤尘也会对肺产生伤害。

无烟煤:无烟煤,也叫硬煤,是所有煤里面等级最高的,它为闪闪发亮的黑色,碳含量超过了95%。只有当地面温度超过200°C时,烟煤才会转变成无烟煤。无烟煤是所有煤里面最稀少、也是最古老的,它含有非常高的能量,燃烧时几乎不会产生烟。

构成:

泥煤:水占泥煤重量的75%。固体物质:碳占50%以上,干燥的可挥发矿物含量不到50%。

褐煤:水占总重量的33%~75%;固体物质:碳含量50%~60%,干燥的可挥发矿物含量不到50%。

次烟煤:水占总重量的10%~32%;固体物质:碳含量60%~75%,干燥的可挥发矿物含量为35%~42%。

烟煤:水占总重量的不足10%;固体物质:碳含量75%~85%,干燥的可挥发矿物含量为18%~37%。

无烟煤:不含水,固体物质:碳含量75%~85%,干燥的可挥发矿物含量为18%~37%。

植物成分(煤素质)

镜质组(50%~90%):木质组织--聚合物,纤维素,木质素

类脂组(5%~15%):植物的类脂部分--种子,孢子,树脂

惰质组(5%~40%):在泥煤形成过程中受到高度转化的亮闪闪的黑色成分

煤的各种类型:

镜煤:透亮,易碎,带有明亮的条带结构,有贝壳状裂口,镜质组为主要成分

亮煤:层压完好,有丝绸般光泽,有明暗相间的条带结构,裂口光滑,是镜质组和类脂组的混合物

暗煤:坚硬,暗沉,垫状结构,带有暗色条纹,是惰质组和类脂组的混合物

丝碳:柔软,粉末状,与木炭相似,会将手指染黑,主要由惰质组组成

无机成分:由石英碎屑、重矿物、硫酸盐、磷酸盐、黄铁矿结核、白铁矿、菱铁矿、白云石、方解石组成

变质岩：非叶理状

变质岩既不是形成于熔融态物质，又不是形成于沉积物，而是当其他岩石在热量和压力下重塑的时候在地下深处产生，有时是通过直接接触热岩浆，有时是通过存在于地壳的巨大力量而生成。原岩的矿物遇高温加热后会重新结晶甚至形成全新的矿物。变质岩分为叶理状（有条纹的）岩和非叶理状岩，包括角页岩、变质石英岩和花岗变晶岩。

角页岩 (Hornfels)

角页岩是一种坚硬的、碎片状岩石，它的名字来源于德国的“horn rock”（角石），因为断裂的边缘呈半透明，像一支角，使得它和其他的变质作用相比，所能承受的压力更小。侵入体与原岩亲密接触后使得原岩被高温加热，这是极热的温度，通常大约750° C。但是岩石既不碎，也没变形，所以角页岩没有叶理结构。晶体是细腻的颗粒且指向四面八方。事实上，角页岩看上去很像火山岩。原岩在变质的过程中清除了一些细小结构。在放大镜下可以看到重塑后的晶体被连接起来因而结构紧凑，就像碎石路，称为“块状构造”。一些角页岩也可能“点缀着”独特的斑状变晶（像火成岩里斑晶中的大块晶体）比如红柱石角页岩和堇青石角页岩。

角页岩不仅仅是一个岩石类型，它能帮助识别变质岩的各种岩相，在不同压力和不同温度模式下形成特定组合的矿物。角页岩岩相包括角闪石角页岩岩相和辉石角页岩岩相。这些岩相反映出矿物形成于压力小但温度高的环境下。具体的成分取决于原岩和温度，通常不同矿物会根据一定的等级加以区分，越接近侵入体温度就越高。

角页岩根据它们的原岩分成三组：由页岩和黏土组成的一类，由含有杂质的石灰岩组成的一类，由火成岩组成的一类，比如辉绿岩、玄武岩和安山岩。所有的这些岩石都拥有细腻的颗粒。

页岩和黏土形成的黑云母角页岩有黑色的黑云母颗粒，但同时也含有长石和石英、少量电气石、石墨和氧化铁。地质学家在这些岩石中能找到铝硅酸盐红柱石、蓝晶石和硅线石。每种岩石在特定的温度和压力下形成，因而发现一种就能知道岩石形成的条件。

含有杂质的石灰岩角页岩是很坚硬的石头，包含富含钙的硅酸盐，比如透辉石、绿帘石、石榴石、榍石、符山石和方柱石还有长石、黄铁矿、石英和阳起石。火成角页岩很像它们的原岩，富含长石、棕色的角闪石和浅色的辉石，但它们也包含新矿物的条带和斑点，比如铝硅酸盐。

鉴定：像这样的平原角页岩很容易和玄武岩还有其他深色的火山岩混淆。有时候，角页岩中“点缀着”斑状变晶矿物，比如红柱石、堇青石、石榴石和辉石。

条带角页岩：很多角页岩中都含有铝硅酸盐的结晶，例如硅线石和红柱石。这些矿物是典型的角页岩相，反映出了高温低压的形成条件。

岩石种类：非叶理状、接触变质

质地：颗粒细腻而均衡，有时包含斑状变晶（大晶体）或变嵌晶（大晶体包含较小的晶体）

结构：在变质的过程中清除了小结构，但保留了原岩的层理结构。

颜色：黑色，青蓝色，浅灰色，时常有黑色斑状变晶的斑晶

构成：个体矿物的脉石颗粒太细以至于不能轻易辨别，但是微小云母的白点在放大镜下有时可见。红柱石的黑色或红色的方形斑状变晶常见于红柱石角页岩。如果这些晶体是十字形的，它们被称为空晶石，岩石被称为空晶石角页岩。在堇青石角页岩里，岩石上点缀着一些像谷粒状的黑色堇青石斑状变晶。在辉石角页岩里，有辉石，红柱石或堇青石斑状变晶。其他常见矿物可能是石榴石、紫苏辉石、硅线石。

原岩：颗粒细腻的岩石包括页岩、黏土、含有杂质的石灰岩、辉绿岩、玄武岩、安山岩

温度：非常高

压力：低

常见地区：考姆雷（佩思郡），苏格兰；哥比亚，达特穆尔（德文），康沃尔郡，英格兰；法国孚日山脉，德国哈茨山脉；意大利厄尔巴岛；新斯科舍省，加州内华达山脉

变质石英岩((Meta)quartzite)

变质石英岩为白色，很坚硬，看起来像糖，又与白色大理石很相似，但是它由石英形成，而非方解石。的确，它的石英含量超过了90%。它主要由砂石形成。与石英砂岩类似，它可以被简称为石英岩，而且这两种岩石可相互转化，主要取决于有多少原始砂岩被变质作用改变了。在变质过程中，砂岩中的石英颗粒重新结晶产生新的大颗粒。砂岩中的胶结物和细孔消失，只剩下了相互紧密连接的颗粒。事实上，石英颗粒连接在一起，当石头破裂的时候能够顺着晶体裂开，而不是散落一地。大多数的变质石英岩是非叶理状的。然而，在高温高压的条件下，就可能变扁平，形成叶理状的变质石英岩。

鉴定：变质石英岩是白色的，看起来像大理石，但更坚硬。与大理石不同，它不可能轻易地被一枚硬币或一把小刀刮伤。白色的石英岩比大理石更偏棕褐色。

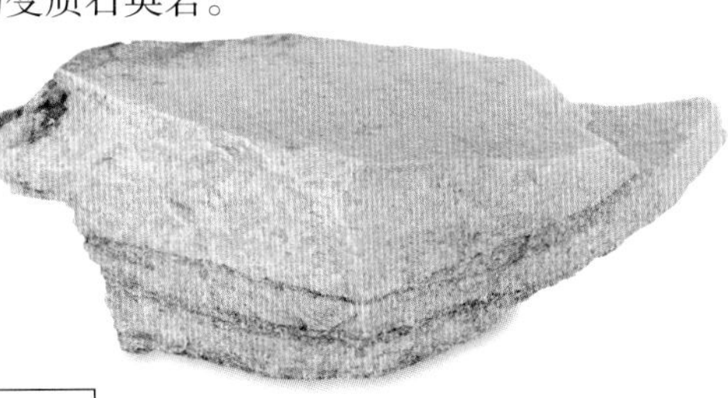

岩石类型：非叶理状，接触变质或区域变质
质地：均衡，中等颗粒，花岗变晶状颗粒（很坚硬，但均衡）
结构：大多数小结构会在变质过程中被清除，但有可能保留原岩的层理结构
颜色：白色，灰色，红色
构成：紧密链接的石英颗粒和少量的长石和云母
原岩：砂石和富含石英的混合体
温度：高
压力：低压到高压
常见地区：伊莱，格兰皮恩斯山脉，苏格兰；威尔士安格尔西岛；挪威；瑞典；德国陶努斯山脉，哈茨山脉；沃利斯；奥地利施泰尔马克，南卡罗来纳州和北卡罗来纳州

碎石骨料

世界上几乎每一项建造工程，小到最简单的房屋，大到吊桥，都依赖于碎石骨料。这些石块被固接在一块，制成砖、混凝土、沥青和各种各样的建筑材料。平均每一个房屋包含五十吨的骨料。有一些骨料就是用沙子和碎石制成的。大多数都是碎石，石材的选择是非常关键的。质地柔软的岩石，比如页岩，只能当胶合剂。主要的硬石有玄武岩、辉长岩、花岗岩、石灰岩、粗砂岩、砂岩，还有坚硬的变质岩，角页岩、角闪岩、片麻岩。筑路骨料不需要那么坚硬，它们要经得住轮胎的碾压，因为当地湿的时候，路面会很滑，轮胎与地面的接触面积会增大。还要可以和沥青相黏。这些要求使得像花岗岩这样富含石英的岩石被排除在外。路面的碎屑最好是石灰岩、玄武岩、角页岩或角闪岩。上图显示了骨料采石场的熔炉。

花岗变质岩和紫苏花岗岩 (Granofels and charnockite)

花岗变质岩是少数非叶理状岩石，形成于相对高温高压的环境。这种结合只能在地壳深处。由于板块运动作用于大面积的岩层上而得以形成，因此花岗变质岩只是一种区域变质，而非接触变质。它大多从花岗岩家族的岩石中形成，或者偶尔从重塑的黏土和页岩中形成。紫苏花岗岩是花岗变质岩的一种特殊形式。它被地质学家霍兰德命名。1900年，霍兰德在印度加尔各答圣约翰教堂中的约伯·查诺克石墓上发现了这种岩石。约伯·查诺克是加尔各答的缔造者，他的墓由紫苏花岗岩修建而成。紫苏花岗岩曾被认为是火成岩，但现在则把它归类为变质岩，因为尽管经历了高压、高温，原岩从来未熔化过。

岩石类型：非叶理状、区域变质
质地：颗粒粗糙
结构：经过变质后小结构会被抹去
颜色：暗灰色。长石晶体可能是暗绿色、褐色或红色的；石英可能是蓝色的；角闪石可能是褐色或绿色的
构成：紫苏花岗岩由长石和石英组成，但也包含斜方辉石、紫苏辉石、角闪石，还有石榴石
原岩：花岗岩类岩石和改变了的页岩和黏土
温度：高
压力：高
常见地区：苏格兰；挪威；瑞典；法国；马达加斯加群岛；印度南部；巴西；斯里兰卡；巴芬岛；拉布拉多省；魁北克省；纽约州阿迪朗达克山脉

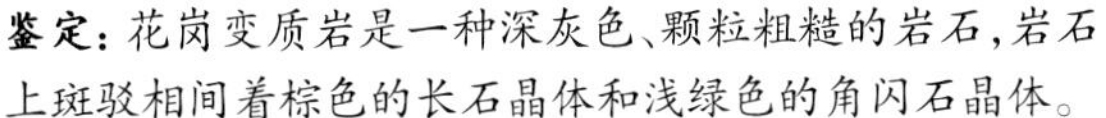

鉴定：花岗变质岩是一种深灰色、颗粒粗糙的岩石，岩石上斑驳相间着棕色的长石晶体和浅绿色的角闪石晶体。

镁铁质变质岩

玄武岩这种镁铁质火成岩在持续的高温高压条件下，通过区域变质从绿岩变为绿片岩、闪岩，最后变质为榴辉岩。这一演变进程通常可以在某些地貌景观中观察到，通过一定的角度，我们就可以了解到原始压力作用下的地下岩石的演变过程。

绿岩和绿片岩 (Greenstone and greenschist)

绿岩通常都非常古老，由许多绿岩组成的绿岩带一般出现在已形成几十亿年的克拉通中，由花岗岩围绕。绿岩或者绿片岩都不是单一种类的岩石。相反，绿岩包含许多绿色的变质镁铁质火成岩，比如：绿泥石、绿帘石和阳起石。绿片岩与绿岩相似但拥有叶理状结构，可通过其片岩状条纹与绿岩区分开来。在轻微压力条件下，玄武岩会再次结晶形成绿岩，外形如同枕状或腔状，进一步压缩之后，就会形成叶理状绿片岩。绿片岩也是变质岩岩相的一种，包含绿岩。绿片岩岩相作为一种矿物集合，通过低级区域变质，即低温（300~500℃）与中等压力共同作用而形成。在绿片岩岩相中，钠长石、绿帘石、绿泥石、阳起石、榍石、绿纤石等矿物完全或者部分取代了原始火成岩中的主要矿物，如辉石和斜长石。

鉴定：绿片岩的绿色是它最显著的特征。同许多其他的变质岩一样，绿片岩有着微微闪亮的结晶外观。同绿岩不同的是，绿片岩呈叶理状，这些带状被称为片理。

岩石类型：非叶理状，低级区域变质
质地：非常细腻
结构：斑晶，在原始火成岩中可能呈枕状或者腔状
颜色：绿色
构成：主要由阳起石构成，还有绿泥石这种绿帘石族矿物
原岩：镁铁质火成岩，例如玄武岩（绿岩），或者页岩（绿片岩）
温度：低温
压力：中等
常见地区：挪威；摩洛哥阿特拉斯；南非巴博顿；西澳大利亚皮尔巴拉；西北地区（加拿大行政区）；曼尼托巴省；魁北克省；安大略省；卡斯卡德；洛基山脉

闪岩 (Amphibolite)

鉴定：在高压和高温条件下形成的闪岩拥有独特的变质纹理。晶体呈一种独特的扭曲状态，也被叫做变晶质。变晶质只能通过高级变质形成。

闪岩属于粗粒岩石，主要由斜长石和角闪石组成。严格来讲，这种岩石属于非叶理状，但是无论是否拥有叶理结构，很多地质学家都把斜长石和角闪石称为闪岩。闪岩也是一种变质岩相，包含了各种矿物，可以在高压和温度适中的条件下在任意岩石中形成，特别是在造山运动的过程中。在这种极端情况下，闪岩会变得极为坚固，这就是为什么闪岩经常被用来筑路的原因。一些闪岩由岩脉和岩床形成，变质作用的过程中会将周围质地柔软的沉积岩都清除，巨大的压力和高温使这些侵入体转变成闪岩，即便是周围最柔软的沉积物也变成片岩和片麻岩。但是由于闪岩的抗剪应力极强所以它呈非叶理状，与其他变质岩相比，它的外观保持完整。

岩石类型：非叶理状，区域变质
质地：中等至粗粒状，有时候包括石榴石的斑状变晶
结构：角闪石晶体排列均衡，为弱叶理构造
颜色：黑色，深绿色，绿色，闪亮白，或红色
合成粒：主要由角闪石、斜长石、外加云母铁铝石榴石和辉石构成
原岩：镁铁质，中性火成岩：玄武岩、安山岩、辉长岩、闪长岩
温度：中温
压力：高压
常见地区：爱尔兰康尼马拉的多尼哥，苏格兰格兰皮恩斯山，德国萨克森，图林根州；瑞士圣戈特哈德地块，奥地利陶恩山；魁北克省；亚利桑那州；纽约州阿迪朗达克山脉

榴辉岩 (Eclogite)

榴辉岩不仅是最稀缺的变质岩之一，同时也是最有意思的变质岩之一。榴辉岩的外形非常奇特，通常是由嵌入绿辉石中的红镁铝榴石或者铁铝榴石构成。只有榴辉岩这种岩石含有如此有意思的晶体和矿物质。

毋庸置疑这种岩石产自于极端的条件下。榴辉岩中的矿物组合被称为榴辉岩相，这种物质只有在高温和高压的条件下才会形成。榴辉岩相与玄武岩紧密关联，只有少数地质学家认为榴辉岩相不属于变质岩类，而是由地幔中的玄武岩浆直接形成。榴辉岩在地球中的数量不多。尽管在变质岩中有100米宽的孤立块，但是大部分都是捕虏体——即岩浆侵入过程中所捕获的围岩碎块。像这样的捕虏体一般出现在蕴藏着钻石的金伯利岩和钾镁煌斑岩中，钻石一般位于榴辉岩内。榴辉岩通常分为三类，这三类彼此形成的方式各不相同。第一种类型的榴辉岩是金伯利岩和玄武岩中的捕虏体，例如夏威夷瓦胡岛火山口附近，在地幔100千米以下的极端高温和高压条件下得以形成。第二种类型是呈夹层状，透镜体位于变质片麻岩中，产自挪威西部和中国大别山。第三种类型呈块状或夹层状，位于俯冲带的蓝片岩中，产自希腊基克拉迪群岛。这些地壳榴辉岩的形成的条件是低温和低压。关于这种榴辉岩的形成有两种不同的理论，一种认为辉长岩在缺水的条件下转化而成，另一种认为是由深度俯冲的玄武岩地壳转化形成。

鉴定：榴辉岩坚硬、密度大、呈粗粒状，大体为绿色，同固体胶极为相似。通常，它嵌有大而红的斑状变晶石榴石，如下图。

岩石类型：非叶理状或叶理状，区域变质。也可能是火成岩产自玄武岩浆

质地：中等或粗粒状。通常包括石榴石或者辉石中的斑状变晶

结构：密度非常高，块状，有时呈叶理状

颜色：绿色，红色，或者绿色中带着红点

构成：主要由绿辉石和铁铝石榴石构成，不包括斜长石。除此之外，还包括石英、蓝晶石、斜方辉石、金红石、黄铁矿、白云母、黝帘石，有时也包括柯石英。捕虏体中可能有钻石。

原岩：玄武岩或辉长岩，泥灰岩

温度：金伯利岩、钾镁煌斑岩中捕虏体的温度在900℃以上，古片麻岩岩层中的榴辉岩透镜体和捕虏体温度为550~900℃，海沟附近的蓝片岩温度低于550℃。

压力：高压

常见地区：格莱内尔格，苏格兰西北部；格陵兰岛；挪威西部；德国巴伐利亚州；萨克森州，瑞士阿尔卑斯山脉西部；奥地利卡林西亚州；意大利亚平宁山脉；希腊基克拉迪群岛；刚果民主共和国；南非；博兹瓦纳；纳米比亚；印度；婆罗洲；中国大别山；澳大利亚西部；加拿大西北部；夏威夷瓦胡岛；加利福尼亚州

古老的大陆地核

尽管从地质学角度来看，一些构成大陆的岩石还较年轻，但是所有的岩石都含有一个或者多个年代久远的陆核。这些陆核称为克拉通，克拉通是大陆演化形成今日大陆块格局的关键。克拉通中的岩石是地球上最古老的岩石，可追溯到至少25亿年前。火山中的变质片岩是地球上最古老的岩石，它形成了第一个大陆块。位于加拿大北部的阿卡斯塔片麻岩已存在近40亿年，这几乎同绿岩带存在的年代相同，绿岩带非常独特，主要产自南非的巴伯顿，澳大利亚的皮尔巴拉和加拿大北部(见上图)。在25~35亿年，这些地方还都是被扭曲的绿岩所围绕的花岗岩岩岛，它们的起源还有待商榷，但是由于地质学家在绿岩中发现了枕状岩溶的迹象。因此，许多地质学家认为，由于花岗岩侵入古裂谷而引起的古海床运动，因此绿岩是古海床的一部分。

逆变质榴辉岩：当榴辉岩中的捕虏体接近地表，捕虏体中的矿物质在低温和低压的条件下有时会产生改变，出现逆变质作用。在这种情况下，石榴石和辉石等矿物会变成角闪石。

大理石

大理石呈雪白色或者奶油色，光滑亮丽，毋庸置疑是所有岩石里最漂亮的一种，这种岩石自古埃及时起就开始为人类所喜爱。对雕塑家而言，这类石头最适合进行雕塑，贝尔尼尼的圣特雷莎的狂喜和米开朗基罗的大卫等著名雕塑使用的就是大理石。从泰姬陵（印度阿格拉的一座大理石陵墓）到现代的大多数摩天建筑，多数建筑都有采用抛光后的大理石石板。

卡拉拉大理岩(Carrara marble)

鉴定：纯大理石呈白色，但是更纯的大理石呈灰白色，上有石墨或透辉石的斑晶，见下图。然而，灰白大理石可通过与热的侵入体接触被漂成雪白色。

对于建筑施工人员和雕塑家而言，“大理石”这个词包含的岩石种类很广。石灰岩、蛇纹石，甚至石英岩在他们眼中都可被视为大理石。他们对大理石的定义是石头颜色灰白，并且可以进行雕刻或打磨。然而，对地质学家而言，大理石仅仅指代某一种特定的岩石，这种岩石在特定的条件下变质生产。尽管如此，地质学家对大理石的定义还存在一些分歧。一些地质学家认为由碳酸盐岩变质生成的石头均为大理石，其中就包括由碳酸镁构成的变质白云石。少数地质学家认为只有由纯富钙石灰岩变质生成的石头才能被称为大理石。石灰岩岩床由于深深掩埋在地壳中，它在地心热量和上覆岩石的压力下转化成了真正的大理石。大理石通常位于深山根和大陆碰撞区，从千枚岩、石英岩和片岩等其他古变质岩的夹层中开采出来。热的花岗岩岩体侵入纯石灰岩岩床之后，小块儿露出地面的岩层可变质成大理石；除此之外，大理石也可通过区域变质形成。

同变质石英岩一样，大理石是由矿物质相同的原岩经过再次结晶而形成的晶体。在变质过程中，石灰岩中的方解石再次结晶形成较大的、无定型颗粒。颗粒间的空隙消失了，形成了一团紧密铰链的方解石颗粒。颗粒的形状奇特，它的质地看起来如同糖一样，甚至比较像古时的玻璃瓷碎片。正是由于大理石的密度大，且质地均衡，表面光滑亮丽，所以很适合进行雕刻。甚至大理石看上去微微的半透明，使得光可以穿透表面颗粒折射进入内部颗粒，因此看起来带有光泽。

大理石的软硬度不仅适于雕刻，也可以在干燥条件下保持相当好的稳定状态。但是它却非常容易受到酸雨的腐蚀。大量大理石经过风化之后会跟石灰岩一样变成喀斯特构造，因此，随着时间的推移，大理石墙壁和雕像上会出现凹点。

卡拉拉大理岩：最有价值的大理石产自意大利托斯卡纳区的卡拉拉附近的采石场。这些雪白色的岩石大多是纯方解石，不仅深受伟大的雕塑家米开朗琪罗的喜爱，而且在罗马时期也非常受欢迎。这些大理石大都产自位于卡拉拉地区附近的亚平宁山脉的四个主要山谷中。

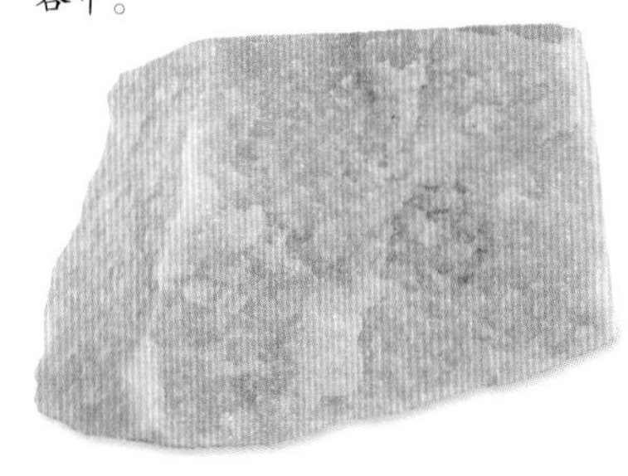

岩石类型：叶理或非叶理结构，低级区域变质或者接触变质

质地：中至粗型颗粒，肉眼清晰可见，颗粒均匀，外观像糖，半透明，大理石板的厚度上限为30厘米。

结构：偶尔会有保存完好的旧层理结构或化石。然而更多的时候大理石质地均匀。纯大理石都是非叶理结构，但因为它在高压下移动，因此有色矿物入侵后会形成弯曲的条带结构。

颜色：极少的大理石呈纯白色，大部分大理石因为原岩中的矿物而呈现不同颜色。含有辉石的大理石呈绿色；含有石榴石和符山石的大理石呈棕色；含有榍石、绿帘石和粒硅镁石的大理石呈黄色。其他矿物或者变质的过程通常会赋予大理石斑状纹、条带结构或矿物颗粒。

构成：白云质大理石和白云石中主要包含方解石。其余矿物包括石英、白云母和金云母、石墨、氧化铁、黄铁矿、透辉石和斜长石，斜长石包括钠长石、拉长石和钙长石等。还包含的矿物有：方柱石、符山石、镁橄榄石、硅灰石、透闪石、滑石、粒硅美石、水镁石、磷灰石、榍石、钙铝榴石、黝帘石、电气石、绿帘石、方镁石、尖晶石、磁黄铁矿、闪锌矿和黄铜矿。

原岩：石灰岩。磷酸盐石灰岩形成纯大理石，白云石灰岩形成白云石大理石。

温度：从低温到高温。

压力：从低温到高温。

大理石变种 (Marble varieties)

纯大理石为白色，主要由方解石构成，掺杂了少量其他矿物，其中，最常见的矿物包括小而圆的石英颗粒、白云母和金云母、黝亮的片状石墨、氧化铁和黄铁矿。变质条件不同，原始石灰岩中含有的矿物不同，生成的大理石颜色和图案各不相同。由于岩石在轻微移动，使得矿物杂质掺入，因此大理石出现了同螺旋冰激凌相似的漂亮螺形条纹。最常见的矿物杂质包括：绿透辉石、淡绿阳起石和斜长石等其他矿物。有时候，杂质矿物可能会侵入到一整块完整的大理石中。辉石使得大理石变成绿色，石榴石和符山石使大理石变成棕色。榍石、绿帘石和粒硅镁石使大理石变成黄色。石墨使得大理石变成灰色甚至黑色。

白云石大理岩：白云石大理岩因为是由辉绿石灰岩变质而成的，所以并不是真正的大理石。它主要由白云石（碳酸镁）而不是方解石（碳酸钙）形成。因此，白云石大理岩的颜色更偏灰白色。

大理石形成之后，会在物理压力和化学压力的作用下发生变化。在化学压力作用下，大理石内的一些矿物可能会发生变化，比如赤铁矿的变化可能会将大理石的颜色变为红色，褐铁矿使其变成棕色，云母使变成绿色。其中，最奇异的颜色变化是原始大理石中的透辉石和镁橄榄石被改变成黄色或绿色的蛇纹石，再将大理石染色。大理石的这个变种叫做蛇纹大理石，也叫做绿斑蛇纹石。

通常，细纹大理石并不属于大理石。它也不属于玉髓而是条带状的缟玛瑙。它是富含矿物的冷液沉积而形成的方解石，通常在裂隙或者洞穴的泉流附近形成，呈石笋状。细纹大理石也叫做雪花石膏，在古时候被广泛用于雕刻。意大利托斯卡纳地区出产的红色锡耶纳大理石是细纹大理石，迦太基和古罗马使用的大理石是阿尔及利亚大理石。

常见地区：英国德文郡；爱尔兰康尼马拉；法国；西班牙；德国菲希特尔贝尔格；奥地利提洛尔；意大利托斯卡纳区提洛尔；瑞士沃利斯；阿拉巴马州塔拉迪加县；马里兰州哈福德县；佛蒙特州；佐治亚州

纯大理石：希腊彭忒利科斯山（阿提卡）；意大利卡拉拉，马萨和塞拉维扎（托斯卡纳区）；挪威卑尔根；阿拉巴马州；佐治亚州；马里兰州；佛蒙特州；科罗拉多州的尤尔地区

白云石大理岩：苏格兰格伦蒂尔特；挪威；瑞典；德国菲希特尔贝尔格；奥地利施泰尔马克；意大利提洛尔；俄罗斯卡累利阿；犹他州

蛇纹大理石：苏格兰萨瑟兰；爱尔兰科纳马拉；威尔士莫娜（安格尔西岛）；德国菲希特尔贝尔格；瑞士沃利斯；法国阿尔卑斯山；意大利皮埃蒙特；葡萄牙伊斯彻曼德

细纹大理石：意大利锡耶纳（托斯卡纳区）；阿尔及利亚的韦德-阿卜杜拉；墨西哥特卡里；加州埃尔马莫尔

黑色大理石（非变质石灰岩）：爱尔兰基尔肯尼和戈尔韦；阿什福德（德比郡）；英格兰佛罗斯特利（约克郡）；佛蒙特州肖勒姆；纽约州格伦福斯。

艺术家的岩石

从埃及时代起，大理石就因为其质地柔软、色泽亮丽而被认为是最适合进行雕刻的岩石。阿提卡（古希腊的一个地区）的大理石呈绮丽的白色，菲狄亚斯和波拉克西特列斯等古希腊雕塑家都使用这种岩石雕刻出了栩栩如生的人物雕像。用来装饰雅典帕台农神庙的著名埃尔金石雕也是由希腊大理石雕刻而成的。中世纪时期，米开朗琪罗在意大利托斯卡纳的卡拉拉采石场精心选择了一块儿纯白色大理石，完成了著名的雕像《大卫》。安东尼奥·卡诺瓦也是用这种白色石头完成了《三美神》，还有其他的艺术家都选择了在白色大理石上进行创作。在罗马人发现如何用水泥将大理石粘在墙上之后，大理石更多地被用来装饰建筑。古罗马时期的很多建筑都使用了大理石进行装饰，所以这些建筑在晚上看来都熠熠生辉。而今，华盛顿国家美术馆等建筑也都使用了大理石进行装饰。

蛇纹大理石：蛇纹大理石形如其名，同蛇纹很像。“serpentine（蛇纹大理石）”是从“snake（蛇）”这个单词衍生而来的。蛇纹大理石基本上就是蛇纹石化的大理石。受到化学因素的影响，镁橄榄石和透辉石变质成为蛇纹石，取名蛇纹石是因为岩石的外形同蛇皮相似。

叶理状变质岩

在高压或适度高压条件下，岩石会变质生成不同的层理，这种层理称为叶理，含有叶理的岩石包括：板岩、片岩、片麻岩等。叶理使得一些岩石出现条纹，比如糜棱岩、复片麻岩和蓝闪石片岩，使得另一些岩石容易碎裂成薄片，如千枚岩。叶理意味着要么是某些矿物被条带结构分开，要么是晶体平行排列。

糜棱岩 (Mylonite)

岩石类型： 叶理、动力变质
质地： 糜棱状，在细腻的脉石中含有稍大但整体而言还是较小的残碎斑晶
结构： 糜棱岩有时候是按照条纹生成的方向而碎裂的，但这种情况并不常有
颜色： 多变
构成： 随着原岩的变化而变化，但是脉石主要是由石英和碳酸盐构成的，除此之外，还含有长石和石榴石残碎斑晶。
原岩： 任何岩石
温度： 低温
压力： 高剪应力
常见地区： 苏格兰西北莫伊逆冲断层带；瑞士阿尔卑斯山；土耳其；印度德干地盾；南极洲罗斯海；加拿大地盾；加州内华达山脉；弗吉尼亚州蓝岭；纽约州阿迪朗达克山脉

有时，地壳运动形成的巨大力量会将岩石分裂，并使得岩石的破碎边缘彼此交叠。在地表的断层带附近，碎成不规则形状的岩石碎片最终都会碎成粉末。然而在地表深处，地壳的热度会使岩石变软、变得具有可塑性而不易破裂。因此，当被挤压时岩石会像太妃糖似的被挤出条带结构，这种岩石被称为糜棱岩。较软的物质会再次结晶形成微小颗粒，同时，另一些更为坚硬的较大晶体则被保留了下来，在细腻的脉石中被碾碎或分解。由于较大的晶体并没有进行再次结晶，所以它们被称为残碎斑晶，而不是斑状变晶。人们曾经认为糜棱岩中的细小颗粒都为粉末状，然而事实上，岩石在受到压力后，颗粒都变成了一种新的晶体，这个变化的过程称为同构造再结晶。糜棱岩这个单词是查尔斯·拉普华兹于1885年为在苏格兰高地地区莫伊逆冲断层带发现的带条纹状岩石而创造出来的。现在，这个单词可以用来形容任何带有糜棱结构的岩石。岩石夹杂的条带厚度范围可从1~2厘米到2~3千米。

鉴定： 糜棱岩因为带有糜棱条带结构所以较容易辨认。但是还有许多其他种类的糜棱岩，比如原生糜棱岩，含有残碎斑晶，即它的颗粒都是粉末状而没有再次结晶；超糜棱岩，则不含有任何残碎斑晶。

复片麻岩 (Migmatite)

岩石类型： 叶理，区域变质
质地： 中等颗粒
结构： 带条状深色变质岩和灰白色(浅色)火成岩的混合
颜色： 多变
构成： 主要由含花岗岩的片麻岩构成，也可以是片岩或角闪岩
原岩： 可能是任何片麻岩(或者是片岩，也有可能是角闪岩)，也有可能是片麻岩和花岗岩
温度： 非常高
压力： 高
常见地区： 苏格兰萨瑟兰；斯堪的纳维亚半岛；法国奥涅；德国巴伐利亚黑森林；希腊基克拉迪群岛；安大略省休伦湖；纽约州阿迪朗达克山脉；新泽西州；华盛顿州

复片麻岩是所有岩石里变质最极端的，它在大陆地壳下形成，经受的压力和温度甚至比片麻岩都要高。实际上由于温度非常高，因此部分岩石都已经融化了。在低温下液化的矿物会变质成火成岩。复片麻岩是芬兰地质学家J J·赛德霍姆在1907年提出来的，他以希腊词“migma”来命名复片麻岩，“migma”是混合的意思。取这个名字，是因为复片麻岩确实是变质岩和火成岩的混合体。复片麻岩一般包括深色的片麻岩，夹杂着花岗岩这种浅色矿物的条带状片岩或角闪岩。起先，人们认为复片麻岩属于片麻岩。现在，还有一些地质学家认为复片麻岩可能也是最后一批熔化成花岗岩岩浆的岩石的遗留物。另一些地质学家反驳称，灰白色夹层是从外部侵入岩石内部，而不是岩石在原地重熔生成的。因此，岩石内部的片麻岩部分更为古老，这个部分被称为基体。

鉴定： 深色变质岩和灰白色火成岩上的条纹非常显眼，因此复片麻岩相当容易辨认。

千枚岩 (Phyllite)

泥岩和页岩经过温和变质之后，在所受压力垂直的方向会形成一排晶体，随之，岩石便成为板岩。如果提高压力和温度，那么这种板岩会变成千枚岩，若继续提高压力和温度，千枚岩会变成片岩。千枚岩的名称来自拉丁语中的“页岩”一词，它同板岩一样有着书页状的层压结构。同板岩一样，它是由云母、绿泥石、石墨等其他相似矿物的细腻颗粒组成的，从适当的方向对这些矿物质施以压力，它们就会变得平坦。然而，千枚岩不像板岩似的颜色浊钝，大部分千枚岩都很闪亮，因为随着温度和压力的提高，产生了厚片云母，其中就包括白丝绢云母。丝绸般的光泽也称为千枚状光泽。千枚岩的叶状结构同板岩还是有区别的，它不会像板岩一样分裂成一层一层，尤其是高度变质的部分和叶蜡石的部分。它同板岩的用途一样，可以用来制作屋面瓦。

鉴定：同板岩一样，千枚岩可通过它的层状结构轻易识别。但是，它的层状结构并没有像板岩一样完全平坦，而是稍微有些皱。这些“细褶”使得千枚岩看起来就像是绉布。除此之外，千枚岩有着丝绸般的银色光泽，这与浅灰色的板岩非常不同。

岩石类型：叶理状，区域变质
质地：细粒状，有斑状变晶
结构：在适当角度施加压力之后形成了层压结构。可能含有板岩解理，可分裂成厚度为0.1毫米的薄片。在进一步变质之后，解理会更加明显，但是岩石不会再破裂，有些许的褶皱。
颜色：银灰色、绿色
构成：主要由丝(绢)云母和石英构成
原岩：页岩和泥岩
温度：中温
压力：中压
常见地区：爱尔兰多尼哥；苏格兰格兰屏山区；威尔士安格尔西岛；英国康沃尔郡；斯堪的那维亚半岛；法国孚日山脉；德国哈茨山脉，巴伐利亚州，菲希特尔贝尔格；瑞士阿尔卑斯山；康涅狄格州；纽约州；阿巴拉契亚山脉

蓝闪石片岩：蓝片岩 (Glaucophane schist: blueschist)

蓝闪石片岩是被矿物蓝闪石变蓝的一种岩石。这种岩石也称为蓝片岩，在相似条件下形成各种蓝片岩变种，因此也称为蓝片岩岩相。不是所有的蓝片岩岩相都是蓝色的，但是，经过实验研究表明，所有的蓝片岩岩相都是在高压和低温的条件下形成的。这种组合不常见，通常高压环境往往伴随着高温，形成诸如绿片岩这样的岩石。地质学家认为蓝片岩的这一特殊条件是因为它形成于俯冲带。在低温的玄武质洋板侵入到地幔时，一块称为增生楔的物质被刮了下来，洋板的不断下侵使得增生楔被推上了地面。从地质学角度来说，这一过程发生得非常迅速，下侵的洋板受到很大的压力，变质成了蓝片岩，在温度还没升上来之前，它又被迅速推上了地面。

莫伊冲断带

1907年，莫伊冲断带的发现是地质学历史上的重要时刻，莫伊冲断带位于苏格兰西北部的萨瑟兰郡。当时，地质学家已经了解了简单的逆断层。地壳受到挤压之后，岩石随之运动就会形成浅层逆断层。但是莫伊冲断带却不是简单的逆冲带。现在，我们了解到，这种逆冲带是地壳板块不间断运动，造成地壳层岩石上下移动进而形成的复杂、破碎及多层状的岩石构造。莫伊冲断带形成于4.1~4.3亿年前，当时，苏格兰受到两块相反方向移动的板块挤压，形成了从莫伊半岛到斯凯岛绵延180千米的逆冲带。相似的逆冲带现在可以在全球的褶皱山边缘找到。它们的特点都是由糜棱岩的岩石所构成。

鉴定：带有片岩条带结构的蓝闪石有着片岩状的外观。凭借着蓝色的外观可以轻松地辨认出蓝片岩。

岩石类型：叶理状，区域变质
质地：小型或中型颗粒
结构：弱片状，可能会有褶皱
颜色：蓝色、浅紫罗兰色
构成：主要由蓝闪石或硬柱石、角闪石或绿帘石、石英或翡翠以及石榴石、钠长石、滑石、黝帘石、翡翠和绿泥石构成
原岩：通常包括玄武岩或者辉绿岩，也可能包括泥岩
温度：低温
压力：高压
常见地区：威尔士安格尔西岛；英格兰海峡群岛；挪威斯匹次卑尔根岛；意大利奥斯塔山谷，托斯卡纳，卡拉布里亚；瑞士阿尔卑斯山，加利福尼亚州

板岩

板岩有时候用来形容任何能被归类成平板且可以被用来装饰屋顶的岩石。然而，真正的板岩呈深灰色，是一种可分成平整光滑板块的脆弱变质岩。板岩是页岩和黏土在低温和中压条件下通过低级区域变质生成的。

板岩 (Slate)

板岩这个名字来自古德语，是“破碎”的意思。本质上，板岩即变质泥岩，它在地下深处受到很大的压力，是在低级区域变质环境下，而非最强烈的变质环境下形成的。这种条件一般出现在褶皱山脉的山根处。在这里，构造板块缓慢集聚，向下挤压岩石。大部分板岩都出现在一些古老的山脉中，比如美国的阿巴拉契亚山脉和威尔士的斯诺登尼亚山脉。这些板岩一般形成于前寒武纪或志留纪。偶尔也有部分板岩出现在新近的褶皱山脉中，比如阿尔卑斯山。

泥板岩：泥板岩是一种非常温和的变质岩石，这种岩石介于页岩和千枚岩之间。一些地质学家认为这种岩石属于沉积岩，但是这种岩石并不会吸收水分，而且如页岩般肿胀。泥板岩在如页岩般潮湿时并没有泥土的味道，而且基本上不会有化石。这种岩石的裂开方式跟板岩也很像。

板岩的颜色繁多，但主要是由深灰色、紫色或者绿灰色构成。板岩一般很容易辨认，因为它劈开之后会形成平板，被用于装饰屋顶。这种特殊的板岩解理要基于泥岩的变质作用。岩石受到挤压之后，水分都被挤了出去，所以岩石变得很紧实。所有的细小黏土和淤泥颗粒并不是简单地再次结晶形成云母和绿泥石，而是会在特定角度的压力下重新排列。这种现象形成的一部分原因归结于黏土晶体的层状特性，它们的结构多变，既可以被塑造，又可以被压扁；另一部分原因是因为在受压方向上形成了新的晶体。

变质作用通常会改变大部分原始的沉积结构，所以板岩的解理同层面完全没有关系，甚至呈现出完全不同的角度。化石通常也会在变质作用的过程中毁坏。只有在适当角度对层面施以压力，化石才会得以幸免，不过化石会被压成扁平状。因为板岩解理受到的压力同褶皱山脉受到的压力相同，所以板岩都会清楚地显示出褶皱的形成模式及受压方向，因此，可通过研究板岩来了解构造的演化或某个地区的地质结构。

鉴定：板岩呈深灰色，表面光滑，变潮湿之后颜色会变成闪亮黑色。这种岩石非常特别。它分裂之前和分裂之后一样独特。它可以分裂成扁平板片状，再没有其他岩石含有这种独特的解理，通过这一点来辨认板岩再合适不过了。

岩石类型：叶理状，低级区域变质

质地：非常细小的颗粒。板岩的颗粒非常小，即使用放大镜也辩认不出矿物个体

结构：板岩可通过它的扁平劈理辨认。有时候，层面及其他原岩结构会非常清楚地显示在扁平解理上。化石有时候会在板岩里保存下来，但是通常化石会被压扁。

颜色：灰色，黑色，蓝色渐变色，绿色，棕色和浅黄色。褐铁矿和赤铁矿使得板岩变成棕色；绿泥石使得板岩变成绿色

构成：主要由云母和绿泥石构成，还包括石英、黄铁矿和金红石。次要矿物包括方解石、石榴石、绿帘石、电气石、石墨和深色碳酸盐矿物。

原岩：泥岩（主要由页岩构成）和火山凝灰岩

温度：低温

压力：中压

常见地区：爱尔兰威克洛山脉；苏格兰高地边界断层；威尔士北部斯诺登尼亚山脉；英格兰康沃尔郡；法国阿登；德国图林根州菲希特尔贝尔格；南澳大利亚；巴西（“锈色”板岩）；新布伦瑞克省；新斯科舍省；安大略省；宾夕法尼亚州马丁斯堡；佛蒙特州西部；纽约州东部；弗吉尼亚州中部；缅因州中部；马里兰州北部

斑点板岩和空晶石板岩 (Spotted and chiastolite slate)

斑点板岩： 页岩在一定区域内经受压力会变质成板岩，板岩在原地通过与炽热的侵入体接触变质后会生成斑点板岩。

板岩是一定区域内的泥岩经过逐步变质形成的，它是变质后形成的第一种岩石。中温和中压的条件下，泥岩会变质生成板岩，如果增大压力，岩石就会变成千枚岩；继续增大压力，千枚岩就会变成片岩。同沉积岩和火成岩一样，板岩也可以在与炽热的花岗岩侵入体接触之后发生变化。炽热的花岗岩侵入体周围的板岩，其独特的劈理会消失，转而变成如裂片般坚硬的角页岩。转变再进一步，这时会保留其解理，但是会生成带有深色或浅色圆斑的变质矿物，比如白云母或者绿泥石。斑点板岩内一般含有红柱石、石榴石；或稀少的堇青石等矿物。空晶石中的红柱石是斑点板岩中的典型矿物。空晶石板岩中包含典型的大块红柱石斑状变晶，这些深色晶体交错生长在浅色晶体之上。这种晶体通常都有7~8厘米长。一般情况下，裸露的板岩可被风化成云母或高岭土。

空晶石板岩： 空晶石板岩这种岩石非常独特。它同普通板岩一样坚硬、易碎，且可以轻易分裂成扁平石板。不同的是，它含有斑状变晶是通过与入侵的热花岗岩接触而形成。斑状变晶是红柱石中的浅色晶体，随机地排列在整块岩石内。

岩石类型： 叶理状，低级区域变质

纹理： 有非常细小的颗粒，镶有矿物的斑状变晶，例如红柱石和云母

结构： 它的解理同普通板岩一样独特、完美、平坦，可被轻易分裂成板片

颜色： 灰色、黑色、蓝色渐变色、绿色、棕色和浅黄色。褐铁矿和赤铁矿使得板岩变成棕色；绿泥石使得板岩变成绿色

构成： 主要由云母和绿泥石构成，还包括石英、黄铁矿和金红石。次要矿物包括方解石、石榴石、绿帘石、电气石、石墨和深色碳酸盐矿物

原岩： 泥岩（主要由页岩构成）和火山凝灰岩

温度： 中温

压力： 中压

常见地区： 威尔士斯诺登尼亚山；英格兰德文郡斯基多峰；西班牙科迪勒拉山系的贝蒂克；新斯科舍省的哈利法克斯；加利福尼亚州

板岩工业

板岩可能非常易碎，而且可以轻易被分裂成板片，但是实际上，它是一种质地坚韧的岩石，不易被风化。这就解释了为什么山区裸露在外的露头里经常可以看到板岩。在雨中，板岩会变暗，几乎变成黑色，这使其非常醒目。板岩耐风化和易分裂成板片的特点使得它成为了耐用性极佳且质量轻的屋顶建材。

用板岩来做屋顶已经有几千年的历史了。北威尔士板岩的使用历史可以追溯到罗马时代。罗马要塞(现在的卡纳芬）在4世纪的时候就使用板岩替代瓦片来装饰房子，而卡尔鲁威附近的要塞使用板岩来建造房子的时间比它还要早两百年。

在中世纪，威尔士板岩通过船运遍布了不列颠群岛，甚至还被运到了国外。1358年黑太子爱德华修复切斯特城堡时就从威尔士运来了21,000块板岩装饰屋顶。许多其他城堡和大房子使用的都是从威尔士茨格文和彭林采石场开采出来的板岩。北至苏格兰，中世纪时期爱丁堡的房屋使用的都是更厚且更耐用的板岩。

尽管如此，在19世纪工业革命之前，板岩的使用范围还是比较小的。随着北美和英国城市的快速发展，几百万房屋都开始采用板岩来做屋顶。在英国，从威尔士采石场开采的板岩数量激增。到1832年为止，人们每年都从那里开采100,000吨的板岩。半世纪之后，基本上有50万吨的板岩都是从威尔士采石场开采的。北美的情况同英国相似，佛蒙特州和宾夕法尼亚州采石场开采的板岩同样数量惊人、以满足数百万家庭的房屋需求。

人们对板岩的需求在19世纪达到顶峰之后开始急剧减少，这是因为一种造价低廉、规格整齐且可批量生产的人造瓦片开始取代天然板岩。此时，威尔士采石场出产的板岩量都不到高峰时的百分之五，佛蒙特州采石场的开采量更低。

时至今日，板岩依然是由石板瓦工手工制造，这种制造方法已经延用了几个世纪。先挖出大块岩石，然后沿着细粒用锯将它切成比成品稍微长一点的石材。接着，用木槌或者宽面的凿子对岩石进行“雕刻”，或者把它分裂成几个厚片。之后，用一个木槌和两个凿子将厚片分裂成瓦片，并按照适当的大小和形状进行切边。最后一步是在瓦片的一边钻两个孔，以便被瓦工快速放到屋顶固定。在钻孔的时候，需要保证瓦片不会因为打孔而破裂，这需要石板瓦工对石板的质量做出准确的估计。

片岩

片岩是一种富于弹性的岩石，它是构筑曼哈顿摩天大楼的坚实基础，也是泥岩经过区域变质之后形成的最终形态。当板岩和千枚岩遇到的压力增大，温度提升到400℃之上，那么这两种岩石会经过完全的再次结晶形成片岩。片岩都是通过这种方式形成的，但片岩中含有的矿物不尽相同。

片岩(Schists)

折叠片岩： 有时候，即便是片岩上的一小部分，也会有非常密集的层理。

片岩因为其独特的"片理"而成为了最有特色的岩石之一。片岩大都形成于山根处且处于褶皱状态。在山根，泥岩、板岩和千枚岩的原始黏土矿物因所受到的压力和温度达到了一定的界值而出现了完全分解的状况。紧接着，这些岩石中的化学物质会重新形成云母和绿泥石等更大型的矿物晶体。因此，片岩通常属于中至粗粒度的岩石，虽有待进一步考证，但这种岩石可能同花岗岩的体积相仿。

绿泥石片岩： 片理不明显的绿泥石片岩是由片状绿色绿泥石晶体和细小的绿色针状阳起石变质生产的闪亮集群。这种岩石的形成条件是相对温和的"绿片岩"区域变质。

关于片理形成的原因，其部分原因是岩石中不同矿物存在于不同的层理中；主要原因是在变质过程中，岩石受到了持续的挤压和磨损，使得岩石只能沿特定的角度承受压力并在一个平面上形成片理。如此形成的晶体分层效应更为明显，它们中有的是扁平状的云母，有的是针状的闪石。不管何时，片岩分裂时总是沿着岩石里的云母层分裂，这会给人留下一种错误的印象，以为片岩都是由闪亮的云母组成的。石英也是片岩的重要组成部分，但是只有横切岩石我们才能看到石英层。

尽管片岩也可以像板岩一样分裂成板片，并且在板岩稀缺时，它有时候也被用来装饰房子，但是它不像板岩一样能轻易裂开。这是由于片岩形成时受到高温和高压，因此层与层之间粘结得更为紧密。片岩通常也有些褶皱结构，或者呈"细圆齿状"，它的结构同千枚岩相似，但是结构更为紧凑。其中，不乏有许多结构相当引人注目的片岩。

石榴石片岩： 在较强的变质作用下，石榴石中大的斑状变晶会变质生成云母片岩。石榴石片岩中的石榴石至少长10毫米/0.4英寸，有时候用肉眼便可辨识，也被切割用来作宝石。片岩层绕着石榴石，就像流水绕过岩石一样。石榴石中含铁量丰富，是一种由辉石或者其他矿物变质生成的粉红色铁铝石榴石。

尽管片岩主要是由泥岩变质而成的，但是任何岩石，只要它包含的矿物成分可形成云母，那么这种岩石都可以变质成片岩。同片麻岩一样，片岩也是产自古老的岩石中，大部分片岩可追溯到前寒武纪时期(至少5.7亿年前)。但是也有比较年轻的片岩，比如位于阿尔卑斯山和喜马拉雅山带的片岩。

绿泥石片岩

岩石类型： 叶理状，区域变质

质地： 小至中粒度，有时候含有钠长石或者硬绿泥石的斑状变晶。它没有云母片岩的片理特征明显。同片麻岩不同的是，片岩的晶体结构主要呈扁长型。这是辨别绿泥石片岩的有效方法。

结构： 无论绿泥石片岩大小都能看到明显的褶皱

颜色： 绿灰色

构成： 绿泥石、阳起石、绿帘石、滑石、蓝闪石和钠长石。几乎不含或只含少量的云母和石英

原岩： 主要是泥岩，比如页岩

温度： 中温

压力： 中压

常见地区： 苏格兰阿盖尔郡、奥地利陶恩湖；意大利蒂罗尔，皮埃蒙特，伦巴蒂；加利福尼亚州内华达山脉

石榴石片岩

岩石类型： 叶理状，区域变质

质地： 中至粗粒状。通常含有石榴石斑状变晶，片理良好。

结构： 在一小块或者一大块上可以看见明显的褶皱

颜色： 黑色，棕色，红色

构成： 石榴石，还有黑云母，云母和石英。石榴石片岩通常含有的其他矿物与云母片岩相当

原岩： 主要由页岩等泥岩组成

温度： 中温至高温

压力： 中压到高压

常见地区： 爱尔兰科纳马拉；苏格兰；斯堪的那维亚；瑞士阿尔卑斯山；德国黑森林；魁北克省；纽约州达奇斯县；新罕布什尔州

云母片岩(Mica schists)

黑云母片岩：黑云母片岩为棕色和黑色，但仍带有云母闪光。

云母片岩是最常见的片岩。因为此种片岩中含有云母，所以片理形态最为明显，非常闪亮。云母片岩的薄片只有0.5毫米厚，用刀就可撬掉。云母片岩中也有很多石英，石英聚集在云母含量少的地方，此外云母片岩中还含有大量钠长石。有时候还能看见红色的石榴石和绿色的绿泥石。云母片岩中的云母可能是白云母、丝(绢)云母或者黑云母。黑云母通常是棕色的，白云母和丝(绢)云母通常为浅色，它们也被称为白色云母。细粒度的白色云母叫做丝(绢)云母，较粗粒度的白色云母叫做白云母。许多云母片岩中都包含这三种云母，但是一般只有其中一种云母占主要成分。通常，在中等强度的变质作用下会产生白云母和丝绢云母，同时还会产生绿片岩和千枚岩。在更加强烈的变质作用下部分白云母(和绿泥石)会生成黑云母。而在更为强烈的变质作用下，片岩会生成石榴石片岩。

云母(白云母，丝云母或者黑云母)片岩

岩石类型：叶理状，区域变质

质地：中至粗粒状，有时含有斑状变晶。通常有片岩层理，特点是含有云母薄片

结构：无论片岩大小都能看到明显的褶皱

颜色：浅灰色，绿色(黑云母为棕色)

构成：石英和云母(通常为白云母)，除此之外，还含有蓝晶石、硅线石、绿泥石、石墨、石榴石、十字石

原岩：主要由页岩等泥岩组成

温度：中温

压力：中压

常见地区：爱尔兰康尼马拉；苏格兰；斯堪的那维亚半岛；瑞士阿尔卑斯山；德国黑森林；魁北克省；纽约州达奇思县；新罕布什尔州

白云母片岩：白云母片岩和丝(绢)云母片岩都是颜色最浅的云母片岩，它们呈现出来的是白色。同丝(绢)云母片岩不同的是，白云母片岩中的细粒用肉眼就可以看到。

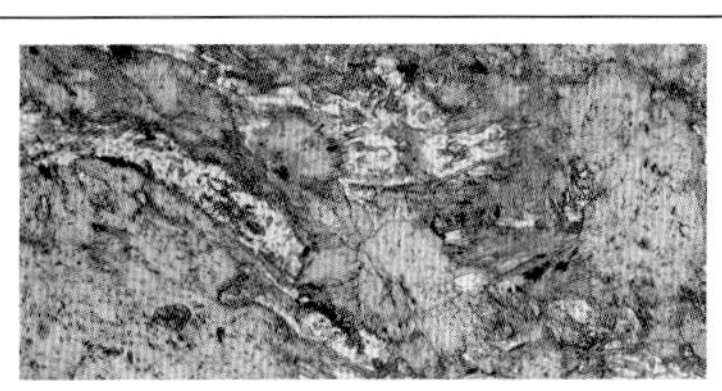

变质相

从单块矿物中不可能判断出形成变质岩所需的压力和温度，但是可以通过一群矿物来判断，这群矿物被称为“相”即在特定条件下形成的矿物集合。这些相包括：沸石、绿片岩、闪岩、蓝片岩、榴辉岩、麻粒岩和其他角页岩。尽管大部分相都是由岩石中含有的矿物群来命名的，但是不同的岩石却可能含有相同的相。比如闪岩和角闪石片岩都形成闪岩相，如上图截面，图中展示的是变质玄武岩中由绿片岩形成的闪岩相，实际上，大部分的绿色晶体都是角闪石。虽然有待进一步证实，但是通常情况下，角岩、麻粒岩和榴辉岩都是高级变质岩，绿片岩和闪岩都是中级变质岩，沸石和蓝片岩为低级变质岩。角页岩相与高温接触区有关联，麻粒岩通常位于山根下，形成条件是高温和中压；闪岩通常位于山根和大陆内部，形成条件是中温和中压；绿片岩和沸石在温和条件下形成于大陆内部；蓝片岩形成于增生楔的俯冲带，形成条件是低温和高压。

闪石片岩(Amphibole schist)

闪石片岩的片理结构同云母片岩的相似，但是它的层理不是由云母组成，而是闪石晶体组成，晶体呈平行排列的薄长条状。如果晶体不是平行排列岩石没有片理结构，那么这块岩石就是闪岩。闪石片岩中的闪石通常是角闪石，这样的岩石也可以称为角闪石片岩，不过闪石有时候也可能是阳起石或者透闪石。所有的闪石片岩中含有的长石都比闪岩中含有的长石要多。角闪石片岩中也可能含有绿泥石、绿帘石、辉石和石榴石等其他矿物。石榴石通常会形成深红色的斑状变晶。

闪石(角闪石)片岩

岩石类型：叶理状，区域变质

质地：中至粗粒状，有时含有斑状变晶。通常有片岩层理，特点是含有闪石。

结构：无论闪石片岩大小都可以看到明显的褶皱

颜色：深黑色或者棕色，通常含有白色或者红色的条纹或者斑点

构成：角闪石(或者阳起石或者透闪石)，斜长石、石英、黑云母、除此之外，还有辉石、绿帘石、白云母和石榴石。

原岩：玄武岩、辉绿岩和泥岩

温度：中温

压力：中压

常见地区：爱尔兰康尼马拉；苏格兰；奥地利/意大利提洛尔；瑞士圣戈特哈德地块；魁北克省；北卡罗来州纳米切尔县

深色的闪岩晶体

片麻岩和麻粒岩

片麻岩(发音同"nice"一样)这个词源于古老的斯拉夫语,是"闪亮"的意思,用这个词来形容片麻岩非常贴切。在显微镜下观察片麻岩,可以看到非常密实的闪亮晶体,这些晶体都是经过最激烈的变质作用后形成的。片麻岩和麻粒岩都是非常坚硬的岩石,它们都可以在地球上最古老的岩层里找到。

片麻岩 (Gneiss)

鉴定: 片麻岩可通过其明暗交错的矿物组成的独特条纹和它的晶体结构(见右侧"质地")来辨认。它也是非常坚硬的岩石,可在一些最为古老的地貌景观中找到,比如巨大的加拿大地盾和苏格兰赫布里底群岛。

铁铝石榴石

粒状片麻岩: 粒状片麻岩没有其他片麻岩那么明显的条纹。它所包含的矿物与花岗岩类似,其中石英占据的比例很高,还有白色和粉色的长石以及白色和深色的云母。

与片岩不同,组成片麻岩的晶体不呈扁平状的结构。但是它却是所有岩石里条状结构最为明显的岩石,由一排排亮色和暗色的矿物交替组成。大部分情况下,这些条纹有2毫米厚,但有时条纹的厚度可以达到1米。片麻岩中的条纹与片岩不同,它也不会像片岩一样可以很容易地分成一个个板片。在高温条件下,岩石中的云母遭到了破坏,但是会形成片麻岩,片麻岩中的条状结构形成的方式非常特别,它是各种矿物分离后再形成独特的条带结构。其中,浅色的条纹是由以石英矿物为代表的浅色矿物组成的,比如石英、长石、白色云母(通常为白云母)。深色的条纹是以镁铁质矿物为代表的深色矿物组成的,比如闪石、辉石和黑云母。此类合成条纹只有在高温条件下才能形成,此时矿物接近熔融状态,可以在再次结晶之前自由移动。片岩一般在地球俯冲带深处或者褶皱山脉山根处形成,它们或者通过大规模的构造运动被带到地表,或者由于上覆山脉因缓慢侵蚀而露出地面。

原始岩石中的成分经历了全部变质阶段,所形成的最终变质产物也可以形成片麻岩中的合成条纹。一块原先由页岩和砂岩交替组成的岩石,经过变质作用之后,可形成由石英和云母组成的片麻岩。

但是有些片麻岩上的条纹却是以完全不同的方式形成的,比如由花岗岩岩浆渗入原岩层理而形成,或者经过岩石的局部融化形成。这类片麻岩属于混合岩,一些地质学家认为,许多古片麻岩都是由花岗闪长岩和英云闪长岩岩浆通过这种方式形成的。这类片麻岩同古绿岩带联系紧密,通常融入绿岩带中。

片麻岩是一类非常坚硬的岩石,可能也是世界上最为坚硬的岩石,到今天,依然有许多形成于地球历史早期的片麻岩存在着。格陵兰岛的大部分区域都是由30亿年前的片麻岩组成的。世界上最古老的岩石是斯塔片麻岩,产自加拿大北部,形成时间可追溯到39亿年前。

岩石类型: 叶理状,区域变质或者动热变质。

质地: 中至粗粒状。由明显的亮色和暗色条纹交替构成。亮色条纹通常为粗粒结构,暗色条纹通常为细粒结构。当含有黑云母时,其叶理结构与片岩相似。与片岩和麻粒岩不同的是,片麻岩是由"扁长"晶体和"等径"晶体构成的,晶体各边长度相等。片岩的晶体大都成扁长形态,麻粒岩晶体大都为等径形态。可通过晶体结构的不同来区分这两种岩石。

结构: 明暗相间的条带结构的规模可大可小。通常有褶皱。通常与花岗岩和伟晶岩岩脉相交错。

颜色: 淡灰色、浅桃色、红色,棕色,带有条纹的浅绿色

构成: 根据原岩而变化,主要由形成浅色层理的长石、石英和白色云母,以及形成深色条纹的黑云母和角闪石组成。其他矿物还包括堇青石、石榴石和硅线石。

原岩: 几乎除它本身外的任何岩石都是它的原岩。由火成岩形成的片麻岩叫做正片麻岩,由沉积岩形成的片麻岩叫做副片麻岩。

温度: 高温

压力: 高压

常见地区: 苏格兰奥克尼郡刘易斯;格陵兰岛;斯堪的纳维亚半岛;法国布列塔尼半岛,中央地块,孚日山脉;德国巴伐利亚州;瑞士阿尔卑斯山;印度南部;泰国;加拿大地盾;阿巴拉契亚山脉;爱达荷州

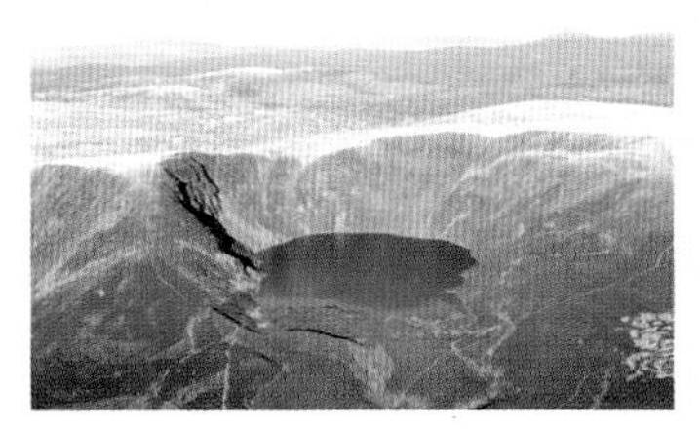

矿物标识符

大约一个世纪之前,地质学家乔治·巴罗曾在阿伯丁(如上图)附近的苏格兰高地地区研究那里的岩石。在那里,有压碎或者被褶曲的页岩、砂岩、石灰岩和镁铁质熔岩。正是这些岩石在强大的造山运动中形成了古老的加里东山系。巴罗发现在这些地区,岩石中的矿物呈有序排列状态,并且排列顺序随着泥质岩(变质泥岩)变质强度的变化而变化。“指标”矿物按如下顺序排列:绿泥石、黑云母、石榴石、蓝晶石和硅线石。指标矿物出现的地方现在称为“巴罗型变质带”。地图上每个区域间的变质线被称为等变线。与其相似的变质带中有红柱石、堇青石、十字石和硅线石。含有这些矿物的区域称为“巴肯型变质带”,与巴罗型变质带相比,巴肯型变质带的序列是在较低的压力下形成的。

麻粒岩 (Granulite)

麻粒岩是一种坚硬的粗粒岩石,它同片麻岩相似,也是在高温高压的条件下形成。麻粒岩也是在这种极端条件下形成的变质矿物相,其中的云母都被辉石等矿物替代了。高压挤走了岩石中的水分,因此形成的矿物都是无水的。普遍认为片麻岩形成于大陆地壳底层;实际上,大陆地壳下方大都是由片麻岩组成的。片麻岩主要以捕虏岩块的形式被岩浆带上地表,或者由于山脉遭受侵蚀露出山根而显现。许多麻粒岩都非常古老,它与片麻岩一道组成麻粒岩——片麻岩岩层,这个岩层的岩石形成于几十亿年前,是地球上最古老的岩石。

岩石类型: 大部分呈非叶理状,为区域变质或者动热变质
质地: 粗粒状。通常有类似片麻岩的条纹,但是麻粒岩多半含有“等径”晶体(详见片麻岩“质地”部分)
结构: 主要由深色和亮色的条纹组成
颜色: 浅色,大部分为白色
构成: 辉石(透辉石或者紫苏辉石)、石英和长石,除此之外还含有石榴石、黑云母、堇青石和硅线石
原岩: 所有岩石
温度: 高温(高于700°C)
压力: 高压
常见地区: 苏格兰西北部;格陵兰岛;芬兰;西伯利亚阿尔丹地盾(雅库特);乌克兰;南非林波波河;中国河北省及辽宁省;澳大利亚伊尔岗;南极洲恩德比地;加拿大地盾;不列颠哥伦比亚省;纽约州阿迪朗达克山脉;蒙大拿州熊牙山脉

鉴定: 麻粒岩是一种坚硬且闪亮的岩石,它大部分是由浅色矿物组成的,这类矿物的颗粒为圆形粗糙的交叉结构。

眼球状片麻岩及其他片麻岩 (Augen gneiss and other gneisses)

我们可以通过原岩来区分片麻岩,比如花岗岩片麻岩和正长岩片麻岩,或者我们也可以通过它们所含有的特色矿物来区分片麻岩,比如黑云母片麻岩和石榴石片麻岩。有些片麻岩可通过质地来区分,比如板状片麻岩和眼球状片麻岩。Augen(眼球状)这个词是德语中“眼睛”的意思,用于指代岩石中大的、椭圆或者眼睛状的晶体。在由石英、长石和云母组成的脉石中,碱性长石是这类岩石的代表,但是在石英或者石榴石中则不是这样(这种情况下,岩石被称为石榴石眼球状片麻岩)。每个眼球状晶体间的直径可能会有10厘米。眼球状长石中主要含有黑云母等矿物。岩石中的眼球状晶体大小形状基本相似,它属于较早时期的岩石,因为它的核心大,所以不能进行再次结晶,因此会有其他矿物依附在其上面,形成条状结构。岩石上的条状结构就像是环绕岩石的溪流一般。在变质作用中,由于石榴石眼球状晶体会在旋转中积聚,这时会形成“雪球”石榴石,内含以螺旋式排列的各种矿物。

鉴定: 片岩和片麻岩都含有眼球状晶体。所谓眼球状晶体就是长石、石英和石榴石的椭圆形大块晶体。眼球状片麻岩很常见,其中的眼球状晶体被深色条带状片麻岩层理所围绕,而不是银色的片状片岩。

岩石类型: 叶理状,区域变质或者动热变质
质地: 中至粗粒状,有明显的大的晶体或者眼球状晶体
颜色: 淡灰色、浅桃色、微红色、淡褐色、绿色带有暗色条纹
构成: 碱性长石或者石榴石组成了眼球状晶体,长石和石英脉石形成了浅色层理,黑云母脉石形成了深色层理
温度: 高温
压力: 高压
常见地区: 苏格兰奥克尼郡刘易斯;格陵兰岛;斯堪的纳维亚半岛;法国孚日山脉,中央高原、布列塔尼半岛;德国巴伐利亚州,厄尔士山脉;瑞士阿尔卑斯山;加拿大地盾;阿巴拉契亚山脉;爱达荷州

被流体或者其他方式改变的岩石

并不是所有的变质岩都是通过与侵入热液直接接触变质形式，或者受到来自地壳内部的热量和压力而形成的。矽卡岩和蛇纹岩都是流体与围岩通过交互作用之后形成的——矽卡岩通过与侵入热液接触形成，蛇纹岩遇冷水形成。长英角岩通过凝灰岩变质生成，闪电岩是通过与雷击产生的巨热接触变质生成。

矽卡岩 (Skarn)

矽卡岩是一种非常珍贵的矿物，它包括钙铝石榴石、铁矿、铜矿、铅矿、钨矿和锌矿。它们是典型的被花岗岩侵入体所包围的变质岩，但“矽卡岩”可以指代种类繁多、生成方式各异的岩石和矿床。一些地质学家用矽卡岩来指代富含钙或者硅酸盐的变质岩，这类变质岩含有各种不同寻常的矿物。但是其他地质学家认为，矽卡岩只能指代一种变质岩，这种岩石通过石灰石和白云石与侵入体接触后形成。侵入的花岗岩生成的热液中包含硅、铁、铝和镁等丰富矿物，这些矿物有些是由热液直接携带的，有些是由于石灰岩中的地下水受到了侵入体加热而形成。石灰岩被浸润其中的矿物改变成了钙、铁和硅酸镁。这个过程属于真正意义上的交代变质，而不是变质作用，这是因为岩石中的矿物在与热液接触之后被其他矿物替代了。

鉴别：矽卡岩有着显眼的花斑状外观。它以不同颜色的矿物为特点，这些矿物是在交代变质过程中被热液浸润的石灰岩变质之后生成的。

磷灰石

橙色方解石

岩石类型：非叶理状，热液交代。
质地：细粒、中粒及粗粒。
结构：出现在小块形态中，矿物集中在结节、透镜体和辐射体中。
颜色：棕色、黑色或者灰色，颜色多变。
构成：辉石、石榴石、符山石、硅灰石、阳起石、磁石、绿帘石。矽卡岩含有铜矿石、铅矿石、锌矿石、铁矿石、金矿石、钨矿石、钼矿石和锡矿石。
原岩：主要由石灰岩和白云石组成。
常见地区：英国达特穆尔（德文）；瑞典中部；意大利厄尔巴岛；塞尔维亚特雷普卡；罗马尼亚巴纳特省；阿肯色州；加利福尼亚州克雷斯特摩尔。

长英角岩 (Halleflinta)

鉴别：除了长英角岩，再没有其他变质岩看起来像燧石。它有着非常细小的细粒、几乎是隐晶结构，用铁锤敲击之后会形成燧石般的碎片。

长英角岩是瑞典语中“燧石”的意思。这种岩石非常坚硬，同燧石相似，且呈细粒状，即时把它放在显微镜下，也很难辨认出其中的矿物个体。它主要由石英、长石和其他硅酸盐矿物组成。它同片麻岩与片岩一样在高温高压条件下形成，它第一次同片麻岩和片岩一道被发掘出来是在斯堪的纳维亚半岛上。但是长英角岩既没有片麻岩的条纹，也没有云母的片理。实际上，它的质地几乎成玻璃状，可断裂成尖锐的燧石般碎片。这些不同都是由于原岩不同引起的。长英角岩应该属于变质火山凝灰岩，它保留了火山连续喷发之后形成的火山碎屑的原始层理。二氧化硅通常在变质作用过程中进入岩石。

岩石类型：叶理状、区域变质或者动热变质。
质地：有非常细小的平滑细粒，几近玻璃状，因此岩石可以碎成碎片。可能含有较大的石英斑状变晶。
结构：层理跟原始的火山沉积有关，但是没有片理或者条纹。
颜色：灰色、浅黄色、粉色、绿色或者棕色。
构成：石英、长石、云母、氧化铁、磷灰石、锆石、绿帘石和角闪石。
原岩：火山凝灰岩。
温度：高温。
压力：高压。
常见地区：瑞典；芬兰；奥地利提洛尔；捷克共和国波西米亚；波兰加利西亚；乌克兰。

蛇纹岩 (Serpentinite)

蛇纹岩化是岩石改变的一个过程，但它同其他变质过程不同。这个过程的名称由来是因为它会产生带有蛇皮状斑点的岩石，称为蛇纹岩。它主要包含纤维状的蛇纹石矿物，包括纤维蛇纹石、叶蛇纹石和利蛇纹石。在蛇纹岩化过程中，改变矿物的并不是温度和压力，而是温度和水。蛇纹岩主要由橄榄岩和纯橄榄岩这两种超镁铁质岩形成，当然它也可以由辉长岩和白云石灰岩形成。在水浸润岩石之后，会将橄榄石和辉石等富含铁矿的岩石转化生成蛇纹石矿物。虽然水是冷水，但是在化学反应中会释放热量将水加热。人们曾经认为蛇纹岩非常稀少，只在俯冲带中或者在小型的超镁铁侵入体中存在。但是现在，人们发现蛇纹岩存在于整个海床下方，当富含橄榄石的岩浆从洋中脊渗出之后经过海水产生了蛇纹岩化作用，蛇纹岩构成了部分蛇绿岩序列。水合作用（水的吸收）使得蛇纹岩涌出形成了海底山。蛇纹岩也会从俯冲带上方的增生楔中涌出。

鉴定：蛇纹岩颜色深绿至偏黑，同蛇皮非常相像并因此而得名。它们的结构呈粗粒状，绿色蛇纹石晶体非常常见。

岩石类型：叶理状、热液变质。
质地：中至粗粒状，紧凑、钝色、蜡质，可碎成碎片。
结构：通常含有条纹，在纤维蛇纹石岩脉中交替存在。
颜色：灰绿色至黑色。
构成：蛇纹石（纤维蛇纹石、利蛇纹石、叶蛇纹石）、橄榄石、辉石、角闪石、云母、石榴石和氧化铁。
原岩：橄榄岩、纯橄榄岩和辉岩，偶尔是辉长岩和白云石。
常见地区：英格兰里扎尔（康沃尔郡）；苏格兰设得兰群岛；法国比利牛斯山脉，孚日山脉；意大利利古里亚；蒙大拿州；俄勒冈州；加州；缅因州；中大西洋海底失落之城；太平洋伊豆-小笠原-马里亚纳海底山。

失落之城

地质学家很早就知道“海底烟柱”，即热液喷口（见上图），它们是海底洋中脊上非常显眼的烟囱。富含硫的海水从海床处上涌，被熔岩的高温加热后形成烟云沉积最终形成了这些海底的烟囱。2011年，海洋学家在大西洋海床发现了一种完全不同的海底烟柱，这也就是后来为人所知的“失落之城”。与黑色的海底烟柱不同，这些海底烟柱由碳酸盐形成，从形成初期就远离洋中脊。除此之外，它们并不是由岩浆加热，而是被海床下面蛇纹岩化的橄榄石释放的热量加热所形成。海水浸润橄榄石时，不只是会将它们转化成蛇纹石，同时也会产生热量使得白色烟柱向外涌出富碱性的海水形成水镁石和方解石的石塔。

闪电岩 (Fulgurite)

闪电岩是所有变质岩中最罕见也是最为稀少的岩石。它们得名自拉丁语中的“雷电”一词，为天然的管状或玻璃壳状，形成于雷击之时。将沙子融化成玻璃状需要即时升温到1,800°C，而通常闪电的温度可以达到2,500°C。闪电岩包含两种：砂闪电岩和石闪电岩。砂闪电岩由海滩或者沙漠里的散沙形成。它们分出的管状部分看起来就像是树根，直径通常有2.5厘米，长约1米。石闪电岩在闪电与固体岩石接触的瞬间形成玻璃状外壳。通常，在岩石表面形成管状部分，或者在岩石内形成原生裂缝。石闪电岩通常位于山顶，其中，最著名的是俄勒冈州的蒂伦山，由于这里曾遭受过雷击因而也被称为喀斯喀德的避雷针。

岩石类型：非叶理状，接触变质。
质地：玻璃状。
结构：砂闪电岩：在散沙中形成的管状玻璃质砂子；石闪电岩：在固体岩石的岩脉或裂口处形成的玻璃质硬壳。
颜色：灰绿色至黑色。
构成：硅矿焦石英。
原岩：砂闪电岩的原岩是散沙，石闪电岩的原岩是任何岩石。
常见地区：
砂闪电岩：非洲撒哈拉沙漠；纳米布沙漠；博茨瓦纳；大西洋海岸的密西根湖；犹他州的沙漠。
石闪电岩：苏格兰阿伦岛；法国布兰科山（阿尔卑斯山）比利牛斯山；土耳其阿勒山；墨西哥托卢卡；加州内华达山脉；美国犹他州沃萨奇岭；俄勒冈州蒂伦（喀斯喀特山脉）；新泽西州南安博。

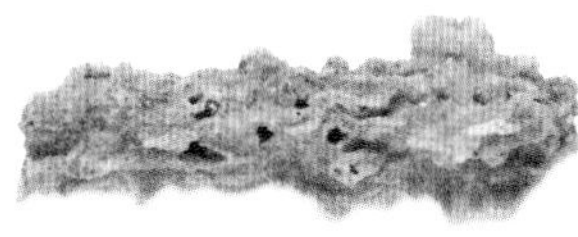

鉴定：砂闪电岩是管状的玻璃质砂石。

太空陨石

陨石主要是小行星，它们是与地球撞击的天外来客。由于陨石撞击地面时带有很大的冲力，所以它们会瞬时间汽化，这就是为什么大部分陨石都比较小的原因。最大的陨石位于纳米比亚赫鲁特方丹，但也不会超过一张双人床的大小。然而，陨石撞击地球会产生新的岩石，这种产生于巨大冲力的矿物叫做冲击岩，冲击岩包括玻陨石和冲击凝灰角砾岩。

石陨石 (Stony meteorite)

陨石恰好反映出了地球的石质地幔和铁质核心，陨石也应景地分成了两类：石陨石和铁陨石，另外还有少数既包含铁也包含石的陨石。与地球撞击的陨石中九成都是石陨石，石陨石的主要成分是硅酸盐，另外还含有与地球岩石类似的矿物，例如橄榄石和辉石。石陨石分成两类：球粒状陨石和无球粒陨石。取名球粒状陨石是因为陨石内主要含有一些被称为陨石球粒的小球体，直径大约1毫米。而大部分无球粒陨石都不含有小球体。同沉积岩中的颗粒一样，球粒状陨石中的球粒位于细腻的脉石中。有一种观点认为，在太阳系形成时，橄榄石和辉石的液滴在太空经过浓缩并结晶成了球粒状，之后聚集成了小行星。球粒状陨石的成分复杂、含有各种陨石，可能自太阳系形成以来成分就没怎么发生过变化。无球粒陨石中的矿物相对来说没那么杂乱，不仅反映出了两种陨石的不同，也反映出了随着时间的推移，小行星和行星各自衍生出了地壳和地幔。除了有28颗来自火星，20颗来自月球之外，大部分无球粒陨石都是由小行星演变而成的。

鉴定：一块与本地其他岩石不同，外形迥异、呈多节结构的岩石很可能就是一块陨石。陨石外观为黑色，呈现出熔融的痕迹，而内部的颜色比较浅。如果感觉石头比较重，那么它也可能是陨石。如果石头上都是孔隙，那么这块岩石可能是火山岩。在球粒状陨石中可以用肉眼看见浅灰色的陨石球粒斑点。

岩石类型：陨石。
质地：脉石细腻，可能含有豌豆般大小的被称为陨石球粒的小球体。
结构：没有明显的内部结构。
颜色：淡色到深灰、黑色
构成：同橄榄岩和辉长岩相似，大部分都由橄榄石、辉石和镍铁构成。陨石球粒有橄榄石、辉石、古铜辉石、透辉石，有时也含有少量的铬铁矿、磁石、石墨或者尖晶石。脉石的组成材料与陨石球粒相同。
来源：小行星和彗星。
常见地区：芬兰波旁（1899年）；中国吉林（1976年坠落）；纳米比亚赫鲁特方丹的霍巴农场（史前时期）；堪萨斯州诺顿县（1984年）；纽约州长岛（1948年）；阿肯色州帕拉戈尔德（1930年）。

铁陨石和石铁陨石 (Iron and stony-iron meteorites)

铁陨石和地球岩石完全不同。人们认为铁陨石来自小行星星核部分，几乎为纯金属构成，基本上是由稀有矿物铁纹石和镍纹石组成的铁镍合金构成的。铁陨石只占陨石的十分之一，但体积更大、颜色更深、质量更重、形状更奇特、更易识别。铁陨石在土壤中能保存很长的时间。尽管数量稀少，但找到铁陨石的概率要大于石陨石，而且体积大的陨石都是铁陨石。根据硝酸蚀刻陨石表面的结构不同可以将铁陨石分成三类：八面体陨铁、六面体陨铁和镍铁陨石。八面体陨铁带有交错的条带结构，魏德曼花纹；六面体陨铁上有平行的诺伊曼线，镍铁陨石没有清晰的条带。每组都含有不同的铁纹石和镍纹石脉石。数量稀的石铁陨石是由铁和硅酸盐矿物组成的，被认为来自于大型小行星的核幔边界区域。

鉴定：有节状、质量重、坚硬且不易碎裂的金属质地，这些都使得铁陨石很容易被识别出来。史前人类曾将铁陨石作为获取铁的主要来源，把它们叫做苍穹铁。

岩石类型：陨石。
质地：脉石细腻，可能含有豌豆般大小的被称为陨石球粒的小球体。
结构：详见本文。
颜色：棕色，灰色和黑色。
构成：主要由铁和镍这两种矿物质组成：铁纹石（含有少量镍）和镍纹石（含有丰富的镍）。六面体陨铁主要由铁纹石构成而镍铁陨石主要由镍纹石构成。八面陨铁则由两种矿物构成。
来源：小行星和彗星。
常见地区：俄罗斯锡霍特山脉（1947年）；乌克兰敖德萨市；中国南丹（广西）（1516年坠落，发现于1958年）；南极；阿根廷坎波德尔谢洛；墨西哥阿连德；亚利桑那州迪亚布洛峡谷。

玻陨石 (Tektite)

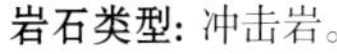

玻陨石是一种深色块状的玻璃质陨石，由查尔斯・达尔文在塔斯马尼亚岛首次发现。很明显，它们由熔化的玻璃组成，但是达尔文认为它们是火山弹。当时关于玻陨石的起源展开了激烈的辩论，现在大部分地学家认为，陨石撞击地面时释放的高能量引发岩石熔化，岩液飞溅凝固后就形成了玻陨石。它们通常只位于特定区域，比如玻陨石散布区。有些玻陨石散布区与一些著名的陨石坑有关，比如非洲象牙海岸的博苏姆推湖和德国的莱斯陨石坑；至于同其他陨石坑，暂时尚未发现有任何联系。到目前为止最大的陨石坑位于印度支那，从马来西亚延伸到了塔斯马尼亚岛，有数以百万的玻陨石位于此处。某些玻损石以它被发现的石场而命名，比如从澳大利亚发现的玻陨石叫做澳大利亚玻陨石，美丽的绿玻陨石来自捷克共和国的莫尔道河，这种完美的石头在史前时期被人们当做珠宝佩戴。玻陨石有四种主要类型：只存在于海洋沉积中的球状颗粒微玻陨石、豌豆至卡车大小的芒浓玻陨石、熔化后塑型为碟形的澳大利亚玻陨石、黑色或绿色团状玻璃质的飞溅型玻陨石。

飞溅型玻陨石：这种玻陨石为黑色或绿色的团状玻璃质，形状为圆形、泪滴形、碟形、哑铃形甚至是棒形。这种玻陨石的表面带有因侵蚀所产生的沟壑。

岩石类型：冲击岩。
纹理：玻璃状。
结构：见正文。
颜色：黑色至绿色，偶尔呈浅黄色。
合成物：同花岗岩相似，70%为二氧化硅。
来源：陨石撞击使得砂岩和页岩熔化。
常见地区：德国莱斯-诺林根；捷克共和国莫尔道河（与莱斯陨石坑有关联）；俄联邦依利兹；象牙海岸博苏姆推湖；老挝芒浓；柬埔寨；马来西亚；菲律宾；澳大利亚达尔文山（塔斯马尼亚），卡尔古利、维多利亚；伯利兹奥比恩岛（科罗萨尔）；海地贝洛克；墨西哥阿罗约；德州贝迪亚斯区麻萨诸塞州玛莎葡萄园岛；佐治亚州。

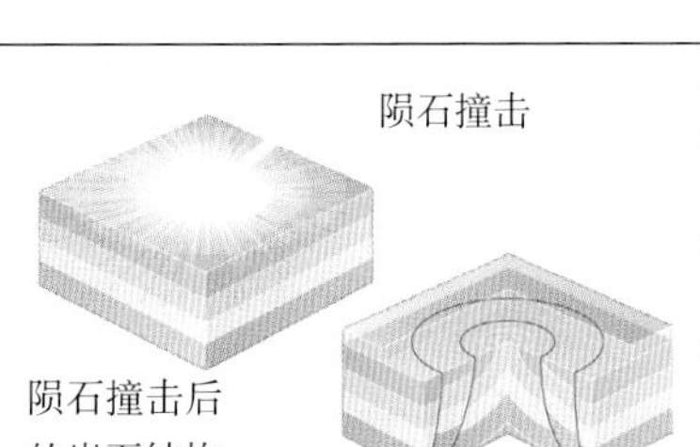

陨石撞击地

地球频繁地被来自太空的碎片撞击。尽管小碎片会在进入大气层后燃烧殆尽，但自地球诞生以来，至少三百万块足够大的陨石撞击了地球并形成了直径至少在1千米的陨石坑。这种撞击产生的影响可以参考坑洼遍布的月球表面，但由于地球处于活跃的地质演化中因此很多撞击痕迹都已经消失殆尽了。直到近期科学家才意识到在地球形成初期就已经经受了陨石的撞击。现在科学家们了解到自诞生以来地球一直经受着陨石的撞击，遗留下古老的陨石撞击地，即"陨石坑"，在这里能够找到非常关键的矿物，例如超石英。第一个确凿的陨石坑是亚利桑那州的陨石坑，于1902年被丹尼尔・巴林格所发现，之后在1960年被尤根・苏梅克、爱德华・赵和丹尼尔・米尔顿所证实。截至目前已经发现了超过160个陨石坑，包括安大略省的萨德伯里陨石坑和德国巴伐利亚州的莱斯-诺林根陨石坑。

冲击凝灰角砾岩 (Suevite)

陨石撞击除了会让岩石熔化产生溅液之外，还可以粉碎岩石形成一种被称为撞击角砾岩的岩石。其中一种撞击角砾岩最先在德国的莱斯陨石坑发现，即为冲击凝灰角砾岩。冲击凝灰角砾岩成分复杂，是熔化的玻璃质火山弹和岩石碎片的混合体。跟其他撞击角砾岩不同的是，只有在大量水分环绕的条件下才会形成冲击凝灰角砾岩。通常水存在于地下，而在加拿大著名的萨德伯里陨石坑中发现了大量的冲击凝灰火山岩，这或许可以解释如果当时撞击地面的不是小行星，则最有可能的就是彗星，因为彗星中才含有水分。冲击凝灰角砾岩的层理可以有力地证明六千五百万年前一颗巨大的陨石撞击在了墨西哥的希克苏鲁伯地区，从而导致了恐龙的灭绝。

岩石类型：撞击角砾岩。
质地：角砾岩，粉末状脉石中混有各种大小的岩石碎屑以及圆形的玻璃质火山弹。
颜色：带有浅黄色和浅灰色的黑色岩石。
来源：陨石撞击使得围岩粉碎。
常见地区：德国莱斯-诺林根；西伯利亚波皮盖陨石坑和卡拉陨石坑；印度洛纳尔；南非弗里德堡；象牙海岸博苏姆推湖；澳大利亚乌德利，戈斯峭壁；墨西哥希克苏鲁伯；加拿大努纳维特地区霍顿（德文岛）；魁北克省曼尼古根；安大略省萨德伯里；爱荷华州曼森（德梅因）；马里兰州和弗吉尼亚州切萨皮克湾；亚利桑那州陨石坑（红土荒地）。

鉴定：由于混有岩石碎屑和玻璃质火山弹，冲击凝灰角砾岩看起来非常接近火山角砾岩，但实际上它与撞击地点的关系更紧密。

矿物名录

“矿物名录”章节提供了全球超过250余种矿物的详细介绍,通过下文中的介绍可以获取矿物的大致信息,之后在“矿物名录”中将会介绍更详细的信息。下图将介绍如何看懂该部分的内容。

上图: 这些在晶洞中壮观生长的针形针镍矿实际上十分罕见。

矿物是天然的固体化学物质,大部分矿物都含有晶体,晶体可以被归类成六大或七大结晶系统,但每一种晶体都有自己对应的晶体习性和生长方式。

大部分矿物都是在岩石中发现的,作为岩石的化学构成物而成为了岩石的一部分,因此也称为造岩矿物。矿物的价值体现在矿石中,在“矿物名录”章节的最后也会做介绍。“造岩”是根据矿物的主要化学成分而有序排列,“造岩”则取决于矿物的主要金属成分。

事实上在“矿物名录”章节中出现的很多造岩矿物在岩石中只有很少的数量,实际上岩石的主要组成矿物只有几十种而已。

火成岩中的主要矿物包括:石英、长石、似长石、云母、辉石、角闪石和橄榄石。沉积岩中的主要矿物包括:盐岩、黏土,另外还有众多只存在于沉积岩中的碳酸盐、硫酸盐和磷酸盐以及石英和长石。变质岩中含有的主要矿物有些同火成岩相似,比如石英、长石、似长石、云母、辉石、角闪石,除此之外,还有许多只有变质岩才有的标志性矿物:阳起石、红柱石、斧石、绿泥石、石榴石、石墨、蓝晶石、葡萄石、硅线石、滑石和透闪石。

矿物名称: 如果有变种则可能存在多个名字

化学组成: 每种矿物的化学式和化学名称

插图细节: 矿物样本及特点的插图

鉴定: 在采集现场用以鉴定矿物样本的最有用的笔记

数据板: 总结了矿物特征的快速参考工具

银

银的化学符号: Ag

在古埃及时代,银被称为白金,其价值比黄金还高。大约五千年前,卡帕多西亚的前赫梯人就从安纳托利亚(现在的土耳其)东部的银矿中开采白银。现在,银因其自身的高电导率(比铜高)而被用于电子工业和装饰业。抛光后的银是美丽的白色闪亮金属,但很快表面就会被硫化银所覆盖而失去光泽(见插图)。因此即便有时生长成了独特的长丝形树突团块、外观如扭曲的树木,也很难轻易识别出来这就是银。跟金一样,银形成于热液矿脉中,通常和方铅矿(铅矿石)、锌和铜一起出现。由于很少形成矿块和颗粒所以很少形成于砂矿床中。天然的银非常罕见,大部分现在所使用的银多是从其他矿物中分离出来的,特别是位于内华达州、秘鲁和墨西哥的大型辉银矿石(硫化银)矿床中分离出来。

鉴定: 不可能再找到像银这样质地柔软、颜色银白的天然矿物了。刮去附着在表面的黑色污迹,显露出来的银白色金属光泽更加证实了我们的判断。这种立方型的银非常罕见,大多数情况下,银都以长丝形树突团块的形式存在着。

警告: 样本是有毒的,操作时要格外小心。

晶系: 等轴晶系
晶体习性: 长丝树突状团块或颗粒,或很罕见的立方晶体;长丝可以形成羊角似的线圈
颜色: 银白色但很快就会被锈蚀成黑色
光泽: 金属光泽
条痕: 银白色
硬度: 2.5~3
劈理: 无
裂口: 粗糙不平
比重: 10~12
其他特征: 质地柔软可以拉成银丝或用锤塑型
常见地区: 康斯伯格挪威;圣安德里斯伯格(哈茨山脉)和弗莱堡(萨克森州);德国捷克共和国亚希莫夫;奇瓦瓦州墨西哥州;加拿大西北地区大熊湖;寇博特安大略省;密歇根州;克里德科罗拉多州

晶系: 矿物晶体符合哪种对称性?线条图展示了矿物晶体的生长模式

晶体习性: 晶体或聚合体的生长特点

颜色、光泽和条痕: 见“了解岩石与矿物”中的“矿物的光学性质”章节。条痕也是鉴定矿物的一种有效手段。(见“了解岩石与矿物”中的“矿物种类的确认”章节)

硬度、劈理、裂口和比重(SG): 详见“了解岩石与矿物”中的“矿物的物理性质”章节。比重也是鉴定矿物种类的有效手段。(详见“矿物种类的确认”章节)

标本简介: 关于标本的信息概要;发现地、发现过程、形成原因及特性,详见右边的数据板。

标本图片: 有些重要特征可以通过标本图片来加以注释。

安全操作说明: 警告提示可以出现在数据板上或者单列一个数据板。详见对页的“样本安全操作指南”。

常见地区: 以逗号隔开,按照国别来录入。(加拿大和美国比较特殊,要列在最后,先录入州的名字再写国别)

矿物聚集地 (MINERAL LOCALITIES)

优质的矿物标本不会平均分布在全球，而只是集中分布在某些特定区域，正是在特定区域罕见的形成条件才创造了特定的矿物。

每个矿物都有自己特定的聚集地。这种聚集地指的就是第一次发现该类矿物的地方。有时，矿物的名称源自发现地的名称，例如锌铁尖晶石(Franklinite)就命名自著名的新泽西州富兰克林矿区。

一个矿物聚集地只含有一种矿物的情况很少。很多著名的矿物聚集地都包含了十几种矿物，其中不乏有很多矿物是先在其他聚集地被发现而在此处也聚集的。

除了典型的矿物聚集地，还有些地方要么是因为出产数量惊人的矿物而出名，要么是因为发现了稀有矿物而出名，要么只是单纯地因为发现了特殊矿物而出名。只有少数地区是因为发现了体积惊人的晶体而出名，例如罕见的双晶体或美丽的宝石。当然还有一些地方是因为能为矿石收集者提供触手可及的大量矿石标本而出名。右边表格中列出了一些著名的产区，有些产区还在产矿而有些则已经枯竭了。

著名矿物聚集地

欧洲
西班牙雷亚尔城阿尔马登
瑞士滨谷
德国黑森林
英格兰康沃尔
英格兰哥比亚
英格兰杜伦
德国哈茨山脉
格陵兰岛伊利毛莎克
俄罗斯科拉半岛
瑞典韦姆兰省隆班
挪威朗厄松峡湾
苏格兰拉纳克斯郡利德希尔
希腊利瓦迪亚
捷克普里布拉姆
苏格兰斯凯岛
苏格兰阿盖尔郡斯特朗廷
俄罗斯乌拉尔山脉
意大利维苏威火山

澳大利亚和亚洲
印度孟买矿山
澳大利亚新南威尔士州布罗肯希尔
南澳库珀佩迪
塔斯马尼亚群岛邓达斯克什米尔
缅甸莫哥
澳大利亚新南威尔士州斯里兰卡拉特纳普勒

非洲和南美
刚果民主共和国加丹加省
刚果民主共和国基伏
南非德兰士瓦
纳米比亚楚布梅
智利考帕博和阿塔卡马
玻利维亚波托西省拉拉瓜
巴西米纳斯吉拉斯州

美国和加拿大
亚利桑那州铜矿
安大略省班克罗夫特
南达科他州布拉克山
加利福尼亚州硼矿
安大略省寇尔博特
魁北克省蒙特利尔弗兰采石场
新泽西州富兰克林和斯特灵山
密歇根州基威诺
阿肯色州近磁湾
密西西比河谷地区
新汉斯磷酸盐矿
育空大河和迅溪地区
魁北克省圣希莱尔山
加利福尼亚州圣贝尼托县
加利福尼亚州圣地亚哥县
安大略省萨德伯里
堪萨斯州-密苏里州-内布拉斯加州三态矿区

右图：苏格兰西北海岸的斯凯岛为矿物收集者提供了绝佳的采集矿物的机会。

样本安全操作指南 (SAFE HANDLING OF SPECIMENS)

安全处理矿物样本是基本常识。虽然只有少数矿物样本有毒或者具有放射性，但是只要操作恰当，也是可以安全处理的。只需要在通风状况良好的房间里处理矿物标品以避免吸入有毒气体，之后认真清洗双手避免毒物入口。有毒或者有放射性的矿物都在“矿物名录”中列出了，当然，所有的矿物标品尤其是有毒有放射性的标本都要放置在儿童触及不到的地方。

放射性矿物的操作和储存

钒钾铀矿、钙铀云母和铜铀云钒钾铀矿、钙云母和铜铀云母等都是具有轻微放射性的矿物，这些矿物都含有铀成分因此具有放射性，但放射性很轻微。将一大块高级铀矿石握在手中好几个小时所受到的辐射剂量才能跟胸透X射线所接受到的辐射剂量相等。将铀矿石连续握在手中四天以上所受到的辐射量才跟我们平时从身边事物中所接受到的一年的辐射量相当。但是处理具有天然放射性矿物的时候还是要注意以下几点：

1.不要将具有放射性的矿物放在随身口袋中或放到生殖器附近。
2.将具有放射性的矿物放在远离眼部的地方。
3.接触矿物标本之后请仔细清洗双手。
4.不要碾碎或研磨标本以防粉末混入空气中。
5.将矿物放在儿童接触不到的地方。
6.将标品储存在通风良好且平时不经常使用的房间中，标本要存放在螺纹口的玻璃容器中。
7.标本的标签要写清楚，让每个人了解自己所接触到的标本是什么。

矿物鉴定

现存的矿物数量超过了400种，其中只有某几种矿物，比如赤铅矿和孔雀石，可以马上辨认出来。其余大部分都很近似，因此，如何才能做到正确对矿物进行区别和鉴定呢？

或许你会认为辨认矿物就像辨认花朵一样，单单从颜色和形状来辨认就可以了。其实，只有少数矿物适用于这种方法。

几乎每种矿物的颜色和形状都十分多变，这其中的不同可能会导致细微差别或者是千差万别。庆幸的是，可以通过其他靠谱的方法来进行鉴定，也可以通过一些简单的测试来确定矿物的真实身份。

尽管矿物的颜色多变，但是它们的条痕却完全不同，因此可以先通过针对纹理的测试来缩小矿物的范围，只需要将矿物涂抹在白色瓷砖上再根据莫氏硬度判定。在下表中先找出条痕颜色、再从分组里找到矿物硬度。这样矿物的范围就缩小到了十几种，如果再测试比重，就可以进一步缩小范围。

三步鉴定矿物法

莫氏硬度	矿物名称	比重
非金属光泽		
白色条痕		
1	滑石	2.8
1~2	羟碳酸铝矿	2
1~2	矾土石	1.7
1~2	光卤石	1.6
1~2.5	绿泥石	2.5~2.9
1.5~2	高岭石	2.6
1.5~2	钠硝石	2.2~2.3
1.5~2.5	角银矿	5.5~5.6
2	钠硼解石	1.5~2
2	钾盐	2
2	岩盐	2.1
2	硫磺	2
2	石膏	2.3
2	蓝铁矿	2.6
2	水绿矾	1.9
2~2.5	泻利盐	1.7
2~2.5	白云母	2.8
2~2.5	铁锂云母	3
2~2.5	水锌矿	3.7
2~3	斜钠钙石	1.9
2.5	锂云母	2.8
2.5	碳锰钙矾	1.95
2.5~3	白氯铅矿	7~7.5
2.5~3	铁钼华	4~4.5
2.5~3	冰晶石	2.95
2.5~3	金云母	2.95
2.5~3	钙芒硝	2.7
2.5~3	黑云母	3
2.5~3	无水芒硝	2.7
2.5~3	水铝矿	2.4
3	钾盐镁矾	2.1
3	方解石	2.7
3	酸铅矾	6.3
3	钼铅矿	6.8
3	钒铅矿	7
3~3.5	杂卤石	2.8
3~3.5	白铅矿	6.5
3~3.5	天青石	4
3~3.5	重晶石	4.5
3.5	中毒石	4.3
3.5	水砷锌矿	4.3
3.5	硫镁矿	2.6
3~4	硬石膏	2.9
3~4	蛇纹石	2.6
3.5~4	磷氯铅矿	6.5~7
3.5~4	砷铅矿	7.1
3.5~4	菱锶矿	3.8
3.5~4	臭葱石	3.1~3.3
3.5~4	菱镁砂	
3.5~4	银星石	2.3
3.5~4	白云石	2.9
3.5~4	铁白云石	2.9~3.8
3.5~4	霰石	2.9
3.5~4	明矾石	2.5~2.8
3.5~4	辉沸石	2.2
3.5~4	片沸石	2.2
3.5~4.5	陨铁	3.8~3.9
4	萤石	3.2
4	菱锰矿	3.5
4	蓝晶石	3.6
4~5	菱锌矿	4.4
4~4.5	氟铝钠锶石	3.87
4~4.5	菱镁矿	3
4~4.5	钙十字石	2.2
4~5	叶蜡石	3.6
4.5	硬硼钙石	2.4
4.5	菱沸石	2.1
4.5~5	白钨矿	6
4.5~5	黄锑矿	3.5~3.9
4.5~5	钙硅石	2.8
4.5~5	鱼眼石	2.3
5	磷灰石	3.2
5	异极矿	3.4
5~5.5	独居石	4.9~5.3
5~5.5	榍石	3.5
5~5.5	方沸石	2.2
5~5.5	钠沸石，钙沸石	2.3
5.5	钙钛矿	4
5~6	青金石	3
5~6	方柱石	2.6
5~6	绿松石	2.6~2.8
5~6	古铜辉石	3.3
5.5~6	方钠石，蓝方石，方石	2.4
5.5~6	锐钛矿	3.8
5.5~6	霞石	2.6
5.5~6	白榴石	2.5
5.5~6	蔷薇辉石	3.5
5.5~6	阳起石	3.1
5.5~6	软玉	3.1
5.5~6	磷铝石	3~3.1
5.5~6	蛋白石	1.9~2.5
5.5~6.5	透辉石	3.3
6	深绿辉石	3.3
6	黝帘石	3.3
6	冰长石	2.5
6	正长石，微斜长石，透长石	2.5
6	钠长石	2.6
6~6.5	钙长石	2.76
6~6.5	斜长石	2.6~2.8
6~6.5	葡萄石	2.9
6.5	硬玉	3.2
6.5	符山石	3.4
6~7	锡石	7
6~7	蓝晶石	3.6
6~7	绿帘石	3.3~3.5
6.5~7	硅线石	3.2
6.5~7	橄榄石	3.2~4.3
6.5~7	斧石	3.3
6.5~7	锂辉石	3.2
6.5~7	水硬铝石	3.4
6.5~7.5	石榴石族	4
7	石英	2.65
7~7.5	十字石	3.7
7~7.5	方硼石	3
7~7.5	堇青石	2.6
7~7.5	电气石	3.1
7.5	红柱石	3.1
7.5	锆石	4.5
7.5~8	绿柱石	2.7
8	蛋白石	3.5
8	尖晶石	3.7
8.5	金绿玉	3.7
9	刚玉	4
10	钻石	3.52
黄色至棕色的条痕		
1.5~2	雌黄	3.4
2	硫磺	2
2	钙铀云母	3.1
2	钒钾铀矿	4.5
2.5	硅钙铀矿	3.8
2.5~3	钒铅矿	7
2.5~3	赤铅矿	6
2.5~3.5	黄钾铁矾	2.9~3.3
3	钼铅矿	6.8
3~4	钒铅矿	6.7~7.1
3.5~4	镍黄铁矿	4.6~5
3.5~4	闪锌矿	4
3.5~4	叶绿矾	2.1
4	红锌矿	5.4~5.7
4~4.5	菱铁矿	3.8
4.5	磷钇矿	4.4~5
4~6	沥青铀矿，方铀矿	9~10.5
5	针铁矿，褐铁矿	4.3
5~5.5	黑钨矿	7.3
5~5.5	块黑铅矿	9.4+
5.5	铬铁矿	4~4.8
5.5~6	角闪石	3.2
5.5~6	板钛矿	4
5.5~6	紫苏辉石	3.5
6	铌铁矿	5~8
6~6.5	霓石	3.5
6~6.5	金红石	4.2
6 ~ 7	锡石	7

带有独特颜色的矿物

深橘色：赤铅矿

有些矿物带有非常独特的颜色，所以非常容易辨认。在记录标本的外部特征时，最好做到尽可能使用描述性语言记录，比如简短记录下那些鲜艳的颜色。养成良好的观察习惯能助你一眼识别出矿物。

黄色和金色

- 金色：金、黄铁矿、黄铜矿、磁黄铁矿，白铁矿
- 黄色：硫磺、钒钾铀矿
- 柠檬色：水砷锌矿
- 奶黄色：黄钾铁矾
- 黄绿色：钙铀云母
- 糖浆色：雌黄

红色和橘色

- 朱红：朱砂
- 玫瑰红：蔷薇辉石
- 深橘色：赤铅矿，钒铅矿
- 酒红色：赤铜矿
- 桃红色：钙铝榴石
- 宝石红：红宝石
- 草莓酱色：淡红银矿，深红银矿
- 血红：碧玉
- 果冻红色：菱锰矿
- 橘子酱色：黄水晶

紫色和蓝色

- 紫色：紫水晶
- 蓝色：羟铜铅矿、胆矾，蓝铜矿、绒铜矿、天蓝石、硅孔雀石、青铅矿、拉长石、方钠石
- 天蓝：蓝宝石

绿色

- 不透明的绿色：孔雀石、磷铝石、硅镁镍矿
- 苹果绿：氯铜矿
- 玉绿色：翡翠、软玉
- 浅绿色或青色：异极矿
- 亮绿色：橄榄石、绿宝石、绿铜矿

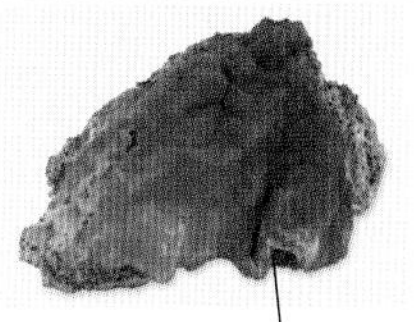

不透明的绿色：孔雀石

橘色条痕

1.5~2	雄黄	3.5~ 3.6
2.5 3	赤铅矿	6

绿色条痕

1~2.5	绿泥石	2.5~2.9
1.5~2	蓝铁矿	2.6
1.5~~2.5	镍华	3
2~2.5	硅镁镍矿	4.6
2~2.5	铜铀云母	3.5
2~2.5	钙铀云母	3.1~3.2
2.5 3	红砷锌矿	3.3
3	橄榄铜矿	3.9~4.4
3~3.5	钒铜铅矿	5.76
3~3.5	针硫镍矿	5.3~5.5
3~3.5	氯铜矿	3.75
3.5	块铜矾	3.9
3.5~4	孔雀石	4
4	磷铜矿	3.6~3.9
4.5	铜钨华	7
4.5	砷钙铜矿	4.3
5.5 6	角闪石	3.2
5.5 6	钙铁辉石	3.5
5.5 6	辉石	3.4
6~6.5	霓石	3.5

蓝色条痕

1~3	线铜矿	3.8
2	蓝铁矿	2.6
2~2.5	淡红银矿	5.6
2.5	胆矾	2.2~2.3
2.5	青铅矿	5.3
3~3.5	铜铅矿	5
3.5~4	蓝铜矿	3.8
5~6	蓝闪石	3~3.2
5.5 6	天蓝石	3.1

红色和深红色条痕

1.5	雄黄	3.5
2~2.5	淡红银矿	5.6
2~2.5	朱砂	8.1
2.5	深红银矿	5.8
3~3.5	杂卤石	2.8
3~3.5	硫镉矿	4.5~5
3~3.5	钒铅锌矿	5.9
3.5~4	赤铜矿	6
4	菱锰矿	3.5
6	铌铁矿	5~8
6.5	赤铁矿	5.1
6.5	红帘石	3.4

灰色至黑色条痕

1.5	铜蓝	4.7
2	辉银矿	7.3
2.5	辉铜矿	5.6
3~3.5	白铅矿	6.5
3~4	黝铜矿	4
		4~5.4
5~5.5	钨锰铁矿	7.3
5~6	硬锰矿	4.5
5~6	钛铁矿	4.7
5.5~6	黑柱石	4.1
5.5~6	磁石	5
5.5~6	角闪石	3.2
5.5~6	异剥石	3.3
5.5~6	钙铁辉石	3.5
5.5~6	普通辉石	3.4
5.5~6	紫苏辉石	3.5
5.5~6	直闪石	2.8~2.8
6	铌铁矿	5~8
6.5	钪钇石	3.5
6~7	绿帘石	3.4

金属光泽

白色条痕

2~2.5	白云母	2.8
2.5~3	黑云母	3
5~6	古铜辉石	3.3
5.5 6	锐钛矿	3.8
6~7	锡石	7

黄色至棕色条痕

2.5~3	金	15~19.5
3	硫砷铅矿	5.3
3.5~4	闪锌矿	4
5~5.5	红砷镍矿	7.7
5~5.5	钨锰铁矿	7.3
5.5	铬铁矿	4~4.8
5.5~6	砷镍矿	6.5
5.5~6	紫苏辉石	3.5
5.5~6	板钛矿	4
6~6.5	金红石	4.2

黑绿色条痕

3.5~4	黄铜矿	4.2

红色条痕

2~2.5	朱砂	8.1
2~2.5	深红银矿	5.8
2.5~3	自然铜	8.9
3~4	黝铜矿	4.4~5.4
3.5~4	赤铜矿	6
5~6	赤铁矿	5.3
5~6	钛铁矿	4.5~5

灰色至黑色条痕

1	石墨	2.2
1.5	辉钼矿	4.8
1.5	铜蓝	4.7
2	辉锑矿	4.6
2	辉银矿	7.3
2~3	脆硫锑铅矿	5.5~6
2~3	软锰矿	4.5
2.5	圆柱锡石	5.5
2.5	辉铜矿	5.6
2.5~3	方辉铜矿	5.6
2.5~3	方铅矿	7.4
2.5~3	碲铅矿	8.2
3	斑铜矿	5.1
3	车轮矿	5.8
3.5	硫砷铜矿	4.4
3~4	黝铜矿	4.4~5.4
3.5~4	黄铜矿	4.2
4	黄锡矿	4.3~4.5
4	水锰矿	4.3
4	磁黄铁矿	4.6
	硫铜钴矿	4.5~4.5~5.5
4.5~5.5	斜方砷钴矿	7~7.3
5	斜方砷铁矿	7.3
5~5.5	钨锰铁矿	7.3
5~5.5	红砷镍矿	7.7
5.5	辉钴矿	6.2
5~6	钛铁矿	4.7
5.5~6	紫苏辉石	3.5
5.5~6	青砂	6
5.5~6	磁石	5
5.5~6	黑柱石	4.1
5.5~6	方钴矿	6.6
5.5~6	砷镍矿，斜方砷镍矿	6.6~7.2
5.5~6.5	锌铁尖晶石	5.1
6~6.5	黄铁矿	5.1
6~7	铱锇矿	19~21
6~7	砷铂矿	10.6
6.5	赤铁矿	5.1

通过环境鉴定矿物

当你找到一种矿物标本的时候，其周边事物可以为你提供重要的线索来帮你确定其身份。不仅特定岩石和地理环境赋予矿物独特的特性，而且有些矿物经常是一起出现的。

就像特定的一些动物在特定的地点栖息一样，特定的矿物也经常一起出现，比如：金经常与乳白色的石英一起出现。一起出现的矿物称为伴生矿物。有些伴生情况是由于矿物形成于特定的岩石中，例如石英、长石、云母就生长在花岗岩中。另一些伴生情况可能是由于矿物形成于特定的环境中，例如岩脉、晶洞或硬壳。

有时，伴生也是逐渐形成的，第一个矿物形成后再出现另一个矿物。在沉积岩中发现的小规模球形矿物称为龟裂的结节。这些泥球周围遍布着腐烂的海洋生物，当脱水后就会被例如白云石这样的矿物所填满。当这些矿物开始出现裂缝就会被方解石的岩脉所填满。

规模稍大时，岩石中的矿石通常会被从裂缝中渗进的水溶液所改变。例如黄铁矿石中的矿物风化后被水从岩石上冲刷下来，再与下面一层的矿物产生反应。硫酸铁与铜和铅锌矿再次发生反应产生了硫酸盐，硫酸盐被水溶解后再被冲刷离开原地。被硫酸所溶解的碳酸盐和这些被冲刷下来的铜矿物质再次反应，产生了孔雀石和蓝铜矿这样的成层矿物。甚至更下方的岩石，即位于地下水位的岩石（岩石处于被水浸润的状态）可以和水反应生成成层的铜矿，例如辉铜矿、铜蓝、斑铜矿和黄铜矿。由于这些矿物中富含铜，这个过程也被称为次生富化。

矿物组合(Mineral assemblages)

在其他情况下，伴生矿物形成的时间大致相同。这也被称为矿物组合，通常发生于熔融态岩浆形成火成岩时，或者在特定条件下形成沉积岩或变质岩时。以火成岩为例，之所以在花岗岩中会形成长石、石英和云母，部分原因是由于在熔融过程中由化学物质形成了上述矿物。而在不同条件下，同样的熔融态物质中含有的化学物质可能会形成伟晶岩并伴生有稀有矿物。组合且产生了新的构成：石榴石、硅线石、黑云母和长石。特定的变质条件会产生特定的矿物组合，称为相。这些相包括

伴生矿物

不同的伴生矿物

- 橙色土质褐铁矿上的绿色水砷锌矿
- 红铁铝榴石晶体在闪亮的黑云母
- 烟晶和绿色的天河石
- 紫色的水晶与金色或白色方解石
- 白色的方沸石和粉色的桃针钠石
- 橘色方解石中的绿色磷灰石
- 白色辉沸石和绿色鱼眼石或绿色水硅钒钙石
- 绿色蛇纹石团块上的纤维状的纤菱镁矿
- 碧蓝色蓝铜矿与绿色孔雀石
- 黄色方解石上的蜜色重晶石
- 白色钠沸石和蓝色蓝锥矿，棕色柱星叶石
- 蓝色银铜氯铅矿形成星形铜氯铅矿结晶
- 蓝色天青石和黄色硫磺
- 蓝色硅孔雀石外表带有石英或绿色孔雀石斑点
- 红铜和银
- 粉色锂电气石与淡紫色锂云母
- 紫色萤石与黑色闪锌矿
- 黑色钨锰矿和白色石英
- 深黑色柱星叶石和蛋白色钠沸石
- 金色的黄铁矿与乳白色的石英
- 红宝石与绿黝帘石
- 银色钒铅矿和黄色铅矾以及闪闪发光的白铅矿
- 硫化银集群：硫锑铜银矿、脆银矿和螺状硫银矿
- 灰色硅锌矿，白色方解石和黑色锌铁尖晶石

稀有金属

- 金：碲金矿、白碲金银矿、叶碲矿、黄铁矿、石英、针碲金银矿
- 银：螺状硫银矿、深红银矿、淡红银矿、方铅矿

特定伴生矿物

硫化物和硫酸盐类

- 毒砂：金、锡石、臭葱石
- 硫锑铅矿：方铅矿、黄铁矿、闪锌矿、黝铜矿、砷黝铜矿、淡红银矿、石英、碳酸盐
- 车轮矿：黝铜矿、方铅矿、银、黄铜矿、菱铁矿、石英、闪锌矿、辉锑矿
- 辉铜矿：斑铜矿、方解石、黄铜矿、铜蓝、方铅矿、石英、闪锌矿
- 黄铜矿：磁黄铁矿、石英、方解石、黄铁矿、闪锌矿、方铅矿
- 朱砂：黄铁矿、白铁矿、辉锑矿
- 硫砷铜矿：石英和硫化物，例如：方铅矿、斑铜矿、闪锌矿、黄铁矿、黄铜矿
- 硫镉矿：葡萄石、沸石
- 白铁矿：铅锌矿
- 镍黄铁矿：黄铜矿、磁黄铁矿
- 深红银矿：方解石、方铅矿、淡红银矿、闪锌矿、黝铜矿
- 磁黄铁矿：镍黄铁矿、黄铁矿、石英
- 雄黄：雌黄、其他砷矿
- 闪锌矿：方铅矿、白云石、石英、黄铁矿、萤石、重晶石、方解石
- 针碲金银矿：萤石、其他碲化物、硫化物、金、碲、石英
- 针碲金银矿：碲化金矿和斜方碲金矿

氧化物和氢氧化物

- 板钛矿：金红石、锐钛矿、钠长石
- 锡石：钨锰铁矿、石英、黄铜矿、辉钼矿、电气石、蛋白石
- 赤铜矿：天然铜、孔雀石、蓝铜矿、辉铜矿、氧化铁
- 水铝石：刚玉、磁石、尖晶石、铝土矿、尖晶石
- 针铁矿：褐铁矿、磁石、黄铁矿、菱铁矿
- 磁石：重晶石、方解石、菱铁矿、针铁矿
- 沥青铀矿：锡石、毒砂、沥青铀矿

了富含蓝闪石和钠长石的蓝片岩以及富含绿泥石和阳起石的绿片岩。

身份关联(Identity links)

因为许多矿物经常一块被发现，伴生矿物也成了鉴定矿物的重要线索，例如拥有紫色外观、发现于热液矿脉且伴生矿物为黄铜矿、白铁矿、黄铁矿和石英的红铜色的矿物可能是斑铜矿。另外，如果在伟晶岩中找到了一种可能是蓝铁矿的矿物，如果周围没有伴生的磷酸锂铁矿，就要重新考虑矿物的真实身份了。对于特定矿物来说，像矿石这样的伴生矿物是重要的指示物。例如铅锌矿石中的方铅矿和闪锌矿就常和方解石及重晶石伴生。因此找到方解石和重晶石的岩脉通常就能找到方铅矿和闪锌矿。

矿物环境(Mineral environments)

矿物经常与特定的地质环境和地质变化过程有关，这也可以帮助我们缩小矿物的范围。如果在沉积岩中找到了薄薄的浅蓝色结晶，可能就是蓝晶石。如果你这么猜，就大错特错了，因为蓝晶石会被变质过程的高温而熔化。因此在沉积岩中不可能找到蓝晶石，反而是在片岩和片麻岩中有可能找到，而沉积岩中的浅蓝色晶体更可能是天青石。

矿物都位于哪里

火成岩脉
像黄铁矿这样的硫化物
像孔雀石和蓝铜矿这样的铜
金和银

火成岩侵入体
石英
长石
云母
辉石
角闪石

伟晶岩和熔岩中的晶腔
石英
长石
云母
硫化物
菱铁矿
磷灰石
绿宝石
蓝宝石
蛋白石
石榴石
电气石

火山口
硫黄
硫化物
赤铁矿

温泉
石灰华
石膏
透明石膏
盐岩

火山碎屑
浮石
黑曜石
河沙
石英
金
钻石
绿宝石
锡石
黄铁矿
磁石

石灰岩采石场
方解石
石膏

萤石
方铅矿
闪锌矿
白铁矿
赤铁矿

变质岩
硫化物
石榴石
云母
方解石
铬铁矿
石英
尖晶石
绿泥石
红柱石
硅线石
蓝晶石
叶蛇纹石
长石
纤蛇纹石
十字石
滑石

卤化物
- 氯铜矿：孔雀石、蓝铜矿、石英
- 角银矿：银、硫化银、白铅矿、褐铁矿、孔雀石
- 萤石：银铁矿石、石英、方解石、白云石、方铅矿、黄铁矿、闪锌矿、重晶石。
- 岩盐：硬石膏、石膏、钾盐

碳酸盐
- 白云石：铅、锌、铜矿石
- 菱锌矿：孔雀石、蓝铜矿、磷氯铅矿、白铅矿、异极矿
- 菱锶矿：方铅矿、闪锌矿、黄铜矿、白云石、方解石、石英
- 天然碱：岩盐、石膏、硼砂、白云石、钙芒硝、钾盐
- 重晶石：石英、方解石、重晶石

磷酸盐，砷酸盐，钒酸盐
- 水砷锌矿：蓝铜矿、菱锌矿、砷铅矿、异极矿、臭葱石、橄榄铜矿、褐铁矿
- 钒钾铀矿：钒钙铀矿
- 砷铅矿：方铅矿、磷氯铅矿、钒铅矿、毒砂、硫酸铅矿
- 橄榄铜矿：孔雀石、针铁矿、方解石、透视石、蓝铜矿
- 磷氯铅矿：白铅矿、菱锌矿、钒铅矿、方铅矿、褐铁矿。
- 钒铅矿：方铅矿、重晶石、钼铅矿、褐铁矿
- 磷铝石：磷灰石、银星石、玉髓
- 磷钇矿：锌、锐钛矿、金红石、硅线石、铌铁矿、独居石、钛铁矿

硫酸盐和相关矿物
- 硬石膏：白云石、石膏、岩盐、钾盐、方解石
- 重晶石：方铅矿、闪锌、萤石、方解石
- 水胆矾：蓝铜矿、孔雀石、铜矿
- 赤铅矿：钼铅矿、白铅矿、磷氯铅矿、钒铅矿
- 钨铁矿：锡石、赤铁矿、毒砂
- 钨锰矿：石英、锡石、蛋白石、锂云母
- 白钨矿：黑钨矿
- 钼铅矿：白铅矿、褐铁矿、钒铅矿、方铅矿、磷氯铅矿、孔雀石

硅酸盐
- 红柱石：刚玉、蓝晶石、堇青石、硅线石
- 歪长石：普通辉石、磷灰石、钛铁矿
- 透视石：褐铁矿、硅孔雀石、白铅矿、钼铅矿
- 蓝闪石：绿帘石、铁铝榴石、绿泥石、翡翠
- 蓝方石：白榴石、霞石、方石
- 异极矿：菱锌矿、方铅矿、方解石、硫酸铅矿、闪锌矿、白铅矿、绿铜锌矿
- 硅镁石：锡石、赤铁矿、云母、电气石、石英、黄铁矿
- 高岭石：黏土、石英、云母、硅线石、电气石、金红石
- 锂云母：磷铝石、锂辉石
- 白榴石：钠沸石、方沸石、碱性长石。
- 钙镁橄榄石：镁橄榄石、磁石、磷灰石、黑云母、符山石、硅灰石
- 钠沸石：其他沸石、鱼眼石、石英、片沸石
- 霞石：普通辉石、霓石、闪石
- 石英：绿宝石、方解石、萤石、金、赤铁矿、微斜长石、白云母、黄铁矿、金红石、锂辉石、蛋白石、电气石、钨锰铁矿、沸石
- 硅线石：刚玉、蓝晶石、堇青石
- 锂辉石：长石、云母、石英、铌钽锰矿、绿宝石、电气石、蛋白石
- 十字石：石榴石、电气石、蓝晶石和硅线石
- 滑石：蛇纹石、透闪石、镁橄榄石
- 电气石：绿宝石、锆石、石英、长石
- 符山石：钙铝榴石、硅灰石、透辉石、方解石
- 硅锌矿：异极矿、菱锌矿、锌铁尖晶石、红锌矿
- 硅灰石：水镁石、绿帘石

在橘色土质褐铁矿上的黄绿色水砷锌矿

自然元素：金属

大部分矿物以化合物的方式出现。然而有很少的矿物会以相对较纯的形式出现，这样的“自然元素”大约20种左右。大部分自然元素都是金属，例如金，就很少和其他物质以组合的形式出现。大部分金属和其他矿物在矿石中生成，但这些相对不活泼的金属往往独自生成。事实上金就是很罕见的独自生成的矿物。

银 (Silver)

银的化学符号：Ag

古埃及时代，银被称为白金，其价值比黄金还高。大约五千年前，卡帕多西亚的前赫梯人就从安纳托利亚（现在的土耳其）东部的银矿中开采白银。现在，银因其自身的高电导率（比铜高）而被用于电子工业和装饰业。抛光后的银是美丽的白色闪光金属，但很快表面就会被硫化银所覆盖而失去光泽（见插图）。因此即便有时并生长成了独特的长丝形树突团块、外观如扭曲的树木，也很难轻易识别出来这就是银。跟金一样，银形成于热液矿脉中，通常和方铅矿（铅矿石）、锌和铜一起出现。由于很少形成矿块和颗粒所以很少形成于砂矿床中。天然的银非常罕见，大部分现在所使用的银多是从其他矿物中分离出来的，特别是位于内华达州、秘鲁和墨西哥的大型辉银矿石（硫化银）矿床中分离出银来。

鉴定：不可能再找到像银这样质地柔软、颜色银白的天然矿物了。刮去附着在表面的黑色污迹，显露出来的银白色金属光泽更加证实了我们的判断。这种立方型的银非常罕见，大多数情况下，银都以长丝形树突团块的形式存在着。

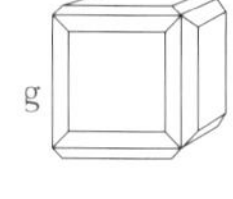

晶系：等轴晶系
晶体习性：长丝树突状团块或颗粒，或很罕见的立方晶体；长丝可以形成羊角似的线圈
颜色：银白色但很快就会被锈蚀成黑色
光泽：金属光泽
条痕：银白色
硬度：2.5~3
解理：无
裂口：粗糙不平
比重：10~12
其他特征：质地柔软可以拉成银丝或用锤塑型
常见地区：康斯伯格，挪威；圣安德里斯伯格（哈茨山脉）和弗莱堡（萨克森州），德国；亚希莫夫，捷克共和国；奇瓦瓦州，墨西哥；加拿大西北地区大熊湖；寇博特，安大略省；密歇根州；克里德，科罗拉多州

铜 (Copper)

铜的化学符号：Cu

铜的颜色为温暖的金红色，是所有金属里最容易辨识的。铜的质地柔软、有时以天然形式存在，而这也使得铜成了人类最先开始使用的金属之一。最早的小刀可以追溯到六千年前，而这把刀是由铜制成的。纯铜通常位于高温沙漠地带富含硫化物的岩脉中，或者存在于古代熔岩流的腔洞中。与银类似，铜也通常为树突团块状、很快就会因氧化而失去光泽。但生成的污物不是黑色而是绿色，而通常能够在岩石上的亮绿色斑点中找到蕴含的铜，称为铜华。作为天然元素，铜十分稀少，而我们现在所使用的大部分铜是从黄铜矿这样的矿石中提取的。

鉴定：铜因其金红色的颜色而容易识别。氧化后失去光泽的铜颜色会变暗，详见右图。

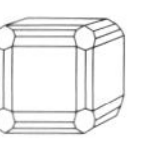

晶系：等轴晶系
晶体习性：长丝树突状团块或群集
颜色：铜色，失去光泽后为绿色
光泽：金属光泽
条痕：红铜色
硬度：2.5~3
解理：无
裂口：粗糙不平、具有可塑性
比重：8.9+
其他特征：可以被拉伸或塑型
常见地区：谢尔西，法国；西格兰，德国；图林斯克，俄罗斯；澳大利亚新南威尔士州布罗肯希尔；玻利维亚；智利；新墨西哥州；基威诺，密歇根州；亚利桑那州

金 (Gold)

金的化学符号：Au

没有金属可以与金媲美，它很少和其他元素组成化合物，几乎都是以天然形式单独存在。即便是历经了数千年的时光，金依旧光泽闪亮。金也是人类开始使用的第一批金属之一，而世界上最古老的一些艺术品就是用金制成的。截止目前已经开采出了大约150,000吨的金，而每年会有2,500吨的金被开采出来，其中四分之一存储在美国和欧洲的金库中，储备黄金是为了依据黄金价值而稳定货币价值。过去的金大多产自南非，但代价昂贵，必须从深埋在地下的金矿中挖掘，例如在威特沃特斯兰德的萨乌卡金矿就达到了4千米。近年来，采矿公司开始从靠近地表的露天矿山中开采矿石，例如中国、俄罗斯和澳大利亚。印度尼西亚的格拉斯伯格金矿是现在世界上最大的金矿。大部分金被制成珠宝，但电子工业对金的需求也日趋增加，以满足计算机制造和通信技术的需求。

鉴定：金具有金色的闪亮金属光泽，能立即辨识出来，但是有部分矿物可能会被误认为金，例如黄铁矿、某些硫化物和一些碲化物。只有金能形成黄金颗粒和天然块金。

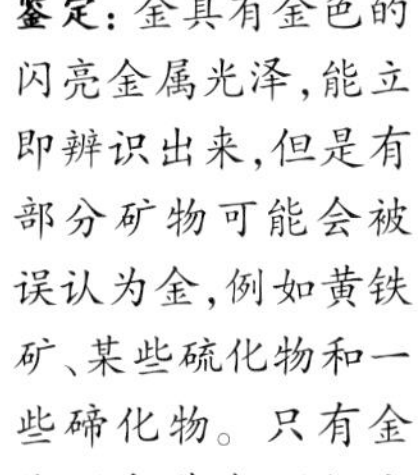
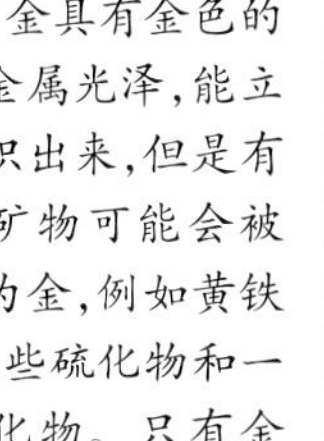

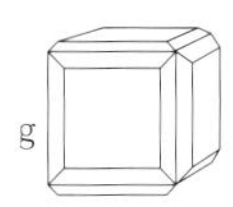

晶系：等轴晶系
晶体习性：晶体很稀有，其体积小，为立方体或八面体。通常形成颗粒和块金或长丝树突状的晶簇
颜色：金黄色
光泽：金属光泽
纹理：金黄色
硬度：2.5~3
劈理：无
裂口：粗糙不平
比重：19.3+
其他特征：具有可塑性、延展性和可切割性
常见地区：罗马尼亚的罗西亚蒙塔纳（比哈尔邦山脉）；西伯利亚；南非威特沃特斯兰德；印度尼西亚格拉斯伯格；澳大利亚本迪戈和巴拉瑞特（维多利亚州）以及菲林德斯岭（南澳）；加拿大育空地区；加利福尼亚州；科罗拉多州；南达科他州

淘金

金主要位于两种矿床，一种形成于火山岩脉或火成岩的“矿脉”中，这里通常伴生有石英或者金属硫化物，比如辉锑矿。所有世界上最大的金矿中都会出现这样的矿脉。过去很多人在河流的砂矿床处寻找金子。由于形成金子的岩石被流水所侵蚀而破裂，这些金子的小颗粒或块金就随着流水被冲到了这里。由于金的颗粒致密且抗侵蚀，所以它们通常会聚集在河床的浅滩处。通过简单的淘金动作就能发现这些颗粒。淘金的过程枯燥艰辛且鲜有收获，但现在在智利等国家仍保留着淘金这种操作方式，如上图所示。淘金的方式就是用木板将河床挖开再利用河水逐步冲洗掉砂石。通过技巧性的操作，质量轻的砂石被过滤出去，质量重的里面可能就含有金颗粒。

铂 (Platinum)

铂的化学符号为Pt

铂是所有自然元素中最稀有、最珍贵的元素之一，铂通常出现在镁铁质火成岩金属硫化物矿石的薄层理中（即深色的富含镁铁的火成岩）。只有少数铂是以结晶形式存在的，大部分铂以细小的颗粒或者碎片状存在，偶尔也会像金似的形成颗粒或块铂，且聚集在砂矿床中。（详见“淘金”部分）但与金不同的是，铂很少以天然形式存在，而是多与其他金属共生，例如铱和铁。此外铂的关联矿物为铬铁矿、橄榄石、辉石和磁石。几乎全世界的铂只来自两个特定区域，即俄罗斯的乌拉尔山脉和南非的布什维尔德杂岩体。

晶系：等轴晶系
晶体习性：稀少且体积小，通常为立方体。铂通常会形成颗粒和碎片，偶尔有块铂
颜色：浅银灰色
光泽：金属光泽
纹理：青灰色
硬度：4~4.5
劈理：无
裂口：粗糙不平
比重：14~19+
其他特征：不会因氧化而污浊，具有微磁性、具有可塑性、延展性和可切割性
常见地区：俄罗斯诺里尔斯克；南非布什维尔德杂岩体；哥伦比亚；安大略省；阿拉斯加州；蒙大拿州的斯蒂尔沃特

鉴定：铂有着浅银灰色的外观，且质地相对柔软，极易辨识。

自然元素：金属和半金属

自然元素中不仅包含金属，也含有半金属，例如锑和铋。半金属的外表带有金属光泽，但不总是像金属那样闪亮。半金属很脆，用锤子敲击就会碎裂，且导电率不如金属。

锑 (Antimony)

锑的化学符号为：Sb

锑是一种银灰色的半金属，极少作为自然元素而存在，多出现在热液岩脉中。实际上锑的名字来源于希腊语“anti”和“monos”，意思是“不孤单的”，因为锑经常和其他矿物一起出现，比如硫。它的化学符号Sb来自拉丁语，代表了最常见的矿石辉锑矿。锑存在于100多种矿物中，有时从熔炼的银、铜、铅矿石中能提取出微量的锑，但主要的锑来源还是锑矿石，其中四分之三的锑矿石来自中国。直到17世纪锑才被当做一种独立的元素，但在此之前炼金术士早已掌握了锑的提纯方法。而对锑的利用也有着漫长的历史。从古埃及时代开始粉末状的锑被用来画黑眼妆，而现在锑更多地被用来浸渍塑料、橡胶和其他材料以起到防火效果；另外锑也被用来增强铅酸电池中的铅。

鉴定：锑通常以小型银色盘状晶体的形式在石英上聚成团块，通常容易和铋搞混。

警告：锑具有轻微毒性，操作处理时要小心

晶系：三方晶系
晶体习性：晶体看起来像立方体但实际上是葡萄状、薄片状和放射状的团块。
颜色：灰白色但氧化后颜色会变深
光泽：金属光泽但氧化后光泽会变暗
纹理：灰白色
硬度：3~3.5
劈理：劈理顺着一个方向，有基底
裂口：不均衡
比重：6.6~6.7+
其他特征：相对低的温度，即630° C会熔化
常见地区：奥地利克恩顿州；瑞典萨拉（西曼兰）；法国奥佛涅大区，布列塔尼；西班牙马加拉；意大利隆巴迪；希腊利瓦迪亚；魁北克省乌尔夫县；加利福尼亚州克恩县；亚利桑那州

铋 (Bismuth)

铋的化学符号为：Bi

铋跟锑类似，是一种银白色半金属，极少作为自然元素而存在，通常在含有石英的高温岩脉中能够找到铋，金属元素例如钴、银、铁和铝可以跟铋形成矿物，或者沿着花岗岩侵入体的边缘铋可以跟石灰岩结合形成矿物。大部分常见的铋存在于它的主要矿石辉铋矿和铋华中。关于铋名字的来源，可能跟德语的“白色团块”有关，但著名化学家帕拉塞尔苏斯也曾提出跟德语的“白色草地”有关，因为铋是在萨克森州的旷野中发现的。跟锑相似，铋具有遇水膨胀的罕见特性，因此在冻住之后铋反而不会收缩。这个特性使得铋成为了极佳的焊接材料，因为凝固后铋会填补上空隙。由于无毒，铋取代了铅被广泛应用，比如水暖系统多采用铋。熔点低也使得铋成为了自动喷水灭火系统中制作插头的绝佳材料，另外铋也可以做药用来缓解胃部不适。

鉴定：铋会呈现出彩虹色的变彩污垢，刚刚破裂时会出现淡粉红色。

警告：铋具有轻微毒性，操作处理时要小心

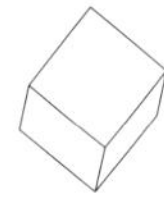

晶系：三方晶系
晶体习性：晶体很罕见，通常是出现在叶理状团块中。
颜色：银白色，氧化后带有彩虹色的污垢
光泽：金属光泽但氧化后光泽会变暗
纹理：浅绿黑色
硬度：2~2.5
劈理：劈理顺着一个方向，有基底
裂口：不均衡，锯齿状
比重：9.7~9.8
其他特征：破裂的表面会出现浅粉色
常见地区：英格兰德文郡；德国萨克森州；澳大利亚（昆士兰州）沃尔夫勒姆；玻利维亚圣巴尔多梅罗，塔日纳矿；南达科他州；科罗拉多州；加利福尼亚州

砷 (Arsenic)

砷的化学符号：As

砷是一种银灰色的半金属。在自然界中砷以脆性且带有金属光泽的矿物形式存在，但在实验室中砷可以被制成白色粉末，而粉末状的砷正是自古希腊以来用毒高手所使用的毒药。砷很少作为自然元素而存在，通常情况下砷会存在于硫化物和硫盐矿物中，例如毒砂、雌黄、雄黄和砷黝铜矿。天然的砷通常和银还有锑混在一起，砷是银矿石的副产品，通常存在于带有洋葱式层理的团块中，称为"贝壳"砷或"碎片钴"，或者存在于肾形硬壳中。极其偶然的情况才会出现砷晶体，晶体为三方晶系。然而砷却具有多态性（不止一个形状），在德国萨克森州曾找到斜方晶系的砷晶体，这些斜方晶系的砷晶体称为自然砷铋。

鉴定：用锤子敲击时砷会散发出大蒜味。图中展示的样本是一块含有淡红银矿的深色无光泽的砷团块。

淡红银矿。这种矿物中包含了银、砷还有硫

晶系：三方晶系
晶体习性：圆形条带或葡萄状的团块
颜色：浅灰色，但氧化后颜色会变成深灰色或黑色
光泽：金属光泽但氧化后光泽会变暗
条痕：黑色
硬度：3~4
解理：劈理顺着一个方向，有基底
裂口：不均衡
比重：5.4~5.9+
其他特征：用锤子敲击时会散发出大蒜味
常见地区：德国萨克森州和哈茨山脉；法国圣玛丽欧米纳矿（孚日山脉）；挪威康斯伯格；日本本州岛；不列颠哥伦比亚省阿特林；华盛顿营地（圣克鲁斯县），亚利桑那州
警告：砷具有很强的毒性，操作处理时要小心，之后要洗手

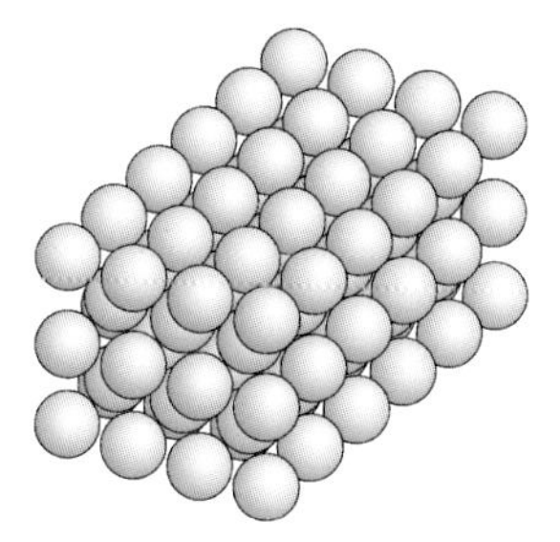

金属晶体

金属由于其晶体的生长方式特殊而特别。与其他矿物不同，金属不会形成单独的晶体，而是原子在简单的格状结构中聚集在一起，被"金属键"这种特殊的化学键连接到了一起。在这种结构中，金属键都是一起发挥作用，使金属变得更牢固且不易碎，而这也是金属可以承受锤击、弯曲、延展成型而不破裂的原因。这种格状排列使得电子（小的亚原子粒子）以松散的形式附着在原子的缝隙间，使得金属具有极佳的导电性（和热传导性），因为在格状排列中有很多"自由的"电子负责传热或传电。在镁和锌中，格状结构与被填满的六边形紧密结合，立方体中每一个边角的中央都被一个原子占据，因而在立方体中挤满了铝原子、铜原子、银原子和金原子。

汞 (Mercury)

汞的化学符号：Hg

汞是少数在室温条件下以液体形式存在的金属，其他的类似金属还有铯和镓。事实上，汞在温度低于–40° C才会结冰。严格来说汞并不能算作是金属，只能是似矿物，因为汞一般不会形成晶体。汞也是除水之外的一种天然液体，但汞也不会形成大片"水域"，只会在朱砂和甘汞这样的汞矿石表面以小水泡形式存在，通常是从裂缝中入侵或因表面张力附着在矿石上。偶尔可以在填充岩腔洞中找到大面积的汞，通常是位于活跃的火山区域。此外从温泉的沉积物中也能找到汞，同时还能找到朱砂和其他矿物。由于十分稀少，天然汞不会被当做提取汞的来源。

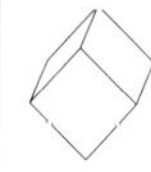

晶系：温度低于–40° C汞才会形成六方晶系晶体
晶体习性：液滴状的液态汞或滩状的液态汞
颜色：亮银色金属光泽
光泽：金属光泽
条痕：液体无纹理
硬度：液体无硬度
解理：液体无劈理
裂口：液体无裂口
比重：13.5+
其他特征：汞是一种液态金属
常见地区：西班牙阿尔马登（雷阿尔城）；伊德里亚，前南斯拉夫；阿尔马登矿（圣克拉拉县）和苏格拉底矿（索诺马县），加利福尼亚州
警告：汞的气体具有很强的毒性，要在通风良好的空间操作处理

鉴定：汞以珠串状液滴的形式存在，能立即被辨认出来。

汞液滴

自然元素：非金属

只有少数非金属以自然元素的形式存在着，实际上只有两种而已：硫和碳。碳以多种形式存在，包括石墨、钻石和蜡石。碳和硫存在于所有矿物里最有趣也是最重要的矿物中，碳化合物在每个有生命的有机体中都发挥了重要的化学作用。

硫 (Sulphur)

硫的化学符号：S

硫以"硫磺"的形式而为人所知，或者也被认为是燃烧的石头，因为硫很易燃，燃烧时会产生蓝色火焰（不要点燃硫，它在燃烧时会释放有毒气体！）。纯天然的硫会因其明亮的黄色而被识别出来。硫通常形成于炽热的火山温泉边缘、以硬壳的形式存在着，冒着烟的火山烟囱称为火山喷气孔。世界上的大部分硫在石灰岩和石膏的层理间成矿，例如墨西哥湾下方就蕴藏了大量的硫矿。硫的熔点只比沸腾的水高那么一点点，利用硫熔点低的特性可以将硫提取出来。从钻好的矿井中向硫构造中注入温度极高的水使硫熔化。产生的泥浆物质会被泵带到地表，水分蒸发后剩下的物质就是硫。这一过程被称为佛赖什采硫法。但这种采硫方法恰恰会破坏石灰岩层理中完好的硫晶体。在火山温泉周围，硫会形成易破裂的团块，表面布满小气泡且散发出很强烈的臭鸡蛋味儿。

长着小型硫晶体的团块

鉴定：硫为明黄色、熔点低、散发着臭鸡蛋味道、质地柔软，是很好鉴别的一种矿物。

晶系：斜方晶系
晶体习性：典型形态为大块或粉末状，但大块的晶体也很常见。有时会在针状构造中被发现，被称为丙型硫。
颜色：亮黄色至黄棕色
光泽：玻璃质晶体较油润，而块状则偏土质
条痕：白色或黄色
硬度：2
解理：很少
裂口：贝壳状裂口
比重：2.0~2.1
其他特征：散发出臭鸡蛋的味道，性脆；熔点低，燃烧时产生蓝色的火焰；通常受热后会释放出有毒的刺激性气体
常见地区：西西里岛；波兰；俄罗斯；日本；墨西哥；怀俄明州黄石公园；犹他州萨尔弗代尔；路易斯安那州；德克萨斯州

石墨 (Craphite)

石墨的化学符号：C

石墨以碳化合物的形式存在于岩脉中，作为石灰岩的有机材料会在热量和压力的作用下改变而生成变质岩。石墨是所有矿物中质地最柔软的矿物之一，在莫氏硬度测试表上它的硬度还不足2。石墨柔软的质地和它的黑色外观让它成为制作铅笔的绝佳材料，而铅笔正是得名自希腊语"书写"一词。除了质地柔软之外，石墨跟钻石这种质地最坚硬的矿物一样都是由纯碳构成的。石墨分解成碎粒后，薄片状的石墨碎粒可以在缝隙间随意滑动。这种"基劈理"使得石墨具有一种润滑的手感，是极好的干膜润滑剂。自然界中的石墨以两种截然不同的形式而存在：片状石墨和块状石墨。块状石墨结构紧凑、缺少石墨正常的片状。

鉴定：石墨呈深灰色、质地柔软、手感润滑。石墨会在手指上留下黑色污迹。

晶系：六方晶系
晶体习性：很少形成晶体，通常在岩脉中以薄片状或团块状存在
颜色：黑银色
光泽：金属光泽、晦暗
条痕：黑色至棕灰色
硬度：1~2
解理：解理顺着一个方向
裂口：片状
比重：2.2
其他特征：会在手指或纸张上留下黑色污迹。具有微弱的导电性。
常见地区：英格兰博罗代尔（哥比亚）；芬兰帕尔加斯；意大利维苏威火山；奥地利；斯里兰卡加勒；韩国；纽约州熊山提康德罗加；新泽西州奥格登斯堡

钻石(Diamond)

钻石的基本元素是碳,化学符号:C

钻石是人类已知的最坚硬的物质。钻石得名自古希腊“adamantos”一词,意思是“无敌”。

而比钻石本身更难得的是由陨石撞击形成的稀有的六方碳。跟石墨和六方碳一样,钻石也是由纯碳构成的。钻石带有玻璃似的闪光,这是因为它在地下经受了难以想象的压力才转化形成了具有这种光泽的物质。现在也可以在极端压力下利用被挤压的石墨而制造人工钻石。但在自然界中这种压力也是很罕见的,只出现在地壳深处和上地幔处。至今所有被发现的钻石都十分古老,形成时间最少也有十亿年,而有些甚至达到了三十亿年之多!钻石形成于地表下方至少145千米深的地方,由炽热的岩浆逐渐带至地表。这些火山筒冷凝后形成的蓝色岩石就是金伯利岩和钾镁煌斑岩,世界上品质最佳的钻石正是产自这里。钻石从金伯利岩中被开采出来之后很轻易就会被风化侵蚀,碎屑会随溪流被带至砂矿床处。未经打磨的钻石看起来比较晦暗,当中世纪的珠宝匠人开始将钻石切割后,它才展露出无与伦比的美。

钻石

金伯利岩

鉴定:粗糙的钻石看不出有什么特别之处,但其坚硬的质地绝不容置疑。钻石是唯一可以轻易划伤玻璃的透明晶体。

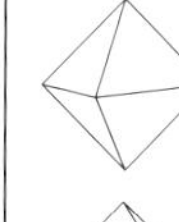

晶系:等轴晶系(立方晶系)

晶体习性:通常形成立方晶和八面体,但很多变

颜色:通常为无色,但会出现黄色、棕色、灰色、蓝色或红色闪光

光泽:金刚石般的光泽或未经打磨时呈现润滑的光泽

条痕:白色

硬度:10

解理:解理顺着四个方向

裂口:贝壳状

比重:3.5

其他特征:切割时会呈现出“火彩”,即在灯光照耀下从不同角度展现出内部的彩虹色

常见地区:俄罗斯雅库茨克米尔;南非金伯利岩;澳大利亚艾伦代尔,阿盖尔(澳大利亚西部),伊春格(澳大利亚南部);巴西米纳斯吉拉斯州,马托格罗索州;阿肯色州默夫里斯伯勒(派克县)

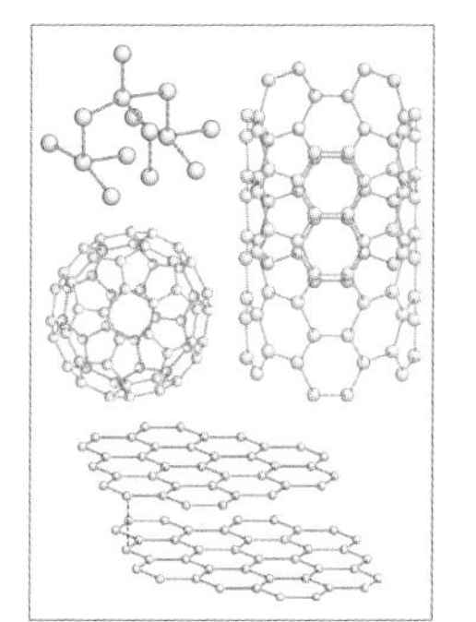

碳的分身

碳是一种特殊的元素。它可以很好地与其他化学元素成键,这也使得碳成为所有生物的化学成分中最基本的元素,范围从简单的糖到复杂的蛋白和酶。但只有纯碳才会形成不同的变体,这是由于它的罕见特性:原子间能形成单键、双键和三键。当一种元素的原子能形成不同形式的分子时,所产生的变体称为同素异形体。直到最近,普遍认为碳只能形成两种不同的同素异形体,即石墨和碳。但现在科学家了解到了碳的第三种同素异形体,称为富勒烯(巴克球);另外就是可能存在的第四种(即碳纳米管)。当同一种矿物的晶体出现了不同结构时,变体被称为多晶型。碳就存在很多矿物多晶型,不仅仅有钻石和石墨,可能的矿物还有六方碳、石蜡和富勒烯。

蜡石(Chaoite)

蜡石的基本元素是碳,化学符号:C

当陨石撞击到地表时会产生极端的压力和高温使撞击地的矿物变质转化成新的矿物,例如硅三铁矿和马登斯体。这一过程称为震动变质作用。巨大的冲击力将石墨变成了稀有的六方晶极硬钻石,称为六方碳。有观点认为这种冲击将石墨变成了晶型碳,即碳炔。1968年,两位地质学家在德国的莱斯陨石坑找到了一种新的矿物,并将其命名为蜡石,并鉴别了其真实身份是一种新型的晶型碳。蜡石被国际矿物协会鉴定为一种矿物,但有些地质学家认为鉴别的标本数量过少,因此蜡石是否可以被归类为矿物还有待进一步讨论。

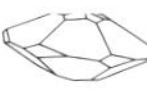

晶系:六方晶系

晶体习性:通常形成薄片和小颗粒

颜色:深灰色

光泽:半金属光泽

条痕:深灰色

硬度:1~2

解理:未知

裂口:未知

比重:3.3

常见地区:目前只有三个有待进一步确认的产地,它们是德国的莱斯陨石坑(巴伐利亚州),印度的戈雅布尔陨石坑和德雅布尔陨石坑。

鉴定:地质学家发现很难对蜡石做充分鉴定,有些地质学家则坚持认为要对蜡石做X光分析后才能确定其真实身份。

硫化物

硫化物是硫和其他一种或两种金属的化合物，因此硫化物通常具有金属光泽。硫化物包括了一些世界上最重要的金属矿石。硫化物性脆、质量重，形成于岩浆或热液岩脉炽热的熔融态热液中。螺状硫银矿、辉钴矿、硫铜钴矿、蓝辉铜矿等都被称为简单的硫化物，原因是这些矿物的分子中都只包含了一个硫原子。

螺状硫银矿（和辉银矿）(Acanthite(and Argentite))

硫化银的化学式：Ag_2S

螺状硫银矿或“辉银矿”得名自希腊语的“刺”一词，是因为它具有尖尖的晶体。通常螺状硫银矿和辉银矿被列为同一种矿物，而辉银矿就是通常我们所认为的主要银矿石。实际上辉银矿和螺状硫银矿的含银量为87%，而螺状硫银矿才是主要的银矿石。辉银矿和螺状硫银矿都属于简单的多晶型。螺状硫银矿在室温条件下会形成平板形的单斜晶体。辉银矿只在温度超过173° C时才会形成立方晶体。在炽热的熔岩中辉银矿会首先形成结晶。但当温度降到173° C以下后，辉银矿的立方晶体会变成更加趋近于平板状的螺状硫银矿单斜晶体。由于变化不是很明显，因此有些晶体还保留了辉银矿的立方晶形，但实际上晶体的内部结构已经发生改变了。这种晶体跟辉银矿很像，可实际上是货真价实的螺状硫银矿。这些被称为“伪形”（虚假的形状）。

鉴定： 带有闪光的深灰色晶体暴露在光照条件下会被锈蚀成黑色。在标准纯银表面的污迹就是螺状硫银矿，可以用小刀切下来。

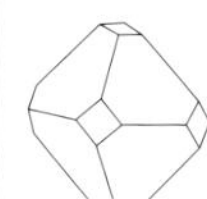

晶系： 斜方晶系（螺状硫银矿）和等轴晶系（辉银矿）

晶体习性： 扭曲的棱柱和树突状团块。另外立方伪形使得螺状硫银矿看起来像是辉银矿

颜色： 深灰色至黑色

光泽： 金属光泽

条痕： 闪亮的黑色

硬度： 2~2.5

解理： 不存在

裂口： 贝壳状

比重： 7.2~7.4

其他特征： 具有可切性（可以被刀切开）和可塑性。暴露在光照条件下表面会变黑。

常见地区： 挪威康斯伯格；德国黑森林，佛赖堡，施内贝格；墨西哥巴托皮拉斯（奇瓦瓦州），瓜纳华托；内华达州康斯塔克矿；蒙大拿州比尤特；密歇根州

辉钴矿 (Cobaltite)

钴硫化砷的化学式：CoAsS

鉴定： 辉钴矿会形成银色的立方晶（镶嵌在磁黄铁矿中）。会散发出轻微的硫磺或大蒜气味。

立方型辉钴矿晶体

辉钴矿（钴华）是一种很罕见的矿物，是金属钴熔化后和砷一起形成的一种硫化物，多形成于富含硫的岩脉中。钴晶体很稀有，因此对矿物收集者来说鉴别起来有一定的难度。辉钴矿会形成立方晶体，看起来跟黄铁矿很相似，实际上两者的结构有着细微的差别。幸好辉钴矿和黄铁矿可以通过截然不同的颜色差异来区分。黄铁矿是黄铜色而辉钴矿是银白色。但是辉钴矿跟其他钴矿石却很难区分。有时，当辉钴矿暴露在空气中可能会被覆盖上亮粉色或紫色的硬壳，这种物质是其他矿物，而这种颜色的硬壳称为钴华。钴华的出现说明矿石中存在辉钴矿或方钴矿。辉钴矿也是一种重要的钴矿石。

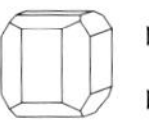

晶系： 呈现出立方晶系

晶体习性： 立方晶、黄铁矿形状，有颗粒和团块

颜色： 银白色且带有粉色或紫色色调

光泽： 金属光泽

条痕： 深灰色

硬度： 5.5

解理： 碎裂成立方块

裂口： 不均衡的亚贝壳状

比重： 6~6.3

其他特征： 具有砷的气味（大蒜味）。

常见地区： 英格兰康沃尔郡；挪威斯科特汝德；瑞典翰坎思博，图纳博格；德国席根兰，莱茵兰。摩洛哥博阿塞；刚果民主共和国；澳大利亚新南威尔士州；墨西哥索诺拉；安大略省寇博特；科罗拉多州博尔德

硫铜钴矿(Carrollite)

硫铜钴矿的化学式：$CuCO_2S_4$

硫铜钴矿是一种极罕见的硫化铜矿物，最早发现于1852年芬克斯堡的帕帕斯科矿山以及塞克斯维尔的矿山。这两座矿山都位于美国马里兰州的卡洛尔县，所以被发现的矿物被命名为Carrollite，即硫铜钴矿。这种矿物会形成很小的晶体。实际上，它通常是隐晶质的，也就是说只有在显微镜下才能看到"隐藏"着的晶体。最近在刚果加丹加省的坎博韦矿山中发现了直径为5厘米、十分漂亮的八面体晶体，晶体为闪亮的银色，几乎是镜面般的光泽。硫铜钴矿晶体一般为偏深灰色且带有金属光泽，通常与闪锌矿、斑铜矿和黄铜矿共生。

鉴定：硫铜钴矿很少会形成大块的晶体，因此很难辨识，通常只有专家才能把它鉴别出来。

硫铜钴矿

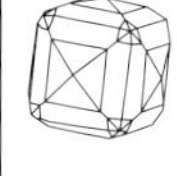

晶系：等轴晶系

晶体习性：通常会形成颗粒，晶体常为立方晶，但有时可能会有八面体晶

颜色：灰色，红铜色

光泽：金属光泽

条痕：深灰色至黑色

硬度：4.5~5.5

解理：几乎没有

裂口：贝壳状

比重：4.5~4.8

常见地区：挪威布斯克吕；德国席格兰；刚果民主共和国加丹加省；日本北海道；朝鲜遂安；阿拉斯加州育空；马里兰州卡罗尔县；新泽西州富兰克林

加丹加省，非洲的矿产宝库

古代变质过程使得刚果民主共和国东南部的加丹加高原孕育了片麻岩、泥质岩和砂屑岩，也使得这片区域成为了世界上矿藏最丰富的地区之一。这里蕴藏了大量的铜、钴、镁、铂、铀和锌矿石，另外还包括了一些极其稀有的矿物，例如蓝铜辉矿、硅铜铀矿、铜铅铀硒矿、准铜铀云母、水硅铀矿、硅铀矿、方硒锌矿、柱铀矿、蓝磷铜矿、红铀矿、钽锡矿、硅钙铀矿。位于加丹加省页岩层理中的硫化铜矿石是世界上最大的铜储地，而在19世纪非洲成为欧洲的殖民地之前，从这里开采的铜在几百年间一直是主要的贸易物。在1960年的巅峰期，加丹加省出产了世界上百分之十的铜、百分之六十的铀和百分之八十的工业钴石。加丹加省的铀矿对美国早期的核武器研究产生了重要的影响，直到加拿大的铀资源被发掘出来之后才被取代。曼哈顿工程所需的1500吨铀矿石全部开采自加丹加省西欣科洛布韦的矿山。而丰富的矿产资源也使得加丹加省一直饱受战火。自19世纪80年代比利时人在此处开矿算起，争夺一直未断；而从1971年至1997年，这里一直被称为萨巴，是刚果内战争夺的焦点。基于政治形势现在已无法提供加丹加省出产矿石的准确数量。2004年3月，刚果中央银行宣布加丹加省出产了783吨的钴，而之后所公布的数据则显示有13365吨的钴被出口，据此可以推算大约百分之九十的钴是从加丹加省违法出口的。

蓝辉铜矿(Digenite)

蓝辉铜矿的化学式：Cu_9S_5

蓝辉铜矿是一种稀有的铜矿石，外观与辉铜矿相似。实际上蓝辉铜矿有时会被错认为是辉铜矿，且经常与辉铜矿伴生。但是这两种其实是不同的矿物，只是化学成分上有些相似罢了。辉铜矿中，每五个硫原子会带有十个铜原子，而蓝辉铜矿则是每五个硫原子带有九个铜原子。这两种矿物虽然很近似，但蓝辉铜矿其实是辉铜矿在高温条件下形成的立方晶体。蓝辉铜矿的名字来源于希腊语，意思是"两种"，这是因为最初人们认为这种矿物是两种铜矿石的混合物。

晶系：等轴晶系

晶体习性：通常会在沉积岩的高硫团块中形成颗粒或团块。形成八面晶体的情况很罕见。

颜色：蓝色或黑色

光泽：亚金属光泽

透明度：透明

条痕：黑色

硬度：2.5~3

解理：明显

裂口：贝壳状

比重：5.6

常见地区：英格兰康沃尔郡；法国奥佛涅大区，滨海阿尔卑斯省；德国桑格豪森，图林根州；奥地利卡林西亚州，萨尔斯堡；刚果民主共和国加丹加省；纳米比亚楚梅布；中国井冈山；澳大利亚昆士兰州；阿拉斯加州肯尼科特；蒙大拿州比尤特；亚利桑那州比斯比(科奇斯县)

鉴定：通常可根据黑色晶体上带有的黑色纹理和蓝色色泽鉴定蓝辉铜矿。当抛光后蓝辉铜矿会呈现出蓝色的光泽。

简单硫化物

简单的硫化物指一个硫原子与一个或两个其他金属原子形成的化合物。这个种类里包含了富有经济价值的重要矿石，例如方铅矿（铅）、朱砂（汞）和闪锌矿（锌），另外还有硫镉矿、铜蓝、硫锰矿和针硫镍矿。这些矿物都较脆、质量重，通常形成于热液岩脉或岩浆中。

硫镉矿 (Greenockite)

硫镉矿的化学式: CdS

硫镉矿是一种由硫化镉形成的罕见矿物，为小型闪亮的蜜黄色晶体。硫镉矿最早于1840年由詹姆森和康奈尔提出。在开凿连通英国格拉斯哥和格林诺克之间的铁路毕晓普敦隧道段中他们发现了这种矿物。其实早在这之前的二十五年前就已经发现了这种矿物，但却被错误地当成了闪锌矿。这个新近发现以格林诺克爵士命名，是因为格林诺克爵士的管辖地中出产优质的硫镉矿，而这也是格拉斯哥周边最优质的硫镉矿产地。这里的矿石形成于大约三亿四千万年前，位于玄武岩熔岩的杏仁状晶洞中。除此之外，在密苏里州的乔普林等地也发现了硫镉矿，不过是以粉末状形式存在，或是在闪锌矿和其他锌矿的表面以硬壳的形式存在。硫镉矿是出产金属镉的唯一矿石，但由于硫镉矿本身很稀少，所以镉的来源全部是从铅锌矿石中提取而得来。另外一种含有镉的矿物是方硫镉矿，这两种矿物很难区分。

鉴定：硫镉矿为蜜色，看起来跟闪锌矿相似。在旷野中，它的这种蜜色硬壳和橘色纹理是很好的鉴别线索。配图展现的是一个很罕见的完整的硫镉矿晶体。由于硫镉矿会吸收特定波长的白光而因此形成了这种明亮的黄色。

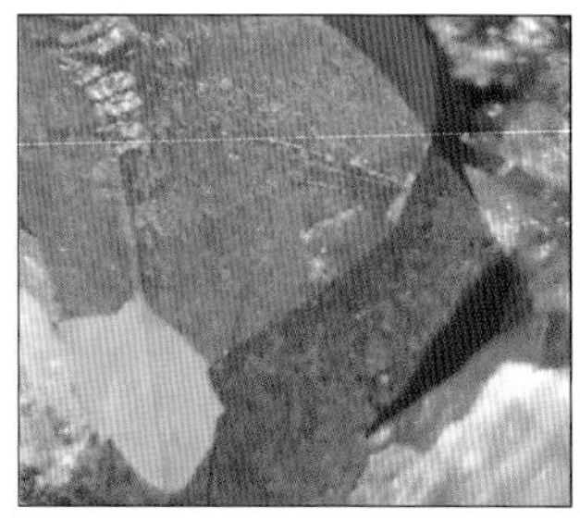

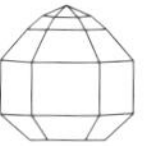

晶系： 等轴晶系
晶体习性： 小的锥形六方晶体结晶。另外在锌矿石和方解石矿石表面会形成硬壳或附着物。
颜色： 蜜黄色，橘色、红色，浅棕色至深棕色
光泽： 金刚石般至树脂般
条痕： 红色、橘色或浅棕色
硬度： 3~3.5
解理： 一个方向上比较差（有基底），另外三个方向上比较好（棱柱）
裂口： 贝壳状
比重： 4.5~5
常见地区： 苏格兰格林诺克；捷克共和国普日布拉姆（波西米亚）；希腊利瓦迪亚；玻利维亚波托西；不列颠哥伦比亚省标准银矿；新泽西州帕特森；密苏里州乔普林；堪萨斯州；俄克拉荷马州；伊利诺伊州；肯塔基州

铜蓝 (Covellite)

铜蓝

黄铁矿

铜蓝的化学式: CuS

铜蓝有时也被称为靛铜矿或靛蓝铜，是一种稀有的靛蓝色矿物，带有闪烁的彩虹色泽，所以很容易迷惑矿物收集者。当潮湿时，这种蓝色就会变成紫色，而晶体通常带有黑色或紫色的污点。铜蓝于19世纪早期被发现，最先发现的是意大利矿物学家尼可洛·科文利（1790–1829），发现地位于意大利的维苏威火山。给铜蓝命名的也是这位矿物学家。科文利发现的铜蓝标本位于火山的喷气孔，因此推断这种矿物很有可能是直接由火山物质形成的。之后铜蓝作为次生矿物频繁地被发现，而更多情况下这种矿物是由岩脉处的铜矿改变生成的。铜蓝会形成六面体薄片，最典型的铜蓝晶体位于美国蒙大拿州的比尤特，这里也被称为地球上矿藏最丰富的山脉。之后在美国阿拉斯加州的肯尼卡特发现了更多光泽闪亮、色泽鲜艳的铜蓝团块。

鉴定：铜蓝由于其闪亮的靛蓝色外观和碎裂成薄片的特征而被辨认出来。

晶系： 六方晶系
晶体习性： 形成薄片状的六方晶体，也会形成颗粒和条带状的团块
颜色： 闪亮的靛蓝色，会被锈蚀成黑色或紫色
光泽： 金属光泽
条痕： 灰色至黑色
硬度： 1.5~2
解理： 碎裂成片状
裂口： 片状
比重： 4.6~4.8
其他特征： 片状铜蓝可以像云母那样弯折。加热后会熔化
常见地区： 德国蒂伦堡；撒丁岛卡拉巴纳；塞尔维亚博尔；罗马尼亚菲尔索巴尼亚；日本四国岛；澳大利亚南部蒙塔；蒙大拿州比尤特；阿拉斯加州肯尼卡特

硫锰矿 (Alabandite)

硫锰矿的化学式：MnS

硫锰矿也称为硫化锰矿。硫锰矿最先在土耳其东南部被发现，得名则来自阿拉班达，该地区也是硫锰矿首次被鉴定确认身份的地区。硫锰矿形成于浅成热液硫化矿床中（从地下升涌出炽热的熔岩形成了浅浅的高硫岩脉矿床）。硫锰矿形成于岩脉矿床的早期阶段，同时形成的还有毒砂、黄铁矿和石英。在后面的阶段中，硫锰矿被菱锰矿和碳酸锰取代。硫锰矿也是比较少见的矿物，通常会出现在石质的顽火辉石型球粒状陨石中。事实上，顽火辉石或E型球粒状陨石可以根据它们的硫化物含量分成EH（高型）和EL（低型）。硫锰矿的存在说明陨石为EL（低型）球粒状陨石。硫锰矿的伴生矿物为陨硫镁铁锰石（镁锰硫化物），即说明陨石为EH（高型）球粒状陨石。

鉴定：硫锰矿因带有深绿色条带而使得鉴定难度降低。

晶系：等轴晶系
晶体习性：脉石中含有小块立方晶体和八面晶体，或者是存在小型团块或颗粒
颜色：铁黑色或棕色锈蚀
光泽：亚金属光泽
条痕：深绿色
硬度：3.5~4
解理：完美
裂口：不均衡
比重：4
其他特征：易脆
常见地区：土耳其阿拉班达；日本积丹町；澳大利亚布罗肯希尔（新南威尔士州），耐恩（澳大利亚南部）；南极洲艾伦丘陵陨石坑；秘鲁皮里纳；亚利桑那州骡山，巴塔哥尼亚山，图姆斯通

神秘的矿物

矿物学家对陨石抱有极大的兴趣是因为陨石中含有特别的矿物脉石，不仅展示了来自其他行星的矿物，也展示了地球的起源矿物。陨石块由地球上的七种常见矿物构成，分别是橄榄石、辉石、斜长石、磁石、赤铁矿、陨硫铁和蛇纹石；此外还有三种只存在于陨石中的矿物，它们是镍纹石（富含镍铁）、铁纹石（镍铁含量低）和陨磷铁镍石（铁镍磷化物）。另外陨石中还含有少量的针硫镍矿、硫锰矿和另外三百多种其他矿物。这其中有超过二十五种矿物是陨石中独有的，地球上不存在这些矿物，它们是：磷铁镍矿、氮铬矿、蜡石、陨硫铬铁、磷镁石、陨铜硫铬矿、碳镍铁矿、钠铬辉石、铬非石、陨氯铁、六方碳、镁铁榴石、陨硅钾铁石、陨硫镁铁锰石、陨硫钙石、陨氮钛石、陨磷碱锰镁石、尖晶橄榄石、硅碱铁镁石、氮氧硅石、陨钠镁大隅石等。上图所示，铁陨石中薄薄的部分展现了罕见的镍纹石和铁纹石。

针硫镍矿 (Millerite)

针硫镍矿的化学式：NiS

针镍硫矿命名自英国矿物学家W.H.米勒（1801–1880），这种矿物有时被当做镍矿石使用，但实际上这种矿物以其自身形成的独特针状黄色晶体而著名。针硫镍矿十分独特，有时也被称为“针镍矿”。通常针硫镍矿会在石灰岩和白云石的晶洞中生长成蛛网状，但在岩脉里可以生成镍和其他硫化物晶体。针镍矿的针状晶体很薄，所以很难发现它们的晶体其实是三方晶系。针硫镍矿也是在铁镍陨石中能够找到的七种矿物之一。

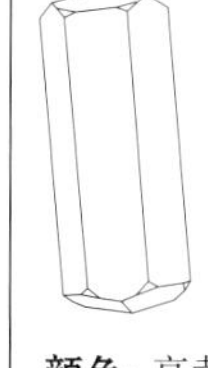

晶系：三方晶系
晶体习性：通常为长且薄的针状集群，为放射状。通常会形成纤维涂层和颗粒团块。
颜色：亮黄色
光泽：金属光泽
透明：不透明
条痕：浅绿黑色
硬度：3~3.5
解理：完美，但因晶体很小所以很罕见
裂口：不均衡
比重：5.3~5.5
其他特征：晶体不可弯折且易脆
常见地区：威尔士格拉摩根；德国维森，弗赖堡；澳大利亚西部；魁北克省舍布洛克和普兰内特矿；安大略省；曼尼托巴省；印第安纳州中南部；爱奥瓦州基奥卡克；新泽西州斯特灵山；纽约州安特卫普；宾夕法尼亚州兰卡斯特县

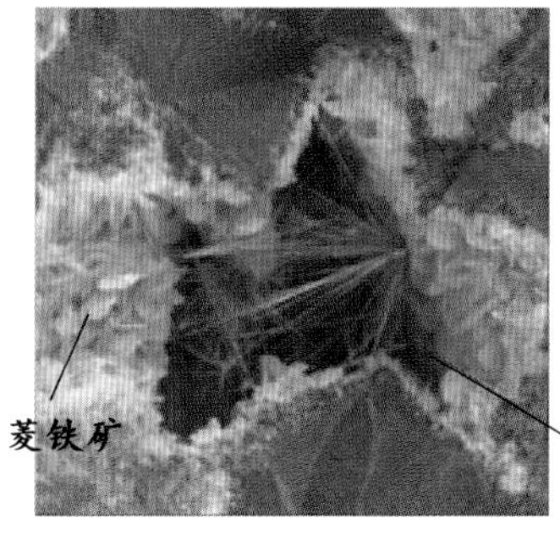

菱铁矿

鉴定：针硫镍矿因其黄铜色针状外观而很容易被辨别出来。

硫化铁矿物

硫化铁是已知的所有金属硫化物中分布最广的，通常形成美丽的浅金色结晶。硫化铁通常形成于岩脉处，炽热的岩浆夹裹着矿物从地表裂缝中渗出，也会出现在缺氧的海洋沉积环境中。硫化铁颗粒很常见，也是土壤中最为常见的矿物。

黄铁矿 (Pyrite)

黄铁矿的化学式：FeS_2

这种闪亮的黄色矿物外表跟金极为相似，让很多淘金者误以为找到了可以大发横财的机会。所以黄铁矿有时就被人称为“愚人金”。黄铁矿是所有矿物里最为常见的一种，几乎在各种环境中都能找到。事实上，任何看上去有点锈色的岩石中都有可能含有黄铁矿。黄铁矿有各种各样的形式和变种，但最常见的晶体形状是立方晶和八面晶。而唯一比较特殊的是白垩、粉砂岩和页岩中的扁面条状的晶体，称为“黄铁矿太阳”或“黄铁矿美元”。这些扁面条状的晶体通常由从中心辐射出的薄薄的黄铁矿晶体构成。黄铁矿得名自希腊语中的“火”一词，这是因为当敲击时会产生火星，而利用这一特点，史前人类将黄铁矿作为打火石使用。尽管富含铁，但黄铁矿从未被作为铁矿石使用。过去人们曾从黄铁矿提取硫而作为制备硫酸的硫源。

鉴定：黄铁矿外观跟金相似，但用金属锤使劲敲击时会产生火花。立方晶体通常带有条带或条痕，在大块晶体上清晰可见。

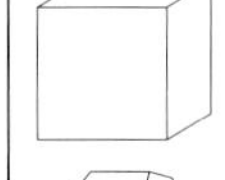

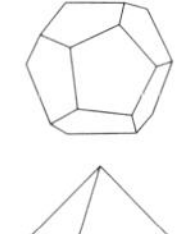

晶系：等轴晶系，但其有诸多不同的形式

晶体习性：多变。晶体为立方晶和五角十二面体。会形成互相交错的双生“铁十字”。还有颗粒或放射的扁面条状

颜色：亮黄色

光泽：金属光泽

条痕：浅绿黑色

硬度：6~6.5

解理：粗劣

裂口：贝壳状

比重：5.1+

其他特征：性脆，晶体表面有条痕

常见地区：意大利厄尔巴岛；西班牙里奥廷托；德国；俄罗斯别列佐夫斯基；南非；秘鲁赛罗帕斯科；墨西哥奇瓦瓦州；玻利维亚；宾夕法尼亚州弗伦奇克里克；伊利诺伊州；密苏里州；科罗拉多州莱德维尔

白铁矿 (Marcasite)

白铁矿

白铁矿的化学式：FeS_2

白铁矿跟黄铁矿很相似，实际上白铁矿的名字来源于阿拉伯语中的“黄铁矿”一词。这种矿物与黄铁矿是同质多象的，就跟钻石和石墨的关系相似，白铁矿的化学成分跟黄铁矿一致，但晶体结构有细微的差别。而更容易混淆的是，很多珠宝匠人把黄铁矿称为“白铁矿”。白铁矿多形成于地表处，是酸性溶液渗入页岩、黏土、白垩和石灰岩的产物。

白铁矿中最具特色的晶体是矛状孪晶，这种晶体在英格兰肯特的白垩中被发现，另外就是“鸡冠”状的弯曲晶簇。矿石收集者所收集的白铁矿标本通常会迅速生锈，释放出的硫会形成酸液加速对标本的侵蚀。如果将白铁矿样本置于空气中，很难保持标本不被酸性侵蚀，而最终结果就是样本变成小尘粒。

鉴定：白铁矿跟黄铁矿极其相似，但暴露在空气中的白铁矿会迅速改变颜色并开始碎裂。

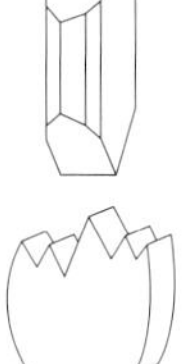

晶系：斜方晶系

晶体习性：格状、叶状或棱柱状。另外还有大团块状、葡萄状、钟乳状和结节状

颜色：带有浅绿色色泽的浅黄色

光泽：金属光泽

条痕：浅绿棕色

硬度：6~6.5

解理：两个方向比较粗劣

裂口：不均衡

比重：5.1+

其他特征：有时带有硫磺气味

常见地区：法国加莱海峡；俄罗斯；中国；墨西哥瓜纳华托；秘鲁；密苏里州乔普林；威斯康辛州

毒砂(Arsenopyrite)

毒砂的化学式: FeAss

这种矿物的名字来自希腊单词“arsenikos”,这个词来自古希腊哲学家泰奥弗拉斯托斯所命名的另一种含有砷的矿物,即雌黄。砷是一种毒物,但其药用价值很高(是治疗梅毒的特效剂撒尔佛散的成分),另外也可以用来制造合金。毒砂是一种主要的砷矿石,但其中成矿的砷实际很少。更常见的是作为采矿时的一种不受欢迎的副产品而出现,比如出现在德国弗赖堡镍银矿中,或者出现在康沃尔郡的锡矿中。这是因为毒砂形成于高温岩脉中并与其他金属伴生。如何安全处理砷是个问题。在瑞典玻利顿的铜银矿中建造了很多特别的竖井以防砷污染。

鉴定: 毒砂跟白铁矿很相似,但用锤子敲击时会散发出砷所特有的大蒜味道。

警告: 毒砂中的砷具有毒性,操作处理时要格外小心,操作后要仔细清洗双手和操作台。

闪锌矿

毒砂

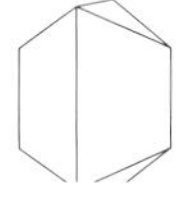

晶系: 斜方晶系
晶体习性: 楔状或棱柱状。通常为双生晶; 有时为十字,有时为多层
颜色: 黄白色至灰色,锈蚀后变成棕色或粉色
光泽: 金属光泽
条痕: 深绿色至黑色
硬度: 5.5~6
解理: 在两个不同的方向会形成棱柱
裂口: 不均衡
比重: 6.1+
其他特征: 碎裂或研磨成粉末状时会散发出淡淡的大蒜气味
常见地区: 英格兰康沃尔郡; 德国弗赖堡; 瑞士瓦莱; 葡萄牙帕纳什凯拉; 日本九州岛,稻目。澳大利亚布罗肯希尔(新南威尔士州); 玻利维亚; 安大略省瓦瓦; 纽约州伊登维尔; 新罕布什尔州

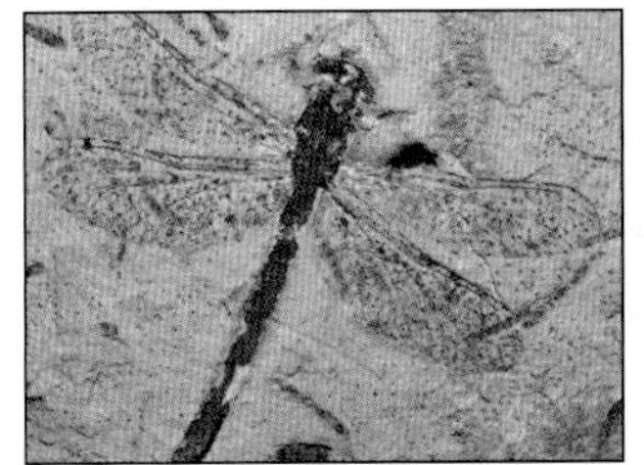

变成了黄铁矿的生物

生物可以通过多种方式被保留下来,例如以化石的形式,而最常见的方式就是黄铁矿化。黄铁矿化是一种化学过程,在这个过程中形成了硫化铁矿物。当某个生物死亡后,遗体被埋入沉积层并开始与流经沉积层的液体再次发生化学反应。如果生物在开始腐烂前就被迅速掩埋,而液体中止好含有很多溶解的硫酸盐,那么遗体中的有机组织可以被硫化铁矿物的分子取代,特别是黄铁矿。通过这种方式,历经数百万年,有机物遗体的形状虽然保留了下来却变成了黄铁矿。黄铁矿化这种方式不是简单的化石化,这一过程可以保留下令人赞叹的细节,甚至是软组织。有些最好的昆虫化石就是通过黄铁矿化保留下来的,包括白垩纪漂亮的、类似蜻蜓的昆虫。

鉴定: 磁黄铁矿的磁性通常可以将它和其他具有金属光泽的浅黄色矿物区分开。但磁黄铁矿带有淡淡的红色,质地柔软,晶体为六面晶或扁平晶,可以利用这一点确认样本的真实身份。

磁黄铁矿(Pyrrhotite)

磁黄铁矿的化学式: $Fe_{1}-xS$

磁黄铁矿得名自希腊语“pyrrhos”,意思是“红色的”。但磁黄铁矿并不经常是红色的,实际上它跟其他亮黄色硫化物很相似,例如白铁矿和黄铜矿。磁黄铁矿多形成于镁铁质火成岩和热液岩脉中。磁黄铁矿是除了磁石之外唯一常见的磁性矿物。但并不是所有标本都具有很强的磁性,不过可以确定的是如果你手中的磁黄铁矿标本能够吸住棉线上的曲别针,或使指南针活动,就说明具有磁性。比较罕见的是磁黄铁矿中的硫成分含量不一,最多的可以占到百分之二十的比例。当硫成分低时,磁黄铁矿晶体会形成六面晶形,而当硫含量高时,晶体为扁片状。

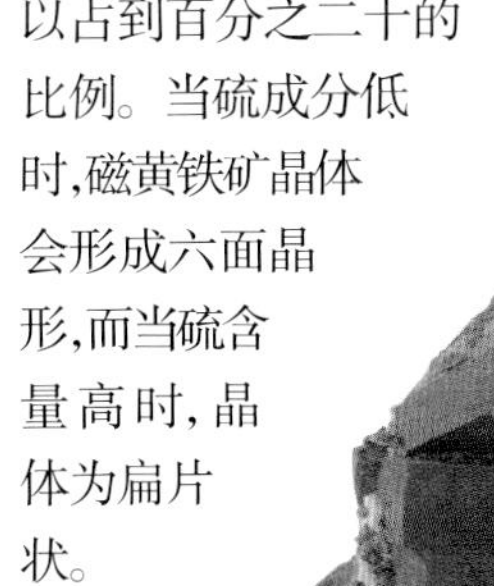

交错生长的六面晶体

晶系: 六方晶系
晶体习性: 六方晶体或扁平晶体,但通常位于岩石的团块中。
颜色: 青铜色
光泽: 金属光泽
条痕: 灰黑色
硬度: 3.5~4.5
解理: 无
裂口: 不均衡
比重: 4.6
其他特征: 具有轻微磁性,光照条件下颜色会变黑
常见地区: 意大利特伦蒂诺; 德国安德里斯伯格(哈茨山脉); 罗马尼亚吉斯巴尼亚; 塞尔维亚特雷普卡; 俄罗斯达利涅戈尔斯克; 澳大利亚西部坎巴大; 巴西莫罗韦柳; 墨西哥奇瓦瓦州; 安大略省萨德伯里; 不列颠哥伦比亚省绒代尔; 缅因州斯坦迪什; 田纳西州达克敦; 宾夕法尼亚州; 新泽西州富兰克林

复合硫化物矿物

复合硫化物矿物是硫化物矿物，由属于半金属的锑、铋或砷与类似铅或银这种真正的金属结合而产生的物质。尽管所有这些矿物相对来说都很罕见，但由于晶体缓慢地形成于地球表面附近低温的矿穴中，它们经常会形成优良的金属，并且大部分优质金属都极易找到。

圆柱锡石 (Cylindrite)

圆柱锡石的化学式：$FePb_3Sn_4Sb_2S_{14}$

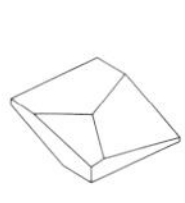

晶系：三方晶系，但对此尚存争议

晶体习性：晶体形状独特，看起来像是盘起来的金属织物，偶尔会出现团块状

颜色：黑色至灰色

光泽：金属光泽

条痕：黑色

硬度：2.5

解理：无

裂口：贝壳状

比重：5.5

常见地区：仅在玻利维亚的波托西省和圣克鲁兹矿山（波波湖）中发现，另外就是某些硫化锡矿石中含有这种矿物

圆柱锡石中是所有矿物里最罕见的之一。它的命名要归结于其自身独特的晶体习性，即圆柱形。只有蛇纹石的变种也就是纤维蛇纹石会形成管状晶体，但外观带有极细的微型毛状物。圆柱锡石的晶体是卷成圈的薄片，生长成蜷曲的管状。有时在压力下薄片也可以成为非圈状。圆柱锡石偶尔会被当成铅、锡、稀有元素铟的矿石，应用于微电子工业以生产晶体管和硅晶片。但起初人们收集圆柱锡石是由于它不寻常的晶体习性。最优质的圆柱锡石标本产自玻利维亚欧鲁罗地区的波波湖，还有波托西省。产自玻利维亚的圆柱锡石位于富含锡的矿脉中，并带有与之很相似的复合硫化物伴生矿物，例如辉锑锡铅矿、硫锑锡银矿和硫锑铋铅矿。

鉴定：圆柱锡石的管状晶体与众不同，这也使得它不会被误认为其他矿物。

脆硫锑铅矿 (Jamesonite)

脆硫锑铅矿的化学式：$Pb_4FeSb_6S_{14}$

脆硫锑铅矿的命名者是苏格兰矿物学家罗伯特·詹姆森，他在英格兰康沃尔郡发现了这种矿物。脆硫锑铅矿在低温条件下形成于富含铅的岩脉中，所产生的伴生矿物有位于大理石中的方铅矿、闪锌矿和黄铁矿。脆硫锑铅矿结晶致密、毡形的茂密毛状物，有时被称为“羽毛矿”。很多其他硫酸盐矿物，包括斜硫锑铅矿、辉锑铅矿、硫锑铅矿和碲硫砷铅矿，这些矿物的形成方式相同，外观几乎一样。硫锑铅矿晶体可以弯折，而脆硫锑铅矿晶体弯折后会断裂，但其他矿物几乎只能通过化学鉴定这种唯一的方法才能区别，这样做是让脆硫锑铅矿中的铁显现出来。脆硫锑铅矿跟辉锑矿也很相似，但辉锑矿晶体弯折性更好一些，碎裂时也是沿着晶体的线条而裂开。

鉴定：脆硫锑铅矿和类似硫化物之间的区别是通过前者所形成的致密毡形毛状物来区别的。

晶系：单斜晶系

晶体习性：包含松散的毡形毛状物和羽毛状团块

颜色：深灰色，锈蚀后带有彩虹色泽

光泽：金属光泽和丝般光泽

条痕：灰色至黑色

硬度：2~3

解理：在恰当角度会在晶体上形成十字

裂口：不均衡至贝壳状

比重：5.5~6

其他特征：晶体易脆、很容易被折断

常见地区：英格兰康沃尔郡；法国奥佛涅大区；罗马尼亚马拉穆列什；科索沃；塔斯马尼亚岛比绍夫山；玻利维亚；墨西哥晚安矿（萨卡特卡斯）；科罗拉多州；南达科他州；阿肯色州

深红银矿(Pyrargyrite)

深红银矿的化学式：Ag_3SbS_3

深红银矿为深红银色，被戏称为“红宝石银”，而它的正式名称来自希腊语中的“火”和“银”两个词。淡红银矿也被称为“红宝石银”，而这两种矿物很相似。两种矿物都被当做银矿石且经常一同出现在低温岩脉中，它们的伴生矿物为银和其他硫化银矿物。事实上，深红银矿和淡红银矿是“同型体”，即两者结构相同，但化学成分则有轻微差异。两种矿物在光照条件下都会颜色变深，但深红银矿会出现比淡红银矿更深的红色。深红银矿暴露在光照条件下颜色会变暗也意味着半透明的晶体可以在光照条件下变成不透明的，因此优质的矿物标本通常会储藏在避光的地方。和硫化银矿物一样，附着在表面的深色锈蚀可以通过肥皂水轻轻洗掉，或者用专门清洁银的清洁剂来清洗。

鉴定：根据借棱柱形晶体的组合以及深红银色就足以判定矿物样本要么是深红银矿，要么是淡红银矿。深红银矿通常颜色更深。

晶系：三方晶系
晶体习性：为棱柱形晶体或团块
颜色：半透明的深红色，但变成不透明之后就会成为黑色
光泽：金刚石般的
条痕：紫红色
硬度：2.5
解理：有时从三个不同的角度会形成棱面体
裂口：不均衡、贝壳状
比重：5.8
其他特征：暴露在光照条件下颜色会变深，晶体可能有条纹
常见地区：德国萨克森省，哈茨山脉；法国阿尔萨斯，伊泽尔河；玻利维亚柯尔克查卡；秘鲁卡斯特罗韦兰亚；墨西哥瓜纳华托；爱达荷州银城；内华达州康斯塔克矿

硫锑铅矿

硫锑铅矿的化学式：Pb_5Sb_4S

硫锑铅矿会形成浅蓝灰色毛发状的纤维，由于跟其他“羽毛矿”（例如脆硫锑铅矿）有近似的晶体结构，因此很难区分。但跟脆硫锑铅矿易折断的情况不同，硫锑铅矿可以弯折。硫锑铅矿的变种之一带有羽状羽毛，被称为普通硫锑铅矿，最初被认为是完全不同的矿物，而现在它已经被归类为硫锑铅矿。

硫铜锗矿

硫铜锗矿的化学式：
$Cu(Zn)_{11}As(Ge)_2Fe_4S_{16}$

这种矿物由比利时地质学家于1948年发现并命名，古铜黄色的硫铜锗矿位于刚果民主共和国的加丹加省，通常在花岗岩中以小颗粒的形式存在，另外其他火成岩中也有发现。

黝铜矿

黝铜矿化学式：
$Cu_{12}Sb_4S_{13}$

黝铜矿是一种铜银次要矿石。它得名自四面体晶体（金字塔形）。

硫砷铅矿(Baumhauerite)

硫砷铅矿的化学式：$Pb_3As_4S_9$

硫砷铅矿是一种罕见的矿物，镶嵌在白云大理石中。最先发现这种矿物的地方是瑞士瓦莱地区比恩的兰格班采石场，而给这种矿物命名的是海因里希·鲍姆豪尔，正是他在1902年发现了兰格班的矿山。兰格班采石场在矿物学家中拥有很高的知名度，因为这里出产很稀有的矿物。除了硫砷铅矿之外，还有很多其他硫化砷矿物和硫盐矿物，包括硫砷银铅矿、黑硫锑铊矿、细硫砷铅矿、砷铜银矿、菱硫铁矿和其他矿物。此外还有另一种产自该采石场的矿物也是首次被确认的，这就是1904年被发现的复合硫化物矿物，称为辉砷银铅矿。在美国新泽西州的斯特灵山也发现了硫砷铅矿，其伴生矿物是辉钼矿；另外在加拿大安大略省桑德贝市的赫姆洛也发现了团块状的集合。

鉴定：硫砷铅矿的最显著特征就是其条带状的棱柱形晶体，晶体长度为1毫米，且结构致密。

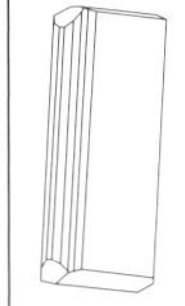

晶系：三斜晶系
晶体习性：条带棱柱形的针状晶体，长度为1毫米/0.042英寸，带有圆形的面。以团块和颗粒形式出现
颜色：灰黑色至蓝灰色
光泽：金属光泽至晦暗
条痕：深棕色
硬度：3
解理：模糊
裂口：贝壳状
比重：5.3
常见地区：瑞士兰格班采石场（比恩）；安大略省桑德贝；新泽西州富兰克林和斯特灵山的矿山

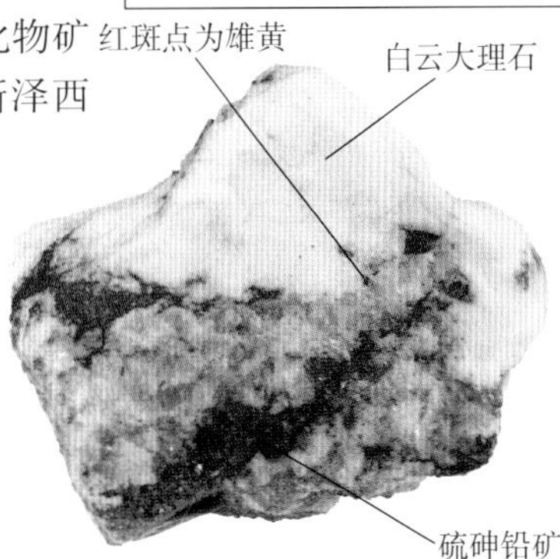

碲化物和砷化物

碲化物和砷化物是两组矿物分类，组别比较小，其化学成分与硫化物很相似，但碲化物中碲取代了硫，而在砷化物中则是砷取代了硫。锑和硒也可以通过同样的方式取代硫，进而形成另外两个小组别的矿物，即锑化物和硒化物。

碲铋矿(Tellurobismuthite)

碲铋矿的化学式：Bi_2Te_3

碲跟锑和铋一样，属于半金属，它于1782年在特兰西瓦尼亚被弗兰兹·冯·赖兴施泰因发现。作为一种元素，它有两种存在形式，一种是银白色、很脆且具有金属外观的固体，而另一种是深灰色的粉末。这样的存在方式并不常见，通常只有在以下碲化物中才能发现：针碲金铜矿、碲铅矿、碲银矿和粒碲银矿、针碲金银矿、碲金银矿和白碲金银矿以及碲铋矿。碲铋矿是一种罕见的银灰色矿物，与其他碲化物形成于高温环境下的金石英岩脉中。碲铋矿跟辉碲铋矿的区别很明显，前者为碲化铋但含有适量的硫。跟碲铅矿类似，碲铋矿也是一种半导体材料（类似硅的物质，只有在特定条件下才具备导电性能），所以有时被用来制造热电装置，被加热后就可以产生电流。

鉴定：碲铋矿是银白色的矿物，锈蚀后会变成灰色。它会形成银色薄片，在图中所示的样本中，也会跟碲化物一起出现。

晶系：三斜晶系和六方晶系

晶体习性：叶理状集群、类似云母的不规则片状，颗粒细腻的纤维以及团块

颜色：浅银灰色

光泽：金属光泽

条痕：浅铅灰色

硬度：1.5~2

解理：完美的片状叶理

裂口：可弯曲的

比重：7.8

常见地区：威尔士中部克洛高（多尔盖莱金矿带）；瑞典玻利顿（西博滕省）；挪威托克；法国滨海阿尔卑斯省；罗马尼亚拉尔加（梅塔利费里山）俄罗斯勘察加半岛；日本东北地区（本州岛），九州；佐治亚州达洛尼加（兰普金县）；新墨西哥州针碲金银矿（依达尔戈县）；亚利桑那州骡山；科罗拉多州

碲铅矿(Altaite)

碲铅矿的化学式：PbTe

碲铅矿得名自西伯利亚南部的阿尔泰山脉，发现时间为1854年。跟其他碲化物一样，它经常出现在金石英岩脉中。这种碲化铅跟另一种硫化物组的铅硫化合物方铅矿（硫化铅）有关。跟方铅矿类似，碲铅矿也是一种铅矿石，虽然储量尚多，但也无法满足大规模开采的需求。另一个跟方铅矿类似的地方是罕见的致密。事实上碲铅矿是少数几种密度大于方铅矿的矿物，这意味着仅通过重量就可以区分二者。碲铅矿跟方铅矿的另一个区别是它具有浅黄白的颜色。如果颜色不是很明显，则有可能通过晶体形状来区别。尽管碲铅矿晶体跟方铅矿晶体一样都是立方晶，但前者的晶体面上没有三角形的凹陷。

碲铅矿

鉴定：碲铅矿和方铅矿可以通过重量来进行区别，碲铅矿是黄白色或银色，而方铅矿是深灰色。

晶系：等轴晶系

晶体习性：包括立方晶体和八面晶体，但常见的形式是团块和颗粒

颜色：锡白色至浅黄白色；锈蚀后为古铜黄色

光泽：金属光泽

条痕：黑色

硬度：2.5~3

解理：在三个方向上形成完美的劈理，并形成立方体

裂口：不均衡

比重：8.2~8.3

常见地区：罗马尼亚特兰西瓦尼；捷克共和国普日布拉姆；哈萨克斯坦阿尔泰山，济良诺夫斯克；智利科金博；墨西哥蒙特祖马；不列颠哥伦比亚省格林伍德；魁北克省马塔加米湖；威斯康辛州普莱斯县；加利福尼亚州；亚利桑那州

斜方砷镍矿(Rammelsbergite)

斜方砷镍矿的化学式：$NiAs_2$

斜方砷镍矿属于一种被称为砷化物的稀有矿物分组。两种常见的砷化物分别是红砷镍矿和方钴矿，这两种砷化物都被当成金属矿石来使用，红砷镍矿属于镍矿石而方钴矿则属于钴矿石。因此对砷铂矿这种稀有的砷化铂矿物来说也如是。斜方砷镍矿本身也很稀有，但通常和其他常见的砷化物一起出现，而斜方砷镍矿与砷化镍、红砷镍矿、砷镍矿、白砷镍矿和砷铁镍矿这些砷化物也很难分辨。所有砷化物都形成于相似的条件下，但根据岩脉中的温度和氧化水平不同，会形成不同矿物。砷化物矿物随氧化程度的增加而呈现出这样的结晶顺序：砷镍矿、红砷镍矿、方钴矿、斜方砷钴矿和斜方砷铁矿。此外，斜方砷镍矿也很难与硫化镍矿物区分，例如辉砷镍矿、针硫镍矿和镍黄铁矿。斜方砷镍矿有一个双晶的同族矿物，即副斜方砷镍矿，这两种矿物的化学成分相同但是晶体结构相异。

鉴定：斜方砷镍矿看起来跟砷化物很相似，但有时可以通过其自身的红色色调和锈蚀后变成的黄粉色来确定。

晶系：斜方晶系
晶体习性：团块、颗粒和放射纤维。很少出现扁片、短粗的棱柱形或鸡冠形
颜色：银白色带有浅红色调。锈蚀后为黄色或粉色
光泽：金属光泽
条痕：灰色
硬度：5.5~6
解理：无
裂口：不均衡
比重：6.9~7.1
常见地区：法国圣玛丽欧米纳矿山(阿尔萨斯省孚日山脉)；德国施内贝格(哈茨山脉)；奥地利洛林；挪威康斯伯格；瑞士比恩；摩洛哥博阿塞；墨西哥巴托皮拉斯(奇瓦瓦州)；加拿大西北地区大熊湖；安大略省；密歇根基威诺；新泽西州

碲金矿

碲跟金有很紧密的关系，碲金矿是为数不多的金矿石，含有金、其他元素和碲。碲金矿包括碲金银矿、碲汞矿、碲镍矿、白碲金银矿、针碲金铜矿、叶碲矿、六方碲银矿和亮碲金矿，但最常见的则是碲金矿和针碲金银矿。有些碲金矿是金的优质来源，有些已经卷入到淘金热的狂潮中。在19世纪60年代科罗拉多州的克里普尔溪淘金狂潮中，砂矿床的金实际就是来自碲化物岩脉的，但在当时人们对此毫无认知。而到了19世纪90年代，随着这些碲化物岩脉的发现，第二波淘金潮又席卷而来(上图是拍摄于1903年的照片，拍摄的正是疯狂的采矿现场)。在澳大利亚西部，位于卡尔古利的著名金矿，其主要矿产也是碲金矿。克里普尔溪以白碲金银矿、针碲金银矿和碲金矿闻名，而卡尔古利的金矿则是以出产碲金矿、碲金银矿和碲汞矿闻名。保加利亚的切洛佩奇金矿则以针碲金铜矿著称。

斜方砷钴矿(Safflorite)

斜方砷钴矿的化学式：$CoAs_2$，更常见的形式是 $CoFeAs_2$

斜方砷钴矿跟斜方砷镍矿有关，这两种矿物都属于砷化物中的斜方砷铁矿分组。斜方砷钴矿是分组中富含钴的一种矿物，而斜方砷镍矿则是富含镍的矿物，斜方砷铁矿则富含铁的矿物，但这三种矿物的特别之处是每一种矿物中都会含有微量的另外两种矿物。事实上在变成斜方砷镍矿之前，斜方砷钴矿中的镍含量可以达到百分之五十，而在变成斜方砷铁矿前，矿物中的铁含量能达到百分之五十。斜方砷钴矿得名自德语单词“Sallfor”，意思是“染色的藏红花”，之所以取这个名字可能是因为三连晶形式的斜方砷钴矿看起来很像白色番红花的小花束。和斜方砷钴矿也通常带有钴华斑点，钴华是浅粉灰色的色泽，当暴露在空气中经历风化时会产生钴矿。

鉴定：斜方砷钴矿通常通过它自身明亮的颜色和黑色的锈蚀就能辨认出来。

斜方砷钴矿 方解石

晶系：斜方晶系
晶体习性：小的扁平状或棱柱形晶体。另外还有团块、颗粒、纤维、鸡冠状或星形三连晶
颜色：亮白色或灰色，但锈蚀后变成黑色
光泽：金属光泽
条痕：黑色
硬度：4.5~5.5
解理：模糊
裂口：贝壳状
比重：7~7.3
其他特征：斜方砷钴矿通常形成孪晶，为团组形式的星形晶体
常见地区：瑞典北马克(韦姆兰省)；德国施内贝格(哈茨山脉)；捷克共和国亚沃尔尼克；加拿大西北地区大熊湖；俄勒冈州；威斯康辛州拉斐特县

氧化物矿物

氧化物在地壳中很常见，而百分之九十的矿物都包含了氧化物，因此在某种程度上这些矿物都可以称为氧化物。为了把问题简单化，地质学家规定氧化物就是一种金属与氧结合所生成的矿物，或一种金属与氧和氢结合而生成的矿物（氢氧化物）。即便如此，氧化物还是涵盖了很多常见的矿石，例如矾土，还有像蓝宝石这样的稀有宝石。金红石、块黑铅矿、锐钛矿和板钛矿是四种简单的氧化物。

金红石 (Rutile)

金红石的化学式：TiO_2

金红石是由18世纪著名的德国矿物学家亚伯拉罕·戈特洛布·维尔纳（1749–1814）命名的。这个词来源于拉丁语中的“rutilus”一词，意思是“浅红色”，指的就是金红石表面的红铜色泽。在很多深成岩和结晶板岩中都含有少量的金红石，而很多伟晶岩中金红石也是基本的构成矿物，例如钛铁磷灰岩。金红石更著名的一个特点是与石英、钠长石、绿泥石、菱铁矿、白云母、钛铁矿和磷灰石伴生于瑞士阿尔卑斯山的矿穴中，另外它还是板钛矿和锐钛矿的多晶型。金红石是最重要的钛矿石，但这些钛矿石大多来自碎石和砂砾。金红石中也可以找到大块晶体，但最著名的还是它的针形侵入体，这种侵入体通常会出现在雕琢后的宝石中，例如透明石英、碧玺、红宝石和蓝宝石，令宝石出现猫眼或星彩效果，使宝石更有价值。透明石英会由于金色针形金红石侵入体的侵入而变成美丽而极具观赏性的金红石针水晶（见插图）。

鉴定：金红石外观带有红铜色泽，光泽闪亮且通常会形成金色的针形晶体。这些都可以成为鉴定金红石的线索。

方解石

金红石　片岩

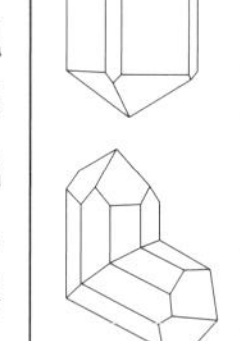

晶系：四方晶系

晶体习性：短粗的八面棱柱晶体上有低的金字塔形冠岩。长针形团块，另外还会形成侵入体。

颜色：晶体为红棕色，针形晶体和侵入体为黄色

光泽：金刚石般的光泽至金属光泽

条痕：棕色

硬度：6~6.5

解理：在两个方向上形成棱柱

裂口：贝壳状、不均衡

比重：4.2+

其他特征：棱柱形晶体上有条带，很闪亮。

常见地区：瑞士阿尔卑斯山；马拉尔山俄罗斯境内段；巴西米纳斯吉拉斯；阿肯色州磁铁湾；佐治亚州林肯县；北卡罗来纳州亚历山大县

块黑铅矿(Plattnerite)

块黑铅矿的化学式：PbO_2

块黑铅矿是一种黑色且质量很重的矿物，由德国矿物学家K·F·普拉特纳命名。块黑铅矿属于一种小型但很重要的矿物组别，同组的还有金红石，这个组别的矿物都因含有链型分子而形成了独特的棱柱形晶体。除了金红色矿物以外，还有像锡石（锡矿石）和软锰矿（锰矿石）这样的矿物，另外还包括斯石英这种很重要的陨石撞击指示矿物。块黑铅矿中含有很高的铅成分，也因此成为了最致密的矿物。这种矿物的密度大于方铅矿和碲铅矿。块黑铅矿中的铅也使得矿石闪闪发光。跟很多氧化物一样，块黑铅矿也是一种次生矿物，不会由岩浆直接形成，但当其他含铅矿石暴露在大气环境下，就会被氧化进而形成块黑铅矿。

块黑铅矿中可能会出现小型的黑色针形晶体

鉴定：块黑铅矿颜色为深黑色，闪闪发亮、质量极重，这些都是辨识块黑铅矿的线索。

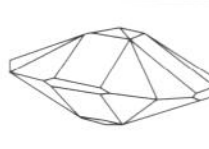

晶系：四方晶系

晶体习性：短粗的八面棱柱晶体上有低的金字塔形冠岩。常见团块。通常在其他铅矿物中闪亮的晶体上形成干燥的氧化壳

颜色：黑色

光泽：金刚石般的光泽至金属光泽

条痕：栗棕色

硬度：5~5.5

解理：在两个方向上形成棱柱、基底很差

裂口：贝壳状，不均衡

比重：9.4+

常见地区：苏格兰利德希尔斯（拉纳克郡），邓弗里斯郡和加洛韦。法国滨海阿尔卑斯省；墨西哥马皮米；爱达荷州肖松尼县；亚利桑那州皮马县

锐钛矿(Anatase)

锐钛矿的化学式：TiO_2

锐钛矿曾被当做八面体陨铁，形成于低温岩脉和高山缝隙中。阿尔卑斯山比恩地区盛产锐钛矿。锐钛矿是三种最稀有的氧化钛矿物之一，另外两种是金红石和板钛矿。这三种矿物为多晶型，因为彼此的化学成分相近，但晶体结构有差异。锐钛矿这种形式被认为形成于温度最低的环境中，当暴露在高温环境中时就会变成金红石。人们曾在巴西迪亚曼蒂纳地区的石英岩脉中发现过完美的晶体，通常只有当被石英包裹时才会保留下完好的锐钛矿晶体。锐钛矿标本通常也是像这样保存在石英中，这种保存方式得到了认可。蓝灰色的锐钛矿会在透明石英或金石英中形成长的双金字塔形晶体，不容易跟其他矿物混淆。

鉴定：锐钛矿的蓝灰色双行金字塔形晶体很特别，不会跟其他矿物混淆，特别是像下图中所示被包裹在石英中时，就更不会弄错了。

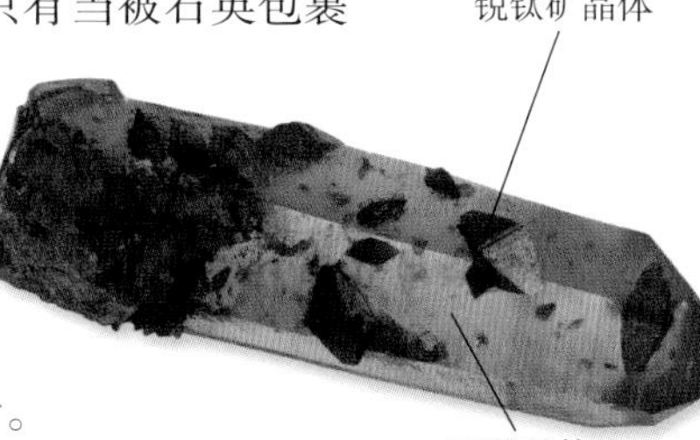

锐钛矿晶体

石英晶体

晶系：四方晶系

晶体习性：形成伸展的双金字塔形晶体

颜色：蓝灰色，也有棕色或黄色

光泽：金刚石般的光泽至金属光泽

条痕：白色

硬度：5.5~6

解理：在四个方向上形成金字塔形

裂口：亚贝壳状，不均衡

比重：3.8~3.9

常见地区：英格兰塔维斯托克(德文郡)；瑞士比恩；法国滨海阿尔卑斯省；巴西迪亚曼蒂纳；马萨诸塞州萨默维尔；科罗拉多州甘尼森县

泰坦钛

1791年，英格兰康沃尔郡的教区牧师威廉姆·葛瑞格在当地海滩上发现了一种具有磁性的黑色砂子，并根据附近村庄“蒙纳坎”的名字把这种新发现的沙子命名为钛铁砂。几年之后，德国化学家M.H.克拉普鲁斯从矿物中单独提炼出了一种新的金属元素，并根据希腊神话中巨人的名字把这种新元素命名为钛。而到了1937年前后，德国冶金家W.J.克罗尔发现了从钛铁矿矿石和金红石矿石中精炼钛的方法。现在钛被视为一种神奇的金属。钛的硬度是铁的三倍而亮度是光的两倍，是理想的航天工业材料，不仅钛元素本身被广泛应用，钛合金也被广泛利用。钛合金的使用环境适用于从零下至 600° C的范围，可以被用作制作空间站燃料、制造飞机叶片、机轴和套管，这其中也包括了制造前置扇和高压压缩机。由于钛不易被侵蚀，因此是一种制造人造髋关节的理想金属，另外建筑家也将钛实验性地用于房屋建造方面。而大量的钛会生成二氧化钛，这是一种白色的绘画颜料。用二氧化钛绘制的作品色泽艳丽、不透明，而且跟铅不同的是，这种白色颜料是无毒的。

板钛矿(Brookite)

板钛矿的化学式：TiO_2

板钛矿也是三种氧化钛矿物中的一种，另外两种分别是金红石和锐钛矿。板钛矿比锐钛矿更常见，形成温度也比锐钛矿高，为 750° C(锐钛矿的形成温度为650° C、金红石的形成温度为915° C)。板钛矿也形成于石英岩脉中，但同时也会以颗粒形式存在于砂质沉积岩中。砂质沉积岩中的板钛矿可以形成大块的晶体，而这可以是由从岩石中渗入的冷液促成的。最知名的板钛矿标本来自瑞士的圣戈特哈德，这里出产薄片状的晶体。在威尔士北部特雷马多克的石英岩脉中也发现了板钛矿。在美国阿肯色州磁铁湾的地区蕴藏着质量极上乘的板钛矿晶体。

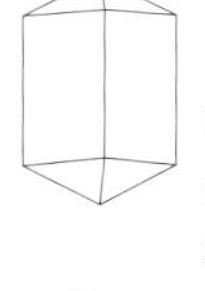

晶系：斜方晶系

晶体习性：晶体为薄片状，但近磁湾地区出产的则是更粗、形状更多变的晶体

颜色：深红棕色至浅绿黑色

光泽：金刚石般的光泽至金属光泽

条痕：黄色或白灰色

硬度：5.5~6

解理：粗劣的棱柱形

裂口：亚贝壳状，不均衡

比重：3.9~4.1

常见地区：威尔士格温内思郡；奥地利卡林西亚州，萨尔茨堡，蒂罗尔；意大利利古里亚；法国布列塔尼，萨瓦省；瑞士圣戈特哈德；乌拉尔山，俄罗斯境内段；新斯科舍省；阿肯色州磁铁湾；马萨诸塞州萨默维尔；纽约州艾伦维尔；新泽西州富兰克林；亚利桑那州皮马县

板钛矿

鉴定：板钛矿通常可以通过长薄片状的粗糙六方晶体来鉴别。

氢氧化物

氢氧化物是一种金属与氢和氧合成的矿物，氢氧化物形成于低温环境中，特别是富含矿物且处于变温状态的水中和热液岩脉中。氢氧化物矿物包括了铁矿石中的褐铁矿，以及水镁石、三水铝矿（铝矿石矾土的主要成分）和锰矿石的硬锰矿和黄锑矿。

水镁石(Brucite)

水镁石的化学式：$Mg(OH)_2$

水镁石的命名来源于美国矿物学家A·布鲁斯，他于1814年在美国新泽西州首先对水镁石进行了描述。水镁石形成于超镁铁质、富含镁元素的岩石和矿物中，例如橄榄石和方镁石，而在与炽热的水溶液接触后就会改变，特别是在蛇纹石化过程中，硅酸镁会变成蛇纹石矿物。蛇纹石化在海床附近很常见，此地的超镁铁质岩石和海水接触后就会发生改变，但水镁石则常见于蛇纹石化的岩石中，例如绿泥石、滑石片岩、千枚岩和大理石中。水镁石通常质地柔软且易碎裂成层状，这是由于它的分子堆积在片状的氢氧化镁八面体中。水镁石的层理通常合并在蛇纹石、白云石和滑石的晶体中，水镁石的独特层理结构给革命性的建筑师巴克敏斯特·富勒提供了灵感并创造出了充满创造力的八隅体桁架结构，现在这种结构已经被广泛应用于建造行业中。

鉴定： 水镁石通常会形成柔软的白色团块，用指甲轻剥会以板形剥落。

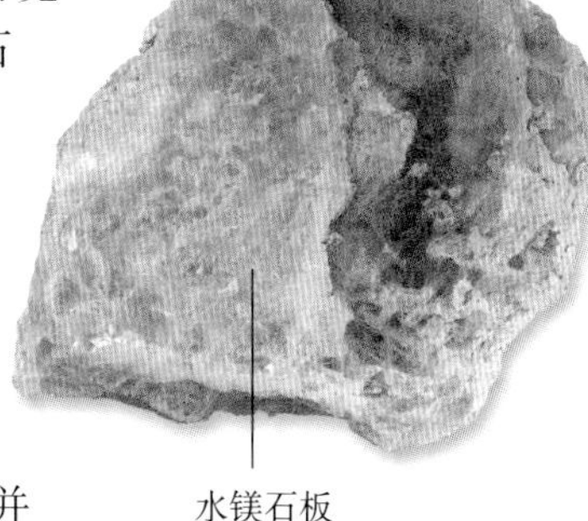

水镁石板

晶系： 三方晶系，六方晶系

晶体习性： 形成层次不清晰的板状，通常也会形成纤维和叶理状团块

颜色： 白色或无色，有时带有灰色、蓝色或绿色的色泽

光泽： 玻璃质或蜡质；解理面会有珍珠光泽

条痕： 白色

硬度： 2~2.5

解理： 在一个方向上形成完美的板状

裂口： 不均衡、具有可切割性（可以用小刀切下来）

比重： 2.4

常见地区： 苏格兰安斯特岛（设德兰群岛）；瑞典菲利普斯塔德，北马克，亚格斯贝格。意大利奥斯塔；乌拉尔山，俄罗斯境内段；魁北克省阿斯贝斯托斯；纽约州蒂利福斯特矿山（布鲁斯特）；宾夕法尼亚州兰卡斯特县；德克萨斯州伍德斯矿山；内华达州加布斯

三水铝矿(Gibbsite)

三水铝矿：$Al(OH)_3$

三水铝矿是一种重要的铝矿石，也是矾土的主要成分。矾土通常被错误地认为只含有一种矿物，而实际上是多种铝矿物的混合体，其中之一就是三水铝矿。三水铝矿是热带和亚热带土壤中一种主要矿物，通常形成于暴露在高温湿热环境下富含铝的岩石中，典型的高温湿热环境为热带气候，代表区域则是热带雨林。偶尔三水铝矿晶体可以直接形成于富含铝的热液岩脉中。跟水镁石一样，三水铝矿的分子排列在八面体层理中，这使得三水铝矿具有柔软的质地、碎裂时也会呈板状。三水铝矿也会出现在其他矿物分子的微观层理中，例如高岭石和伊利石。

鉴定： 三水铝矿质地柔软，白色，易碎裂成板状，具有独特的黏土气味。

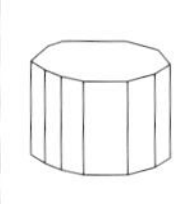

晶系： 单斜晶系

晶体习性： 典型的团块状但罕有扁平状晶体被发现。可能形成豆石和其他结核体

颜色： 白色或无色，有时带有灰色、蓝色或绿色的色泽

光泽： 玻璃质或晦暗；节理面会有珍珠光泽

条痕： 白色

硬度： 2.5~3.5

解理： 在一个方向上形成完美的板状

裂口： 可弯曲、坚硬

比重： 2.4

其他特征： 有黏土气味

常见地区： 德国福格尔斯贝格；匈牙利甘特；法国莱博克斯；希腊利瓦迪亚；圭亚那；塔斯马尼亚群岛邓达斯；巴西；苏里南；阿肯色州沙林县；阿拉巴马州

硬锰矿(Psilomelane)

硬锰矿的化学式：$Ba(Mn^{+2})(Mn^{+4})_8O_{16}(OH)_4$

硬锰矿得名自希腊语，意思是“光滑”和“黑”，这是因为硬锰矿通常会形成带小疙瘩的团块。硬锰矿是一种专业术语，用来形容那些不同硬度的、团块状混合物的氢氧化镁。硬锰矿中大部分是钡硬锰矿（来自法国的罗马内什托兰地区），钡硬锰矿本质上为钡锰氢氧化物。硬锰矿形成于被风化侵蚀且富含锰的岩石中，所经受的侵蚀可以是因流水侵蚀所形成的结核体，或者是在沼泽或湖床、矿床和黏土中被侵蚀。硬锰矿也会取代其他矿物，例如石灰岩中的碳酸锰和硅酸盐矿物。硬锰矿特有的枝形生长方式称为锰树枝晶，是沿着岩石间的扁平层理形成的。硬锰矿通常和氧化铁共生，例如赤铁矿和针铁矿。偶尔会和灰色的软锰矿一起出现在变质的黑色和灰色岩石夹层中，使得其抛光后成为非常惹人注目的矿物。跟软锰矿一样，硬锰矿也是一种重要的锰矿石。

鉴定： 硬锰矿和软锰矿很难区分，但软锰矿的颜色更亮、质地更柔软，会在手指上留下痕迹。而作为关键元素的钡，对于入门者来说是很难察觉到其存在的。

晶系： 单斜晶系
晶体习性： 形成有疙瘩的团块、结节、结核体、树枝晶，有成簇的毛发状纤维
颜色： 金属光泽的黑色至灰色
光泽： 亚金属光泽至暗沉
条痕： 黑色或浅棕黑色
硬度： 5~5.5
解理： 无
裂口： 不均衡
比重： 4.4~4.5
其他特征： 有时具有软锰矿矿物的条带
常见地区： 英格兰康沃尔郡；德国施内贝格（哈茨山脉）；法国罗马内什托兰；印度特卡拉斯尼；巴西欧鲁普雷图（米纳斯吉拉斯）；弗吉尼亚州威思县；密歇根州基威诺；亚利桑那州图森；内华达州苏达维尔

大疙瘩和结节

大部分沉积岩都不是只有一整块平的岩块，相反，通常沉积岩中会包含特定矿物的块状物，因此在岩石形成过程中形成小型的结节，就像是贝壳碎片一样。块状物的常见名称包括节瘤、疙瘩、龟背石、卵黄体和其他众多名称。有些地质学家认为如果块状物表面光滑、为菱形，则可以称之为结核体，而如果是圆形疙瘩状就称为结节。最小的结核体是鲕状岩，是砂形球状的方解石形成的岩石基底，例如上面插图所示的鲕状铁矿石。三水铝矿通常会形成鲕状岩。大点的结核体被称为豆石，源自希腊语中代表豌豆和石的单词。豆石为典型的豌豆形状，例如矾土中的豆石，但豆石也可能达到南瓜形甚至更大的形状。结核体的矿物构成通常基于周围的沉积物和沉积物所形成的条件。通常结核体的薄层理会沿着层理面生长，沉积过程被中断后就形成了这些结核体。

黄锑矿(Stibiconite)

黄锑矿的化学式：$Sb_3O_6(OH)$

黄锑矿是一种脏白色至浅黄色的矿物，当富含锑的矿物，例如辉锑矿暴露在温暖的空气中，氧化后所形成的矿物就是黄锑矿。黄锑矿晶体通常是辉锑矿的伪形晶，意思是说两种矿物的晶体结构相同。这种情况下，辉锑矿晶体被黄锑矿晶体一个接一个地取代，由于氧取代了硫，因此辉锑矿晶体的形状也被保留了下来。由于辉锑矿通常在放射状晶簇中形成壮观的剑形晶体，因此黄锑矿也会形成同样长而尖的晶簇。唯一明显的区别是：辉锑矿是闪亮的铁灰色，而黄锑矿则是暗沉的脏白色。

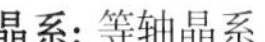

晶系： 等轴晶系
晶体习性： 形成土质团块和硬壳，但通常也形成辉锑矿伪形的剑形晶簇

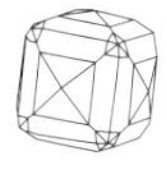

颜色： 白色或灰色色泽中带有棕色或黄色
光泽： 土质
条痕： 白色
硬度： 4~5.5
解理： 无
裂口： 土质，但辉锑矿伪形晶除外，且很脆
比重： 3.5~5.9
常见地区： 德国戈尔德克罗纳；玻利维亚欧鲁罗；秘鲁瓦拉斯；墨西哥圣路易斯波托西；魁北克省沃尔夫县；内华达州

鉴定： 黄锑矿的伪形晶簇看起来很像辉锑矿，但整体颜色暗沉，为脏白色。

黄锑矿晶簇

氧化物宝石

有些氧化物形成于地壳深处的熔岩中，或是炽热的矿物岩脉中。经历这种形成方式的氧化物包括那些最坚硬也是最美丽的矿物，例如刚玉和其宝石变种，诸如红宝石、蓝宝石和星彩蓝宝石。某些稀有的塔菲石宝石和尖晶石所拥有的美丽色彩也是通过这种方式形成的，同时还有“猫眼”金绿宝石也是通过这种方式形成的。

刚玉 (Corundum)

刚玉的化学式：Al_2O_3

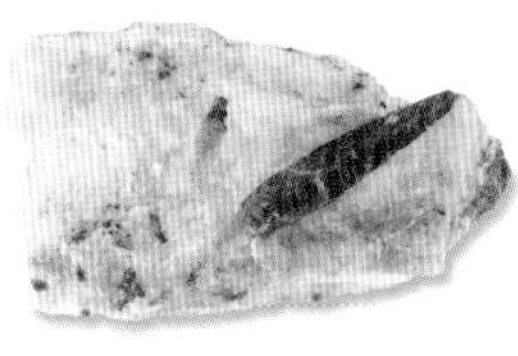

正长岩中的锥形刚玉晶体

刚玉是世界上除了钻石之外最为坚硬的矿物。粉末状的刚玉被涂抹在纸张上会成为研磨纸，比砂纸更细腻。而块状的刚玉则被用来磨刀。研磨纸和磨刀石这两种主要的刚玉类型被称为金刚砂，是形成于地下的团块。当暴露在大气环境中，它会剥蚀碎裂成粉末状，称为黑砂，这种颜色是由于它里面含有铁元素。并非所有的工业“黑砂”都是矿生的，有些是形成于地面的纯刚玉晶体或者是合成的。当形成晶体时，纯刚玉是棕色半透明的。晶体很小，形状像是两个底部连在一起的六边金字塔形。

鉴定：鉴别刚玉最简单的方法就是测试其莫氏硬度，刚玉的硬度为9，是极高的硬度。

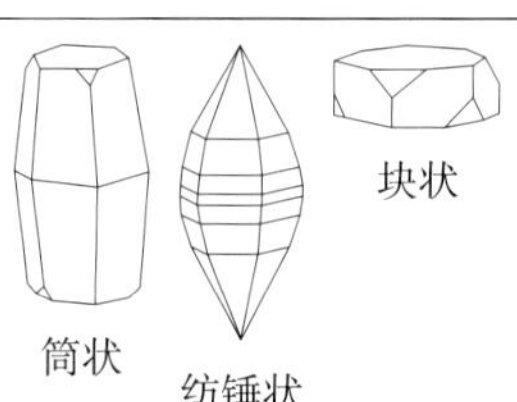

晶系：六方晶系

晶体习性：形成双金字塔六方晶或扁平六方晶，通常可以拉长为管状或纺锤状。另外也会形成颗粒和团块

颜色：纯的刚玉是棕色或浅棕白色；金刚砂是黑色

光泽：玻璃质，金刚石般

条痕：白色

硬度：9

解理：无，但会从基底向两个不同方向裂开

裂口：贝壳状，不均衡

比重：4+

常见地区：缅甸；泰国；斯里兰卡；非洲各地；北卡罗来纳州；蒙大拿州

红宝石 (Ruby)

红宝石的化学式：Al_2O_3，红宝石是刚玉的变种

红宝石在古印度称为拉特纳普勒意思是“宝石之王”。而红宝石则是所有宝石中最受追捧的一种稀有宝石。大块透明的红宝石则更为罕见、价值超过了钻石。红宝石是刚玉的变种，它所呈现出的红色说明其中存在铬元素。如果含有微量的铁元素则会使得红宝石变成浅棕色。最受追捧的红宝石为带有浅紫色泽的深血红色，这些被称为“鸽子血红宝石”或“缅甸”红宝石。几百年以来，这样的红宝石均出产自缅甸的莫哥和蒙素。缅甸红宝石起先生长在大理石和其他变质岩中，但由于质地坚韧，红宝石没有像其他岩石那样碎裂，并聚集在河流的砂矿床处。现在大部分的优质红宝石都是浅棕色，出产国为泰国。

红宝石在长波紫外线下会发出荧光

鉴定：红宝石通常生长在片岩这种岩石中，一般不会和其他矿物混淆，但数量稀少。

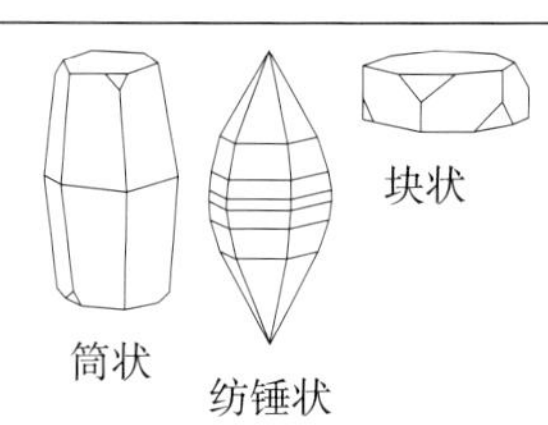

晶系：六方晶系

晶体习性：形成棱柱和双金字塔形

颜色：暗红色，通常带有紫罗兰色或紫色的色泽

光泽：金刚石般

条痕：无

硬度：9

解理：无

常见地区：缅甸莫哥，蒙素；泰国；斯里兰卡；柬埔寨；印度；巴基斯坦；塔吉克斯坦；马达加斯加岛；坦桑尼亚温巴河

蓝宝石 (Sapphire)

蓝宝石的化学式：Al_2O_3，蓝宝石是刚玉的变种

除了红宝石外，刚玉宝石还有很多其他的颜色。地质学家把这些非红色的刚玉称为蓝宝石。对于珠宝商来说，所谓的蓝宝石仅仅是那些闪亮的蓝色刚玉宝石。这些宝石之所以拥有蓝颜色是因为氧化钛矿物钛铁矿的存在。不同的杂质赋予了刚玉宝石不同的颜色，包括粉色、黄色、橘色和绿色。过去这些其他颜色的蓝宝石被称为同款颜色宝石的“东方版本”，例如绿色的刚玉被称为东方绿宝石。现在绿色的刚玉就被称为绿色蓝宝石。但只有橘粉色的蓝宝石有自己独立的名字帕德玛刚玉。最出名的蓝宝石是来自克什米尔地区的浅色蓝宝石。现在大部分蓝宝石都产自澳大利亚，但缅甸、泰国和斯里兰卡依旧出产蓝宝石。

鉴定：与其他刚玉宝石一样，蓝宝石也形成于河床的砂矿床地区，蓝宝石因其耀眼的蓝色和硬度而被人发现。

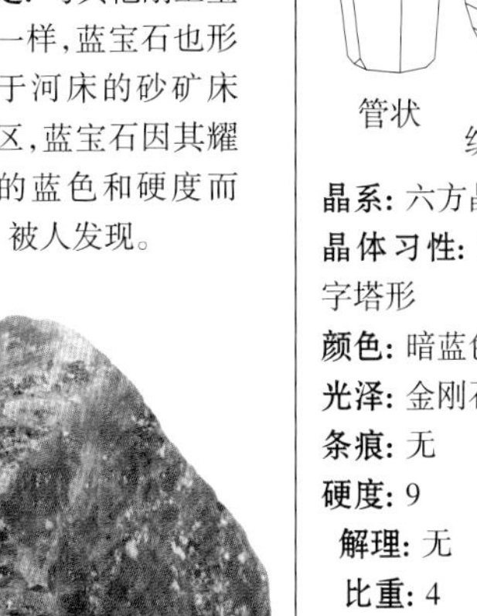

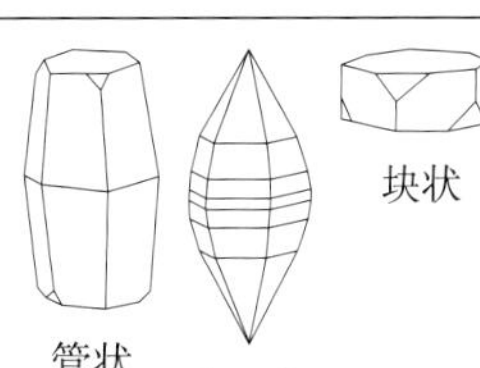

晶系：六方晶系
晶体习性：形成棱柱和双金字塔形
颜色：暗蓝色
光泽：金刚石般
条痕：无
硬度：9
解理：无
比重：4
常见地区：克什米尔；缅甸莫哥；泰国；斯里兰卡拉特纳普勒；澳大利亚；蒙大拿州朱迪丝贝森县

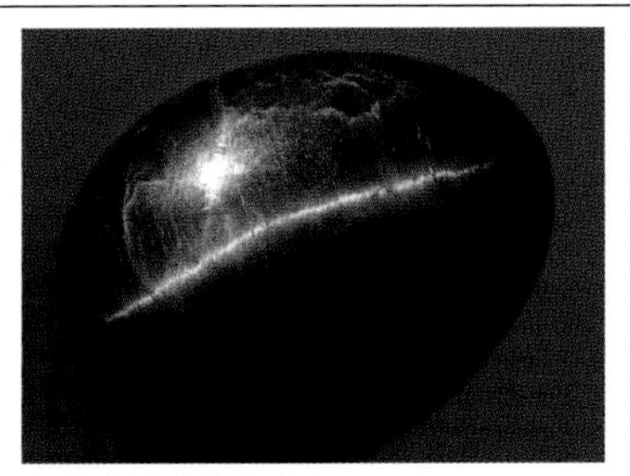

星彩和猫眼

有些宝石会在光下折射出自身内部的矿物结构，或者是展现出内部包含的矿物晶体。只有宝石以适当的方式被抛光打磨才会出现这种光效应。星彩是由宝石内部交错生长的针形晶体所产生的一种星形光效应，最有名的就是星彩蓝宝石，但在红宝石和透辉石中也会出现。另一种出现在蓝宝石中的光效果是“猫眼效应”，内部所含的矿物产生的明亮条带横穿了整个宝石，使得宝石看起来像猫的眼睛一样。另外一些矿物也展现出了光效应。乳光展现出了乳白色的微光，看起来光像是被折射了一般，通常是在蛋白石或其他矿物表面下小球形的硅所反射形成的。冰长石晕彩则是流动的蓝斑效果，常见于月石和有些透明的蛋白石。拉长晕彩则是拉长石所展现出来的一种颜色变化，光被拉长石中的片晶所反射而产生了这种拉长石晕彩。这就像是青铜色的“光泽”，是由斜方辉石中的内部片状晶体所产生的。

星彩蓝宝石 (Star sapphire)

星彩蓝宝石的化学式：Al_2O_3，星彩蓝宝石是刚玉的变种

尽管完美无瑕、透明的蓝宝石最具价值，但珠宝商也非常青睐那些带有针状金红石晶体的蓝宝石。金红石晶体通常生长在三个方向上，从这些针状晶体上反射出来的白光或银光使得宝石看起来在内部带有一颗六角星（偶尔也会是十二角星）。这种蓝宝石称为星彩蓝宝石，这种光学效果称为星彩。在很稀有的黑色和金色星彩蓝宝石中，星彩不是由金红石所产生的，而是由赤铁矿和钛铁矿晶体产生的。这种黑色或深棕色的蓝宝石通常在其内部带有暗金色的星彩。

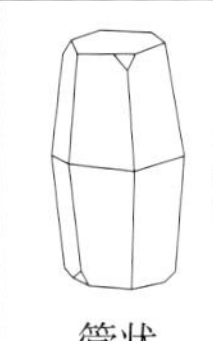

晶系：六方晶系
晶体习性：形成棱柱和双金字塔形
颜色：各种变化的暗红色
光泽：金刚石般
条痕：无
硬度：9
解理：无
比重：4
常见地区：缅甸莫哥；坦桑尼亚；黑色和金色星彩蓝宝石只产自泰国东部的尖竹汶省

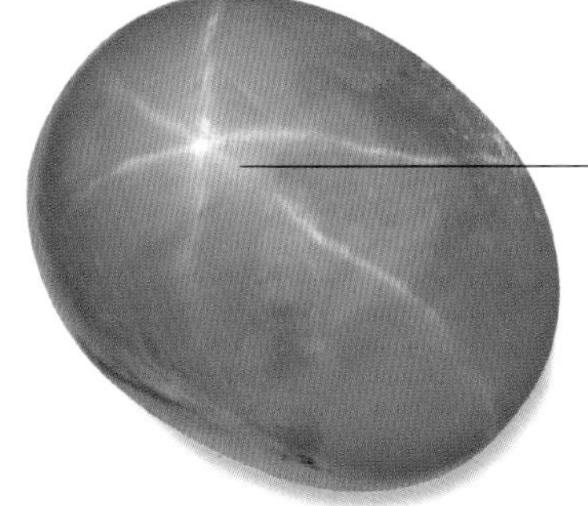

当产生图中这种六角型的白色或银色反光时，这就是星彩。

鉴定：当抛光后，即变成光滑平整的椭圆形之后如果马上出现星彩，则说明是星彩蓝宝石。

复合氧化物

一些氧化物中只有一种金属原子跟一个氧原子或氢氧原子结合，而另外一些氧化物中的结合方式则更为复杂多变，包括由至少两种金属原子所构成的氧化物。铝、铁、锰和铬经常形成由两种以上金属原子构成的化合物。

钙钛矿(Perovskite)

钙钛矿的化学式：$CaTiO_3$

钙钛矿是世界上分布最广的矿物之一，上地幔的组成成分中就有钙钛矿，而这里所含的钙钛矿数量达到了全球钙钛矿总量的80%。钙钛矿在地表岩石中的分布较少，但仍旧属于常见矿物。钙钛矿多见于含硅铝量低的镁铁质火成岩中，例如霞石正长岩、碳酸盐岩、金伯利岩、方柱石和部分片岩中。钙钛矿于1839年发现于乌拉尔山的俄罗斯境内段，发现钙钛矿的人名叫古斯塔夫·罗斯，他依据俄罗斯矿物学家康特·列·冯·佩洛夫斯基的名字将这种矿物命名为钙钛矿。矿物收集者喜欢它的立方晶型，而钙钛矿只不过看上去是立方体，因为它内部结构是货真价实的斜方晶系（在一个方向上稍长）而非等轴晶系（所有方向上的长度相等）。人们找到了大量的钙钛矿变种，并将它们作为钛矿石使用。此外钙钛矿还是铌和钍的来源，而地球上的稀有元素，例如铈、镧和钕也可以在钙钛矿中找到。

鉴定：鉴别钙钛矿最简单方法就是从当地岩石的性质中来判断。位于正长岩和碳酸盐岩中深色箱状的晶体可能就是钙钛矿。

方解石

片岩

钙钛矿

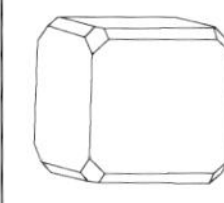

晶系：斜方晶系（准立方晶）
晶体习性：形成箱状晶体，另外还有片状、颗粒和团块
颜色：深灰色或棕色至黑色。偶尔带有橘色或黄色的色泽
光泽：亚金属光泽至金刚石般的，蜡质或油润
条痕：白色至灰色
硬度：5.5
解理：不完好
裂口：亚贝壳状，不均衡
比重：4
常见地区：瑞典梅戴尔帕德；采尔马特，瑞；意大利隆巴迪；德国埃菲尔山脉；格陵兰岛加德纳尔杂岩体；俄罗斯兹拉托乌斯特，乌拉尔山；巴西圣保罗；加利福尼亚州河滨县，圣贝尼托县；蒙大拿州熊爪山脉；阿肯色州磁铁湾

尖晶石(Spinel)

鉴定：独特的孪晶晶体是判断是否是尖晶石的关键线索，如果凭借这点还是无法确认，那么可利用莫氏硬度测试来鉴别，之所以命名为尖晶石，是因为这种矿物具有锐利的尖。

尖晶石的化学式：$MgAl_2O_4$

尖晶石属于复合氧化物，该组别中的矿物还包括磁石、锌铁尖晶石和铬铁矿，这些矿物都拥有相近的结构。最知名的宝石尖晶石通常形成于变质岩中，尤其是大理石和富含钙的片麻岩中，但也可以形成于伟晶岩以及在熔岩中以斑晶的形式存在。宝石尖晶石有很多颜色，例如绿色锌尖晶石和黑色锰尖晶石，但典型的宝石尖晶石是红色，且这种颜色可与红宝石的颜色媲美。事实上，很多被认为是红宝石的矿物最后都被证明是尖晶石，其中最有名的例子就是“黑太子红宝石”，这颗宝石被镶嵌到了英国王冠中。尖晶石和红宝石的化学成分很近似，前者基本上是由镁铝氧化物构成，而红宝石则是由氧化铝构成，但两者的红颜色都来自铬。尖晶石会形成八面晶体，但通常以带有两个镜像平面的孪晶形式出现，这在其他矿物中很罕见。

尖晶石晶体

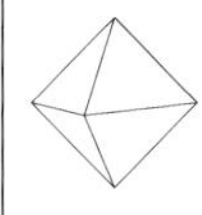

晶系：等轴晶系
晶体习性：形成八面体晶体，但也有十二面晶体和其他等轴晶的形式。通常在河流沉积中找到圆形的颗粒
颜色：典型为红色，但也有绿色、蓝色、紫色、棕色或黑色
光泽：玻璃般的
条痕：白色
硬度：7.5~8
解理：无
裂口：贝壳状至不均衡
比重：3.6~4
常见地区：瑞典；意大利；马达加斯加；土耳其；缅甸；斯里兰卡；阿富汗；巴基斯坦；俄罗斯贝加尔湖；巴西；纽约州阿米蒂；新泽西州富兰克林矿山；北卡罗来纳州加莱克斯

锌铁尖晶石(Franklinite)

锌铁尖晶石的化学式：$(Zn,Fe,Mn)(Fe,Mn)_2O_4$

锌铁尖晶石属于尖晶石矿物组，跟磁石很近似，也是主要的铁矿石之一。磁石具有磁性，但锌铁尖晶石的磁性非常微弱，正是这种微弱的磁性成为了区别磁石和锌铁尖晶石的重要依据。锌铁尖晶石得名自美国新泽西州著名的富兰克林矿山，此处于1819年被发现，而这座矿山的附近也是矿山环绕，比如位于奥格登斯堡的斯特灵矿山。但其他矿山的矿藏量都比不上富兰克林矿山。在富兰克林和斯特灵这两座矿山中遍布着锌矿石，而这样的锌矿石要么是分布在厚厚的纯岩层中，要么就是在石灰岩中混入了锌矿晶体，当其中的锌含量达到了5%~20%时就可以被视为锌矿石了。当锌被提炼之后，剩下的矿物将被制成镜铁，这种锰铁合金是炼钢的重要材料。

鉴定：锌铁尖晶石的重要指示物就是其发现地，即新泽西州富兰克林矿山，但它的深色外表和弱磁性都可以帮助我们进一步确认它的身份。

锌铁尖晶石

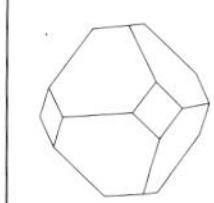

晶系：等轴晶系

晶体习性：形成边缘圆滑的大型八面体晶体，但也有十二面晶体和十六面晶体。通常以颗粒和团块形式出现

颜色：黑色

光泽：金属光泽，亚金属光泽

条痕：浅棕黑色至浅红棕色

硬度：5.5~6.5

解理：无

裂口：贝壳状至不均衡

比重：5~5.2

其他特征：具有微弱的磁性

常见地区：只产自纽约州苏塞克斯县的富兰克林矿山和斯特灵矿山

宝石矿

世界上再没有一个地方会像美国新泽西州苏塞克斯县的富兰克林和斯特灵矿山这样出产众多品种稀有、质量上乘的矿物了。在这里发现了三百种以上的矿物，其中就包括六十种新矿石。锰和锌是这里的主要金属，但它们的改变源自十亿年前，由引发巨变的地质构造运动使得阿巴拉契亚山脉抬升，之后通过热液活动才产生了这里种类丰富的矿物。稀有的锰锌氧化物包括锌铁尖晶石，以及硅酸盐矿物，例如硅锌矿，都是这里的代表矿物。富兰克林矿山的盛名要归功于这里的荧光矿物，例如硅锌矿、斜晶石和锌黄长石，这些矿物被紫外光源照射后就会令整个晶洞呈现出奇异的景象。造访矿山的人都会得到一个装过矿石的桶，他们可以从这里淘宝，特别是寻找红宝石、红榴石、蓝宝石和石榴石。任何找到的矿石都可以自留。这座矿山第一次对外开放的时间是18世纪，在19世纪晚期达到顶峰。所找的矿石中有部分是锌铁尖晶石，被当做铁矿石使用，但更重要的是金属锌，锌在美国工业革命中发挥了重要的作用。亮红色的红锌矿通常位于黑色锌铁尖晶石的大团块和球状体中。曾在19世纪40年代出产过一块重达8吨的团块，几乎由纯红锌矿构成，其中80%的含量都是金属锌。1852年，人们花重金使这个惊人的巨型矿物远渡重洋参加伦敦水晶宫的万国博览会，结果这块矿物成功吸引了众人的关注并取得了嘉奖。富兰克林矿山最终在1954年关闭，而斯特灵矿山则于1986年关闭。

金绿宝石(Chrysoberyl)

金绿宝石的化学式：$BeAl_2O_4$

金绿宝石是一种相当坚硬的宝石，分布在伟晶岩岩脉、云母片岩、云母片岩和花岗岩的交界处以及溪砂中。金绿宝石看起来跟绿宝石很相似，名字则是来自希腊语，意思为“金”，而这就是指金绿宝石。金绿宝石有三个变种：浅绿色透明且不太受追捧的金绿宝石、猫眼玉和最受追捧的紫翠玉。黄绿色或棕色的猫眼玉是所有宝石中最独特的，它由内部所含的矿物呈现出“猫眼”光效。紫翠玉的命名则是为了纪念俄国的沙皇亚历山大二世。紫翠玉在自然光下会呈现出绿色，这是其中含有铬的缘故；但与众不同的是在不同光照条件下紫翠玉会呈现出不同的颜色，特别是在人造光源下会改变成深红色。

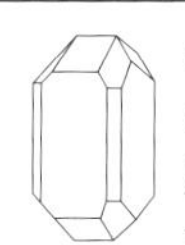

晶系：斜方晶系

晶体习性：通常为伸展的棱柱形和块状，或者是在V形晶体中以孪晶或更复杂的形式出现

颜色：黄色、绿色或棕色。紫翠玉在人工光源下会变成紫红色

光泽：玻璃般的

条痕：白色

硬度：8.5

解理：一个方向上持平，而另一个方向则粗略

裂口：不均衡至贝壳状

比重：3.7+

其他特征：多色性（从不同角度观察会呈现出不同的颜色）

常见地区：乌拉尔山，俄罗斯境内段（最大的产出地）；斯里兰卡；缅甸；坦桑尼亚；巴西；科罗拉多州；康涅狄格州

金绿宝石

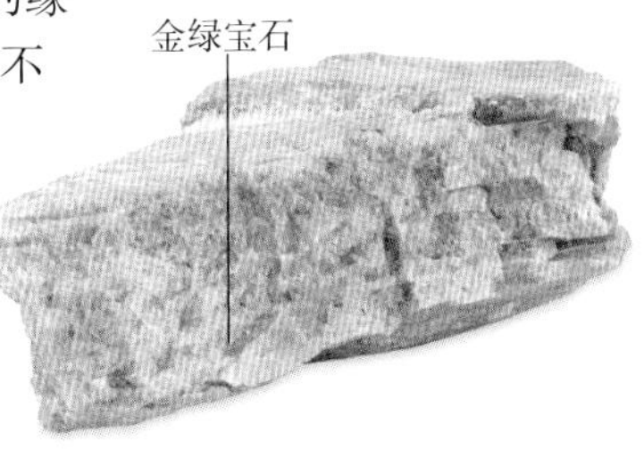

鉴定：金绿宝石通常可以通过其自身的金色外观、坚硬的质地（硬度只比刚玉低一点）和精妙的孪晶晶体（图片中出现）而判定。

卤化物矿物

卤化物属于矿物，金属与下文所提的五种元素结合就形成了卤化物。这五种元素被称为卤素，它们是氟、氯、溴、碘(另外还有一个卤素，砹，但日前尚未找到自然形态的砹。)。

最著名的卤化物是岩盐。跟岩盐一样，所有的卤化物包括钾盐、角银矿和白氯铅矿在内，都是盐类。卤化物溶于水，因此很多卤化物都存在于特殊条件中。但岩盐却分布广泛，位于众多矿床中。

岩盐 (Halite)

岩盐的化学式：NaCl

岩盐是一种很常见的卤化物，也是我们餐桌上食用盐的来源。当盐湖中的水分蒸发后就会形成岩盐，因此岩盐随时都可以形成。大部分盐都储藏在厚厚的地下层理中，源于年代久远的古海洋水域，水分蒸发之后就剩下了岩盐。当岩盐结晶时，通常会形成立方晶体，但易溶于水，因此大型的岩盐晶体很罕见。而大型岩盐晶体可以是白色、橘色或粉色。有些颜色的变化是细菌的作用，而有些则是因为暴露在自然辐射条件中被改变了颜色。例如伽马射线就可以将岩盐先变成琥珀色，之后变成深蓝色。蓝色来自金属钠颗粒(当射线把电子撞向钠离子)。有时岩盐也会形成不寻常的晶体，例如漏斗形晶体。漏斗形晶体在每个面都有个凹痕，使其看起来很像矿物传送带上的漏斗。凹痕的出现是因为晶体面中心的生长速度不及晶体边缘的生长速度。

鉴定：岩盐可以通过它的咸味辨别出来，但如果判断错了则可能有中毒的危险，因此更妥当的鉴定方法是通过其柔软的质地和立方形晶体来判断。

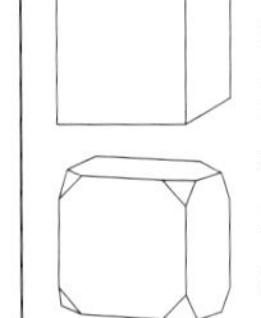

晶系：等轴晶系

晶体习性：主要为立方形或沉积岩岩床中的大团块，也有纤维和颗粒。也会形成漏斗形晶体

颜色：透明或白色，但可以是橘色、粉色、紫色、黄色或蓝色

光泽：玻璃般的

条痕：白色

硬度：2

解理：沿着三个方向可以形成立方形

裂口：贝壳状

比重：2.1+

其他特征：溶于水

常见地区：德国斯塔斯弗；奥地利萨尔茨堡；波兰加利西亚；法国米卢斯；玻利维亚乌尤尼；哥伦比亚波哥大；犹他州大盐湖；加利福尼亚州瑟尔斯湖；墨西哥湾；纽约州瑞特索夫

钾盐 (Sylvite)

钾盐的化学式：KCl

从化学角度看，钾盐为氯化物，与岩盐非常相似，跟岩盐一样，它形成于古海床的大型沉积中。但岩盐是氯化钠，而钾盐是氯化钾。钾盐的钾成分使得这些古老的钾盐矿床成为了肥料“碳酸钾”的主要来源。世界上四分之一的钾盐储藏于加拿大的萨斯喀彻温省。钾盐晶体确实存在，但极其罕见。尽管基本为白色，但钾盐通常也会呈现出诱人的浅红色泽。钾盐和岩盐由于很相似所以很难区分。钾盐立方晶的边角通常是截角的，而岩盐则不是。如果在大规模矿床中，另一个区别两者的方法是用刀切开。切开后呈粉末状的是岩盐，不是粉末状的则是钾盐。

鉴定：钾盐形成浅红白色的立方晶体，跟岩盐相似，但通常立方晶的边角是截角的。

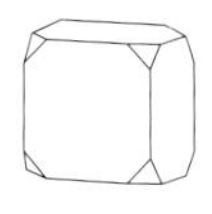

晶系：等轴晶系

晶体习性：立方晶或八面体晶(或者是带有截角的立方晶)。通常为团块和颗粒状

颜色：无色或白色，有红色、蓝色或黄色的色泽

光泽：玻璃般的

条痕：白色

硬度：2

解理：沿着三个方向可以形成立方形

裂口：不均衡

比重：2.1+

其他特征：晶体边角为截角状

常见地区：意大利维苏威火山；德国斯塔斯弗；西班牙；俄罗斯卡路什；加拿大萨斯喀温彻省；新墨西哥州；德克萨斯州；加利福尼亚州克恩县

角银矿(Chlorargyrite)

角银矿的化学式：AgCl

角银矿是一种银矿物，当银矿石暴露在空气中被氧化后表面所形成的物质就是角银矿。当有大量氯存在时，例如在沙漠环境中，矿石中的银和氯结合就会形成角银矿，即氯化银。当周围有大量的溴存在时，银会形成溴银矿，即溴化银。这两种情况都使得银聚集，这一过程称为“次生富集作用”，次生富集作用可以使矿石更具经济价值。而次生富集作用的结果就是角银矿在某些地方一度成为了最重要的银矿石，例如墨西哥、秘鲁、智利和美国的科罗拉多州。截止目前这些沉积矿物已经开采殆尽，只有接近地表的少数未经开采的岩脉还能出产优质的矿物。此外，角银矿很少会形成晶体，因此如果找到了具有晶体的角银矿，则更有价值。

鉴定：角银矿通常暴露在光照环境中颜色就会变深，而且容易被切成薄片，这些可以作为鉴定角银矿的依据。角银矿可以形成角状团块，因此才会得名“角银矿”。

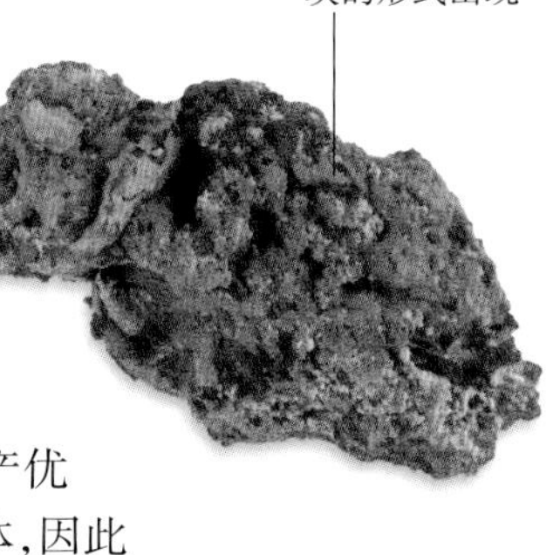

角银矿可能会以棕灰色团块的形式出现

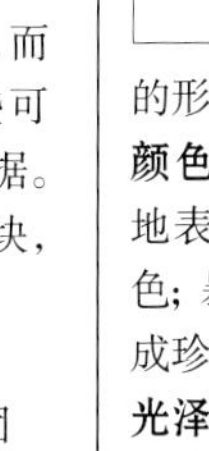

晶系：等轴晶系

晶体习性：少有立方晶；更常见的形式是大型硬壳或柱体

颜色：纯的角银矿或刚刚从地表开采出来的角银矿为无色；暴露在光照条件下会变成珍珠灰色、棕色或紫棕色

光泽：树脂质至金刚石般的

条痕：白色

硬度：1.5~2.5

解理：粗略

裂口：亚贝壳状

比重：5.5~5.6

其他特征：暴露在光照条件下晶体会变深。具有可塑性和可切性

常见地区：德国哈茨山脉；澳大利亚新南威尔士州；智利阿塔卡玛；秘鲁；墨西哥；内华达州宝藏岩，康斯塔克矿；科罗拉多州；加利福尼亚州圣贝纳迪诺县

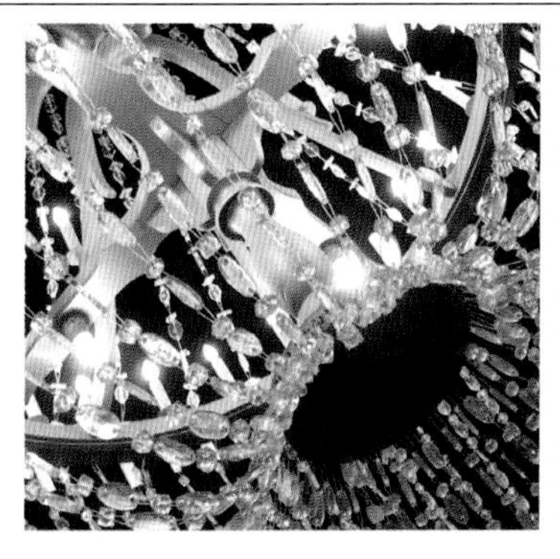

地下盐城

盐是一种利于健康的珍贵商品，而且很早就被当做防腐剂来使用，在最古老的矿中就分布着盐矿。位于波兰南部克拉科夫附近的维利奇卡盐矿从13世纪起就被开采，其地下通道的长度超过了200千米，而在几百米深位于地下的厚盐床中有两千个矿室。几百年来，矿工雕刻出了教堂、祭坛、浅浮雕、巨大的雕塑作品甚至是枝形吊灯（上图），这些都是取材于闪闪发亮的白色盐。维利奇卡现在成为了世界文化遗产，也是波兰南部最受游客欢迎的旅游胜地。但盐具有很强的溶解性，即便是通风设备中的水蒸气也足以使盐溶解，因此这些精美绝伦的艺术品正在慢慢消失。

白氯铅矿(Mendipite)

白氯铅矿的化学式：$Pb_3Cl_2O_2$

白氯铅矿于1839年发现自英格兰西南部门迪普丘陵。白氯铅矿是氯、铅和氧的化合物。这是一种罕见的白色、灰色或粉白色的矿物，形成于火山口周围或热液中。其伴生矿物为方解石、白铅矿、孔雀石、磁石、软锰矿和磷氯铅矿。白色的白氯铅矿团块通常散乱地位于黑色的氧化锰矿物中，矿工称其为“块状软体”。白氯铅矿的矿产通常有柱形团块，通常带有放射状针形晶体。白氯铅矿既柔软又致密。

晶系：斜方晶系

晶体习性：典型的纤维团块，柱形或像星星似的放射形

颜色：古铜色、棕色或紫棕色

光泽：金刚石般的，珍珠光泽

条痕：白色

硬度：2.5~3

解理：两个不同的方向

裂口：不均衡的裂口导致小块的贝壳状碎屑

比重：7~7.2

常见地区：英格兰门迪普丘陵（萨默塞特郡）；瑞典韦姆兰省；希腊利瓦迪亚；德国鲁尔区，绍尔兰特；马萨诸塞州罕布什尔县；宾夕法尼亚州切斯特县

块状软物

粉色白氯铅矿团块

鉴定：白氯铅矿可以通过它的粉白色纤维状晶体辨认出来，特别是这种晶体通常嵌在氧化锰中。单独的团块兼具柔软和质量重两个特点。

氢氧化物和氟化物

在卤化物矿物中还有一些是含有氟的矿物。这些含氟矿物，例如冰晶石和氟铝钠锶石，大都来自格陵兰岛。其他卤化物矿物则包括含有氯元素的氢氧化物，如氯铜矿和银铜氯铅矿，这两种矿物通常都带有惹人注目的颜色。

冰晶石 (Cryolite)

冰晶石的化学式：Na_3AlF_6

冰晶石是丹麦地质学家于1794年在格陵兰岛发现的，但长期以来这种矿物就已经为爱斯基摩人所熟知。由于极易融化，冰晶石被爱斯基摩人当成一种冰，甚至是烛火。正是这种冰状特征使它获得了“冰晶石”这个名字，在希腊语里是冰和石头的意思。德语中它被称为“Eisstein”，也是冰石头的意思。冰晶石通常为无色或雪白色的团块，因氧化铁的存在而带有棕色或红色，偶尔会有黑色。它为半透明的蜡质光泽，但浸泡在水中就会完全变成透明的。在格陵兰岛西南部伊维赫图特地区伟晶岩岩脉中曾找到过冰晶石，在其他地方也曾找到过。冰晶石对于铝工业来说至关重要。当熔解矾土中的铝时，冰晶石可用做助熔剂以降低熔解温度、滤出杂质。另外冰晶石还被用作制作苏打，制造极坚固的玻璃和搪瓷器皿。现在所使用的冰晶石大部分是人工合成的。

鉴定：冰晶石通常可以通过它的伪立方晶体来鉴定。

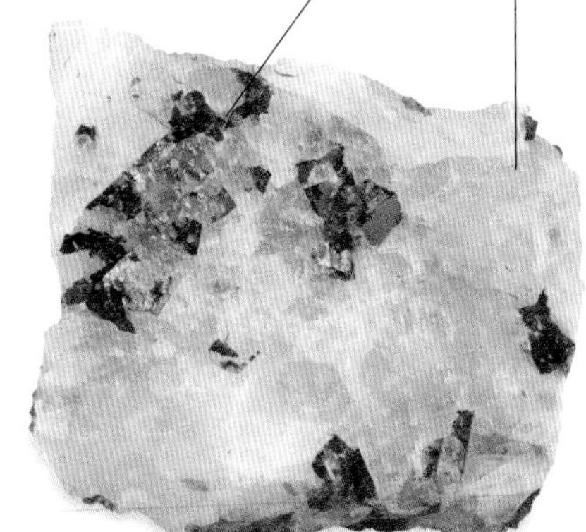
小块棕色菱铁矿劈理

无色的冰晶石

晶系：单斜晶系
晶体习性：通常为团块，由于为伪立方晶体，所以鲜有深条纹
颜色：透明或带有红色或棕色的白色，但有时也可以是黑色或紫色
光泽：蜡质光泽
条痕：白色
硬度：2.5~3
解理：良好，可以碎裂成立方体
裂口：不均衡
比重：2.95
其他特征：极其易溶。通常为半透明或透明的。似乎溶于水中就消失了，这是由于它的折射率跟水很接近
常见地区：格陵兰岛伊维赫图特；西班牙；俄罗斯米亚斯克（伊尔门山脉）；魁北克省圣希莱尔山，弗兰肯采石场（蒙特利尔）；怀俄明州黄石公园；科罗拉多州派克峰

氯铜矿 (Atacamite)

氯铜矿的化学式：$Cu_2Cl(OH)_3$

氯铜矿

蓝色硅孔雀石

氯铜矿是一种亮绿色的氯化铜矿物，得名自智利的阿塔卡马沙漠，这里出产的氯铜矿质量上乘。阿塔卡马沙漠也是世界上最干燥的地区之一，全年平均降水量还不足1厘米。氯铜矿只能形成于干燥的地区，在这种干燥少雨的条件下铜矿物被氧化就形成了氯铜矿。氯铜矿的伴生矿物为孔雀石、赤铜矿、褐铁矿和蓝铜矿，另外还有一些罕见矿物如硅孔雀石、铜氯矾、假孔雀石、磷铜矿、蓝磷铜矿和水胆矾。氯铜矿一个罕见的特性是吸水速度极快，在吸墨纸问世之前，都是用氯铜矿来吸干墨迹的。

鉴定：氯铜矿具有独特的深绿色，会形成细长的针状晶体，或者在其他矿物上形成附着。氯铜矿只能在极其干燥的环境中生成。

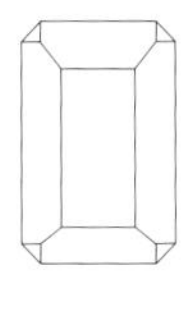

晶系：斜方晶系
晶体习性：包括细长的针形、棱柱形或块状，另外也有纤维
颜色：深绿色或翠绿色
光泽：玻璃般的
条痕：浅绿色
硬度：3~3.5
解理：在一个方向上劈理明显
裂口：贝壳状，脆
比重：3.75+
其他特征：晶体中通常带有条带
常见地区：智利阿卡塔马；意大利维苏威火山；澳大利亚南部沃拉鲁；墨西哥博莱奥（下加利福尼亚州）；亚利桑那州皮纳尔县；犹他州廷蒂克县；内华达州马朱巴矿山

氟铝钠锶石(Jarlite)

氟铝钠锶石的化学式：$Na(Sr,Ca)_3Al_3F_{16}$

氟铝钠锶石是玻璃状的矿物，得名自卡尔·弗莱德里克·亚尔，他曾是丹麦冰晶石公司的一位主席，就是他发现了氟铝钠锶石。而氟铝钠锶石也是除了冰晶石之外在格陵兰岛伊维赫图特地区发现的另一种氟化物矿物。氟铝钠锶石和其他氟化物一起形成于冰晶石矿床的矿穴中。氟铝钠锶石通常为团块，但也会以简单的很小型的单斜晶体出现，长度不会超过1毫米。有时晶体也会形成近扁平状或束状。另外氟铝钠锶石也会在晶簇中形成放射状层理，这是由于它们和白色的重晶石共生，形成了砖红色的铁斑或者偶尔是跟白色粉末状的氟钙铝石共生。氟铝钠锶石为白色或粉白色，其中一种名为变质氟铝钠锶石的变种，颜色更偏灰。

鉴定：氟铝钠锶石可行的最佳鉴定依据就是它玻璃般的光泽，或者是它所形成的束状白色晶体。

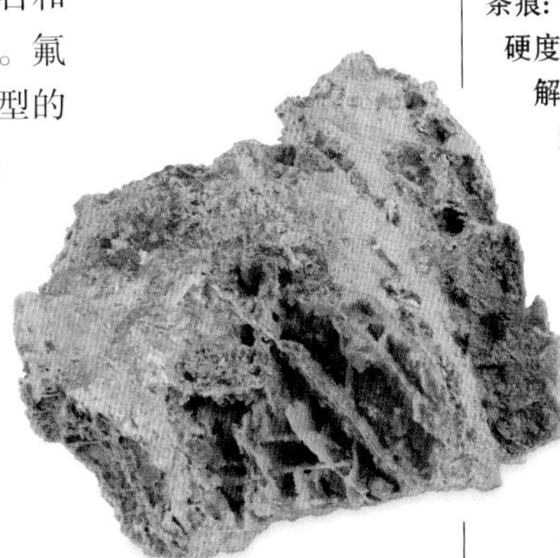

晶系：单斜晶系
晶体习性：通常会形成扁平状或束状晶体。也可能形成圆形集群或团块
颜色：白色至灰白色至粉白色
光泽：玻璃般或蜡质光泽
条痕：白色
硬度：4~4.5
解理：粗糙
裂口：不均衡，扁平表面碎裂后会形成不均衡的裂口
比重：3.87
其他特征：在冰晶石伟晶岩的晶洞中形成
常见地区：格陵兰岛奇塔县的伊维赫图特(阿尔苏克海峡)

来自冰封北方的矿物

格陵兰岛上古老的岩石中蕴藏着数量惊人的稀有矿物。尽管现如今岛上的大部分矿区都已接近枯竭，但在过去这里曾出产过令人惊叹的矿物，很多精美的矿物收藏中都包含了来自格陵兰岛的美丽矿物。格陵兰岛上最知名的矿产地就是位于西南部奇塔县阿尔苏克海峡的伊维赫图特，在这里出产了几百种矿物，包括罕见的硫化物和复合硫化物，例如硫银铋矿、重硫铋铅银矿和硫锑铁矿。伊维赫图特以其出产的卤化物矿物而知名，这些卤化物是在伟晶岩中找到的。该地区自1854年起开始产矿，直到1987年，在此期间一直出产用做助熔剂的冰晶石。从伊维赫图特出产的卤化物还包括水氟锶石、氟磷钠锶石、氟钠锶钡铝、锂冰晶石、氟钙铝石、氟铝钠锶石、霜晶石、水铝氟石、氟钠镁铝石、斯特奴矿和方霜晶石。上述所列的每一种矿物都是典型的当地矿产(即矿物最初所发现的地方就是矿物的来源)。

银铜氯铅矿(Boleite)

银铜氯铅矿的化学式：$KPb_{26}Ag_9Cu_{24}Cl_{62}(OH)_{48}$

银铜氯铅矿的名字是为了纪念墨西哥下加利福尼亚州博莱奥地区的首次发现，银铜氯铅矿是一种稀有的卤化物，有着极其复杂的化学成分。每一个分子上都带有多个原子，包括铅、铜、银和氯，以及众多氢氧根，还有三个水分子。银铜氯铅矿是一种次要的铜矿石、银矿石和铅矿石，但它很受矿物收集者的追捧，因为它具有独特的靛蓝色晶体，有时可以被切割成宝石。银铜氯铅矿晶体很罕见，因为它通常会形成立方晶，但实际上这种看起来像是立方型的晶体是两个分开的孪生矩形晶体。像这种形式的晶体称为伪立方晶。

晶系：四方晶系
晶体习性：矩形晶体通常会形成伪立方晶
颜色：靛蓝色至深海军蓝
光泽：玻璃般珍珠光泽
条痕：浅绿蓝色
硬度：3~3.5
解理：一个方向上完好
裂口：不均衡且易脆
比重：5
其他特征：在某些标本上可以看到凹痕或者相互穿插的角状物，显现了其内部为真正的孪晶
常见地区：澳大利亚布罗肯希尔(新南威尔士州)；墨西哥博莱奥(下加利福尼亚州)；亚利桑那州猛犸区

鉴定：银铜氯铅矿可以通过它独特的靛蓝色立方晶体被轻易鉴别出来。

萤石矿物

跟其他单一矿物矿物相比，萤石呈现出丰富的色彩，从典型的紫色到蓝色、绿色、黄色、橘色、粉色、棕色和黑色，每种之间都是柔和的渐变。但请注意紫色的萤石实际上是无色的。所有萤石的彩虹色彩都是由于不同种类的金属杂质取代了分子中的钙，才导致萤石矿物出现如此丰富的色彩。

萤石(Fluorite)

萤石的化学式：CaF_2

绿色萤石(下图)：绿色是萤石的一种主要颜色。绿色可以是多种色调的，但都趋近于酸性绿或薄荷绿，而非草绿色。

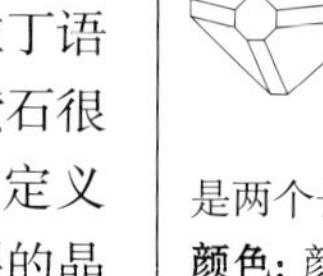

萤石的化学成分为氟化钙，是钙元素和氟元素的化合物。尽管含有氟，但萤石的名字却不是依据其化学构成来命名的。早在1546年，德国矿物学家乔治·阿格里科拉就将这种矿物命名为“荧晶石”，他的命名灵感来自拉丁语的“fluere”一词，意为“流动”，这是因为萤石很容易熔化。所谓晶石，是矿物学家定义的，指那些透明或颜色浅、易碎裂的晶体。正是这种可熔性使得萤石自古罗马时代起就成为了颇具价值的矿物，在制铁、玻璃和搪瓷制品的过程中当做助熔剂来使用，助熔剂的作用就是降低某种物质的熔点而使提纯更容易。大部分工业提取的萤石都用来制作氢氟酸，这种物质是所有含有氟物质的基本构成物(包括口腔护理)。

紫色萤石(下图)：图中展示的淡紫色立方晶体是典型的英格兰萤石，蕴藏于奔宁山脉的北部，但在其他地方也能找到紫色萤石，例如历史上曾在德国雷根斯堡发现过紫色萤石，现在则是在中国发现了它的身影。跟绿色萤石相比，紫色萤石的荧光更强。

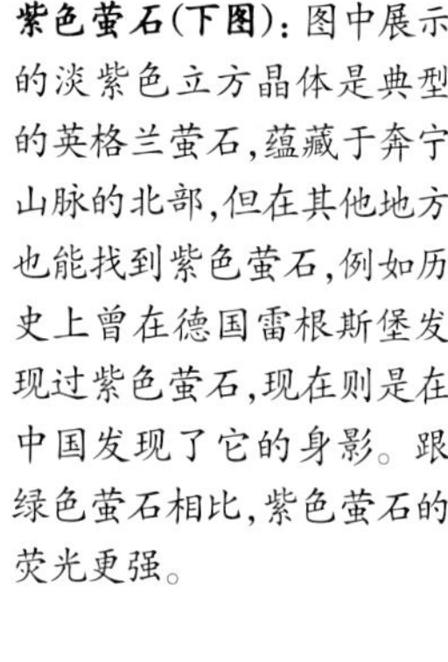

立方晶体(上图)：这块萤石标本上所呈现的微弱黄色色泽说明它的纯度更高。实际上，透明的萤石光学性质更好，有时也被用作显微镜镜头，是由于它会消除色彩畸变。

萤石通常很纯，但其中五分之一的钙可能被地球上稀有的金属所取代，例如钇和铈。富含钇的萤石被称为钇萤石；富含钇和铈的萤石被称为钇铈萤石。在很多不同的环境中都可以找到萤石，例如在伊利诺伊州南部，就在石灰岩厚厚的岩脉中找到了萤石，这里的萤石形成于低温环境中，生长成了简单且多色调的晶体。但萤石也可以在其他地方找到，例如温泉周围，伟晶岩中和晶洞中。但截至目前最典型的萤石形成环境是富含金属的岩脉，特别是富含铅和银的。高温环境促使萤石在结晶时形成多种形式，从八面晶体到十二面晶体不等。

晶系：等轴晶系

晶体习性：通常会形成立方晶或八面晶，或者两者兼有。常见孪晶，且穿连在一起的孪晶看起来就像是两个长在一起的立方晶

颜色：颜色多变，是所有矿物中颜色最多的，包括浓烈的紫色、蓝色、绿色或黄色，浅红橘色、粉色、白色和棕色。单一晶体可以是多色的。纯度高且完美无瑕的萤石晶体是无色的。

光泽：玻璃般的光泽

条痕：白色

硬度：4

解理：四个方向都会形成八面体

裂口：扁平的贝壳状

比重：3~3.3

其他特征：萤石为透明的或半透明的，为荧光蓝色或者罕见的绿色、白色、红色或紫罗兰色。萤石具有热释光、磷光和摩擦发光的特性。

常见地区：英格兰奥尔斯顿穆尔(哥比亚)，威尔戴尔(杜伦)，卡斯顿(德比郡)，康沃尔郡；德国哈茨山脉，乌尔森杜夫(巴伐利亚州)；意大利托斯卡纳区；瑞士戈舍嫩；俄罗斯涅尔琴斯克(乌拉尔山)；印度马哈拉施特拉邦；中国湖南省；墨西哥奈卡，奇瓦瓦州；安大略黑斯廷县；田纳西州爱姆伍德；伊利诺伊州罗西克拉尔-凯夫因洛克(哈丁县)；俄亥俄州渥太华县；新墨西哥格兰特县

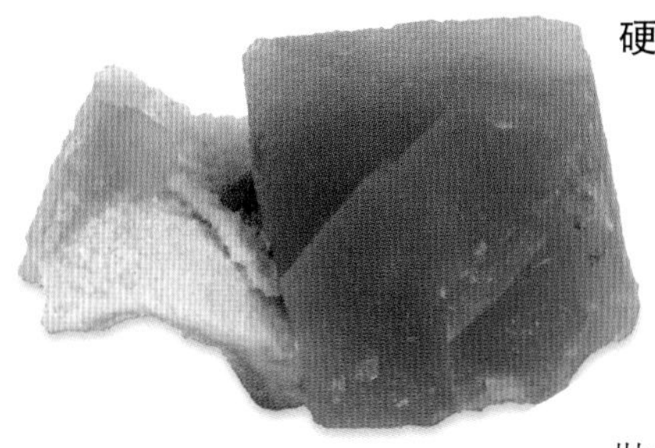

八面晶体(上图):这块绿色的萤石展现出了略微被遮盖的八面晶体。比起较为常见的立方晶体,这种晶体的萤石比较少见。

硬度和颜色(Hardness and colour)

尽管拥有多变的艳丽色彩,萤石却很少被当做宝石,这是因为它的质地太过柔软、易碎。有些矿物收集者认为对萤石进行切割和抛光是值得尝试的挑战。但其实萤石的相对硬度并不低,在莫氏硬度测试表上,它的标准硬度是4。

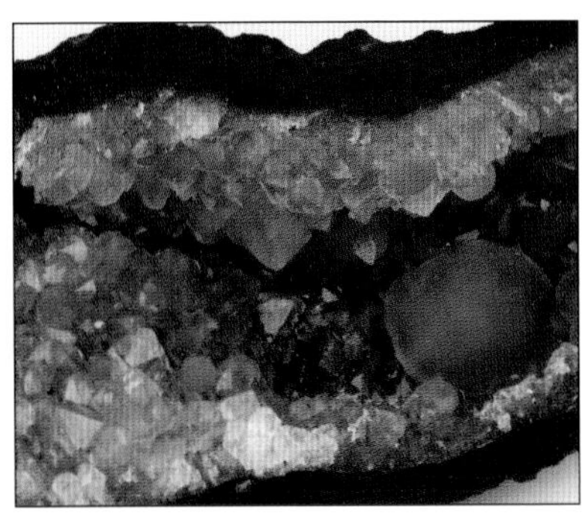

葡萄状萤石(上图):有时萤石会长成特殊的柠檬黄葡萄状球形的晶体,图中所呈现的葡萄状萤石产自印度的晶洞中。

萤石拥有的丰富色彩是因为它有着被称为"颜色中心"的物质存在其中。颜色中心是晶体中的一小片区域,这里其实是原子网格中的一个瑕疵。这些晶体缺陷会以特殊的方式阻碍光,即只吸收反射特定波长的光线。因此萤石颜色的变化要取决于其颜色中心的模式。高温和放射皆可以诱发缺陷形成颜色中心,因此也可以说是高温和辐射改变了萤石的颜色。地球上罕见的元素钇多存在于萤石中,而换句话说,正是钇的存在改变了萤石的颜色,特别是在紫外线下更明显。

萤石的特殊发光

萤石不仅在正常光线下会展现出多彩的颜色,在黑暗中也会以不同方式来发光。不管在正常光照条件下会发出什么颜色的光,当将某些矿物置于紫外线照射下时,它们会发出紫色、蓝色或绿色的光。这种发光形式称为荧光,正是因为萤石,因为萤石所发出的荧光比其他矿物更明显。萤石的荧光通常为蓝色或绿色,但也可以发出白色、红色或淡紫色的光。能发出荧光的矿物通常是因为其自身含有小杂质。萤石之所以能发出荧光,是因为它含有铀和其他一些地球上罕见的金属元素。当方解石中含有锰时,会发出亮红色的荧光。萤石被缓慢加热时也会发光,这种性质称为热释光。当把萤石从直接的自然日光照射环境下移动到黑暗的屋子里,也会发光,这种特性称为磷光性。碾压、摩擦、修磨萤石时甚至也会发光,这种特性称为摩擦发光,是由于压力导致颜色中心扭曲而产生的。

最好的萤石(The best fluorites)

价值最高的萤石可能是产自瑞士高山裂缝和法国阿尔卑斯山的粉色至红色八面晶体萤石。这种颇具价值的萤石多见于烟晶中,形成于富含矿物的热液中,这种热液在岩石变质过程中会一直在岩石中循环。发现自这两处的晶体,长度可能会超过10厘米。

萤石晶洞(上图):最上乘的萤石晶体大多生长在晶洞中,只有当晶洞破裂后里面生长的萤石才能展现出来。

而发现最佳萤石晶体的地方则是德国和英格兰。在德国所发现的小而美丽的萤石晶体位于富含金属元素的岩脉中,颜色范围包括了绿色至黄色。而在英格兰,经典的发现地分别位于哥比亚的铅铁矿山中和康沃尔郡的锡矿山中。大部分产自英国的高品质萤石都是紫色的,且荧光性极佳。但这些矿山现在已基本枯竭。在美国,伊利诺伊州出产的萤石品质最佳,但目前也几乎开采殆尽,而现在美国所出产的品质最高的萤石来自田纳西州爱姆伍德的矿床中。

蓝约翰(左):多数萤石只有单一的颜色,但是一些有色带。最广为人知的色带叫做蓝约翰,只有在英格兰,德比郡的匹克区有。蓝约翰得名于法国人对这种岩石的描述,Bleu Jaune,意思是"蓝黄"。它是18世纪矿工在挖洞穴寻找铅时发现的。

碳酸盐岩

碳酸盐是浅色、通常为透明的、柔软且脆的矿物，可以溶解于酸性溶液中。当金属或半金属跟碳酸根（一个碳原子跟三个氧原子）结合时，就产生了碳酸盐岩。有些碳酸盐岩被热液从地球内部带至地表。很多形成自被改变的地表上的其他矿物，所谓的被改变也就是指受到空气中弱酸的侵蚀。碳酸盐岩有80种，包括霰石和其他相关矿物。

霰石 (Aragonite)

霰石的化学式：$CaCO_3$

被赤铁矿入侵所产生的带有红色色泽的锥形晶体团组

霰石是一种分布在西班牙阿拉贡地区的常见白色矿物。很多海洋沉积物利用霰石来做遮蔽物把自己藏匿起来。从地质学角度来说，霰石在众多沉积岩、变质岩和基性火成岩的低温溶液中形成结晶，例如片岩（变质岩）和蛇纹岩（火成岩）。通常霰石是岩脉中最后形成的一种矿物。霰石也是被风化侵蚀的菱铁矿和富含锰的超基质岩石的产物。霰石的晶体通常围绕温泉形成，或形成于晶洞中，它们会产生钟乳石并长成被称为“霰石华”的珊瑚形。霰石也是方解石的多形体，两者化学成分相同但晶体结构有差异。方解石晶体是三方晶系，但霰石晶体是斜方晶系。有些方解石和霰石晶体因为太小而不易被观察到，因此就需要用复杂的科学测试来将它们区分开。如果被加热到400° C以上，霰石就会变成方解石。

鉴定：霰石和方解石都能溶于稀酸溶液且发出嘶嘶声。仅凭晶系很难区分两者，但它们的晶体习性是有差异的。图中所示的三个一组的棱柱形孪晶连起来很像六方晶体，但它其实是伪六方形的。

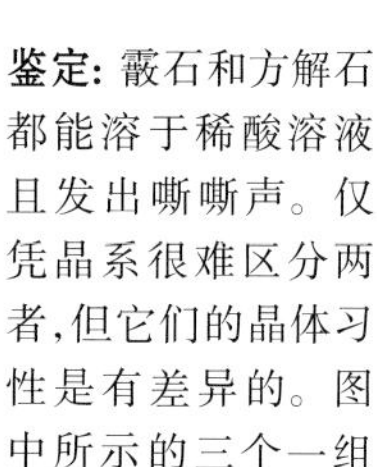

晶系：斜方晶系
晶体习性：棱柱形晶体且末端为楔形。通常形成三个一组的孪晶看起来跟六方晶很像
颜色：白色或无色。带有红色、黄色、橘色、棕色、绿色或蓝色的色泽
光泽：玻璃般至晦暗
条痕：白色
硬度：3.5~4
解理：有一个方向不一样
裂口：亚贝壳状
比重：2.9~3
其他特征：溶解于冷的稀硫酸中会发出嘶嘶声。带有荧光
常见地区：英格兰哥比亚西部；西班牙阿拉贡；意大利维苏威火山；西西里岛阿格里真托；奥地利施第里尔；法国；日本本州岛；摩洛哥塔佐拉；纳米比亚楚梅布；澳大利亚；墨西哥下加利福尼亚州（墨西哥缟玛瑙）；亚利桑那州比斯比（科奇斯县）；新墨西哥州索科罗县；内华达州白松县

重毒石(Witherite)

重毒石的化学式：$BaCO_3$

重毒石是由伯明翰物理学家韦瑟瑞博士（1741–1799年）所命名的，他于1784年在英格兰哥比亚的奥尔斯顿穆尔地区发现了重毒石。它在铅矿石或方铅矿的低温热液岩脉中出现，而这也是重毒石典型的发现地。它会形成团块，沉积在石灰岩或其他富含钙的沉积物中。罕见的是它的晶体，通常是三个一组的相连孪晶形成双金字塔形。尽管很罕见，但重毒石也是继重晶石之后第二常见的钡矿。重毒石极易溶于硫酸，可以据此来提取钡用以制造杀鼠剂、玻璃、瓷器和炼钢；而过去重毒石是糖提纯的重要材料。

鉴定：重毒石具有三个一组的孪晶晶体，跟稀酸会起反应，这两点是鉴定重毒石的依据。

晶系：斜方晶系
晶体习性：三个一组的相连孪晶会形成双金字塔形晶体，同时还会出现葡萄状、团块状和纤维状的晶体
颜色：白色，无色灰色，浅黄色或浅绿色
光泽：玻璃般至晦暗
条痕：白色
硬度：3~3.5
解理：有一个方向不一样
裂口：不均衡
比重：4.3+
常见地区：英格兰哥比亚奥尔斯顿穆尔，赫克瑟姆（诺森伯兰郡），纳米比亚楚梅布；安大略省桑德贝；伊利诺伊州罗西克拉尔（哈丁县）
警告：重毒石具有弱毒性，接触后请仔细洗手

菱锶矿(Strontianite)

菱锶矿的化学式：$SrCO_3$

菱锶矿的名字来源于它的首次发现地，即苏格兰阿盖尔郡和比特郡交界的斯特朗廷地区。1764年，在这里寻找铅矿石的时候发现了菱锶矿。1790年，安德鲁·克劳福德从矿物中分离了一种物质，称为锶，而到了1808年，翰普瑞·达维爵士证明了锶是一种元素。菱锶矿几乎是唯一一种含有锶元素的矿物，而天青石则是另外一个锶元素的来源。锶用于制造烟火中的红颜料以及信号弹，另外糖的提炼和止痛剂中也用到了锶。菱锶矿不是以晶体形式而是以放射状的纤维或晶簇团块出现，但偶尔也会形成像霰石那样的孪晶。通常菱锶矿为白色，但也可以是浅绿色、黄色或灰色。晶体柔软且很脆，通常伴生有方铅矿和重晶石，形成于低温热液岩脉或石灰岩晶洞中。

鉴定： 菱锶矿的最佳鉴定依据就是放射状的针形晶体，另外磨成粉末之后它可以跟酸发生反应。

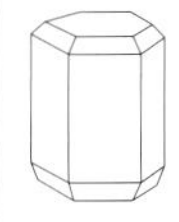

晶系： 斜方晶系
晶体习性： 会形成放射状针形晶簇，或者是结核体。偶尔会形成三个一组的孪晶晶体，跟霰石类似
颜色： 白色，无色，灰色，浅黄色或浅绿色
光泽： 玻璃般至油润光泽
条痕： 白色
硬度： 3.5~4
解理： 有一个方向良好
裂口： 不均衡，脆
比重： 3.8
其他特征： 在中温稀酸中会溶解并发出嘶嘶声，或者是以粉末状形式跟冷稀酸发生反应
常见地区： 苏格兰斯特朗廷；英格兰约克郡；德国德伦斯泰因富尔特，黑森林，哈茨山脉；奥地利施第里尔；宾夕法尼亚州米夫林县；加利福尼亚州圣贝纳迪诺县；纽约州斯科哈里县

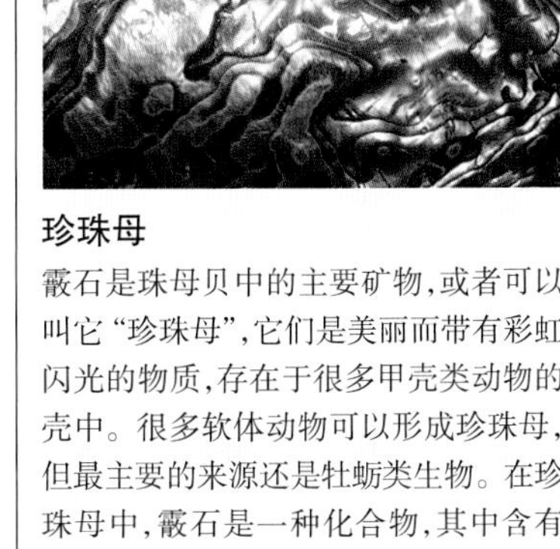

珍珠母

霰石是珠母贝中的主要矿物，或者可以叫它“珍珠母”，它们是美丽而带有彩虹闪光的物质，存在于很多甲壳类动物的壳中。很多软体动物可以形成珍珠母，但最主要的来源还是牡蛎类生物。在珍珠母中，霰石是一种化合物，其中含有水分和一种角状有机物，称为贝壳硬蛋白。贝壳硬蛋白将霰石中的微小晶体连接在一起形成了珍珠母。有时珍珠母的硬度要比无机霰石还硬，但有时要更软一些，硬度取决于所混合的化学成分的比率。另外珍珠母的颜色也多变，取决于软体动物的种类和水的特性。颜色范围则从软白色到粉色、银色、淡黄色、金色、绿色、蓝色或黑色。珍珠母含有珍珠光泽，并呈现出彩虹光泽。这都是由贝壳硬蛋白的薄膜和霰石的上覆片晶干扰了光线才形成了彩虹光泽。

白铅矿(Cerussite)

白铅矿的化学式：$PbCO_3$

白铅矿的名字来自“cerussa”，是拉丁语中“白铅”的意思，而白铅矿通常也被称为白铅矿石。白铅矿曾被当做白色颜料来使用。英女王伊丽莎白一世曾使用白铅制成的面膏来敷脸，力求营造出当时备受追捧的苍白脸色。但这种美容品含有毒性，很快就令她的脸上长满色斑，但在不知面膏有毒的情况下，她往脸上敷的白铅矿越来越多，以遮盖色斑。白铅矿中的铅意味着如果为透明形式（通常它是白色的），它就会像铅晶玻璃那样闪耀，并且成为透明矿物晶体中密度最高的晶体之一。跟其他霰石组矿物一样，白铅矿会形成孪晶，但这些晶体很壮观，包括了轮轴星形和雪花形，甚至还有手肘和V字形。当铅沉积物暴露在空气中时就会形成白铅矿，通常在方铅矿周围会形成硬壳（铅矿石）。

晶系： 斜方晶系
晶体习性： 会形成针形、盘形和刺形。星形和V字形孪晶非常独特。通常会在方铅矿上形成硬壳
颜色： 通常为白色或无色，也有灰色、黄色，甚至是蓝绿色
光泽： 金刚石般至油润光泽
条痕： 白色或无色
硬度： 3~3.5
解理： 有一个方向良好
裂口： 贝壳状，脆
比重： 6.5+
其他特征： 透明的晶体非常闪亮
常见地区： 德国埃姆斯；撒丁岛蒙特韦基奥；西班牙穆尔西亚省；摩洛哥泰维西特；纳米比亚楚梅布；澳大利亚布罗肯希尔（新南威尔士州），邓达斯（塔斯马尼亚）；玻利维亚欧鲁罗；新墨西哥州索科罗；亚利桑那州

鉴定： 白铅矿通常因重量和闪闪发光的孪晶而容易辨识。但通常它也会形成针状的白色团块，如图所示。

方解石组矿物和白云石组矿物

方解石组矿物是一组重要的矿物、会形成大团块或珍珠色的六面晶体。当碳酸盐化合物跟特定金属如钙、钴、铁、锰、锌、镉、镁和镍结合，形成的就是方解石组矿物。方解石组矿物包括菱镁矿、菱锰矿、菱铁矿和菱锌矿，另外还有方解石本身。

方解石 (Calcite)

方解石的化学式: $CaCO_3$

方解石是世界上最常见的矿物之一。方解石也是石灰岩、大理石、凝灰岩、石灰华、白垩和鲕状岩的主要成分。方解石中可能混有黏土而形成泥灰岩。水壶中水垢的成分也是方解石，另外还有硬水区的锅炉垢，此外方解石也构成了贝壳的骨架和外壳。当溶解在水中时，方解石可以以颗粒和纤维的形式沉积在裂缝中，或来自石灰岩溶洞中滴液的沉积物，例如石笋、钟乳石和其他洞穴堆积物（见右图的洞穴构造）。大部分方解石形成团块或集群，但在热液岩脉、高山缝隙以及玄武岩矿穴和其他岩石中会形成精良的晶体。方解石晶体超过了三百种，包括冰洲石、犬牙石和钉状方解石。钉状方解石是一种形状特殊的方解石，正如它的名字所描述的那样，这种平顶晶体的形状就像钉子头。方解石是霰石和稀有矿物球霰石的三形晶（化学成分相同，晶体结构不同），通常是由细菌形成。

鉴定: 犬牙方解石很容易辨认出来。每个晶体都像犬牙那么大，也像犬牙那样尖锐。这样的晶体形成于石灰岩溶洞死水中的集群里。晶体形状被称为偏三角面体，因为它的面是不等边三角形构成的，所谓不等边三角形即每条边的长度都不同。

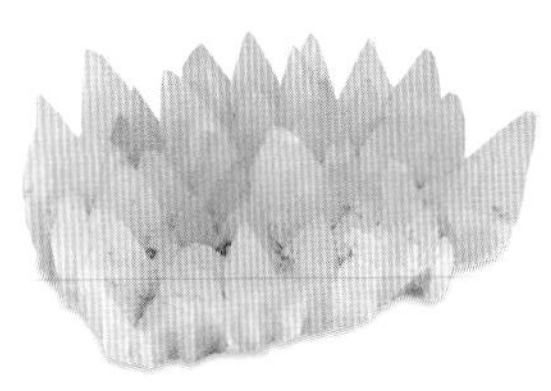

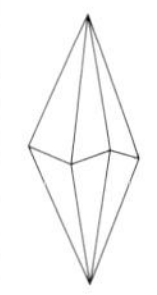

晶系: 三方晶系
晶体习性: 大部分方解石是团块状，而晶体形状则多变，是所有矿物中晶体形状最多样的
颜色: 通常为白色或无色
光泽: 金刚石般至树脂状至晦暗
条痕: 白色
硬度: 3
解理: 有三个方向良好
裂口: 亚贝壳状，易脆
比重: 2.7
其他特征: 可能具有磷光性、热释光和摩擦发光
常见地区: 英格兰哥比亚、杜伦; 冰岛爱斯基峡湾(冰洲石或光性方解石); 德国哈茨山脉; 印度孟买; 堪萨斯州-密苏里州-俄克拉荷马州的三态矿区; 密歇根州基威诺; 新泽西州富兰克林

菱镁矿 (Magnesite)

菱镁矿的化学式: $MgCO_3$

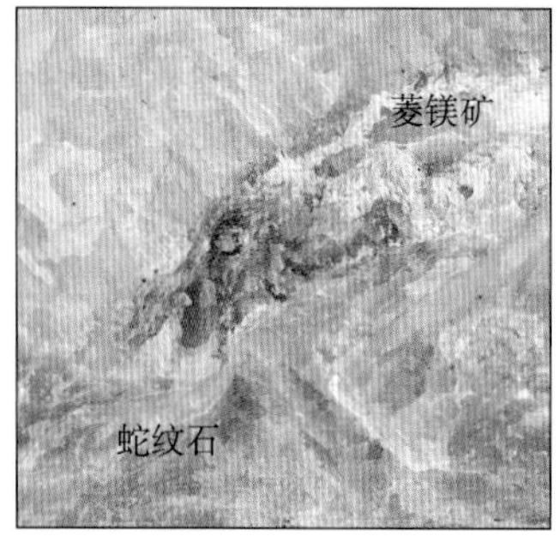

标识: 当大量的白色的瓷类物出现在白云石或石灰石中，这就可能是微量元素镁。

菱镁矿的名字可能得名自土耳其盛产镁的区域。它是金属镁的主要矿石，通常被用来制造橡胶和肥料。当水热液改变了富含镁矿物的石灰岩和白云石时，例如蛇纹石，就形成了菱镁矿。当变质过程发生时，在变质岩的固体白色岩脉中通常会形成菱镁矿。而当富含镁的热液改变方解石时也会形成菱镁矿。菱镁矿很少会形成晶体，而工业中所使用的菱镁矿多为十分细腻的团块沉积物，看起来就像是瓷器，可是用舌头舔的话通常会粘住舌头，这是因为菱镁矿上布满了小孔洞。菱镁矿的晶体很难跟方解石的或白云石的区分开来。

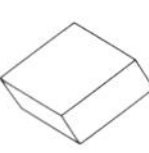

晶系: 三方晶系
晶体习性: 大部分是颗粒细腻、瓷状的团块。晶体很罕见但会形成六面晶或菱面晶
颜色: 白色、灰色、浅黄棕色
光泽: 玻璃般
条痕: 白色
硬度: 3.5~4
解理: 在三个方向形成菱形
裂口: 贝壳状，易脆
比重: 3
其他特征: 跟方解石不同，在冷盐酸中不会发出嘶嘶声
常见地区: 奥地利施第里尔; 巴西巴西利亚; 中国; 韩国; 加利福尼亚州海岸山脉; 纽约州斯塔顿岛

菱锰矿(Rhodochrosite)

菱锰矿的化学式：$MnCO_3$

菱锰矿是最容易辨识的矿物之一。菱锰矿通常为玫瑰粉色，但暴露在空气中通常会因氧化而被覆着上一层深黑色的氧化锰。事实上，菱锰矿的名字来自两个希腊单词，意思分别是“玫瑰”和“颜色”。它通常会在热液岩脉中形成，伴生矿物有硫化铜矿石、硫化铁矿石、硫化银矿石，另外偶尔会出现在伟晶岩中。菱锰矿的团块矿藏是最主要的锰金属矿石之一。但菱锰矿通常在岩脉的晶洞中形成闪亮的晶体。阿根廷卡塔马卡省古印加时期的银矿就是以出产由菱锰矿构成的钟乳石而闻名于世。这些粉色的“冰锥”可以像黄瓜似的被切成片，就会展现出漂亮的环状菱锰矿，其粉色的色彩深浅不一。当锰矿（或方解石）溶于地下水时，锰跟碳酸盐结合，之后就会从晶洞的顶部滴下来渗入裂缝中，最后形成菱锰矿。

鉴定：菱锰矿可以通过其具有的玫瑰粉色而被迅速识别出来。这种钟乳石菱锰矿切片后会展现出条带。

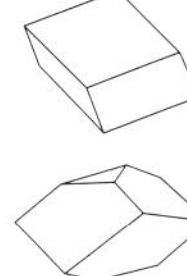

晶系：三方晶系
晶体习性：可以是团块，但晶体为偏三角面体或菱面体，晶体边缘圆润或带有曲面。通常会形成小球体填充岩脉和结节，或者形成钟乳石
颜色：玫瑰粉色
光泽：玻璃般至树脂质
条痕：白色
硬度：3.5~4
解理：在三个方向完好
裂口：不均衡
比重：3.5
常见地区：英格兰康沃尔郡；德国哈茨山脉；塞尔维亚特雷普卡；罗马尼亚；俄罗斯；加蓬；南非霍塔泽尔；日本；阿根廷卡塔马卡省；秘鲁沃隆；魁北克省圣希莱尔山；科罗拉多州约翰里德矿山（莱克县），斯威特霍姆矿山（帕克县）；蒙大拿州比尤特

白云石(Dolomite)

白云石的化学式：$CaMg(CO_3)_2$

白云石发现于1791年，发现它的人是法国矿物学家德奥达·多洛米厄，因此这种矿物就以这位发现人的名字命名。厚度达两三百米的白云石矿藏陆续在世界各地被发现，这些矿物被称为白云石灰岩或者简而言之，称为白云岩，而白云岩的生成也一直是未解之谜。白云石晶体形成于大理石和热液岩脉中。另外晶体还形成于被石灰岩滤出且富含镁的水中。在方解石或霰石中，镁替代了一半的钙形成了白云石，这一过程称为白云石化作用。白云石跟方解石近似，但在冷稀酸溶液中反应时不会像方解石那样发出嘶嘶声。

洞穴构造

大部分石灰岩洞穴中都被壮观的岩石构造所填满，这种构造称为洞穴堆积物。这种特殊地貌景观的形成是由于石灰岩中富含方解石的水慢慢地滴下或积蓄起来，形成了这样的构造。水分蒸发之后留下的方解石变硬，且形成了各种形状和构造，其中大部分都是方解石或霰石。最为出名的洞穴堆积物是冰柱形的钟乳石，它悬于晶洞顶部，此外还有矿柱形的石笋，它生长在晶洞的地面上。此外还有十多种这样的洞穴堆积物，包括石幔，它就像悬挂在晶洞壁上的帷幕；还有洞穴珠，这种形式是方解石围绕砂砾形成球形；石枝（扭曲的钟乳石），蘑菇形状的石篷，盆缘石灰石，这种是围绕水坑边缘形成的构造；还有石吸管（形成时期较早的钟乳石，看起来像吸管）。

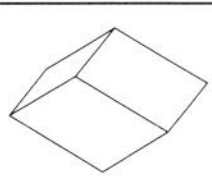

晶系：三方晶系
晶体习性：通常为团块，但晶体为棱柱体或菱面体，另外还会形成独特的鞍形菱面双晶
颜色：无色、白色、浅粉色或浅色
光泽：玻璃般至晦暗
条痕：白色
硬度：3.5~4
解理：在三个方向完好
裂口：亚贝壳状
比重：2.8
常见地区：英格兰哥比亚；瑞士比恩；奥地利施第里尔；德国萨克森州；西班牙潘普洛纳；塞尔维亚特雷普卡；意大利皮德蒙特，特伦蒂诺；阿尔及利亚；纳米比亚；巴西；安大略省伊利湖；堪萨斯州-密苏里州-俄克拉荷马州三态矿区

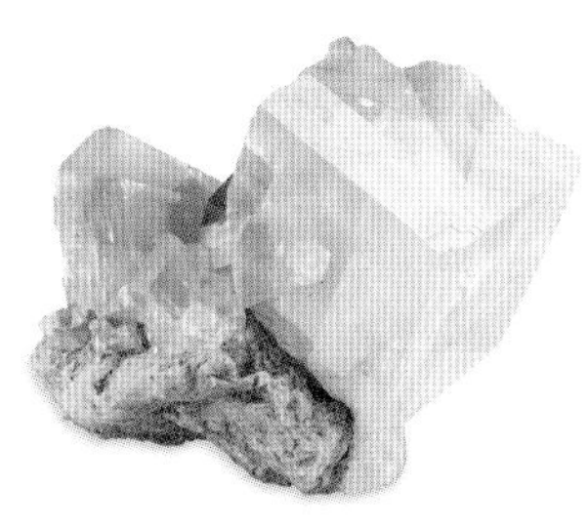

鉴定：白云石会形成浅粉色或无色的菱面晶体，而跟方解石很接近。菱面体为轻度曲面。

水化碳酸盐

水化碳酸盐都不是直接从岩石形成的，而是作为次生矿物，是其他矿物被改变后才形成的。颜色明亮的碳酸盐化合物，例如孔雀石和蓝铜矿就是由被改变的铜矿所形成的。水化碳酸盐包括了像羟碳酸铝矿和单斜钠钙石这样的矿物，它们都是其他矿物被水改变后所形成的。

羟碳酸铝矿(Scarbroite)

羟碳酸铝矿的化学式：$Al_5(CO_3)(OH)_{13} \cdot 5H_2O$

1829年英国地质学家詹姆斯·H·弗农博士发现了羟碳酸铝矿。他在英格兰斯卡伯勒的海岸边发现了这种矿物并以当地村镇的名字给新发现命名。羟碳酸铝矿是一种水化碳酸铝矿物，吸收了大量的水分。它顺着砂岩的垂直缝隙生成或形成结节。当羟碳酸铝矿形成晶体时，通常为六面体晶，但它们却经常以菱面体晶的形式出现。这种矿物会形成柔软的白色土质团块，硬度只比滑石硬那么一点点。只能在显微镜下看到它的晶体。羟碳酸铝矿也会形成像云母那样的片状结构，但很少见。

鉴定：羟碳酸铝矿是一种白色疙瘩状的矿物，常见于砂岩结块中。它看起来跟棉绒很像而且很柔软。

晶系：三斜晶系
晶体习性：羟碳酸铝矿要么是伪菱面晶要么是六方晶，但通常只能在显微镜下看到团块
颜色：白色
光泽：土质
条痕：白色
硬度：1~2
解理：粗糙
裂口：不均衡
比重：2
常见地区：斯卡伯勒（约克郡北部），奇平索德伯里（格罗斯特郡），维斯顿法韦尔（北安普顿）；英格兰东哈普特里（萨默塞特郡）；匈牙利皮利什山脉（帕斯特县）；西班牙索里亚

孔雀石(Malachite)

孔雀石的化学式：$Cu_2(CO_3)(OH)_2$

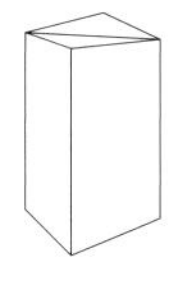

晶系：单斜晶系
晶体习性：孔雀石的团块会形成葡萄状、钟乳石状或小球状。晶体为针簇状
颜色：绿色
光泽：晶体为丝般光泽而整体是玻璃般至晦暗的光泽
条痕：浅绿色
硬度：3.5–4
解理：一个方向上良好但很罕见
裂口：亚贝壳状至不均衡，易脆
比重：4
常见地区：法国谢尔西；乌拉尔山，俄罗斯，斯维尔德洛夫斯克；民主刚果共和国加丹加省；摩洛哥；纳米比亚楚梅布；澳大利亚南部布拉布拉；亚利桑那州格林利县，皮马县

与碳酸盐不同，孔雀石是亮绿色的矿物，得名自希腊语，意为“冬葵叶”。这是一种铜的次生矿物，也就是来自被改变的铜矿。它形成于这样的情况下，比如碳酸盐水液跟铜起反应或者是铜液跟石灰岩起反应。孔雀石是附着在铜表面的一种物质，为亮绿色，正是这种颜色提示了铜矿石的存在。另外它还会形成针状晶簇和各种其他团块。典型的孔雀石样本是圆形团块带有明暗相间的绿色同心形条带，当切开样本或抛光时就会看到这个结构。由于颜色亮丽、质地相对柔软，被抛光的带状孔雀石可以被雕刻成装饰品以及珠宝，将孔雀石作为珠宝已有上千年的历史了。孔雀石也是一种备受喜爱的装饰石材，特别是在俄罗斯，因为乌拉尔山脉出产的圆形孔雀石数量众多，很早以前开始就成为了装饰石材。在圣彼得堡的圣艾萨克大教堂，教堂的柱子上就使用了孔雀石做装饰。

鉴定：即便像图中展示的标本这样被一层天鹅绒般的硬壳所覆盖，但通过亮绿色的颜色就可以轻易识别出这是孔雀石。但当样本展现出同心圆状的内部条带时，就更能确定这个判断了。

蓝铜矿(Azurite)

蓝铜矿的化学式：$Cu_3(CO_3)_2(OH)_2$

蓝铜矿跟孔雀石一样，也是来自被改变的铜矿。铜赋予了蓝铜矿基本的颜色，但晶体中水的存在使得它变成了亮蓝色而非绿色。在文艺复兴时期蓝铜矿被当做一种颜料使用，这种亮丽的蓝色使得它备受艺术家的喜爱。它的名字可能源自古波斯语的“蓝色”一词，而在以前蓝铜矿经常跟天青石和青金石混淆。蓝铜矿中铜含量为55%，在亚利桑那州和澳大利亚南部，团块状的蓝铜矿曾被当做铜矿石使用。跟绿色孔雀石一样，铜的存在使得蓝铜矿为亮蓝色。孔雀石和蓝铜矿通常一起出现，但蓝铜矿更稀有，因为它经常会被风化作用改变成孔雀石。蓝铜矿形成天鹅绒般的团块和针形晶簇，或者是块状团块。

鉴定： 蓝铜矿可以通过它亮眼的蓝色被立即识别出来，它质地柔软，通常与孔雀石伴生。

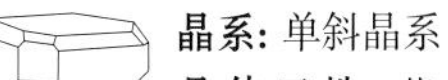

晶系： 单斜晶系

晶体习性： 蓝铜矿的晶体为短粗的棱柱形或块状。通常具有多个面，角度多大于45°，有时也会达到100°。经常会形成带硬壳的簇状土质团块

颜色： 深蓝色晶体；浅蓝色团块和硬壳

光泽： 玻璃般至晦暗

条痕： 天蓝石

硬度： 3.5~4

解理： 一个方向上良好

裂口： 贝壳状，易脆

比重： 3.7+

常见地区： 法国谢尔西；摩洛哥泰维西特；纳米比亚楚梅布；刚果民主共和国加丹加省；埃及西奈半岛；中国广东省；澳大利亚布拉布拉(澳大利亚南部)，爱丽丝泉(北领地)；犹他州拉萨尔；亚利桑那州比斯比(科奇斯县)；新墨西哥州

古老的颜色

人类很早就学会了制作颜料，方法是将矿物碾磨成糊状。非洲南部斯威士兰里昂晶洞可能是世界上最古老的晶洞。四万多年前，非洲布希曼人从这里开采出镜铁矿，再把矿物碾磨成粉末状涂在头部，使自己看起来闪闪发光。大约两万年前，洞穴画家就使用了四种颜料来作画，颜料分别是来自赤铁矿的代赭石，来自褐铁矿的黄赭石，来自软锰矿的黑色和来自高岭石的白陶土。这四种颜料风靡于很多原住民文明中(包括德拉肯斯堡山精致的洞穴壁画)，例如非洲南部的桑人原住民，是由欧洲定居者在大约三百五十年前最先发现的。作为最早出现的文明，人们学会了开采其他矿物来创造丰富的颜色，例如雄黄用来制成红色颜料，雌黄用来制成黄色颜料，孔雀石用来制成绿色颜料，蓝铜矿用来制成蓝色颜料，而稀有的天青石用来制成深蓝色。人们对质量上乘的颜料的渴求超乎想象。

单斜钠钙石(Gaylussite)

单斜钠钙石的化学式：$Na_2Ca(CO_3)_2.5H_2O$

第一次确定单斜钠钙石的地方是委内瑞拉的拉古尼亚斯，这种矿物是以18世纪法国化学家及物理学家约瑟夫·路易·盖·吕萨克的名字命名的，他是研究气体的先驱，并且在应用化学领域做出了杰出贡献。单斜钠钙石是一种碳酸盐矿物，由水化钠以及碳酸钙组成。这种矿物也是一种碳酸盐矿物，形成于远离海洋的蒸发岩特别是碱湖地区。有种观点认为自1970年开始，在加利福尼亚州著名的莫诺湖，当湖水盐度上升到了百分之八十以上时，单斜钠钙石就开始形成。单斜钠钙石看起来跟其他内陆蒸发岩矿物很像，例如苏打石、钙水碱、水碱石和天然碱，通常在X射线下才能将它们区分开来。

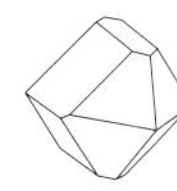

晶系： 单斜晶系

晶体习性： 包括杂乱的棱柱形和块状晶体，但通常会形成团块和硬壳

颜色： 无色或白色

光泽： 玻璃般的

条痕： 白色

硬度： 2~3

解理： 两个方向上良好

裂口： 贝壳状

比重： 1.9~2

常见地区： 意大利托斯卡纳区；俄罗斯卡拉半岛；南非古瓦滕；中非乍得湖；蒙古戈壁；委内瑞拉拉古尼亚斯(梅里达)；加利福尼亚州深泉，欧文斯湖，西尔斯湖，博拉湖，莫诺湖，中国湖；内华达碱湖

鉴定： 单斜钠钙石的最佳指示物是形成环境，即内陆碱湖，如加利福尼亚州的著名碱水湖泊。

硝酸盐矿物和硼酸盐矿物

硝酸盐、碘酸盐和硼酸盐不是真正的碳酸盐,但也被归类到这一组,因为它们的化学结构非常近似。这三个组别都形成于非常干燥的环境中,例如钠硝石这种硝酸盐及碘酸盐就存在于智利的沙漠中,而像方硼石、硬硼钙石和硼钠钙石这种硼酸盐就存在于美国西南部的死谷和莫哈维沙漠中。

钠硝石(Nitratine)

钠硝石的化学式:$NaNO_3$

钠硝石非常易溶于水,所以在很多地方都属于稀有矿物。事实上,钠硝石通过吸收空气中的水分就能溶解为液体,而这种现象称为潮解。这就是为什么样本要储存在密封容器中,同时还要放入硅胶这种干燥剂。根据这种特性就可知钠硝石一定是形成于大部分干燥的环境中。以智利北部阿塔卡马沙漠为例,这里的钠硝石形成于土壤下的大于2–3米厚的砂床中,称为钙质层。钙质层为坚固而胶黏在一起的脉石,成分包括硝酸盐、硫酸盐、卤化物和沙,这种堆积起来的钙质层是被溶解矿物在干燥环境中将水分蒸发后所形成的构造。钠硝石也形成自干燥的晶洞和矿壁上。钠硝石是制造肥料和炸药时一种重要的硝酸盐来源,一百年前,智利安托法加斯塔附近的阿卡塔马沙漠中遍布着一百多个硝酸盐提取工厂,而如今大部分氮都提取自空气中。

鉴定: 钠硝石根据其来源地就能辨识。它形成于干燥的环境中,且质地相对柔软。如果空气中有任何水分,它都可以吸收并被迅速溶解。只需一滴水就可以让一大块钠硝石消失。

晶系: 三方晶系
晶体习性: 形成于沙漠地区的层理和土壤矿床中。鲜有菱面晶体被发现
颜色: 白色或灰色
光泽: 玻璃般
条痕: 白色
硬度: 1.5~2
解理: 有三个方向可以形成菱面体
裂口: 亚贝壳状
比重: 2.2~2.3
其他特征: 潮解
常见地区: 俄罗斯科拉半岛;智利安托法加斯塔,阿塔卡马,塔拉帕卡;玻利维亚;巴哈马群岛;内华达州硝石孤峰;亚利桑那州皮纳尔县,马里科帕县;加利福尼亚州圣贝纳迪诺县;新墨西哥州多纳安县,卢纳县

方硼石(Boracite)

方硼石的化学式:$Mg_3B_7O_{13}Cl$

鉴定: 通过自身颜色和相对硬度以及伴生的其他蒸发岩矿物就能判断是不是方硼石。

1789年在德国汉诺威附近的吕讷堡石楠草原首次发现了方硼石,这种矿物富含硼元素,也通常被当做硼砂的来源。硼砂的作用十分重要,除了对人的健康饮食起至关重要的作用外,也被当做制作玻璃丝的原料。尽管方硼石能形成夺人眼球的晶体,但很少被制成宝石,是因为它在潮湿环境下会迅速失去闪耀的光泽。方硼石是一种蒸发岩矿物,即当水分蒸发尽,所留下的物质形成了蒸发岩。方硼石通常跟其他蒸发岩伴生,例如硬石膏、石膏、水氯硼钙石、磁石和岩盐,方硼石晶体通常镶嵌在其他伴生的蒸发岩中。晶体展现出双折射,就像冰洲方解石一样。

微小晶体布满了小球状的表面

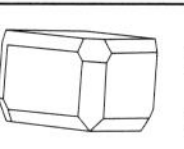

晶系: 斜方晶系
晶体习性: 形成伪立方晶体和八面晶体,但也形成团块、纤维和镶嵌的颗粒
颜色: 白色至无色,随着铁的增加会带有蓝绿色色泽
光泽: 玻璃般
条痕: 白色
硬度: 7~7.5
解理: 无
裂口: 贝壳状,不均衡
比重: 2.9~3
其他特征: 微溶解于水。压电体和热电体
常见地区: 英格兰博尔比(约克郡);德国斯塔斯弗;法国洛林;波兰伊诺弗罗茨瓦夫;哈萨克斯坦;泰国呵叻;塔斯马尼亚;玻利维亚科恰班巴;哥伦比亚穆索;路易斯安那州乔克托盐丘;加利福尼亚州奥蒂斯

硬硼钙石(Colemanite)

硬硼钙石的化学式：$CaB_3O_4(OH)_3 \cdot 5H_2O$

硬硼钙石属于硼酸盐，以闪耀的无色或白色晶体或大型团块出现，备受矿物收集者的追捧。1882年在加利福尼亚州因约县的死谷中发现了这种矿物，死谷也是世界上最热最干燥的地区之一。跟其他硼酸盐矿物一样，硬硼钙石也是蒸发岩，形成于被称为干盐湖的沙漠湖泊中，这种湖泊只有在雨季才会蓄满水，而富含硼的水也流向了周边的山脉地区。当雨水停止，湖水蒸发，就形成了硼酸盐蒸发岩。有意思的是，硬硼钙石并不是直接形成的，而是先在矿床中形成硼钠钙石。之后地下水流过硼钠钙石与其发生反应并形成硬硼钙石，这样硬硼钙石就沉积在了晶洞中。硬硼钙石同时也以大型团块的形式出现在古老的砂岩和黏土层中（这些层理的年龄大致为1~1.6百万年以上），是工业用硼砂的来源。

鉴定：硬硼钙石跟其他无色或白色矿物很难区分出来，但如果样本是从干盐湖矿床中的硼酸盐里找到的，那很可能就是硬硼钙石。

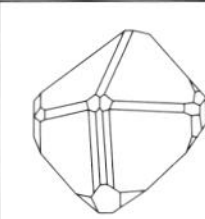

晶系：单斜晶系
晶体习性：包括短粗的等分晶体以及带有复杂面的棱柱晶体。另外也以团块、薄片和颗粒形式出现
颜色：白色至透明
光泽：玻璃般
条痕：白色
硬度：4.5
解理：一个方向上完好，另一个方向则不同
裂口：不均衡至亚贝壳状
比重：2.4
其他特征：半透明至透明
常见地区：塞尔维亚巴雷瓦茨；哈萨克斯坦阿特劳；土耳其班德尔马；阿根廷萨利纳斯兰德斯；加利福尼亚州硼矿，死谷（因约县），达格特（圣贝纳迪诺县）；内华达州

盐滩

沙漠并非总是处于完全干燥的状态，事实上随着时间的积累，沙漠中也形成了一些世界上最大的（也是最浅的）湖泊。这些湖泊的形成原因要归结于暴雨，沙漠附近的山脉所收集的雨水从山顶流下，充盈了湖泊。暴雨停歇后由于沙漠地区的干燥环境使得水分从湖中蒸发，并形成硬壳状的盐类矿物。这些盐层或干盐湖可能是世界上最平整的土地了，而这也是把它们用来记录陆地生长速度的原因，就像犹他州的盐湖一样。通常它们的斜面都不会超过20厘米，长度也不会超过1千米，因此降雨时广袤的区域只会被几厘米厚的水所覆盖。湖泊中的蒸发沉积物依据不同地区而种类不同。在加利福尼亚州的死谷中，蒸发岩大部分都是硼酸盐。而其他地方可能还有卤化物或硫酸盐，例如石膏和泻利盐。

硼钠钙石 (Ulexite)

硼钠钙石的化学式：$NaCaB_5O_6(OH)_6 \cdot 5H_2O$

硼钠钙石也是一种硼酸盐蒸发岩，形成于沙漠中的干盐湖，当富含硼的水蒸发后就形成了这种矿物。它也是硼砂的主要来源，以团块或针状晶簇的晶体形式出现，称为“棉花球”。硼钠钙石以其著名的晶体而受到了矿石收集者的追捧，其中以产自加利福尼亚州硼矿被称为“电视岩”的硼钠钙石最有名。这种巨型块状硼钠钙石产自岩脉中，被填满了纤维状的晶体。当把这些大块切成2.5厘米厚的片状并抛光，晶体展现出光学纤维，并能传播光线，因此在这些晶体表面上可以看到令人吃惊的清晰图像，石块背面的事物可以看得一清二楚。

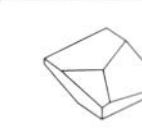

晶系：三斜晶系
晶体习性：针状晶簇和笔直的纤维状晶体团块，另外还有团块
颜色：白色至浅灰色
光泽：丝般
条痕：白色
硬度：2
解理：一个方向上完好
裂口：不均衡
比重：1.6~2
常见地区：德国哈茨山脉；塞尔维亚巴雷瓦茨；哈萨克斯坦阿特劳；中国青海省；阿根廷萨利纳斯兰德斯；智利塔拉帕卡；秘鲁阿雷基帕；加利福尼亚州硼矿；内华达州莫哈维沙漠

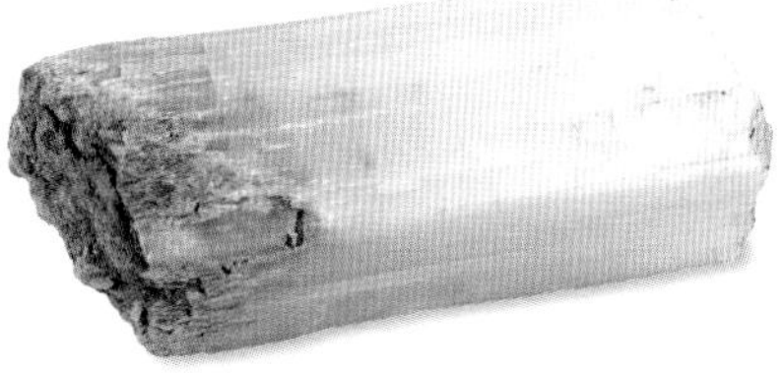

鉴定：硼钠钙石具有传播光线的能力、笔直的纤维状晶体，“电视岩”特性的硼钠钙石绝对不会跟其他矿物混淆。

硫酸盐矿物、铬酸盐矿物和钼酸盐矿物

硫酸盐组别中包含了两百种以上的矿物，都是由一个或多个金属元素与硫酸盐（硫酸根）化合而成的。当硫酸暴露在空气中时要么以蒸发岩的形式出现，要么跟炽热的火山溶液反应形成矿床。所有硫酸盐类矿物都质地柔软、色浅、为透明或半透明的形式。重晶石组矿物是一组矿物种类虽少却十分重要的硫酸盐类矿物，分别是重晶石、硫酸铅矿、天青石和哈希姆石。除了哈西姆石之外，该组中的所有矿物都是重要的金属矿石。

重晶石 (Barite)

重晶石的化学式：$BaSO_4$

当硫酸盐跟金属钡结合就形成了重晶石（或者工业上称之为barytes，也是重晶石的意思）。重晶石通常是一种无金属光泽、质量重的矿物。长久以来重晶石英文的非正式名称一直都是“heavy spar”，而官方名称则是希腊语的“重”这个单词。这种矿物密度大，因此也成为了一种用途广泛的矿物，例如重晶石曾用来制造石棉产品。数以百万吨的重晶石混在重泥浆中，灌入到特殊设备中来开凿油井。混入了重晶石的泥浆被灌入钻洞中，除了可以携带钻渣之外，还可以防止在钻井工作完成前有水分、气体或油进入钻井中。粉末状的重晶石也可以帮助给纸张增白、提升光洁度。重晶石密度大，吸收了伽马射线也不会起反应，因此医院多用混入重晶石的特殊混凝土块来屏蔽辐射源。

鉴定：最大的重晶石晶体通常以扁平状的形式出现，正如左图。

在热液矿脉中，重晶石多跟石英和萤石生长在一起，特别是那些含铅（方铅矿）、含锌（闪锌矿）的矿石。在黏土中重晶石以结节的形式存在，成因是部分被风化的石灰岩所遗留的物质形成了胶粘物把很多砂石粘结在一起。重晶石也出现在大规模的矿床中，曾被认为是沉积物。像这样的矿床出现在中国、摩洛哥和美国内华达州，是世界上重要的工业用重晶石来源地。有些形状完好的大块重晶石晶体反而是来自火成岩中，例如英格兰哥比亚和罗马尼亚菲尔索巴尼亚出产的重晶石晶体。重晶石会形成数量众多的晶体形状。通常晶体形状是大块的，但也可以形成棱柱形、扇形、簇状和其他各种形式。有时长成薄片的晶体会形成鸡冠状的晶簇。这些鸡冠状的重晶石通常和砂混合在一起。另外由于铁的存在会呈现出红斑，也因此被称为沙漠玫瑰。（详见右图的“切罗基人的眼泪”部分）

环状的重晶石晶体

鉴定：上图的重晶石标本是葡萄状晶体，或者也可以成为层理状。像这样长出环形的晶体很像是橡树的年轮层。橡树状重晶石可能会跟硅化木弄混，因此可以切开并抛光后来验证。

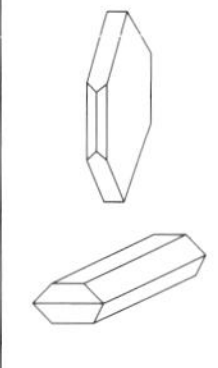

晶系：斜方晶系

晶体习性：晶体形状有很多，例如块状和棱柱状。还会以颗粒、板状、鸡冠形和玫瑰形出现。另外团块和纤维也很常见。带有条带的结节也被称为橡树石，这是因为凿开后内部结构跟橡木很相似。

颜色：无色，白色，黄色，但也有浅红色、浅蓝色或多色以及条带

光泽：玻璃般

条痕：白色

硬度：3~3.5

解理：有一个方向良好

裂口：不均衡

比重：4.5

其他特征：1604年，来自意大利博洛尼亚的补鞋匠发现了加热重晶石结核可以发出磷光，这些也被称为博洛尼亚石。

常见地区：产地很多，包括：英格兰奥尔斯顿穆尔（哥比亚），奔宁山脉北部；苏格兰斯特朗廷；罗马尼亚菲尔索巴尼亚；德国哈茨山脉和黑山；意大利博洛尼亚；阿尔卑斯山；日本羽后町（北投石重晶石）；台湾北投（北投石）；摩洛哥；奥地利；俄克拉荷马州诺曼；内华达州；科罗拉多州斯托纳姆；南达科他州麋鹿溪

硫酸铅矿(Anglesite)

硫酸铅矿的化学式：$PbSO_4$

硫酸铅矿的名字来源于威尔士岛的安格尔西岛，硫酸铅矿是一种罕见的纯粹形式的硫酸铅矿物，也是一种次要的铅矿石，很久之前罗马人就在英国寻找硫酸铅矿了。当方铅矿暴露在空气中，会围绕方铅矿核产生环形条带状团块，就是硫酸铅矿。通常形成硫酸铅矿的时候也会形成白铅矿（碳酸铅）。尽管最先在威尔士地区发现了硫酸铅矿，但最上乘的晶体来自纳米比亚的楚梅布，以及摩洛哥的泰维西特。在很多硫酸铅矿中都能看到大部分铅矿（在铅晶玻璃中）所具有的耀眼的光泽，而这也使得硫酸铅矿特别受到矿物收集者的青睐。当形成黄色的外形时，它会特别引人注目。但通常晶体会由于方铅矿杂质的存在而变成灰色或黑色。当为无色或白色时，硫酸铅矿跟重晶石很相似，但其中含有的铅成分会使它变得特别重。

鉴定：鉴定硫酸铅矿的最佳方法就是看伴生矿物是否为方铅矿，硫酸铅矿的密度很高，晶体通常也为灰色。

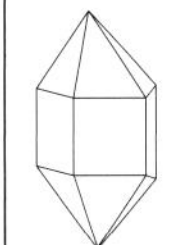

晶系：斜方晶系
晶体习性：晶体有很多形式，但通常为块状或棱柱形，有时也会是细长形。另外它会形成硬壳、颗粒和团块。
颜色：通常为无色，白色，黄色，但也有浅灰色、蓝色或绿色
光泽：金刚石般
条痕：白色
硬度：2.5~3
解理：有一个方向良好
裂口：贝壳状、易脆
比重：6.4
其他特征：荧光黄
常见地区：英格兰科尔德贝克（哥比亚）；德国黑森林；撒丁岛；摩洛哥泰维西特；纳米比亚楚梅布；澳大利亚新南威尔士州；密苏里州乔普林

切罗基人的眼泪

重晶石是几种能形成玫瑰形的矿物之一，另外还有玉髓、透明石膏、赤铁矿和霰石。玫瑰形的重晶石是由砂石中的地下水形成的，这种情况下会形成完美的玫瑰形，再经由微量铁元素的存在而被染成粉色。但重晶石同时也与美国历史上最黑暗的部分联系在一起，即切罗基人的眼泪（1838-1839年）。时任美国总统的安德鲁·杰克逊下令将切罗基人从位于佐治亚州的家园驱逐，根据记录，在严冬时节切罗基人被无情的骑兵一路向西驱赶至俄克拉荷马州。在路途中，四千男女老少（这个数字占大约切罗基人口总量的五分之一）在大雪中殒命。"我们一路被驱赶至陌生的地方，与故土分离让很多人心碎。女人们不住地哭嚎、孩子们哭声震天，很多男人也泪流满面，但是他们未置一词，只是低下了头向西进发。日子一天天地过去，死去的人也越来越多。"（来自切罗基族幸存者的口述）在切罗基人的神话中，落下切罗基族勇士的血和少女的泪的地方，都在大神的怜悯之下长出了玫瑰形的石头。这种石玫瑰赐予了切罗基族妇女独自抚育孩子的力量。这种重晶石玫瑰现在也成了俄克拉荷马州的州石。

天青石(Celestite)

天青石的化学式：$SrSO_4$

红色的天青石：尽管名字是天青石，但它也可以是红色的。

1791年在宾夕法尼亚州发现了天青石，它独特的天蓝色很受矿物收集者的追捧，这种"天空色"是矿物界中很独特的。天青石通常跟其他艳丽颜色的矿物一起出现，例如黄色的硫磺。尽管天青石看起来跟重晶石很相似，但实际上是硫酸锶，并且长期以来被当做锶的来源，用来制作火药、釉料和金色合金。与方解石和白云石类似，天青石会形成于海底沉积物中，但不是沉积在海底的，而是存在于水分流经后的矿穴和裂缝中。天青石也可能存在于化石中的晶洞中，常见的是存在于菊石化石中。

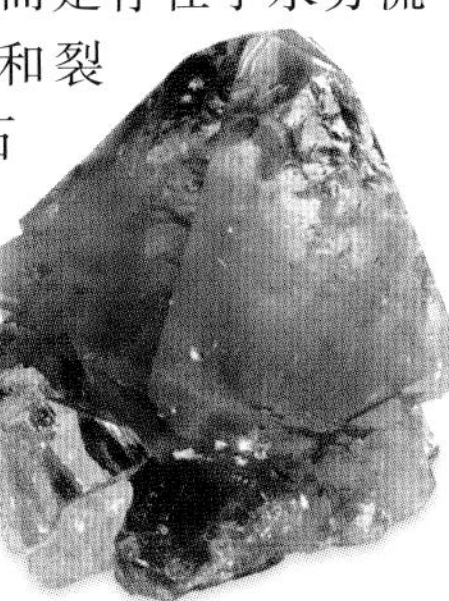

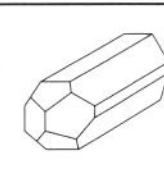

晶系：斜方晶系
晶体习性：晶体具有很多形式但通常为块状，棱柱状和扁片状。也会形成硬壳、结节、颗粒和团块。
颜色：通常为蓝色，但也可以是无色、黄色、浅红色、浅绿色或浅棕色
光泽：玻璃般
条痕：白色
硬度：3~3.5
解理：有一个方向良好
裂口：不均衡
比重：4
其他特征：火焰测试时会产生红色火焰
常见地区：英格兰格罗斯特郡；捷克共和国波西米亚；波兰塔尔诺夫斯凯；西西里岛；马达加斯加岛；墨西哥圣路易斯波托西；密歇根州；俄亥俄州；纽约州

鉴定：天青石因具有天空蓝的颜色而极易识别。要将天青石和重晶石区别开来，可以通过火焰测试的方式。将薄木板在水中浸泡一夜，然后在被浸泡的一端涂上天青石粉末，带上护目镜之后再把它点燃。天青石燃烧会出现红色火焰，重晶石燃烧会出现石灰绿色火焰。

硫酸蒸发岩

盐湖中或海边泻湖中的咸水蒸发后会形成一部分硫酸盐。这种硫酸盐通常会形成大团块。另外当岩石和土壤中的咸水蒸发时会形成漂亮的晶体。这种硫酸蒸发岩包括了形式多样的石膏，而石膏也是世界上最常见也是最有用的矿物，另外还有硬石膏和钙芒硝。

石膏 (Gypsum)

石膏的化学式：$CaSO_4 \cdot 2H_2O$

石膏是一种很常见的矿物，以多种形式遍布于世界各地。这种最为常见的柔软白色矿物是咸水蒸发后沉积在厚厚的矿床中的矿物。大部分大团块要么是形成于浅海矿床处、伴生有硬石膏和岩盐，要么是形成于盐湖中。另外硬石膏吸收了地表水之后也会形成石膏。当石膏吸收水分后会膨胀，因此矿床通常会被扭曲。在这种矿床中通常会形成大规模颗粒细腻的石膏（见右图的雪花石膏），而这种形式的石膏在加热脱水后变成粉末，成为基质来制造灰泥，熟石膏以及各种胶黏剂。另外石膏还有其他广泛的用途，例如混入肥料中或者作为纸张的填充剂来使用。

透明石膏（上图）：这种石膏形式得名自希腊语，意思是“月亮”，而叶片状晶体确实使透明石膏看起来很像半月型。

石膏还可以形成透明或丝白色的纤维状针形晶体。这些晶体被称为纤维石，切割后可以用来做珠宝或装饰品。（地质学家将晶石这个词描述成任何易碎且颜色为白色或浅色的晶体。）石膏中的常见结晶形式则是透明石膏。透明石膏的晶体是透明的，通常为白色或浅黄色。为典型的片状，会形成矛尖状或燕尾双晶。当然也会形成棱柱状，而这些棱柱形晶体可以被切割或弯折。细长的晶体在扭曲成螺旋状之后可以成为羊角形透明石膏。

剑形透明石膏（上图）：透明石膏也可以形成这种长棱柱的“剑形”。墨西哥奇瓦瓦州有一处令人惊叹的洞穴，即剑晶洞，里面生长着的剑形晶体最长的可达2米。

在高温的沙漠中，浅滩和盐碱盆地里的水分通常会蒸发殆尽。在这种条件下石膏可以长成圆形砂粒状至花簇状叶片形晶体。这些晶簇被称为沙漠玫瑰。鸡冠状重晶石可以形成相似的玫瑰形，但石膏中的“花瓣”通常更易辨认出来。非洲纳米比亚的沙漠中因为生产这种“沙漠玫瑰”而闻名于世。

极易辨认的蒸发石膏晶体上的雏菊形晶簇

雏菊形石膏（左图）：当石膏在地表岩石湿润的小矿穴中形成时，通常会长成放射状、上覆式的晶体。这些“放射晶簇”看起来就像是雏菊，因此也被称为雏菊形石膏。

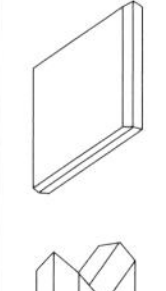

晶系：单斜晶系

晶体习性：石膏主要形成三种形式：透明石膏晶体；纤维石以及颗粒细腻的团块，如雪花石膏。另外还会在干燥地区的地表处形成“雏菊形”石膏和沙漠玫瑰。晶体则包括了块状、叶片状或棱柱形。格状晶体通常为双晶，要么是矛尖状要么是燕尾状。棱柱可以弯折。

颜色：通常为白色、无色或灰色，但也可以带有红色、棕色或黄色的色泽

光泽：玻璃般至珍珠般

条痕：白色

硬度：2

解理：有一个方向良好，另外两个方向不同

裂口：裂片

比重：2.3+

其他特征：细晶体可以被轻微弯折。石膏晶体摸上去要比石英晶体的温度高。

常见地区：英格兰诺丁汉郡（纤维石）；德国巴伐利亚州，图林根州（燕尾双晶）；意大利沃尔泰拉，博洛尼亚，帕维亚；巴黎蒙马特；非洲撒哈拉沙漠（沙漠玫瑰）；塔斯马尼亚岛怀阿拉；澳大利亚南部普尔纳提泻湖；墨西哥奈卡（奇瓦瓦州）（在剑晶洞中长满了叶片状晶体）；新斯科舍省；俄克拉荷马州苜蓿县；俄亥俄州埃尔斯沃思（马霍宁县）（单独的“浮动”晶体）；肯塔基州猛犸洞（雪花石膏）；纽约州洛克波特

硬石膏 (Anhydrite)

硬石膏的化学式：$CaSO_4$

跟石膏一样，硬石膏是一种白色粉末状的矿物，形成于水分蒸发殆尽的厚矿床处。事实上硬石膏其实是完全脱水的石膏，而这也就是硬石膏如此坚硬的原因，但在18世纪这种矿物被视为独立形成的矿物，单独列出。由石膏制成的混凝土中，当石膏被高温加热时就变成了硬石膏。由于脱水过程会使硬石膏收缩，因此硬石膏的层理一般是扭曲的，有时也会出现令人不解的小晶洞和矿穴。尽管大部分硬石膏会在矿床处形成团块，但在热液岩脉和高山裂缝中也可以形成晶体，或者较常见的是在玄武岩中形成带沸石的晶簇。然而硬石膏的晶体很罕见，这是因为接触水后就会变成石膏。美丽的紫蓝色硬石膏称为天使石，是因为它具有"天使般"的颜色。

鉴定：硬石膏的最佳鉴别方法就是它会碎成矩形，另外就是跟石膏比起来，它的硬度相对要高。由于硬石膏可以吸收水分，所以样本要保持在密封容器中并放入硅胶作为干燥剂。

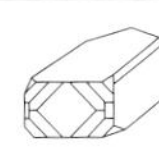

晶系：斜方晶系

晶体习性：通常为细腻颗粒形成的团块。晶体很少见，但包括了块状和棱柱状，为矩形。

颜色：白色、灰色或无色，但也会有浅蓝色、浅紫色或浅红色

光泽：玻璃般

条痕：白色

硬度：3.5

解理：有一个方向良好，两个方向尚佳，可以形成矩形

裂口：硬石膏非常易脆，裂口为贝壳状

比重：3

常见地区：德国下萨克森州；法国比利牛斯山；瑞士；意大利托斯卡纳区；墨西哥奈卡（奇瓦瓦州）；秘鲁；新斯科舍省；新墨西哥州；德克萨斯州–路易斯安那州

雪花石膏

大量的石膏通常以大量坚硬的白色雪花石膏出现。这种美丽的石头自古埃及时代起就被用于雕塑和雕刻（另外还一直作为贸易货物而获利，见左图）。而建造于公元前一千七百年的最为著名的狮身人面像，就是整个用雪花石膏建造的。雪花石膏是雕刻的极佳石材，它质地柔软、极易塑型，但也极易损伤。雪花石膏是美丽的半透明状，闪耀时具有斑斓的光泽，过去通常将它应用于镀金行业。到了中世纪，遍布欧洲的教堂和雕塑中几乎都有雪花石膏的身影。中世纪时期，在英国的诺丁汉雪花石膏雕刻物十分著名，雕刻好的成品还出口到了冰岛和克罗地亚。中世纪时期另外一处以雪花石膏而著称的就是意大利，罗马人制造的雪花石膏雕塑品可以追溯到埃及和阿尔及利亚。意大利的雪花石膏通常以佛罗伦萨大理石著称，而来自中东的大理石则被称为东方雪花石膏。现在，产自墨西哥的雪花石膏称为墨西哥缟玛瑙，也被广泛应用于雕刻装饰和珠宝行业。

钙芒硝 (Glauberite)

钙芒硝的化学式：$Na_2Ca(SO_4)_2$

钙芒硝得名自其自身所含有的硫酸钠。这种盐被称为芒硝，由约翰·鲁道夫·格劳伯最先制成。他所提取的是来自匈牙利的泉水，而钙芒硝则是作为一种作用温和的泻药而使用的。钙芒硝通常会等水分蒸发后在同一个地方形成，形成方式类似的矿物还有岩盐、石膏和方解石。尽管钙芒硝晶体很罕见，但它们的假晶却很普遍。由于溶解于水，钙芒硝晶体通常在被溶解后消散，而钙芒硝晶体则被形状相同的其他矿物的晶体取代，例如蛋白石。钙芒硝具有独特的晶体习性，因此假晶很容易就能被区分出来。奥地利的钙芒硝蛋白石假晶被称为菠萝晶。

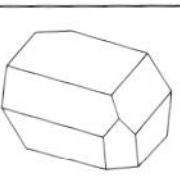

晶系：单斜晶系

晶体习性：包括尖锐的尖端、倾斜且扁平的双金字塔形晶体

颜色：白色、黄色、灰色或无色

光泽：玻璃般，油润或晦暗

条痕：白色

硬度：2.5~3

解理：有一个方向良好

裂口：贝壳状

比重：2.7~2.8

其他特征：在水中钙芒硝会变成白色并部分溶解

常见地区：法国洛林；奥地利萨尔茨堡；德国斯塔斯弗；西班牙比利亚鲁维亚（托莱多）；肯尼亚；巴基斯坦盐岭；印度；智利阿塔卡马；曼尼托巴省吉普瑟姆维尔；亚利桑那州坎普维德；加利福尼亚州盐谷（因约县），西尔斯湖（圣贝纳迪诺县）；犹他州大盐湖；在美国新泽西州帕特森和格莱特诺切以及澳大利亚都发现了假晶和管形晶。

鉴定：钙芒硝因其具有独特的晶体形状而容易鉴别，为带有沟槽的扁平棱柱形。

硫酸盐氢氧化物

当很多硫酸盐(以及其他组别的矿物)结晶时,它们自身结构中所包含的水就会“水合”。如果加热,有些矿物就会失去这些“结晶水”,并且成为新的无水的,或“干燥的”硫酸盐,例如重晶石和天青石。硫酸盐氢氧化物包括:铜矾、明矾石和黄钾铁矾,都是以OH的形式(氢氧化物的形式)保留了水。

铜矾(Antlerite)

铜矾的化学式:$Cu_3(SO_4)(OH)_4$

铜矾是一种铜矿物,首次在美国亚利桑那州莫哈维县的安特里尔矿山中被发现。它通常是明亮的翡翠绿色,像宝石,为带有条带的晶体,但也可以在其他铜矿物的表面形成颗粒细腻的浅绿色硬壳。铜矾是一种被氧化的铜矿物(即暴露在空气中跟氧发生了化学反应)。而当碳大量存在时,就会形成碳酸铜矿物,例如孔雀石。如果碳含量较低,就会形成硫酸铜矿物,例如铜矾和水胆矾。这些次生矿物通常会出现在同一个地方,所以很难区分彼此。水胆矾跟铜矾只有通过实验室测试这种方式才能被区别出来。铜矾一度被认为十分稀有,直到人们发现智利丘基卡马塔所蕴藏的铜矿石都是铜矾。现在铜矾跟其他铜矿物一样遍布世界。

铜矾

鉴定: 铜矾的亮绿色表明它是一种铜矿物,这也是鉴定铜矾的关键线索。条带和细长的晶体则帮助我们缩小了鉴定范围。

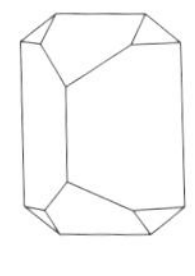

晶系: 斜方晶系
晶体习性: 细长的棱柱形或者纤维状晶簇。另外还会在岩脉中形成团块、颗粒和硬壳
颜色: 翡翠绿色至极深的绿色
光泽: 玻璃般
条痕: 浅绿色
硬度: 3.5
解理: 有一个方向良好
裂口: 不均衡
比重: 3.9
其他特征: 晶体通常有条纹且跟稀盐酸反应时不会发出嘶嘶声
常见地区: 智利丘基卡马塔(安托法加斯塔);墨西哥;亚利桑那州安特里尔矿山(乌拉帕依山,莫哈维县),比斯比(科奇斯县);内华达州;加利福尼亚州;新墨西哥州;犹他州

青铅矿(Linarite)

青铅矿的化学式:$PbCu(SO_4)(OH)_2$

鉴定: 亮蓝色可以让我们迅速判断矿物一定是青铅矿和蓝铜矿二者中的一个。青铅矿不会跟稀硫酸发生反应,但是蓝铜矿会。

青铅矿的名字来源于西班牙利纳雷斯镇。跟铜矾类似,青铅矿也是一种硫酸铜矿物,由氧化了的铜矿形成,例如黄铜矿。只有青铅矿的铅(通常为方铅矿)参与了反应。正是由于铅的存在青铅矿才会有这种亮丽的蓝色,因此备受矿物收集者的喜爱。事实上,青铅矿的颜色跟为人所熟知的蓝铜矿的颜色相似,而这两种亮蓝色的矿物也经常被弄混,特别是这两种矿物经常在同一地点一同出现的情况下。有时区分两种矿物的唯一方法就是用稀盐酸进行测试,蓝铜矿会跟稀盐酸发生反应,而青铅矿则不会。青铅矿会形成小型的亮蓝色晶体覆盖层,但也会跟其他铜矿物伴生,以团块的形式出现,偶尔会被当成铜矿石使用。

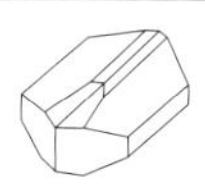

晶系: 斜方晶系
晶体习性: 小型块状晶体和长棱柱形晶体。更为典型的是小针形晶簇和硬壳。所有晶体都有多个面。
颜色: 亮蓝色
光泽: 亚金刚石般至土质
条痕: 蓝色
硬度: 2.5
解理: 有一个方向良好,但仅限于在大晶体中
裂口: 贝壳状
比重: 5.3
常见地区: 英格兰哥比亚、康沃尔郡;苏格兰利德希尔斯(拉纳克郡);德国黑森林;西班牙利纳雷斯;纳米比亚楚梅布;阿根廷;智利;亚利桑那州泰格(皮纳尔县猛犸),比斯比(科奇斯县);蒙大拿州比尤特;犹他州贾布县

明矾石 (Alunite)

明矾石的化学式：$KAl_3(SO_4)_2(OH)_6$

明矾石也被称为明矾，自15世纪以来在罗马附近的托尔法地区，明矾就被用来制矾。矾是一种硫酸盐粉末，罗马时代曾用它来做染色的媒染剂和医学方面的收敛剂。现在，矾更多时候是指硫酸铝，但依然具有广泛的通途，包括用来做净水剂。1825年，矾石中被发现含有金属，后来被证明就是铝，而明矾石自被发现以来到现在一直都被当做一种次要矿石来使用。明矾石出现在岩脉和富含钾的火山岩中，例如粗面岩和流纹岩。在被称为明矾石化的过程中，热液中的硫酸再次与岩石中的金属硫酸盐发生反应，生成了明矾石。大团块的明矾石可以通过这种方式生产，而白色粉末状团块则很容易跟石灰岩和白云石搞混。明矾石也会在火山喷气孔附近形成。

鉴定：团块状明矾石看起来跟白云石和石灰岩近似，但跟这两种岩石不同，明矾石在稀酸中反应时不会发出嘶嘶声。

晶系：三方晶系
晶体习性：会形成土质团块和硬壳。晶体很罕见且为伪立方晶体（看起来像立方晶体）
颜色：白色或灰色至淡红色
光泽：玻璃质至珍珠光泽
条痕：白色
硬度：3.5~4
解理：大部分晶体都极其小
裂口：贝壳状、不均衡
比重：2.6~2.8
其他特征：有些标本会发出橘色荧光，另外也是压电体
常见地区：意大利托斯卡纳区，托尔法；匈牙利；澳大利亚布拉德拉（新南威尔士州）；犹他州马丽斯维尔；内华达州戈尔德菲尔德区；科罗拉多州红山（卡斯特县）

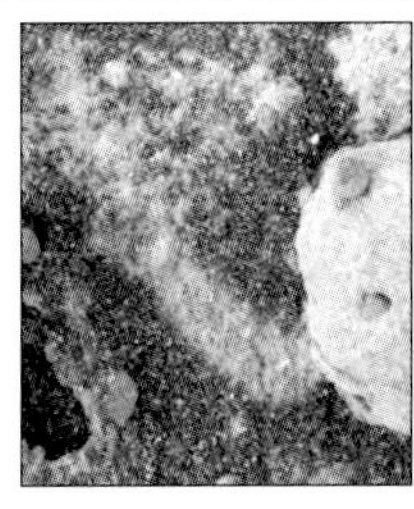

火星上有矿物质水吗？

2004年三月，美国国家航空航天局宣布，机遇号火星探测车在火星上发现了黄钾铁矾。同年十二月，与机遇号火星探测车同样执行作业的精神号在火星地表另一端的被称为“克洛维斯”的岩石中发现了类似针铁矿的矿物。两种矿物的发现从侧面说明了火星表面曾被水布满，得出这一结论是基于黄钾铁矾的形成方式，以及针铁矿是一种水合矿物，矿物中的水含量占到了百分之十的比率。“机遇号”发现的另一种矿物是小型“蓝莓”，球状物可能是赤铁矿结核体，这又是另一个证明水存在的物证。由探测车传回的电子图像如上图所示，“蓝莓”为深灰色的集合体，生长在质地粗糙、玉米状的物质上。被称为“魔奇玛瑙”的矿物跟图片所呈现的矿物很相似，这种球形矿物可以在地球上的犹他州找到，被认为是在有地下水的环境下形成的。早期的火星探索计划中已经发现了火星上曾出现过数量可观的碳酸盐矿物的证据，而这同样可以证明火星表面曾被水覆盖。但在2000年，火星全球探勘者号，在绕火星轨道运行时发现火星上至少有2 589 988立方千米的绿色橄榄石矿物。由于橄榄石中的水分消失速度很快，矿物很快就会变成黏土和蛇纹石，而这足以能够说明火星上的气候已经干燥了很长一段时间了。

黄钾铁矾 (Jarosite)

黄钾铁矾的化学式：$KFe_3(SO_4)_2(OH)_6$

黄钾铁矾是一种独特的淡黄色矿物，形成原因是风化侵蚀，经常在温泉矿床附近形成，在干燥地区也经常出现。黄钾铁矾的名字来自西班牙阿勒马格雷拉锯齿山地区的哈罗索峡谷，1852年在这里首次发现了黄钾铁矾这种矿物，发现人是德国矿物学家奥古斯特布莱特·豪普特。跟钠铁矾和明矾石相似，黄钾铁矾有着同样的三方晶体结构，上述矿物则构成了明矾石组矿物。黄钾铁矾的晶体只能在显微镜下观察到，但矿物收集者很看重这种矿物，是因为它在显微载片下会显得很特殊。2004年，机遇号火星探测车在火星上发现了黄钾铁矾，科学家们认为这一发现再次证明了火星表面曾被大量的液态水所布满。

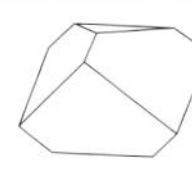

晶系：三方晶系
晶体习性：通常为土质团块或硬壳。晶体很小，为典型的六方晶或三角晶，或者有时也为伪立方晶
颜色：黄色或棕色
光泽：玻璃质至树脂质
条痕：浅黄色
硬度：2.5~3.5
解理：一个方向上良好，但只限于大块晶体
裂口：不均衡
比重：2.9~3.3
常见地区：西班牙哈罗索峡谷（阿勒马格雷拉锯齿山）；德国克拉拉（黑森林）；澳大利亚南部布拉布拉；玻利维亚华纳尼；智利戈达锯齿山；科罗拉多州铁箭头矿山（霞飞县）；亚利桑那州马里科帕县；爱达荷州卡斯特县；加利福尼亚州莫诺县

鉴定：黄钾铁矾通过它的条带状淡黄色、小晶体和伴生的赤铁矿、褐铁矿、磷铝石、黄铁矿、方铅矿、重晶石和绿松石就能判断出来。

水合硫酸盐矿物

水合硫酸盐是一种结构内部的水分子与彩色矿物结合进而形成结晶的矿物。彩色矿物有绒铜矿、碳锰钙矾和叶绿矾，另外还有颜色较灰暗的矾石。这些矿物只会形成于潮湿的地下环境中。可能失去水并在干燥的空气中分解，因此需要保存在密封容器中。

矾石 (Aluminite)

矾石的化学式：$Al_2(SO_4)(OH)_4 \cdot 7H_2O$

矾石也被称为“websterite”（意思也是矾石，以地质学家韦伯斯特命名）和“hallite”（命名来自德国城市哈雷，1730年在这里首次发现了矾石）。它是一种白色或灰色的矿物，形成于矾土（铝矿石）矿床和缝隙或节理中，通常矾石的伴生矿物是石膏、方解石、勃姆石、褐铁矿和石英。矾石会形成疙瘩状的团块或结节，看起来有点像花椰菜。这些团块由纤维状晶体构成，但单一晶体则因为太小而无法看见。因此矾石有时也被称为是结节状矿物。矾石是水合硫酸盐，也就是说它的晶体中含有水。在新墨西哥州瓜达卢佩山脉的晶洞中，矾石为亮白色或耀眼的白色和浅蓝白色，呈糊状至粉末状，在晶洞壁上形成细腻的结晶矿床。这些牛奶色的矿物是富含铝的液体结晶后粉化（脱水）形成的。

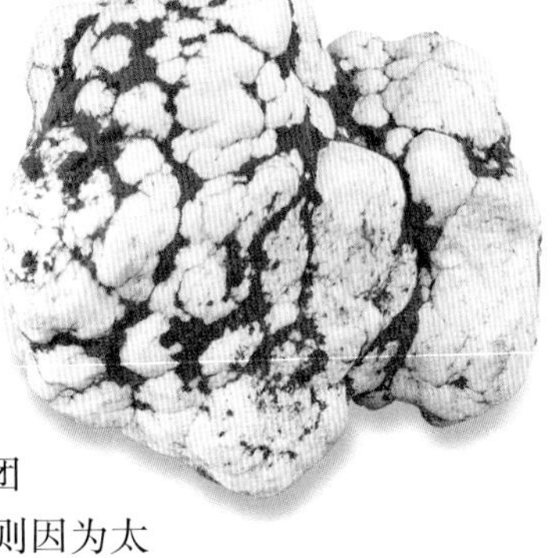

鉴定： 矾石可以通过它所形成的白色花椰菜型结节来辨认。

晶系： 单斜晶系
晶体习性： 通常形成小型纤维状晶体，为圆形“乳头状”，像花椰菜，葡萄状。也会形成土质黏土形团块
颜色： 白色或浅灰色
光泽： 土质
条痕： 白色
硬度： 1~2
解理： 无
裂口： 不均衡、不规则
比重： 1.7
其他特征： 荧光
常见地区： 英格兰苏塞克斯；德国哈雷；法国法兰西岛；意大利维苏威火山；哈萨克斯坦江布尔；日本近畿（本州岛）；奥地利摩根山（昆士兰）；委内瑞拉米兰达；密苏里州三台矿区；田纳西州矾洞；犹他州

叶绿矾 (Copiapite)

叶绿矾的化学式：$(Fe,Mg)Fe_4(SO_4)_6(OH)_2 \cdot 20H_2O$

鉴定： 黄色硬壳可能是硫酸铁，特别是在黄铁矿或磁黄铁矿上的硬壳，但仅凭这点很难确认这就是叶绿矾。

首次发现叶绿矾的地方位于智利的考帕波，叶绿矾也以地名而得名。这是一种次生矿物，是由其他矿物改变了之后形成的，特别是黄铁矿、磁黄铁矿和其他暴露在空气中的硫酸铁矿物。很多其他水合硫酸铁矿物也是通过同样的方式形成的，包括水绿矾、高铁叶绿矾、四水白铁矾、水铁矾、纤铁矾、铁明矾和复铁矾。如果没有X射线的帮助是很难将叶绿矾与其他硫酸铁矿物区分开来的。硫酸铁矿物都有浅黄色硬壳、黄色铀矿物跟它们很近似，但颜色要更深。和其他水合矿物一样，叶绿矾也很容易失去水分并碎成粉末，因此标本要保存在密封容器中。

针绿矾

叶绿矾

晶系： 三斜晶系
晶体习性： 通常形成颗粒硬壳和鳞状团块。单个晶体很罕见
颜色： 黄色或橄榄绿色
光泽： 珍珠光泽至晦暗
条痕： 浅黄色
硬度： 2.5~3
解理： 一个方向上良好
裂口： 不均衡
比重： 2.1
其他特征： 溶解于水、密度相对较低
常见地区： 法国；西班牙；德国黑森林；意大利厄尔巴岛；智利考帕波（阿塔卡马）；犹他州；加利福尼亚州；内华达州

绒铜矿 (Cyanotrichite)

绒铜矿的化学式：$Cu_4Al_2(SO_4)(OH)_{12} \cdot 2H_2O$

绒铜矿是所有矿物中颜色最为夺目的矿物之一，它的名字来源于其自身特有的深"青"蓝色。"绒"则是来自希腊语的"毛发"一词，因为它会形成硬壳或放射状或细腻的球状晶体。放射状的晶体很小(1毫米)，但所占的面积却可以跟一张明信片差不多大。就与叶绿矾形成于被氧化的硫酸铁矿物一样，绒铜矿也是形成于被氧化的硫酸铜矿物。与叶绿矾相似，绒铜矿的铜矿也是以相同方式形成的，包括了其他硫酸铜矿物(例如铜矾和水胆矾)、碳酸盐矿物(孔雀石)和卤化物矿物(氯铜矿)。铜的存在令所有矿物都成为了绿色，而绒铜矿中的水则令其保持着碧蓝色。因此将绒铜矿保存在密封容器中很重要，这可以保持水分不流失、标本颜色鲜亮。

鉴定： 绒铜矿为天蓝色，它具有天鹅绒般的外观，伴生矿物为其他铜矿物，例如孔雀石和菱锌矿，这些是鉴定绒铜矿的关键线索。

晶系： 斜方晶系
晶体习性： 硬壳以及放射状和球状小针形晶体还有小格状晶体
颜色： 天蓝色
光泽： 玻璃般至丝般
条痕： 蓝色
硬度： 1~3
解理： 无
裂口： 不均衡
比重： 3.7~3.9+
其他特征： 透明至半透明
常见地区： 英格兰康沃尔；苏格兰利德希尔；德国黑森林；法国奥佛涅大区；罗马尼亚；希腊利瓦迪亚；俄罗斯；澳大利亚布罗肯希尔(新南威尔士州)；亚利桑那州；内华达州；犹他州

空气中的物质

空气中的氧是所有元素中最为活泼的，因此不论何时金属矿物暴露在空气中，表面都会开始发生变化，这是由于氧开始与金属发生反应。像图中所示的铁锈就是这样形成的。这个再反应的过程被称为氧化，通常与氧与物质结合的过程有联系，称为还原。氧化和还原通常会参与物质间的氧交换。例如煤燃烧时，它的碳会跟空气中的氧结合，生成二氧化碳。事实上氧化曾指代任意化学反应中物质与氧结合的行为。燃烧、生锈和腐蚀所有这些反应都属于氧化。但现在定义被扩大了，氧化所指的是物质失去电子，而还原则是指物质获得电子。很多新的次生矿物都是由于原生矿物暴露在空气中并被氧化而形成的。经由氧化形成的金属矿石包括铜、钒、铬、铀和锰，都是所有矿物中颜色最多的矿物。

碳锰钙矾 (Jouravskite)

碳锰钙矾的化学式：$Ca_3Mn(SO_4,CO_3)_2(OH)_6 \cdot 13H_2O$

正如叶绿矾是由氧化的铁矿物所形成的，绒铜矿是由铜矿物所形成的，碳锰钙矾是由氧化的锰矿物形成的。它会形成独特的柠檬黄团块和硬壳。碳锰钙矾是一种稀有矿物，直到1965年才首次发现，发现地位于摩洛哥阿特拉斯山脉中的瓦尔扎扎特，这里有处著名的锰矿，名为塔克嘎嘎尔特。碳锰钙矾的名字是为了纪念法国地质学家乔治·齐奥拉斯基，他曾是摩洛哥地理部门的权威，于1964年去世。碳锰钙矾只在世界上少数地方有所发现，它通常跟锰联系在一起，包括南非喀拉哈里的锰矿。

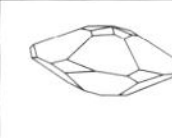

晶系： 六方晶系
晶体习性： 形成颗粒状团块、但晶体是双金字塔结构
颜色： 浅绿橘色、浅绿黄色、黄色
光泽： 玻璃般
条痕： 浅绿白色
硬度： 2.5
解理： 良好
裂口： 不均衡
比重： 1.95
其他特征： 半透明
常见地区： 摩洛哥塔克嘎嘎尔特(瓦尔扎扎特)；南非科恩瓦宁矿(北开普省喀拉哈里锰矿)

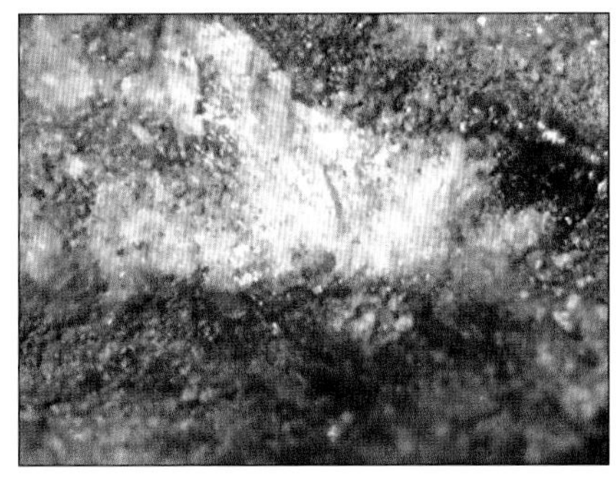

鉴定： 碳锰钙矾具有柠檬黄色，糖状结构，正如放大的标本图展示的这样，另外它的伴生矿物为锰矿石，这些都是鉴定碳锰钙矾的关键线索。

水溶性硫酸盐矿物

一小部分硫酸盐矿物是极易溶解于水的，包括泻利盐、胆矾、水绿矾和无水芒硝。这些矿物比我们想象得更普遍，甚至会出现在世界上相对潮湿的地方，但极易粉碎，除非是装在密闭容器中并加入硅胶作为干燥剂。

泻利盐 (Epsomite)

泻利盐的化学式：$MgSO_4 \cdot 7H_2O$

泻利盐就是众所周知的药用泻盐，最先在英格兰埃普索姆的矿泉水中发现。现在所使用的大部分药用泻盐都是人工制造的。泻利盐极易溶于水，因此在潮湿地区很罕见。但泻利盐会出现在厚厚的沉积矿床中，例如南非海盐矿床中的泻利盐。但更常见的是泻利盐以粉化形式出现，即来自矿泉水的粉末状沉积，例如在水分蒸发掉的干燥的石灰岩中，或在干燥地区的干盐湖周边。泻利盐也可以在煤矿壁上和金属矿以及废弃的设备上生成。泻利盐也可以出现在温泉和火山喷气孔周边，如意大利维苏威火山附近的泻利盐。大型晶体十分罕见且非常易碎。标本可以用酒精清洁、保存在密封容器中。尽管湿度是泻利盐的最大敌人，但干燥也是，每失去一个水分子都可以把泻利盐变成其他矿物，改变后的矿物称为六方泻盐，具有不同的单斜晶体。

鉴定：泻利盐的最佳鉴别线索就是它的纤维状晶体、发现地、颜色、低密度和易溶于水的特性。

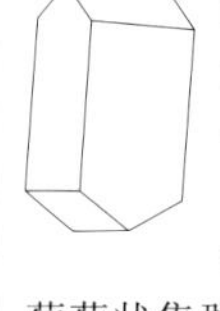

晶系：斜方晶系
晶体习性：通常不会形成晶体，但会以团块、颗粒、纤维状、针状、硬壳、葡萄状集群和钟乳石等形式出现，典型的是晶洞粉化和干盐湖
颜色：无色、白色、灰色
光泽：玻璃般、丝般、土质
条痕：白色
硬度：2~2.5
解理：一个方向上良好
裂口：贝壳状
比重：1.7
其他特征：极易溶于水
常见地区：英格兰埃普索姆（萨里）；意大利维苏威火山；德国斯塔斯弗；法国朗格；非洲撒哈拉沙漠；澳大利亚中部；华盛顿州克鲁格山；新墨西哥州卡尔斯巴德；加利福尼亚州阿拉米达县

胆矾 (Chalcanthite)

胆矾的化学式：$CuSO_4 \cdot 5H_2O$

胆矾的名字来源于希腊语“铜”和“花”。胆矾是经典硫酸铜溶液的基底，通常在学校的化学实验室中能看到，也常被当做晶体生长的证明。事实上，胆矾晶体很容易生长，大部分出售的矿物都是人工合成的。在自然界中，含铜的硫化物，例如黄铜矿、铜蓝、斑铜矿、辉铜矿和硫砷铜矿等氧化后能够形成胆矾。胆矾通常会在铜矿壁上和原木上形成硬壳和钟乳石。胆矾在潮湿环境中很少见，因为它极易溶于水，但在干旱地区却很普遍，例如智利荒漠中。胆矾曾经被当做次要的铜矿石使用。

警告：胆矾有毒，接触后请仔细洗手。

砂岩

鉴定：胆矾的最佳鉴定特征是它浅蓝色的“硫酸铜”标示色、干燥的环境和所形成的硬壳和钟乳石

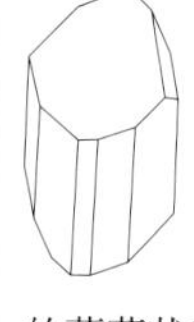

晶系：三斜晶系
晶体习性：自然晶体很罕见，但会形成短粗的棱柱和厚片。会呈现出典型的葡萄状和钟乳石状团块，集中在岩脉和硬壳中。
颜色：明暗不等的蓝色
光泽：玻璃般、丝般
条痕：浅蓝色至无色
硬度：2.5
解理：粗糙（基底）
裂口：贝壳状
比重：2.2~2.3
其他特征：极易溶于水
常见地区：西班牙里奥廷托矿区；智利丘基卡马塔，埃尔特尼恩特；犹他州宾汉峡谷；田纳西州达克敦；内华达州依姆利（珀欣县）；亚利桑那州比斯比（科奇斯县），阿霍

水绿矾 (Melanterite)

水绿矾的化学式：$FeSO_4 \cdot 7H_2O$

水绿矾是一种硫酸铁，由被氧化的铁矿石形成，特别是硫酸铁氧化物，例如黄铁矿、磁黄铁矿、白铁矿和黄铜矿石。它形成白色或绿色的粉末状矿床、硬壳、钟乳石或偶尔会有小型晶簇。在铁矿中矿工经常可以看到沿着矿井壁而生长的粉末状水绿矾硬壳，正是在这个地方矿石发生了变化。水绿矾有时也被叫做绿矾，得名自希腊语，是“铜水”的意思。这是由于水绿矾溶于水后就会形成硫酸盐溶液，当铁混入这种溶解胆矾（硫酸铜）中就会析出金属铜。另外比较少见的是，水绿矾的蓝色其实是来自铜杂质，铜越多，水绿矾的蓝色就越明显。

鉴定： 鉴定水绿矾，可通过它的浅绿白色外观、伴生的硫酸铜铁矿物来判定。暴露在空气中的矿物很容易失去水分并粉碎，因此应将样本存放在密封容器中。

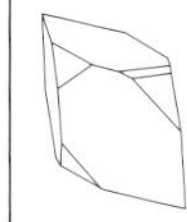

晶系： 单斜晶系
晶体习性： 主要为硬壳，但晶体可以成形为棱柱形或更常见的双晶形式，有时会形成十字形或星形
颜色： 白色、绿色或蓝绿色
光泽： 玻璃般至丝般
条痕： 白色
硬度： 2
解理： 一个方向上良好
裂口： 贝壳状，易脆
比重： 1.9
其他特征： 极易溶于水
常见地区： 西班牙里奥廷托矿区；德国哈茨山脉，拉莫尔斯贝格；瑞典法伦；田纳西州达克敦；南达科他州；科罗拉多州；犹他州宾汉峡谷；内华达州康斯塔克矿；蒙大拿州比尤特

加利福尼亚州干燥的珍宝湖

加利福尼亚州圣贝纳迪诺县的希尔斯湖是世界上最著名的蒸发岩矿区之一。它是位于莫哈维沙漠中的干盐湖，而这里也是世界上最干燥的地区之一。希尔斯湖的大部分都已经干涸或只能维持浅水洼的状态，但它的形成时间可追溯到冰河时期，暴雨环境造就了以它为中心的大型排水网络。希尔斯湖的名字来源于希尔斯兄弟约翰和丹尼斯，他们于1863年在这里发现了硼砂，而这距离两人专门在这里研究巨大的矿床已经过去了十年的光阴。截止目前希尔斯湖蕴藏着价值十亿美元的化学物质。除了硼砂外，这里还蕴藏着蒸发碱或“苏打”，这是一种天然的碳酸氢钠，以附近的小镇特罗纳命名。据说在希尔斯湖中有接近九十种自然元素，而矿床中也蕴藏着稀有矿物，例如碳酸芒硝和粉色的岩盐。特罗纳附近的区域则分布着超过五百处尖顶式凝灰岩，这里也因独特的地貌景观成为众多影视作品的取景地，例如《星球大战5》、《人猿星球》和迪士尼公司出品的《恐龙》。

无水芒硝 (Thenardite)

无水芒硝的化学式：Na_2SO_4

无水芒硝以法国化学家路易斯·贾可斯·泰纳尔命名。在碱湖和干盐湖附件的巨型矿床上能找到无水芒硝，这种干燥的区域还包括美国西南部、非洲、塞尔维亚和加拿大，在上述这些地方所发现的无水芒硝都是因蒸发岩而形成的。在沙漠土壤中无水芒硝通常也粉末状的形式出现，此外还有火山喷气孔附近。无水芒硝是一种天然的硫酸钠，也是一种重要的化学物质，是制造肥皂、洗涤剂、玻璃和纸张的关键原料。从地下开采出了大量的无水芒硝以满足工业需求。单单是加利福尼亚州希尔斯湖，就蕴藏了四亿五千万吨的无水芒硝。而犹他州的大盐湖则蕴含着四亿吨的无水芒硝。世界上最大的无水芒硝矿床在中国江苏省的洪泽湖。

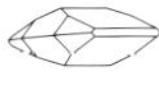

晶系： 斜方晶系
晶体习性： 主要形成硬壳、颗粒和大规模的岩层。另外还会形成扭曲的交互生长的晶簇。晶体很罕见，但为细长的格状或棱柱形
颜色： 白色、浅黄色灰色或棕色
光泽： 玻璃般
条痕： 白色
硬度： 2.5~3
解理： 一个方向上良好
裂口： 像角闪石一样的裂片
比重： 2.7
其他特征： 溶于水、发出白色的磷光
常见地区： 西班牙埃斯帕尔迪纳斯；西西里岛埃特纳火山；尼日尔比尔马绿洲；俄罗斯希阿比尼和洛瘠泽罗地块（科拉半岛）；哈萨克斯坦；中国洪泽湖（江苏省）；智利黎加大草原；加利福尼亚州希尔斯湖；犹他州大盐湖；亚利桑那州坎普维德

鉴定： 鉴定无水芒硝的最佳方法就是看它的发现地以及白色的荧光。

铬酸盐矿物、钼酸盐矿物和钨酸盐矿物

这几组矿物具有质量重、质地柔软、较脆的特点，跟硫酸盐具有同样的化学结构，但注意，在分子中本该是硫的地方都被铬、坞和钼取代了，才会形成这三种类物。除了像钨锰铁矿和白钨矿这种矿石以外，还包括了所有矿物中最引人注目的矿物，例如赤铅矿和钼铅矿，还有两种稀有矿物铁钼华和铜钨华。

赤铅矿(Crocoite)

赤铅矿的化学式：$PbCrO_4$

赤铅矿为血红色或橘色，是所有矿物中颜色最美丽的之一。赤铅矿属于铬酸盐，即铬替代了硫，而也正是铬才赋予了矿物如此独特的颜色。1766年，在俄罗斯叶卡捷琳堡附近的别列佐夫斯克矿区中发现了种矿物，并于1832年以希腊语命名为赤铅矿，意思是“番红花”或“藏红花”，特指其颜色。在乌拉尔山地区，赤铅矿通常位于穿过花岗岩和片麻岩的石英岩脉中，并与其他相似矿物伴生，例如红铬铅矿和磷铬铜铅矿。后者是以法国化学家L.N.沃克兰的名字命名的，他于1797年与H.克拉普罗特一道发现了赤铅矿中的铬元素。之后，赤铅矿就被当做铬矿石来使用。但现在赤铅矿实在是太少了。著名的赤铅矿标本产自塔斯马尼亚的邓达斯，晶体长度可达20厘米。但找到的大部分标本都是尖片状的小晶体，也被称为“稻草人”赤铅矿。

鉴定： 赤铅矿为血红色，通常呈尖片状，晶体不会跟其他晶体所混淆。它可能会跟钼铅矿弄混，但赤铅矿的晶体是棱柱形且比重较低。

晶系： 单斜晶系
晶体习性： 主要形成细长的尖片状晶体，十分独特。晶体末端有时有小洞。也会在花岗岩和其他火成岩中形成颗粒和团块
颜色： 亮橘红色至黄色
光泽： 金刚石般至油润
条痕： 橘黄色
硬度： 2.5~3
解理： 两个方向不同
裂口： 贝壳状至不均衡，易脆
比重： 6.0+
其他特征： 溶于水、发出白色的磷光
常见地区： 西班牙埃斯帕尔迪纳斯；西西里岛埃特纳火山；尼日尔比尔马绿洲；俄罗斯希阿比尼和洛痔泽罗地块(科拉半岛)；哈萨克斯坦；中国洪泽湖(江苏省)；智利黎加大草原；加利福尼亚州希尔斯湖；犹他州大盐湖；亚利桑那州坎普维德

钼铅矿(Wulfenite)

钼铅矿的化学式：$PbMoO_4$

钼铅矿是一种非常独特的矿物，这种矿物以耶稣会信徒矿物学家泽维尔·乌尔芬的名字命名(1728–1805年)，他于1785年在奥地利卡林西亚州发现了这种矿物。从化学角度来说这是一种钼酸铅，由被氧化的钼铁矿石形成，但它的独特之处在于晶体形状十分引人注目。这些晶体为正方形，透明且以薄片状链接，看起来很像塑料筹码。钼铅矿通常为黄色，但也可以是白色、橘色，甚至是红色。这种筹码形的钼铅矿晶体很容易被记住，但钼铅矿也会形成其他形状的晶体，这对矿物收集者来说很有吸引力。亚利桑那州尤马的红云矿区和伊朗的姜查–卡波斯矿区中都出产过鲜艳的橘红色钼铅矿晶体。

鉴定： 当形成像筹码似的正方形扁平黄色晶体时，就可以基本确定这是钼铅矿。

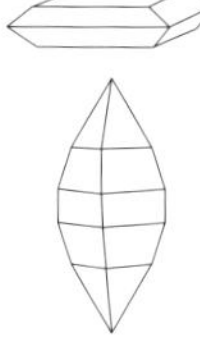

晶系： 四方晶系
晶体习性： 很薄的正方形晶体，很像塑料筹码，也会形成颗粒和带洞的团块
颜色： 橘红色至黄色
光泽： 玻璃般
条痕： 白色
硬度： 3
解理： 一个方向完好
裂口： 亚贝壳状至不均衡，易脆
比重： 6.8
其他特征： 折射率为2.28~2.40(高折射率但基本上都是铅矿)
常见地区： 奥地利卡林西亚州；斯洛文尼亚；捷克共和国；摩洛哥；纳米比亚楚梅布；扎伊尔；澳大利亚；墨西哥索诺拉州、杜兰戈州、奇瓦瓦州；亚利桑那州皮纳尔县、尤马县、吉拉县；新墨西哥州史蒂芬森伯奈特矿区

铁钼华 (Ferrimolybdite)

铁钼华的化学式：$Fe_2O_3 \cdot 3MoO_3 \cdot 8H_2O$

跟辉钼矿、钼钨钙矿和钼铅矿一样，铁钼华中也含有大量的钼。当辉钼矿被风化侵蚀，特别是石英岩脉中的辉钼矿被风化侵蚀，就会形成铁钼华。通常在辉钼矿的层理中能找到铁钼华。另外铁钼华也可以在废石堆中找到。令铁钼华与众不同的是其成分中含有的铁，而这也就可以解释为什么铁钼华总跟黄铜矿伴生。风化的矿石中通常会混有红色的赤铁矿、黄色的黄钾铁矾和铁钼华，棕色的针铁矿和黑色的氧化物。从正式角度来说，铁钼华是由皮利彭科于1914年在西伯利亚东部的哈卡斯共和国发现的，但对铁钼华的整个发现过程可以追溯到更早的时期。1800年，欧洲人发现了一种叫做“钼华”的物质，德国地质学家们将它描绘成存在于钼层理中的“钼赭石”。在美国内战爆发的前几年，美国地质学家大卫·戴尔·欧文在加利福尼亚州发现了一个铁钼华的标本，并对其铁成分做了记录。1904年，萨勒提出了观点，认为虽然这种物质是富含铁的氧化钼，但却是自然形成的，而皮利彭科正是在1914年证明了萨勒的观点。

鉴定：铁钼华的伴生矿物是辉钼矿，颜色为黄色，晶体是小型扁针状或纤维状，这些都是鉴定铁钼华的最佳依据

铁钼华硬壳

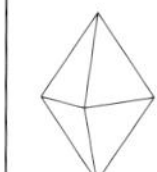

晶系：斜方晶系
晶体习性：长有小型扁针状或纤维状晶体的暗淡的黏土状团块
颜色：黄色
光泽：丝般
条痕：浅黄色
硬度：2.5~3
解理：完好，但自然形成的晶体很小
裂口：不均衡
比重：4~4.5
常见地区：捷克共和国波西米亚；德国萨克森州；奥地利陶恩山脉；瑞典彼布斯伯格，巴斯特纳斯；俄罗斯伊克图尔湖（哈卡斯共和国）；澳大利亚邓迪（新南威尔士州）；科罗拉多州克利马科斯；亚利桑那州；德克萨斯州；新墨西哥州

塔斯马尼亚的邓达斯矿区

塔斯马尼亚齐恩附件的邓达斯矿区，长期以来以出产数量惊人的赤铅矿而闻名，而配图中展示的正是赤铅矿区。世界上超过百分之九十的赤铅矿都来自这里，而它也是塔斯马尼亚州的标志性矿物。这里首次发现赤铅矿的时间为1896年，发现人是詹姆士·史密斯和W. R. 贝尔，当这两位银铅矿工深入开凿到矿体时，发现了蜂窝状的晶洞中长满了白铅矿和非凡的血橘色“稻草人”晶体的赤铅矿。这里的赤铅矿数量众多，很多被开采出来的美丽晶体都被当做助熔剂。但结果却是矿石和赤铅矿近乎枯竭，矿山也处于濒临废弃的状态。到了20世纪70年代以及2002年，在邓达斯的普拉特矿区和著名的阿德莱德矿区发现了新的赤铅矿和磷氯铅矿，现在产自这里的两种矿物完全可以满足矿石收集者的需求。

铜钨华 (Cuprotungstite)

铜钨华的化学式：$Cu_2(WO_4)_2(OH)_2$

铜钨华于1869年在智利发现，这种矿物常见于干燥环境中，例如下加利福尼亚州、澳大利亚的布罗肯希尔和纳米比亚，但质量上乘的矿物标本却是出自英格兰康沃尔郡的老甘尼斯莱克矿区中。铜钨华是一种铜跟钨的化合物，通常在铜矿物上以黄褐色或绿色覆着物的形式出现。当白钨矿矿床中（钨矿石矿床）包含硫酸铜时，两种矿物相互作用，在一同经历风化侵蚀和氧化后就形成了铜钨华。

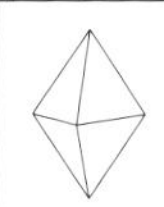

晶系：四方晶系
晶体习性：细腻的纤维状晶体或团块
颜色：翡翠绿色或棕色
光泽：玻璃般，蜡质光泽
条痕：绿色
硬度：4~5
裂口：贝壳状，易脆
比重：7
常见地区：英格兰康沃尔郡，哥比亚；德国黑森林；纳米比亚；南非；澳大利亚布罗肯希尔；日本本州岛；中国；墨西哥拉巴斯（下加利福尼亚州），索诺拉；亚利桑那州科奇斯县，皮马县和马里科帕县；犹他州深溪山

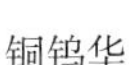

铜钨华

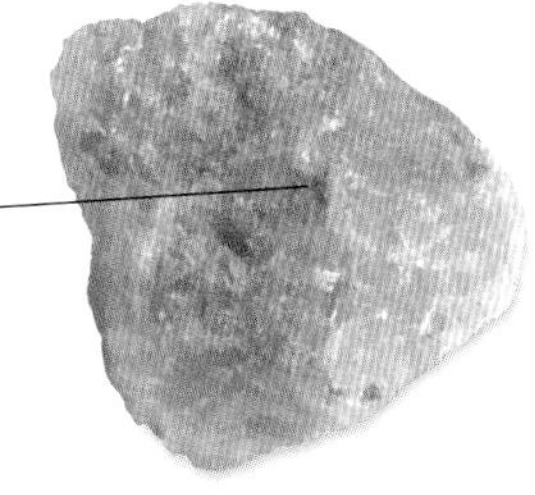

鉴定：铜钨华的最佳鉴定线索是它黄褐色或绿色的外观以及所伴生的铜钨矿石。

磷酸盐矿物、砷酸盐矿物和钒酸盐矿物

磷酸盐、砷酸盐和钒酸盐是一组有意思且特别的矿物。磷酸盐包括了只能在少数几种矿物中才会存在的稀土元素，例如钇、钍、铯以及极少为人所知的钐和钆。钒酸盐则包括了那些具有令人赞不绝口的晶体的矿物，例如钒铅锌矿和钒铅矿。本书所列的磷酸盐是“原生”的(直接形成的矿物)，而在少数磷酸盐矿物中还存在一些无水矿物(不含水)。

磷钇矿 (Xenotime)

磷钇矿的化学式：YPO_4

磷钇矿是少数几种英文名称中以字母“X”开头的矿物，而这个名字也诉说了历史上它几次被错认的事情。磷钇矿的名字来自希腊语，意思是“空的荣耀”，因为这种矿物曾一度被认为是含有新元素“钇”的矿物。虽然磷钇矿中确实含有钇，但这却不是一种新元素。“xenos”在希腊语中是“陌生人”的意思；而“kenos”在希腊语中是“空”的意思，因此这种矿物其实应该叫做“空钇矿”！但在磷钇矿中却包含了一种有趣的矿物，也是少数几种含有钇的矿物，且这种矿物可以被铒取代。磷钇矿会形成棕色玻璃质晶体，以晶簇和玫瑰形的外观存在于内部具有伟晶岩的花岗岩和片麻岩中，而矿物本身跟独居石很相似。一旦生成磷钇矿的岩石被风化侵蚀，它有时就会出现在河沙和海滩上，这点跟独居石也一样，是由于它的相对密度高的原因。但跟独居石相比，磷钇矿的质地要偏柔软一些、颜色也更亮一些，因此在上述矿床里是比较罕见的矿物。

鉴定：磷钇矿最佳鉴定方法就是根据硬度和晶体习性来确定。

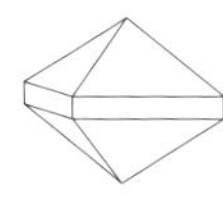

晶系：四方晶系
晶体习性：晶体为棱柱形、末端为倾斜的双金字塔形。也会形成玫瑰形和放射状晶簇
颜色：深棕色；还有浅灰色、浅绿色或浅红色
光泽：玻璃般至树脂般
条痕：浅棕色
硬度：4~5
解理：两个方向上良好
裂口：不均衡至裂片状
比重：4.4~5.1
其他特征：含有微量铀和一些稀土元素，因此令晶体具有轻微放射性
常见地区：挪威阿伦达尔，伊特罗，维德特兰；瑞典；马达加斯加群岛；巴西；科罗拉多州；加利福尼亚州；佐治亚州；北卡罗莱纳州
警告：磷钇矿具有放射性，处理和存放时要小心谨慎

独居石 (Monazite)

独居石的化学式：$(Ce,La,Th,Nd,Y)PO_4$

实际上独居石是一个概括性术语，特指一部分磷酸盐矿物，这种磷酸盐中包含了几种稀土元素：铈、钍、镧和钕，还有一小部分镨、钐、钆、钇。独居石会在含有伟晶岩的花岗岩和片麻岩中形成小型棕色或金色的晶体，例如那些在挪威和美国缅因州的岩石，或者是在含有石英的高山晶洞中存在(这种组合称为独居石)。当岩石经历风化侵蚀并被冲刷向大海时，独居石通常会在海岸附近沉淀下来，这是由于它相对来说比较坚硬，质量也重。独居石颗粒通常集中在海滩的沙子里，被称为独居石海滩，比较知名的是沿着印度马拉巴尔海岸所形成的独居石海滩。这些海滩颗粒首先会因独居石中含有的钍而被挖掘，当然含有其他稀土元素的独居石也会被挖掘出来。

警告：独居石具有高放射性，因此处理时要格外小心，样本要存放在适宜的容器中。

鉴定：独居石的最佳鉴定线索就是它复杂的红棕色裂片状晶体，但这种晶体由于跟砂砾很像，所以很难鉴别。

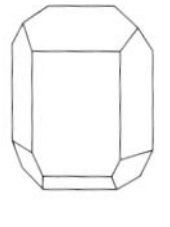

晶系：单斜晶系
晶体习性：为团块或颗粒。晶体扁平，裂片状楔形和格状，为复杂的双晶
颜色：晶体为红棕色至金色；颗粒为黄棕色
光泽：树脂质至蜡质
条痕：白色，黄棕色
硬度：5~5.5
解理：一个方向上良好
裂口：特殊的贝壳状
比重：4.9~5.3
常见地区：
伟晶岩：挪威；芬兰；玻利维亚卡雅帕玛；马达加斯加；巴西米拉斯吉拉斯；康涅狄格州；弗吉尼亚州阿梅利亚县；科罗拉多州克利马科斯；新墨西哥州
高山晶洞：瑞士
沙地：印度马拉巴尔；斯里兰卡；马来西亚；尼日利亚；澳大利亚；巴西；爱达荷州；佛罗里达州；北卡罗来纳州

磷酸锂铁矿 (Triphylite)

磷酸锂铁矿的化学式：$Li(Fe,Mn)PO_4$

磷酸锂铁矿是一种相对罕见的磷酸盐矿物，会形成浅蓝色或玻璃质团块。磷酸锂铁矿的名字来源于希腊语，意思是“三口之家”，因为这种矿物中除了磷酸盐以外还包含了三种元素，分别是锂、铁和锰。磷酸锂铁矿跟另一种磷酸盐矿物很近似，即磷锂矿，这种矿物里面也包含了三种相同的元素。真正可以把这两种矿物区分开的是，磷锂矿中含有的锰更多，因此颜色更偏粉；而磷酸锂铁矿中包含的铁更多，颜色更偏蓝。这些矿物有意思的地方在于风化后所产生的物质。它们都形成于花岗岩中富含磷酸盐的伟晶岩中，风化后会形成各种备受瞩目的矿物，例如磷铝锰矿、蓝铁矿、紫磷铁锰矿、羟磷铁石和褐磷锂矿。在热液中，它们能变成菱铁矿和菱锰矿。

鉴定：磷酸锂铁矿是蓝灰色的矿物，多出现于花岗岩中富含磷酸盐的伟晶岩里。磷酸锂铁矿团块为绿色，表面上附着有蓝铁矿。

蓝铁矿

磷酸锂铁矿团块

晶系：斜方晶系
晶体习性：大部分形成玻璃质团块
颜色：蓝色或蓝灰色
光泽：玻璃质
条痕：白色至灰白色
硬度：4~5
解理：一个方向近似于良好（基底）
裂口：不均衡
比重：3.58
常见地区：瑞典布鲁特拉斯科；德国巴伐利亚州；葡萄牙曼瓜尔德；波兰巴克菲尔德；纳米比亚卡利堤区；卢旺达布兰卡（伟晶岩）；南非纳马夸兰；印度拉贾斯坦邦；澳大利亚西部皮尔布拉；巴西北里奥格兰德；西北地区耶洛奈夫；加利福尼亚州圣迭戈县；缅因州；新罕布什尔州北格罗顿；南达科他州卡斯特；康涅狄格州布兰奇维尔

紫磷铁锰矿–异磷铁锰矿 (Purpurite-Heterosite)

紫磷铁锰矿–异磷铁锰矿的化学式：$MnPO_4$

晶系：斜方晶系
晶体习性：大部分形成土质团块，颗粒或硬壳
颜色：紫色，棕色或红色
光泽：玻璃质
条痕：深红色至紫色
硬度：4~4.5
解理：一个方向良好
裂口：不均衡
比重：3.3
常见地区：葡萄牙萨布戈尔；法国；奥地利克拉尔培山脉；纳米比亚；南非北开普省；澳大利亚西部皮尔布拉；北卡罗来纳州菲尔斯锡矿（金斯山，加斯顿县）；康涅狄格州波特兰；亚利桑那州亚瓦派县

官方记录紫磷铁锰矿–异磷铁锰矿的发现时间是在1905年，于加斯顿县被发现，紫磷铁锰矿的名字来源于它所展现的令人惊奇的紫色。自文艺复兴时期起紫磷铁锰矿就被当做一种颜料来使用，但它实际上是一种稀有矿物，所以时至今日画家在使用这种矿物时还是很节约的。紫磷铁锰矿会跟磷酸盐矿物异磷铁锰矿形成一系列矿物，紫磷铁锰矿会富含锰，而异磷铁锰矿富含铁。当原生的磷酸盐矿物在花岗片麻岩中形成结晶，之后暴露在空气中，随着时间的推移就会被改变，进而形成紫磷铁锰矿。而这也就是为什么通常紫磷铁锰矿的大小跟其他矿物上的硬壳或附着的锈蚀差不多。事实上，它通常变成另一种罕见矿物磷锂矿，这也是它本身很稀少的原因。

鉴定：深紫色的紫磷铁锰矿和异磷铁锰矿通常会使它们很容易在花岗伟晶岩中被发现，但区分这两种矿物却不是很容易。

放射性

有些原子、特别是比较大的原子，原子核通常都不稳定，且容易裂变（衰变）成其他更稳定的原子。这个过程中会释放出剩余能量，特别以特别小的α和β粒子形式出现，或者也可以通过伽马射线的方式出现（跟光相似的高能量电磁波）。这就是放射性而测量放射性要用到盖革计数器。放射性于1896年被发现，通常会跟核电站和核武器联系起来。对岩石构造来说，例如花岗深成岩会产生相对较高的放射性，一部分矿物则是具有天然的放射性，包括磷钇矿、独居石和钙铀云母。具有放射性的矿物在处理和存放时要特别小心，注意安全。

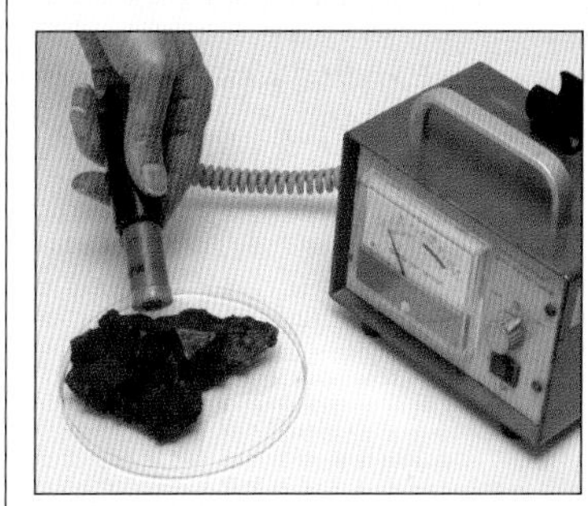

蓝铁矿物

蓝铁矿物指一组包含数量较少，且为稀有的水合磷酸盐的矿物，它们都具有相同的晶体结构。蓝铁矿本身因带有蓝颜色而知名，但该组别中的其他矿物，如钴华、镍华、红砷锌矿和镁蓝铁矿，都具有非常鲜艳的颜色。钴华有耀眼的深红色，镍华有新鲜的苹果绿色，红砷锌矿是锈色而镁蓝铁矿则是婴儿蓝色（偶有黄色斑点）。

蓝铁矿 (Vivianite)

蓝铁矿的化学式：$Fe_3(PO_4)_2 \cdot 8H_2O$

放射状的蓝铁矿晶体

蓝铁矿首先是由J. G. 薇薇安发现的，它的首次发现就是作为一种矿物而被人所知，发现地点则位于英格兰康沃尔郡靠近特鲁罗地区的威尔简锡矿中，而蓝铁矿的英文名字也以薇薇安的名字来命名。它形成于铁矿石岩脉和富含磷酸盐的伟晶岩中，或者是在结晶过程中比较晚的阶段里形成。在爱达荷州、犹他州和科罗拉多州，作为原始矿物的磷酸锂铁矿和锰矿石历经风化后形成了蓝铁矿。有些质量最佳的晶体则出现于玻利维亚锡矿石岩脉的晶洞中。蓝铁矿也会在黏土中形成结核体，当位于时间较近的沉积层中的矿物被改变，也会形成蓝铁矿，例如它会出现在褐煤、泥煤和化石中，例如墨西哥的猛犸象头骨里曾经发现过蓝铁矿（详见下面的“猛犸绿松石”）。当蓝铁矿刚形成时，几乎是无色的，但一旦暴露在光照条件下就会变成蓝色。事实上，它会逐渐地变成全黑，也变得易脆，因此矿物样本需要储存在避光的地方。

鉴定：鉴定蓝铁矿的最佳方式就是它的蓝色晶体，事实上在光照条件下蓝铜矿的颜色会变深。当加热后蓝铁矿珠就会带有磁性。

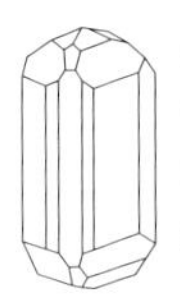

晶系：单斜晶系
晶体习性：放射状的棱柱形、针形或纤维形晶簇。也会形成土质团块和硬壳。也会出现在化石壳中
颜色：无色至绿色，蓝色和靛蓝色，暴露在光照条件下会变成黑色
光泽：玻璃质
条痕：白色或蓝绿色
硬度：1.5~2
解理：一个方向良好
裂口：不均衡
比重：2.6~2.7
其他特征：细长的晶体易弯曲
常见地区：英格兰威尔简矿区（康沃尔郡）；塞尔维亚特里普卡；乌克兰克里米亚；日本；喀麦隆安洛尔；玻利维亚；巴西；新泽西州穆里卡山；科罗拉多州莱德维尔；马里兰州；犹他州；爱达荷州；缅因州

钴华 (Erythrite)

钴华的化学式：$Co_3(AsO_4)_2 \cdot 8H_2O$

鉴定：钴华硬壳通过它深粉的颜色就能辨认，外观则像是吐司上涂抹的覆盆子果酱。

钴华是一种引人注目的深红色矿物，由富含钴的矿物风化后形成，例如辉钴矿。它耀眼的深红色很惹人注目，矿工也用钴华来确定蕴藏着钴、镍、银矿石的岩脉。钴华可以形成放射状的晶体和结核体，但通常的形式是在钴矿表面形成覆着物，因此被称为“钴华”。正如物质在液体中完全混合会形成溶液一样，固体中的成分也可以混合形成固溶液。固溶液系指的是一定范围的矿物，其所含成分跟周边物质进行交换。钴华属于固溶液系的一部分，镍华则在另一端，而在这其中镍跟钴交换了位置。随着成分中镍的增加，颜色也从深变浅至白色、灰色或浅绿色，成为镍华。

晶系：单斜晶系
晶体习性：通常为土质硬壳或团块。晶体很罕见，但为裂片状棱柱形或扁长针状的晶簇
颜色：在硬壳上为深红色至浅粉色
光泽：玻璃质
条痕：浅红色
硬度：1.5~2.5
解理：一个方向良好
裂口：不均衡，具有可切性
比重：3
常见地区：英格兰康沃尔郡，哥比亚；德国施内贝尔；捷克共和国；摩洛哥博阿塞（带有方钴矿）；澳大利亚昆士兰州；墨西哥阿拉莫斯；安大略省寇博特

镍华 (Annabergite)

镍华的化学式：$Ni_3(AsO_4)_2 \cdot 8H_2O$

镍华长期以来被称为镍赭石或“镍华”，而名字则来源于H. J. 布鲁克和W. H. 米勒。1852年在德国萨克森州的安纳贝格县矿区中发现了镍华，而这座矿区以出产质量上乘的矿物著称。镍华中的镍含量跟钴华中的成分相当，正是镍赋予了镍华苹果绿色甚至是白色，而这正跟钴华的深红色产生了明显对比。然而两种矿物之间还存在诸多不同，但利用现代手段也未必能很容易地将它们进行区分，最好的方法是在实验室中进行分析。镍华是一种稀有矿物，形成于地表附近的钴–镍–银矿脉中，通常会处在镍矿石风化后形成细长的浅绿色薄层中。跟钴华不同，目前尚未发现镍华的大晶体，即便是小晶体也很罕见，因此备受重视。只有几个地方出产的镍华中带有晶体，比如希腊的利瓦迪亚，配图中所展示的标本就来源于此。利瓦迪亚的镍华晶体此前都被当成镍镁华，未被正式确认过，直到在西班牙拉卡布雷拉山中发现了相似的晶体，利瓦迪亚的镍华晶体才正式确定了身份。

鉴定：镍华形成一种苹果绿的附着物，与钴华和镍矿物伴生，例如方钴矿、红砷镍矿和辉砷镍矿。

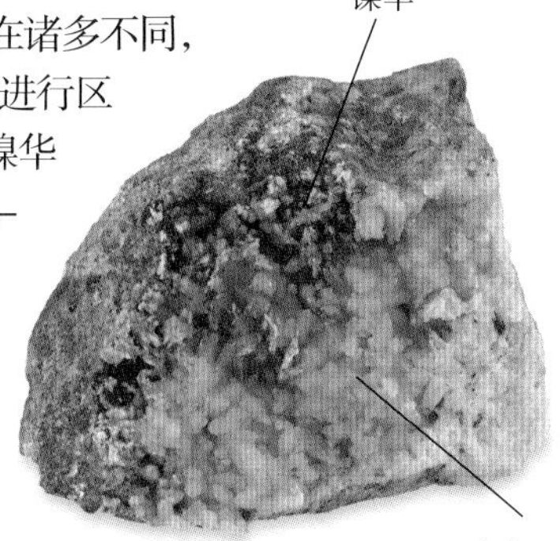

晶系：单斜晶系
晶体习性：通常为土质硬壳或薄层。罕见的小型晶体很像小稻草
颜色：浅苹果绿色至粉色
光泽：丝般，玻璃般，晦暗
条痕：浅绿色或灰色
硬度：1.5~2.5
解理：一个方向良好
裂口：薄片状
比重：3
常见地区：英格兰蒂斯河谷；希腊利瓦迪亚；西班牙拉卡布雷拉山（阿尔梅里亚）；法国阿尔蒙特（伊泽尔），比利牛斯山；德国安纳贝格（萨克森州），黑森林，黑森；奥地利卡琳西亚，萨尔次堡；安大略省寇博特；内华达州洪堡

红砷锌矿 (Köttigite)

红砷锌矿的化学式：$Zn_3(AsO_4)_2 \cdot 8H_2O$

猛犸绿松石

中世纪，法国西多会的僧侣们为装饰教堂而打造了一块蓝绿色宝石。他们将这块宝石命名为“牙石”，是由于这块宝石曾被认为是乳齿象的巨牙，他们将已经化石化的牙齿加热后得到了这块宝石。乳齿象是一种类似于大象的生物，生活在一千三百万至一千六百万年前的欧洲。这些化石化的牙齿则来自比利牛斯山附近的古沉积层中。僧侣们认为牙石是真正的绿松石亚宝石，这是由于它看起来跟真正的绿松石非常接近。但实际上牙石是一种被称为齿绿松石的物质，从化学角度来说它跟绿松石也截然不同。本质上齿绿松石是氟磷灰石，含有微量的锰、铁和其他金属。一度被认为它的蓝色是由受热后变成蓝铁矿而导致的，直到最近科学家们在法国罗浮宫才对齿绿松石做了光谱分析，里面并不含有蓝铁矿，因此现在的观点普遍认为它的蓝色是来自锰离子。

鉴定：针形晶体、硬壳外形、与锌矿例如菱锌矿伴生，上述几点是鉴别红砷锌矿的最佳线索。

红砷锌矿是一种罕见的矿物，最早在德国萨克森州施内贝格地区发现。跟钴华和镍华类似，它是一种砷酸盐，由风化的金属矿石形成。钴华中富含钴，镍华中富含镍，而红砷锌矿中则富含锌。但红砷锌矿跟另外两种矿物之间却没有明确的渐变等级，因此它介于钴华和镍华之间。这是因为锌离子的位置不像钴和镍那样容易发生变化，而如钴和镍之间可以互换位置。红砷锌矿在很多地方都能找到，通常数量比较少，但最佳的产地是德国施内贝格和墨西哥杜兰戈地区的马皮米。

晶系：单斜晶系
晶体习性：通常为硬壳或粉末状团块。罕见的小型晶体为扁平叶片状或针状放射形
颜色：浅红色或白色和灰色
光泽：玻璃般
条痕：在灰色样本中为浅绿色或灰色
硬度：2.5~3
解理：一个方向良好
裂口：不均衡
比重：3.3
其他特征：细长的晶体很容易弯曲
常见地区：德国黑森林，哈茨山脉，施内贝格；奥地利陶恩山脉；捷克共和国波西米亚；希腊利瓦迪亚；纳米比亚奥奇科图；日本本州岛；澳大利亚南部菲林德斯岭；塔斯马尼亚岛特洛皮；墨西哥马皮米（杜兰戈）；新泽西州富兰克林；内华达州彻奇尔

无水磷酸盐氢氧化物

磷酸盐氢氧化物包括了磷灰石，即储量最丰富的矿物之一，但也包括了形成所有动物的骨骼以及牙齿的白色矿物。磷铝石也是白色的，但铜和锰却使另外两种磷酸盐氢氧化物，磷铜矿和天蓝石的颜色呈现出渐变的蓝色和绿色，也因此备受矿物收集者的珍视。

磷灰石 (Apatite)

磷灰石的化学式：$Ca_5(PO_4)_3(OH,F,CL)$

1786年德国地质学家亚伯拉罕·维尔纳发现了磷灰石，而这种矿物的名字来源于希腊语“apatan”，意思是“欺骗”，这是因为它很容易跟绿宝石、石英和其他六方晶晶体混淆。磷灰石本身不是矿物，而是相近的三种矿物的总称，即氟磷灰石、氯磷灰石和羟磷灰石，每一种都是根据矿物所含有的氟、氯或羟基的多少而命名的。而磷灰石所包含的这三种矿物遍布于世界各地，大部分出现在火成岩中，但也能在变质岩和沉积岩中找到。磷灰石是土壤中磷的主要来源，植物生长离不开磷，而磷灰石和磷钙土也是仅有的两种被当做肥料的天然磷酸盐矿物。虽然广布各地，但被发现的大部分磷灰石都是小颗粒和晶体。质量上乘的大型晶体很罕见，主要出现在伟晶岩、矿石岩脉和火成团块中。晶体可以有很多颜色。黄绿磷灰石是形成于伟晶岩中的磷灰石变种，为透明的绿宝石。美丽的紫罗兰磷灰石形成于德国埃伦夫里德尔斯多夫的锡矿中。大得像宝石似的黄色磷灰石则是在墨西哥杜兰戈的铁矿床中发现。

鉴定：六方晶体的磷灰石看起来有点跟绿宝石、电气石和石英近似，但磷灰石质地更柔软，通常带有“糖状”外观。

磷灰石晶体

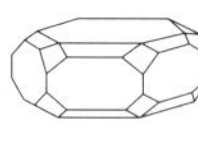

晶系：六方晶系
晶体习性：晶体通常为六方晶，但磷灰石也可以形成格状、柱状和球状团块，或形成针状、颗粒和土质团块。大部分时候会以大规模层理的形式出现
颜色：以绿色为代表，但也有黄色、蓝色、浅红棕色和紫色
光泽：玻璃般至油润
条痕：白色
硬度：5
解理：模糊
裂口：贝壳状
比重：3.1~3.2
其他特征：部分磷灰石会发出黄色荧光
常见地区：德国萨克森州；奥地利蒂罗尔；葡萄牙帕什凯拉；俄罗斯科拉半岛；巴西坎普福摩萨（巴伊亚省）；智利科皮亚波；墨西哥杜兰戈；安大略省威尔福博斯；缅因州阿帕泰特山

磷铜矿 (Libethenite)

磷铜矿的化学式：$Cu_2PO_4(OH)$

鉴定：磷铜矿为橄榄绿色，但跟其他绿色铜矿很难区分，只有通过复杂的测试才能区分出来。

磷铜矿是由德国矿物学家腓特烈·布莱特普特于1823年发现的。磷铜矿的名字来源于罗马尼亚的利博森（现在是斯洛伐克的卢比埃托瓦），这是首次发现磷铜矿的地方。这是一种罕见的铜矿，由其他被改变的铜矿所形成。出现在经过深度风化、硫酸铜矿物集中的矿体中。跟很多铜矿物一样，磷铜矿也是绿色的，但它的颜色更深，含的橄榄绿颜色更多。它的典型形式为颗粒、硬壳和微小晶体。但1975年，在赞比亚铜带的罗卡纳矿山中找到了体积惊人的大晶体。磷铜矿是橄榄铜矿和水砷锌矿的同型，这意味着它们的晶体形状相同但性质相异。

上图：磷铜矿晶体的特写图片

磷铜矿

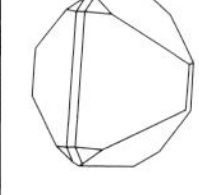

晶系：斜方晶系
晶体习性：晶体通常为钻石形，也会形成针状镜头、颗粒、团块、小球体和晶簇
颜色：深橄榄绿色
光泽：树脂质至玻璃般
条痕：橄榄绿色
硬度：4
解理：两个方向上良好
裂口：易脆
比重：3.6~3.9
其他特征：在稀盐酸中反应时不会像孔雀石那样发出嘶嘶声
常见地区：英国康沃尔郡；德国黑森林；斯洛伐克卢比埃托瓦（利博森）；乌拉尔山，俄罗斯境内段；民主刚果共和国；赞比亚；犹他州廷蒂克；亚利桑那州吉拉县，皮马县，皮纳尔县；加利福尼亚州

锂磷铝石(Amblygonite)

锂磷铝石的化学式：$(Li,Na)Al(PO_4)(F,OH)$

锂磷铝石首次于德国萨克森州发现，发现人是腓特烈·布莱特普特，发现时间是1817年。锂磷铝石现在在世界上其他很多地方都能被找到，特别是在富含锂和磷酸盐的伟晶岩中。通常锂磷铝石会形成大团块，作为构成诸如石英和钠长石这样的岩石的成分而镶嵌其中。由于锂磷铝石看起来跟这些矿物极其近似，因此它在岩石中占到的比例可能比首次看见时所估算的比例还要大。而不同之处就在于锂磷铝石含有的锂，但这可能需要通过火焰测试才能真正区分出来。粉末状的锂磷铝石可以用气体火焰点燃，燃烧且呈现出气火焰状，而锂则会燃烧为亮红色。锂磷铝石的英文名字发音奇特，这是因为它的名字来自希腊语“amblus”和“gouia”，分别意为“钝”和“角度”，这是因为它的晶体劈理呈现出浅角。然而在其他矿物中也会找到锂磷铝石，并以罕有的高质量晶体形式存在。这些特例是在缅甸和巴西米纳斯吉拉斯找到的宝石质量的晶体。

鉴定: 将锂磷铝石跟其他白色矿物(例如钠长石)区分开不是易事，需要通过详尽的测试才能完成，例如火焰测试以确认锂的存在。

晶系: 三斜晶系
晶体习性: 通常为带有不规则轮廓的大型团块，或者是细腻的白色晶体，包括短棱柱形、格状和条状
颜色: 通常为奶白色或无色，但也可以是淡紫色、黄色或灰色
光泽: 玻璃般
条痕: 白色
硬度: 5.5~6
解理: 一个方向上良好，其他方向上都被阻断了
裂口: 易脆、亚贝壳状
比重: 3~3.1
其他特征: 部分样本会发出橘色荧光
常见地区: 瑞典瓦鲁特拉斯克；法国蒙特布拉斯；缅甸萨康；澳大利亚西部；巴西米纳斯吉拉斯；西北地区耶洛奈夫；加利福尼亚州帕拉；缅因州纽里；亚利桑那州亚瓦派县；南达科他州布拉克山

天蓝石(Lazulite)

天蓝石的化学式：$(Mg, Fe)Al_2(PO_4)_2(OH)_2$

天蓝石由于跟蓝色的天青石近似而得名，天蓝石是一种罕见的矿物，有时也会因其美丽的天青蓝色而被当成一种装饰用石材。它形成于高温条件下的热液岩脉中，但也可以在富含磷酸盐的伟晶岩、变质岩和富含石英的岩脉中发现。天蓝石跟伴生的多铁天蓝石矿物联系紧密，事实上，天蓝石和多铁天蓝石是固溶体(混合物的渐变)中的两个相反端。天蓝石位于富含锰的一端而多铁天蓝石则位于富含铁的一端。大部分天蓝石晶体很小，颜色很暗不容易被发现，可偶尔也会找到榛子那么大的晶体。

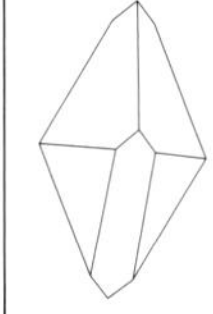

晶系: 单斜晶系
晶体习性: 通常为小楔形，也有小颗粒状和团块状
颜色: 浅天蓝色至深天蓝色
光泽: 玻璃般至晦暗
条痕: 浅蓝色至白色
硬度: 5.5~6
解理: 一个方向上不同
比重: 3.1
其他特征: 透明的宝石状晶体可以呈现出很强烈的多色现象(浅黄色、透明色、蓝色)。晶体在温的盐酸中会略微可溶
常见地区: 瑞士策马特；瑞典霍斯伯格；奥地利；智利科皮亚波；巴西米纳斯吉拉斯，迪亚曼蒂纳；育空；佐治亚州格雷夫斯山；加利福尼亚州死谷(因约县)

石英

天蓝石晶体

鉴定: 天蓝石具有的深蓝色成为了鉴定的最佳线索，但它跟天青石、方钠石和其他蓝色矿物很难区分。

磷灰石之于骨骼和牙齿的意义

牙齿和骨骼之所以是白色的，是因为其中的主要构成物是以磷灰石矿物形式存在的磷酸钙。骨骼不像岩石般坚硬，但却饱含蜂窝状的腔洞以及十字形的支架。这些合成结构使得骨骼兼具了质量轻且坚固的特性。而支架是确由有机物和矿物混合而成的，其主要矿物是被称为羟磷灰石的磷灰石。构成骨骼的细胞叫做造骨细胞，在骨骼中不间断地工作产生有机材料胶原分子，以更新被溶骨细胞即破骨细胞破坏的老化骨骼。这一过程称为异相成核或异核化作用。羟磷灰石粒子溶解于连接在胶原粒子上的周边液体中，并构筑了骨骼。为了使骨骼能处于健康强壮的状态，我们需要摄入富含充足的钙和磷酸盐的食物，以确保造骨细胞能提供足够的羟磷灰石。

水合磷酸盐矿物

水合磷酸盐包括了一些吸引人的矿物，不光是美丽的蓝绿色绿松石这种自古就受人追捧、价值极高的宝石，还有星爆形的晶簇状银星石、以及两种富含铀且具有放射性的矿物，分别是深绿色块状的铜铀云母和浅绿黄色、荧光的钙铀云母。

绿松石 (Turquoise)

绿松石的化学式：$CuAl_6(PO_4)_4(OH)_8 \cdot 5(H_2O)$

图：绿松石的外壳石英

绿松石的覆盖物

石英

绿松石是所有石头中颜色最美的矿物之一，由磷酸盐与铜和铝化合而成。铜令绿松石具备了这种异常的蓝绿色，但绿松石的颜色多变，从绿色至浅黄灰色不等。浅天蓝色则是其中最珍贵的宝石色，特别是非人工合成而是天然形成的杂质纹理更为珍奇。虽然为不透明的矿物，但固体绿松石实际上是晶体质地，或者可以说是隐晶质，因为它的晶体实在太小、肉眼无法看到。它会因地下水侵蚀而形成蜡质脉理，多见于富含铝的铜矿石中。绿松石作为一种次生矿物通常伴生于铜矿床中。绿松石中含有水分，但在潮湿环境中不会形成，因此大部分的绿松石矿床都位于干燥地区。数千年来，质量最上乘的绿松石都是产自波斯，因此也称为波斯绿松石。在19世纪末期，在美国西南部发现了绿松石矿床，现在这里也成为了出产世界上最高质量的“波斯”绿松石的地区。

晶系：三斜晶系
晶体习性：通常为小的隐晶形式，会形成结节和脉理，也会形成硬壳
颜色：渐变的蓝绿色
光泽：晦暗至蜡质
条痕：带有绿色的白色
硬度：5~6
解理：两个方向上良好，但通常看不见
裂口：贝壳状
比重：2.6~2.8
其他特征：碰到护肤油就会变色
常见地区：尼斯布，伊朗；阿富汗；西奈半岛；布罗肯希尔（新南威尔士州），维多利亚州，澳大利亚；下加利福尼亚州，墨西哥；亚利桑那州；内华达州；圣贝纳迪诺县，因约县，因皮里尔县，加利福尼亚州

鉴定：虽然硅孔雀石常被用来仿制假的绿松石，但实际上绿松石非常独特，它具有鲜明的蓝绿色、外观平滑，呈现出蜡质光泽。

银星石 (Wavellite)

银星石的化学式：$Al_3(PO_4)_2(OH)_3-(H_2O)_5$

1805年，在英格兰德文郡哈伍德地区，名叫威廉·维韦尔的乡村医生发现了银星石，这是一种磷酸铝矿物。它形成在热液矿脉中，另外也可以在石灰岩、燧石及富含铝的变质岩的表面和裂缝中找到它。银星石通常伴生有褐铁矿、石英和云母。经典的银星石样本成放射状“星爆”晶簇、为耀眼的黄绿色针状晶体。有时也被称为“猫眼”，是因为晶体集群会在石灰岩和燧石的裂缝中形成结节，当裂缝裂开时才得以展现，而呈现出来的是生长在表面上的银星石，就像薄硬币一样。如果有足够的空间使银星石生长，那它们可能呈半球体。虽然星爆形晶簇是分开样本后看到的最典型的形式，但有些矿物收集者会只把样本分开一点点，让它们长成固体半球形。

鉴定：呈放射星爆状的银星石晶簇不会被弄错。这些晶簇通常形成小球体或葡萄状团块。

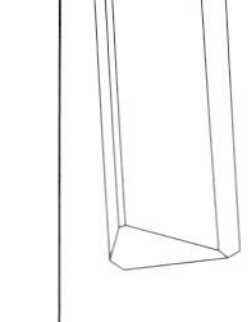

晶体系统：斜方晶系
晶体习性：通常为放射针状晶体，形成小球状或葡萄状团块
颜色：黄绿色或白色
光泽：玻璃质
条痕：白色
硬度：3.5~4
解理：两个方向上良好
裂口：不均衡
比重：2.3+
主要产地：英格兰德文郡，康沃尔郡；捷克共和国兹比罗赫；德国罗内堡；法国帕内塞；玻利维亚拉拉瓜；阿肯色州加兰县；宾夕法尼亚州

铜铀云母 (Torbernite)

铜铀云母的化学式：$Cu(UO_2)_2(PO_4)_2 \cdot 10(H_2O)$

铜铀云母的首次发现时间是1772年，位于德国萨克森州的约汉格奥尔根斯塔特，但铜铀云母则以18世纪瑞典科学家托尔贝恩·贝格曼的名字命名。它会形成小的深绿色碟状和方形晶体、镶嵌在伟晶岩和花岗岩的裂缝中或者在其他晶体上以覆着物的形式出现。铜铀云母是一种富含铀的矿物，跟钙铀云母相似，通常由被改变的沥青铀矿所形成。所谓沥青铀矿是一种量大且颜色为黑色的矿物，是主要的铀矿石。铀成分使得铜铀云母具有放射性，这种放射性虽然不会产生什么危害，但处理标本时还是需要小心，需要放在远离儿童的地方。与铀矿石接触时通常会产生辐射尘，因此应尽量避免接触大面积的标本且接触之后要仔细洗手。样本需要储存在密闭容器中，因为样本含有氡气体，所以只能在户外打开。铜铀云母的主要问题是标本会破碎，且极易因失去水分而变成碎裂的准铜铀云母，这也是另一个为什么要小心处理，且存放在密闭容器中的原因。

鉴定：铜铀云母的最佳判定线索是深绿色的方形晶体，以及伴生的钙铀云母和沥青铀矿。

警告：铜铀云母具有放射性，处理时需小心谨慎，存放应得当。

晶系：四方晶系

晶体习性：通常为方形，块状晶体，堆叠的书状。也会形成硬壳、云母状、叶片状和鳞片状聚合体

颜色：深绿色至浅绿色

光泽：玻璃质至珍珠光泽

条痕：浅绿色

硬度：2~2.5

解理：一个方向上良好

裂口：不均衡

比重：3.2+

其他特征：具有放射性

常见地区：英格兰甘尼斯莱克（康沃尔郡）；葡萄牙特兰科苏；德国厄尔士山脉；法国博伊斯诺伊斯；民主刚果加丹加省；澳大利亚南部佩恩特山；北卡罗来纳州米歇尔县；犹他州

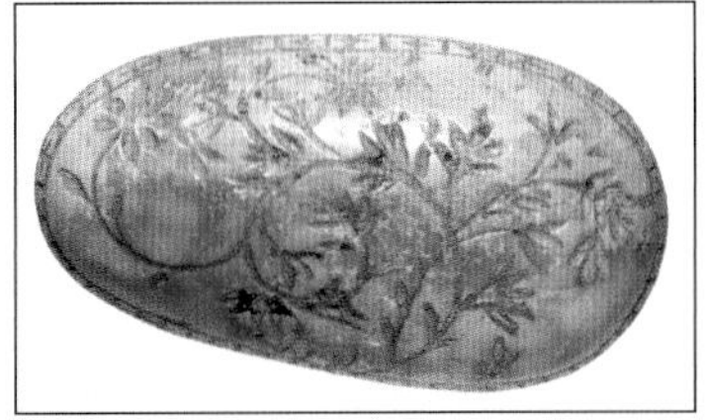

古老的绿松石

绿松石可能是已知的最古老的宝石了。在距今六千年前绿松石就被埃及人所追捧，并在西奈半岛质地坚硬的岩石上建立了世界上最古老的矿区。1900年，从埃及女王泽尔的墓穴中出土了带有金和绿松石的手镯，这也是存世的最古老的珠宝之一。在古波斯，在古时的阿里莫塞伊山（现在的伊朗境内）矿区中也出产了绿松石，它在当时被当作带来好运的护身符。随着十字军东征，绿松石可能由波斯被带至了欧洲，欧洲人认为这种宝石来自土耳其，因此用法语命名时就采用了指代“土耳其”的单词来命名绿松石。在美洲，至少从公元前二百年起，绿松石就受美洲土著民族的追捧，例如西南部的纳瓦霍族人，以及墨西哥的印第安部落。纳瓦霍族人将绿松石做成珠子、雕刻和马赛克，他们认为绿松石是天空的一部分，掉落到地上后就是绿松石。而阿帕奇族人认为绿松石中继承了大海和天空的意志，会给猎人带来好运。阿兹泰克人也很喜爱绿松石，蒙特祖玛宝藏中就有用绿松石制成的马赛克蛇。

钙铀云母 (Autunite)

钙铀云母的化学式：

$Ca(UO_2)_2(PO_4)_2-10H_2O$

钙铀云母是以法国奥坦所命名的一种铀矿。它与铜铀云母的关系十分密切，但更为常见，因此也被当做一种铀矿石而使用。钙铀云母由在伟晶岩中发现的表面被改变了的铀矿石所形成。在日光下，它很难在岩壁中被发现，但在夜晚紫外线的照射下，就会因为自身所发出的荧光而被找到。跟铜铀云母相似，钙铀云母具有放射性且暴露在空气中很容易破碎（变成变质钙铀云母），因此处理和存放钙铀云母应该小心，标本需放在密闭容器中，远离儿童。

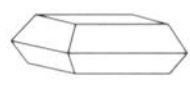

晶系：四方晶系

晶体习性：通常为方形，块状晶体，堆叠的书状。

颜色：浅绿黄色

光泽：玻璃质至珍珠光泽

条痕：浅绿色

硬度：2~2.5

解理：一个方向上良好

裂口：不均衡

比重：3.1~3.2

其他特征：具有放射性和荧光

常见地区：英格兰达特穆尔；葡萄牙特兰科苏；法国索恩-卢瓦尔省，马格纳克；民主刚果加丹加省；澳大利亚南部佩恩特山；华盛顿州斯博坎山；北卡罗莱纳州米歇尔县

警告：钙铀云母具有放射性，应妥善处理和存放。

鉴定：钙铀云母因其自身所发出的荧光而极易辨认，它为黄绿色方形或块状晶体，伴生矿物为铜铀云母和沥青铀矿。

砷酸盐矿物

砷酸盐跟磷酸盐和钒酸盐在构成物方面极其相似，砷通常会简单地替换混合物中的钒和磷。砷酸盐包括稀有却引人注意的绿色和浅绿黄色矿物，即水砷锌矿、砷钙铜矿、橄榄铜矿、臭葱石和乳砷铅铜矿。当粉末状的砷酸盐跟木炭燃烧时，会释放出砷所独有的大蒜气味。

水砷锌矿(Adamite)

水砷锌矿的化学式：$Zn_2(AsO_4)(OH)$

水砷锌矿得名自19世纪法国矿物学家吉尔伯特·乔瑟夫·亚当，他是首个在智利查纳西约发现这种矿物的人。它的颜色鲜艳，晶体具有光泽，这使其在矿物收集者中广受青睐。水砷锌矿是一种次生的锌矿物，由被氧化的富含锌的矿石形成。钴杂质使其带有粉色光泽，而铜杂质令其变成浅绿色。未被铜玷污的纯水砷锌矿是独特的黄色或白色，会发出闪耀的荧光，在紫外线照射下闪现出灰绿色。典型的水砷锌矿出现在褐铁矿的晶洞中，但最具代表性的则是位于墨西哥杜兰戈州的马皮米，该地区系石灰岩交代矿床，富含稀有的砷矿物。此处的水砷锌矿不是跟褐铁矿在一起，而是以黄色稻草状和喷射状的形式跟异极矿、砷锌钙矿和稀有矿物水砷锌石(见插图)和副砷锌矿一起出现。所有质量最上乘的荧光水砷锌矿标本都出自这个地区。

水砷锌石

水砷锌矿

鉴定：石灰绿色和高亮度的水砷锌矿很容易被识别出来。纯的水砷锌矿会发出耀眼的荧光也不会被弄错。水砷锌矿的硬壳看起来很像菱锌矿。

晶系：斜方晶系
晶体习性：晶体为钝端楔形棱柱，大部分是在晶簇和放射状的晶簇
颜色：纯的水砷锌矿为黄色或白色，因铜的存在而带有绿色光泽，因钴的存在带有粉色光泽
光泽：金刚石般的
条痕：白色或浅绿色
硬度：3.5
解理：两个倾斜方向上良好
裂口：缺失
比重：4.3~4.4
其他特征：荧光为亮绿色
常见地区：英格兰哥比亚；奥地利蒂罗尔；法国赫米斯；德国赖兴巴赫；意大利托斯卡纳区；希腊利瓦迪亚；智利查纳西约；墨西哥马皮米；加利福尼亚州因约县；犹他州金山；内华达州

砷钙铜矿(Conichalcite)

砷钙铜矿的化学式：$CaCu(AsO_4)(OH)$

砷钙铜矿的名字来源于希腊语，是“粉末”和“石灰”的意思。1849年，在西班牙南部科尔多瓦，这种矿物被德国著名矿物学家腓特烈·布莱特普特所发现。砷钙铜矿是一种非常独特的草绿色矿物，看起来很像苔藓，但它确实是货真价实的矿物，是里面所含的铜赋予了它绿色。砷钙铜矿里面含铜意味着它偶尔也会被当做铜矿石来使用。当富含氧的水与硫酸铜或氧化物矿物发生反应时，被氧化的铜就形成了砷钙铜矿。有时褐铁矿为红色或黄色，构成了耀眼的颜色搭配。通常砷钙铜矿的伴生矿物为铜砷矿物，例如水砷锌矿、蓝铜矿、乳砷铅铜矿、孔雀石、橄榄铜矿和菱锌矿。

方解石

砷钙铜矿的覆着物

鉴定：砷钙铜矿耀眼的草绿色和硬壳形习性，都可以在配图上的针铁矿上见到。

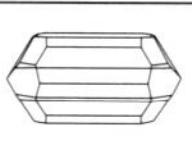

晶系：斜方晶系
晶体习性：通常形成硬壳
颜色：草绿色
光泽：玻璃般
条痕：绿色
硬度：4.5
解理：缺失
裂口：不均衡
比重：4.3
常见地区：英格兰甘尼斯莱克(康沃尔郡)，哥比亚；德国黑森林；波兰；希腊拉瓦迪亚；西班牙科尔多瓦；智利瓜纳科；墨西哥马皮米；新墨西哥州伦县；犹他州廷蒂克山(贾布县)；内华达州艾丝美拉达县，尤里卡县和米纳勒尔县；亚利桑那州科奇斯县，皮马县，亚瓦派县

橄榄铜矿(Olivenite)

橄榄铜矿的化学式：$Cu_2AsO_4(OH)$

橄榄铜矿的名字里虽然有“橄榄”二字，但其实它跟橄榄石一点关系也没有。之所以被命名为橄榄铜矿是由于其独特的橄榄绿色。现在它是一种罕见的次生矿物，形成小岩脉和晶簇状（矿穴）的晶体，由被改变的铜矿石和毒砂（砷黄铁矿）形成。在英格兰康沃尔郡，特别是在雷德鲁斯和圣日附近曾发现过数量可观的橄榄铜矿，在矿堆中以及铜矿的开采区上部跟伴生的褐铁矿和石英一起发现。1820年在康沃尔郡格纹纳普的卡哈瑞克矿首次发现并确认为橄榄铜矿。康沃尔郡的橄榄铜矿为竖针形白色条带的硬壳，看起来很像木屑，因此本地人称之为“木铜矿”。在犹他州廷蒂克也发现了木铜矿，而质量最上乘的橄榄铜矿晶体出自纳米比亚的楚梅布。橄榄铜矿中的砷通常会被一定比例的磷所取代，形成磷铜矿，看上去与橄榄铜矿近似，这种则产自斯洛伐克的卢比埃托瓦。

鉴定： 小型针状橄榄绿晶体的硬壳是鉴定橄榄铜矿的最佳线索。木铜矿会形成独特的木屑矿物硬壳。

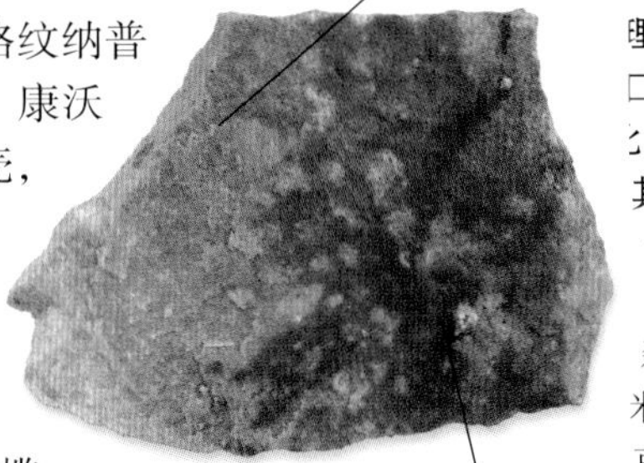

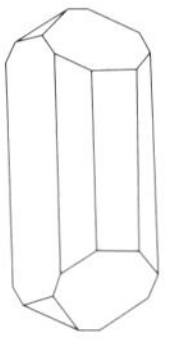

晶系： 斜方晶系
晶体习性： 短粗棱柱形晶体或针形晶体硬壳
颜色： 深橄榄绿色，黄色，棕色和白色
光泽： 玻璃般至蜡质
条痕： 橄榄绿色
硬度： 3
理： 很少能看见
口： 贝壳状
重： 3.9~4.4
其他特征： 可溶于盐酸
常见地区： 英格兰康沃尔郡；德国克拉拉矿井（黑森林）；希腊利瓦迪亚；纳米比亚楚梅布；犹他州廷克；内华达州马朱巴山

康沃尔郡的锡矿

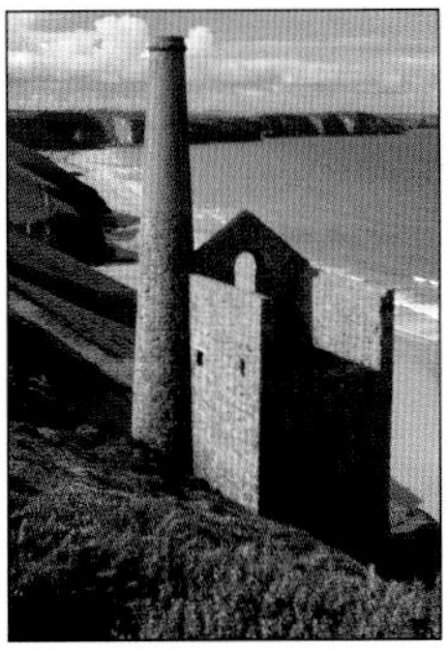

20世纪90年代末期，位于英格兰康沃尔郡坎伯恩的南克劳福特锡矿被关闭了，而这也标志着自青铜时代开始就兴起的锡矿的终结。在繁盛时期，也就是19世纪70年代，康沃尔郡成为了世界上最具代表性的锡矿，这里工作着的矿井就有两千多个。但最终结局却因为太难开采、经济代价过高而不得不关闭了康沃尔郡的锡矿。当康沃尔郡的花岗岩团块冷却后，裂缝张开，炽热的熔融态物质灌入其中，结晶过程中会形成丰富的矿藏，例如锡、铜、锌、铅和铁。每个垂直裂缝中都有独立的采矿竖井，从深处直达地表，通常位于水位以下，这也是为什么需要强力抽水机的原因，特别是位于海边峭壁上的矿井，比如图中所展示的威尔寇特斯锡矿。虽然矿区并不在这附近，但在老的矿石堆中还是能够找到稀有矿物的标本，特别是在威尔方西的彭伯西克罗夫特矿中像铁锡石、水锡锰铁矿、塞尼石和乳砷铅矿这样的矿物都是首次在这里发现的。现在这处区域已经是受法律保护的区域了。

臭葱石和乳砷铅矿(Scorodite and Bayldonite)

臭葱石和乳砷铅矿的化学式：$Fe_3AsO_4 \cdot 2H_{20}$

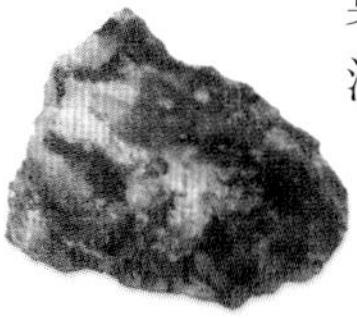

臭葱石是一种引人注目的矿物，会形成浅绿灰色的晶簇，或者浅绿棕色的团块。臭葱石是一种次生矿物，锌矿物在富含砷矿物的岩脉中被氧化改变后继而形成了臭葱石。在温泉周边的硬壳中也能发现臭葱石。臭葱石和砷铝石辉会形成固体溶液段，臭葱石结构中的铝会取代铁的位置。乳砷铅矿（见插图）是一种更罕见，但也更吸引人的矿物，在富含砷的岩脉中所形成铜和铅矿物被氧化后会形成乳砷铅矿。这种矿物的首次发现地是英格兰康沃尔的彭伯西克罗夫特矿（威尔方西）。

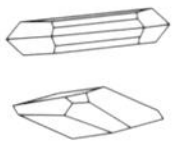

晶系： 斜方晶系
晶体习性： 双金字塔形看起来很像八面体。也会形成硬壳和土质团块
颜色： 浅绿色、灰绿色、蓝色和棕色
光泽： 玻璃般至亚金刚石般或油润
条痕： 白色
硬度： 3.5~4
解理： 通常很粗糙
裂口： 贝壳状
比重： 3.1~3.3
常见地区： 英格兰康沃尔郡；希腊利瓦迪亚；纳米比亚楚梅布；墨西哥马皮米，萨卡特卡斯；巴西欧鲁普雷图；安大略省；加利福尼亚州；犹他州

鉴定： 臭葱石的最佳鉴定方法是它具有的灰绿色。这种矿物看起来跟锆石很像，但不会发出荧光。

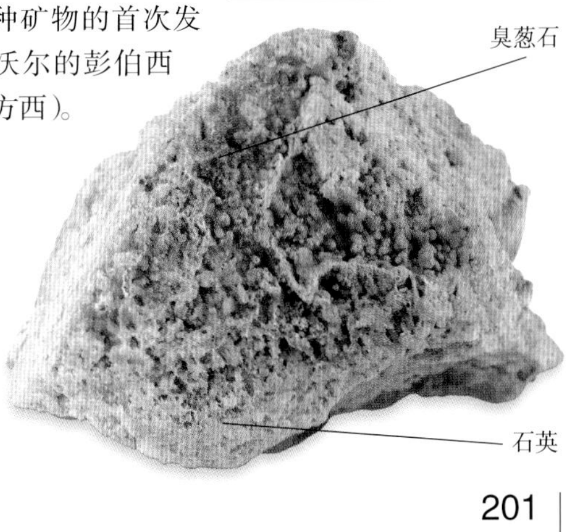

钒酸盐矿物

钒酸盐是一种矿物组别，钒跟氧化合并与多种金属形成复杂的分子，就形成了钒酸盐。钒酸盐的形成条件很特殊，因此这些矿物很稀少。钒铅矿和钒钾铀矿通常作为钒、镭和铀的矿石出现，很多钒酸盐因颜色耀眼而备受矿物收集者的青睐。

钒铜铅矿(Mottramite)

钒铜铅矿的化学式：$PbCu(VO_4)(OH)$

这种矿物的最初名称是鹦鹉石，于1876年以英格兰柴郡莫特拉姆圣安德鲁斯的村庄命名，为它命名的是亨利·安菲尔德·罗斯科爵士(1833–1915年)。罗斯科爵士是化学家，是他最先分离出了金属钒，继而发现它会出现在钒铜铅矿中。钒盐由“吸收”了浓盐酸的钒铜铅矿形成，现在人们发现钒会出现在钒铅矿、钒铅锌矿、钒云母和钒铋矿中。钒铜铅矿是一种绿色至黑色的矿物，通常会以晶簇硬壳形式出现在其他岩石和矿物上，例如钼铅矿和钒铅矿。通常会在跟水和空气，或只跟水接触后被氧化的铜铅矿物中找到钒铜铅矿。钒铜铅矿的大块晶体长度会达到2.5厘米，产自纳米比亚的奥塔维三角区域。典型的钒铜铅矿会出现在“绿色的”伴生矿物中，这些都是其他的铜矿，例如钒铅锌矿、孔雀石和磷氯铅矿。

鉴定：深脏绿色天鹅绒质地硬壳状的钒铜铅矿硬壳通常很容易辨认，特别是当伴生矿物为钒铅矿、钒铅锌矿、孔雀石和钼铅矿时。

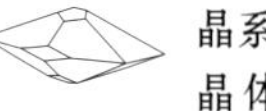

晶系：斜方晶系
晶体习性：通常为小型晶簇状硬壳，放射状和钟乳石状团块
颜色：为各种颜色的绿色，但也会形成很罕见的黑色
光泽：树脂质
条痕：绿色
硬度：3~3.5
解理：无
裂口：贝壳状至不均衡
比重：5.7~6
其他特征：经常跟钒铅锌矿一起伴生
常见地区：英格兰莫特拉姆圣安德鲁斯；纳米比亚奥塔维，赫鲁特方丹；玻利维亚；智利；亚利桑那州比斯比，皮纳尔县，汤姆斯通(科奇斯县)；新墨西哥州谢拉县

钒铅锌矿(Descloizite)

钒铅锌矿的化学式：$PbZn(VO_4)(OH)$

1854年，A.达莫在阿根廷科尔多瓦附近发现了钒铅锌矿，这种矿物是由法国著名科学家阿尔弗雷德·奥利弗·李阁朗·德斯·克洛伊泽尔命名的。钒铅锌矿和钒铜铅矿是在固体溶液段中的两个相反端，所谓固体溶液就是包含了特定化学元素的混合物，带有不同的等级。钒铅锌矿位于富含锌的一端，而钒铜铅矿则位于富含铜的一端，但两者之间有渐变；大部分钒铅锌矿中会含一些铜，而大部分钒铜锌矿中会含一些锌。钒铅锌矿中的铜越多，就越会呈现出橘色或黄色。钒铅锌矿是一种次生矿物，通常出现在钒酸盐的表面。通常是小型碟状晶体或天鹅绒硬壳状，形成于热液岩脉的氧化带，在这里的铅、锌、铜矿石与钒酸盐和其他铅锌矿物伴生。

钒铅锌矿的深灰色晶体

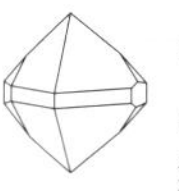

晶系：斜方晶系
晶体习性：通常为小型碟状晶体，箭头状晶体、天鹅绒般的硬壳，“树形”小晶簇状硬壳和钟乳石状团块
颜色：樱桃红、棕色、卡其色、黑色或浅黄色
光泽：半透明的
条痕：橘色至浅棕红色
硬度：3~3.5
解理：无
裂口：贝壳状至不均衡
比重：5.9
常见地区：英格兰康沃尔郡；奥地利卡琳西亚；纳米比亚楚梅布，奥塔维；阿根廷科尔多瓦；亚利桑那州比斯比，汤姆斯通(科奇斯县)，皮纳尔县；新墨西哥州湖谷(谢拉县)，格兰特县

鉴定：钒铅锌矿的最佳鉴定方法是它所形成的卡其色或黑色天鹅绒似的硬壳、高密度和伴生的锌钒矿物。

钒钾铀矿(Carnotite)

钒钾铀矿的化学式：$K_2(UO_2)_2(VO_4)_2 \cdot 3H_2O$

钒钾铀矿是以法国化学家M. A.卡诺(1839–1920年)的名字命名的,钒钾铀矿是放射性元素镭和铀最重要的来源之一。一百年前,研究放射性的先驱居里夫妇用科罗拉多州的钒钾铀矿作为试验材料,提取镭。由于钒钾铀矿跟其他放射性矿物一样具有放射性,所以居里夫妇的操作过程十分小心。多年以来,美国西南部的钒钾铀矿矿床一直是世界上主要的镭来源地,直到后来才在民主刚果共和国的加丹加省和澳大利亚南部的镭丘中发现了蕴藏着更多镭的地方。现在在科罗拉多州和犹他州,钒钾铀矿被当成了铀的主要来源。当铀和钒矿石在红棕色砂石中被改变,通常是替代化石木后就形成了钒钾铀矿。钒钾铀矿通常会在砂石上形成耀眼的黄色覆着物。钒钾铀矿跟钒钙铀矿的关系密切,但钒钾铀矿中含有钾、钒钙铀矿中则含有钙。

鉴定: 钒钾铀矿是亮黄色,跟钙铀云母的区别是不具备荧光特性。

警告: 钒钾铀矿具有很强的放射性,处理和存放时应特别小心。

晶系: 单斜晶系
晶体习性: 包括微型碟状晶体、硬壳、土质团块和薄片状或颗粒状集群
颜色: 亮黄色
光泽: 珍珠光泽至晦暗或土质
条痕: 黄色
硬度: 2
解理: 一个方向上良好
裂口: 不均衡
比重: 4~5
其他特征: 具有很强的放射性不会发出荧光
常见地区: 哈萨克斯坦;乌兹别克斯坦浩罕,费尔干纳;民主刚果共和国加丹加省;摩洛哥;澳大利亚南部镭丘;怀俄明州;科罗拉多州;犹他州;亚利桑那州;新墨西哥州格兰特县;宾夕法尼亚州莫赫琼克(卡本县)

钒铅矿(Vanadinite)

钒铅矿的化学式:Pb5(VO4)3Cl

钒铅矿首次被发现及确定是在1801年,人们认为钒铅矿中包含了一种新元素,称为“erythronium”,但后来才发现这个新元素其实是钒。事实上,钒铅矿现在是被当做一种钒矿石来使用,另外也可以当做一种铅的次要矿石来使用。钒铅矿是一种次生矿物,大多形成于干燥的沙漠地区,例如纳米比亚、摩洛哥和美国西南部。它经常出现在风化的铅矿石里,和钼铅矿、钒铅锌矿以及白铅矿伴生。有时在钒铅矿中,砷会替代部分钒而形成砷钒铅矿这种矿物。当晶体结构中的砷完全被钒取代时,就变成了砷铅矿。

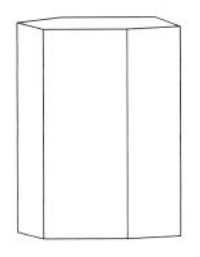

晶系: 六方晶系
晶体习性: 小而细长的六边棱柱形晶体或球状团块
颜色: 桃红色、棕色、浅棕黄色或橘色
光泽: 树脂质,金刚石般
条痕: 浅棕黄色
硬度: 3~4
解理: 无
裂口: 贝壳状
比重: 6.7~7.1
其他特征: 非常易脆
常见地区: 苏格兰沃罗科海德(顿弗里斯郡和迦罗韦);奥地利卡帕西亚;俄罗斯乌拉尔山;摩洛哥米卜拉丁;纳米比亚奥塔维;南非马里科;墨西哥奇瓦瓦州;亚利桑那州图森;新墨西哥州谢拉县

纳米比亚的矿产圣地

纳米比亚的楚梅布以及周边的奥塔维和赫鲁特方丹是世界上矿产资源最为丰富的地区。单是在楚梅布一地就发现了两百四十余种矿物!直到最近,该区域仍是铜、铅、银、锌和镉的主要来源。布须曼人曾在孔雀石山里发现了铜,并通过物物交换的形式和奥万博人换取烟草。而现在该地区则以出产漂亮的晶体而闻名,包括绿铜矿、钒铜铅矿、钒铅锌矿、白铅矿、霰石、砷黝铜矿、硫砷钢矿和众多其他矿物晶体。在热液岩脉中的矿床中心富含硫化及砷化的铅、锌、铜,并与更加稀有的元素例如锗和镓混合。但真正令楚梅布特别的原因是该地区的石灰岩,水从石灰岩中渗入到岩脉中,最深能到达1500米深,并与矿物发生不同程度的氧化反应,从而产生包含不同次生矿物的晶洞。

鉴定: 当出现在棕红色构造中时,钒铅矿是最容易辨认的了。钒铅矿的伴生矿物有钒铅锌矿、钼铅矿和白铅矿,这些都是鉴定钒铅矿的关键线索。

石英

石英是地壳中最常见的简单矿物，也是众多火成岩和变质岩的主要构成物。由于石英质地非常坚硬，因此不会轻易碎裂。更多时候，在大部分沉积岩的主要成分中能找到石英，而在生物或化学成因的岩石中很少见。尽管石英本身是无色的，但杂质会赋予石英丰富的色彩，从紫色的紫水晶到黄色的黄水晶。

石英（晶体和团块）(Quartz(crystalline and massive))

石英的化学式：SiO_2

水晶（下图）：水晶是一种透明的、无色的石英变种，也是所有宝石中价格最低，但也最受青睐的一种，虽然水晶属于很常见的宝石，但算命师所使用的用巨型水晶晶体雕成的水晶球就很罕见了。有些收集者喜欢水晶上的天然晶簇，闪闪发亮的箭头形晶尖可以呈现出独立的晶体。

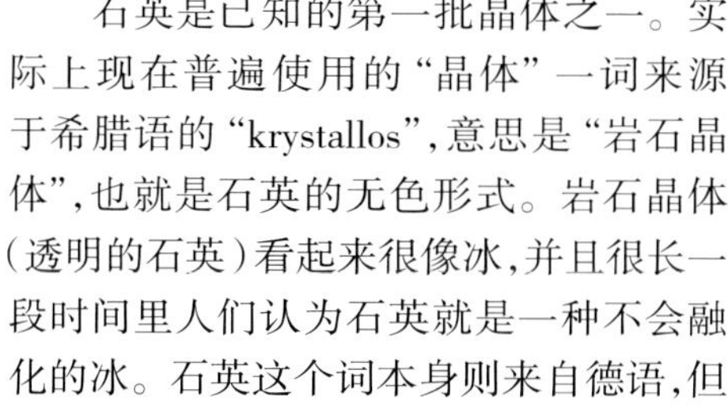

烟晶（下图）：这种石英是少数几种棕色宝石之一。这种石英有几个变种，包括浅棕色至黑色，而由于烟晶普遍存在，所以价值要比其他紫水晶或黄水晶低一些。在苏格兰，深棕色石英被称为烟水晶，这种水晶产自凯恩戈姆山脉，是一种很受欢迎的装饰性石材，通常会被做成壁炉或者作为胸针佩戴在传统的苏格兰高地服饰上。其他受到追捧的石英变种包括黑色的黑水晶，还有跟浣熊尾巴似的条带状黑色和灰色的石英。这些深沉的颜色是由地下深处的天然辐射而产生的。事实上，浅色石英可以通过人工方式变成烟晶，只要将其暴露在辐射环境中即可。但一旦加热这些人工着色的石英，它们就会变回浅色。

石英是已知的第一批晶体之一。实际上现在普遍使用的“晶体”一词来源于希腊语的“krystallos”，意思是“岩石晶体”，也就是石英的无色形式。岩石晶体（透明的石英）看起来很像冰，并且很长一段时间里人们认为石英就是一种不会融化的冰。石英这个词本身则来自德语，但它的真正意思随着时间的流逝而成为了一个未解的迷。自古代以来石英的各种变种就为人所知了，例如光玉髓、玛瑙和玉髓（详见下页）。在16至17世纪，满载着岩石晶体的桶从巴西和马达加斯加被运往欧洲，在那里它们会被雕刻成花瓶、盛水细颈瓶和装饰灯具。现在石英的用处也很广泛，可以用来制造收音机、手表（见下面的“压电石英”章节）和机器轴承。

石英会在各种地区中形成。大部分石英的形成可以追溯到富含硅的岩浆和水结晶形成诸如花岗岩的岩石，大块的石英晶体会在伟晶岩中形成，这些晶体之所以会形成白色是由于自身含有微小的、充以流体的晶洞。当这些火成岩因风化而碎裂时，坚硬的石英颗粒却能够保留下来，继而形成大部分沉积岩的基底。正是这些岩石才形成了纯的石英砂，石英砂是玻璃制造的主要来源。体积大且具有收藏价值的石英晶体主要会出现在硬壳、热液岩脉和砂石中的晶洞里。事实上，石英是很多矿物岩脉的主要成分，而那些质量最佳的晶体则产自瑞士阿尔卑斯山的晶洞中，也被称为水晶洞。正确地说，石英有几百个变种以及对应的名字，在下页表格中列出了一些知名度较高的石英变种的名称。

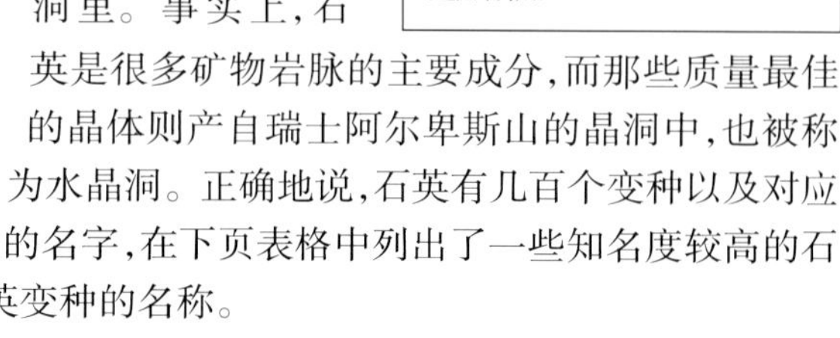

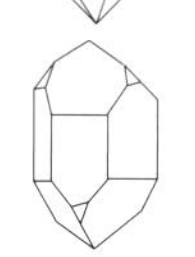

晶系：三方晶系

晶体习性：多变，但最常见的是六面金字塔形，末端为六方棱柱的这种。也可以是隐晶质。

颜色：多变，但透明的石英是最常见的，另外还有云母晶、乳水晶，紫色的紫水晶、粉色的玛瑙和棕色的烟晶

光泽：玻璃般至树脂质

条痕：白色

硬度：7

解理：粗糙

比重：2.65

其他特征：压电性（详见“压电石英”）

常见地区：

水晶：瑞士阿勒地块；德国莱茵威斯特法伦；奥地利萨尔斯堡；马达加斯加；南非；巴西；阿肯色州沃希托河；安大略省林赫斯廷

烟晶：苏格兰；瑞士阿尔卑斯山；巴西；科罗拉多州派克斯峰

紫水晶：匈牙利卡夫尼克；乌拉尔山，俄罗斯境内段；纳米比亚；赞比亚；南非；墨西哥格雷罗州；巴西巴伊亚，南里奥格兰德；乌拉圭；加拿大桑德贝；缅因州；宾夕法尼亚州

绿玉髓：澳大利亚马尔堡（昆士兰州）

虎眼石：南非多尔恩山脉

黄水晶：西班牙萨拉曼卡；乌拉尔山，俄罗斯境内段；法国；马达加斯加

黄水晶(下图): 黄水晶是一种亚宝石，是黄色、橘色或棕色的石英变种。黄水晶的名字则来源于“citrus”，是拉丁语里“柠檬”的意思。它的黄色是由内部悬浮的氧化铁小粒子形成的。黄水晶是最具价值的石英宝石，但有时也会被认为是蛋白石的“仿制品”，这是因为黄水晶跟蛋白石类似、质地要更柔软一些。黄水晶可以人工合成，紫水晶受热后就能变成黄水晶，很多市面上售卖的黄水晶都是由来自巴西米纳斯吉拉斯经过受热的紫水晶所形成的。跟天然形成的黄水晶相比，天然黄水晶颜色为浅黄色而人工合成的黄水晶更偏橘色。天然黄水晶有时会形成微金字塔形晶簇，通常出现在晶洞中，例如俄罗斯境内的乌拉尔山段、法国多纳芬地区和马达加斯加岛。有些天然的黄水晶曾经也是紫水晶，不过经过炽热的岩浆加热后就形成了黄水晶。在古代，人们将黄水晶作为护身符来佩戴，以防止蛇咬和邪念。

黄水晶　方解石　玄武岩

紫水晶(右图): 紫水晶是一种最惹人注目的石英变种之一，从古埃及的法老到俄国的叶卡捷琳娜二世，对紫水晶的喜爱有增无减。石英中微量的铁赋予了紫水晶多变的颜色，紫色范围从淡紫色到深紫罗兰色不等。在花岗岩露出地表的地方通常能找到紫水晶，紫水晶的名字据说是来自希腊神话中一位美丽的姑娘瑷玫夕丝。狂欢与酒之神迪奥尼索司在一次宴会后醉酒暴怒，随即宣称下一个独自上路的人将被老虎吃掉。而瑷玫夕丝恰好是第一个独自路过的人，女神雅典娜为了挽救姑娘的性命就把她变作了白色的石头。悔恨不已的迪奥尼索司流下的眼泪落入了酒中，他将杯中的酒泼到了已变作石头的瑷玫夕丝上，白色的石头就变成了紫色。这之后，人们就认为紫水晶具有防酒醉的功效，而瑷玫夕丝则被视为是独身和虔诚的象征。中世纪时，天主教徒将紫水晶用作主要的装饰性石材。中世纪的主教常常在戒指上佩戴紫水晶。现在，等级最高的紫水晶被称为“主教级”。莱昂纳多·达·芬奇写道，紫水晶能够“驱散邪念、激发灵感”；在中国西藏，喇嘛常用紫水晶做成念经用的念珠。体积最大的紫水晶来自南美国家，例如巴西和乌拉圭。这种紫水晶大多在大到可步行进入的晶洞中出现；而紫色最浓重的紫水晶则是来自非洲国家，例如纳米比亚和赞比亚。

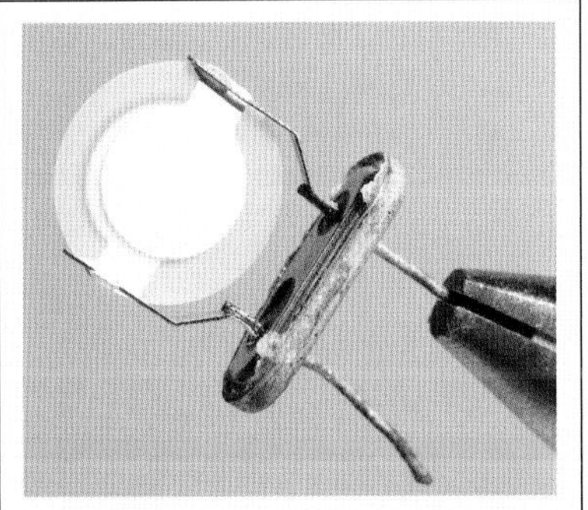

压电石英

石英所展现出来的压电现象比其他任何矿物都要明显，这意味着，当石英晶体受到压力时，会在晶体一端产生正电荷，而另一端产生负电荷；同样，如果向石英晶体施以电流，晶体可能会来回地弯曲或微微变形。换句话说，石英晶体会震动或震荡，并释放出完美且有规律的电脉冲。利用这一特性，可以将石英制作成小音叉的形状作为手表里的高精准计时器。

石英的晶体和变种

名称	晶体习性	颜色	透明度	颜色、包裹体等成因
岩脉中常见石英	大块晶体	白色,灰色,淡黄色	晦暗不透明	气体和液体,裂纹等
水晶	晶体	无色	透明	—
烟晶	晶体	棕色	透明	放射着色
墨晶	晶体	棕色至近乎黑色	透明	放射着色
紫水晶	晶体和团块	紫色	透明	放射着色
黄水晶	晶体	黄色	透明	极微量且细腻水合氧化铁
蔷薇石英	大块,晶体罕见颗	粉色	透明	微量针状金红石
青石英	粒状,大规模	蓝色	透明至半透明	微量针状金红石
绿石英	大块	葱绿色	透明	硅酸镍,针状阳起石
金星玻璃	大块	彩虹色,颜色多变	不透明	片状铬云母和赤铁矿
虎眼石	纤维	蓝色至金色	不透明	硅化青石棉,石棉

玉髓

当石英在低温条件下形成于火山晶洞中时，晶体会很小以至于矿物看起来跟瓷器很相近。这种通用名称是“隐晶质”石英的变种是玉髓。玉髓具有多种美丽的色彩和形式，包括血红色的玉髓、酒红色的碧玉、绿泥沼色的玛瑙、苹果绿色的绿玉髓以及黑色和白色的缟玛瑙。

玉髓（隐晶质石英）(Chalcedony(cryptocrystalline quartz))

玉髓的化学式：SiO_2

玉髓是燧石的一个种类，也可能是自古以来所有宝石中用途最广泛的一种。事实上，除了棍棒、骨骼和彻头彻尾的岩石以外，玉髓是人类最早使用的坚硬材料，被打磨成箭头、刀具、工具、杯子和碗。它天然的美意味着长期以来都被用作仪式和装饰用品。对美洲土著民族来说，这种石头是一种圣石，可以用来促进稳定与和谐。

典型的玉髓是纤维状和裂片状，常见于圆形硬壳、外壳和钟乳石中，在火山岩和沉积岩这两种岩石中都能找到玉髓。当溶液流向地表时，沉积下来的物体就形成了玉髓。另外有机物也能形成玉髓，例如数百万年以来，已死亡的树中木头的位置就能被玉髓所取代，并将树木的形式保留到岩石中。有时这种玉髓会保持树的年轮，因而会被误认为是玛瑙，但其实这是条带状的玉髓。

光玉髓（上图）：光玉髓是一种橘红色、透明的玉髓变种。它的浅红色来自微量的赤铁矿（氧化铁）或针铁矿，通过铁盐染色和烘烤可以使光玉髓的颜色加深。光玉髓长期以来备受青睐，最早可追溯到古希腊和古罗马时期，当时人们将光玉髓用作图章戒指。光玉髓跟铁锈色的肉红玉髓关系紧密，这种矿物的名称来自古吕底亚城市“萨迪斯”。在中世纪，光玉髓和肉红玉髓一起被称为肉红玉髓。肉红玉髓中带白色条带状玉髓的矿物称为缠丝玛瑙，一度是所有石头中价值最高的。

碧玉（下图）：碧玉是一种不透明的红色或偶尔为绿色的玉髓变种。碧玉中的红色来自微量的氧化铁，而绿色则来自阳起石或绿泥石的微小纤维。有时其他矿物也可以将碧玉变成浅棕色或黄色，但它的条带通常是白色的。它会形成部分玛瑙结节，但通常可以在火成岩地区的沙滩上找到鹅卵石大小的碧玉。尽管刚刚找到时碧玉是晦暗的，但抛光后会很好看，潮湿时鹅卵石也会闪耀出红色的光芒。

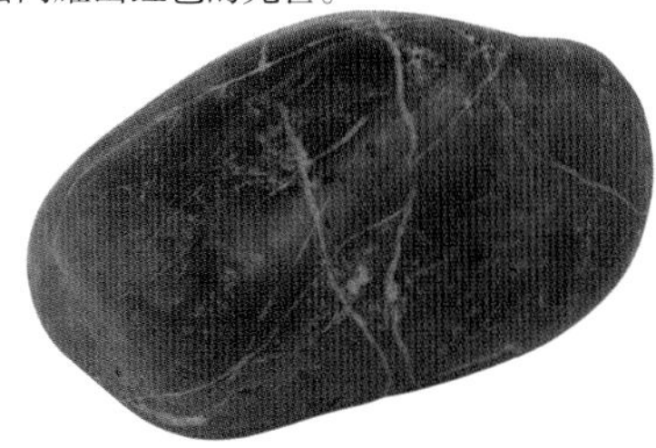

玉髓的变种很多，有些在下页的表格中列举出来了。除了玛瑙以外，另一种闪闪发光的石头就是绿玉髓。这种透明的苹果绿色的石头之所以会产生这种颜色完全是由于微量镍的存在。它通常会出现在蛇纹石的晶洞中。人们曾在欧洲中部的西里西亚发现了大量绿玉髓。腓特烈大帝极其钟爱这种石头，在布拉格的很多建筑上都能看到用绿玉髓做成的装饰品，包括圣温塞斯拉斯教堂。现在大部分绿玉髓都产自澳大利亚。血石和鸡血石是深绿色的石头，因含有斑点状的红碧玉而得名。在中世纪时期这两种石头都备受青睐，特别是当“血”点跟殉难和鞭打联系起来时，价值就更高了。深绿玉髓是一种半透明、颗粒细腻的玉髓变种，它的绿色要归结于硅酸盐粒子，例如角闪石和绿泥石。

晶系：三方晶系
晶体习性：隐晶质纤维结构
颜色：多变，有绿色的绿玉髓、苔藓色的玛瑙、红色的光玉髓和碧玉，以及棕色的肉红玉髓和黑色及白色的缟玛瑙
光泽：玻璃般至树脂质
条痕：白色
硬度：7
解理：粗糙
比重：2.65
常见地区：
碧玉：乌拉尔山，俄罗斯境内段；亚利桑那州；加利福尼亚州
光玉髓：印度拉特纳普勒；澳大利亚华威（昆士兰州）；巴西玛雅草原
肉红玉髓：印度拉特纳普勒
血石：印度卡提阿瓦半岛
缟玛瑙：印度；巴西
深绿玉髓：德国巴伐利亚州；印度；马达加斯加；埃及；中国；澳大利亚；巴西
玛瑙：德国伊达尔-奥伯施泰因；奥地利萨尔斯堡；博茨瓦纳；马达加斯加；中国；印度；澳大利亚昆士兰州；巴西米纳斯吉拉斯，南里奥格兰德；乌拉圭；墨西哥奇瓦瓦州；南达科他州菲尔伯恩；加利福尼亚州尼波莫；俄勒冈州；爱达荷州；蒙大拿州；华盛顿州
雷公蛋玛瑙：俄勒冈州杰弗逊县
火玛瑙：墨西哥；亚利桑那州鹿丘
绿玉髓：西里西亚；波兰；乌拉尔山，俄罗斯境内段；澳大利亚；巴西；加利福尼亚州

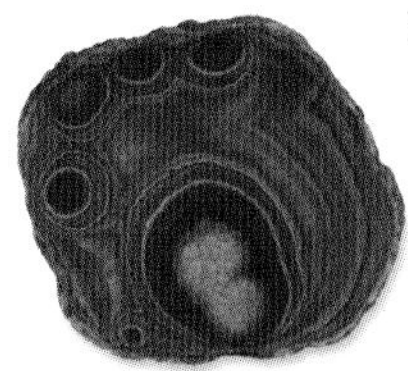

玛瑙(左图):在玉髓中,微量的铁、锰和其他化学物质会形成条带,这就是玛瑙。尽管玛瑙中的条带是天然形成的,但商铺里出售的玛瑙通常是人工着色的。大部分玛瑙来自玄武岩的晶洞中。具有代表性的玛瑙形成于带气泡的玄武岩熔岩中,当熔岩在地表上蔓延时,凝固非常快,特别与水相遇后凝固速度会更快,也会抑制气泡的生成。从熔岩中熔解的硅酸盐矿物渗入到气泡中,当熔岩冷却时,这些硅酸盐矿物会凝结成气泡内的胶体。之后来自周边岩石的铁锰化合物将胶体浸润,生成带有层理的水合氧化铁。最终整个气泡会硬化结晶,形成独特的条带状玛瑙结节。当把结节切成薄片时,条带结构会展现得淋漓尽致。玛瑙的变种有很多,包括带有蜡质白蓝色条带的蓝色蕾丝玛瑙、里面含有赤铁矿入侵体的白色火玛瑙、带有棕色星形和黄色条带的雷公蛋玛瑙和看起来很像森林景观的风景玛瑙等。

这种独特的棕色和白色条带使得缠丝玛瑙成为了一种备受青睐的宝石。

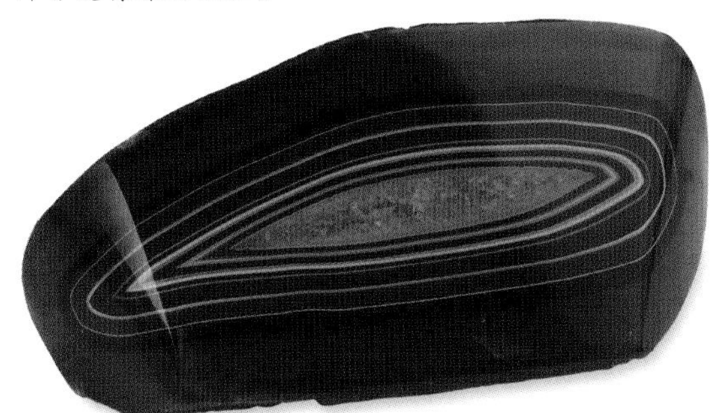

缟玛瑙(上图):缟玛瑙是所有带条带的玉髓中最引人注目的一种,也被称为玛瑙。缟玛瑙的独特之处在于自身所拥有的笔直的黑色和白色条带,但有时这种矿物会跟建筑石材,即带条带的石灰华或“大理石玛瑙”相似。缟玛瑙得名自希腊语“手指甲”,自古罗马时代开始就备受青睐,被制成浮雕玉石和其他小型雕刻。纯熟的石匠能雕刻出不同颜色的条带,在图片和背景之间创造出剧烈的反差。缟玛瑙也是《圣经》中所提及的十二种石头之一,出现在针对大祭司的胸甲的描写文字中。缟玛瑙和其他玛瑙的形成方式相同,具体是由水平层理中靠近底部的玛瑙结节形成的。最佳的天然缟玛瑙是跟碧玉一起在印度河谷处出现的,而这是由德干高原上的玄武岩瓦解后沉积下来的物质所形成的。大部分缟玛瑙样本都是非天然形成的,而是将天然玛瑙浸润到糖水中、缓慢加热几周后形成的,这门技术已经流传了四千年的时间。通过这种方式会形成棕色的缟玛瑙,而要形成黑色的缟玛瑙就要把石头跟硫酸反应。红缟玛瑙是光玉髓的一种形式,带有红色和白色的条带,而缠丝玛瑙(详见左图)则拥有棕色和白色的条带。

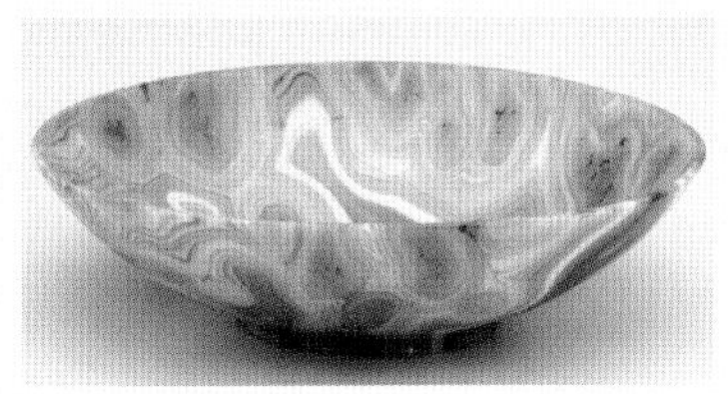

伊达尔-奥伯施泰因

德国纳赫河附近的小镇伊达尔-奥伯施泰因自从中世纪开始就因其高质量的玛瑙加工而颇具知名度。这里特别有名的是雕刻的玛瑙碗。所使用的玛瑙可以追溯到当地河流周边所发现的鹅卵石和附近的赛泽采石场,都是在玄武岩晶洞中发现的。原料被开采出来之后会通过由河水驱动的轮子来进行打磨抛光。但到了19世纪末,赛泽采石场接近枯竭,石匠们不得不把目光转向巴西,用产自那里的玛瑙进行加工,结果他们开发出了其他石英石,例如紫水晶和黄水晶。现在,伊达尔-奥伯施泰因作为各种宝石切割加工的中心而驰名世界。

不同品种的隐晶质石英

名称	晶体习性	颜色	透明度	颜色、包裹体等成因
玉髓	紧凑	浅蓝色、浅灰色	透明	有色或微微带有条带
光玉髓	紧凑	淡黄色至深红色	透明	有细腻的分开的赤铁矿
缠丝玛瑙	紧凑	棕色	透明	很细腻的分开的水合氧化铁
绿玉髓	紧凑	苹果绿	透明	水合硅酸镍
玛瑙	紧凑	多色	透明	条带明显、填入晶洞
缟玛瑙	紧凑	灰色、黑色、白色	不透明	晶洞中部分被水填入
水胆玉髓	紧凑	浅蓝色、浅灰色	透明	很多黏土、铁等杂质
硬玉	紧凑	多色	不透明	绿泥石、角闪石和其他绿色矿物
深绿玉髓	紧凑	葱绿色	不透明	绿泥石,角闪石和其他绿色矿物
鸡血石	紧凑	带红色斑点的绿色	不透明	红色斑点是赤铁矿形成的
燧石	紧凑	白色、灰色和其他颜色	不透明	跟硬玉一样含有乳白色物质

长石类矿物

长石类矿物共有两种，钾长石和斜长石，几乎构成了三分之二的地壳。钾长石例如正长石和透长石是花岗岩、其他酸性火成岩以及像片麻岩这种变质岩和长石砂岩这种沉积岩的主要成分；斜长石则大多数是钠长石和钙长石，是“基性”火成岩例如辉长岩的主要成分。

正长石 (Orthoclase)

正长石的化学式：$KAlSi_3O_8$

与所有长石类似，正长石基本上属于一种硅酸铝。正长石、微斜长石和透长石都属于富含钾的矿物，而这也是称它们为钾长石的原因。这三种矿物化学成分一致，真正的区别是晶体结构。特别是我们几乎很难区分微斜长石和正长石，除非通过X光分析。但也有例外，当微斜长石为绿色被称为天河石（左边插图）时，就可以跟正长石区分开来了。正长石是白色的，但也可以是黄色的；主要形成于花岗岩和正长岩中，另外还有中度至高度的变质岩中，例如片麻岩和片岩。正长石很常见，也是瓷器的一种主要原料，特别是细晶岩中的正长石，但几乎所有正长石都是小颗粒状和团块状。不过正长石也会形成岩脉中的晶体和岩墙中的斑岩。形状良好的黄色晶体（“高贵的正长石”）在马达加斯加的伟晶岩中被发现。无色的正长石晶体以瑞士奥杜拉为名，称为冰长石，以纪念首次在变质岩晶洞中发现这种石头。月长石是一种罕见、具备高价值的宝石，由冰长石和其他长石形成，具有彩色的表面光泽，称为冰长石晕彩。

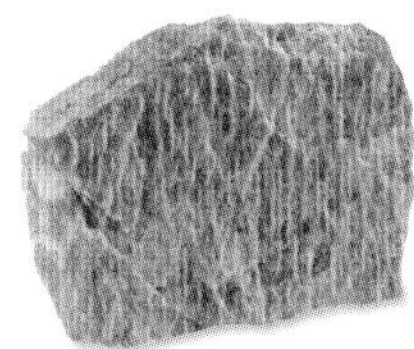

天河石，是微斜长石的一个宝石变种，也被称为亚马逊玉。

鉴定： 正长石跟亮色的硅酸盐矿物很相似，但它跟锂辉石的区别在于正长石带有块状劈理，这是由表面缺乏条纹的斜长石形成的。

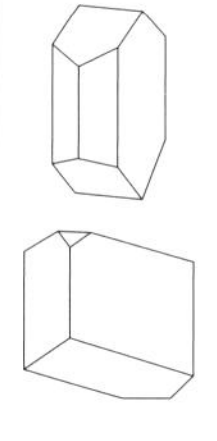

晶系： 单斜晶系
晶体习性： 典型团块状或小颗粒，但晶体为块形；冰长石形成扁平小块；通常形成简单的卡斯巴和巴韦诺双晶。双晶很常见。
颜色： 灰白色，有时为黄色或浅红色
光泽： 玻璃般
条痕： 白色
硬度： 6
解理： 两个方向上良好，形成棱柱形
裂口： 贝壳状或不均衡
比重： 2.53
常见地区： 捷克共和国卡尔斯巴德；瑞士奥杜拉，迪森蒂斯；意大利巴韦诺；西伯利亚贝加尔湖；乞力马扎罗山，坦桑尼亚境内段；马达加斯加；新墨西哥州伯纳利欧县；科罗拉多州罗宾森；内华达州克拉克县

透长石 (Sanidine)

透长石的化学式：$KAlSi_3O_8$

透长石和微斜长石在冷却速度相对较快的岩浆中形成，例如花岗岩和正长岩，在400°C和900°C之间会形成结晶。透长石形成于岩浆中，到达地表后从超过900°C的高温开始迅速冷却，就像流纹岩和粗面岩。另外还出现在由高温变质而形成的岩石，例如片麻岩中。快速冷却意味着晶体只有很少的生长时间，所以透长石里基本是都是玻璃质地。从化学角度来说，透长石在长石段中属于富含钾的一端，形成于高温环境中并同时富含钾或钠。在富含钠的一端，经由高温形成了斜长钠长石。歪长石则介于这两者之间。

鉴定： 透长石看起来很像正长石，但更具玻璃质地，而非颗粒质地。看起来为透明或半透明状。

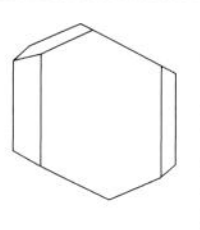

晶系： 单斜晶系
晶体习性： 典型的大块，但罕有的晶体为块状或棱柱状
颜色： 灰白色或透明或灰色；通常为透明状
光泽： 玻璃般
条痕： 白色
硬度： 6
解理： 两个方向上良好，形成棱柱形
裂口： 贝壳状，不均衡
比重： 2.53
常见地区： 意大利厄尔巴岛；高加索山区，俄罗斯境内段；科罗拉多州破山（刚尼逊县）；新墨西哥州格兰特县；亚利桑那州比斯比

钠长石(Albite)

钠长石的化学式：$NaAlSi_3O_8$

绿色、金色和蓝色的彩虹“闪光”被称为拉长晕彩，在插图的拉长石样本中清晰地展现了出来。

钠长石通常出现在火成岩和变质岩中。在高温条件下它会跟钾长石混合，跟透长石形成固体溶液段。在低温环境中，它会分开，即在钾长石晶体中形成层理，而所产生的岩石叫做条纹长石。在似花岗岩岩石中，钠长石替代正长石后就会形成石英二长岩。在伟晶岩中，钠长石可以形成叶片状集群，称为叶钠长石。钠长石非常普遍，但优质晶体却很罕见，除了在伟晶岩中和被称为细碧岩的熔岩中。只有钠长石和钙长石会形成晶体；拉长石、中长石、倍长石和奥长石只会以晶簇形式出现。拉长石展现出了夺目的颜色变化，称为拉长晕彩(详见插图)。钠长石熔岩中最后形成晶体的一种长石，通常跟一些稀有矿物伴生。在所有长石中，双晶都很普遍，但火成岩中的拉长石晶体几乎总是成对出现。

鉴定：斜长石和钾长石通过由双晶生成的光条纹就能分辨出来，但除非经过精确的比重测量，否则很难区分斜长石组的石头。钠长石的比重最轻，是2.63；奥长石的比重是2.65；中长石的比重是2.68，而拉长石的比重是2.71;倍长石的比重是2.74，钙长石的比重是2.76。

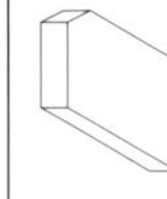

晶系：三晶系
晶体习惯：成双成对，方形
颜色：白，黄，红
色泽：玻璃色泽
条痕：白
硬度：6~6.5
解理：呈两个方向
结构：贝壳状
重力：2.63
常见地区：阿尔卑斯山脉,瑞士；奥地利蒂罗尔,;米纳斯吉拉斯，巴西(叶钠长石);勒弗朗,圣伊莱尔山,魁北克;拉布拉多,阿米莉亚县,维吉尼亚;圣地亚哥县,加利福尼亚州

叶钠长石

完美的陶瓷

陶瓷是所有人造材料中最非凡的材料之一，它质量轻、强度大、干净平滑，是美丽的透明材料。事实上，陶瓷最先由中国传入欧洲，当时很多人认为它是天然材料。大约一千四百年前，中国人就发现了制造陶瓷的方法，即将白墩子(富含长石的岩石)和高岭土(瓷器黏土)混合后加热就能形成陶瓷。中国人将陶瓷的制作方法严格保密，由于当时中国瓷器在欧洲的价格超过了黄金，使得欧洲人不惜花费重金去解开陶瓷的秘密。欧洲人得知陶瓷中混入了瓷器黏土，却不知道白墩子，正是这种富含长石的岩石使得黏土变得坚硬。有些人认为缺失的成分可能是磨碎的骨头，所以在1800年前后，约西亚·斯博德往瓷器黏土中加入了骨粉，制成了骨瓷。另外一个欧洲的成功范例发生在德国麦森，约翰·伯特格尔和艾伦菲尔德·冯·契恩豪斯制成了瓷器。最终到了19世纪，欧洲人才发现那种缺失的成分是正长石。

钙长石(Anorthite)

钙长石的化学式：$CaAl_2Si_2O_8$

每种斜长石中都有不同比例的钠和钙。钠长石中含有的钠最多而钙长石中含有的钙最多。至于其他，例如奥长石、中长石、拉长石和倍长石则介于这两种矿物之间。钠长石出现在低温环境下形成的类花岗岩岩石中，钙长石常见于基岩石中，例如形成于高温条件下的辉长岩中，另外陨石和月球石中也会出现。钙长石晶体通常以双晶形式出现，但很稀有，只在特定地方的熔岩中出现，例如日本的三宅岛，以及意大利维苏威火山附近。

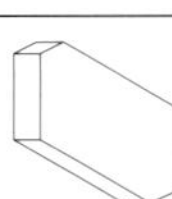

晶系：三斜晶系
晶体习性：通常为大规模，但晶体是短棱柱或块状，通常以双晶形式出现
颜色：无色、略带白色的、灰色、浅粉色、浅绿色
光泽：玻璃般
条痕：白色
硬度：6~6.5
解理：两个方向上良好
裂口：贝壳状
比重：2.76
常见地区：意大利索马山(维苏威火山)；日本三宅岛；新泽西州富兰克林；阿留申群岛，阿拉斯加州；内华达县，莱克县，加利福尼亚州

钙长石

鉴定：鉴定钙长石的最佳方法就是看它是否出现在岩浆中、它的带条纹双晶晶体和2.76的比重。

似长石类矿物

似长石类矿物是跟长石类矿物非常相似的一组，包括方钠石、蓝方石、霞石、青金石、白榴石、钙霞石和黝方石。所有这些矿物在形成时如果含有很多二氧化硅，就会变成长石。因此似长石类矿物不会出现在像花岗岩这种富含二氧化硅的岩石中，但会出现在火成熔岩中。

方钠石(Sodalite)

方钠石的化学式：$Na_8Al_6Si_6O_{24}Cl_2$

方钠石是一种似长石类矿物，通常与霞石和钙霞石一起出现在像霞石正长岩这种基性火成岩中，另外也会出现在二氧化硅含量稀少的岩墙和熔岩中。方钠石得名自它所含有的钠成分，通常当富含氯化钠的水从下方侵入富含硅酸铝的岩石时，就形成了方钠石。方钠石的颜色范畴从宝蓝色至浅蓝色不等，另外还有白色，这种特殊的颜色使得它只能跟青金石和天蓝色搞混。有时在长波紫外线照射条件下，有些方钠石会发出荧光，比如霞石正长岩就通常会展现出带闪光的方钠石斑点。无色的方钠石变种称为紫方钠石，带有“变色荧光”，会在紫外线照射下变成红色，之后衰退成粉色。尽管晶体很稀少，颗粒状方钠石的蓝色团块却比较普遍。方钠石可以作为一种装饰石材使用，例如在加拿大安大略省的班克罗夫特地区找到了个头足够大的方钠石。1906年，从班克罗夫特挖掘出了著名的方钠石被用于装饰伦敦的马堡大厦。而在巴西巴伊亚找到了体积更大、颜色更蓝的方钠石，而在不列颠哥伦比亚省的冰河中找到了方钠石的薄岩脉，缅因州则发现了比较小的团块。在意大利，维苏威火山喷发使得石灰岩岩块受热变质，从而产生了无色的晶体。

鉴定：通过蓝色的颜色就能很好地判定矿物是不是方钠石，方钠石只跟青金石和天蓝石比较近似。颜色更偏灰、更浅的方钠石能发出荧光，在长波紫外线照射下会显现出颜色，但日光照射条件下就会褪色。

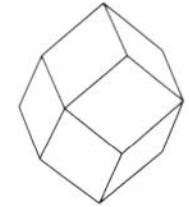

晶系：立方晶系
晶体习性：罕有十二面体晶体但通常在岩石中以团块形式出现
颜色：蓝色、白色、灰色
光泽：玻璃般至油润
条痕：白色
硬度：5.5~6
解理：一个方向上良好
裂口：不均衡
比重：2.1~2.3
其他特征：紫方钠石具有变色荧光的特性，简要概况就是在长波紫外线照射下会改变颜色
常见地区：格陵兰岛伊利毛莎克；意大利维苏威火山；南非；巴西巴伊亚；安大略省班克罗夫特；不列颠哥伦比亚省冰河；缅因州利奇菲尔德

蓝方石(Haüyne)

晶系：立方晶系
晶体习性：罕有菱形十二面晶体，但通常在岩石中以团块形式出现
颜色：蓝色、白色、灰色
光泽：玻璃般至油润
条痕：白色
硬度：5.5~6
解理：三个方向上良好
裂口：贝壳状
比重：2.4~2.5
常见地区：意大利索马山（维苏威火山），秃鹫山；德国门迪希（黑森林）；塔斯马尼亚

蓝方石的化学式：$Na_6Ca_2Al_6Si_6O_{24}(SO_4)_2$

蓝方石是一种稀有但惹人注目的矿物，得名自法国晶体学专家勒内·茹斯特·阿羽依（1743–1822年），他于意大利索马山的维苏威火山熔岩中发现了蓝方石。蓝方石是方钠石组矿物的一员，同组别的矿物还包括方钠石和黝方石。但与这两种矿物不同，蓝方石中含有钙。通常蓝方石会展现出闪耀的铁青色，但也可以是绿色、红色、黄色甚至是灰色。跟所有似长石类矿物一样，蓝方石通常出现在二氧化硅含量低而富含钠和钙这种碱质元素的火成岩中，而这也是形成蓝方石的原料。蓝方石的典型形成环境是二氧化硅缺乏的熔岩，例如响岩和粗面岩。除了索马山以外，蓝方石在澳大利亚的塔斯马尼亚和意大利拉齐奥的火山中也很常见。另外在德国黑森林埃菲尔山附近的门迪希矿场中也发现了蓝方石，是在火山弹中找到的。

鉴定：闪耀的铁青色蓝方石晶体在火山弹或者熔岩中非常耀眼，通常也是在这些地方能够找到蓝方石。

霞石 (Nepheline)

霞石的化学式：$(Na,K)AlSiO_4$

霞石是到目前为止似长石类组别中最常见的矿石，出现在很多缺乏二氧化硅但富含碱性物质的火成岩中。事实上，岩石里霞石的存在通常是作为指标物，以提示岩石属于碱性岩石。在有些岩石中，霞石是一种主要成分，这些以霞石命名的岩石包括：霞石正长岩、霞石二长岩和霞石岩。这些岩石的区别在于它们所含有的不同长石。虽然在世界各地的岩石中以团块形式出现，不过大部分晶体都是在深成岩中找到的，例如加拿大安大略省的班克罗夫特，俄罗斯的卡瑞斯卡雅（卡累利阿），以及维苏威火山喷射出的石灰岩块的晶洞中。近些年，大规模霞石被当做制作苏打的主要原料，而二氧化硅和铝则是制作玻璃和陶瓷的原料。由于蕴藏霞石的岩石中不包含石英，因此容易熔化。霞石可以在高温条件下产生名为三斜霞石的矿物。

六方霞石晶体

晶系：六方晶系
晶体习性：形成柱状六方晶体，但更常见的形式是团块和颗粒
颜色：灰白色至灰色
光泽：油润至晦暗
条痕：白色
硬度：5.5~6
解理：粗糙
裂口：贝壳状至不均匀
比重：2.6
常见地区：意大利索玛山（维苏威火山）；俄罗斯卡瑞斯卡雅（卡累利阿）；澳大利亚；巴西；安大略省班克罗夫特；阿肯色州沃西托山；缅因州肯纳贝克；新墨西哥州科尔法克斯

鉴定：像这种在伟晶霞石正长岩岩墙中形成的独特六面晶体是很稀有的。大部分常见的霞石则是以白色颗粒形式出现在岩石中的。

青金石

青金石是一种最古老也是最珍贵的宝石，它的名字来源于拉丁语"lapis"，意思是"石头"，以及阿拉伯语"azul"，意为"天空"；也有人认为跟古波斯语"lazhuward"有关系，意思是"蓝色"。青金石通常出现在白色大理石的岩脉和透镜状地层中。在大面积的青金石上点缀着星星点点的黄铁矿，使得青金石看起来很斑驳。有时也可以找到晶体，但更常见的是以大块形式出现的青金石。青金石可以被雕刻成珠宝、杯子以及其他装饰品。大约六千多年前，人们发现了青金石，地点位于阿富汗科克恰河谷的沙耶尚，而至今这片区域依旧是世界上质量最上层的青金石产区。在距今大约六千年前苏美尔人聚居的古城乌尔中出土的古墓里就有雕刻得十分精美的青金石雕像，而古埃及人也十分青睐这种石头，将它大量地用作图坦卡蒙法老墓的装饰品。古罗马作家老普林尼曾描述到，青金石"是群星闪耀的天空的碎片"。现在青金石则出产自西伯利亚贝加尔湖附近、智利的奥瓦利以及阿富汗。智利出产的青金石中含有方解石斑点。

青金石 (Lazurite)

青金石的化学式：$(Na,Ca)_8Al_6Si_6O_{24}(S,SO_4)_2$

这种美丽而饱满的蓝色使得青金石成为了所有矿物中最独特也是最引人注目的矿物之一。组成青金石的化学成分很复杂，但因硫而生的蓝色则是由于硫替代了部分硅原子的位置。青金石质地柔软、易脆，可以用来制作群青色颜料，但最著名的则是被当做宝石青金石的主要成分，这一传统可以追溯到古埃及时期。在宝石青金石的深蓝色背景上点缀的零星金色黄铁矿斑点看起来很像星星。青金石很稀有，只在阿富汗科克恰河谷流域、西伯利亚贝加尔湖、帕米尔高原附近高海拔地区发现了比较大的产量。

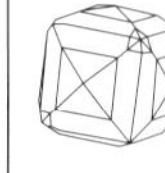

晶系：四方晶系
晶体习性：形成柱状六方晶体，但更常见的形式是团块和颗粒
颜色：灰白色至灰色
光泽：油润至晦暗
条痕：白色
硬度：5.5~6
解理：粗糙
裂口：不均
比重：2.6
常见地区：意大利维苏威火山；俄罗斯贝加尔湖；帕米尔高原；阿富汗科克恰河；智利奥瓦列；科罗拉多州沙瓦奇山脉；加利福尼亚州瀑布峡谷和安大略高峰，圣盖博山脉，圣贝纳迪诺县

鉴定：青金石所具有的鲜艳的蓝色让它很容易被辨认出来。跟方钠石的区别则在于它会跟黄铁矿伴生，而与天青石的区别在于它的比重比较低。

沸石类矿物

沸石类矿物组别中包含了五十种左右的矿物，包括片沸石、辉沸石、钙十字沸石、重十字石、钠沸石、菱沸石和方沸石。除了稀有和美丽这两点备受矿物收集者的青睐之外，沸石类矿物也是重要的工业原料，可以用来做过滤产品和海绵化工产品。跟黏土类矿物和长石类矿物近似，沸石类矿物也是在中等压力和温度条件下由火成岩晶洞中的变质矿物所形成的。

片沸石(Heulandite)

片沸石的化学式：$(Ca,Na)_{2-3}Al_3(Al,Si)_2Si_{13}O_{36} \cdot 12H_2O$

片沸石是一种最常见也是最知名的沸石类矿物，这种矿物是以英国矿产商约翰·亨利·厄朗的名字命名的，正是他在冰岛找到了片沸石。片沸石会形成独特的乳白色珍珠光泽的晶体，形状跟旧时恐怖片里的棺材近似，晶体中部很宽。富含锰和铁的热液渗入到火山岩特别是玄武岩中，熔岩冷却时气泡被阻塞因而在晶洞中产生了晶体。当热液留在气泡中矿物被温和变质作用改变时也能够产生片沸石。在伟晶岩、凝灰岩、变质岩和深海沉积岩中也能以同样的方式形成片沸石。片沸石也能形成于其他地区，但晶体通常很小。最佳的片沸石标本来自玄武岩中，代表性的地区则是冰岛贝吕峡湾、法罗群岛以及孟买附近西高止山脉的德干地盾。红色片沸石晶体则出自苏格兰坎普希丘陵、奥地利蒂罗尔的法萨、澳大利亚新南威尔士州冈尼达和俄罗斯东部。

鉴定：片沸石的最佳鉴定方式是乳白色的晶体、珍珠色光泽和棺材形的晶体。

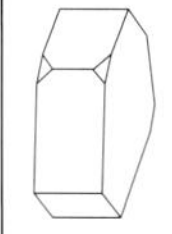

晶系：单斜晶系
晶体习性：晶体为格状，很像旧时用的棺材或者伪斜方晶
颜色：白色、粉色、红色、棕色
光泽：玻璃或珍珠光泽
条痕：白色
硬度：3.5~4
解理：粗糙
裂口：不均衡
比重：2.1~2.3
常见地区：苏格兰坎普希丘陵；冰岛贝吕峡湾；法罗群岛；奥地利法萨托尔；乌拉尔山，俄罗斯境内段；印度西高止山脉；澳大利亚冈尼达（新南威尔士州）；鹧鸪岛，新斯科舍省，加拿大；新泽西州帕特森；爱达荷州；俄勒冈州；华盛顿州

辉沸石(Stilbite)

辉沸石的化学式：$NaCa_2Al_5Si_{13}O_{36} \cdot 14H_2O$

晶系：单斜晶系
晶体习性：晶体形成薄片状的小麦束形集群。十字形的双晶很常见
颜色：白色、粉色、红色、棕色、橘色
光泽：玻璃般或珍珠般
条痕：白色
硬度：3.5~4
解理：一个方向上良好
裂口：不均衡
比重：2.1~2.3
常见地区：苏格兰基尔帕特里克；冰岛贝吕峡湾；印度浦那；澳大利亚维多利亚州；巴西南里奥格兰德州；新斯科舍省芬迪湾；新泽西州帕特森

辉沸石是另一种常见的沸石，与片沸石的关系非常密切。矿物收集者非常青睐辉沸石，是因为它具有异同寻常的晶体，晶体形状十分出众、类似堆叠起来的小麦束或领结。其实辉沸石晶体也并不总是这种形状，但当它们是上述形状时就愈发独特了。晶体形状跟辉沸石类似的沸石类矿物里只有淡红沸石有类似的晶体形状。辉沸石的晶体通常发白，但也曾找到过亮橘色的晶体。跟片沸石类似，辉沸石形成在玄武岩熔岩的晶洞中，另外还出现在矿脉和伟晶岩中，因此辉沸石倾向于在有玄武岩洪流的地方出现，例如印度的德干地盾。然而，辉沸石也最有可能在非典型的沸石形成环境中形成，例如矿物岩层的花岗岩中。

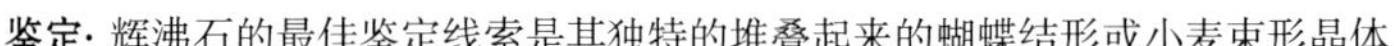
鉴定：辉沸石的最佳鉴定线索是其独特的堆叠起来的蝴蝶结形或小麦束形晶体。

钙十字沸石 (Phillipsite)

钙十字沸石是一种玻璃状矿物，它的晶体会形成惹人注目的双晶。

钙十字沸石的化学式：$(K,Na,Ca)_{1-2}(Si,Al)_8O_{16}\cdot 6H_2O$

1825年，莱维用英国矿物学家W. 菲利浦（1775–1829）的名字为这种矿物命名。钙十字沸石不属于最常见的天然沸石类矿物，因为它通常由人工合成。但在矿物收集者看来，这种矿物依然具有收藏价值，是因为除了晶体之外，有时它会形成具有丝般表面、带有白色小球的集群。这些小球体形成于熔岩的气泡晶洞中，这点跟其他沸石类矿物一样。另外在意大利罗马附近的响岩中也可以看到钙十字沸石。钙十字沸石可以以非常快的速度形成，在法国普隆比埃砖石结构的热矿泉晶洞中能看到晶体以极快的速度生长。钙十字沸石也可以在温泉周围形成。钙十字沸石也可以在富含方解石的深海沉积物中形成。1951年，“挑战者”号测量船从太平洋海底采捞上来了钙十字沸石的标本，来自海底的标本正是由被改变的熔岩所形成的。通常钙十字沸石和另一种罕见的沸石类矿物重十字石（见插图）很难区分开。

鉴定：当形成丝般或粗糙的小球体衬于晶洞中时，这就是辨认钙十字沸石的最佳线索；但钙十字沸石也会形成晶体，就比较难辨认了。

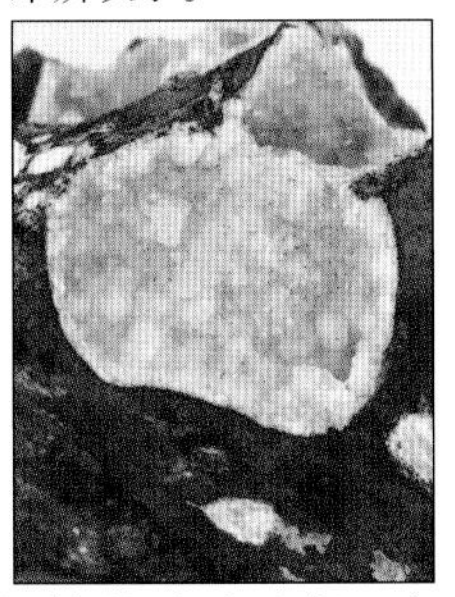

晶系：单斜晶系
晶体习性：晶体形成四个一组或四个以上一组的形式。通常形成小球体晶簇
颜色：白色、透明、浅黄色、浅红色
光泽：玻璃般，丝般
条痕：白色
硬度：4~4.5
解理：一个方向上未形成
裂口：不均衡
比重：2.2
常见地区：北爱尔兰莫伊尔（安特里姆）；意大利维苏威火山，卡波迪波夫；德国佩西布伦；塔斯马尼亚格津角；科罗拉多州杰弗逊县

神奇的沸石类矿物

已发现的沸石类矿物是如此非凡，以至于以沸石类矿物为基础，产生了一个新的行业。沸石类矿物是硅酸铝矿物，类似于黏土，但与黏土不同的是，它们的晶体结构是坚固的蜂窝状并带有格穴般的网络。水分可以自由地从这些气孔中进出且不会影响到沸石的构架。这些气孔质地均匀，因此晶体也会像分子筛似的滤除掉形状不规整的粒子。沸石类矿物也可以交换粒子。而这也导致沸石类矿物不仅可以像微海绵那样吸收水分，也能像最佳的土壤那样作为过滤器来滤除掉细小的粒子。由于沸石类矿物的作用巨大，因此利用天然沸石类矿物的特性，人工合成的沸石类矿物也具备了这种特质，特别是菱沸石、斜发沸石和钙十字沸石。沸石类矿物可以用作空气过滤器、水处理设备、清理泄露石油的吸油设备、处理放射性废料的设备以及其他用途。另外沸石类矿物还可以被当成人造媒介促进植物生长。

菱沸石 (Chabazite)

菱沸石的化学式：$Ca_2(Al_4Si_8O_{24})\cdot 13H_2O$

菱沸石得名自“chalaza”，是希腊语中“冰雹”的意思，看起来跟其他沸石类矿物十分近似，且形成地点也相似。跟钙十字沸石和重十字石相似，当熔岩中的气泡被抑制，根据温和变质作用就形成了菱沸石。最引人注目的菱沸石晶体来自印度浦那，出现在德干地盾的玄武岩中。在这些小晶洞中，菱沸石跟大量的其他矿物一起出现，特别是沸石类矿物中的钠沸石、钙沸石、片沸石和辉沸石。这些菱沸石晶体实际上是菱形六面体，但看起来很像是小立方体。在温泉周围也会形成小晶体。

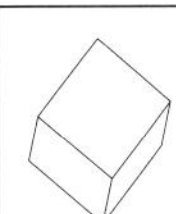

晶系：三方晶系
晶体习性：晶体为菱形六面体，但看起来像是立方晶
颜色：通常为白色或浅黄色，也可以是粉色或红色
光泽：玻璃般
条痕：白色
硬度：4.5
解理：粗糙
裂口：不均衡
比重：2~2.1
常见地区：苏格兰基尔马科姆；冰岛贝吕峡湾；德国奥伯施泰因；瑞士；印度浦那；澳大利亚里士满（维多利亚州），泰布尔角（塔斯马尼亚）；新西兰；新斯科舍省；新泽西州；怀俄明州黄石公园；亚利桑那州博维

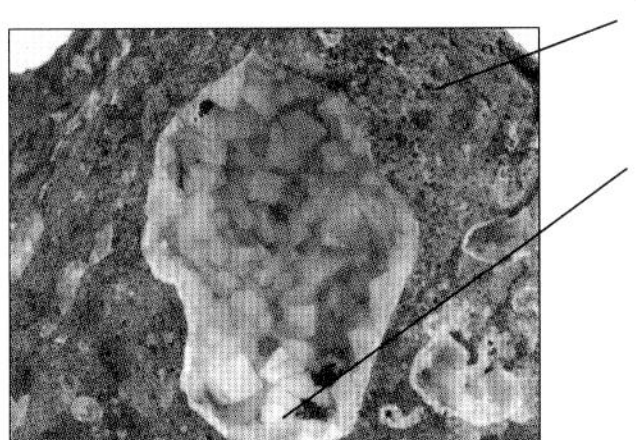

鉴定：在气泡晶洞中能找到菱沸石，是一种透明的沸石类矿物。它的晶体看起来像立方晶，使得菱沸石很惹人注目。

辉石类矿物

辉石类矿物存在于大部分的火成岩和变质岩中，也是深色镁铁质岩石的主要成分，例如辉长岩和玄武岩。通常所用的名称“辉石”是由法国矿物学家R·J·阿羽依根据希腊语中的“火”和“陌生人”两个词构成的，这是因为他当在熔岩中看到这些已成型的深绿色晶体时倍感惊讶，才选了这个名字。事实上，在熔岩喷发前，辉石在高温条件下就已经形成结晶了。

透辉石 (Diopside)

辉石与闪石

辉石和闪石是关系紧密的硅酸盐矿物，并且外观也相似。当缺乏水分时能形成辉石，而水分会将同样的矿物变成闪石。辉石会形成更短、更粗的棱柱形晶体，碎裂后几乎是直角；而闪石碎裂后则是楔形，例如角闪石就是很好的典型。当在岩石专用显微镜下或是质量上乘的放大镜下观察时就能看到两种矿物的显著区别。

鉴定：透辉石通常可以通过它闪亮的绿色和直角劈理来鉴定。

透辉石的化学式：$CaMgSi_2O_6$

透辉石是一种硅酸盐，通常直接从基性岩浆中形成结晶，而这也能够解释为什么透辉石会成为部分超基性火成岩的主要构成物。另外，透辉石还能够形成于白云石灰岩里被改变的硅酸盐中，以及富含铁的矽卡岩中(变质矿床)。大部分这种透辉石都是颗粒状或被镶嵌在岩石中。显眼的晶体则更加稀有了，但仍旧很惹人注目，特别是绿色且富含铬的那种。透辉石的名字来自希腊语“dis”和“opsis”，意思是“双重图像”，这是因为晶体可以形成强烈的双折射(呈现出双重图像)。有些会展现出猫眼变彩效果，而有些则在两个方向上呈现出猫眼变彩效果，并形成十字。有些古代文明相信神明可以通过这些星形十字观察众生。

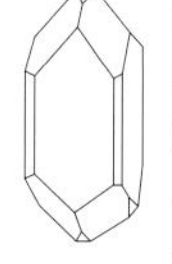

晶系：单斜晶系
晶体习性：通常为短粗的棱柱形晶体，但也可以是颗粒状集群、柱体和团块
颜色：绿色、卡其色、无色或亮蓝色
光泽：玻璃般，晦暗
条痕：白色，亮蓝色
硬度：6
解理：棱柱明显
裂口：易脆，贝壳状
比重：3.3~3.6
常见地区：意大利维苏威火山，法萨河谷、阿拉和奥索拉河谷；瑞士比恩；奥地利齐勒谷；芬兰奥托昆普；俄罗斯贝加尔湖；朝鲜；马达加斯加；纽约州迪卡尔布；加利福尼亚州河滨县

普通辉石 (Augite)

鉴定：普通辉石的鉴定线索是其自身的深颜色和块状的棱柱形晶体。

普通辉石的化学式：$(Ca,Na)(Mg,Fe,Al)(Al,Si)_2O_6$

普通辉石跟透辉石的关系很密切，但含有大量的钠和铝，镁的含量也比透辉石多。普通辉石的名字来源于希腊语中的“光泽”一词，这是因为只有富含普通辉石的岩石才会具有这种特殊的光泽。普通辉石是一种最为常见的辉石类矿物，而且也是很多深色基性火成岩特别是玄武岩、辉绿岩、辉长岩和橄榄岩的主要成分。在玄武岩中，有些最完美的普通辉石晶体是斑晶(特别大的预先成型的晶体)。有些火山附近的凝灰岩几乎都是由普通辉石晶体组成的，而在部分意大利火山的火山口，从风化的熔岩中能选出来大块晶体。普通辉石也会出现在高温条件下形成的变质岩中，例如麻粒岩和片麻岩，另外在陨石中也富含玄武岩类的矿物，这就能解释为什么在南非布什维尔德杂岩体中能找到普通辉石的晶体。尽管很常见，但大部分大块的普通辉石晶体都比较灰暗。

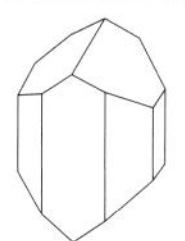

晶系：单斜晶系
晶体习性：通常为短的棱柱形成直角的晶体，但也有颗粒、柱形和团块
颜色：深绿色、棕色、黑色
光泽：玻璃般，灰暗
条痕：浅绿白色
硬度：5~6
解理：棱柱明显
裂口：不均衡
比重：3.2~3.6
常见地区：意大利维苏威火山，埃特纳火山，斯特隆博利岛，拉齐奥大区；法国奥佛涅区；德国埃菲尔山；南非布什维尔德杂岩体；纽约州圣劳伦斯，拉马波山

锂辉石（Spodumene）

锂辉石的化学式：$LiAlSi_2O_6$

锂辉石得名自希腊语，意思是“烧至灰烬”，因为它是最常见的灰色。锂辉石在富含锂的花岗伟晶岩中几乎是非常独特的，在这里它通常跟锂云母、锂电气石、铯绿柱石、锂磷铝石、石英和钠长石伴生。大块的锂辉石是主要的锂矿石，锂是所有金属中颜色最浅的，可用于制陶和润滑剂，也是抗抑郁药的关键成分。粗糙的晶体可以是巨型，有时可以找到将近15米长、重量超过90吨的晶体。但是耀眼的玻璃质小宝石晶体很稀少。锂辉石并不受珠宝商青睐，因为当暴露在日光下会褪色，但受到矿物收集者和博物馆的重视。杂质替代了晶体结构中的铝，因此赋予了锂辉石各种各样的颜色。例如铁会赋予锂辉石黄色至绿色，铬会赋予深绿色，锰会赋予淡紫色。紫色的锂辉石也被称为紫锂辉石，绿色锂辉石也称为翠绿锂辉石。

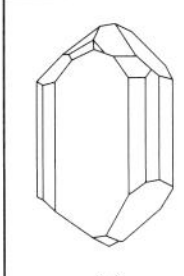

晶系： 单斜晶系

晶体习性： 通常为大块；晶体又大又长，通常为带条带的棱柱形

颜色： 白色或浅灰白色，也有绿色、粉色、黄色、淡紫色

光泽： 玻璃般

条痕： 白色

硬度： 6.5~7

解理： 棱柱明显

裂口： 裂片

比重： 3.2~3.6

常见地区： 瑞典瓦鲁特拉斯克；阿富汗；巴基斯坦；纳米比亚；马达加斯加；巴西；南达科他州布莱克山；新墨西哥州迪克森；北卡罗来纳州

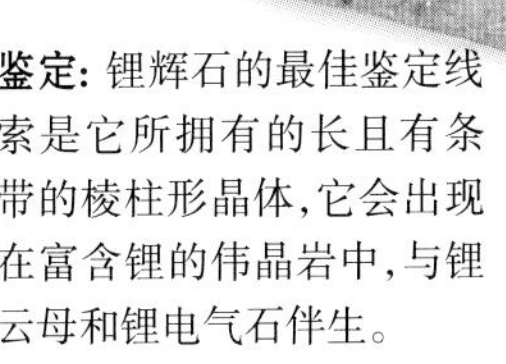

鉴定： 锂辉石的最佳鉴定线索是它所拥有的长且有条带的棱柱形晶体，它会出现在富含锂的伟晶岩中，与锂云母和锂电气石伴生。

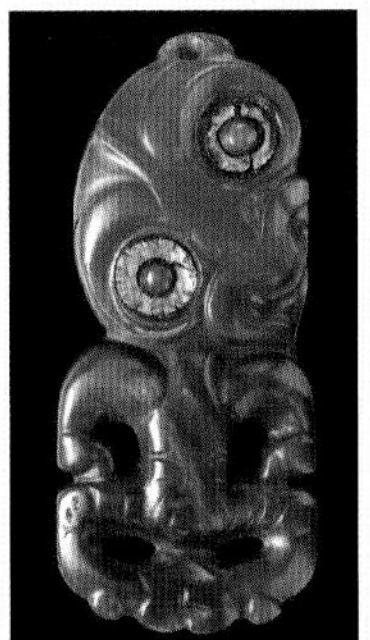

绿色翡翠

长期以来翡翠在中国就备受珍视，不仅被视为皇家象征，也被雕刻成首饰、装饰品和小雕像，这一传统已经延续了数千年。翡翠质地坚硬，**曾被用来制造刀具和石斧。翡翠在南美的历史也跟它在中国的历史差不多长。事实上它的名字来自西班牙语，意思是“石头的一边”，这是因为西班牙人在中美洲遇到这种石头，被告知它能用来治愈肾病。欧洲人用了近似的名字，即硬玉，来命名来自中国和南美的外观近似的装饰用绿色石头**。1863年，矿物学家们意识到翡翠有两种：“坚硬的”硬玉和“柔软”的软玉（详见配图中的毛利人挂饰），这两种翡翠在中国和南美都有发现。价值最高的翡翠是绿宝石绿的帝王玉，这种绿色是微量的铬产生的。软玉可以是浅绿色或白色，而硬玉则是绿色、白色、黄色甚至是淡紫色。

硬玉（Jadeite）

硬玉的化学式：$Na(Al,Fe)Si_2O_6$

硬玉是两种可以被称为翡翠的矿物之一，另一种则是软玉。硬玉的价值颇高也很稀有。大部分硬玉是不透明的，而透明度最高的石头就更加稀少了。硬玉形成于高压条件下，经由强烈的变质作用改变了富含钠的岩石中像锡石和钠长石这样的矿物，才形成了这种美丽的绿色石头。它通常跟蓝闪石和霰石伴生，但在原来位置中找到的硬玉非常稀有，例如危地马拉出产的硬玉。相反，在被风化作用剥离开母岩、被水冲刷的鹅卵石中经常能找到硬玉，例如出产自中国和缅甸的硬玉。纯的硬玉是纯白色，但微量的铬、铁和钛，赋予了硬玉绿色、蓝色或薰衣草色调。

晶系： 单斜晶系

晶体习性： 通常为大规模或颗粒状

颜色： 绿色或白色，蓝色和薰衣草色

光泽： 玻璃般，灰暗

条痕： 白色

硬度： 6.5~7

解理： 明显但很稀有

裂口： 裂片至不均衡

比重： 3.25~3.35

常见地区： 乌拉尔山，俄罗斯境内段；缅甸；中国；日本小泷；苏拉威西岛；危地马拉莫塔瓜河；加利福尼亚州圣贝尼托县

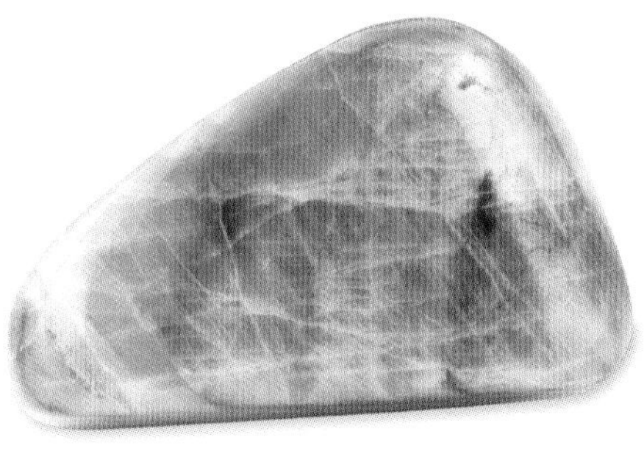

鉴定： 硬玉的鉴定线索是它的颜色、美感和硬度。可以通过比重跟软玉区别开来，软玉的比重是2.9~3.3

硅酸盐宝石

二氧化硅的硬度意味着，当某些二氧化硅矿物与适合的化学“着色剂”化合，就可以变成精美的宝石，例如电气石、绿宝石和蛋白石。电气石和绿柱石是其他宝石的宿主，每种因特定微量化学成分发生改变都会形成独特的宝石，例如锂电气石、绿宝石、海蓝宝石和铯绿柱石。

电气石 (Tourmaline)

电气石的化学式：$Na(Li,Al)_3Al_6Si_6O_{18}(BO_3)_3 \cdot (OH)_4$

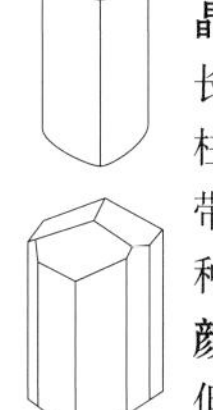

晶系：三方晶系
晶体习性：通常为长三角形或六面棱柱形，表面带有条带。末端可以是各种形状
颜色：非常多变，但常见的是黑色或浅蓝黑色、蓝色、粉色、绿色
光泽：玻璃般
条痕：白色
硬度：7.5
解理：非常粗糙
裂口：非常粗糙
比重：3~3.2
常见地区：意大利厄尔巴岛；乌拉尔山，俄罗斯境内段；尼泊尔钱普尔；阿富汗；澳大利亚西部；巴西巴伊尔；缅因州；加利福尼亚州圣迭戈县

电气石是颜色最丰富的宝石。古埃及人称之为彩虹石，并相信电气石集齐了所有的彩虹颜色，并以独特的方式到达了地球深处。电气石的名字来自斯里兰卡语“tur mali”，意思是“颜色很多的石头”。包含不同的微量化学物质可以使它变化出一百多种不同的颜色，甚至单一标本也可以拥有混合的颜色。西瓜电气石拥有一个亮粉色的中心，以及鲜绿色的外皮。19世纪中期艺术评论家约翰·罗斯金曾这样评价电气石的构成“更像是中世纪医生的药方而令其成为备受重视的矿物”。电气石并不是只有单一的种类，而是一个组别，包括的矿物有黑电气石（因含有铁而成为黑色）和镁电气石（因锰而成为棕色）等，但大多数宝石电气石是富含锂的锂电气石，以意大利厄尔巴岛命名，此处曾出产众多质量上乘的电气石晶体。电气石通常在花岗伟晶岩中出现，但也可以在和花岗岩岩浆接触变质的石灰岩中找到。由于质地坚硬，被风化侵蚀从母岩剥离后，通常能在河谷矿床中找到电气石。

鉴定：电气石很好辨认，它的颜色众多，例如西瓜电气石。而最佳的辨认线索就是电气石晶体是三角形截面。

绿柱石 (Beryl)

绿柱石的化学式：$Be_3Al_2Si_6O_{18}$

鉴定：绿柱石很坚硬，为六方晶体，与伟晶岩伴生，这也就是说它只可能与黄玉和石英搞混。其实用颜色来区别它们就行。

与电气石不同，绿柱石是一种种类单一的矿物，虽然能找到紫色绿柱石或无色的透绿柱石，但杂质赋予绿柱石的颜色跟其他宝石矿物的颜色范围是一样的。铬和钒将绿柱石变成亮眼的绿宝石。蓝色绿柱石被称为海蓝宝石，而黄色绿柱石是金绿柱石、粉色绿柱石是铯绿柱石。绿柱石的名字不能体现出红色和金色变种。绿柱石是一种坚硬的晶体，形成于地球深处。大部分出现在花伟晶岩中，尤其是“冷冻的”石英长石团块中，但有时也会以自由晶体的形式出现在晶洞中。另外绿柱石也会出现在矽卡岩中、被伟晶岩入侵的片岩中，还有在哥伦比亚发现的被热液侵入的碳酸盐岩中。大部分晶体都很小，但少数哥伦比亚绿柱石很大，长度可达5.5米。在马达加斯加发现的一块绿柱石重量达到了36.6吨，创下了纪录。

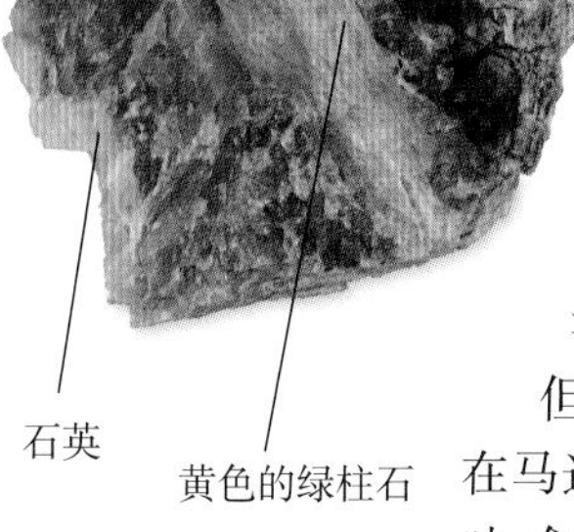

石英

黄色的绿柱石

晶系：六方晶系
晶体习性：晶体为长的六面棱柱形，尤其是带有平的金字塔形顶端和带有条带的表面
颜色：颜色范围很广，包括绿色、黄色、金属、红色、粉色和无色
光泽：玻璃般
条痕：白色
硬度：7.5~8
解理：基底，粗糙
裂口：贝壳状
比重：2.6~2.9
常见地区：西班牙加利西亚；俄罗斯；纳米比亚；马达加斯加；巴基斯坦；哥伦比亚齐沃尔，穆索；巴西米纳斯吉拉斯；北卡罗来纳州希登石；加利福尼亚州圣迭戈县

蛋白石 (Opal)

蛋白石的化学式：$SiO_2 \cdot nH_2O$含水量可达21%

与众多矿物不同，蛋白石从来不会形成晶体。事实上这是一种变硬的二氧化硅凝胶，包含了大约百分之五到十的水分。晶洞中富含二氧化硅的液体凝固后形成的结节、硬壳、细矿脉和团块。有时在化石化过程中，蛋白石会替代骨骼或木头。有时它会形成于温泉周边或火山岩中。晦暗的黄色、红色或黑色“劣质”蛋白石极其普遍，这种储量惊人的矿物被用来制作研磨料和填充料。珍贵蛋白石更稀有，是由完全未被扰乱的微量二氧化硅球体形成的。劣质蛋白石中可能还有球体，但却是多变的大杂烩。珍贵蛋白石由尺寸统一的球体形成，当光穿过这些球体时会产生蛋白石独特的闪光，也被称为“乳白光”。直到19世纪，大部分珍贵蛋白石都产自斯洛伐克的安山石中。现在世界上90%的蛋白石都是在砂石和铁矿石中找到的，地点则位于澳大利亚内陆，即广为人知的库伯佩迪。

鉴定：蛋白石的银色光泽和颜色变化使得这种宝石很容易被辨认出来。但是变种也很多，从灰暗的棕色到银白色不等。有些是完全不透明的，而有些则是完全透明的。

晶系：无
晶体习性：大块，特别是肾形、圆形或片状
颜色：
常见的劣质蛋白石：颜色多变，但缺少乳白光
珍贵蛋白石：白色或黑色，具有乳白光
火蛋白石：红色和黄色火焰般的反射
玻璃蛋白石：无色
水蛋白石：在水中为透明状
光泽：玻璃般，珍珠般
条痕：白色
硬度：5.5~6
解理：无
裂口：贝壳状
比重：1.8~2.3
常见地区：斯洛伐克东部塞文尼卡；澳大利亚闪电岭（新南威尔士州），库伯佩迪（澳大利亚南部）；巴西塞阿拉州；洪都拉斯；墨西哥；华盛顿州；爱达荷州；内华达州维京谷

最绿的宝石

绿宝石得名自古希腊语“smargdos”，意思是“绿色”。绿宝石是已知的最古老的宝石之一，曾在埃及古墓中跟木乃伊一起发现。最早的古埃及绿宝石矿已超过三千五百年的历史，于1816年被法国探险家卡约重新发现。之后，在1900年，在红海附近找到了克利欧佩特拉矿。曾有传言说，罗马皇帝尼禄就是戴绿宝石来观看角斗士们的殊死搏斗的。最佳的绿宝石来自南美，特别是在哥伦比亚著名的奇沃尔和穆索矿中出产的绿宝石，这里最早是奇布查族印第安人发现的矿脉，比起西班牙殖民者的发现要早太多了。西班牙入侵者从阿兹特克人和印加人手中掠夺了大量质地精美的奇沃尔绿宝石，继而在1537年由他们自己发现了绿宝石矿。现在世界上一半的绿宝石仍旧产自哥伦比亚。在1961年，这里曾出产了最大的宝石级绿宝石，重达7025克拉（约1.4公斤）。

托帕石 (Topaz)

托帕石的化学式：$Al_2SiO_4(OH,F)_2$

托帕石的名字可能来源于梵语一词的“tapaz”，意思是“火”，或者来自传说中的红海托帕焦斯岛，也就是现在的扎巴贾德岛。托帕石有很多颜色，包括稀有的粉色托帕石，和价值更高的、来自巴西的黄色托帕石。蓝色托帕石看起来很像海蓝宝石。托帕石形成于富含氟的溶液和蒸气中，经常在花岗伟晶岩中找到，或者是在被高氟溶液改变的花岗岩的缝隙中发现。通常跟萤石、电气石、磷灰石和绿柱石伴生。另外在流纹岩的蒸气晶洞中也能形成托帕石。由于质地坚硬，托帕石从被风化侵蚀的母岩上剥落后被流水冲刷到了河谷矿床中，通常在这里能找到它。被水冲刷的无色托帕石跟钻石很容易混淆。事实上最广为人知的托帕石是镶嵌在葡萄牙旧王冠上的重达1649克拉的布拉甘萨，这颗托帕石一度被认为是钻石。大部分晶体都很小、为颗粒状，但巨型晶体则可重达100公斤。

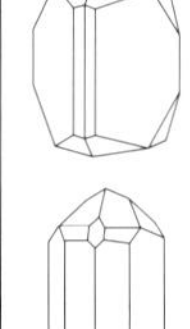

晶系：斜方晶系
晶体习性：晶体通常为棱柱形，带有两个或更多相对较长的棱柱。另外还有团块和颗粒。
颜色：无色、浅黄色、蓝色、浅绿色、粉色
光泽：玻璃般
条痕：白色
硬度：8
解理：完美的基底
裂口：贝壳状
比重：3.5~3.6
常见地区：德国厄尔士山脉；乌拉尔山萨纳卡河，俄罗斯境内段；巴基斯坦；巴西米纳斯吉拉斯；墨西哥圣路易斯波托西州；犹他州托马斯岭；加利福尼亚州圣迭戈县

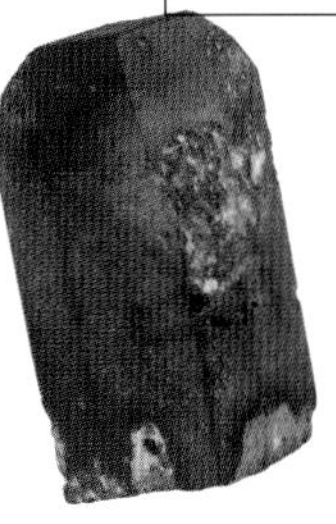

鉴定：托帕石的最佳鉴定线索就是硬度、高密度和浅色的颜色范围。它通常在伟晶岩中跟萤石伴生，也是一种很有用的指标物。

石榴石组矿物和橄榄石组矿物

石榴石组矿物和橄榄石组矿物是颜色深、密度高的矿物，形成于地球内部的深处，只在极端的压力和温度下才会形成。有时板块运动会将形成于此深度的岩石向上抬，把这类矿物带上了地表；有时它们被夹挟在熔岩中被带上地表，因此在新喷出的物质中能看到已经成型的闪闪发亮的石榴石和橄榄石晶体。

石榴石组矿物：钙铁榴石 (Garnets:Andradite)

钙铁榴石的化学式：$Ca_3Fe_2(SiO_4)_3$

石榴石的名字要追溯到红色的石榴石，因为看起来跟石榴子很像，因此得名。实际上石榴石并不是一种单一矿物，而是一个包含了超过二十种矿物的组别，其中的矿物有钙铬榴石、钙铝榴石和钙铁榴石（富含钙的“铬钙铁榴石”），以及镁铝榴石、铁铝榴石和锰铝榴石（富含铝的“铝榴石”）。所有的石榴石组矿物都形成于极端条件下，在高度变质岩中，例如片岩；和深成火成岩中，例如橄榄岩。在橄榄岩中石榴石可以非常集中，也因此形成了石榴橄榄岩。石榴橄榄岩是一种深色岩石，带有小型红色或棕色石榴石斑点，外观就像黑巧克力上点缀的樱桃。钙铁榴石是以18世纪葡萄牙矿物学家安德拉达·德·席尔瓦的名字命名的，这种矿物能制成很漂亮的宝石。钙铁榴石出现在花岗伟晶岩、碳酸盐岩（深成熔岩中富含钙的岩颈）、变质的角页岩和矽卡岩，以及蛇纹岩的外壳和缝隙中。构成钙铁榴石的钙、铁和其他金属元素的含量不同，也会导致钙铁榴石的颜色不同。微量的铬令其成为绿色的翠榴石。翠榴石是所有石榴石组矿物中价值最高的，得名自它自身拥有的钻石似的亮光，但最初在乌拉尔山的俄罗斯境内段中找到翠榴石时，它因其绿色而被称为“乌拉尔山绿宝石”。微量的钛产生了黑色的黑榴石，通常出现在火成岩中，例如响岩和白榴斑岩。黄榴石则是黄色的钙铁榴石。

钙铁榴石

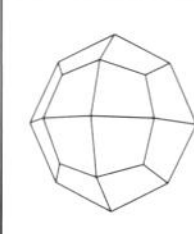

晶系：等轴晶系

晶体习性：晶体通常为十二面菱形或二十四面梯形，或二者兼有

颜色：通常为浅绿灰色至绿色，但也有黑色，黄色和稍罕见的无色

光泽：玻璃般

条痕：白色

硬度：6.5~7.5

解理：无

裂口：贝壳状，易脆

比重：3.8

常见地区：意大利北部；瑞士瓦莱；俄罗斯下塔吉尔（乌拉尔山）；中国大兴安岭；韩国；魁北克省圣希莱尔山；加利福尼亚州圣贝尼托县；亚利桑那州；新泽西州富兰克林；阿肯色州近磁湾；切斯特县，宾夕法尼亚州

鉴定：钙铁榴石的最佳鉴定线索就是自身的颜色、硬度以及伴生矿物，包括蛇纹石、透辉石、硅灰石、钠长石、方解石、正长石和云母。

石榴石组：钙铝榴石 (Garnets: Grossular)

钙铝榴石的化学式：$Ca_3Al_2(SiO_4)_3$

钙铝榴石是一种含钙和铝的石榴石，得名自拉丁语的“醋栗”一词，这是因为其中的一种颜色跟烹饪用的醋栗很相近。但实际上钙铝榴石的颜色很多，比任何同组矿物的颜色都丰富。而其中最引人注目的就是橘色的肉桂石，有时也称为桂榴石。沙弗莱石（得名自肯尼亚的察沃）是因为铬才变成绿色的。非洲“翡翠”是一种大块的不透明的绿色钙铝榴石的岩脉，在南非德兰士瓦发现，看起来跟翡翠很相似。钙铝榴石形成于石灰岩中，这种石灰岩变质成了大理石；或者形成于矽卡岩中，是跟岩浆接触后变质的石灰石形成的。

鉴定：钙铝榴石的最佳鉴定线索是其颜色和硬度。它跟方解石、透辉石、符山石和硅灰石伴生，这也是鉴定线索之一。

肉桂石（桂榴石）

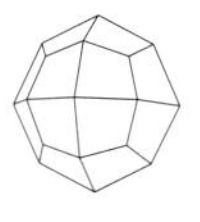

晶系：等轴晶系

晶体习性：晶体通常为十二面菱形或二十四面梯形，或二者兼有

颜色：通常为无色、黄色、橘色、绿色、红色、灰色、黑色

光泽：玻璃般

条痕：白色

硬度：6.5~7

解理：无

裂口：贝壳状

比重：3.5

常见地区：苏格兰；意大利阿拉；德国黑森州；肯尼亚察沃；南非德兰士瓦；斯里兰卡；墨西哥奇瓦瓦州；阿斯贝斯托斯，魁北克省，加拿大；佛蒙特州洛威尔

石榴石组：铁铝榴石 (Garnets: Almandine)

铁铝榴石的化学式：$Fe_3Al_2(SiO_4)_3$

铁铝榴石的名字可能是来自阿拉班达，即安纳托利亚的一座古城，以切割宝石而闻名。镁铝榴石和锰铝榴石，还有铁铝榴石是三种铝基石榴石矿物，但镁铝榴石同时还富含镁，锰铝榴石中还富含锰，铁铝榴石中富含铁，同时也是三种矿物中最常见的。三种矿物之间的区别并没有明显界限，例如铁镁铝榴石是含有一定量镁铝榴石的铁铝榴石。这三种矿物都展现出浅红色或浅棕色。镁铝榴石通常为深红宝石色，得名自希腊语中的“火”一词；而锰铝榴石则颜色发粉。铁铝榴石更倾向于棕色或黑色。镁铝榴石通常镶嵌在火成岩中，例如纯橄榄岩和橄榄岩，但锰铝榴石则通常会出现在流纹岩、伟晶岩和大理石的矿化矿穴中。铁铝榴石形成于中度至高度的区域变质岩中，例如云母片岩和片麻岩。在富含石榴石的石榴石片岩中，石榴石通常是铁铝榴石。

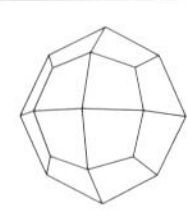

晶系：等轴晶系
晶体习性：晶体通常为十二面菱形或二十四面梯形，或二者兼有
颜色：通常为红色至棕色或浅红黑色
光泽：玻璃般
条痕：白色
硬度：6.5~7.5
解理：无
裂口：亚贝壳状
比重：4.3（镁铝榴石比重3.5，锰铝榴石比重4.2）
常见地区：挪威泰勒马克；奥地利齐勒谷（蒂罗尔）；印度；斯里兰卡；澳大利亚布罗肯希尔（新南威尔士州）；纽约州阿迪朗达克山脉；阿拉斯加州兰格尔岛；科罗拉多州查菲县

鉴定：铁铝榴石的最佳鉴定线索是颜色、比重，以及在片岩中跟云母、石英、磁石、十字石和红柱石一起出现。

宝石切割

直到中世纪末期，大部分宝石只是沿着天然形成的裂纹而被简单抛光。之后珠宝商意识到通过切割或打磨成特殊性质可以制造出令人惊叹的效果。不同的切割方式能展现出宝石的最佳品质。不透明或半透明的宝石，例如蛋白石、翡翠、天青石都可以切割成顶端平滑的椭圆形，而下面则是扁平状的，这种是弧面式切割。透明的珍贵宝石，也可以被切割成一系列镜面以展现它们的闪耀。钻石是“多面切割”，具有多个三角形面，使它们看起来更加璀璨了。彩色宝石，例如绿宝石和红宝石，通过“阶梯式”切割方能展现出饱满的色彩。所有的其他切割都是基于这两种切割方式而产生的变种。珍珠式切割是将宝石切割成珍珠形的多面式，顶部呈现出大平顶。玫瑰式切割，这种方式中不会产生“帐篷”，即底部十分平整。玫瑰式切割在切割钻石时使用比较频繁，而维多利亚时代（1837–1901）的石榴石放到现在来看就不是很受青睐了。

橄榄石 (Olivine)

橄榄石的化学式：$(Mg,Fe)_2SiO_4$

橄榄石得名自它所具有的橄榄绿色，是一种富含铁和镁的矿物，形成于高温条件下。橄榄石中镁含量高的是镁橄榄石，而含铁量高的则是铁橄榄石。橄榄石通常见于镁铁质岩石中，例如玄武岩和辉长岩，而超镁铁质岩石例如橄榄岩和纯橄榄岩中常会出现近乎纯的橄榄石。橄榄岩是地幔的主要构成物，因此橄榄石也是地球上的常见矿物。但在地壳中橄榄石只以小颗粒的形式出现。大块宝石质的橄榄石很稀有，称为贵橄榄石，很受青睐。有时玄武岩结节中会包含橄榄石，这是由于熔岩喷发时橄榄石从地幔中被带到了地上，而这也给地质学家们提供了一窥地球内部的机会。橄榄石被风化侵蚀后不会生存很长时间，当橄榄石中被蛇形伸展的岩脉入侵时就会变成蛇纹石。

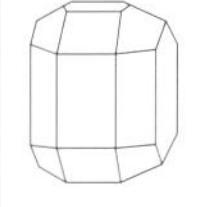

晶系：斜方晶系
晶体习性：短棱柱形晶体
颜色：橄榄绿色；风化后会变红
光泽：玻璃般
条痕：白色
硬度：6.5~7
解理：无
裂口：亚贝壳状
比重：镁橄榄石：3.2；铁橄榄石：4.3
常见地区：挪威莫勒，斯纳瑞姆；德国埃菲尔山；意大利维苏威火山；埃及宰拜尔杰德岛（圣约翰）；缅甸；亚利桑那州霍尔布鲁克，吉拉县
铁橄榄石：冰岛牧尼山脉；亚速尔群岛法亚尔岛；怀俄明州黄石公园

鉴定：橄榄石的最佳鉴定线索是橄榄绿色以及出现在镁铁质和超镁铁质岩石中，例如玄武岩、辉长岩、橄榄岩和纯橄榄岩

单硅酸盐类和双硅酸盐类矿物

硅酸盐矿物都是由相同基质的SiO_4原子团组成的，称为硅酸盐部件，但也可以根据它们的链接方式来细分类。单硅酸盐类和双硅酸盐类有着最简单的排列，区别在于单硅酸盐矿物由单一的SiO_4部件构成，而双硅酸盐矿物由成双的Si_2O_7部件构成。单硅酸盐矿物包含了红柱石和榍石，另外还有石榴石和橄榄石。双硅酸盐类矿物包括了绿帘石和符山石。

红柱石、硅线石和蓝晶石(Andalusite,Sillimanite,Kyanite)

上述三种矿物的化学式：Al_2SiO_5

硅线石，以美国化学家B. 西利曼的名字命名。

红柱石、硅线石和蓝晶石是简单的硅酸铝矿物，出现在变质片岩和片麻岩中，呈松散的水蚀卵石状。它们的晶体结构不同。红柱石形成于低温和低压的环境中，蓝晶石则是形成于高温高压的环境中。这些矿物的存在能够帮助地质学家们了解矿物所形成的环境。所有这三种矿物都可以作为宝石，但质量好的晶体却很少见；当这三种矿物以大块形式出现时会很有用，因为它们的耐热性很好。当转化成莫来石纤维后，蓝晶石可以用来制作汽车火花塞的绝缘体以及盛放钢水的容器。红柱石以西班牙的安达卢西亚命名，是三种矿物中最普遍、用途最广的一种。在显微镜下，晶体从一个角度看呈现出橘棕色，而从另一个角度看则呈现出浅黄绿色。蓝晶石的法语名字是“disthene”，意思是“双重硬度”，是因为晶体的纵向硬度为5而横向硬度为7。

鉴定：浅蓝色片状的蓝晶石很独特，而红柱石晶体的立方横截面可以帮助我们来确定它的身份。

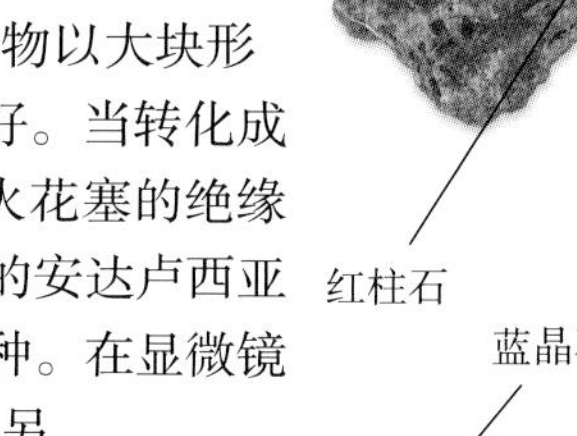

红柱石

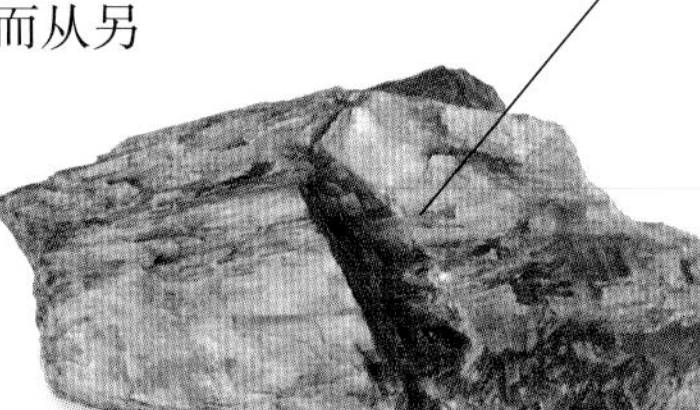

蓝晶石

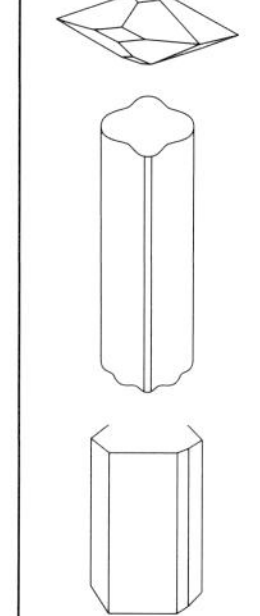

晶系：红柱石(A)、硅线石(S)：斜方晶系；
蓝晶石(K)：三方晶系
晶体习性：
红柱石：立方棱柱
硅线石：长棱柱
蓝晶石：扁平片状，还有团块状和颗粒
颜色：
红柱石：锈色、绿色、金色
硅线石：黄色、白色
蓝晶石：蓝色至白色
光泽：玻璃般
条痕：白色
硬度：7.5
解理：
红柱石：良好，棱柱形
硅线石：良好，棱柱形
蓝晶石：良好，棱柱形
裂口：裂片状
比重：
红柱石：3.1~3.2
硅线石：3.2~3.3
蓝晶石：3.5~3.7
常见地区：奥地利蒂罗尔；印度比哈尔邦，阿萨姆邦；斯里兰卡(蓝晶石)；缅甸莫戈；中国(红柱石)；澳大利亚宾博里(红柱石)；巴西米纳斯吉拉斯；加利福尼亚州；北卡罗来纳州燕西

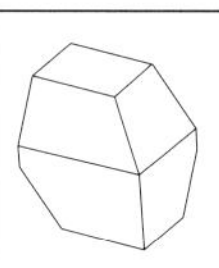

晶系：单斜晶系
晶体习性：晶体典型为扁平状或楔形。通常为大块
颜色：棕色、绿色或黄色或白色或黑色
光泽：金刚石般
条痕：白色
硬度：5~5.5
解理：两个方向上不同
裂口：贝壳状
比重：3.3~3.6
其他特征：如果颜色强烈则为多色的
常见地区：瑞士阿尔卑斯山；奥地利蒂罗尔；马达加斯加；巴西米纳斯吉拉斯；伦弗鲁，安大略省

榍石(Sphene)

榍石的化学式：$CaTiSiO_5$

榍石得名自希腊语，意思是“楔形”，因为它的晶体为楔形。榍石因钛含量高所以也被称为榍石钛铁矿。有时，矿物学家也称之为“普通榍石”，而榍石的名称则被专门用来形容“双晶”或晶体生长势良好的晶体。通常榍石是深成火成岩的次要成分，例如花岗岩、花岗闪长岩和正长岩，另外还有片麻岩、片岩、伟晶岩和结晶灰岩。美丽的黄色或浅绿色晶体的榍石会跟熔岩一起出现在片岩裂缝中，特别是在瑞士和奥地利的阿尔卑斯山中。这些榍石可以被切割成宝石，但榍石质地真的非常柔软。

榍石

鉴定：榍石的最佳鉴定线索是楔形晶体和棕色、绿色和黄色。

绿帘石 (Epidote)

绿帘石的化学式：$Ca_2(Al,Fe)_3(SiO_4)_3(OH)$

绿帘石族矿物中包含了十多种硅酸盐氢氧化物，但绿帘石是唯一的常见矿物。绿帘石最为出名的就是它具有的浅黄绿色，但它也能展现出普通的黄绿色甚至是黑色，绿帘石得名自希腊语“epidosis”，意思是“增加”，是因为晶体一侧的长度要长于另一侧。绿帘石是很多变质岩的主要构成物，当接触变质作用将斜长石、辉石和角闪石改变，就形成了绿帘石，但绿帘石通常只出现在已存在的热液中。另外，绿帘石的伴生矿物有符山石、石榴石和跟变质的石灰岩和矽卡岩（变质矿石）接触的其他矿物。绿帘石有时也出现在玄武岩晶洞中，或在花岗岩冷却收缩、气体溢出，继而形成的缝隙里也能找到绿帘石。

锆石是一种单硅酸盐矿物，但跟绿帘石非常相似。

鉴定：绿帘石的最佳鉴定线索是浅黄绿色、单一劈理方向和在变质岩中跟符山石以及石榴石伴生。

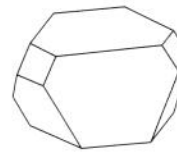

晶系：单斜晶系
晶体习性：晶体带条带的棱柱形；也会形成硬壳、团块、颗粒
颜色：浅黄绿色、黄绿色、棕色、黑色
光泽：玻璃般
条痕：白色至灰色
硬度：6~7
解理：只有一个方向良好
裂口：不均衡至贝壳状
比重：3.3~3.5
常见地区：奥地利蒂罗尔；纳米比亚；阿富汗；墨西哥下加利福尼亚州；阿拉斯加州威尔士王子岛

绿帘石

符山石 (Vesuvianite)

符山石的化学式：$Ca_{10}(Mg,Fe)_2Al_4(SiO_4)_5(Si_2O_7)_2(OH)_4$

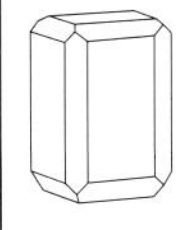

晶系：四方晶系
晶体习性：棱柱形晶体、带有正方形截面；偶尔会形成大规模
颜色：通常为绿色，也可以是棕色、黄色、蓝色或/和紫色
光泽：玻璃般或油润至树脂质
条痕：白色
硬度：6.5
解理：一个方向粗糙
裂口：贝壳状至不均衡
比重：3.3~3.5
常见地区：意大利维苏威火山，俄罗斯皮特基亚兰塔，雅库特（西伯利亚）；魁北克省阿斯贝斯托斯；佛蒙特州伊甸米尔斯

符山石于1795年得名，由德国矿物学家亚伯拉罕·维尔纳以意大利维苏威火山给这种矿物命名，这是因为他在火山喷出的石灰岩火山块中发现了符山石的晶体。一度把符山石称为“docrase”，这个词也是符山石的意思，来源于希腊语“混合而成”的意思，这是因为它的化学成分包括了单硅酸盐和双硅酸盐两种。符山石形成于由热熔岩而变质的石灰岩中，通常跟石榴石（钙铝榴石和钙铁榴石）、透辉石和硅灰石伴生。另外符山石也会出现在交代的蛇纹石化超镁铁质岩石的缝隙和透镜状地层中，与上文提到的矿物和方解石伴生。偶尔会在伟晶岩中发现符山石。通常为结晶，但以团块状呈现时，看起来就像硬玉。

鉴定：符山石的鉴定线索是浅绿色、正方形截面的晶体，以及完全镶嵌在石灰方解石中。

独特的双晶

结晶过程中会形成双晶。与正常的单一晶体不同，双晶的生长方式更像是“连体双胞胎”。这种情况并非随机产生，而是依照双晶形成规律产生的。双晶有两种形式：接触和穿透。在接触型双晶中，例如楣石中的双晶，是一种独特晶体之间的边界，因此看起来会产生镜像。在穿透型双晶中，看起来就像是两个晶体面对面生长。十字石就展现出了其中一种双晶形式。在十字石中，两个晶体完全互相穿透，因此看起来就像从彼此间长出去了一样。这也有两种形式：一种是其中一个晶体跟另一个晶体成60°角，而另一种更受青睐的形式则是一个晶体跟另一个晶体成直角（见上图）。直角形式的双晶赋予了这种矿物“十字石”的名字，在希腊语中就是“十字”的意思。而这种石头还跟基督教中的马耳他十字有关联，它也被盛誉为带来好运的“仙女十字”。十字石形成于变质岩中，超过三分之一的晶体都是双晶。

闪石类矿物

闪石是一种包含了将近六十种矿物的庞大的、复杂的矿物分组，通常形成楔形晶体，跟辉石很近似，但长度更长。角闪石出现在火成岩和很多变质岩中，特别是那些被改变的白云石和镁铁质火成岩中。闪石的化学组成各不相同、外形各异，在不借助实验室测试的情况下很难将它们区别开来。

透闪石、阳起石 (Tremolite,Actinolite)

透闪石的化学式：$Ca_2Mg_5Si_8O_{22}(OH)_2$

阳起石的化学式：$Ca_2(Mg,Fe)_5Si_8O_{22}(OH)_2$

在绿色绿泥石中的白色透辉石纤维

透闪石和阳起石属于硅酸盐氢氧化物矿物中的一个系列，这个系列中铁和镁互相交换了位置。透闪石在富含镁的一端，铁阳起石则位于富含铁的一端，中间是阳起石。透闪石是透明至白色，其中只有含量为2%的铁可以替换镁，使阳起石变成绿色。虽然通常会形成结晶，它们也会出现纤维形式，也是第一种被称为石棉的矿物，而现在这个则用于形容相似的纤维闪石。一种特殊的透闪石纤维变种是“石鞣皮”，纤维质感同时体现在了外观上和触感上。而一种坚硬、平滑的绿色软玉也属于阳起石，并且也是翡翠的一种。透闪石和阳起石都在中度压力和温度下的潮湿环境中形成。透闪石通常形成于经由岩浆接触变质的白云石中，而阳起石则形成于经由片岩变质的玄武岩和辉绿岩中。在火成岩中，如果辉石被改变，就可以形成这两种矿物。

鉴定：从晶体角度来看，透辉石和阳起石跟辉石类矿物例如硅灰石很容易搞混，但当形成绿色纤维状阳起石时就很独特了。

在方解石中的长的平滑质地的阳起石晶体

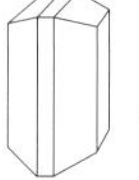

晶系：单斜晶系

晶体习性：通常为长叶片形或棱柱形晶体；也可以为纤维或团块

颜色：白色或灰色（透闪石），绿色（阳起石）

光泽：玻璃般或丝般

条痕：白色

硬度：5~6

解理：两个方向上良好

裂口：不均衡

密度：2.9~3.4

常见地区：

透闪石：意大利皮埃蒙特；瑞士特莱莫拉河谷；澳大利亚西部瓦拉鲁；圣劳伦斯县，纽约州

阳起石：奥地利蒂罗尔；俄罗斯贝加尔湖；澳大利亚西部瓦拉鲁，蒙塔；魁北克省圣希莱尔山；佛蒙特州温莎县

警告：透闪石和阳起石通常形成石棉纤维，需远离口鼻并仔细洗手。

蓝闪石 (Glaucophane)

蓝闪石的化学式：$Na_2(Mg,Fe)_3Al_2Si_8O_{22}(OH)_2$

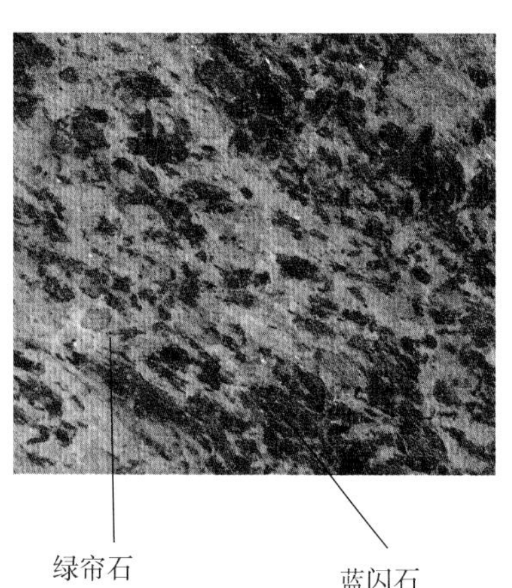

蓝闪石得名自希腊语“glaukos”和“fanos”意思分别是“蓝色”和“出现”，这是因为蓝闪石自身具有独特的蓝色。在片岩、大理石、榴辉岩中能找到这种矿物，另外在变质区域，例如蓝片岩岩相中也能发现它。蓝片岩岩相会经由海洋板块的移动而沿着大陆边缘俯冲断层形成，另外在火山爆发和地震频发的区域也能形成。蓝闪石的高质量标本产自日本、加利福尼亚州、地中海和阿尔卑斯山。蓝闪石使得岩石带有浅蓝色的色调。

鉴定：蓝闪石的最佳鉴定线索是颜色、纤维状晶体，板块边缘附近的地点。它的伴生矿物为石榴石、白云母、绿泥石、绿帘石、霰石、硬玉。

晶系：单斜晶系

晶体习性：罕有棱柱形或针形晶体；通常为纤维、颗粒或团块

颜色：蓝色至晦暗的灰色

光泽：玻璃般至珍珠般

条痕：浅灰色至蓝色

硬度：5~6

解理：两个方向上不好

裂口：贝壳状至裂片

比重：3~3.2

常见地区：威尔士安格尔西岛；瑞士瓦莱；意大利瓦莱达奥斯塔；希腊锡罗斯岛；南非奥伦治河；日本石垣；澳大利亚南部菲林德斯河；加利福尼亚州海岸山脉；阿拉斯加州科迪亚克岛

警告：蓝闪石通常形成石棉纤维，需远离口鼻并仔细洗手。

石棉的危害

明显的纤维被称为石棉，由蛇纹石矿物纤维蛇纹石以及众多闪石，特别是阳起石、透辉石、直闪石、铁石棉、青石棉和钠闪石形成。石棉在希腊语中是"不易毁坏"的意思，而古希腊人和古罗马人熟知石棉的耐火性，将其用作灯芯，还用于餐巾，是为了可以将其投入火中直接灼烧，从而得到清理。但同时他们也知晓石棉对健康有损害。直到19世纪80年代，用现代的方式使用石棉才得以展开。当时在俄罗斯和加拿大发现了大量纤维蛇纹石的矿床（上图出现的废弃矿场），石棉却是在第二次世界大战之后才得以广泛使用。截止到20世纪70年代，美国年产大约三亿吨的石棉以生产汽车刹车片和防火屋顶。在20世纪80年代，长期摄入石棉会对人的健康产生损害，特别是对肺部。之后美国和欧洲将石棉列入禁用名单，但在某些国家，仍在大量使用石棉。

角闪石 (Hornblende)

角闪石的化学式：$Ca_2(Mg,Fe,Al)_5(Si,Al)_8O_{22}(OH)_2$

角闪石的名字来源于德语中的"角"一词，是因为这种矿物颜色深，而"blenden"这个词的意思是"耀眼"。"blende"这个术语现在常用来指代闪光的非金属。角闪石是火成岩中的常见组成物，特别是在侵入体岩石中，例如花岗岩、花岗闪长岩、闪长岩和正长岩。中度变质的片麻岩和片岩中也富含角闪石。角闪石占主要成分的岩石称为角闪岩（即基本上都是由角闪石构成）。在闪长岩中，角闪石生长于斜长石晶体的空隙中。在花岗岩和花岗闪长岩中，角闪石会形成小而成型精良的晶体。大晶体很稀有，通常是短而粗的棱柱形。角闪石拥有庞大且富于变化的化学构成，由钙和钠混合，或镁和铁混合，情况多变。角闪石中如果氧化铁含量不足5%，则会呈现出灰色或白色，这种角闪石称为浅闪石，是以发现地纽约州伊登维尔来命名的。

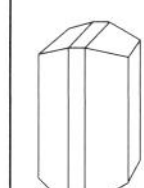

晶系： 单斜晶系
晶体习性： 短而粗的棱柱形晶体；大部分为团块、颗粒和纤维
颜色： 黑色至深绿色
光泽： 玻璃般至晦暗
条痕： 棕色至灰色
硬度： 5~6
解理： 棱柱形，良好
裂口： 不均衡
比重： 3~3.5
常见地区： 挪威阿伦达尔；捷克共和国比利纳（波西米亚）；俄罗斯法尔肯贝里（乌拉尔山）；意大利维苏威火山；西班牙穆尔西亚自治区；安大略省班克罗夫特；纽约州伊登维尔；新泽西州富兰克林

鉴定： 角闪石通常可以被确认是一种闪石，是因为它碎裂时会裂成楔形，跟闪石一样，且角闪石的颜色偏深。

直闪石 (Anthophyllite)

直闪石的化学式：$(Mg,Fe)_7Si_8O_{22}(OH)_2$

直闪石得名自拉丁语，意思是"丁香"，这是因为这种矿物具有独特的丁香棕色。通常直闪石很容易跟相似的闪石例如镁铁闪石混淆。直闪石形成于变质作用，在片麻岩和片岩中能找到，而这两种岩石是由变质的富含镁的火成岩或白云沉积岩所派生出的。另外从变质岩中也能形成直闪石，像橄榄石这样的矿物遇水变质后就形成了直闪石。在不同条件下（如水分很多），被改变的橄榄石将会形成蛇纹石。成型良好的晶体很稀有，但晶簇却很多。

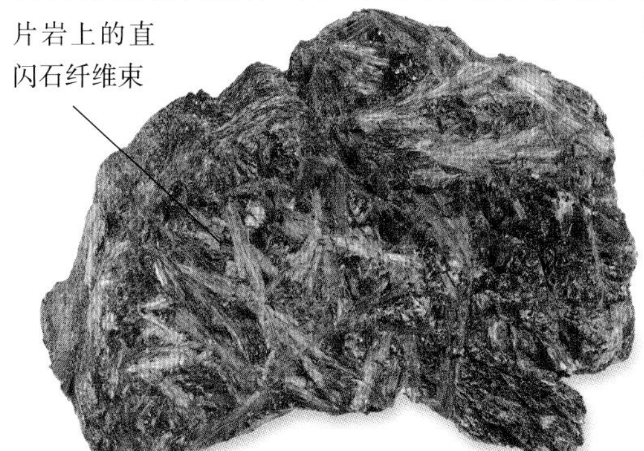

片岩上的直闪石纤维束

鉴定： 直闪石的最佳鉴定线索就是它的颜色和纤维团块。

晶系： 斜方晶系
晶体习性： 稀有的棱柱形晶体以及纤维、石棉团块
颜色： 棕色，浅白灰色
光泽： 在纤维形式中是玻璃般或丝般
条痕： 灰色
硬度： 5.5~6
解理： 两个方向上良好
裂口： 轻易、裂片状
比重： 2.8~3.4
常见地区： 格陵兰岛努克；意大利厄尔巴岛；挪威康斯伯格；蒙大拿州比尤特；北卡罗来纳州富兰克林；阿拉巴马州塔拉普萨；马萨诸塞州卡明顿（镁铁闪石）
警告： 直闪石通常含有石棉纤维，对健康有害。需要保存在远离口鼻的地方且接触后要仔细洗手

黏土类矿物

“黏土”可以形容各种细腻的颗粒，但也特指一组矿物，包括绿泥石、高岭石、滑石和蛇纹石。黏土类矿物是铝镁硅酸盐矿物，以细腻颗粒的形式出现，是由其他矿物经风化、流水和高温侵蚀后而形成的。它们具有片状分子结构，即可以轻易地吸收或失去水分，这个特性让黏土类矿物得以广泛应用。

绿泥石 (Chlorite)

绿泥石的化学式：$(Fe,Mg,Al)_6(Si,Al)_4O_{10}(OH)_8$

绿泥石得名自希腊语中的“绿色”一词，也是一组以浅绿色矿物组成的矿物分组，但该组别的矿物也可以是白色、黄色或棕色。当矿物例如辉石、闪石、黑云母和石榴石风化侵蚀或暴露在热液环境中碎裂时就会产生这种矿物。有时在岩石中它们也会替代其他矿物，使得很多火成岩和变质岩拥有绿色的外观。事实上，绿泥石是片岩和千枚岩的主要成分，特别是绿色的绿泥片岩。有时绿泥石可以产生被土填充的晶洞和缝隙。最终整个岩石会碎裂并形成土壤，而绿泥石也是像灰壤这种土壤的主要成分。偶尔，绿泥石会在晶洞中形成良好的楔形晶体，但更常见的形式是团块和土质。绿泥石也可以形成鳞状薄片，像云母那样，但其中含有更多水分，不含碱性物质，这使得绿泥石更加柔软、明亮，质地偏粗糙。

鉴定：绿泥石的最佳鉴定线索是绿色、柔软的质地（几乎和滑石一样软），以及常见的鳞状薄片。

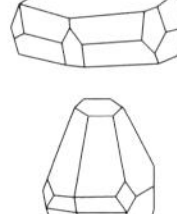

晶系：单斜晶系

晶体习性：稀有的晶体为格形或棱柱形六方晶，但更常见的是土质集群或鳞状薄片

颜色：通常为绿色，也有白色、黄色、棕色

光泽：玻璃般，晦暗或珍珠光泽

条痕：浅绿色至浅灰色

硬度：2~3

解理：碎裂成可轻微弯曲的薄片

裂口：层纹状（片状）

比重：2.6~3.4

常见地区：奥地利卡林西亚州；瑞士采尔马特；意大利皮埃蒙特；土耳其古莱曼；安大略省伦弗鲁县；纽约州布鲁斯特；加利福尼亚州圣贝尼托县

高岭石 (Kaolinite)

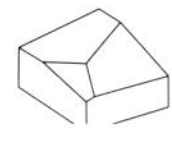

晶系：三斜晶系或单斜晶系

晶体习性：叶理和土质的团块。晶体稀有

颜色：白色、无色、浅绿色或黄色

光泽：土质

条痕：白色

硬度：1.5~2

解理：基底良好

裂口：土质

比重：2.6

其他特征：潮湿时具有可塑性

常见地区：分布广泛，包括英格兰康沃尔；德国德累斯顿；乌克兰顿涅茨河；中国高岭

鉴定：高岭石矿物通常为白色，质地柔软（有划痕），呈粉末状。

高岭石的化学式：$Al_2Si_2O_5(OH)_4$

以高岭石这种矿物命名的矿物组别中，所包含的矿物都是由高岭土（详见右边的“瓷器黏土”段落）形成的，包括了珍珠陶土、地开石、埃洛石以及高岭石，所有这些矿物的化学成分都相同，但晶体形式则各异。大部分黏土中都多多少少含有一些高岭石，而有些黏土层中则全是高岭石。事实上，几乎在各个地方都能找到高岭石，例如土壤中、河床中、岩石中以及其他地方。有些高岭石在岩石和土壤中会形成硅酸铝矿物，风化后会碎裂。其他的则在花岗岩和伟晶岩这样的岩石中形成，是由被热液改变的长石形成的。通常由长石变成的高岭土都提取自伟晶岩，而在英格兰康沃尔的瓷器黏土采石场中，高岭石则是由花岗岩中的钾长石形成的。

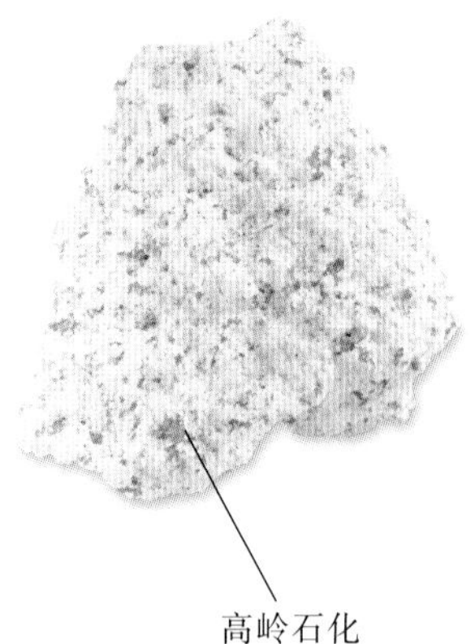

高岭石化的花岗岩

滑石(Talc)

滑石的化学式：$Mg_3Si_4O_{10}(OH)_2$

晶系：单斜晶系

晶体习性：晶体稀有；通常为颗粒或薄片状团块

颜色：白色、浅绿色或灰色

光泽：晦暗、珍珠光泽、油润

条痕：白色

硬度：1

解理：一个方向上良好，基底

裂口：不均衡至薄层状

比重：2.7~2.8

其他特征：表面具有肥皂质地

常见地区：苏格兰设德兰群岛；意大利佛罗伦萨；奥地利；南非德兰士瓦；阿巴拉契亚山脉佛蒙特州境内段；纽约州；康涅狄格州；弗吉尼亚州；德克萨斯州；加利福尼亚州

滑石是所有矿物中最柔软的，在莫氏硬度测试表上的数值仅为1。质地柔软、颜色纯白的滑石具有保存香气的能力，因此长期以来研磨成粉末状的滑石都是制作美容品和婴儿用品的材料。滑石也被用作绘画、橡胶和塑料的填充料。通常滑石会出现在富含镁的低度变质岩石中，特别是辉长岩和橄榄岩中。当硅酸镁矿物，例如橄榄石和辉石被顺着岩石缝隙特别是断层线的热液所改变时，就会形成滑石。滑石也出现在由镁石灰岩变质而成的片岩中。滑石的典型伴生矿物是蛇纹石，另外可能会被压入一种被称为皂石的团块中，自古以来就被用作雕刻材料，这是由于加热后滑石会变硬，可以用作耐热炊具和绝缘体。块滑石是一种很致密的皂石，由几乎是纯的白色滑石所形成。

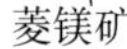

鉴定：滑石可以通过它异常柔软的质地来判定，仅用指甲就可以划伤滑石。另外滑石具有肥皂质感，它的颜色为白色或浅灰色或杏仁色。通常会跟绿色的绿泥石搞混。

瓷器黏土

即便是理所当然的事实，但在此也要强调高岭石或瓷器黏土，是所有矿产中最美丽也是最有用的。高岭石得名自中国的高岭山，此地的采石场有着一千四百年的历史，开采的矿产都用来制作陶瓷。这是一种质地柔软、色白、颗粒细腻的黏土，主要来自高岭石。当富含碱性长石的花岗岩碎裂后由长石形成了黏土，另外当片麻岩和斑岩碎裂后也会形成黏土。天然形态的黏土因含有氢氧化铁而带有黄色，也可以被云母和长石染上颜色。这些污物可以洗掉。漂白的纯高岭土为闪闪发光的白色。正是这种白色使其成为了完美的基础材料，用来和来自木头的纤维素纤维一起造纸。当跟四分之三的水混合后，黏土就成为了“塑料”，这是因为黏土具有可塑性，即便被火烧也能恢复形状和原来的白色。正是这种特性使得黏土被用来制造瓷器。除了中国，瓷器黏土的极佳来源地还包括英格兰康沃尔郡(详见上图，自19世纪开始这里开始开采黏土)；德国萨克森州；法国塞佛尔以及美国佐治亚州。

蛇纹石(Serpentine)

蛇纹石的化学式：$Mg_3Si_2O_5(OH)_4$

晶系：三方晶系或六方晶系

晶体习性：通常形成颗粒细腻的扁平状团块

颜色：绿色、蓝色、黄色、白色

光泽：蜡质或油润

条痕：白色

硬度：2.5

解理：完好，基底

裂口：贝壳状(利蛇纹石，叶蛇纹石)；裂片状(纤维蛇纹石)

比重：2.5~2.6

常见地区：英格兰利莎半岛(康沃尔郡)；奥地利萨尔斯堡；意大利利古利亚；法国奥弗涅大区；乌拉尔山，俄罗斯境内段；魁北克省阿斯贝斯托斯；新泽西州霍伯肯；佛蒙特州伊甸米尔斯

蛇纹石因其绿色的薄片看起来很像蛇皮而得名，当橄榄岩、白云石这种岩石中的硅酸镁被热液改变时就形成了蛇纹石。同样的过程也会形成滑石，在蛇纹石中通常也能找到滑石的岩脉。全部由蛇纹石构成的岩石称为蛇纹岩。蛇纹石也会在其他矿物中形成蛛网状岩脉，特别是被水分所改变的情况下，这个过程也称为蛇纹石化。蛇纹石并不是一种单一矿物，而是一个矿物组别，同组的其他矿物还有纤维蛇纹石、叶蛇纹石和利蛇纹石。纤维蛇纹石是一种纤维状的石棉矿脉，跟青石棉和直闪石一样。叶蛇纹石则是一种波纹蛇纹石。利蛇纹石以英格兰康沃尔郡的利莎半岛命名，是一种由细密纹理的扁平状蛇纹石变种。

鉴定：利蛇纹石可以通过它黄绿色的颜色、柔软的质地(跟手指甲一样硬)，扁平状的质地以及在橄榄岩、白云石中与滑石伴生等特征来鉴定。

云母类矿物

云母类矿物是所有矿物中可以被立即辨认出来的一种矿物，它们为薄片状、几乎是透明的层理。这些硅酸铝矿物是所有造岩矿物中最常见的，也是三大岩石的主要构成物。云母类矿物组别中共涵盖了三十种左右的矿物，但其中最重要的是黑云母、白云母、金云母和锂云母。其他重要的云母还包括海绿石和钠云母。

黑云母 (Biotite)

黑云母的化学式：$K(Fe,Mg)_3AlSi_3O_{10}(OH,F)_2$

黑云母是一种黑色的富含铁的云母。它得名自法国物理学家简·巴普蒂斯特·比奥，正是他第一个描述了云母的光学效应。黑云母在每种火成岩和变质岩中的比例都不同，但在花岗岩、闪长岩、安山岩、片岩、片麻岩和角页岩中则占主要比例。当片岩中含有黑云母时会带有闪光，在花岗岩中则是黑色“胡椒”似的颗粒，在砂岩中则是暗色物质。它的铁含量使得这种云母具有深暗的颜色。另外黑云母也是质地最柔软的矿物之一，可以用手指甲划伤黑云母，而这也是为什么这种矿物几乎不会有质地良好的晶体的原因。所有一致且单一的大碟形或“书形”黑云母都可以生长成很大的尺寸，特别是在花岗伟晶岩中。黑云母跟金云母可以形成一个矿物段，更致密的黑色黑云母在富含铁的一端，而密度偏小、棕色的金云母则位于铁匮乏的一端。风化的黑云母晶体可以变成金黄色且带有闪光，经常让人误以为找到了金子。黑云母很容易就会被改变，例如在海水中很快就可以变成云母矿物组别中的海绿石。

辨认：黑云母的黑色与其柔软的片状使它很好辨认。跟金云母比较像，但由于含铁，颜色更深，更密集。

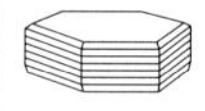

晶系：单斜晶系

晶体习性：六方格状晶体；通常为薄片，在岩石中呈“书状”或颗粒状

颜色：黑色至棕色，风化后是黄色

光泽：玻璃般至珍珠光泽

条痕：白色

硬度：2.5

解理：一个方向上完好，呈现出薄片或薄板

裂口：通常肉眼不可见，但肉眼可见情况下则是不均衡的

比重：2.9~3.4

其他特征：薄片可弯曲，弯曲后可弹回

常见地区：挪威；意大利索玛山（维苏威火山）；西西里岛；俄罗斯；安大略省班克罗夫特以及其他众多地区

金云母 (Phlogopite)

金云母的化学式：$KMg_3AlSi_3O_{10}(OH)_2$

金云母跟黑云母十分相似，但含铁量非常少，因此颜色也浅很多、密度也小。有时金云母会带有红棕色的色调，并因此而得名。在希腊语中，“phlogops”的意思是“火般的”。金云母通常跟黑云母一起出现，但正如花岗岩和其他酸性火成岩中常见黑云母一样，金云母只常见于超镁铁质岩石中，例如辉岩和橄榄岩，以及变质石灰岩、特别是富含镁的大理石中。金云母的低含铁量也意味着它是一种优良的电绝缘体，因此备受电子工业的青睐。到现在为止，已经有多次尝试合成金云母，但合成金云母的成本极高。当细长的金云母薄片在光下观看时，有时会出现星彩，即一种六角的星星，这是由于晶体中含有小杂质的原因。

鉴定：金云母通常很好辨认，关键是它浅红棕的颜色、柔软的薄片。它看起来跟黑云母相近，但颜色更浅、密度更低。

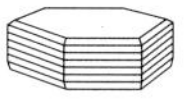

晶系：单斜晶系

晶体习性：六方格状晶体；通常为薄片，在岩石中呈“书状”或颗粒状

颜色：棕色，浅红棕色，可以是紫铜色

光泽：玻璃般至珍珠光泽

条痕：白色

硬度：2.5~3

解理：一个方向上完好，呈现出薄片或薄板

裂口：通常肉眼不可见，但肉眼可见情况下则是不均衡的

比重：2.9

其他特征：薄片可弯曲，弯曲后可弹回

常见地区：挪威；俄罗斯科夫多尔（科拉半岛）；马达加斯加；安大略省班克罗夫特

白云母 (Muscovite)

白云母的化学式：$KAl_2(Si_3Al)O_{10}(OH,F)_2$

白云母是最常见的云母，几乎在任何地方都能看到它的身影，特别是在侵入火成岩或变质岩中。它会在花岗岩、伟晶岩、片麻岩、片岩和千枚岩中遍布。另外由被改变的长石也能形成白云母。微小的白云母颗粒或绢云母赋予了千枚岩丝般光泽。在伟晶岩中，白云母通常是巨大的片状，这使得它颇具商业价值；另外也会出现晶洞中，在这里能形成最优质的白云母晶体。大部分火成岩中的白云母在岩浆凝固的晚期形成。白云母的抗风化侵蚀能力很强，因此在土壤中能找到几乎都是由白云母构成的岩石，另外在沙子中也能找到白云母。跟所有云母一样，白云母碎裂成薄片状，几乎是透明的。在旧时的俄罗斯，白云母薄片被用来做窗户，这种知名的白云母以俄罗斯旧称命名，称为"俄罗斯白云母"。白云母是一种极其耐热的矿物，因此也被用来做烘房的窗户。另外白云母也是极佳的电绝缘体，可用来制作装饰圣诞树的人造雪花。

鉴定：白云母的薄片状是判定其为云母的第一步。白云母的颜色比黑云母或金云母要更浅。

共生的白云母晶体

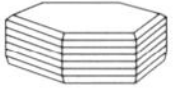

晶系：单斜晶系
晶体习性：六方格状晶体；通常为薄片，在岩石中呈"书状"或颗粒状
颜色：白色、银色、黄色、绿色和棕色
光泽：玻璃般至珍珠光泽
条痕：白色
硬度：2~2.5
解理：一个方向上完好，呈现出薄片或薄板
比重：2.8
其他特征：薄片可弯曲，弯曲后可弹回
常见地区：俄罗斯姆尔辛卡（乌拉尔山）；印度内洛尔；巴西；弗吉尼亚州阿美利亚县以及其他地方

神奇的云母

云母以两种形式出现：薄片云母，是天然形成的小薄片，另外还有薄板云母，以大块板状出现，可以切成特定形状。薄板云母更稀有，但大块的薄板云母可以出现在伟晶岩中，这些云母曾被旧时的俄罗斯人用来做窗户。由于十分稀有，薄板云母通常会由薄片云母或云母废料加以合成。薄板云母具有极佳的耐热性和耐电性，是理想的电绝缘体，可以用来制作热绝缘体、烘房的窗户等。金云母也可以用作绝缘体，在电动机中阻隔在铜和铁之间，这是因为它跟铜的磨损率一致。磨成粉末的云母很有用处，可以添加到石膏板中做填料以防止开裂。另外可以当做颜料来使用，使颜料干燥得更平滑；另外在油井钻探时还可以用它来做润滑油。

锂云母 (Lepidolite)

锂云母的化学式：$K(Li,Al)_3(Si,Al)_4O_{10}(F,OH)_2$

粉紫色、带有玻璃珍珠光泽的锂云母可能是所有云母中最令人瞩目的了。但锂云母相对比较稀有，只在花岗伟晶岩中形成。事实上锂云母更多时候只形成于合成的伟晶岩中，这种伟晶岩具有大量的锂，随着时间的推移，矿物会被其他矿物反复替代。有时当锂矿物改变白云母，创造出美丽的蕾丝镶边，这时也会形成锂云母。锂云母曾被当做锂矿石来使用，但由于锂含量多变因此大部分锂现在是从碱性盐湖中提取出来的。有些锂云母样本具有摩擦发光的特性，也就是说当施加压力时锂云母会闪烁出不同的颜色。

晶系：单斜晶系
晶体习性：六方格状晶体；通常为薄片，在岩石中呈"书状"或颗粒状
颜色：淡紫色至浅粉色或白色，灰色和黄色比较少见
光泽：玻璃般至珍珠光泽
条痕：白色
硬度：2.5
解理：一个方向上完好，呈现出薄片或薄板
比重：大致是2.8+（平均值）
其他特征：薄片可弯曲，弯曲后可弹回。具有磨擦发光特性
常见地区：瑞典瓦鲁特拉斯克；德国佩西尼（萨克森州）；乌拉尔山，俄罗斯境内段；莫桑比克阿尔特里哥纳（桑比西）；马达加斯加；巴基斯坦；澳大利亚西部伦敦德里郡；巴西米纳斯吉拉斯；缅因州；康涅狄格州波特兰；加利福尼亚州圣迭戈县

鉴定：透明薄片的特征是鉴定锂云母为云母的第一个依据，锂云母只跟锂矿物一起在合成岩墙中形成。

准矿物组矿物

少数天然形成的固体物质无法确定到底要归为哪类矿物。它们无法归入任何化学分类，也几乎不会形成晶体，如果追溯起源会发现它们原本是有机物，来自化石化的生物或压实的生物。这种物质称为准矿物。琥珀是化石化的松树树脂。黑玉，例如煤炭，形成自树木的残留物。珍珠在特定的贝壳类生物中形成，是壳里面覆着在刺激性碎片上的物质。水草酸钙石由有机酸类形成。

琥珀 (Amber)

琥珀的化学式：$C_{10}H_{16}O$

尽管通常被归类为宝石，但琥珀却根本不是矿物，而是一种固体有机物。琥珀是一种树脂，由树木本身分泌出来以抵御疾病和虫害。这种变硬的树脂保存了几百万年就形成了琥珀。琥珀暴露在氧气环境中会被缓慢氧化和降解，因此保存琥珀的条件非常特殊。通常在致密而潮湿的沉积物中能找到琥珀，例如在形成于古代泻湖或河流三角洲河床中的黏土和砂石中能找到琥珀。通常琥珀是镶嵌在页岩或被水流冲刷到海滩上。大部分琥珀矿床中只包含了琥珀的碎屑，仅有少数包含了完整的琥珀而值得开采，例如沿贝加尔湖岸分布的琥珀，位于砂石中、形成于四千万至六千万年前；此外还有产自多米尼加共和国的琥珀。琥珀可以形成结节、条状和水滴形，颜色则包括了橘色至棕色。乳白色变种琥珀称为骨琥珀。利用现代分析手段可以确定琥珀中的成分细节，并将它们与现代的分泌树脂的树木做对比。例如墨西哥琥珀就跟海棠树有关系。

晶系：通常无固定形式
晶体习性：结节、条状、水滴形
颜色：琥珀色、棕色、黄色
光泽：树脂光泽
条痕：白色
硬度：2+
解理：无
比重：1.1（在盐水中会漂浮）
其他特征：可燃、具有荧光
常见地区：俄罗斯加里宁格勒；拉脱维亚；立陶宛；爱沙尼亚；波兰；罗马尼亚；德国；黎巴嫩；西西里岛；墨西哥；多米尼加共和国；加拿大

鉴定：琥珀因其独特的琥珀色、树脂光泽和平滑的圆形形状而很容易鉴别。

黑玉 (Jet)

黑玉的化学式：C

跟琥珀一样，黑玉也是由千百万年前古老的树木和森林形成的。有时它被认为是一种闪闪发光的黑色褐煤，这是因为它跟褐煤的形成方式相近，都是由被挤压的树木残余物所形成的（褐煤是一种棕色、略松散的煤，褐煤中包含了树木的结构）。然而黑玉则形成于自石炭纪时期（三亿五千四百万至两亿九千万年前）就开始生长的热带沼泽森林的淡水中，坚硬的黑玉可能形成于多种条件下，可能是顺河而下的原木或者是沉入海床的树木。除了颜色是黑色，黑玉并不似无烟煤或烟煤那样含有很多碳，这点从它裂开的条带中就能看出来。著名的怀特比黑玉来自英格兰约克郡的怀特比海滩，自史前时代起此处的黑玉就被当做珠宝来佩戴。这里的黑玉位于坚固的页岩中的透镜状地层里，称为黑玉岩。

鉴定：黑玉通过它的黑色就能很容易辨认，看起来很像硬橡胶、黑曜石和黑色的缟玛瑙，但是带有棕色的条带。

晶系：不会形成晶体
晶体习性：带有微小木结构的块状
颜色：黑色
光泽：玻璃般
条痕：棕色
硬度：2~2.5
比重：1.1~1.3
其他特征：碎裂后带有贝壳状裂口
常见地区：英格兰怀特比（北约克郡）；德国符腾堡州；西班牙阿斯图里亚斯；法国奥德河；新斯科舍省匹克图；犹他州韦恩县，加菲尔德县；新墨西哥州圣胡安县，瓜达卢佩县，西波拉县；科罗拉多州卡斯特县

珍珠 (Pearl)

大约六千多年前，波斯湾附近的下葬习俗是在死者的右手里放一串珍珠，而在所有已知的人类文明中，每个人类文明中都出现了珍珠。虽然珍珠很美，但不是宝石。珍珠是由像牡蛎和蚌类这样的双壳软体动物所形成的有机物。所有贝壳类动物都通过一种坚硬、棕色的角状蛋白，即贝壳硬蛋白形成包裹自身的壳，而其中所形成的光滑而闪耀的物质就是珍珠母。珍珠母这种物质是由双壳软体动物的外膜所分泌出来的一种物质，由一种被称为珠母贝的物质构成，这种物质由无色贝壳硬蛋白的薄薄的被改变的层理以及霰石所形成。当壳内受到刺激时，例如混入食物颗粒时，为了防止刺激，软体动物会用一层一层的珍珠母将其包裹起来。这一过程持续的时间越长，形成的珍珠就越大。最大的珍珠来自海水牡蛎，但淡水双壳软体动物也能产生珍珠。珍珠也可以人工养殖，珍珠养殖场中的牡蛎会被故意刺激，这种方式是为了刺激珍珠生长。

晶系：不会形成晶体
晶体习性：在贝壳硬蛋白和霰石被改变的层理中形成微粒
颜色：彩虹般的珍珠白色
光泽：珍珠光泽
条痕：白色
硬度：3.5~4
解理：无
比重：2.9~3
常见地区：
淡水珍珠：环绕欧洲北部的河流中，亚洲和北美（特别是密西西比河流经的艾奥瓦州马斯卡廷）
咸水珍珠：波斯湾，委内瑞拉

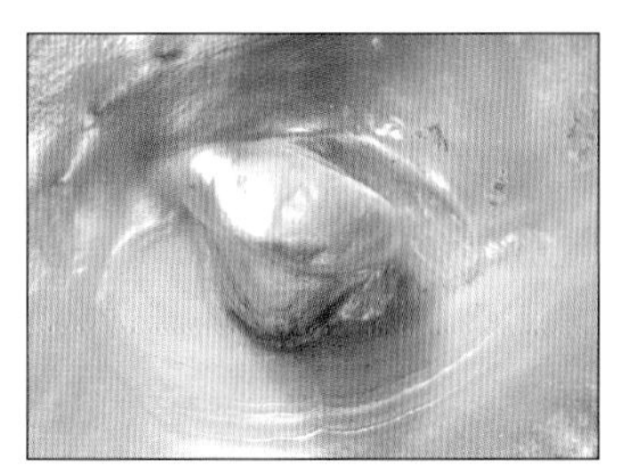

鉴定：珍珠母中的白色霰石透过透明的贝壳硬蛋白用肉眼就能看到，这种由壳分泌出来的物质会形成珍珠，带有迷人的珍珠光泽。

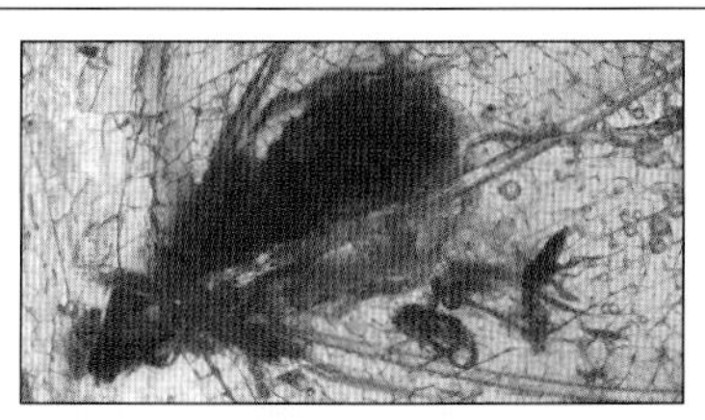

名为琥珀的时间胶囊

琥珀最神奇的地方可能就在于它可以完整地保留下有机物，例如树脂还未凝固时被液体树脂困住的昆虫就可以完整地保留下来。当树脂变硬时会产生一种叫做萜烯的合成物，它可以使有机物脱水并杀死能够令有机物腐烂的细菌。但令人称奇的是，脱水并没有使有机物收缩，因此细胞结构都完好地保留了下来。白垩纪时期（六千五百万年前至一亿四千万年前）的琥珀为人们提供了一窥当时昆虫生活年代的机会，白垩纪时期正是迄今已完全灭绝的恐龙称霸地球的时期。已知的最古老的蜜蜂是在距今六千五百万年至八千万年的琥珀中找到的，发现地是新泽西州。最早的蘑菇是在九千万至九千四百万年前的琥珀里找到的。鉴于琥珀具有保留东西完整的特性，像电影《侏罗纪公园》那样从琥珀的蚊子里提取血液中的DNA来复制恐龙，这种想法在科学界一直有人支持。质量最佳的白垩纪时期的琥珀产自俄罗斯北部，而最古老的琥珀则产自中东。早期形成的动物也可以被保存在柯巴脂里。这种物质的成熟度要比琥珀差一些，但也很容易跟琥珀搞混。

水草酸钙石 (Whewellite)

水草酸钙石的化学式：$CaC_2O_4H_2O$

水草酸钙石以维多利亚时期著名的地质学家威廉·惠威尔（1794–1866）命名，这种物质会在人体的肾部形成结石，矿物学家们则为这种物质到底是否属于矿物而争论不休。水草酸钙石是一种草酸钙，属于有机化合物，当有机源例如煤炭和腐烂的植被衍生出草酸就形成了这种物质。在亚利桑那州的沙漠，水草酸钙石在枯萎的龙舌兰植物上形成，而这也成为了部分矿物学家不承认水草酸钙石为矿物的依据。但是这种物质会形成晶体、结核和硬壳，位于龟甲状结核体中。此外，在普通的地下水和热液中，草酸形成的水草酸钙石通常会跟氢氧化钙反应。当这些热液与富含碳的岩石，例如石墨片岩和无烟煤相遇时，也会形成水草酸钙石。

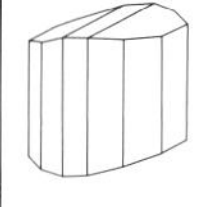

晶系：单斜晶系
晶体习性：小针状（细长的棱柱）和硬壳
颜色：无色、白色、黄色、棕色
光泽：玻璃般至珍珠光泽
条痕：白色
硬度：2.5~3
解理：三个方向上良好
比重：2.2
其他特征：非常易脆、碎裂形成贝壳状断口
常见地区：德国弗赖塔尔，布尔格克（萨克森州），格拉（图林根州）；法国阿尔萨斯，洛林–阿尔卑斯；捷克共和国克拉德诺；俄罗斯雅库特；亚利桑那州圣胡安县；蒙大拿州阿弗尔（希尔县）

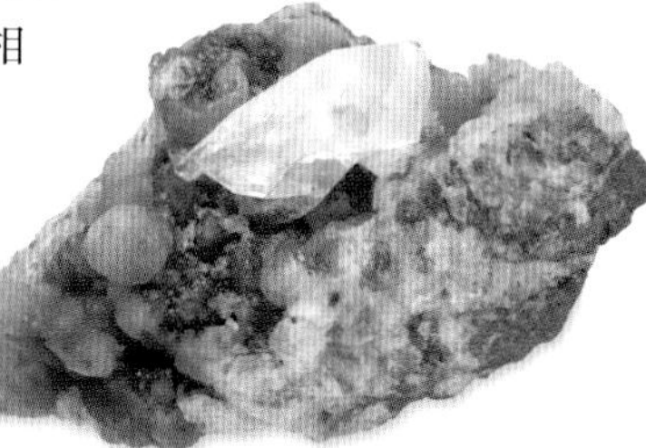

鉴定：水草酸钙石的最佳鉴定线索是其生成环境，以及它所具有的小针状晶体和极低的密度。

贵金属

尽管在大量矿物中都可能找到具有价值的微量金属，但只有那些含量相对较大的，即矿石，才是探矿者们感兴趣的。银、钪和隶属铂组的金属，例如铂和锇，都是十分稀有的贵金属，只在世界上极有限的地区才能找到。发现这些贵金属的地方，通常开采成本也巨大；但贵金属的价值和有用性使得所有的努力和花费都物有所值。

银矿石：淡红银矿 (Silver ore: Proustite)

淡红银矿的化学式：Ag_3AsS_3

银是一种稀有的贵金属，有时以自然元素的纯银形式出现。此外，银还会出现在不下248种矿物中，例如辉银矿和硫锑铅银矿，但只有少数矿物是常见的。大部分银是作为方铅矿（铅矿石）或黝铜矿和黄铜矿（铜矿石）的副产品被发现的。当复杂的化合物失去硫之后，就会在靠近地表的附近形成银的化合物。再向深处，热液岩脉中会产生硫化物、锑化物和砷化物，这其中也会有银。淡红银矿是其中一种硫化银矿物，以法国化学家J・L・普鲁斯特（1755–1826年）的名字命名的，是少数几种既没有金属光泽，又不透明的硫化物。但它却拥有美丽的红色晶体，备受矿物收集者的喜爱。但是晶体在光照条件下会迅速变深。大规模的淡红银矿可作为一种经济矿物，即银矿石，也称为红银矿，但它的产地比较少。淡红银矿跟深红银矿的关系紧密，淡红银矿里的砷被锑替换后就会变成深红银矿。

深红色的淡红银矿

晶系： 三方晶系
晶体习性： 棱柱形，末端为斜方六面体或偏三角体，类似犬牙形的方解石。另外会形成团块
颜色： 深红色至朱红色
光泽： 金刚石般
条痕： 深红色
硬度： 2~2.5
解理： 形成菱面体
比重： 5.6
常见地区： 法国阿尔萨斯省；德国弗莱堡，马林贝格（萨克森州）；捷克共和国约阿希姆斯塔尔（波西米亚）；智利查纳西约；墨西哥奇瓦瓦州；安大略省洛林；爱达荷州普尔曼矿

鉴定： 淡红银矿的红颜色和红色条带可以帮助我们来鉴定它的身份。由于跟深红银矿关系密切，两种矿物很容易搞混，但颜色上，淡红银矿要浅一些。

钪矿石：钪钇石 (Scandium ore: Thortveitite)

晶系： 单斜晶系
晶体习性： 棱柱形晶体，但也会以大块和颗粒形式出现
颜色： 棕色、浅灰黑色、浅灰绿色
光泽： 玻璃般至金刚石般
条痕： 灰色
硬度： 6.5
解理： 完好
裂口： 贝壳状
比重： 3.5
常见地区： 挪威塞特斯达伦（东阿格德尔郡）；瑞典伊特比；德国萨克森州；马达加斯加安卡左恩；日本近畿；新泽西州斯特灵

钪钇石的化学式：$(Sc,Y)_2Si_2O_7$

钪是一种稀有金属，1876年在黑稀金矿和硅铍钇矿中先确定了钪的存在，直到1937年才找到了精制钪的恰当方式。这是一种柔软、质量轻、蓝白色的金属，因具有高熔点而被用在高强度光源中，而在水银灯里加入碘化钪可以用来夜间摄影。在太阳中钪位列常见元素的第二十三位，但在地球上，则是第五十种常见元素。微量的钪大约存在于800多种矿物中，但只有钨锰铁矿、黑稀金矿、钪绿柱石、钪钇石是有用的钪来源。钪钇石是一种稀有的硅酸盐矿物，主要在斯堪的纳维亚和马达加斯加能找到。钪钇石跟铀矿石会一起出现在花岗伟晶岩中，钪通常也是一种副产品，在铀矿石开采过程中会发现钪。

鉴定： 钪钇石的最佳鉴定线索是颜色为棕色，伴生矿物是地球上稀有的矿物，存在于花岗伟晶岩中。长石中的钪钇石晶体如图所示。

铱锇矿 (Osmium ore: Iridosmine)

铱锇矿的化学式：Os Ir

1804年英国化学家史密森·田纳特将铂溶解于酸中发现了锇。锇是天然元素中密度最大的，也是所有金属中最坚硬的，抗压性甚至好过钻石。另外锇也是所有铂族金属中熔点最高的。纯锇从来不会以天然的形式出现，而是以天然合金的形式，跟铱一起出现在灰铱锇矿中（大约五分之四的锇）、铱锇矿中（大约三分之一的锇）和金铱锇矿中（大约四分之一的锇）。铱锇矿是上述矿物中最常见的，但稀有程度可以跟金媲美。它会出现在砂砾和砂石中，这些都是由被风化侵蚀的富含铂的超基性岩石形成的，例如乌拉尔山的超基性岩石或在南非威特沃特斯兰德蕴藏着金的砾岩。这种坚硬且不会腐蚀的合金用来制造钢笔尖、外科手术针和汽车的火花电极。而大量的锇则派生自其他矿山中，例如在加拿大萨德伯里发现的镍矿石中就含有铱锇矿。

鉴定: 铱锇矿的最佳鉴定线索是它具有的铁灰色颜色。它跟其他铂族金属伴生，或者跟金伴生，这两点都是关键的指标物。配图中出现的是铱锇矿的小颗粒。

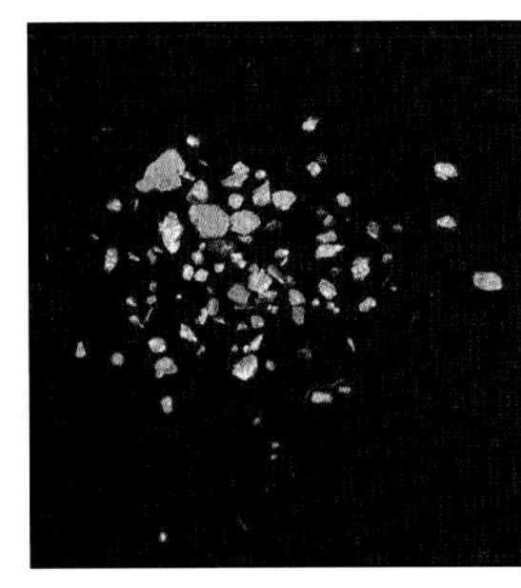

晶系: 六方晶系
晶体习性: 脉石中以小晶体出现，但也会形成片状六方晶体
颜色: 铁灰色
光泽: 金属光泽
条痕: 灰色
硬度: 6~7
解理: 完好
裂口: 不均衡
比重: 19~21
常见地区: 保加利亚；俄罗斯斯维尔德洛夫斯克州（乌拉尔山），勘察加半岛；中国湖南省；南非威特沃特斯兰德；阿拉斯加州古德纽斯湾
警告: 处理和存放铱锇矿样本时要小心，要将样本保存在密闭容器中。锇粉末和蒸汽毒性剧烈。

铂矿石：砷铂矿 (Platinum ore:Sperrylite)

$PtAs_2$

铂通常以自然元素形式存在，会跟相似金属形成合金，例如铱、锇、钯、铑和钌。砷铂矿（砷化铂）是唯一已知的天然的铂化合物及矿石。砷铂矿于1889年被确认，以美国化学家F. L. 斯佩里的名字命名，正是他在加拿大安大略省萨德伯里地区发现了这种矿物。萨德伯里是唯一的砷铂矿主要来源，但优质样本却是在俄罗斯雅库特附近的塔尔纳克矿床和勘察加半岛上发现的。另外在南非布什维尔德杂岩体中也能找到这种矿物。砷铂矿是基质伟晶岩中的黄铁矿组矿物，通常在砂矿床中聚集。

鉴定: 砷铂矿与黄铁矿有着相似的晶体形状，但砷铂矿为锡白色，黄铁矿则是金色。砷铂矿的伴生矿物是黄铜矿、磁黄铁矿和镍黄铁矿。

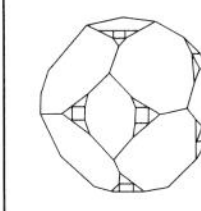

晶系: 等轴晶系
晶体习性: 脉石中以小晶体出现，圆形的晶体中混有四面、八面和其他形状的晶体
颜色: 锡白色
光泽: 金属光泽
条痕: 黑色
硬度: 6~7
解理: 不同
裂口: 贝壳状
比重: 10.6
其他特征: 易脆
常见地区: 挪威芬马克；俄罗斯勘察加半岛，萨哈；南非布什维尔德杂岩体；中国四川省；安大略省萨德伯里；阿拉斯加州古德纽斯湾

铂族

铂族元素代表了地壳中部分最为稀有的元素，包括钌、铑、钯、锇和铱，这些矿物被统称为铂族元素或PGM。其中仅有两个，即铂和钯会以天然的形式出现，一般是细腻的颗粒或者薄片，点缀在深色富含铁镁的硅酸盐岩石中。而其他铂族元素则以天然金和铂合金形式出现。即便是铂，通常也会跟铱一起出现。大部分铂族元素都来自乌拉尔山的俄罗斯境内段和南非的布什维尔德杂岩体。所有铂族金属都具有熔点高、密度高的特性，尽管很稀有，但它们是用途巨大的元素。大部分具有经济价值的铂族元素矿物都用于制造汽车尾气排气转换器，以减少尾气排放、减少烟雾气体产生。它们的工作原理是减少，将气体转换成无害的氮气和氧气时所需的能量。铂族金属还被广泛应用到了医疗方面。例如牙科、白血病化疗和人工心脏瓣膜。

铁矿石

铁是地球上最常见的元素，比例占到了三分之一。大部分这样的铁都深埋在地核中，但在地表附近的岩石中分布也很广、通常是跟其他矿物形成矿石，例如赤铁矿、磁石、菱铁矿、针铁矿和褐铁矿。在靠近地表的地方很少以纯铁形式出现，但在格陵兰岛的玄武岩中可以找到纯铁。

赤铁矿(Hematite)

赤铁矿的化学式：Fe_2O_3

大块的赤铁矿

赤铁矿是最重要的铁矿石，其中的含铁量为百分之七十。赤铁矿得名自古希腊语，意思是“血”，这是由于它会让岩石拥有红色的色调。如果土壤或沉积岩为浅红色，则通常是赤铁矿造成的，而这也可以解释为什么火星看起来是红色的。赤铁矿也会呈现出其他颜色，例如灰色、棕色和橘色，但红色是最典型的。赤铁矿通常出现在土质构造中，称为红赭石，但也会出现铁灰色晶体，以肾形块的形式出现，称为肾矿石，而在矿穴中出现的就是铁玫瑰。大部分赤铁矿的工业源都来自沉积岩中的大规模层理，例如在北美苏必利尔湖附近的沉积岩，或者很久在前形成的“克林顿型”鲕粒浅海矿床中。有时赤铁矿在变质沉积物中出现，例如巴西米纳斯吉拉斯的赤铁矿就是很好的例证。

辨认：最好的线索是赤铁矿鲜亮的红色条纹。

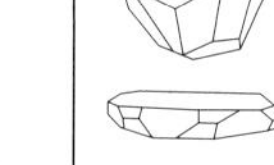

晶系：三方晶系
晶体习性：土质或片状团块。也有肾形或格状晶体
颜色：晶体为铁灰色至黑色，土质大规模构造则是红色至棕色
光泽：金属光泽，以土质构造出现时则为灰暗
条痕：红色
硬度：5~6
解理：无
裂口：不均衡
比重：5.3
常见地区：英格兰哥比亚；瑞士戈特哈德地块；意大利厄尔巴岛；澳大利亚；巴西米纳斯吉拉斯；加拿大苏必利尔湖

磁铁矿 (Magnetite)

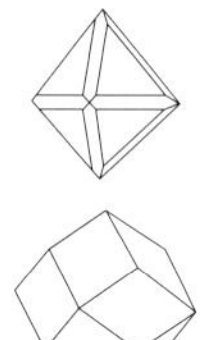

晶系：等轴晶系
晶体习性：通常为大块或颗粒。晶体为八面体和十二面体
颜色：黑色
光泽：金属光泽至灰暗
条痕：黑色
硬度：5.5~6.5
解理：无
裂口：贝壳状
比重：5.1
其他特征：大块标本的磁性很强
常见地区：瑞士采尔马特；奥地利齐勒谷；意大利特拉韦尔塞拉；瑞典北马克；俄罗斯；南非；阿肯色州近磁湾；纽约州布鲁斯特

磁铁矿的化学式：$FeFe_2O_4$

磁铁矿是少数几种具有天然磁性的矿物之一。它得名自古马其顿的马格尼西亚地区，根据传说，牧羊人马格尼西因为鞋里的铁钉粘在了石头上而发现了磁性。有些标本被称为天然磁石，磁性足以把铁吸起来。直到18世纪，船只才用上了被天然磁石磁化的指南针。现在地质学家能够通过磁铁矿追踪到过去的板块活动。利用冰封在岩石中的磁铁矿晶体与北极进行校准，这种技术成为古地磁学。磁铁矿的铁含量超过72%，也是继赤铁矿之后最重要的铁矿石。在不同种类的岩石中磁铁矿通常以颗粒形式出现，特别是火成岩和砂石，两种岩石被风化侵蚀后就形成了磁铁矿。这些都是主要的矿石。但磁铁矿也会在热液矿脉中和高山裂缝中形成晶体。在砂石中磁铁矿通常跟金伴生，但凭借自己的能力也会形成黑色的海滩砂石。

鉴定：磁铁矿的颜色很深，带有黑色纹理和磁性，这些都是磁铁矿所独有的，很容易跟其他含铁矿物区别开来。

菱铁矿 (Siderite)

菱铁矿的化学式：$FeCO_3$

切割成叶片状的菱铁矿

菱铁矿得名自“sideros”是古希腊语中“铁”的意思。它跟方解石类似，但铁替代了钙，通常是由被富含铁的热液所改变的石灰岩形成的。菱铁矿大量遍布于沉积岩中，会形成富含铁的黏土层，称为黏土铁矿石。黏土铁矿石可以形成内核为赤铁矿的结节，表面则是被改变而形成的褐铁矿或针铁矿。有时在结节内能找到植物、千足虫或蛤类的化石。菱铁矿也形成在冷的热液矿脉中。催生了欧洲和北美制铁业的著名铁矿床盛产的是“云煌岩”矿石，由千百万年前沉积在海床的鲕状菱铁矿形成。菱铁矿的晶体很惹人注目，但十分稀少。

鉴定： 菱铁矿的柔软质地(可以被轻易划伤)可以说明它是一种碳酸盐。它的深棕色表面和白色纹理则说明它为碳酸铁。

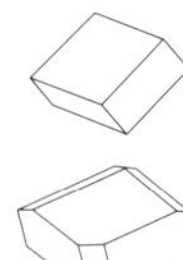

晶系： 三方晶系
晶体习性： 晶体雕刻成叶片状，更普遍的情况是形成土质团块或结节
颜色： 深棕色，灰色；表面可以是彩虹色的针铁矿
条痕： 玻璃般
纹理： 白色
硬度： 3.5~4.5
解理： 三个方向上完好地形成菱形
裂口： 贝壳状，不均衡
比重： 3.9+
其他特征： 加热后具有磁性
常见地区： 英格兰康沃尔郡；法国阿勒瓦尔；奥地利俄兹伯格；葡萄牙帕什凯拉；巴西米纳斯吉拉斯

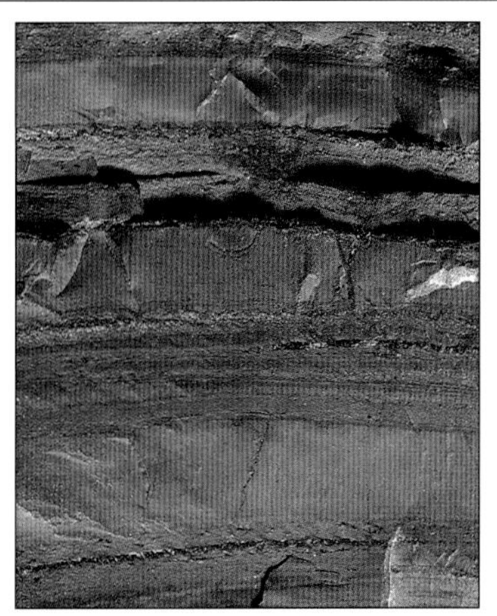

条带状含铁建造

有些世界上最大的铁矿石矿床是明显的沉积岩构造，称为条带状含铁建造(BIFs)。条带状含铁建造的岩层厚度可达50~600米，其中含有铁矿物、燧石和碧玉的微小的交替层理，每种的厚度都不会超过1厘米。几乎所有这些构造都有着17亿年的历史，而有些的历史则更长。有人认为在地球历史早期，海洋中溶解了大量的铁，这跟现在的自然条件完全不同，所以现在铁不会轻易溶解于水中。有种著名的理论认为，远古海洋中似植物的细菌会释放出氧气，氧气跟铁结合并沉入海床形成不溶解的氧化铁。而条带则可以视为根据季节不同、产生的氧气量不同所造成的结果。最著名的条带状含铁建造在美国苏必利尔湖附近和澳大利亚西部的哈默斯利海槽。

褐铁矿和针铁矿(Limonite and goethite)

褐铁矿的化学式：$FeO(OH)\cdot nH_2O$

针铁矿的化学式：$HFeO(OH)$

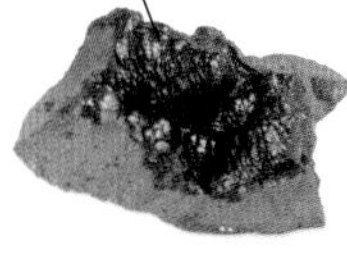

肾形针铁矿

褐铁矿和针铁矿基本上是相同的矿物，都是水合氧化铁，但针铁矿会形成晶体，通常外表为丝质或纤维状；而褐铁矿基本上是非晶形的，形成土质团块和结节。针铁矿以德国诗人歌德的名字命名，它会跟赤铁矿、萤石和重晶石一起形成，在热液岩脉中铁矿物被改变或在湖泊和沼泽中，被铁矿床细菌改变形成“沼铁矿”。针铁矿中的含铁量为63%，也是继赤铁矿之后第二重要的铁矿石。褐铁矿的本质是铁锈，令很多土壤和岩石都变成了黄棕色。褐铁矿中也点缀着颇多的玛瑙和碧玉。当铁矿物表面被风化侵蚀改变就会形成褐铁矿，它本身变干后会变成赤铁矿。褐铁矿也是已知的最古老的颜料，称为黄赭石，在很多史前洞穴绘画中都使用了黄赭石。

鉴定： 褐铁矿可以通过深棕色团块上镶嵌的黄色斑点和浅黄色条带来鉴定。纤维状团块则可能是针铁矿。

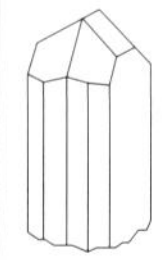

晶系： 褐铁矿没有；针铁矿为斜方晶系
晶体习性： 褐铁矿形成土质团块或肾形晶体；针铁矿形成棱柱和板状晶体
颜色： 黄色，棕色
光泽： 土质至晦暗
条痕： 棕色至黄色
硬度： 4~5.5
解理： 无
裂口：
褐铁矿： 碎屑
针铁矿： 裂片
比重： 2.9~4.3
常见地区： 褐铁矿分布广泛；针铁矿常见于英格兰；法国；德国；伟晶岩针铁矿晶体则在科罗拉多州弗洛里森特；针铁矿纤维则在密歇根州和明尼苏达州的铁矿中有所发现

铝和锰

铝是地壳中含量最多的金属，其重量占地壳的8%。它的化合物几乎见于地球上的各种岩石、植物和动物中，最初提取自矾土。尽管不像铝那样分布广泛，但锰也是一种常见金属；不仅有天然的锰存在，还可以从诸如水锰矿这样的锰矿石中提取出来。

铝矿石：矾土 (Aluminium ore: Bauxite)

矾土的化学式：$Al(OH)_3$

矾土(下图所示)

矾土得名自法国小镇莱博，1821年在这个小镇中第一次发现了矾土，而此后几乎在世界各地都发现了矾土。矾土为淡黄色或白色，也可以是红色、黄色、粉色或棕色，或者是上述颜色的混合。矾土既可以像岩石那么坚硬，又可以像黏土那样柔软，可以以紧实的土质形式出现，也可以作为被称为豆石的小球体出现，后者是中空的树枝形管状。矾土矿石中含有大量铝(氧化铝)和较少的氧化铁和二氧化硅，具有开采价值。

三水铝矿(下图所示)

矾土是三种氢氧化铝矿物的混合体，即三水铝矿、水铝石和勃姆石。水铝石和勃姆石有着相同的成分，但水铝石的密度更高、质地更硬。勃姆石遍布于欧洲的矾土中，但在美国却很稀少。水铝石在美国的矾土中则很常见。三水铝矿是热带的主要矾土矿物。

棕色的褐铁矿覆着物　　三水铝石

尽管铝分布广泛，但直到1808年它才真正地被发现，这是由于它非常活泼，几乎不会以纯天然元素的形式出现。例外的只有微观夹杂的铝和火山泥中的结节。铝能形成宝石和金刚砂，而红宝石和蓝宝石都是氧化铝。托帕石、石榴石和金绿宝石中也都含有铝。铝会出现在火成岩中，特别是硅酸铝矿物的构造中，例如长石、似长石和云母。它也会出现在由被侵蚀后粉碎的火成岩碎屑而形成的黏土土壤中。但大部分情况下铝都存在于矾土中。矾土并不是一种矿物，也不是像有些矿石似的那种固体岩石，而是一种砖红壤。砖红壤是一种松散的风化的物质，形成于热带和亚热带的深层层理中。当富含硅酸铝的岩石被温暖潮湿的热带雨林气候风化侵蚀，只有铁铝氧化物和氢氧化物保留了下来，而其余都被流水冲刷走了，矾土就是保留下来的剩余物。

世界上99%的铝都来自矾土、开采自巨大的采石场。超过百分之四十的铝来自澳大利亚巨大的矾土储备矿中，例如韦帕(昆士兰州)、戈夫(北领地)和达令山脉(澳大利亚西部)。巴西、几内亚、牙买加和印度也有大量的矾土矿。铝也可以从含铝的页岩和板岩、磷酸铝岩石和高铝黏土中获得，这些都是非常容易提取出铝的矾土，但使用这些作为铝的来源没有任何经济意义。

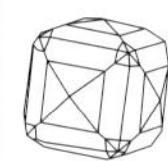

天然的铝

晶系： 等轴晶系

晶体习性： 微观夹杂和火山泥中的结节

颜色： 银白色

光泽： 金属光泽

条痕： 白色

硬度： 1.5

解理： 缺损

裂口： 参差不齐

比重： 2.72

常见地区： 俄罗斯；民主刚果共和国；阿塞拜疆巴库

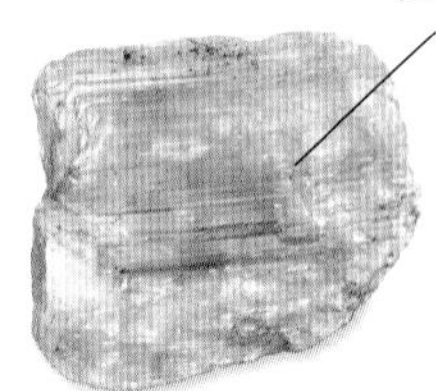

水铝石

水铝石得名自希腊语，意思是“散布”，这是由于水铝石受热后会猛地裂开。

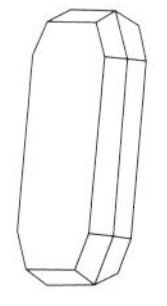

晶系： 单斜晶系

晶体习性： 板状或片状，或颗粒。可能有片状晶体

颜色： 白色、浅绿灰色、浅灰棕色、无色

光泽： 玻璃至珍珠光泽

条痕： 白色

硬度： 6.5~7

解理： 一个方向上完好，形成板状

裂口： 易脆、贝壳状

比重： 3.4

其他特征： 加热后会突然裂开形成白色珍珠光泽的薄片

常见地区： 法国莱博；挪威拉里维克；奥地利蒂洛尔；南非北开普省；内华达州；亚利桑那州

锰矿石：磁石、硬锰矿和软锰矿(Manganese ore:Manganite,Psilomelane,Pyrolusite)

锰矿石的化学式：MnO(OH)

锰是一种坚硬、性脆、灰白色的金属，它的英文名字跟“磁石”的英文名字是同根，这是由于当锰跟其他金属，例如铜、锑、铝制成合金时，就会具有磁性。1774年，瑞典科学家约翰·加恩在炭火上加热软锰矿的时候发现了锰。事实上软锰矿是一种氧化锰，被炭火加热时会失去氧，继而留下金属。微量的锰对健康很重要，可以帮助人体吸收维生素B1，促进酶的反应。但锰如果过多就会中毒。现在锰被用来制作干电池，添加到钢铁里则可以令钢铁更坚固。现在为止没有纯锰出现，都是跟其他元素一起出现，在很多岩石中都是次要成分。

水锰矿(下图所示)

水锰矿是含锰最多的矿物，一度是主要的锰矿石。现在它的矿源很少，但因为其独特的晶体而备受青睐，具有相同晶体的只有少数其他具有金属光泽的矿物，例如硫砷铜矿。水锰矿会形成束状的棱柱晶体或纤维团块，沉积于流动的水中和低温热液岩脉中。

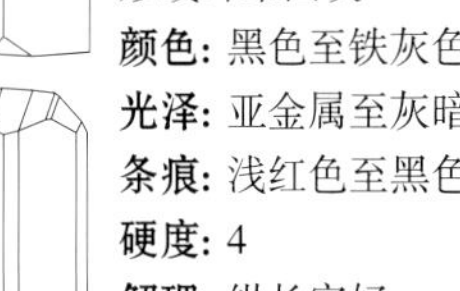

晶系：单斜晶体
晶体习性：束状棱柱形或纤维团块
颜色：黑色至铁灰色
光泽：亚金属至灰暗
条痕：浅红色至黑色
硬度：4
解理：纵长完好
裂口：不均衡
比重：4.2~4.4
其他特征：软锰矿纤维上覆盖着灰暗的物质
常见地区：英格兰康沃尔郡；德国伊尔菲尔德(哈茨山脉)；乌克兰；密歇根州尼戈尼

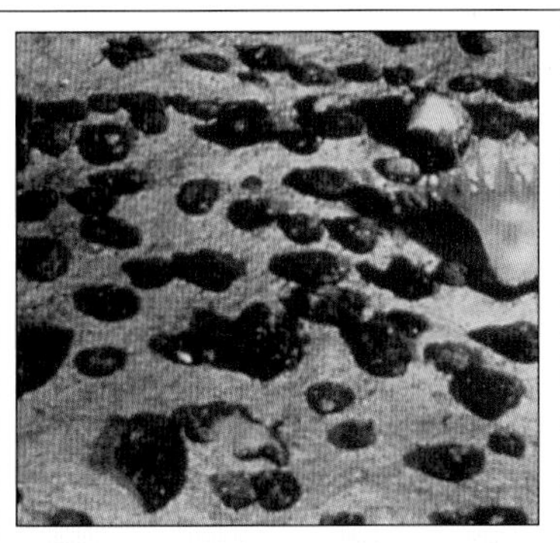

深海锰

在海床表面，锰和其他金属的结核围绕海底软泥环布，就像无数大理石。来自海底黑烟囱(海底火山温泉)的热水与寒冷的深海海水相遇就形成了这些矿物。由于水中富含锰，因此锰会围绕这些海底火山形成结核状的沉积，通常以颗粒的形式聚集在表面，例如形成一小片的骨质物质。开始每个结核的生长速度都很缓慢，大约是一百万年才会在直径上增长1厘米。当海床扩大时，这些结核也延展到了更大的范围。尽管富含锰，但开采海底的锰结核成本巨大。但在有些地方，特别是太平洋东部，也许有朝一日能“收获”海底的锰结核，这是由于陆地锰资源的衰竭以及深海采矿技术的提升，都为海下采矿的实现提供了可能。上图展示的就是在大西洋5,350米深度所拍摄到的照片。

软锰矿、硬锰矿还有水合氢氧化锰矿物组成了大部分的锰矿石。诸如蔷薇辉石和褐锰矿这样的硅酸锰就是次要的锰矿石了。硬锰矿得名自希腊语psilos和melas，意思分别是“秃顶的”和“黑色的”，因为它会形成光滑、黑色、葡萄状的团块，而现在则指代所有坚硬的、深色且富含钡的氧化锰，例如锰钡矿和钡硬锰矿。跟软锰矿一样，硬锰矿也是由风化的岩石形成的，通常是当其他矿物被侵蚀冲刷走之后，剩余的物质会形成大团块。块状软锰或“沼锰矿”是一种质地柔软、土质的锰矿石混合物，是软锰矿、硬锰矿再加上水形成的。通常在沼泽和泉水附近能找到这种物质。

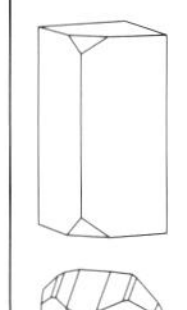

硬锰矿组
晶系：单斜晶系
晶体习性：大规模葡萄状，钟乳石状
颜色：黑色至深灰色
光泽：亚金属光泽
常见地区：棕色至黑色
硬度：5~7
解理：无
裂口：贝壳状至不均衡
比重：3.4~3.7
常见地区：英格兰康沃尔郡；德国施内贝格；巴西欧鲁普雷图(米纳斯吉拉斯)；亚利桑那州图森；弗吉尼亚州奥斯汀维尔；密歇根州

块状软锰

块状软锰没有固定形状，为深色土质团块，是潮湿的锰矿石，通常形成于沼泽中，因此也称为沼锰矿。

钼和钨

钼和钨只能在极高的温度下熔化。钼的熔点是2,610° C，比大部分钢的熔点高出1000° C；钨的熔点则更高，是3,410°C。这两种金属都可用作基本的耐热材料。钼主要从钼矿中提取，或从钼铅矿和钼钨钙矿中提取。而钨则来自钨锰铁矿以及白钨矿。

钼矿：辉钼矿 (Molybdenum ore: Molybdenite)

辉钼矿的化学式：MoS_2

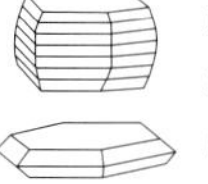

晶系：六方晶系
晶体习性：稀有的晶体是薄六方块状。会形成质地柔软的片状团块和硬壳
颜色：浅蓝铅灰色
光泽：金属光泽
条痕：浅绿灰色
硬度：1~1.5
解理：基质完好形成薄片状
裂口：片状
比重：4.6~4.8
其他特征：在手上留下痕迹
常见地区：英格兰康沃尔郡；挪威里德；日本平濑(本州)；新南威尔士州金斯盖特和迪普沃特；魁北克省庞蒂亚克；安大略省韦伯福斯；科罗拉多州克莱马克斯；华盛顿州奇兰湖

辉钼矿的名字来自古希腊语，意思是“铅”，这是因为它质地柔软，颜色为深灰色，让人误以为它的构成物中含有铅。辉钼矿的分布很广，但大规模的矿藏比较稀有。据统计，全世界大约有一千二百万吨的钼存在于辉钼矿中。辉钼矿中的钼成分说明了辉钼矿形成于高温环境中，特别是花岗伟晶岩和石英岩脉中。此外，辉钼矿还会出现在变质沉积岩和矽卡岩中，与白钨矿、黄铁矿和钨锰铁矿伴生。辉钼矿是质地最柔软的矿物之一，与石墨很相近。与石墨一样，辉钼矿质地柔软是因为它有着片状结构，而钼和硫在交替的层理中可以滑动。另外辉钼矿有着油润的手感，会像石墨似的在手指上留下深色的痕迹。事实上，辉钼矿和石墨这两种矿物通常很难区分。

辉钼矿

长石

鉴定：柔软、可弯折的辉钼矿与石墨很容易混淆。细微差别是石墨留下的痕迹更深一些。

石英中的六方钼晶体

钼矿石：钼钨钙矿 (Molybdenum ore: Powellite)

钼钨钙矿的化学式：$CaMoO_4$

钼钨钙矿以美国地质学家韦斯利·鲍威尔(1834–1902年)命名，是他领导着第一只探险队从科罗拉多河穿越了大峡谷。钼钨钙矿是少数相对比较常见的钼矿石之一。大部分钼钨钙矿形成于热液与钼反应之时，因此钼钨钙矿会出现在很多地方。事实上，钼钨钙矿通常的形状很像辉钼矿，形成伪形晶，即辉钼矿中的原子一个个都被替换了。钼钨钙矿也会在石英岩脉中直接形成。质量上乘的晶体很稀有，大部分来自印度德干地盾的玄武岩，特别是马哈拉施特拉邦的纳西克地区。钼钨钙矿会跟白钨矿形成固体溶液段，在这个系列段中，钼会替代白钨矿里的钨。两种矿物都具有荧光特性，但白钨矿发出浅蓝色荧光，而钼钨钙矿发出金黄色荧光。

鉴定：钼钨钙矿的鉴定线索是颜色、金字塔形劈理，伴生的辉钼矿以及在紫外线下发出的黄色荧光。

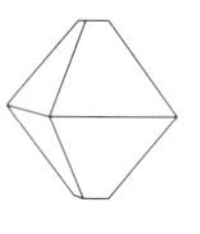

晶系：四方晶系
晶体习性：稀有小型的四面金字塔形，或者是在辉钼矿上形成硬壳
颜色：白色、浅黄棕色、蓝色
光泽：金刚石般至油润
条痕：白色
硬度：3.5~4
解理：锥形
裂口：不均衡
比重：4.2
其他特征：性脆、金黄色荧光
常见地区：英格兰哥比亚；挪威泰勒马克；德国黑森林；俄罗斯阿尔泰共和国；印度马哈拉施特拉邦；墨西哥索诺拉；亚利桑那州；内华达州；爱达荷州七魔鬼山；密歇根州凯韦诺半岛

钨矿：白钨矿 (Tungsten ore: Scheelite)

白钨矿的化学式：$CaWO_4$

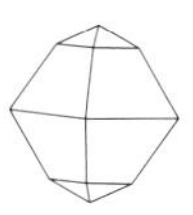

晶系：四方晶系
晶体习性：看起来像八面体的双金字塔形，团块和颗粒。
颜色：白色、浅紫棕色、浅绿灰色（铜白钨矿）
光泽：金刚石般
条痕：白色
硬度：4.5~5
解理：金字塔形
裂口：贝壳状
比重：5.9~6.1
其他特征：发出蓝白色荧光
常见地区：英格兰哥比亚；德国萨克森州；捷克共和国斯拉夫科夫；韩国东华；内华达州密尔城；加利福尼亚州阿托利亚；亚利桑那州科奇斯县

白钨矿以18世纪瑞典科学家卡尔·谢勒命名，他最先发现了钨，而白钨矿也是一种十分重要的钨矿石。尽管大部分钨来自俄罗斯和中国出产的钨锰铁矿，但白钨矿却为美国提供了大量的本土钨。通常在被称为接触岩的矽卡岩中内找到白钨矿，这种岩石的形成原因归结于侵入石灰岩的花岗岩岩浆。白钨矿的伴生矿物有石榴石、绿帘石、符山石和钨锰铁矿。白钨矿也会在高温环境下富含石英的热液岩脉中形成，同时跟锡石、托帕石、萤石、磷灰石以及钨锰铁矿伴生。白钨矿的晶体为独特的双金字塔形，而侧面看起来很像八面体，因此备受矿物收集者的青睐。此外，白钨矿会发出明亮的蓝白色荧光，可以帮助矿工在黑暗环境中通过紫外线光源找到晶体。白钨矿也偶尔会被用来切割成宝石。

鉴定：白钨矿具有独特的八面体双金字塔形晶体，在短波紫外线光源的照射下会发出蓝白色的荧光，这些都是鉴别白钨矿的主要线索。

钨矿石：钨锰铁矿 (Tungsten ore: Wolframite)

钨锰铁矿的化学式：(Fe,Mn)WO4

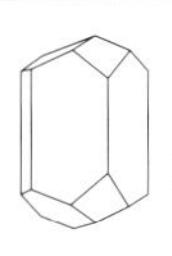

晶系：单斜晶系
晶体习性：扁平格状形成叶片形片状组，也会形成团块和颗粒
颜色：灰黑色至浅棕黑色
光泽：亚金属光泽
条痕：浅棕黑色
硬度：5~5.5
解理：一个方向完好
裂口：不均衡
比重：7~7.5
常见地区：英格兰康沃尔郡；德国哈茨山脉，厄尔士；葡萄牙帕什凯拉；俄罗斯贝加尔湖，高加索山脉俄罗斯境内段；韩国东华；中国南岭山脉；玻利维亚拉拉瓜；加拿大西北地区；科罗拉多州博尔德县

鉴定：钨锰铁矿具有黑棕色的颜色，独特的片平晶体呈片状组，这些都是鉴别钨锰铁矿的关键线索。

关于钨锰铁矿有个传说：在中世纪的德国萨克森州，这种矿物的别称是“狼”，因为它会干扰锡的冶炼。现在已经知道这种钨锰铁矿是主要的钨矿石。钨锰铁矿并不是一种矿物，而是不同的铁锰钨矿物的混合体。富含铁的变种称为钨铁矿；富含锰的变种是钨锰矿。钨锰铁矿在高温的石英岩脉中，类似花岗岩的伟晶岩中和矽卡岩中形成，通常跟锡石、方铅矿和白钨矿伴生。另外在冲积砂矿床中也能找到聚集的钨锰铁矿。这种矿石从澳大利亚和加拿大西北地区开阔的露天矿场中开采出来，但含量最大的还是要数中国南岭山脉一线，这里的钨锰铁矿需深挖才能得到。钨可以作为电灯泡中的钨丝，其碳化物可用在钻井设备中。

钨矽卡岩

当石灰岩或大理石被炽热的熔岩入侵，就会形成被称为矽卡岩的矿床，这也是部分世界上最珍贵的矿石的来源地。炽热、微酸的溶液流过岩石，与石灰岩中的碳酸盐发生反应，产生新的矿物。石灰岩提供了钙、镁及二氧化碳；而岩浆则提供了硅、铝、铁、钠、钾以及其他元素。岩浆中的硅和铁与石灰岩中的钙和镁结合，形成了硅酸盐矿物，诸如透辉石、硅灰石（见上图矽卡岩内部图示）以及钙铁榴石。热液溶液也会形成铁、铜、锌、钨或钼的矿石。钨矽卡岩则是世界上大部分钨的主要矿床来源，分布在诸如韩国上东、金岛、澳大利亚塔斯马尼亚离岸以及美国加利福尼亚州松树溪一带。

镍

镍是一种闪光的银白色金属，具有轻微的磁性。地核就是镍跟铁的结合，而在很多陨石中也有镍存在，这说明镍在早期太阳系中是一种十分重要的元素。在地壳中很难找到纯镍，工业萃取的镍要么来自火成硫矿石中，例如镍黄铁矿、红砷锌矿和砷镍矿，要么就来自砖红壤的矿石中，例如硅镁镍矿。

硫化镍矿石：红砷镍矿 (Nickel sulphide ore: Nickeline(Niccolite))

红砷镍矿的化学式：NiAs

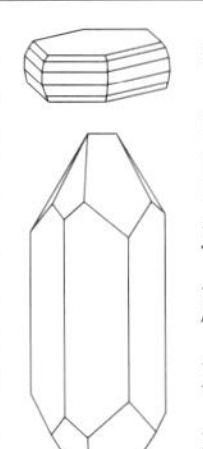

晶系：六方晶系
晶体习性：通常为团块，也会形成柱状组
颜色：铜红色
光泽：金属光泽
条痕：浅棕黑色
硬度：5~5.5
解理：粗糙
裂口：不均衡
比重：7.8
常见地区：德国哈茨山脉，黑森林；捷克共和国雅克摩夫；伊朗安纳拉克；日本夏目；加拿大西北地区大奴湖；安大略省萨德伯里，寇博特；新泽西州富兰克林

红砷镍矿曾长期以来被认为是一种镍元素。中世纪的德国铜矿矿工在搜寻铜的时候找到了铜色的红砷镍矿矿床，但在开采过程中却发现这种矿物看起来很像白矿渣。继而这种矿物被命名为“铜镍”，命名来源则是住在地下的撒旦的“小恶魔”。终于在1751年，瑞典化学家阿列克谢·克朗斯提在红砷镍矿中发现了镍。红砷镍矿并不常见，但通常和其他重要的硫化镍钴矿石一起出现。红砷镍矿形成于火成岩中，例如苏长岩和辉长岩，与磁黄铁矿、黄铜矿、镍黄铁矿和镍方钴矿一起伴生。红砷镍矿形成于热液岩脉中，跟银、砷、钴矿一起出现。暴露在空气中的红砷镍矿会变成浅绿色的镍华。

鉴定：红砷镍矿具有的铜色十分独特，并且它看起来很像红锑镍矿（镍锑）。

硫化镍矿石：镍黄铁矿(Nickel sulphide ore: Pentlandite)

镍黄铁矿的化学式：$(Fe,Ni)_9S_8$

镍黄铁矿是主要的镍矿石，通常跟磁黄铁矿交错生长。这两种矿物从物理层面很难分辨出来，但磁黄铁矿具有磁性，而镍黄铁矿没有。当硫化物从熔化的超镁铁质熔岩，特别是苏长岩和罕有的科马提岩中分离开来，镍黄铁矿和磁黄铁矿就会一起形成。当岩浆冷却后，硫化物金属开始结晶并下沉到岩浆底部以形成体积更大的团块。但在著名的加拿大安大略省萨德伯里，则可能是由陨石撞击产生的陨石坑而导致镍黄铁矿的聚集。镍黄铁矿以矿物发现人J. P. 彭特兰命名，在长达60千米/40英里的苏长岩和辉长岩槽中发现了大量的磁黄铁矿，并与黄铜矿和砷铂矿一起伴生。镍黄铁矿在镍铁陨石中也有发现。不管形成形式如何，镍黄铁矿很少形成质量上佳的晶体，而只是以团块的形式出现。

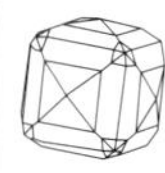

晶系：等轴晶系
晶体习性：大部分都是小颗粒和团块
颜色：黄铜黄色
光泽：金属光泽
条痕：棕褐色
硬度：3.5~4
解理：无
裂口：贝壳状
比重：4.6~5
常见地区：挪威伊韦兰；奥地利施第里尔；俄罗斯诺里尔斯克-塔尔纳赫；南非布什维尔德杂岩体；澳大利亚西部坎巴大；曼尼托巴林莱克；魁北克省马拉蒂克；安大略省萨德伯里；田纳西州达克敦；加利福尼亚州圣迭戈县

鉴定：镍黄铁矿的最佳鉴定方式是黄铜色的颜色，以及所伴生的黄铜矿和砷铂矿。

硫化镍矿石：砷镍矿 (Nickel sulphide one: Chloanthite(Nickel skutterudite))

砷镍矿的化学式：$NiAs_{2-3}$

方钴矿、砷镍矿、斜方砷钴矿和斜方砷镍矿的稀有的砷化镍钴矿物，这四种矿物关系紧密，很难区分，矿物学家们则也会为了样本的归类问题而争论不休。所有这些矿物都是锡白色，具有明亮的金属光泽和黑色纹理。所有四种矿物都曾是镍钴矿石，但质量上乘的岩脉到现在已经全部枯竭了。它们也是一组固溶体，其中一段是方钴矿和砷镍矿，另一段是斜方砷钴矿和斜方砷镍矿。方钴矿和斜方砷钴矿在富含钴的一端，而砷镍矿和斜方砷镍矿在富含镍的一端。有时将四种矿物暴露在空气中就能区分，这是由于富含钴的矿物会生成上覆的红色钴华，而富含镍的矿物则生成上覆的绿色镍华。事实上"chloanthe"在希腊语中是"绽放的绿花"的意思。多数矿物学家现在不会把砷镍矿作为一种单独的矿物，而是更倾向于把富含镍的一端的方钴矿–砷镍矿段称为"镍方钴矿"，而将砷镍矿描述成一种砷含量较少的镍方钴矿的变种。

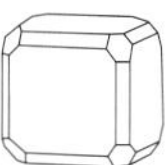

晶系：等轴晶系
晶体习性：团块状，颗粒
颜色：锡白色
光泽：金属光泽
条痕：浅黄色
硬度：5.5~6
解理：无，易碎
裂口：十分易脆、贝壳状
比重：6.5
常见地区：德国安娜伯格，安德里斯伯格（哈茨山脉），施内贝格（萨克森州）；安大略省寇博特

鉴定：砷镍矿和其他砷化钴镍矿物看起来都是相同的锡白色，很难区分彼此，但表面上覆着有绿色镍华的是砷镍矿。

砖红壤：热带金属储库

在温暖潮湿的热带气候条件下，岩石被风化侵蚀的速度极快，并形成令人惊叹的像土壤一样的深层结构，称为砖红壤，例如位于亚马逊盆地深处的砖红壤。另外在北美和欧洲也找到了古代形成的砖红壤，也能证明这些砖红壤曾形成于很久之前的热带气候条件下。虽然砖红壤深度够，但不是最理想的土壤，这是因为热带暴雨会把所有有用的矿物都迅速冲刷走。另外砖红壤中也没有什么有机成分，这是由于在热带高温条件下有机成分会迅速腐烂。热带雨林的生长全靠不断循环的营养成分，当出于农耕需求而将雨林树木砍伐掉时，只需短短几年土壤就会失去肥力。虽然砖红壤是很贫瘠的土壤，却也孕育了铁、铝、镍这些不易溶解的矿物，正是这些矿物通过流水渗滤的聚集会形成颇具价值的矿物矿床。富含铁的砖红壤，例如褐铁矿并没有被过分开采，这是由于条带状的铁构造是更理想的铁来源。但富含铝的砖红壤就是矾土了，即主要的铝来源；而富含镍的砖红壤则是硅镁镍矿，其中蕴藏着镍。

镍红土矿：硅镁镍矿和镍绿泥石 (Nickel laterite one:Garnierite,Népouite)

镍红土矿的化学式：$(Ni,Mg)_3Si_2O_5(OH)_4$

硅镁镍矿不是一种矿物，而是一个总称，指不同的土质镍矿物，包括镍绿泥石、脂光蛇纹石和硅锌矿。富含镍的辉长岩和橄榄岩被温暖的气候风化后就形成了砖红壤。风化侵蚀掉了大部分原石，但由于镍不溶于水因此会渗滤下来，在被风化的物质中充分聚集并形成矿石。硅镁镍矿是"含镍"的砖红壤，也是镍含量最多的矿石，但褐铁矿中的含镍量也会跟硅镁镍矿中的镍含量相当，并且后者的分布更广泛。有些硅镁镍矿砖红壤的镍含量为10%，例如从新喀里多尼亚的内普维最先开采出的镍绿泥石，而其他硅镁镍矿砖红壤中的镍含量则比较少。

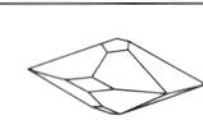

晶系：斜方晶系
晶体习性：团块状，颗粒
颜色：浅绿色
光泽：玻璃般，珍珠光泽
条痕：浅绿白色
硬度：2~2.5
解理：无
裂口：不均衡
比重：4.6
常见地区：南非林波波河，普马兰加省；新喀里多尼亚内普维；澳大利亚；古巴；内华达州；华盛顿州

鉴定：硅镁镍矿可以通过它的绿颜色以及红土物质所展现的土质外观来鉴定。

铬、钴、钒和钛

铬和钛都是坚硬的、浅色金属，现在这两种元素得到了广泛应用，特别是与其他金属(例如钢)制成合金。钴和钒是质地柔软的纯金属，可以令钢更坚固，也可以和其他金属形成合金。

铬矿石：铬铁矿 (Chromium ore: Chromite)

铬铁矿的化学式：$FeCr_2O_4$

晶系：等轴晶系
晶体习性：晶体很稀有，八面晶，大部分是颗粒状的团块
颜色：黑色，浅棕黑色
光泽：金属光泽
条痕：棕色
硬度：5.5
解理：无
裂口：贝壳状
比重：4.1~5.1
常见地区：欧托昆普，芬兰；肯皮尔塞地块，哈萨克斯坦；俄罗斯萨拉内(乌拉尔山)；古莱曼，土耳其；菲律宾吕宋岛；安得拉邦，印度；卡马圭，古巴；马里兰州

铬来自于希腊语“chroma”，意思是“颜色”，这是由于很多矿物都是由于铬的存在才拥有了独特的颜色，例如绿色的绿宝石。尽管铬在很多矿物中的含量都很少，但在1797年发现的赤铅矿才是真正的铬矿石。铬铁矿晶体有时可以在岩脉中找到、生长在蛇纹石上。大部分铬铁矿矿石在超镁铁质岩浆中形成镜状团块，例如橄榄岩岩浆。铬铁矿具有极高的熔点，也是少数几个从液体岩浆中直接形成的矿石。它在岩浆冷却的早期开始结晶，之后渐渐形成镜状团块。之后含有铬铁矿的矿石可能会经历变质作用变成蛇纹岩，但铬铁矿却不会被改变。大部分具有经济价值的铬铁矿都产自南非、俄罗斯、阿尔巴尼亚、菲律宾、津巴布韦、土耳其、巴西、古巴、印度和芬兰。

鉴定：铬铁矿的最佳鉴定线索是伴生的蛇纹石。它看起来跟磁石很相似但不具备磁性。铬铁矿的标本图片见上，所有黑色的都是铬铁矿。

钴矿石：辉钴矿 (Cobalt ore: Cobaltite)

辉钴矿的化学式：CoAsS

古埃及文明和美索不达米亚文明曾将钴矿物制成深蓝色的玻璃，但直到1735年，钴才被确认为是一种元素。现在在很多不同种类的矿物中钴都以一种天然元素的形式存在着，但含量稀少。大部分具有经济价值的钴都来自铜、镍、铜镍矿石，而在这些矿石中，钴以硫化矿物的形式出现，例如硫铜钴矿和硫钴矿，氧化矿物则诸如水钴矿和钴土矿，碳酸盐矿物则是球菱钴矿。世界上大部分的钴都来自刚果和俄罗斯的铜矿中，此外还有新喀里多尼亚、古巴和西里伯斯岛的镍矿石，以及加拿大、澳大利亚和俄罗斯的硫化铜镍矿石中。很少的矿石中才会出现纯钴，但摩洛哥的钴矿除外。这些矿物包括了方钴矿、砷钴矿和辉钴矿，都具有特别令人瞩目的黄铁矿形晶体。

方钴矿，是一种次要钴矿石。

晶系：等轴晶系
晶体习性：晶体为立方形或五角十二面体(黄铁矿形)，但通常是颗粒状团块
颜色：带有红色色泽的银白色
光泽：金属光泽
条痕：灰黑色
硬度：5.5
解理：完好的立方形
裂口：不均衡至亚贝壳状
比重：6~6.3
其他特征：在立方面上通常有条带
常见地区：哥比亚，英格兰；图纳伯格，瑞典；斯库特瑞德，挪威；西格兰，德国；民主刚果共和国；索诺拉，墨西哥；寇博特，安大略省；博尔德，科罗拉多州

鉴定：辉钴矿通常是颗粒状团块，也可以形成立方体，像方铅矿或黄铁矿形的晶体，但辉钴矿的银白色才是将它区别于其他矿物的重要线索。

钒矿石：钒铅矿(Vanadium ore; Vanadinite)

钒铅矿的化学式：$Pb_5(VO_4)_3Cl$

钒这种元素是19世纪瑞典化学家尼尔斯·塞福特斯罗姆根据挪威女神凡娜迪丝命名的，这是因为钒本身的颜色以及钒铅矿本身能够驾驭这个名字。即便是在地壳中，钒铅矿也是引人注目的深红色，当它形成晶体则会更加美丽，但可惜随着时间推移颜色会褪色。钒铅矿晶体也可以是多色的，就像电气石一样。钒铅矿通常出现在硫化铅矿石中，例如被干旱气候风化侵蚀的方铅矿，另外伴生的矿物还有磷氯铅矿、砷铅矿、钼铅矿、白铅矿和钒铅锌矿。尽管钒铅矿是钒含量最高的矿物，却由于太过稀少而不能成为矿石。钒云母、绿硫钒石和钒钾铀矿都可以做钒矿石，但大部分钒来自其他矿石的副产品，特别是富含钛的磁石。另外在船舶烟囱的烟灰中也能找到钒铅矿。

鉴定：钒铅矿具有尖利的六方棱柱形晶体，看起来与磷氯铅矿和砷铅矿相似，但区别在于钒铅矿具有血橘色。

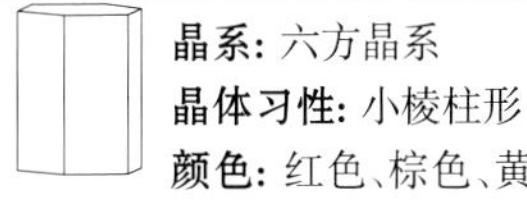

晶系：六方晶系
晶体习性：小棱柱形
颜色：红色、棕色、黄色或橘色
光泽：金刚石般，树脂质
条痕：浅棕黄色
硬度：3~4
解理：无
裂口：贝壳状
比重：6.7~7.1
常见地区：苏格兰邓弗里斯和加洛韦；奥地利卡帕西亚；乌拉尔山，俄罗斯境内段；摩洛哥米卜拉丁；纳米比亚奥塔维；南非马里科；墨西哥奇瓦瓦州；亚利桑那州图森；新墨西哥州谢拉县

钢铁中的矿石

从矿石中提取铁意味着将在高炉中将它熔化，加热直至金属熔化析出，留下其他矿物，但即便是这样得到的也不是纯铁。高炉的生铁中铁含量只有93%，再加上4%的碳以及微量的其他物质。提炼之后会把它变成铸铁，其中含有2%~3%的碳以及1%~3%的硅。所有的碳和硅都可以让钢变得十分性碎而不易塑型，但可以被铸造(倒入砂模中)，锻造铁几乎使纯铁中大部分的碳都流失了，因此可以弯曲或者塑型成铁路用钢。有意思的是，加入正确的“杂质”可以使纯铁变得坚韧。杂质包括碳，可以用来制钢，大约在两千年前印度人就发现了这个奥秘。大部分广泛使用的钢都是碳钢，碳含量为1%。低碳钢可以做车身，其中的含碳量为0.25%。制作工具时高碳钢中会加入1.2%的碳。其他钢合金可以加入其他的微量金属形成特定的材质。铬可以制成不锈钢(上图所示的美国圣路易斯拱门就是由镀钢制成的)。锰、钴和钒可以让钢更有强度，钼增强耐热性，镍则抗腐蚀。

钛矿石：钛铁矿，金红色(Titanium ore: Ilmenite,rutile)

钛铁矿的化学式：$FeTiO_3$

钛最早是在黑色的磁性砂石中发现的，而之后由德国化学家MH克拉普鲁斯在金红石中发现了这种物质并将其命名为钛，这是由于钛所具有的强度，故而用希腊神话中泰坦巨人的名字来命名。钛金属是一种非常具有强度的轻质材料，但二氧化钛(金红石)则是绘画用白颜料的基本原料，可以替代有毒的铅。钛有时被认为是一种外来金属，但它其实是继铝、铁、镁之后，第四常见的元素，特别是在钛铁矿和金红石中大量存在。钛铁矿颗粒会出现在辉长岩和闪长岩中，当这些岩石被风化侵蚀，钛铁矿颗粒就会在可开采的砂石中聚集，或者是形成被流水冲刷的鹅卵石。偶尔会在伟晶岩中找到质量上乘的晶体。

晶系：三方晶系
晶体习性：厚片状晶体，但通常是颗粒和团块
颜色：黑色
光泽：亚金属光泽
条痕：深棕红色
硬度：5~6
解理：无
裂口：贝壳状或不均衡
比重：4.5~5
常见地区：挪威克拉格勒；瑞典；俄罗斯伊尔门湖(乌拉尔山)；巴基斯坦吉尔吉特；斯里兰卡；澳大利亚；巴西；魁北克省阿拉尔湖；安大略省班克罗夫特；纽约州奥兰治县

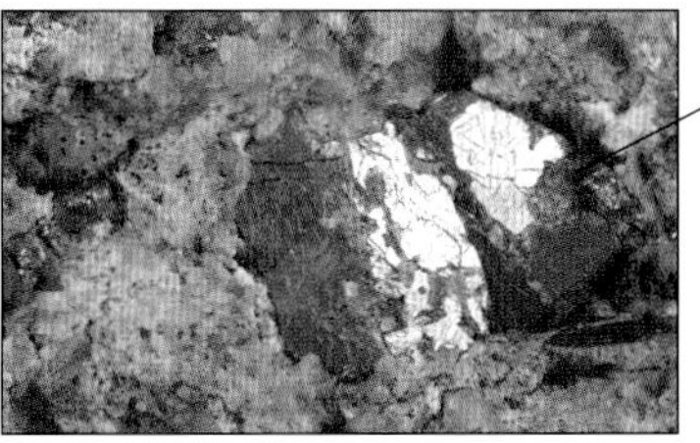

钛铁矿

鉴定：钛铁矿与很多黑色硫酸盐岩很像，但更坚硬。钛铁矿与赤铁矿的区别在于条带，与磁石的区别在于不具有磁性。

铜

作为最独特的金属之一，铜具有红金色的颜色，同时也是应用范围最广的金属之一，长期以来在人类文明中占有重要地位。铜遍布世界各地，在玄武岩熔岩中以纯天然元素的形式存在，在以下矿石中也能找到铜，它们是：辉铜矿、黄铜矿、斑铜矿、赤铜矿、硫砷铜矿和铜蓝。另外在海藻灰、珊瑚、软体动物和人类肝脏中也能找到铜。

黄铜矿 (Chalcopyrite)

黄铜矿的化学式：$CuFeS_2$

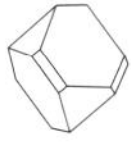

晶系：四方晶系
晶体习性：晶体呈四方形，通常是团块
颜色：黄铜呈黄色，失去光泽后为带有彩虹色的蓝色、绿色和紫色
光泽：金属光泽
条痕：深绿色
硬度：3.5~4
解理：粗糙
裂口：贝壳状，易脆
比重：4.2
常见地区：英格兰康沃尔郡；俄罗斯；刚果民主共和国金沙萨；赞比亚；日本羽后；澳大利亚南部奥林匹克坝；墨西哥奇瓦瓦州，奈卡；智利埃尔特尼恩特；犹他州宾汉姆；内华达州伊利；亚利桑那州阿霍；密苏里州乔普林

世界上最大的铜矿都是“斑岩”铜，这种铜矿物在岩石的细岩脉中均匀分布，是典型的斑状闪长岩或片岩。智利巨大的铜矿脉是斑岩铜，跟美国西南部的铜矿脉一样。大规模的岩脉矿床较为集中，范围则相对较小。上层矿脉为氧化铜，例如赤铜矿；而深层矿脉则是硫化物，例如黄铜矿。黄铜矿中的铜含量不足三分之一，但却是主要的铜来源，这得益于它的巨大产量。黄铜矿得名自它的金黄色，跟黄铁矿很相似，但实际颜色要更黄一些。跟黄铁矿一样，黄铜矿也很容易跟金弄混。它的表面通常带有一层深绿色、带有浅紫彩虹光泽的锈渍，因此也被称为“孔雀铜”。跟板岩一样，黄铜矿形成于热液岩脉和伟晶岩中，通常跟黄铁矿、闪锌矿和方铅矿伴生。

鉴定：黄铜矿看起来很像黄铁矿，这意味着它也看起来比较像金子，但易碎，硬度也更大。

赤铜矿 (Cuprite)

赤铜矿的化学式：Cu_2O

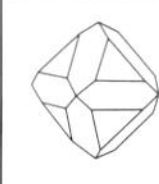

晶系：等轴晶系
晶体习性：晶体通常是八面体，但也可以是其他形状；另外还有针状、团块和颗粒
颜色：红色至极深的红色
光泽：金刚石般至晦暗
条痕：砖红色
硬度：3.5~4
解理：四个方向上良好形成八面体
裂口：贝壳状
比重：大约为6
常见地区：英格兰威尔格兰德（康沃尔郡）；法国谢尔西；俄罗斯博戈斯洛夫斯克（乌拉尔）；纳米比亚安贡阿；澳大利亚布罗肯希尔（新南威尔士州），瓦拉鲁（澳大利亚南部）；亚利桑那州比斯比

鉴定：深红团块且覆着有亮绿色孔雀石的矿物很可能是赤铜矿。它的硬度比朱砂高。

赤铜矿的铜含量超过三分之二，是一种分布广泛的铜矿石，是由其他铜矿物改变而形成的。赤铜矿出现在位于下方的硫化铜矿床的表面，氧化后就形成了赤铜矿。它通常跟土质且具有渗透性的氧化铁团块混合在一起出现。有些巨型赤铜矿占主导的团块，质量可达两三百吨。但赤铜矿也可以形成美丽的晶体，与纯天然的铜和一批其他次生铜矿物伴生，例如孔雀石、水胆矾和蓝铜矿。赤铜矿晶体的颜色范围从洋红色到宝石红色再到浅紫色甚至是黑色不等。细腻的发丝状赤铜矿团块称为毛赤铜矿。瓦铜矿是一种土质脉石，混合了赤铜矿、褐铁矿和赤铁矿三种矿物。

赤铜矿

铜蓝 (Chalcocite)

铜蓝：Cu_2S

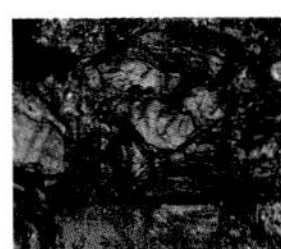

铜蓝是一种硫化铜，带有深色靛蓝彩虹光泽的矿物。

铜蓝是所有铜矿石中铜含量最多的，铜含量占到了总重量的百分之八十。黄铜矿是一种次要矿石，大部分质量上乘的矿床里的铜蓝都被开采殆尽了，因此很稀缺。它可以形成原生矿物，即直接从岩浆中作为“蓝辉铜矿”而形成。但铜蓝更多时候会由一种过程形成，称为“次生”，或“浅生矿床”富集。这种情况下，硫化铜矿物会因为氧化表面变成层理继而被流水冲刷下去。铜溶液渗滤到下层主要铜矿石中，会将铁溶解。富含铁的铜蓝矿石会被变成富含铜的铜蓝并集中在层理中，呈水平状，称为铜蓝地质层。典型的铜蓝形成过程就是在铁失去后先变成斑铜矿，之后变成靛铜矿，最后变成铜蓝。

鉴定：铜蓝几乎总是跟其他硫化铜矿物伴生，例如黄铜矿和靛铜矿；它跟其他铜矿物的区别在于它的深灰色。

辉铜矿覆着物

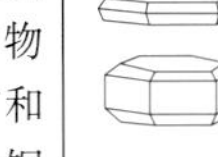

晶系：温度低于105° C形成斜方晶系，而高于105° C时形成六方晶系

晶体习性：棱柱形或格状晶体，很稀有；通常为团块状或粉末状覆着物

颜色：深灰色至黑色

光泽：金属光泽

条痕：闪耀的黑色至灰色

硬度：2.5~3

解理：棱柱形，模糊

裂口：贝壳状

比重：5.5~5.8

常见地区：英格兰康沃尔郡；法国伊泽尔，贝尔福，阿尔萨斯；西班牙里奥廷托；撒丁岛；南非墨西拿；蒙大拿州比尤特；康涅狄格州布里斯托；亚利桑那州比斯比(科奇斯县)

亚利桑那州的铜

亚利桑那州有时也被称为铜州，是因为在这里的斑岩铜矿床中找到了含量惊人的铜矿石。铜矿石可以追溯到一亿至两亿年前，斑岩铜矿石侵入体进入到围岩中，再由浅生富集形成聚集的铜矿石。这里的铜矿石之所以与众不同、别具价值，是因为同时还存在许多其他矿石，例如铀和钒。全美三分之二的铜都开采自亚利桑那州，而这里的地貌也都被一座座矿山所取代(见上图)。如果把亚利桑那州视为一个国家，那么它将会是世界上继智利之后第二大产铜国。本州的比斯比县、杰罗姆县、环球县和克里夫顿县，因为自19世纪末期就开始大规模采矿，现在被高耸的高原所包围。随着铜储量的减少，这里的工业正在衰退，而世界范围内的铜价格也一直走低。但这里的铜矿仍然昭示着往昔那些辉煌的岁月。以比斯比县为例，在1877年前后就开采了超过四百万吨的铜，当时正值在该地区首次发现铜矿。而到了1975年，菲利普斯道奇公司停止了铜矿的开采。

斑铜矿 (Bornite)

斑铜矿的化学式：Cu_2FeS_4

硫砷铜矿：铜砷硫化铜矿石

跟黄铜矿相似，斑铜矿通常被称为“孔雀石”或“孔雀铜”。这是由于它的表面通常会覆盖着一种深色发绿、浅紫色的彩虹色锈蚀，这是由铜的氧化物和氢氧化物组成的。售卖给矿物收集者的孔雀石是被当做斑铜矿的，通常黄铜矿和它的彩虹色泽可以通过跟酸反应来加强。斑铜矿跟孔雀石黄铜矿的区别在于，用手刮矿物表面时，锈蚀剥落，出现真正粉紫色的是斑铜矿。这种粉色赋予了斑铜矿另一个名字，即“马肉石”。斑铜矿会跟黄铜矿一起在铜板岩矿床中以团块形式出现，但也可以在伟晶岩和矿物岩脉中形成颗粒细腻的晶体。

晶系：等轴晶系

晶体习性：晶体很含有但是粗糙，为伪立方晶和菱形十二面体；通常为团块状

颜色：带有彩虹光泽锈蚀的浅红铜色

光泽：金属光泽

条痕：灰黑色

硬度：3

解理：粗糙，八面体

裂口：贝壳状

比重：4.9~5.3

常见地区：英格兰康沃尔郡；哈萨克斯坦杰兹卡兹甘；不列颠哥伦比亚省特克塞达岛；蒙大拿州比尤特；亚利桑那州

斑铜矿

鉴定：斑铜矿在几个小时内就会变成孔雀石矿石。它跟孔雀黄铜矿的区别在于用手抓表面就会显出下面斑铜矿粉色的擦痕。

铅

铅易成型、不易被侵蚀，自古代开始就有着各种广泛的应用，例如制作管具，但近些年来才发现铅具有毒性，继而减少了对它的使用。铅很少作为天然元素被发现，但会在六十多种合成矿物中出现，包括主要矿石的方铅矿、白铅矿和硫酸铅矿，另外还有很多次生矿石，包括砷铅矿、磷氯铅矿和铅丹。

方铅矿 (Galena)

方铅矿的化学式：PbS

方铅矿的立方晶体

方铅矿中的铅含量为86.6%，从古代起就是主要的铅矿石，亚里士多德曾对它有过描述。它的立方形晶体和高密度使其成为所有矿物中最独特的矿物。它通常形成在热液岩脉中，跟闪锌矿、黄铁矿和黄铜矿伴生，另外还有无用的脉石，例如石英、方解石和重晶石。有时热液会顺着表面的裂缝入侵到方铅矿矿床中；在石灰岩中，这些溶液会渗入晶洞形成富含其他元素的交代矿床。溶液也会随着海底火山活动升涌而形成"火成"方铅矿。矿石通常由于侵蚀作用而部分暴露在地表继而被找到，例如澳大利亚布罗肯希尔和伊萨山的方铅矿矿床就是这样被发现的。当这些地表矿床被开采殆尽，采矿公司就要向更深处挖矿。方铅矿仅含有微量的银，但由于方铅矿开采量巨大，因此它不仅是主要的铅矿石，也是主要的银矿石。

鉴定：钒铅矿晶体很容易鉴定，因为是立方形，深绿色、密度很高。它的金属光泽暴露在空气中后通常被晦暗的锈蚀物所覆盖。

方铅矿

大块石英

晶系：等轴晶系
晶体习性：晶体通常是立方晶，也会形成团块和颗粒
颜色：深灰色，有时带有浅蓝色色泽
光泽：金属光泽至晦暗
条痕：铅灰色
硬度：2.5+
解理：四个方向上良好形成四面体
裂口：不均衡
比重：7.5~7.6
常见地区：英格兰韦尔戴尔；德国哈茨山脉，黑森林；撒丁岛；特里普卡，科索沃；澳大利亚布罗肯希尔（新南威尔士州），艾莎山（昆士兰州）；墨西哥奈卡；堪萨斯州-密苏里州-俄克拉荷马州三态矿区

砷铅矿 (Mimetite)

砷铅矿的化学式：$Pb_5(AsO_4)_3Cl$

鉴定：细长的黄色砷铅矿晶体和花椰菜状硬壳通常很容易将砷铅矿和其他伴生的铅矿物区别开。

砷铅矿的名字来自希腊语，意思是"模仿者"，是由于它类似于磷氯铅矿。跟磷氯铅矿类似，它也是众多铅矿石中由暴露在空气中的方铅矿石而形成的一种矿物。砷铅矿也会形成于砷形成的地方。砷铅矿的晶体很稀少，但是很漂亮，具有代表性的是纳米比亚楚梅布出产的砷铅矿晶体。它会形成葡萄状或花椰菜状硬壳。另外它也会形成桶状晶体，称为"磷砷铅矿"。砷铅矿会跟磷氯铅矿形成固溶体，砷铅矿中的砷会被磷取代，而在钒铅矿中，砷会被钒取代。钒铅矿和砷铅矿看起来非常不同，但绿色砷铅矿晶体跟磷氯铅矿很相似。

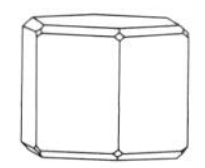

晶系：六方晶系
晶体习性：细长六方棱柱形晶体或桶状晶体（磷砷铅矿）；通常形成葡萄形或花椰菜形硬壳
颜色：黄色，棕色，绿色
光泽：树脂质
条痕：灰白色
硬度：3.5~4
解理：几乎看不见
裂口：亚贝壳状
比重：7.1
常见地区：英格兰韦尔戴尔；德国哈茨山脉，黑森林；撒丁岛；特里普卡，科索沃；澳大利亚布罗肯希尔（新南威尔士州），艾莎山（昆士兰州）；墨西哥奈卡；堪萨斯州-密苏里州-俄克拉荷马州三态矿区

磷氯铅矿 (Pyromorphite)

磷氯铅矿的化学式：$Pb_5(PO_4)_3Cl$

磷氯铅矿得名自希腊语，意思是“火构造”，这是由于它的晶体在受热冷却后会重组。磷氯铅矿是一种次生矿物，由暴露在空气中被氧化的铅矿石形成，特别是当本地岩石含有磷时（磷灰石）。磷氯铅矿的分布没有方铅矿、白铅矿或硫酸铅矿那样广泛，但由于会在表面层理中形成，在过去通常把磷氯铅矿作为铅矿石来使用，比较典型的是澳大利亚布罗肯希尔、英格兰的科尔德贝克荒野（哥比亚）以及美国科罗拉多州利德维尔。尽管磷氯铅矿会形成硬壳和团块，它最广为人知的还是其醒目的细长、中空的绿色晶体。通常磷氯铅矿跟砷铅矿很难区分开，是因为磷氯铅矿有时会像砷铅矿那样形成桶状晶体，称为磷砷铅矿。磷氯铅矿比砷铅矿常见得多，通常也能找到质量上乘的晶体，例如西班牙、爱达荷州、法国和中国都能找到晶体状的磷氯铅矿。

鉴定：磷氯铅矿的最佳鉴定线索是黄绿色的颜色、与其他铅矿物伴生、形成细长的末端中空的晶体。

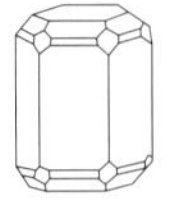

晶系：六方晶系
晶体习性：细长的棱柱形晶体，通常末端中空，形成晶体，或桶状的晶体（磷砷铅矿），另外形成硬壳和团块
颜色：绿色、黄色、棕色
光泽：树脂质至油润光泽
条痕：灰白色
硬度：3.5~4
解理：不完好
裂口：不均衡
比重：7+
常见地区：英格兰哥比亚；法国奥弗涅大区；德国拿骚；西班牙埃尔奥卡霍；中国桂林；澳大利亚布罗肯希尔（新南威尔士州）；墨西哥杜兰戈；宾夕法尼亚州切斯特县

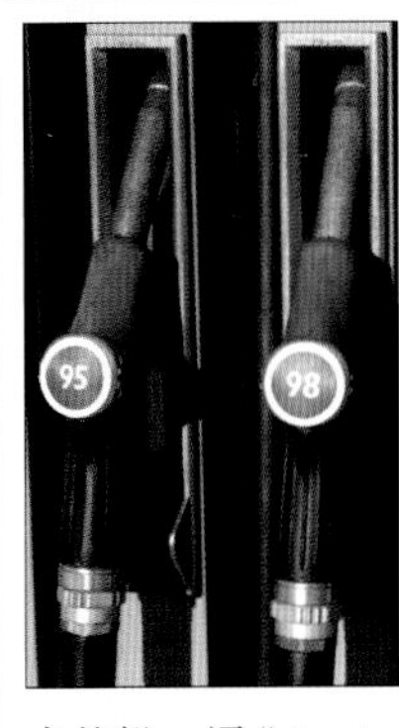

铅中毒

人类使用铅的历史至少已有七千多年，在古罗马，有些至今还在发挥作用的水管就是用铅制成的。英语中的“plumbing”（管道）一词就是来自拉丁语中的铅一词“plumbum”。由于铅使用广泛、不易被侵蚀，人们使用铅做成的水管一直到20世纪70年代，却导致当时很多家庭出现了铅中毒的病症。发动机燃料中通常富含铅，是由于铅会控制燃烧方式，保护发动机。但铅也是一位悄无声息的杀手，几千年来它的危险一直未被察觉，铅会令消化系统中毒，导致儿童脑损伤。有些人把罗马帝国的衰落归结于慢性铅中毒。16世纪英格兰女王伊丽莎白一世和许多女士因为当时所流行的妆容而往脸上抹“白铅”导致面部被毁容。现在铅管道已经被替代，颜料中也不再含铅，汽车现在也勒令使用无铅燃料（上图），但我们的周围依然有很多铅存在着。

水锑铅矿 (Bindheimite)

水锑铅矿的化学式：$Pb_2Sb_2O_6(O,OH)$

$Pb_2Sb_2O_6(O,OH)$ 是铅和锑的次要矿石，为土质黄色矿物，是由被改变的铅锑矿物所形成，例如脆硫锑铅矿和硫锑铅矿。当水锑铅矿形成，通常也采用原始矿物的形式，所以会形成伪形晶。水锑铅矿以德国矿物学家J. J. 平特海姆（1750–1825年）的名字命名，于1868年被正式认可为一种矿物。但在此很早之前，水锑铅矿就已为人知了。事实上古埃及人就把它作为一种彩色玻璃，它具有亮黄色的色泽。古埃及人把水锑铅矿和熔化的硅和苏打灰混合，产生了黄色的铅焦亚锑酸盐，整个玻璃中都是这种物质。这种物质还被当做一种颜料而广泛使用，有时也被称为“那不勒斯黄”，要么是合成的，要么是天然形成的。

鉴定：水锑铅矿的最佳鉴定线索是黄色，土质晶体习性和伴生矿物，包括黄锑矿、脆硫锑铅矿、白铅矿、黝铜矿、锑钛烧绿石和水锑铜矿。

晶系：等轴晶系
晶体习性：隐晶质团块或硬壳，但也会有硫化铅锑的伪形晶，例如脆硫锑铅矿
颜色：黄色至红棕色或浅绿色至百色
光泽：浅绿黄色至棕色
条痕：转红色
硬度：4~4.5
解理：无
裂口：土质，贝壳状
比重：7.3~7.5
常见地区：英格兰康沃尔郡；威尔士卡迪根；德国萨克森州，黑森林；奥地利卡林西亚州；法国奥弗涅大区；西伯利亚尼布楚；澳大利亚；亚利桑那州科奇斯县和皮马县；南达科他州布拉克山；加利福尼亚州圣贝纳迪诺县

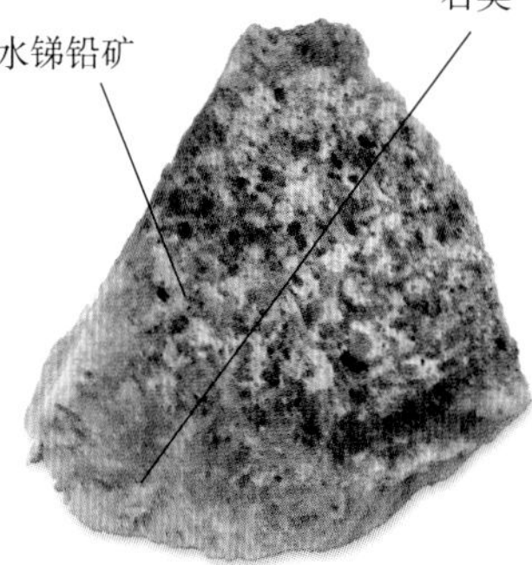

锌

从古代起就跟铜一起做成合金来使用的锌是一种蓝灰色、相当易碎的金属，通常用来给钢铁镀上一层覆盖物，以防它们生锈，这个过程称为镀锌。锌的纯天然形式很少见，但在岩石中以化合物的形式广泛存在，从少量矿石中可以提取出锌。最主要的锌矿石是闪锌矿，但菱锌矿、红锌矿和异极矿也是重要的锌矿石。

菱锌矿 (Smithsonite)

菱锌矿的化学式：$ZnCO_3$

黄色菱锌矿有时也被称为“turkey fat ore”（黄菱锌矿）

菱锌矿是以詹姆·史密斯森的名字命名的，他作为英国捐助者建立了史密森学会。而菱锌矿有时还会被错认为是异极石。它是一种次生矿物，形成于地表的层理中。特别是在由碳酸盐构成的石灰岩里，像闪锌矿这样的锌矿物被风化改变，就会形成菱锌矿。直到19世纪80年代，当闪锌矿替代了菱锌矿，它才从主要锌矿石的位置上退了下来。菱锌矿是一种极其醒目的矿物。虽然不会形成闪闪发亮的晶体，但是它会形成葡萄状或泪滴型的团块，带有异乎寻常的珍珠光泽，颜色很多。微量的铜会产生绿色至蓝色，钴会带来粉色或紫色，镉会产生黄色，铁会产生棕色至浅红棕色。最广为人知的是苹果绿色，但最受青睐的是稀有的淡紫色。最佳的标本来自纳米比亚楚梅布、赞比亚断山以及新墨西哥州的马格达莱纳的凯利矿。

鉴定： 菱锌矿的珍珠蜡质光泽十分独特，使得这种矿物只跟异极矿类似，但它与异极矿不同的是，破裂的边缘看起来很像塑料。

菱锌矿

晶系： 三方晶系
晶体习性： 晶体很稀有，通常为葡萄状或球状硬壳，也有团块
颜色： 绿色、紫色、黄色、白色、棕色、蓝色、橘色、粉色、无色、灰色、粉色或红色
光泽： 珍珠光泽至玻璃般
条痕： 白色
硬度： 4~4.5
解理： 完好，形成菱面体
裂口： 不均衡
比重： 4.4
常见地区： 英格兰哥比亚；比利时莫里尼斯特；波兰比托姆；撒丁岛；西班牙桑坦德；希腊利瓦迪亚；纳米比亚楚梅布；赞比亚断山；新墨西哥州凯里矿（马格达莱纳区，索科罗）；科罗拉多州莱德维尔；爱达荷州；亚利桑那州

闪锌矿 (Sphalerite)

闪锌矿的化学式：(Zn,Fe)S

直到19世纪，闪锌矿都无法冶炼，因此主要的锌矿石是菱锌矿。现在闪锌矿才是最主要的锌矿石。它得名自希腊语，意思是“假冒的”，是因为它很容易与其他矿物混淆，特别是方铅矿和菱铁矿。鉴定闪锌矿的一个问题就是它会与方铅矿一样出现在同样的热液岩脉中，而这两种矿物经常交替生长。旧时的德国矿工们也把闪锌矿称为“blende”，意思是“看不见的”，这是由于它与方铅矿十分相似但从不含铅。富含铁的闪锌矿变种称为铁闪锌矿，浅红色的为红锌矿，大规模条带则是块闪锌矿。在块闪锌矿中闪锌矿通常与方铅矿交替生长。另一个比较独特的是，闪锌矿劈裂成六个方向，但单一晶体十分稀有。

鉴定： 在条带的块闪锌矿中，闪锌矿通常与纤维锌矿交替生长，这两种矿物很难区分，最佳的区分线索就是闪锌矿的浅黄色条带。

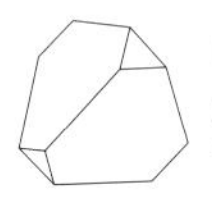

晶系： 等轴晶系
晶体习性： 包括四面体或十二面体、正方形面；通常为双晶。也有颗粒、纤维和葡萄状
颜色： 黑色、棕色、黄色、浅红色、绿色或白色
光泽： 金刚石般至树脂质
条痕： 浅黄色
硬度： 3.5~4
解理： 非常好的平行的菱形十二面体
裂口： 贝壳状很少看见
比重： 4.0
常见地区： 英格兰哥比亚；比利时莫里尼斯特；波兰比托姆；撒丁岛；西班牙桑坦德；希腊利瓦迪亚；纳米比亚楚梅布；赞比亚断山；新墨西哥州凯里矿（马格达莱纳区，索科罗）；科罗拉多州莱德维尔；爱达荷州；亚利桑那州

红锌矿 (Zincite)

红锌矿的化学式：ZnO

红锌矿是一种罕见的次生矿物，在岩石表面的层理中形成，是由闪锌矿这种锌矿被风化和氧化后而形成的。它通常以板状和颗粒团块形式出现，典型的伴生矿物是菱锌矿、锌铁尖晶石、锌尖晶石、硅锌矿和方解石。世界上只有一个地方会量产红锌矿，就是新泽西州的富兰克林和斯特灵山的矿场。这里出产的红锌矿是红色颗粒，而团块则是在白色带有强烈荧光的方解石中，跟黑色的锌铁尖晶石和绿色的硅锌矿伴生。这里出产的红锌矿可以被当做主要的锌矿石。质量上乘的晶体极其稀有。能够找到的晶体大多位于方解石岩脉的一侧，呈异极状，即末端的形状完全不同、基底扁平、顶部为六方金字塔形。

鉴定：红锌矿通常的发掘地是新泽西州，是一种红色矿物，跟白色方解石、黑色锌铁尖晶石和绿色硅锌矿一起伴生。

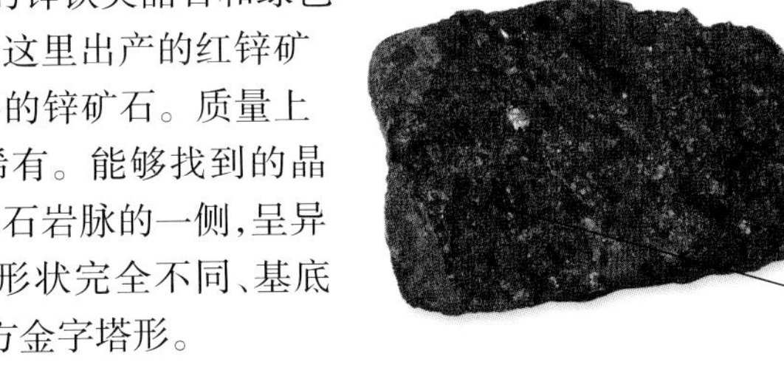

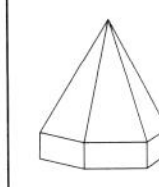

晶系：六方晶系
晶体习性：通常是团块、叶理和颗粒
颜色：橘黄色至深红色或棕色
光泽：金刚石般
条痕：橘黄色
硬度：4
解理：完好，基底
裂口：贝壳状
比重：5.4~5.7
常见地区：意大利托斯卡纳区；撒丁岛；德国西格兰；塔斯马尼亚；新泽西州富兰克林和斯特灵山

旧时的黄铜

很久以前锌被鉴定为一种元素，和铜一起来制造黄铜。至少三千年前，中东地区的人们就发现了制作黄铜的方式，在黏土炉缸里放入天然铜和异极石(菱锌矿)，用灼热的木炭加热，就能产生黄铜。这种制造黄铜的方法一直沿用到19世纪，“异极石黄铜”现在仍被视为更高级的黄铜。黄铜最独特的地方就在于不仅看起来像金，也比金更坚硬、质量更轻、造价更低廉，强大的抗腐蚀能力在纯金属里仅次于金。黄铜可以锻造成型或进行铸造(这点跟青铜不一样)。黄铜中锌的含量越高，可塑性就越低。印度使用黄铜的历史非常悠久。在欧洲，罗马人用黄铜制作碗具、灯具、盘子和其他家用物品，这一传统延续了数百年。在中世纪，具有纪念意义的黄铜盘子被用来悼念逝者。这种重要的合金也被用来制作与时间、航海和观测相关的物品，包括钟表、指南针、日晷和航海用品，例如六分仪。后者是一种小型望远镜，装有一个弧形物，可以帮助确定天体的经纬度。

异极矿 (Hemimorphite)

异极矿的化学式：$Zn_4Si_2O_7(OH)_2 \cdot H_2O$

跟菱锌矿类似，异极矿一度被称为异极石，加入到洗液中可以缓解皮肤刺激。此前在美国，异极石就是异极矿，而在欧洲则是菱锌矿。为了避免混淆，矿物学家不再使用异极石的名字，现在异极矿指“半构造”，即晶体呈现出的幻觉，指它们不是对称的，一端为钝的，另一端则像金字塔形是尖的。有时在晶簇中，这些异极性不会出现，因为晶体跟基底相连，隐藏了不尖利的那一头。有时异极矿可以呈现出一种透明的叶片状晶体，呈扇形；而有时以葡萄状硬壳出现，跟菱锌矿很相近，但光泽更灰暗、更绿。

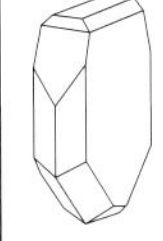

晶系：斜方晶系
晶体习性：异极性，即基底扁平，一端为金字塔或呈扇形；或葡萄状硬壳
颜色：蓝绿色、绿色、白色、透明、棕色和黄色
光泽：玻璃般晶体，灰暗的硬壳
条痕：白色
硬度：4.5~5
解理：一个方向上完好
裂口：贝壳状至亚贝壳状
比重：3.4
其他特征：极强的热电性和压电性
常见地区：德国黑森林；撒丁岛；赞比亚断山；墨西哥奇瓦瓦州，杜兰戈；科罗拉多州莱德维尔；新泽西州富兰克林

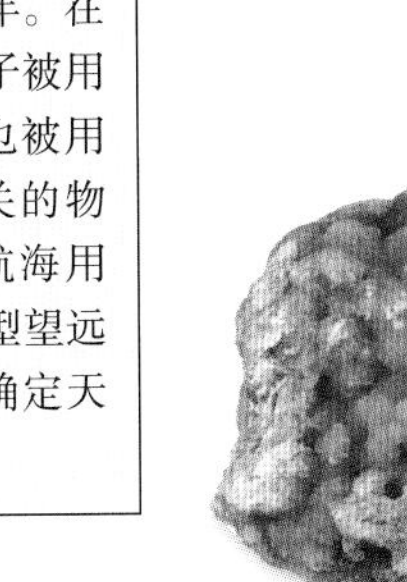

鉴定：异极矿形成带疙瘩的硬壳，跟菱锌矿很类似，但这些矿物的蓝绿色更片蓝，颜色更灰暗。晶体一端扁平，一端为尖状。

锡、铋和汞

锡、铋、汞这三种金属都是自古以来就为人所知的有用金属。锡来自锡石和黄锡矿，多出现在河谷和花岗岩侵入体岩脉周围。铋大部分来自辉铋矿，另外还有铋华和泡铋矿，大多跟锡矿石出现在同样的地方。汞的主要来源是醒目的红色朱砂。

锡矿石：锡石 (Tin ore: Cassiterite)

锡石的化学式：SnO_2

锡石得名自希腊语“锡”，而对应的梵文是“kastira”。尽管硫化物矿物中可能含有少量的锡，例如黄锡矿，但锡石是唯一主要的锡矿石。锡石的矿床大部分出现在花岗岩和伟晶岩中，遍布在花岗岩侵入体周围的岩脉和矽卡岩中，这里通常被来自花岗岩岩浆且蕴藏着锡的溶液 渗透。由于非常坚硬，锡石不易被风化侵蚀而是会聚集在河床地区，这点跟金一样。打磨成圆形颗粒的锡鹅卵石很显眼。几千年前人们能最先从这样的砂矿床中找到锡石，而现在这里出产的锡矿石仍旧能占到锡矿石总量的百分之八十。现在世界上一半以上的锡来自砂矿床中，地点则多见于被淹没在海底的离岸砂矿床，例如马来西亚、印度尼西亚和泰国，这些国家都有从海床挖掘出锡矿石的经验。锡石长时间以来在萨克森州和波西米亚成矿，更有名的是康沃尔郡，这里的锡矿可追溯到青铜时代。现在康沃尔锡石已经没有经济价值了，大部分有经济价值的锡矿来自塔斯马尼亚和玻利维亚。木锡矿是锡矿石，这种矿石看起来很像木头，形成于高温岩脉中。

鉴定： 最能证明是锡石的是它的黑色、硬度和棱镜或金字塔形状的晶体。它的高折射率也给晶体带来巨大的金刚光泽。

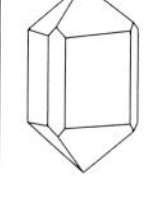

晶系： 四方
晶体习性： 金字塔或短棱镜；聚集、粒状
颜色： 黑色或红棕色或黄色
光泽： 金刚或油腻
条痕： 白色或褐色
硬度： 6~7
解理： 两个不同的方向良好；另一个方向模糊
裂口： 不平坦
比重： 6.6~7.0
其他特点： 高折射率，大约2.0
常见地区： 英格兰康沃尔；厄尔士山区（萨克森）、德国；捷克，西班牙，葡萄牙，塔斯马尼亚岛、澳大利亚；中国；马来西亚，印度尼西亚，泰国，奥鲁罗省、玻利维亚、墨西哥杜兰戈，（木锡）等

锡矿石：黄锡矿 (Tin ore: Stannite)

黄锡矿的化学式：Cu_2FeSnS_4

黄锡矿是一种相对稀少的硫化锡矿物，里面还含有铜和铁，也是一度在康沃尔和萨克森州出现的矿物。黄锡矿在花岗岩中形成颗粒或在热液矿脉中形成晶体和团块，多分布于花岗岩附近并跟其他硫化物矿物伴生。纯的黄锡矿是铁黑色，但通常会因锈蚀变成铜黄色或由于黄铜矿的存在而变色。这就是矿工有时把它称为锡黄铁矿的原因。在玻利维亚，黄锡矿在银矿石中出现；在波西米亚则是跟方铅矿和闪锌矿出现。黄锡矿组的矿物也称为硫化铜组矿物，包括硫砷铜矿、硫铜锡锌矿、硫锡汞铜矿和黄锡矿本身。

鉴定： 黄锡矿的最佳鉴定线索是它的铁黑色颜色，铜黄色光泽以及所伴生的硫化物。

黄锡矿

钨

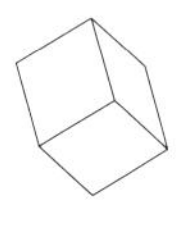

晶系： 四方晶系
晶体习性： 在花岗岩中以颗粒或团块出现，但可以形成小金字塔形晶体
颜色： 灰色，黑色
光泽： 金属光泽
条痕： 黑色
硬度： 4
解理： 不完好
裂口： 不均衡
比重： 4.3~4.5
常见地区： 英格兰康沃尔郡；法国奥弗涅大区；德国厄尔士（萨克森州）；奥地利卡林西亚州；捷克共和国锡林（波西米亚）；俄罗斯勘察加半岛；塔斯马尼亚齐恩；玻利维亚拉亚瓜（波托西），奥鲁罗；新斯科舍省

铋矿石：辉铋矿 (Bismuth ore: Bismuthinite)

辉铋矿的化学式：Bi_2S_3

铋不会以天然形式出现，却是与天然银一样常见的元素。铋通常提取自辉铋矿中，偶尔从氧化铋和碳酸铋中提取。当暴露在空气中，辉铋矿通常会形成伪晶。在意大利利帕里岛火山喷气孔周围找到过微小的丝带状晶体。在岩脉中形成大个头的晶体时，通常放射状晶簇，与辉锑矿相似（或者是伪形晶的辉锑矿），因此这两种矿物很难区分开。辉铋矿的质量更重、晶体更直、面更扁平；辉铋矿通常跟锡矿石伴生，而辉锑矿是跟锑和砷矿物伴生。

鉴定： 辉铋矿通过它的浅黄色、微微带有彩虹色的锈蚀来辨认。长晶体可以被微微弯曲。

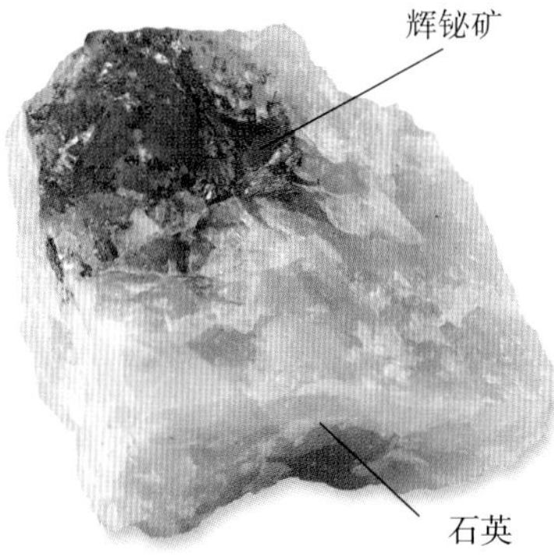

晶系： 斜方晶系
晶体习性： 通常是大规模，纤维；很少有长而薄的放射状晶体
颜色： 钢灰色至白色
光泽： 金属光泽
条痕： 灰色
硬度： 2
解理： 一个方向完好
裂口： 不均衡
比重： 6.8~7.2
其他特征： 细长的晶体可以微微弯曲；晶体带有一点黄色或彩虹色的锈蚀。
常见地区： 英格兰康沃尔郡；德国西格兰，沃格兰；意大利利帕里；玻利维亚拉亚瓜（波托西），瓦纳尼（奥鲁罗）；澳大利亚金斯盖特（新南威尔士州）；墨西哥瓜纳华托州；安大略省蒂米斯卡明区；康涅狄格州哈丹姆；犹他州比佛县

青铜时代

青铜是一种合金，通常由铜和锡组成。在大约五千三百年前中东地区发现了这种合金，青铜的出现也是人类历史上的一座重要里程碑。当时人们把使用天然金属作为时尚，例如铜和金会被做成装饰物、工具和武器。但铜质地太柔软、不易保持形状且制成刀具又太尖利。但加入少量锡之后（之后发现是加入百分之十的锡最理想）铜就可以变成青铜。青铜比铜更具有可塑性也更坚韧。第一批宝剑就是青铜剑，此外第一批盔甲、第一批金属犁、第一批金属炊锅都是青铜制成的。青铜时代的概况就是表明人类已经可以利用合金制成各种东西满足不同的需求。不论是史前人类居家生活的用品，还是驰骋沙场的武器，都可以用各种合金来制造。很难评估青铜时代的技术水平。古希腊人攻击特洛伊的其中一个原因就是出于青铜贸易。欧洲人购买的青铜是先被迈锡尼人买入，继而才转入欧洲。但铁匠的崛起使矿石采集者遍布欧洲。从公元前2300年开始，锡矿和青铜制造从匈牙利乌奈迪斯向西扩散至德国米特尔贝格、西班牙阿尔马登和英格兰康沃尔。

汞矿石：朱砂 (Mercury ore:Cinnabar)

朱砂的化学式：HgS

朱砂得名自古波斯语，意思是“龙之血”，也是所有矿物中最令人注目的一种。它耀眼的深红色曾被磨成粉末用来做绘画颜料。由于汞在室温下呈液体状态，因此很少形成天然形式的汞，比较特例的情况是在岩石缝隙里会有小团状天然形式出现。朱砂也是主要的汞来源，自罗马时代起，即回溯到两千五百年前，西班牙阿尔马登人就已经开采朱砂了。只在温度降到很低时，它才会在沉积岩中的热液岩脉中结晶，因此在靠近地表的地方能找到朱砂，或是在温泉附近能找到朱砂。

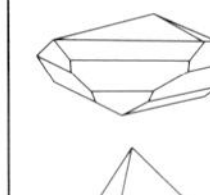

晶系： 三方晶系
晶体习性： 晶体是菱面体或厚格，有时是针状或短棱柱形。也会形成颗粒和团块
颜色： 深红色至砖红色。暴露在光照条件下颜色会加深
光泽： 金刚石般至亚金属光泽
条痕： 红色
硬度： 2~2.5
解理： 三个方向上良好形成棱柱形
裂口： 不均衡至裂片状
比重： 8.1
常见地区： 西班牙阿尔马登；塞尔维亚阿维拉山（伊德里亚）；斯洛文尼亚；中国湖南省；墨西哥圣路易斯，波托西；内华达州卡希尔矿（洪堡县）；加利福尼亚州圣贝尼托县，圣克拉拉县；阿拉斯加州红魔鬼矿（斯利特谬特）

鉴定： 朱砂的最佳鉴定方式就是它自身具有的亮红色。

砷和锑

砷和锑矿物通常跟银一起出现。尽管两种元素都有毒，现在砷依然被用来制作某些青铜，添加到合金中用来增加合金的耐高温特性和耐火性。锑则被用来做阻燃剂，从塑料到织物，适用范围很广。加入锡还可以制成白蜡以及黄颜料。主要的砷矿石是雄黄和雌黄，锑矿石包括了辉锑矿和车轮矿。

砷矿石：雄黄 (Arsenic ore: Realgar)

雄黄的化学式：AsS

雄黄得名自阿拉伯语的炼金术，意思是"矿的粉末"。雄黄暴露在光下就会解裂，虽然速度缓慢但结果是注定的。雄黄拥有闪耀的橘红色，古代中国把它用来制作雕刻，但现在这些雕刻都腐坏了。腐坏了的雄黄则变成黄橘色的，称为对位雄黄。它曾经被作为红色颜料，因此大多数古代绘画中的原本是红色的地方都褪变成了黄色或橘黄色。矿物收集者在保存雄黄样本时会选择完全黑暗的保存条件。雄黄通常形成在热液岩脉冷却的阶段，分布在温泉和火山喷气孔周围。雄黄总是与雌黄和方解石伴生，另外汞矿石的朱砂和锑矿石的黄锑矿也是典型的伴生矿物。完好的晶体出现在晶簇和晶洞，例如在内华达州和中国就可以找到雄黄晶体。

斜方砷铁矿：一种次要的砷矿石，砷化铁矿物。

鉴定： 雄黄可以通过橘红色的颜色、柔软的质地和典型的伴生矿物雌黄、方解石和辉锑矿来鉴定。

警告： 接触过雄黄后要仔细洗手，砷有毒。

晶系： 单斜晶系
晶体习性： 短带有条带的棱柱，末端是楔形圆顶。另外还可以形成颗粒、硬壳和土质团块
颜色： 橘色至红色
光泽： 树脂，金刚石般至亚金属光泽
条痕： 橘色至橘黄色
硬度： 1.5~2
解理： 一个方向上良好
裂口： 亚贝壳状
比重： 3.5~3.6
其他特征： 在光照条件下不稳定
常见地区： 意大利卡拉拉；瑞士滨内托尔；匈牙利塔赫瓦；波斯尼亚克雷舍沃；马其顿阿勒萨；罗马尼亚特兰西瓦尼亚；土耳其；中国湖南省；犹他州梅库尔；内华达州格彻尔；华盛顿州金县

雌黄 (Orpiment)

雌黄的化学式：As_2S_3

雌黄得名自已经消失的拉丁语"auripigmentum"，意思是"金色"。雌黄长期以来被当做一种颜料来使用，称为"国王的黄色"。另外女人的化妆品中也加入了雌黄，但雌黄潜在的危险却未被察觉。在古代中国雌黄用来制作烫金真丝。跟雄黄一样，雌黄通常形成于热液矿脉的冷却阶段，分布在温泉和火山喷气孔周围，跟雄黄、方解石、朱砂和黄锑矿伴生。通常在云母般的叶理团块中能找到雌黄，但很多细腻的晶体都是在中国湖南省、秘鲁基鲁维尔卡被发现的，而现在则是在内华达州洪堡县双子峰的金矿中能找到雌黄晶体。跟雄黄一样，暴露在光照条件下雌黄会解裂，在表面形成白色的薄层。

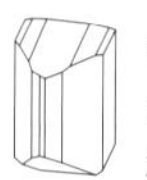

晶系： 单斜晶系
晶体习性： 通常有叶理或柱状团块和硬壳，也有小格形"斜方"晶体
颜色： 橘黄色至黄色
光泽： 树脂质至珍珠光泽
条痕： 黄色
硬度： 1.5~2
解理： 一个方向上完好，形成可弯曲的薄片
裂口： 裂片状
比重： 3.5
其他特征： 在光照条件下不稳定；砷会令雌黄散发出大蒜气味
常见地区： 意大利托斯卡纳地区，坎普弗莱德雷；瑞士滨内托尔；罗马尼亚马拉穆列什县；马其顿阿勒萨；中国湖南省；秘鲁基鲁维尔卡；内华达州格切尔矿，双峰矿；犹他州梅库尔；华盛顿州青河峡谷

警告： 接触雌黄后要仔细洗手，雌黄含有的砷有毒。

鉴定： 雌黄通过它的金黄色、柔软的质地、散发出的大蒜气味和云母般的薄片来鉴定。

车轮矿 (Bournonite)

车轮矿的化学式：$CuPbSbS_3$

车轮矿以法国矿物学家康特·L.J.德·波旁(1751–1825)的名字命名，他在1804年最先完整地分析了车轮矿的化学成分，而车轮矿也是一种最为常见的硫化物矿物。车轮矿是一种形成于热液岩脉的锑矿石，也是一种与铜矿石伴生的次生矿物。车轮矿中含有42%的铅、24%的锑、21%的硫和13%的铜。通常车轮矿会在岩脉中的开放式晶洞中形成质量上乘的晶体。车轮矿也是一种著名的双晶晶体，它著名的双晶形式使其看起来很像车轮。大部分这样的“车轮矿石”都可以在德国的诺伊多夫和安德里斯伯格的矿场中找到，另外在罗马尼亚的卡夫尼克和巴亚马雷也能找到这种矿石。最著名的的标本要属来自英格兰康沃尔郡里斯开拉达附近的赫洛德斯福特的了，曾在这里挖到了含银的铅矿石。

鉴定： 车轮矿具有双晶时就很好鉴定，特别是齿轮形式的，否则就很容易跟其他深色金属光泽的矿物混淆。

警告： 接触过车轮矿后要好好洗手，锑有毒。

车轮矿

黄铁矿

晶系： 斜方晶系

晶体习性： 格状至棱柱形晶体。常见双晶，通常像齿轮。但也有颗粒和团块

颜色： 银灰色或黑色

光泽： 金属光泽

条痕： 黑色

硬度： 2.5~3

解理： 粗糙

裂口： 亚贝壳状

比重： 5.7~5.9

其他特征： 锈蚀后颜色变暗

常见地区： 意大利托斯卡纳区，坎普弗莱德雷；瑞士滨内托尔；罗马尼亚马拉穆列什县；马其顿阿勒萨；中国湖南省；秘鲁基鲁维尔卡；内华达州格切尔矿，双峰矿；犹他州梅库尔；华盛顿州青河峡谷

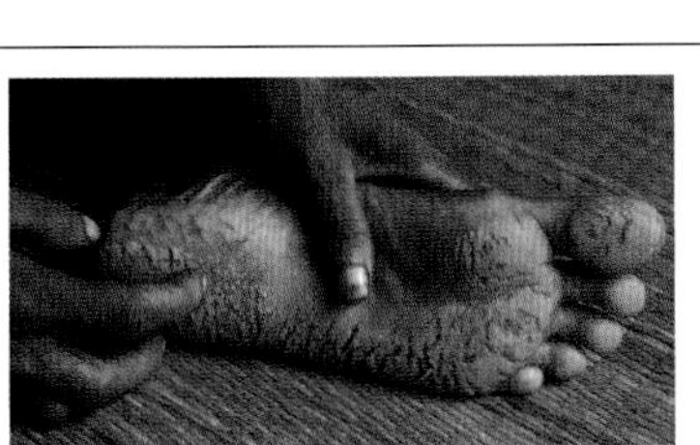

砷中毒

砷跟铜混合制成了青铜，但砷的毒性也是很早之前就为人所知，几千年来都是杀手们所偏爱的一种毒药。但低剂量的砷可以用来治疗疾病，例如梅毒。近年来，科学家们开始认为即便是低剂量的砷，长期接触也会导致中毒，这是由于砷在环境中也十分普遍，因此在毫无察觉的情况下混入饮用水中是非常危险的。砷中毒可以表现在手足上，即出现角化病，这种病会在手足部分形成坚硬的谷粒状硬茧(见上图)。而嗜睡则是砷中毒的另一个标志性特征。有些科学家认为在世界上某些地区潜伏着爆发极其严重的砷中毒的危险。有些危险来自从矿床中泄露的砷，从矿场废物中混入饮用水中，例如在澳大利亚和英国的部分地区就存在这种危险。但最危险的却是矿井沉入地下水后砷矿物将水源污染，特别是在孟加拉、西孟加拉邦和恒河平原，专家对印度的三亿三千万人口和一亿五千万孟加拉人极其担忧。

辉锑矿 (Stibnite)

辉锑矿的化学式：Sb_2S_3

辉锑矿的名字来自拉丁语，指金属锑，正如辉锑矿是主要的锑矿石。相传锑得名自一位名叫瓦伦迪纳斯的僧侣，他把锑加入到了同伴的食物中想把他们喂胖，但最终结局却是锑杀死了那些僧侣们，也因此被称为“僧侣杀手”。辉锑矿跟着石英一起会形成于低温的热液岩脉中，或替代石灰岩、分布在温泉附近。晶体结构中带有横纹，使得晶体可以弯曲和下垂而不会产生裂口。

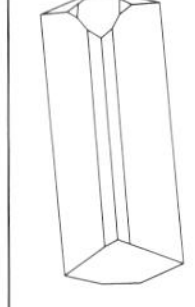

晶系： 斜方晶系

晶体习性： 形成叶片状或放射状或针状晶体，可以弯曲。另外也会形成颗粒或团块

颜色： 铁灰色至银色

光泽： 金属光泽

条痕： 深灰色

硬度： 2

解理： 纵向完好

裂口： 不规则

比重： 4.5~4.6

其他特征： 纵向有条带，晶体可以稍稍弯曲

常见地区： 意大利托斯卡纳区；塞尔维亚扎亚查；马其顿阿勒萨；罗马尼亚巴亚马雷，卡夫尼克；中国锡矿山(湖南省)；日本市川(四国)；秘鲁瓦拉斯；内华达州奈伊县

鉴定： 辉锑矿的最佳鉴定方式是独特的细长放射状晶体，另外有这种晶体的只有辉铋矿和黄锑矿。